U0245616

MATLAB®&Simulink®开发实例系列丛书

新编 MATLAB/Simulink 自学一本通

谢中华　李国栋　刘焕进　吴　鹏　郑志勇　编著

配套资料(程序源代码＋课件)

北京航空航天大学出版社

内 容 简 介

本着从易到难、从基础到应用及提高的原则,本书结合大量案例系统讲解 MATLAB 语言编程要旨。主要内容包括:MATLAB 简介和基本操作,绘图与可视化,程序设计,图形用户界面(GUI)编程,数据 I/O(与 TXT、Excel、数据库之间的数据交换),符号计算,数值积分计算,方程与方程组的数值解,常微分方程(组)数值求解,线性规划和非线性优化问题求解,最大最小问题求解,概率分布与随机数,描述性统计,参数估计与假设检验,回归分析,多项式回归与数据插值,MATLAB 程序编译,系统级仿真工具 Simulink 及其应用等。附录为 Simulink 常用命令列表。

为方便读者的学习和使用,本书免费配备所有案例的源程序以及用于教学和自学的 PPT 课件。

本书可作为一般读者自学并掌握 MATLAB 语言的参考书,也可作为高等院校理工类本科生、研究生系统学习 MATLAB 的教材或参考书,还可作为科研人员和工程技术人员应用 MATLAB 解决实际问题的参考用书。

图书在版编目(CIP)数据

新编 MATLAB/Simulink 自学一本通 / 谢中华等编著
. -- 北京 : 北京航空航天大学出版社,2017.9
ISBN 978 - 7 - 5124 - 2456 - 2

Ⅰ. ①新… Ⅱ. ①谢… Ⅲ. ①计算机辅助计算—Matlab 软件 Ⅳ. ①TP391.75

中国版本图书馆 CIP 数据核字(2017)第 161272 号

新编 MATLAB/Simulink 自学一本通

谢中华 李国栋 刘焕进 吴 鹏 郑志勇 编著

责任编辑 陈守平

*

北京航空航天大学出版社出版发行

北京市海淀区学院路 37 号(邮编 100191) http://www.buaapress.com.cn
发行部电话:(010)82317024 传真:(010)82328026
读者信箱:goodtextbook@126.com 邮购电话:(010)82316936
北京宏伟双华印刷有限公司印装 各地书店经销

*

开本:787×1 092 1/16 印张:40 字数:1 050 千字
2018 年 1 月第 1 版 2018 年 1 月第 1 次印刷 印数:4 000 册
ISBN 978 - 7 - 5124 - 2456 - 2 定价:89.00 元

若本书有倒页、脱页、缺页等印装质量问题,请与本社发行部联系调换。联系电话:(010)82317024

作者简介

　　谢中华，网名 xiezhh，副教授，资深 MATLAB 培训师，十多年 MATLAB 编程经验，已出版书籍《MATLAB 统计分析与应用：40 个案例分析》。现于天津科技大学数学系任教，长期从事 MATLAB 相关课程的教学与培训。精通 MATLAB、SAS、R 语言等软件，擅长多种软件协同编程，有着扎实的理论基础和丰富的实战经验。

　　李国栋，网名 ljelly，工学博士，高级工程师，毕业于哈尔滨工业大学。MATLAB 中文论坛权威会员。在 Mathworks 的 cody 活动中，目前居全球第 17 位。有多年的 MATLAB 使用经验，在测量仪器的信号处理与控制、雷达的信号处理等方面进行了应用算法研究。发表学术论文 17 篇，获得专利 3 项。现任北京市卡姆福科技有限公司研发部经理，从事智慧供热节能、多能源互补、新风净化等方面的工作。

　　刘焕进，网名 liuhuanjinliu，MATLAB 中文论坛版主，工学博士，安徽领帆智能装备有限公司研发部经理，从事工业机器人控制系统设计及开发、数控机床控制系统设计及开发、多轴运动控制器设计及开发等工作。精通 C、C++、Visual C++ 语言，使用 MATLAB 科学计算软件多年，积累了丰富的经验，尤其擅长 MATLAB 图形用户界面编程。

　　吴鹏，网名 rocwoods，曾在阿里、易车等互联网公司担任高级开发工程师，现任"国家电网公司先进计算及大数据技术联合实验室"以及"大数据算法与分析技术国家工程实验室能源大数据创新中心"开发专家，有 15 年 MATLAB 编程经验，曾出版《MATLAB 高效编程技巧与应用：25 个案例分析》一书，受到广大读者好评。在人工智能、数值计算、运筹学与最优化、MATLAB 与 C/C++ 混合编程领域有着丰富的项目实战经验。

　　郑志勇，网名 ariszheng，集思录副总裁、合晶睿智创始人，国内 MATLAB 金融领域的权威人士。先后就职于中国银河证券、银华基金、方正富邦基金，从事金融产品研究与设计工作。专注于产品设计、量化投资、MATLAB 相关领域的研究，尤其对于各种结构化产品、分级基金产品有着深入研究。出版的图书包括：《运筹学与最优化 MATLAB 编程》《金融数量分析：基于 MATLAB 编程》等。

配套资料(程序源代码＋课件)

　　本书所有程序的源代码均可通过 QQ 浏览器扫描二维码免费下载获得。读者也可以通过 http://buaapress.com.cn/upload/download/20171016mlsl.rar 或者 https://pan.baidu.com/s/1dFjdHT3 下载全部资料。

　　若有与配套资料下载或本书相关的其他问题,请咨询北京航空航天大学出版社理工图书分社,电话(010)82317036,邮箱:goodtextbook@126.com。

前　　言

与朋友茶余饭后聊天时,时常有人大发感慨:"现在的人是越来越离不开电脑了,要是没有电脑该怎么办啊!"我也禁不住感慨:"越来越多的人是离不开 MATLAB 了,没有 MATLAB 就做不成研究了。"事实的确如此,MATLAB 已经不再是诞生之初用于线性代数计算的接口程序,而是计算软件中的"巨无霸",已经在自然科学、社会生产和科学研究等各领域得到了广泛的应用。有人在用 MATLAB 作数据分析,有人在用 MATLAB 作算法设计,有人在用MATLAB 作建模仿真,还有人在用 MATLAB 作软件开发……往小了说,MATLAB 能帮我们炒股赚钱;往大了说,MATLAB 能帮助军事专家设计尖端武器。试想一下,或许几年以后,朋友之间打招呼的问候语就是:您今天 MATLAB 了吗? 如果到那时您还不会 MATLAB,您很可能就 Out 啦!

如果您目前还是一个 MATLAB 零基础的读者,您大可不必烦恼,本书就是专门为您准备的,它将带领您走进 MATLAB 的殿堂,从入门到精通。本书编写的宗旨就是引领读者从零基础入门,由浅入深地学习,先熟悉 MATLAB"草稿纸式"的编程语言和语法规则,让读者能够调用其内部函数做"傻瓜式"的计算,然后慢慢了解 MATLAB 自带的包罗万象的工具箱,在此基础上可以根据自己的算法熟练地进行扩展编程。在这个过程中,读者会在不知不觉中成为精通 MATLAB 的高手。

本书作者团队是多学科、跨专业的组合,已经在北京航空航天大学出版社出版了 4 本MATLAB 语言及其应用相关的图书,受到广大读者的普遍欢迎和一致好评,在此,向我们的读者和忠实粉丝们表示感谢! 这 4 本图书分别是:

《MATLAB 统计分析与应用:40 个案例分析》(第 2 版),谢中华编著,2015 年 5 月出版。

《MATLAB 高效编程技巧与应用:25 个案例分析》,吴鹏编著,2010 年 6 月出版。

《MATLAB N 个实用技巧——MATLAB 中文论坛精华总结》(第 2 版),刘焕进等编著,2016 年 10 月出版。

《金融数量分析——基于 MATLAB 编程》(第 3 版),郑志勇编著,2015 年 6 月出版。

MATLAB 中文论坛(http://www.ilovematlab.cn/)专门为这些著作开设了读者在线交流平台,让读者能够与作者作近乎面对面的交流,解决大家在学习 MATLAB 过程中遇到的各种问题,分享彼此的学习经验。**本书将继续延续这一优良传统,通过在线交流平台 http://www.ilovematlab.cn/forum - 263 - 1.html 集结大家展开讨论,共同进步!**

本书配有大量精心挑选的案例,每个案例都配有注释详尽并且高效率的 MATLAB 程序,旨在不仅教读者使用 MATLAB,还教读者写出高效率的 MATLAB 代码。这些 MATLAB 程序在 MATLAB R2017b 下经过了验证,均能够正确执行,读者可将自己的 MATLAB 更新至较新的版本,以避免出现不必要的问题。**本书为读者免费提供程序源代码以及 PPT 课件,以二维码的形式印在扉页及作者简介后,请扫描二维码下载。**

本书内容分为 22 章:第 1 章,MATLAB 简介;第 2 章,MATLAB 基本操作;第 3 章,MATLAB 绘图与可视化;第 4 章,MATLAB 程序设计;第 5 章,图形用户界面(GUI)编程;第6 章,MATLAB 与 TXT 文件的数据交换;第 7 章,MATLAB 与 Excel 文件的数据交换;第 8

章,数据库连接;第 9 章,符号计算;第 10 章,数值积分计算;第 11 章,方程与方程组的数值求解;第 12 章,常微分方程(组)数值求解;第 13 章,线性规划问题;第 14 章,非线性优化问题;第 15 章,最大最小问题——公共设施选址;第 16 章,概率分布与随机数;第 17 章,描述性统计量和统计图;第 18 章,参数估计与假设检验;第 19 章,回归分析;第 20 章,多项式回归与数据插值;第 21 章,MATLAB 程序编译;第 22 章,系统级仿真工具 Simulink 及应用。在章节顺序的安排上,我们是经过深思熟虑的,本着从易到难、从基础到应用及提高的原则。为了能让读者尽快熟悉 MATLAB,学会使用 MATLAB 编出自己的程序,我们把 MATLAB 绘图与可视化、MATLAB 程序设计、图形用户界面等章节放在了前面,这一点不同于一般的 MATLAB 书籍。根据我们的经验,从绘图开始是学习 MATLAB 最为高效快捷的方式,因为各种实用的或是炫目的图形能够激发读者的学习兴趣,有了兴趣自然一切就变得简单了。另外,本书的内容力求与大学必修的高等数学、线性代数和概率论与数理统计等多门主干课程相贴合,这样让读者能够理论结合实践,学习起来更为轻松。

俗话说,术业有专攻,多人合编也是为了发挥作者们各自的专长,将各自在不同领域多年的经验和技巧奉献给读者。本书由谢中华主编并负责统筹定稿,其中第 1～3、6、16～20 章由谢中华(xiezhh)编写,第 4、9、10、12 章由吴鹏(rocwoods)编写,第 5、21 章由刘焕进(liuhuan-jinliu)编写,第 8 章由郑志勇(ariszheng)编写,第 22 章由李国栋(ljelly)编写,第 7、13、15 章由谢中华和郑志勇共同编写,第 11、14 章由吴鹏和郑志勇共同编写。本书每一章都有作者署名,读者可有针对性地直接提问,这样做是为了对读者负责,并且能够让读者领略到不同作者的编程风格。

本书在写作过程中,得到了北京航空航天大学出版社陈守平编辑、MATLAB 中文论坛独立创始人 math(张延亮)博士的支持与鼓励,陈守平编辑提出了宝贵的修改意见。在此,作者向他们表示最真诚的谢意!

本书的写作还得到了作者领导、同事及学生们的大力支持与帮助,他们在文字校对、课件制作等方面做了大量工作,他们是:张爱妮、胡美兰、马辉、贾旺强、赵玮、丁成、唐小兵、顾玉龙、姜颖飞、侯普文、王翰林、李盼东、于杰、刘鹏、李旦、刘泽华、彭亚林、彭玲、林璐、莫文阳、夏俊、郭宾、孔安平、冯帆、张龙辉、袁欢、占俊、杨雪、周艳梅、牛桢桢、朱文成、岳荣、等。

最后,还要感谢我们的家人,他们默默地为我们付出,支持我们顺利完成本书的写作,在此,向我们的家人表示最衷心的感谢!

由于作者水平有限,书中难免出现疏漏和错误,恳请广大读者和同行批评指正,联系邮箱:goodtextbook@126.com。

作　者
2017 年 2 月

目　　录

3

若您对此书内容有任何疑问，可以登录 MATLAB 中文论坛与作者和同行交流。

第 1 章
MATLAB 简介

谢中华(xiezhh)

1.1 MATLAB 的那些事儿

1.1.1 MATLAB 的起源

说到 MATLAB,就不得不提到大名鼎鼎的 Cleve Moler 博士和 John Little 工程师。我们先来认识一下这两位牛人。

在 20 世纪 70 年代中期,Cleve Moler 博士和他的同事在美国国家科学基金的资助下开发了矩阵运算的 FORTRAN 子程序库:EISPACK 和 LINPACK。其中,EISPACK 是特征值求解的 FOETRAN 程序库;LINPACK 是解线性方程的程序库。在当时,这两个程序库代表了矩阵运算的最高水平。

有了这两个程序库之后,身为美国 New Mexico 大学计算机系主任的 Cleve Moler 在给学生讲授线性代数课程时,就开始教学生使用这两个程序库,但他发现学生用 FORTRAN 编写接口程序很费时间,于是他自己动手,利用业余时间为学生编写了 EISPACK 和 LINPACK 的接口程序。Cleve Moler 把这个接口程序命名为 MATLAB,其为矩阵(matrix)和实验室(laboratory)两个英文单词的前三个字母的组合。在此后的很多年里,MATLAB 在美国的各大学间广泛流传,被多所大学作为教学辅助软件使用,深受学生们的喜爱。

时间到了 1983 年的春天,Cleve Moler 到 Standford 大学讲学。听了 Moler 的讲授,工程师 John Little 被 MATLAB 深深地吸引住了。John Little 敏锐地觉察到 MATLAB 在工程领域的广阔前景。同年,他和 Cleve Moler、Steve Bangert 一起,用 C 语言开发了第二代专业版 MATLAB。这一代的 MATLAB 语言同时具备了数值计算和数据图形化的功能。

1984 年,Cleve Moler、John Little 等一批数学家和软件专家组建了 MathWorks 公司,正式把 MATLAB 推向市场,并继续进行 MATLAB 的研究和开发。

1.1.2 MATLAB 的版本信息

MathWorks 公司于 1984 年正式推出 MATLAB 软件的第一个商业版本 MATLAB 1.0,此时的 MATLAB 已经用 C 语言作了完全的改写,功能上也有了很大的扩展,除了原有的数值计算外,还增加了数据的图形可视化功能。1990 年推出的 MATLAB 3.5 是第一个可以运行于 Windows 系统的版本,它可以在两个窗口中分别显示命令行计算结果和图形结果。稍后推出的 SimuLAB 环境首次引入了基于框图的仿真功能,它就是大家现在所熟知的 Simulink 的前身。

MathWorks 公司于 1992—1993 年推出了具有划时代意义的基于 Windows 平台的 MATLAB 4.0 版,随后于 1994 年推出了 4.2 版。4.x 版在继承和发展其原有的数值计算和

图形可视化的同时,还出现了以下几个重要变化:

(1) 推出了一个交互式操作的动态系统建模、仿真、分析集成环境——Simulink。它的出现使人们有可能考虑许多以前不得不做简化假设的非线性因素、随机因素,从而大大提高了人们对非线性、随机动态系统的认知能力。

(2) 推出了符号计算工具包。1993 年 MathWorks 公司从加拿大滑铁卢大学购得 Maple 的使用权,以 Maple 为"引擎"开发了 Symbolic Math Toolbox 1.0。此举结束了国际上数值计算、符号计算孰优孰劣的长期争论,促成了两种计算的互补发展新时代。

(3) 构作了 Notebook。MathWorks 公司瞄准应用范围最广的 Word,运用 DDE 和 OLE,实现了 MATLAB 与 Word 的无缝连接,从而为专业科技工作者创造了融科学计算、图形可视、文字处理于一体的高水准环境。

MathWorks 公司于 1997—1999 年陆续推出了 MATLAB 5.0、5.1、5.3 版,其开始支持更多的数据类型,如元胞数组、结构体数组、多维数组、对象与类等。随 5.3 版还推出了全新的最优化工具箱和 Simulink 3.0,使 MATLAB 的仿真计算能力又上了一个新台阶。

2000 年 10 月,MathWorks 公司推出了 MATLAB 6.0 版,此时的 MATLAB 拥有了全新的操作界面,同时具备了命令窗口(Command Window)、工作空间窗口(Workspace,也称当前变量窗口)和历史命令窗口(Command History),使得用户操作起来更为方便。新增加的多种交互式工具也使 MATLAB 图形的绘制、导入、导出操作简单易行。MATLAB 6.0 的计算内核也做了更新,不再使用 EISPACK 和 LINPACK,而是改用了更具优势的 LAPACK 软件包和 FFTW 系统。MATLAB 6.0 中对外部数据和代码访问能力、GUI 开发能力也有了大幅度的提高,与 C 语言接口及转换的兼容性也更强,与之配套的 Simulink 4.0 也增加了很多新特性。

2001 年 6 月的 6.1 版推出了全新的开发环境 GUIDE(GUI Development Environment):在命令窗口增加了错误跟踪功能(error display message and abort function);在图形窗口增加了曲线拟合、数据统计等交互工具;引入了类与对象及函数句柄等概念,用户可以创建自己定义的类函数和函数句柄;改进了程序编辑/调试器(Editor/Debugger)的界面及功能,增加了行号和书签等功能;增加了虚拟现实工具箱(Virtual Reality Toolbox),使用标准的虚拟现实建模语言(VRML)技术,可以创建由 MATLAB 和 Simulink 环境驱动的三维动画场景;在应用程序接口方面增加了与 Java 的接口(Interface for Java),并为二者的数据交换提供了相应的程序库。

MathWorks 公司于 2002—2003 年推出了 MATLAB 6.5/Simulink 5.0 系列版本。该系列版本开始采用 JIT 加速器(JIT - Accelerator),对许多运算和数据类型,JIT 加速器能够显著提高 MATLAB 的计算速度。随后于 2004 年 7 月推出 MATLAB 7.0/Simulink 6.0,于 2005 年 7 月推出 MATLAB 7.1/Simulink 6.3。

从 2006 年开始,MathWorks 公司对产品发布模式做了一些调整,在每年的 3 月和 9 月进行两次产品发布,3 月发布的产品的版本编号为"R 年份 a",9 月发布的产品的版本编号为"R 年份 b"。

从 MATLAB R2008b 版本开始,MuPAD 取代 Maple 成为新的符号计算引擎。MathWorks 公司于 2012 年 9 月推出了 MATLAB 8.0(MATLAB R2012b)版本,对 MATLAB 的工作界面布局做出了重大调整。随后于 2014 年 3 月推出了 MATLAB 的第一个中文版本(MATLAB R2014a)。在 MATLAB R2015b 版本中,MathWorks 公司开始使用重新设计的

MATLAB 执行引擎,改进后的架构对一条执行路径上的所有 MATLAB 代码执行即时(JIT)编译,该引擎改进了语言质量并大幅提高了程序的运行效率。

MTLAB 软件的每一个新版本都较上一个版本做了一些更新和改进,并且具有向上兼容的特性。也就是说,新版本能兼容老版本,反之则不行。因此,有些在 MATLAB 较新版本中才出现的函数在老版本中不能正常运行,这也属于正常。

1.1.3　MATLAB 软件的系统组成

MATLAB 系统包括以下 6 个主要组成部分。

1. 桌面工具和开发环境

MATLAB 为用户提供了一个集成的开发环境,以方便用户利用 MATLAB 自带的函数和文件进行产品开发。所谓的桌面工具和开发环境就是 MATLAB 的一些工具集,大多具有图形用户界面,包括 MATLAB 桌面、命令窗口、工作空间、程序编辑器和调试器、代码分析器、帮助信息浏览器、文件及其他工具等。

2. 数学函数库

MATLAB 中有一个功能强大的数学函数库,涉及大量的数值计算算法,其中既有基础算法,如求和函数(sum)、正弦函数(sin)、余弦函数(cos)和复数运算等,也有一些复杂算法,如矩阵求逆、求矩阵的特征值、贝塞尔函数和快速傅里叶变换等。

3. MATLAB 编程语言

MATLAB 编程语言是以矩阵/数组为基本运算单元的交互式高级编程语言,又称为 M 语言。它包括程序流控制、函数、数据结构、输入/输出、面向对象编程功能等。利用 MATLAB 编程语言,用户既可以快速编写简单的小程序,也可进行大规模应用程序的开发。

4. 图形可视化

MATLAB 还有非常强大的图形可视化功能,可以根据数据进行绘图、为图形添加标注和打印图形。MATLAB 提供了一些高级绘图函数,用来绘制二维和三维图形、制作动画以及进行图像处理等。MATLAB 还提供了一些低级绘图函数,用来灵活控制图形的显示效果,用户还可以利用句柄式图形对象创建图形用户界面。

5. 外部接口

MATLAB 外部接口是一个能使 MATLAB 与 C、FORTRAN 等其他高级编程语言进行交互的函数库。通过 MATLAB 外部接口,用户可以很方便地在 MATLAB 环境下调用 C 或 FORTRAN 代码,也可把 MATLAB 作为计算引擎用在 C 或 FORTRAN 等语言环境中。另外,用户还可以使用 MATLAB 的外部接口读、写 MATLAB 特有的 MAT 文件。

6. Simulink

Simulink 是 MATLAB 中的一种可视化仿真工具,是一种基于 MATLAB 的框图设计环境,是实现动态系统建模、仿真和分析的一个软件包,被广泛应用于线性系统、非线性系统、数字控制及数字信号处理的建模和仿真中。Simulink 可以用连续采样时间、离散采样时间或两种混合的采样时间进行建模,它也支持多速率系统,也就是系统中的不同部分具有不同的采样速率。为了创建动态系统模型,Simulink 提供了一个建立模型方块图的图形用户接口(GUI),这个创建过程只需单击和拖动鼠标操作就能完成,它提供了一种更快捷、直接明了的方式,而且用户可以立即看到系统的仿真结果。

全世界数以万计的科学家和工程师利用 Simulink 模型解决了诸多领域的问题。这些领

域包括航空航天和国防、汽车、通信、电子与信号处理、医疗器械等。

1.1.4 MATLAB 的产品构成

　　MathWorks 公司利用 M 语言开发了涉及各个专业领域解决实际应用问题的丰富的工具箱,它们构成了一个完整的 MATLAB 产品家族。随着新版本的不断发布,MATLAB 产品家族也在不断地进行更新,几乎每个新版本都会增加一些新的函数或工具箱。有关 MATLAB 工具箱的最新信息可在 MathWorks 公司网站(http://www. mathworks. cn/products)中查询。

　　根据专业领域的不同,目前 MATLAB 产品家族主要包括以下工具箱。

1. 并行计算

➢ Parallel Computing Toolbox(并行计算工具箱)

➢ MATLAB Distributed Computing Server(分布式计算服务器)

2. 数学与优化

➢ Optimization Toolbox(优化工具箱)

➢ Symbolic Math Toolbox(符号计算工具箱)

➢ Partial Differential Equation Toolbox(偏微分方程工具箱)

➢ Global Optimization Toolbox(全局优化工具箱)

3. 统计与数据分析

➢ Statistics Toolbox(统计工具箱)

➢ Neural Network Toolbox(神经网络工具箱)

➢ Curve Fitting Toolbox(曲线拟合工具箱)

➢ Spline Toolbox(样条工具箱)

➢ Model - Based Calibration Toolbox(基于模型矫正工具箱)

4. 控制系统设计与分析

➢ Control System Toolbox(控制系统工具箱)

➢ System Identification Toolbox(系统辨识工具箱)

➢ Fuzzy Logic Toolbox(模糊逻辑工具箱)

➢ Robust Control Toolbox(稳健控制工具箱)

➢ Model Predictive Control Toolbox(模型预测控制工具箱)

➢ Aerospace Toolbox(航空航天工具箱)

5. 信号处理与通信

➢ Signal Processing Toolbox(信号处理工具箱)

➢ Signal Processing Blockset(信号处理模块)

➢ Communications Toolbox(通信工具箱)

➢ Filter Design Toolbox(滤波器设计工具箱)

➢ Filter Design HDL Coder(滤波器设计 HDL 编码器)

➢ Wavelet Toolbox(小波工具箱)

➢ Fixed - Point Toolbox(定点工具箱)

➢ RF Toolbox(射频工具箱)

6. 图像处理

➢ Image Processing Toolbox(图像处理工具箱)

➢ Video and Image Processing Blockset(视频和图像处理模块库)

➢ Image Acquisition Toolbox(图像采集工具箱)

➢ Mapping Toolbox(地图工具箱)

7. 测试 & 测量

➢ Data Acquisition Toolbox(数据采集工具箱)

➢ Instrument Control Toolbox(仪器控制工具箱)

➢ Image Acquisition Toolbox(图像采集工具箱)

➢ SystemTest(系统测试工具箱)

➢ OPC Toolbox(OPC 工具箱)

➢ Vehicle Network Toolbox(车载网络工具箱)

8. 计算生物

➢ Bioinformatics Toolbox(生物信息学工具箱)

➢ SimBiology(生物系统模拟工具箱)

9. 计算金融

➢ Financial Toolbox(金融工具箱)

➢ Financial Derivatives Toolbox(金融衍生工具箱)

➢ Datafeed Toolbox(金融数据实时传送工具箱)

➢ Fixed-Income Toolbox(固定收益证券建模和分析工具箱)

➢ Econometrics Toolbox(计量经济学工具箱)

10. 应用发布

➢ MATLAB Compiler(MATLAB 编译器)

➢ Spreadsheet Link EX(Excel 连接工具箱)

11. 应用发布目标

➢ MATLAB Builder EX(Excel 增益集工具箱)

➢ MATLAB Builder NE(. NET 增益集工具箱)

➢ MATLAB Builder JA(Java 增益集工具箱)

12. 数据库连接和报告

➢ Database Toolbox(数据库连接工具箱)

➢ MATLAB Report Generator(MATLAB 报告生成器)

1.1.5　Simulink 的产品构成

目前 Simulink 产品家族主要包括:

1. 定点建模

➢ Simulink Fixed Point(Simulink 定点工具)

2. 基于事件的建模

➢ Stateflow(状态机系统及控制逻辑的设计与仿真)

➢ SimEvents(离散事件系统建模与仿真)

5

3. 物理建模

- Simscape(多领域物理系统建模与仿真)
- SimMechanics(机械系统建模与仿真)
- SimPowerSystems(电力系统建模与仿真)
- SimDriveline(机械传动系统建模与仿真)
- SimHydraulics(液压系统建模与仿真)
- SimElectronics(电子和机电系统建模与仿真)

4. 仿真图形化

- Simulink 3D Animation(三维动画与可视化仿真)
- Gauges Blockset(利用图形设备监测信号)

5. 控制系统设计与分析

- Simulink Control Design(计算 PID 增益,线性化模型和控制系统设计)
- Aerospace Blockset(飞机,航天器和推进系统建模与仿真)
- Simulink Design Optimization(估计和优化 Simulink 模型参数)

6. 信号处理与通信

- Signal Processing Blockset(信号处理模块库)
- Communications Blockset(通信模块库)
- SimRF(RF 系统设计与仿真)
- Video and Image Processing Blockset(视频和图像处理模块库)

7. 代码生成

- Real-Time Workshop(从 Simulink 模型和 MATLAB 代码生成 C 代码)
- Real-Time Workshop Embedded Coder(为嵌入式系统生成最优的 C 和 C++代码)
- Stateflow Coder(从 Stateflow 状态图中生成 C 代码)
- Simulink HDL Coder(从 Simulink 模型和 MATLAB 代码生成 HDL 代码)
- Target Support Package(把生成的代码部署到嵌入式处理器、微控制器和 DSP)
- DO Qualification Kit(DO 鉴定工具包,根据 DO - 178 标准对 Simulink 和 PolySpace 验证工具进行鉴定)
- IEC Certification Kit(IEC 认证工具包,保证使用 Simulink 和 PolySpace 产品开发的嵌入式系统符合 IEC 61508 和 ISO 26262 标准)
- Simulink PLC Coder(为可编程逻辑控制器（PLC）和可编程自动化控制器（PAC）生成 IEC 61131 结构化文本)

8. 快速原型和硬件再回路仿真

- xPC Target(高性能的主机-目标机构原型环境,它能把 Simulink 模型和 Stateflow 模型与物理系统连接起来并且在低成本的 PC 硬件上实时运行)
- xPC Target Embedded Option(xPC Targe 的扩展,利用 xPC Target Embedded Option 可以在高效的 PC 硬件上配置和运行用户的系统)
- Real-Time Windows Target(在 PC 上实时运行 Simulink 模型)

9. 验证、确认和测试

- Simulink Verification and Validation(验证模型和生成的代码)
- Simulink Design Verifier(对 Simulink 和 Stateflow 模型进行测试和验证属性)

> System Test(系统验证和检验)
> Embedded IDE Link(用嵌入式软件开发环境创建、优化和验证代码)
> EDA Simulator Link(联合仿真接口,提供了 MATLAB、Simulink 和 HDL 仿真器之间的双向链接)

10. 生成报告

> Simulink Report Generator(Simulink 报告生成器)

1.1.6　MATLAB/Simulink 的应用领域

MATLAB/Simulink 的应用领域如表 1.1－1 所列。

表 1.1－1　MATLAB 的应用领域

应用领域	说　明
技术计算	数学计算、分析、可视化和算法开发
嵌入式系统	对嵌入式软件和硬件进行建模、仿真、实现和验证
控制系统	设计、测试和实现控制系统
数字信号处理	分析信号、开发算法、设计 DSP 系统
通信系统	设计和仿真复杂通信系统
图像和视频处理	采集、处理、分析图像和视频以进行算法开发和系统设计
FPGA 设计	FPGA 设计的建模、仿真、实现和验证
机电	设计、优化和验证机电系统
测试和测量	采集、分析和探查数据以及将测试自动化
计算生物学	分析、可视化及对生物数据和系统进行建模
计算金融学	开发并部署高效且稳定的金融应用程序

1.2　MATLAB 的安装与启动

1.2.1　MATLAB 的安装

与大多数常用软件的安装一样,MATLAB 的安装会启动一个"安装向导",用户只需按照"安装向导"界面的提示一步步操作即可。若是选用光盘安装,将 MATLAB 安装光盘插入光驱后,通常会自动启动"安装向导";若是选用硬盘安装,用户可从安装文件所在目录中找到"setup. exe"文件并双击之,同样可以启动"安装向导",引导用户完成 MATLAB 的安装。从 MATLAB R2008a 版本开始,MATLAB 的安装多了激活的步骤,需要激活才能正常使用 MATLAB 的各项功能。

MATLAB 有 32 位和 64 位两种版本,这两种版本通常放在一个镜像文件里,MATLAB 安装程序会根据用户的操作系统自动选择合适的版本进行安装。

1.2.2　MATLAB 的启动

Windows 环境下,MATLAB 的常用启动方法有以下几种:

① 双击桌面上的 MATLAB 快捷方式图标 (一般指向 MATLAB 安装目录下的 bin 文件"matlab. exe"),即可启动 MATLAB。

② 依次单击 Windows 任务栏上的"开始"→"所有程序"→"MATLAB"→"R2009a"→"MATLAB R2009a"来启动 MATLAB R2009a(其他版本类似)。

③ 单击 Windows 任务栏上的"开始"按钮,在弹出的开始菜单中单击"运行"选项,然后在弹出的文本框中输入 MATLAB 并按 Enter 键进入 MATLAB 界面。

读者朋友们,现在就来体验一下吧!

1.3 MATLAB 工作界面

1.3.1 工作界面布局

用户启动 MATLAB 后,将出现如图 1.3-1 或图 1.3-2 所示工作界面,可以看到整个工作界面被分成了几个子窗口(不同版本的工作界面布局会稍有不同)。以 MATLAB7.x 版本的界面为例,最左边是当前目录窗口(Current Directory),显示了当前路径"D:\Backup\我的文档\MATLAB"下的所有文件。界面中间面积最大的窗口是命令窗口(Command Window)。该窗口左上角的">>"是 MATLAB 命令提示符,在它的后面可以输入 MATLAB 命令,然后按 Enter 键即可执行所输入的命令并返回相应的结果。命令提示符前面的 𝑓𝑥 图标是一个快捷查询按钮,单击该图标可以快速查询 MATLAB 各工具箱中函数的用法,这一点有点类似于 MATLAB 自带的帮助,只是不如帮助列得详细。命令提示符的上面给出了"Video" "Demos"和"Getting Started"三个蓝色的超链接,单击它们可分别打开 MATLAB 自带的演示视频、演示程序和帮助窗口。工作界面的右上角是工作空间窗口(Workspace),也可称为当前变量窗口,用来管理 MATLAB 内存空间中的变量,在命令窗口定义过的变量都会在这里显示出来。工作界面的右下角是历史命令窗口(Command History),在命令窗口用过的命令会在这里显示出来,通过双击某条历史命令可以重新运行该命令。

图 1.3-1   MATLAB 7.x 工作界面布局

8

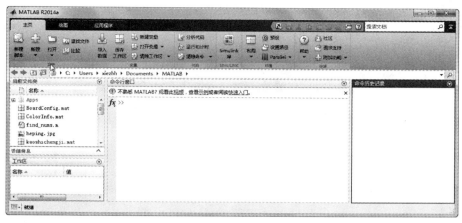

图 1.3-2　MATLAB 8.x 版本工作界面布局

〖说明〗

在 MATLAB 8.x 版本中,菜单项被图形化工具条取代,使得 MATLAB 的操作变得更为方便和快捷。MATLAB 8.x 版本的工作界面包含三个标签页:主页(Home)、绘图(Plots)和应用程序(Apps),绘图标签页中提供了可视化绘图工具,应用程序标签页中提供了可视化应用程序,用户可根据需要选择不同的标签页。

1.3.2　工作界面的显示属性调整

单击"File"菜单(MATLAB 8.x 版本中单击 ◎ 预设 图标),在弹出的下拉菜单中选择"Preferences",将弹出属性设置界面,如图 1.3-3 所示。

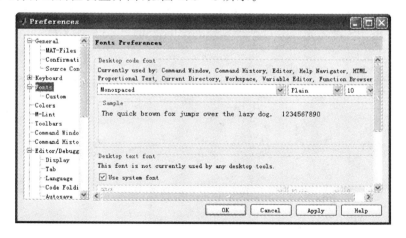

图 1.3-3　属性设置界面

在属性设置界面左方的目录浏览树中选中某个结点,界面右方将出现相应的属性设置对话框,可以交互式地进行各种属性的设置。例如,可以选中"Fonts"结点设置字体、字号等属性,选中"Colors"结点设置颜色属性。

1.3.3　工作界面的布局调整

单击每个子窗口右上角的 图标(MATLAB 8.x 版本中的 ◎ 图标以及 Undock 选项),

若您对此书内容有任何疑问,可以登录MATLAB中文论坛与作者和同行交流。

可以将该子窗口从 MATLAB 工作界面中脱离出来,成为独立的窗口,此时 MATLAB 工作界面的布局会发生相应的变化。以 MATLAB 命令窗口为例,独立的命令窗口如图 1.3-4 所示。

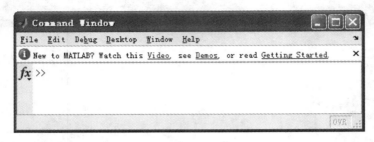

图 1.3-4 独立的 MATLAB 命令窗口

单击图 1.3-4 右上角的 ⬛ 图标,可将命令窗口重新嵌入 MATLAB 工作界面。

单击"Desktop"菜单(MATLAB 8.x 版本中单击⬛图标),在弹出的下拉菜单中通过勾选(或取消勾选)各选项,也可改变 MATLAB 工作界面布局。如果工作界面布局已经改变,通过菜单项"Desktop"→"Desktop Layout"→"Default"可恢复默认工作界面布局。

1.4 命令窗口(Command Window)

1.4.1 初识 MATLAB 命令

MATLAB 有"草稿纸式"的编程语言,在命令窗口中输入 MATLAB 命令就像在草稿纸上写草稿一样随意。下面将通过具体例子认识一下 MATLAB 命令的输入和运行方法。

【例 1.4-1】 求 $[7189+(1021-913)\times80]\div64^{0.5}$ 的算术运算结果。

```
% 第一种方法:
>> (7189 + (1021 - 913) * 80)/64^0.5

ans =

  1.9786e + 003
% 第二种方法:
>> (7189 + (1021 - 913) * 80)/sqrt(64)

ans =

  1.9786e + 003
```

〖说明〗

在命令提示符">> "的后面输入命令:(7189+(1021-913)＊80)/64^0.5,然后按 Enter(回车)键返回运算结果:ans＝1.9786e+003,这里的 ans 是 MATLAB 中的默认变量名,意为 answer 的缩写。在不指明变量名的情况下,MATLAB 会自动把 ans 作为变量名。变量的命名规则和赋值方式详见第 2.1 节。

在第二种计算方法中用到了 MATLAB 自带的平方根函数 sqrt,类似的常用函数还有很多,2.2 节中将会作详细介绍。

MATLAB 中以％开头的内容为注释内容,它们不被解释和执行。上述命令行中以％引导的文字说明行就是注释行。

1.4.2　分号的重要作用

请读者运行以下命令,体会分号(;)的重要作用。

```
>> 1 + 1
ans =
     2
>> 1 + 1;
```

上述第一条命令的后面没有加分号,按 Enter 键执行后直接在命令窗口显示运算结果;而第二条命令的后面带有分号,执行后不显示运算结果。也就是说,分号对结果的显示有至关重要的作用,当不需要显示运算结果时,应在相应命令的后面加上分号。

需要注意的是,这里提到的分号必须是英文输入方式下的分号,若是中文输入方式下的分号,在命令窗口中将以红色显示(红色用来提示错误)。

〖说明〗

标点符号在 MATLAB 中有着非常重要的作用,这里先让读者认识到了分号的用途,更多可用的标点符号及其作用详见第 2.5 节。

1.4.3　MATLAB 命令窗口中常用的快捷键

MATLAB 中有一些常用的快捷键,有着非常重要的作用,其中在命令窗口中用到的常用快捷键如表 1.4 - 1 所列。

表 1.4 - 1　MATLAB 命令窗口中常用的快捷键及其说明

快捷键	说　明
键↑	调出历史命令中的前一个命令
键↓	调出历史命令中的后一个命令
Tab	输入命令的前几个字符,然后按 Tab 键,会弹出前面包含这几个字符的所有命令,方便查找所需命令
Ctrl+C	中断程序的运行,用于耗时过长程序的紧急中断

〖说明〗

把光标放在命令提示符的后面,然后按方向键↑,可以调出最近用过的一条历史命令,反复按方向键↑,可以调出所有历史命令。如果先在命令提示符后输入命令的前几个字符,然后按方向键↑,可以调出最近用过的前面包含这几个字符的历史命令,反复按方向键↑,可以调出所有这样的历史命令。

方向键↑和↓配合使用可以调出上一条或下一条历史命令。

当 MATLAB 程序运行时间过长而不想再等待时,可以在 MATLAB 命令窗口按组合键 Ctrl+C 紧急中断程序的运行。

1.5　历史命令窗口(Command History)

MATLAB 历史命令窗口用来记录启动 MATLAB 的时间和已经在命令窗口运行过的历史命令,如图 1.5 - 1 所示。

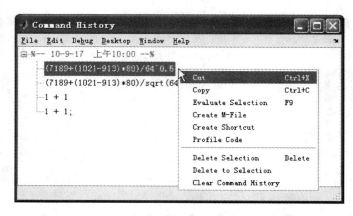

图 1.5-1 独立的 MATLAB 历史命令窗口

在历史命令窗口中双击某条历史命令即可在命令窗口中重新运行该命令并返回相应结果。选中一条或多条命令,然后单击鼠标右键,将弹出右键菜单,如图 1.5-1 所示。各菜单项及功能说明如表 1.5-1 所列。

表 1.5-1 MATLAB 历史命令窗口右键菜单功能说明

菜单项	功能说明	快捷键
Cut	实现剪切操作	Ctrl+X
Copy	实现复制操作	Ctrl+C
Evaluate Selection	重新运行所选中的历史命令	F9
Create M-File	把选中的历史命令粘贴到程序编辑窗口,用来创建 M 文件	
Create Shortcut	为选中的历史命令创建快捷方式,快捷方式可以加入工具栏、Start 菜单或帮助浏览器收藏夹	
Profile Code	分析所选中的历史命令的运行效率,即代码运行效率分析	
Delete Selection	删除所选中的历史命令	Delete
Delete to Selection	先选中一条历史命令,单击"Delete to Selection"删除该命令上方的所有历史命令	
Clear Command History	清空所有历史命令	

1.6 当前目录窗口(Current Directory)

1.6.1 MATLAB 搜索路径机制和搜索顺序

启动 MATLAB 之后,用户可以在其命令窗口或 MATLAB 程序中随心所欲地调用 MATLAB 自带的内部函数,而不用管这个内部函数被放在哪里。如果把 MATLAB 自带的某个函数放到别的文件夹里,这个函数就未必能够正确运行。这是因为 MATLAB 有搜索路径限制,MATLAB 搜索路径下的函数才有可能被正确运行。

例如,当运行的 MATLAB 命令中含有名为 xiezhh 的命令时,MATLAB 将试图按下列顺序去搜索和识别:

① 检查 MATLAB 内存,判断 xiezhh 是否为工作空间窗口的变量或特殊常量,如果是,则将其当成变量或特殊常量来处理,否则进入下一步;

② 检查 xiezhh 是否为 MATLAB 的内部函数,如果是,则调用 xiezhh 这个内部函数,否则再往下执行;

③ 在当前目录中搜索是否有名为 xiezhh 的 M 文件存在,若有,则调用 xiezhh 文件,否则再往下执行;

④ 在 MATLAB 搜索路径的其他目录中搜索是否有名为 xiezhh 的 M 文件存在,若有,则调用 xiezhh 文件,否则在命令窗口返回没找到 xiezhh 的错误信息:"??? Undefined function or variable 'xiezhh'."

需要注意的是,这种搜索是以花费很多执行时间为代价的。为了节省时间,提高程序的运行效率,用户需要做好搜索路径管理。

1.6.2　MATLAB 当前目录管理

独立的 MATLAB 当前目录窗口如图 1.6 - 1 所示,它相当于 Windows 操作系统下的资源管理器,用来管理 MATLAB 当前目录下的所有文件和文件夹。选中当前目录下的某个文件或文件夹,右击可弹出右键菜单。通过该菜单可以编辑或运行 M 文件,可以将数据文件中的数据导入到 MATLAB,可以为当前目录下的所有 M 文件生成各种报告,还可以把选中的文件夹及其子文件夹添加到 MATLAB 搜索路径下。

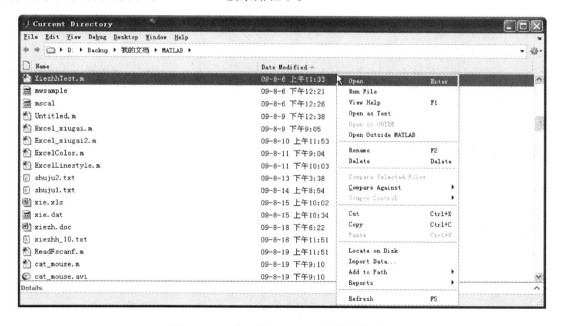

图 1.6 - 1　独立的 MATLAB 当前目录窗口

在图 1.3 - 1 所示的 MATLAB 工作界面中单击"设置当前路径"按钮可以更改当前目录。

1.6.3　MATLAB 搜索路径设置

用户可以交互式地把某个文件夹添加到 MATLAB 的搜索路径下,添加方法如图 1.6 - 2 所示。

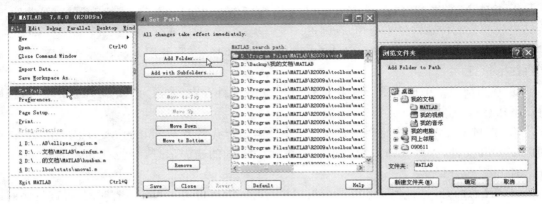

图 1.6 - 2　MATLAB 搜索路径设置界面

单击"File"菜单（MATLAB 8.x 版本中单击 设置路径 图标），在弹出的下拉菜单中选择"Set Path"，将弹出"Set Path"界面，其中列出了 MATLAB 搜索路径下的所有文件夹，在"Set Path"界面中单击"Add Folder"按钮或者"Add with Subfolders"按钮，在弹出的"浏览文件夹"对话框中选择要添加的文件夹，单击"确定"按钮，然后单击"Save"按钮，最后单击"Close"按钮即可。若前面单击了"Add Folder"按钮，则只将选中的文件夹添加到 MATLAB 搜索路径下；若前面单击了"Add with Subfolders"按钮，则将选中的文件夹及其子文件夹都添加到 MAT-LAB 搜索路径下。

在 MATLAB 搜索路径设置界面中选中一条或多条路径，单击"Move to Top"按钮可将选中的路径放到搜索路径的最顶端，MATLAB 最先搜索这些路径；单击"Move Up"按钮将选中的路径上升一位；单击"Move Down"按钮将选中的路径下降一位；单击"Move to Bottom"按钮将选中的路径放到搜索路径的最底端，它们最后才被搜索；单击"Remove"按钮将选中的路径从 MATLAB 搜索路径中删除。

1.7　工作空间窗口（Workspace）

MATLAB 工作空间窗口用来以图形界面的方式显示 MATLAB 内存空间中的所有变量，可以交互式地管理这些变量。请读者运行以下命令，观察工作空间窗口的变化。

```
>> x = [1 2 3;4 5 6]    % 定义一个2行3列的矩阵，并显示结果
x =
     1     2     3
     4     5     6

>> y = rand(100,2);     % 调用 rand 函数生成一个 100 行 2 列的随机矩阵，不显示结果
>> z = 'xiezhh'         % 定义一个字符型变量，并显示结果
z =
xiezhh
```

运行以上命令，在 MATLAB 内存空间中定义了 3 个变量：x、y 和 z，此时工作空间窗口中给出了完整的变量列表，如图 1.7 - 1 所示。在工作空间窗口中选中某个变量，然后通过菜单项、工具栏图标或右键菜单选项可以交互式地对所选变量进行管理。MATLAB 工作空间窗

口的基本功能如表 1.7 – 1 所列。

表 1.7 – 1　MATLAB 工作空间窗口基本功能列表

功　能	操作方法
创建新变量	单击 图标,在工作空间中生成一个"unnamed"的新变量,双击该新变量图标,将打开变量编辑器(Variable Editor,如图 1.7 – 2 所示),输入变量数据,然后关闭变量编辑器,并对变量进行重命名即可
显示变量内容	选中某个变量,双击鼠标(或单击工具栏图标 ,或单击右键菜单中的"Open Selection"选项),打开变量编辑器并显示变量数据(如图 1.7 – 2 所示)
保存变量到文件	选择一个或多个变量,然后单击图标 (或单击"File"菜单中的"Save"选项,或单击右键菜单中的"Save As"选项),即可把所选变量保存到 MAT 数据文件。如果单击"File"菜单中的"Save Workspace As"选项,可将工作空间中的所有变量保存到 MAT 数据文件
从数据文件向内存载入变量	单击图标 ,在弹出的数据导入界面中选择数据文件并打开,然后在弹出的数据导入向导(Import Wizard)界面中选择需要载入的变量即可
删除变量	选择一个或多个变量,然后单击图标 (或单击"Edit"菜单中的"Delete"选项,或单击右键菜单中的"Delete"选项),即可删除所选变量
变量可视化	选中某个变量,然后选中工具栏图标 下拉菜单中的绘图项(或选中"Graphics"菜单中的绘图项,或选中右键菜单中的绘图项),即可绘制所选变量对应的图形

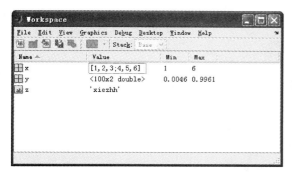

图 1.7 – 1　独立的 MATLAB 工作空间窗口

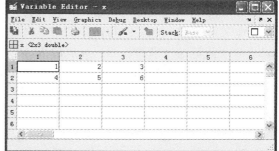

图 1.7 – 2　变量编辑器

1.8　程序编辑窗口(Editor)

1.8.1　编辑 M 文件

在学习使用 MATLAB 的过程中,不可避免地要根据问题的需要编写 MATLAB 代码(简称 M 代码),为保证代码的重复利用,需要将 M 代码保存成扩展名为 .m 的文件,此类文件也被称之为 M 文件。M 文件通常在程序编辑窗口(或称脚本编辑窗口)中编写,也可在记事本、写字板等文本编辑工具中编写,只需保存成 M 文件即可。单击工作界面工具栏中的 图标或者通过菜单项"File"→"New"→"Blank M-File"(MATLAB 8.x 版本中单击 或 图标)均可打开程序编辑窗口,如图 1.8 – 1 所示。

在 MATLAB 程序编辑窗口中编写 MATLAB 代码,然后单击工具栏图标 (或单击

若您对此书内容有任何疑问,可以登录 MATLAB 中文论坛与作者和同行交流。

15

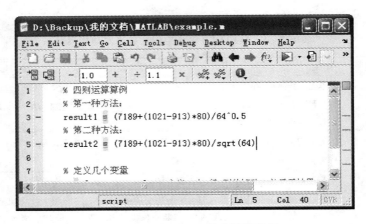

图 1.8 - 1　MATLAB 程序编辑窗口

"File"菜单中的"Save"选项)可将所编写的代码保存为 M 文件。文件名由用户指定(默认文件名为 Untitled1,Untitled2,…),文件名必须以英文字母打头,可用字符包括英文字母、数字和下画线,文件名不得超过 63 个字符。文件保存路径采用默认即可。当然,也可由用户指定文件保存路径。需要注意的是,只有将 M 文件保存到 MATLAB 搜索路径下,才有可能被正确调用。

1.8.2　M 文件的调用

M 文件包括脚本文件和函数文件。所谓的脚本文件,就是根据用户需要将一些 MATLAB 命令简单地堆砌在一起保存成的 M 文件;而函数文件就是按照一定格式编写的,可由用户指定输入和输出进行调用的 M 文件。对于脚本文件,只需要单击程序编辑窗口工具栏中的 图标(或在命令窗口输入脚本文件的文件名,然后按 Enter 键)即可运行脚本文件,并在命令窗口中返回相应结果。对于函数文件,需要在命令窗口中指定函数的输入和输出进行调用。请读者运行以下命令,初步体会函数文件的调用方法。

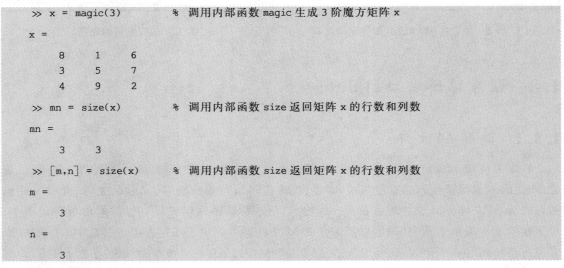

```
>> x = magic(3)          % 调用内部函数 magic 生成 3 阶魔方矩阵 x
x =
     8     1     6
     3     5     7
     4     9     2
>> mn = size(x)          % 调用内部函数 size 返回矩阵 x 的行数和列数
mn =
     3     3
>> [m,n] = size(x)       % 调用内部函数 size 返回矩阵 x 的行数和列数
m =
     3
n =
     3
```

〖说明〗

上面命令中展示了 magic 和 size 函数的调用方法,其中用到了 size 函数的两种不同的调

用格式。通常情况下，MATLAB 内部函数都有多种不同的调用格式。

1.8.3　MATLAB 程序编辑窗口中常用的快捷键

在 MATLAB 程序编辑窗口中用到的常用快捷键如表 1.8-1 所列。

表 1.8-1　MATLAB 中常用的快捷键及其说明

快捷键	说　明	快捷键	说　明
Tab 或 Ctrl+]	增加缩进(对多行有效)	Ctrl+T	去掉注释(对多行有效)
Ctrl+[	减少缩进(对多行有效)	F12	设置或清除断点
Ctrl+I	自动缩进(即自动排版,对多行有效)	F5	运行程序
Ctrl+R	添加注释(对多行有效)		

在程序编辑窗口使用 Tab 键、Ctrl+]、Ctrl+[、Ctrl+I、Ctrl+R 和 Ctrl+T 等快捷键之前,应先选中一行或多行代码。

1.9　MATLAB 帮助系统

作为一款优秀的科学计算软件,MATLAB 有着非常完备的帮助系统,可以满足不同层次用户的需求。实际上,MATLAB 自带的帮助系统就是一个内部函数的使用说明书,不仅列出了每个函数的各种调用方式,还给出了相应的例子,是一个非常不错的教程。希望初学者能很好地利用 MATLAB 自带的帮助系统。本节介绍 MATLAB 帮助系统的使用方法。

1.9.1　MATLAB 命令窗口帮助系统

MATLAB 中提供了 help、helpbrowser、helpwin、doc、docsearch 和 lookfor 等函数,用来在命令窗口中查询函数的帮助信息。这些函数的常用调用格式如表 1.9-1 所列。

表 1.9-1　MATLAB 中查询帮助信息的常用函数列表

函数名	调用格式	说　明
help	help	在命令窗口列出主要的帮助主题,每个主题对应搜索路径上的一个文件夹
	help /	列出 MATLAB 支持的所有运算和特殊符号及其说明
	help functionname	显示指定 M 文件的帮助信息(函数摘要和调用说明)
	help modelname. mdl	显示指定 MDL 文件的完整描述
	help toolboxname	显示指定工具箱下的函数目录
	help toolboxname/functionname	显示指定工具箱下指定 M 文件的帮助信息
	help classname. methodname	显示指定类的指定方法的帮助信息
	help classname	显示指定类的帮助信息
	help syntax	显示 MATLAB 函数的定义格式和调用说明
	t = help('topic')	返回指定主题的文本帮助信息给变量 t
helpbrowser	helpbrowser	打开 Help 帮助浏览器界面,如图 1.9-1 所示
helpwin	helpwin	在 Help 帮助浏览器中显示帮助主题列表
	helpwin topic	在 Help 帮助浏览器中显示指定主题的函数列表

函数名	调用格式	说　明
doc	doc	打开 Help 帮助浏览器界面,如图 1.9－1 所示
	doc functionname	在 Help 帮助浏览器中显示指定 MATLAB 函数的参考页
	doc toolboxdirname	在 Help 帮助浏览器中显示指定工具箱的导航页
	doc toolboxdirname/functionname	在 Help 帮助浏览器中显示指定工具箱中指定函数的参考页
	doc classname. methodname	在 Help 帮助浏览器中显示指定类的指定方法的参考页
	doc userclassname	在 Help 帮助浏览器中以 HTML 格式显示用户自定义类的帮助信息
docsearch	docsearch	打开 Help 帮助浏览器的"Search"搜索窗
	docsearch word	在"Search"搜索窗搜索含有指定关键词的所有页面
	docsearch word1 word2 …	在"Search"搜索窗搜索含有指定的多个关键词的所有页面
	docsearch "word1 word2" …	在"Search"搜索窗搜索含有指定词组的所有页面
	docsearch wo * rd …	在"Search"搜索窗搜索含有"wo"开头、"rd"结尾单词的所有页面
	docsearch word1 word2 BOOLEANOP word3	利用多个关键词间的逻辑表达式进行搜索
	docsearch('word1 word2')	函数调用方式,在"Search"搜索窗搜索含有指定关键词的所有页面
	docsearch(charvar)	在"Search"搜索窗搜索含有指定字符的所有页面
lookfor	lookfor topic	在命令窗口搜索注释内容的第一行(简称 H1 行)含有指定字符的 M 文件
	lookfor topic -all	在命令窗口搜索注释内容中含有指定字符的 M 文件

〖说明〗

以上各函数调用格式中的 functionname、modelname. mdl、topic、classname、methodname、userclassname 分别用来指定待搜索的 M 函数文件名、MDL 文件名、主题名称、类名称、方法名称和用户自定义类名称;toolboxname、toolboxdirname 用来指定待搜索的工具箱名称;charvar、word1、word2……用来指定待搜索的关键词。

在 MATLAB 命令窗口中运行"help 函数名",会在命令窗口列出该函数的详细介绍,包括调用格式、输入输出参数的意义等。运行"doc 函数名",会在 Help 帮助浏览器中打开该函数的参考页,其帮助信息的可读性比"help 函数名"要好些,具体使用哪个就看个人的使用习惯了。

1.9.2　Help 帮助浏览器

单击 MATLAB 工作界面 Help 菜单的"Product Help"选项,或者单击工具栏中的 ⊙ 图标,打开 Help 帮助浏览器界面,如图 1.9－1 所示。在这里可以通过查找目录和搜索关键词的方式来查询帮助信息。

1. 目录查询功能

在 Help 帮助浏览器界面单击各个蓝色字体的链接,即可打开相应工具箱的帮助页面,其中列出了结点可以展开的目录树,单击目录树中的某个结点,即可在 Help 帮助浏览器中查询相应的 HTML 格式的帮助信息。

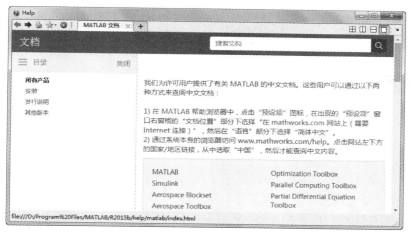

图 1.9 - 1　MATLAB 的 Help 帮助浏览器界面

2. 关键词搜索功能

在 Help 帮助浏览器界面上的搜索文档编辑框中输入关键词,然后按 Enter 键,即可打开页面中包含该关键词的所有帮助主题。此时选中某个帮助主题,将在 Help 帮助浏览器打开相应的帮助文档页面。

3. 自动演示功能

在 Help 帮助浏览器界面单击"MATLAB"或"Simulink"链接,然后在弹出的页面中单击"Examples"链接,即可打开 MATLAB 或 Simulink 的 Demo 演示页面,如图 1.9 - 2 所示。

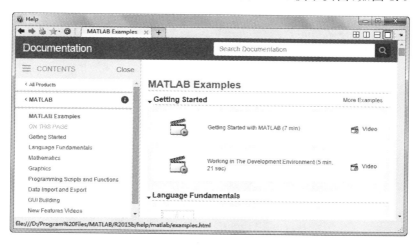

图 1.9 - 2　MATLAB 的 Demo 演示页面

俗话说"照葫芦画瓢",MATLAB 的 Demos 演示系统为用户提供了可供参考的"葫芦",它以案例演示的形式教读者轻松学习 MATLAB。具体来说,针对不同的案例,Demos 演示系统分别用 M 文件、GUI 图形用户界面、Simulink 框图模型或教学视频等进行演示。

〖说明〗

单击命令窗口上方的"Demos"超链接,或在命令窗口中运行以下命令均可打开 Demo 演示页面。

若您对此书内容有任何疑问,可以登录MATLAB中文论坛与作者和同行交流。

19

```
>> demos
>> demo 'matlab'
>> demo 'simulink'
```

1.10 参考文献

[1] 张志涌,杨祖樱. MATLAB 教程 R2010a. 北京:北京航空航天大学出版社,2010.

[2] 吴鹏. MATLAB 高效编程技巧与应用:25 个案例分析. 北京:北京航空航天大学出版社,2010.

[3] 陈杰. MATLAB 宝典. 北京:电子工业出版社,2007.

[4] 董维国. 深入浅出 MATLAB 7.x 混合编程. 北京:机械工业出版社,2006.

[5] 薛定宇,陈阳泉. 基于 MATLAB/Simulink 的系统仿真技术与应用. 北京:清华大学出版社,2002.

若您对此书内容有任何疑问,可以登录MATLAB中文论坛与作者和同行交流。

第 2 章

MATLAB 基本操作

谢中华(xiezhh)

2.1 变量的定义与数据类型

MATLAB 是一种面向对象的高级编程语言,在 MATLAB 中,用户可以在需要的地方很方便地定义一个变量,就像在"草稿纸"上写符号一样随意,并且根据用户不同的需要,还可以定义不同类型的变量。

2.1.1 变量的定义与赋值

MATLAB 中定义变量所用变量名必须以英文字母打头,可用字符包括英文字母、数字和下画线,变量名区分大小写,长度不超过 63 个字符。例如 a2_bcd,Xiezhh_0,xiezhh_0 均为合法变量名,其中 Xiezhh_0 和 xiezhh_0 表示两个不同的变量。

变量的赋值可以采用直接赋值和表达式赋值,例如:

```
>> x = 1                    %直接赋值
x =
     1

>> y = 1 + 2 + sqrt(9)      %表达式赋值
y =
     6

>> z = 'Hello World !!!'    %定义字符型变量
z =
Hello World !!!
```

以上命令通过直接赋值定义了数值型变量 x 和字符型变量 z ,通过表达式赋值定义了变量 y。这里定义的变量 x,y,z 在 MATLAB 中都被作为二维数组保存,因为 MATLAB 中的运算是以数组为基本运算单元的。

MATLAB 中的默认变量名为 ans,它是 answer 的缩写。如果用户未指定变量名,MATLAB 将用 ans 作为变量名来存储计算结果,例如:

```
>> (7189 + (1021 - 913) * 80)/64^0.5    %加、减、乘、除、乘方运算
ans =
   1.9786e + 03
```

在变量名缺省的情况下,计算结果被赋给变量 ans。变量值的表示用到了科学计数法,这里 ans 的值为 $1.978\ 6 \times 10^3$。

2.1.2 MATLAB 中的常量

MATLAB 中提供了一些特殊函数,它们的返回值是一些有用的常量,如表 2.1 - 1 所列。
MATLAB 包罗万象的工具箱中提供了丰富的 MATLAB 函数,如果用函数名作为变量

名进行赋值,就会造成该函数失效,例如可以通过重新赋值的方式改变以上特殊函数或常量的值,但一般情况下不建议这么做,以免引起错误,并且这种错误很难被检查出来。

表 2.1-1　MATLAB 中的特殊函数或常量列表

特殊函数(或常量)	说　明
pi	圆周率 $\pi(=3.141\ 592\ 6\cdots)$
i 或 j	虚数单位,$\sqrt{-1}$
inf 或 Inf	无穷大,正数除以 0 的结果
NaN 或 nan	非数(或不定量),$0/0$、$\inf/\inf$、$0 * \inf$ 或 $\inf - \inf$ 的结果
eps	浮点运算的相对精度,$\varepsilon = 2^{-52}$
realmin	最小的正浮点数,$2^{-1\ 022}$
realmax	最大的正浮点数,$(2-\varepsilon)2^{1\ 023}$
version	MATLAB 版本信息字符串,例如 7.14.0.739 (R2012a)

如果用户不小心对某个函数名进行了赋值,可通过以下两种方式恢复该函数的功能:

① 调用 clear 或 clearvars 函数清除一个或多个变量,释放变量所占用内存,例如:

```
>> pi            % 查看圆周率的值
ans =
    3.1416

>> pi = 1        % 对变量 pi 重新赋值
pi =
    1

>> clear pi      % 清除变量 pi
>> pi
ans =
    3.1416
```

② 在工作空间子窗口中选中需要删除的变量,单击鼠标右键,利用右键菜单中的 Delete 选项删除变量,如图 2.1-1 所示。

图 2.1-1　删除变量示意图

如果用户对 clear 进行赋值,则 clear 函数失效,以上第一种删除变量的方式就会出错,此时应通过以上第二种方式恢复 clear 函数的功能。

```
>> pi = 1;          % 定义变量 pi
>> clear = 2;       % 定义变量 clear
>> clear pi         % 清除变量 pi,此命令会出错
Error: "clear" was previously used as a variable,
conflicting with its use here as the name of a function or command.
See MATLAB Programming, "How MATLAB Recognizes Function Calls That …
```

2.1.3 MATLAB 中的关键字

作为一种编程语言,MATLAB 为编程保留了一些关键字:break、case、catch、classdef、continue、else、elseif、end、for、function、global、if、otherwise、parfor、persistent、return、spmd、switch、try、while,这些关键字在程序编辑窗口中会以蓝色显示,它们是不能作为变量名的,否则会出现错误。用户在不知道哪些字为关键字的情况下,可用 iskeyword 函数进行判断,例如:

```
>> iskeyword('for')
ans =
    1
>> iskeyword('xiezhh')
ans =
    0
```

2.1.4 数据类型

MATLAB 中有 15 种基本的数据类型,如图 2.1-2 所示。

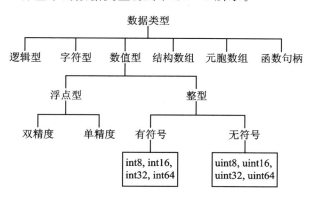

图 2.1-2 MATLAB 基本数据类型

MATLAB 还提供了 whos、class、isa、islogical、ischar、isnumeric、isfloat、isinteger、is-struct、iscell、iscellstr 等函数,用来查看数据类型,例如:

```
>> x = 1;
>> y = 1 + 2 + sqrt(9);
>> z = 'Hello World !!!';
>> whos
  Name      Size            Bytes  Class     Attributes
  x         1x1                 8  double
  y         1x1                 8  double
  z         1x16               32  char
```

若您对此书内容有任何疑问,可以登录 MATLAB 中文论坛与作者和同行交流。

以上返回的结果中列出了工作空间中所有的变量及其大小(Size)、占用字节(Bytes)和类型(Class)等信息。

2.1.5 数据输出格式

MATLAB 中数值型数据的输出格式可以通过 format 命令指定,下面以圆周率 π 的显示为例介绍各种输出格式,如表 2.1 - 2 所列。

表 2.1 - 2　MATLAB 中数值型数据的输出格式

格　式	说　明
format short	固定短格式,4 位小数。例 3.1416
format long	固定长格式,15 位小数(双精度);7 位小数(单精度)。例 3.141592653589793
format short e	浮点短格式,4 位小数。例 3.1416e+000
format long e	浮点长格式,15 位小数(双精度);7 位小数(单精度)。例 3.141592653589793e+000
format short g	最好的固定或浮点短格式,4 位小数。例 3.1416
format long g	最好的固定或浮点长格式,14 至 15 位小数(双精度);7 位小数(单精度)。例 3.14159265358979
format short eng	科学计数法短格式,4 位小数,3 位指数。例 3.1416e+000
format long eng	科学计数法长格式,16 位有效数字,3 位指数。例 3.14159265358979e+000
format+	以"+"号显示
format bank	固定的美元和美分格式。例 3.14
format hex	十六进制格式。例 400921fb54442d18
format rat	分式格式,分子分母取尽可能小的整数。例 355/113
format compact	压缩格式(或紧凑格式),不显示空白行,比较紧凑。例 ≫ format compact ≫ pi ans = 　3.141592653589793
format loose	自由格式(或宽松格式),显示空白行,比较宽松。例 ≫ format loose ≫ pi ans = 　3.141592653589793

2.2　常用函数

MATLAB 中包含了很多的工具箱,每一个工具箱中又有很多现成的函数,在学习 MAT-LAB 的过程中也很难把每一个函数都搞明白,其实这样做也没有太大的意义,因为 MATLAB 自带的帮助系统能够提供大多数函数详细的使用说明。虽然记住每一个函数不太现实,但一些基本函数最好还是能记住,如表 2.2 - 1 中列出的函数。

表 2.2 - 1　　MATLAB 常用函数列表

函数名	说　　明	函数名	说　　明
abs	绝对值或复数的模	sqrt	平方根函数
exp	指数函数	log	自然对数
log2	以 2 为底的对数	log10	以 10 为底的对数
round	四舍五入到最接近的整数	ceil	向正无穷方向取整
floor	向负无穷方向取整	fix	向零方向取整
rem	求余函数	mod	取模函数
sin	正弦函数	cos	余弦函数
tan	正切函数	cot	余切函数
asin	反正弦函数	acos	反余弦函数
atan	反正切函数	acot	反余切函数
real	求复数实部	imag	求复数虚部
angle	求相位角	conj	求共轭复数
mean	求均值	std	求标准差
max	求最大值	min	求最小值
var	求方差	cov	求协方差
corrcoef	求相关系数	range	求极差
sign	符号函数	plot	画线图

　　当然,MATLAB 中基本的常用函数还有很多,这里就不一一列举了,仅举一例说明其中一些函数的用法。

```
>> x = [1  -1.65  2.2  -3.1];  % 生成一个向量 x
>> y1 = abs(x)  % 求 x 中元素的绝对值
y1 =
    1.0000    1.6500    2.2000    3.1000

>> y2 = sin(x)  % 求 x 中元素的正弦函数值
y2 =
    0.8415  - 0.9969    0.8085  - 0.0416

>> y3 = round(x)  % 对 x 中元素作四舍五入取整运算
y3 =
    1    -2    2    -3

>> y4 = floor(x)  % 对 x 中元素向负无穷方向取整
y4 =
    1    -2    2    -4

>> y5 = ceil(x)  % 对 x 中元素向正无穷方向取整
y5 =
    1    -1    3    -3

>> y6 = min(x)  % 求 x 中元素的最小值
y6 =
  - 3.1000

>> y7 = mean(x)   % 求 x 中元素的平均值
y7 =
  - 0.3875

>> y8 = range(x)   % 求 x 中元素的极差(最大值减最小值)
```

```
y8 =
    5.3000
>> y9 = sign(x)   % 求 x 中元素的符号
y9 =
    1    -1    1    -1
```

上面定义的变量 x 是由 4 个元素构成的一个行向量,这种定义方式后面还会有详细的讨论。y1 至 y9 是通过常用函数定义的 9 个新变量,其变量取值是相应函数的返回值。

〖说明〗

在一条命令的后面可以加上英文状态下的分号,也可以不加,加上分号表示不显示中间结果。另外,在 MATLAB 中可以根据需要随时加上注释,注释内容的前面要加上%号。

2.3 数组的定义

在 MATLAB 中,基本的运算单元是数组,这里介绍数组的定义。向量作为 1 维数组,矩阵作为 2 维数组,有着最为广泛的应用,本节先介绍向量和矩阵的定义,然后介绍多维数组的定义。

2.3.1 向量的定义

1. 逐个输入向量元素

```
x = [x1 x2 x3 …]        % 定义行向量,空格分隔
x = [x1, x2, x3,…]      % 定义行向量,逗号分隔
x = [x1; x2; x3;…]      % 定义列向量,分号分隔
x = [x1, x2, x3,…]'     % 定义列向量,行向量转置
```

【例 2.3 - 1】 定义行向量 $x = [1 \quad 0 \quad 2 \quad -3 \quad 5]$。

程序如下:

```
>> x = [1,0,2,-3  5]    % 定义行向量
x =
    1    0    2    -3    5
```

【例 2.3 - 2】 定义列向量 $y = [5 \quad 2 \quad 0]^T$。

程序如下:

```
>> y = [5;2;0]
y =
    5
    2
    0
```

2. 规模化定义向量

【例 2.3 - 3】 通过冒号运算符定义向量。

利用冒号运算符定义向量的一般格式如下:

```
x = 初值 : 步长 : 终值
```

若步长为 1,可省略不写,例如:

```
>> x = 1:10    % 定义一个向量 x,步长为 1
x =
    1    2    3    4    5    6    7    8    9    10
>> y = 1:2:10    % 定义一个向量 y,步长为 2
y =
    1    3    5    7    9
```

【例 2.3 - 4】　linspace 函数用来生成等间隔向量, 它的调用格式为:

```
x = linspace(初值, 终值, 向量长度)
```

下面调用 linspace 函数定义向量 x:

```
>> x = linspace(1, 10, 10)    % 调用 linspace 函数定义向量 x
x =
     1    2    3    4    5    6    7    8    9   10
```

2.3.2　矩阵的定义

在 MATLAB 中定义一个矩阵, 通常可以直接按行方式输入每个元素:同一行中的元素用英文输入法下的逗号或者用空格符来分隔, 且空格个数不限;不同的行之间用英文输入法下的分号分隔, 且所有元素处于同一方括号"[ ]"内。除了按行方式输入之外, 也可以通过拼凑和变形来定义新的矩阵, 还可以通过特殊函数定义新的矩阵。

1. 按行方式逐个输入矩阵元素

【例 2.3 - 5】　定义空矩阵(没有元素的矩阵)。

程序如下:

```
>> X = []
X =
     []
```

【例 2.3 - 6】　定义矩阵 $A = \begin{bmatrix} 1 & 2 & 3 \\ 4 & 5 & 6 \\ 7 & 8 & 9 \end{bmatrix}$。

程序如下:

```
>> A = [1, 2, 3;4  5  6;7  8,9]    % 定义一个 3 行 3 列的矩阵 x
A =
     1    2    3
     4    5    6
     7    8    9
```

2. 向量与矩阵的相互转换

向量和矩阵之间可以相互转换, 转换命令如下:

```
x = A(:)              % 矩阵 A 转为列向量 x
A = reshape(x, [m, n])    % 将长度为 m*n 的向量 x 转为 m 行 n 列的矩阵
```

【例 2.3 - 7】　把例 2.3 - 6 中的矩阵 A 转为向量。

程序如下:

```
>> x = A(:)'    % 把矩阵 A 转为行向量
x =
     1    4    7    2    5    8    3    6    9
```

【例 2.3 - 8】　定义长度为 18 的向量, 将其转为 3 行 6 列的矩阵。

程序如下:

```
>> y = 1:18 ;               % 定义长度为 18 的向量 y
>> B = reshape(y, [3, 6])   % 把 y 转为 3 行 6 列的矩阵 B
B =
     1    4    7   10   13   16
     2    5    8   11   14   17
     3    6    9   12   15   18
```

27

3. 拼凑和复制矩阵

【例 2.3 - 9】 把多个向量拼凑为矩阵。

程序如下：

```
>> x1 = 1:3;        % 定义一个向量 x1
>> x2 = 4:6;        % 定义一个向量 x2
>> C = [x1;x2]      % 将行向量 x1 和 x2 拼凑成矩阵 C
C =
     1     2     3
     4     5     6
```

【例 2.3 - 10】 按照指定阵列把小矩阵复制为大矩阵。

程序如下：

```
>> A = [1,2;3,4];        % 定义 2 * 2 的矩阵 A
>> B = repmat(A,[2,3])   % 复制矩阵 A,构造矩阵 B
B =
     1     2     1     2     1     2
     3     4     3     4     3     4
     1     2     1     2     1     2
     3     4     3     4     3     4
```

4. 定义字符矩阵

【例 2.3 - 11】 定义字符型矩阵。

程序如下：

```
>> x = ['abc';'def';'ghi']   % 定义一个 3 行 3 列的字符矩阵
x =
abc
def
ghi

>> size(x)   % 查看字符矩阵 x 的行数和列数
ans =
     3     3
```

5. 定义复数矩阵

【例 2.3 - 12】 定义复数矩阵。

程序如下：

```
>> x = 2i + 5                    % 定义一个复数 x
x =
   5.0000 + 2.0000i
>> y = [1  2  3;4  5  6]*i+7    % 定义一个复数矩阵 y
y =
7.0000 + 1.0000i   7.0000 + 2.0000i   7.0000 + 3.0000i
7.0000 + 4.0000i   7.0000 + 5.0000i   7.0000 + 6.0000i

>> a = [1  2;3  4];              % 定义一个矩阵 a
>> b = [5  6;7  8];              % 定义一个矩阵 b
>> c = complex(a,b)             % 以 a 为实部,b 为虚部生成复数矩阵
c =
   1.0000 + 5.0000i   2.0000 + 6.0000i
   3.0000 + 7.0000i   4.0000 + 8.0000i
```

6. 定义符号矩阵

【例 2.3 - 13】 定义符号矩阵。

程序如下：

```
>> syms a b c d        % 定义符号变量a,b,c,d
>> x = [a  b; c  d]    % 定义符号矩阵x
x =
[a, b]
[c, d]

>> y = [1  2  3;4  5  6];
>> y = sym(y)          % 将数值矩阵转化为符号矩阵
y =
[1, 2, 3]
[4, 5, 6]

>> z = sym('a%d%d',[2,3])    % 定义2行3列的符号矩阵,元素符号用a表示,带两个整数下标
z =
[a11, a12, a13]
[a21, a22, a23]
```

2.3.3　特殊矩阵

MATLAB 中提供了几个生成特殊矩阵的函数,例如用 zeros 函数生成零矩阵,用 ones 函数生成 1 矩阵,用 eye 函数生成单位矩阵,用 diag 函数生成对角矩阵,用 rand 函数生成[0,1]上均匀分布随机数矩阵,用 magic 函数生成魔方矩阵。具体调用格式如表 2.3-1 所列。

表 2.3-1　特殊矩阵函数

函数名	调用格式	
zeros	B = zeros(n)	%生成 $n \times n$ 零矩阵
	B = zeros(m,n)	%生成 $m \times n$ 零矩阵
	B = zeros([m n])	%生成 $m \times n$ 的零矩阵
	B = zeros(m,n,p⋯)	%生成 $m \times n \times p \times \cdots$ 的零矩阵或数组
	B = zeros([m n p⋯])	%生成 $m \times n \times p \times \cdots$ 的零矩阵或数组
	B = zeros(size(A))	%生成与矩阵 **A** 相同大小的零矩阵
ones	Y = ones(n)	%生成 $n \times n$ 的 1 矩阵
	Y = ones(m,n)	%生成 $m \times n$ 的 1 矩阵
	Y = ones([m n])	%生成 $m \times n$ 的 1 矩阵
	Y = ones(m,n,p⋯)	%生成 $m \times n \times p \times \cdots$ 的 1 矩阵或数组
	Y = ones([m n p⋯])	%生成 $m \times n \times p \times \cdots$ 的 1 矩阵或数组
	Y = ones(size(A))	%生成与矩阵 **A** 相同大小的 1 矩阵
eye	Y = eye(n)	%生成 $n \times n$ 的单位阵
	Y = eye(m,n)	%生成 $m \times n$ 的单位阵
	Y = eye([m n])	%生成 $m \times n$ 的单位阵
	Y = eye(size(A))	%生成与矩阵 **A** 相同大小的单位阵
diag	X = diag(v,k)	%以向量 v 为第 k 个对角线生成对角矩阵
	X = diag(v)	%以向量 v 为主对角线元素生成对角矩阵
	v = diag(X,k)	%返回矩阵 **X** 的第 k 条对角线上的元素
	v = diag(X)	%返回矩阵 **X** 的主对角线上的元素

函数名	调用格式	
rand	Y = rand	%生成一个均匀分布的随机数
	Y = rand(n)	%生成 $n \times n$ 的随机数矩阵
	Y = rand(m,n)	%生成 $m \times n$ 的随机数矩阵
	Y = rand([m n])	%生成 $m \times n$ 的随机数矩阵
	Y = rand(m,n,p,…)	%生成 $m \times n \times p \times \cdots$ 的随机数矩阵或数组
	Y = rand([m n p…])	%生成 $m \times n \times p \times \cdots$ 的随机数矩阵或数组
	Y = rand(size(A))	%生成与矩阵 **A** 相同大小的随机数矩阵
magic	M = magic(n)	%生成 $n \times n$ 的魔方矩阵

【例 2.3 - 14】 生成特殊矩阵。

程序如下：

```
>> A = zeros(3)          % 生成 3 阶零矩阵
A =
     0     0     0
     0     0     0
     0     0     0

>> B = ones(3,5)          % 生成 3 行 5 列的 1 矩阵
B =
     1     1     1     1     1
     1     1     1     1     1
     1     1     1     1     1

>> C = eye(3,5)          % 生成 3 行 5 列的单位阵
C =
     1     0     0     0     0
     0     1     0     0     0
     0     0     1     0     0

>> D = diag([1 2 3])      % 生成对角线元素为 1,2,3 的对角矩阵
D =
     1     0     0
     0     2     0
     0     0     3

>> E = diag(D)            % 提取方阵 D 的对角线元素
E =
     1
     2
     3

>> F = rand(3)            % 生成 3 阶随机矩阵
F =
     0.8147     0.9134     0.2785
     0.9058     0.6324     0.5469
     0.1270     0.0975     0.9575

>> G = magic(3)           % 生成 3 阶魔方矩阵
G =
     8     1     6
     3     5     7
     4     9     2
```

2.3.4　高维数组

除了可以定义矩阵这种 2 维数组之外,还可以定义 3 维甚至更高维数组。例如表 2.3－1 中的 zeros、ones 和 rand 函数均可以生成高维数组。当然,在 MATLAB 中也可以通过直接赋值的方式定义高维数组,还可以通过 cat、reshape 和 repmat 等函数定义高维数组。

【例 2.3－15】　通过直接赋值的方式定义 3 维数组。

程序如下:

```
% 定义一个 2 行、2 列、2 页的 3 维数组
>> x(1:2,1:2,1) = [1  2;3  4];
>> x(1:2,1:2,2) = [5  6;7  8]
x(:,:,1) =
      1      2
      3      4
x(:,:,2) =
      5      6
      7      8
```

【例 2.3－16】　利用 cat 函数定义 3 维数组。

程序如下:

```
>> A1 = [1  2;3  4];    % 定义一个 2 行 2 列的矩阵 A1
>> A2 = [5  6;7  8];    % 定义一个 2 行 2 列的矩阵 A2
>> A = cat(3,A1,A2)      % 把 A1 和 A2 按照第 3 维拼接,构造 3 维数组 A
A(:,:,1) =
      1      2
      3      4
A(:,:,2) =
      5      6
      7      8
```

【例 2.3－17】　利用 reshape 函数定义 3 维数组。

程序如下:

```
>> x = reshape(1:12,[2,2,3])    % 调用 reshape 函数定义 3 维数组 x
x(:,:,1) =
      1      3
      2      4
x(:,:,2) =
      5      7
      6      8
x(:,:,3) =
      9     11
     10     12
```

【例 2.3－18】　利用 repmat 函数定义 3 维数组。

程序如下:

```
>> x = repmat([1  2;3  4],[1,1,2])    % 调用 repmat 函数定义 3 维数组 x
x(:,:,1) =
      1      2
      3      4
x(:,:,2) =
      1      2
      3      4
```

2.3.5　访问数组元素

对于一个数组,可以指定下标访问其元素,也可以通过逻辑索引矩阵访问其元素。

1. 多下标访问数组元素

多下标访问数组元素的一般命令如下:

```
>> x = A(id1,id2,id3,...)    % 访问数组 A 的第 id1 行、id2 列、id3 页 … 的元素
```

【例 2.3－19】　利用行标、列标和冒号运算符访问数组元素。

程序如下:

```
>> x = [1 2 3;4 5 6;7 8 9]; % 定义一个 3 行 3 列的矩阵 x
x =
     1     2     3
     4     5     6
     7     8     9

>> y1 = x(1,2)                % 访问矩阵 x 的第 1 行、第 2 列的元素
y1 =
     2

>> y2 = x(2:3,1:2)            % 访问矩阵 x 的第 2 至 3 行、第 1 至 2 列的元素
y2 =
     4     5
     7     8

>> y3 = x(1,:)               % 访问矩阵 x 的第 1 行的元素
y3 =
     1     2     3

>> y4 = x(:,1:2)             % 访问矩阵 x 的第 1 至 2 列的元素
y4 =
     1     2
     4     5
     7     8
```

2. 单下标访问数组元素

单下标访问数组 A 的第 i 个元素相当于访问 A 所转成的向量的第 i 个元素,可以把单下标理解为序标。单下标访问数组元素的一般命令如下:

```
>> x = A(id)    % 访问数组 A 的第 id 个元素
```

【例 2.3－20】　指定序标,访问数组元素。

程序如下:

```
>> x = [1 2 3;4 5 6;7 8 9]; % 定义一个 3 行 3 列的矩阵 x
>> y5 = x(3:6)                % 访问矩阵 x 按列拉长之后向量的第 3 至第 6 个元素
y5 =
     7     2     5     8
```

3. 通过逻辑索引访问数组元素

逻辑索引是使用 0 和 1 构成的数组从其他数组中提取所需元素,这时逻辑数组必须和要索引的数组大小一样。

【例 2.3－21】　访问数组中满足某种条件的元素。

程序如下:

```
>> A = rand(3)              % 定义 3 阶随机矩阵 A
A =
    0.9572    0.1419    0.7922
    0.4854    0.4218    0.9595
    0.8003    0.9157    0.6557


>> x = A(A>0.5)             % 访问 A 中大于 0.5 的元素
x =
    0.9572
    0.8003
    0.9157
    0.7922
    0.9595
    0.6557
```

2.3.6　定义元胞数组(Cell Array)

定义元胞数组可以将不同类型、不同大小的数组放在同一个数组(元胞数组)里,MAT-LAB 中可以采用直接赋值的方式定义元胞数组,也可以利用 cell 函数来定义。

【例 2.3 - 22】　直接赋值定义元胞数组。

程序如下:

```
% 定义元胞数组,注意外层用的是花括号,而不是方括号
>> c1 = {[1 2;3 4],'xiezhh', 10;[5 6 7],['abc';'def'], 'I LOVE MATLAB'}
c1 =
    [2x2 double]    'xiezhh'     [          10]
    [1x3 double]    [2x3 char]   'I LOVE MATLAB'
```

上面定义了一个 2 行 3 列共 6 个单元的元胞数组 c1,这 6 个单元是相互独立的,用来存储不同类型的变量,这就好比同一个旅馆中的 6 个不同的房间,不同房间中的成员互不干扰,和平共处。

【例 2.3 - 23】　cell 函数用来定义元胞数组,它的调用格式如下:

```
c = cell(n)              % 生成 n×n 的空元胞数组
c = cell(m, n)           % 生成 m×n 的空元胞数组
c = cell([m, n])         % 生成 m×n 的空元胞数组
c = cell(m, n, p,…)      % 生成 m×n×p×…的空元胞数组
c = cell([m n p…])       % 生成 m×n×p×…的空元胞数组
c = cell(size(A))        % 生成与矩阵 A 相同大小的空元胞数组
```

下面调用 cell 函数定义元胞数组 c2:

```
>> c2 = cell(2,4)        % 定义 2 行 4 列的空元胞数组
c2 =
    []    []    []    []
    []    []    []    []
>> c2{2,3} = [1 2 3]      % 为第 2 行第 3 列的元胞赋值
c2 =
    []    []    []          []
    []    []    [1x3 double]  []
```

【例 2.3 - 24】　元胞数组的访问。

访问元胞数组 C 的第 i 行第 j 列的元胞,用命令 C(i, j),注意用的是圆括号;访问元胞数组 C 的第 i 行第 j 列的元胞里的元素,用命令 C{i, j},注意用的是花括号。celldisp 函数可以

显示元胞数组里的所有内容。

```
%定义一个2行3列的元胞数组c
>> c = {[1  2], 'xie', 'xiezhh'; 'MATLAB', [3  4; 5  6], 'I LOVE MATLAB'}
c =
    [1x2 double]    'xie'          'xiezhh'
    'MATLAB'        [2x2 double]   'I LOVE MATLAB'
>> c(2,2)       % 访问c的第2行第2列的元胞
ans =
    [2x2 double]
>> c{2,2}       % 访问c的第2行第2列的元胞里面的内容
ans =
    3     4
    5     6
%定义2行2列的元胞数组c
>> c = {[1  2],  'xiezhh'; 'MATLAB', [3  4; 5  6]};
>> celldisp(c)         % 显示c的所有元胞里的元素
c{1,1} =
    1     2
c{2,1} =
MATLAB
c{1,2} =
xiezhh
c{2,2} =
    3     4
    5     6
```

2.3.7　定义结构体数组

结构体变量是具有指定字段,每一字段有相应取值的变量。可以采用直接赋值的方式定义结构体数组,也可以利用 struct 函数来定义。

【例2.3-25】 直接赋值定义结构体数组。

程序如下:

```
%通过直接赋值方式定义一个1行2列的结构体数组
>> struct1(1).name = 'xiezhh';
>> struct1(2).name = 'heping';
>> struct1(1).age = 31;
>> struct1(2).age = 22;
>> struct1
struct1 =
1x2 struct array with fields:
    name
age
```

【例2.3-26】 struct 函数可用来定义结构体数组,它的调用格式为:

```
s = struct('field1', values1, 'field2', values2,…)
s = struct('field1', {}, 'field2', {},…)
```

其中用 field 指定字段名,用 values 指定字段取值。下面利用 struct 函数定义结构体数组 struct2:

```
>> struct2 = struct('name', {'xiezhh', 'heping'}, 'age',{31,22})    % 定义结构体数组
struct2 =
1x2 struct array with fields:
    name
    age
>> struct2(1).name        % 结构体数组 struct2 的 name 字段的访问
ans =
xiezhh
```

2.3.8　几种数组的转换

如表 2.3-2 所列，MATLAB 中提供了一些数组转换函数，用于不同类型数组之间的相互转换。

表 2.3-2　MATLAB 中的数组转换函数

函数名	说　明	函数名	说　明
num2str	数值转为字符	mat2cell	将矩阵分块，转为元胞数组
str2num	字符转为数值	cell2mat	将元胞数组转为矩阵
str2double	字符转为双精度值	num2cell	将数值型数组转为元胞数组
int2str	整数转为字符	cell2struct	将元胞数组转为结构数组
mat2str	矩阵转为字符	struct2cell	将结构数组转为元胞数组
str2mat	字符转为矩阵	cellstr	根据字符型数组创建字符串元胞数组

以上函数名中的 2 意为"two"，用来表示"to"。关于这些函数的调用格式，请读者自行查阅 MATLAB 的帮助，这里仅举一例。

【例 2.3-27】　不同类型数组转换示例。

```
>> A1 = rand(60,50);       % 生成 60 行 50 列的随机矩阵
% 将矩阵 A1 进行分块，转为 3 行 2 列的元胞数组 B1
% mat2cell 函数的第 2 个输入[10 20 30]用来指明行的分割方式
% mat2cell 函数的第 3 个输入[25 25]用来指明列的分割方式
>> B1 = mat2cell(A1, [10 20 30], [25 25])
B1 =
    [10x25 double]    [10x25 double]
    [20x25 double]    [20x25 double]
    [30x25 double]    [30x25 double]

>> C1 = cell2mat(B1);      % 将元胞数组 B1 转为矩阵 C1
>> isequal(A1,C1)          % 判断 A1 和 C1 是否相等，返回结果为 1，说明 A1 和 C1 相等
ans =
    1

>> A2 = [1  2  3  4;5  6  7  8;9  10  11  12];   % 定义 3 行 4 列的矩阵 A2
>> B2 = num2cell(A2)                             % 将数值型矩阵 A2 转为元胞数组 B2
B2 =
    [1]    [ 2]    [ 3]    [ 4]
    [5]    [ 6]    [ 7]    [ 8]
    [9]    [10]    [11]    [12]

% 定义 2 行 3 列的元胞数组 C
>> C = {'Heping', 'Tianjin',22;  'Xiezhh', 'Xingyang', 31}
C =
    'Heping'    'Tianjin'    [22]
```

```
          'Xiezhh'     'Xingyang'     [31]
>> fields = {'Name', 'Address', 'Age'};   % 定义字符串元胞数组 fields
% 把 fields 中的字符串作为字段，将元胞数组 C 转为 2×1 的结构体数组 S
>> S = cell2struct(C, fields, 2)
S =
2x1 struct array with fields:
    Name
    Address
    Age

>> CS = struct2cell(S)       % 把结构体数组 S 转为 3 行 2 列的元胞数组 CS
CS =
    'Heping'     'Xiezhh'
    'Tianjin'    'Xingyang'
    [    22]     [    31]

>> isequal(C,CS')   % 判断 C 和 CS 的转置是否相等，返回结果为 1，说明 C 和 CS 的转置相等
ans =
    1

>> x = [1;2;3;4;5];                    % 定义列向量 x
>> x = cellstr(num2str(x));            % 将数值向量 x 转为字符向量，然后构造元胞数组
>> y = strcat('xiezhh', x, '.txt')    % 拼接字符串，构造字符串元胞数组
y =
    'xiezhh1.txt'
    'xiezhh2.txt'
    'xiezhh3.txt'
    'xiezhh4.txt'
    'xiezhh5.txt'
```

2.3.9 定义数据集数组

数据集是 MATLAB 中的一种数据类型，在统计分析中有重要应用。dataset 函数用来定义数据集数组，见下例。

【例 2.3 - 28】 用 dataset 函数把工作空间中的变量定义为数据集数组。

```
>> Name = {'Smith';'Johnson';'Williams';'Jones';'Brown'};   % 定义 Name 变量
>> Age = [38;43;38;40;49];                                   % 定义 Age 变量
>> Height = [71;69;64;67;64];                                % 定义 Height 变量
>> Weight = [176;163;131;133;119];                           % 定义 Weight 变量
>> BP = [124 93; 109 77; 125 83; 117 75; 122 80];            % 定义 BP 变量
>> D = dataset({Age,'Age'},{Height,'Height'},{Weight,'Weight'},...
       {BP,'BloodPressure'},'ObsNames',Name)                % 定义数据集
D =
              Age    Height    Weight    BloodPressure
    Smith     38     71        176       124              93
    Johnson   43     69        163       109              77
    Williams  38     64        131       125              83
    Jones     40     67        133       117              75
    Brown     49     64        119       122              80

>> x = D(1,:)                                               % 访问数据集的第一行
x =
              Age    Height    Weight    BloodPressure
```

```
        Smith      38      71        176       124        93
   >> y = double(x)                                       % 把数据集转为双精度型
   y =
         38    71   176   124    93
   >> H = D.Height                                        % 访问数据集中的 Height 变量
   H =
         71
         69
         64
         67
         64
```

2.3.10　定义表格型数组

　　表格型(Table Class)是 MATLAB R2013b(MATLAB 8.2)中才开始有的一种数据类型,在统计分析中有重要应用,在未来版本中将取代数据集类型。table 函数可用来定义表格型数组,见下例。

　　【例 2.3-29】　用 table 函数把工作空间中的变量定义为表格型数组。

```
>> Name = {'Smith';'Johnson';'Williams';'Jones';'Brown'};   % 定义 Name 变量
>> Age = [38;43;38;40;49];                                   % 定义 Age 变量
>> Height = [71;69;64;67;64];                                % 定义 Height 变量
>> Weight = [176;163;131;133;119];                           % 定义 Weight 变量
>> BloodPressure = [124 93; 109 77; 125 83; 117 75; 122 80];
>> T = table(Age,Height,Weight,BloodPressure,...            % 定义表格型数组
            'RowNames',Name)
T =
              Age    Height    Weight    BloodPressure
              ___    _____    _____    _____

   Smith      38     71        176       124        93
   Johnson    43     69        163       109        77
   Williams   38     64        131       125        83
   Jones      40     67        133       117        75
   Brown      49     64        119       122        80
>> H = T.Height                                              % 访问表格中的 Height 变量
H =
      71
      69
      64
      67
      64
```

2.4　数组运算

2.4.1　矩阵的算术运算

1. 矩阵的加减

对于同型(行列数分别相同)矩阵,可以通过运算符"＋"和"－"完成加减运算。

【例 2.4 - 1】 矩阵的加减运算。

```
>> A = [1  2; 3  4];  % 定义一个矩阵 A
>> B = [5  6; 7  8];  % 定义一个矩阵 B
>> C = A + B    % 求矩阵 A 和 B 的和
C =
     6      8
    10     12

>> D = A - B
D =
    -4     -4
    -4     -4
```

2. 矩阵的乘法

矩阵的乘法有直接相乘（$A_{p\times q}B_{q\times s}$）和点乘（$A_{p\times q}\cdot B_{p\times q}$）两种。其中，直接相乘要求前面矩阵的列数等于后面矩阵的行数，否则会出现错误；而点乘是两个同型矩阵的对应元素相乘。

【例 2.4 - 2】 矩阵乘法。

程序如下：

```
>> A = [1  2  3; 4  5  6];    % 定义一个矩阵 A
>> B = [1  1  1  1; 2  2  2  2; 3  3  3  3];   % 定义一个矩阵 B
>> C = A * B    % 求矩阵 A 和 B 的乘积
C =
    14     14     14     14
    32     32     32     32

>> D = [1  1  1; 2  2  2];    % 定义一个矩阵 D
>> E = A .* D    % 求矩阵 A 和 D 的对应元素的乘积
E =
     1      2      3
     8     10     12
```

3. 矩阵的除法

矩阵的除法包括左除（$A\backslash B$）、右除（A/B）和点除（$A./B$）三种。一般情况下，$x = A\backslash b$ 是方程组 $Ax = b$ 的解，而 $x = b/A$ 是方程组 $xA = b$ 的解，$x = A./B$ 表示同型矩阵 A 和 B 对应元素相除。

【例 2.4 - 3】 矩阵除法。

程序如下：

```
>> A = [2  3  8; 1  -2  -4; -5  3  1];    % 定义一个矩阵 A
>> b = [-5; 3; 2];    % 定义一个向量 b
>> x = A\b    % 求方程组 A * x = b 的解
x =
     1
     3
    -2

>> B = A;        % 定义矩阵 B 等于 A
>> C = A ./ B    % 矩阵 A 与 B 的对应元素相除
C =
     1      1      1
     1      1      1
     1      1      1
```

4. 矩阵的乘方(^)与点乘方(.^)

矩阵的乘方要求矩阵必须是方阵，有以下 3 种情况：

① 矩阵 **A** 为方阵，x 为正整数，**A**^x 表示矩阵 **A** 自乘 x 次；

② 矩阵 **A** 为方阵，x 为负整数，**A**^x 表示矩阵 $\boldsymbol{A}^{-1}$ 自乘 $-x$ 次；

③ 矩阵 **A** 为方阵，x 为分数，例如 $x = m/n$，**A**^x 表示矩阵 **A** 先自乘 m 次，然后对结果矩阵开 n 次方。

矩阵的点乘方不要求矩阵为方阵，有以下 2 种情况：

① **A** 为矩阵，x 为标量，**A**.^x 表示对矩阵 **A** 中的每一个元素求 x 次方；

② **A** 和 x 为同型矩阵，**A**.^x 表示对矩阵 **A** 中的每一个元素求 x 中对应元素次方。

【例 2.4 - 4】 矩阵乘方与点乘方。

```
>> A = [1  2;3  4];     % 定义矩阵A
>> B = A^2     % B = A * A
B =
      7     10
     15     22
>> C = A.^2     % A中元素作平方
C =
      1      4
      9     16
>> D = A.^A     % 求A中元素的对应元素次方
D =
      1      4
     27    256
```

2.4.2　矩阵的关系运算

矩阵的关系运算是通过比较两个同型矩阵的对应元素的大小关系，或者比较一个矩阵的各元素与某一标量之间的大小关系，返回一个逻辑矩阵（1 表示真，0 表示假）。关系运算的运算符有 6 种：<（小于）、<=（小于或等于）、>（大于）、>=（大于或等于）、= =（等于）、~ =（不等于）。

【例 2.4 - 5】 矩阵的关系运算。

程序如下：

```
>> A = [1  2;3  4];     % 定义矩阵A
>> B = [2  2;2  2];     % 定义矩阵B
>> C1 = A > B
C1 =
      0      0
      1      1
>> C2 = A ~ = B
C2 =
      1      0
      1      1
>> C3 = A >= 2
C3 =
      0      1
      1      1
```

2.4.3 矩阵的逻辑运算

矩阵的逻辑运算包括:

① 逻辑"或"运算,运算符为"|"。$A|B$ 表示同型矩阵 A 和 B 的或运算,若 A 和 B 的对应元素至少有一个非 0,则相应的结果元素值为 1,否则为 0。

② 逻辑"与"运算,运算符为"&"。$A \& B$ 表示同型矩阵 A 和 B 的与运算,若 A 和 B 的对应元素均非 0,则相应的结果元素值为 1,否则为 0。

③ 逻辑"非"运算,运算符为"～"。$\sim A$ 表示矩阵 A 的非运算,若 A 的元素值为 0,则相应的结果元素值为 1,否则为 0。

④ 逻辑"异或"运算。$xor(A, B)$ 表示同型矩阵 A 和 B 的异或运算,若 A 和 B 的对应元素均为 0 或均非 0,则相应的结果元素值为 0,否则为 1。

⑤ 先决或运算,运算符为"||"。对于标量 A 和 B,$A \| B$ 表示当 A 非 0 时,结果为 1,不用再执行 A 和 B 的逻辑或运算;只有当 A 为 0 时,才执行 A 和 B 的逻辑或运算。

⑥ 先决与运算,运算符为"&&"。对于标量 A 和 B,$A \& \& B$ 表示当 A 为 0 时,结果为 0,不用再执行 A 和 B 的逻辑与运算;只有当 A 非 0 时,才执行 A 和 B 的逻辑与运算。

【例 2.4-6】 矩阵的逻辑运算。

程序如下:

```
>> A = [0    0   1  2];    % 定义向量 A
>> B = [0   -2   0  1];    % 定义向量 B
>> C1 = A | B      % 逻辑或
C1 =
     0     1     1
>> C2 = A & B      % 逻辑与
C2 =
     0     0     0     1
>> C3 = ~ A        % 逻辑非
C3 =
     1     1     0     0
>> C4 = xor(A, B)  % 逻辑异或
C4 =
     0     1     1     0
>> x = 5;      % 定义标量 x
>> y = 0;      % 定义标量 y
>> x || y      % 先决或运算
ans =
     1
>> x && y      % 先决与运算
ans =
0
```

〖说明〗

先决或运算以及先决与运算可用来提高程序的运行效率。如果 A 是一个计算量较小的表达式,B 是一个计算量较大的表达式,则首先判断 A 对减少计算量是有好处的,因为先决运算有可能不对表达式 B 进行计算,这样就能节省程序的运行时间,提高程序的运行效率。

2.4.4　矩阵的其他常用运算

1. 矩阵的转置

矩阵的转置包括非共轭转置（A. '）和共轭转置（A'）两种。对于实矩阵，两种转置是相同的。

【例 2.4-7】　矩阵的转置。

```
>> A = [1 2 3;4 5 6;7 8 9]      % 定义矩阵A
A =
     1     2     3
     4     5     6
     7     8     9

>> B = A'      % 矩阵转置
B =
     1     4     7
     2     5     8
     3     6     9
```

2. 矩阵的翻转

flipud 和 fliplr 函数分别可以实现矩阵的上下和左右翻转，rot90 函数可以实现将矩阵按逆时针 90°旋转。

【例 2.4-8】　矩阵的翻转。

程序如下：

```
>> A = [1 2 3;4 5 6;7 8 9];      % 定义矩阵A
>> B1 = flipud(A)      % 矩阵上下翻转
B1 =
     7     8     9
     4     5     6
     1     2     3

>> B2 = fliplr(A)      % 矩阵左右翻转
B2 =
     3     2     1
     6     5     4
     9     8     7

>> B3 = rot90(A)      % 矩阵按逆时针旋转90°
B3 =
     3     6     9
     2     5     8
     1     4     7
```

3. 方阵的行列式

MATLAB 中提供了 det 函数来求方阵的行列式。这里的方阵可以是数值矩阵，也可以是符号矩阵，因为 MATLAB 符号工具箱也有 det 函数。

【例 2.4-9】　方阵的行列式。

程序如下：

```
>> A = [1 2;3 4];      % 定义矩阵A
>> d1 = det(A)      % 求数值矩阵A的行列式
d1 =
    -2
```

```
>> syms a b c d      % 定义符号变量
>> B = [a  b; c  d];     % 定义符号矩阵 B
>> d2 = det(B)      % 求符号矩阵 B 的行列式
d2 =
a * d - b * c
```

4. 逆矩阵与广义伪逆矩阵

利用 inv 函数可以求方阵 A 的逆矩阵 A^{-1}，这里的矩阵 A 可以是数值矩阵，也可以是符号矩阵。pinv 函数可用来求一般矩阵（可以不是方阵）的广义伪逆矩阵，关于广义伪逆矩阵的定义请查看 pinv 函数的帮助文档。

【例 2.4 - 10】 逆矩阵与广义伪逆矩阵。

程序如下：

```
>> A = [1  2; 3  4];      % 定义矩阵 A
>> Ai = inv(A)      % 求 A 的逆矩阵
Ai =
   - 2.0000        1.0000
     1.5000      - 0.5000

>> syms a b c d      % 定义符号变量
>> B = [a  b; c  d];      % 定义符号矩阵 B
>> Bi = inv(B)      % 求符号矩阵 B 的逆矩阵
Bi =
[   d/(a * d - b * c), - b/(a * d - b * c)]
[ - c/(a * d - b * c),   a/(a * d - b * c)]

>> C = [1  2  3; 4  5  6];      % 定义矩阵 C
>> Cpi = pinv(C)      % 求 C 的广义逆矩阵
Cpi =
   - 0.9444        0.4444
   - 0.1111        0.1111
     0.7222      - 0.2222

>> D = C * Cpi * C      % 验证广义逆矩阵
D =
   1.0000     2.0000     3.0000
   4.0000     5.0000     6.0000
```

5. 方阵的特征值与特征向量

MATLAB 中求方阵的特征值与特征向量的函数是 eig 函数，这里的方阵同样可以是数值矩阵，也可以是符号矩阵。

【例 2.4 - 11】 方阵的特征值与特征向量。

程序如下：

```
>> A = [5  0  4; 3  1  6; 0  2  3];      % 定义矩阵 A
>> d = eig(A)                          % 求数值矩阵 A 的特征值向量 d
d =
   - 1.0000
     3.0000
     7.0000
>> [V, D] = eig(A)                     % 求数值矩阵 A 的特征值矩阵 D 与特征向量矩阵 V
V =
   - 0.2857        0.8944        0.6667
   - 0.8571        0.0000        0.6667
```

```
          0.4286    - 0.4472    0.3333
D =
        - 1.0000           0           0
               0      3.0000           0
               0           0      7.0000
>> [Vs, Ds] = eig(sym(A))                    % 求符号矩阵的特征值矩阵 Ds 与特征向量矩阵 Vs
Vs =
[    2,     1,    - 2]
[    2,     3,      0]
[    1,  - 3/2,     1]
Ds =
[  7,   0,   0]
[  0,  - 1,   0]
[  0,   0,   3]
```

6. 矩阵的迹和矩阵的秩

【例 2.4 - 12】 矩阵的迹和矩阵的秩。

程序如下：

```
>> A = [1 2 3;4 5 6;7 8 9];      % 定义矩阵 A
>> t = trace(A)      % 求矩阵的迹
t =
     15
>> r = rank(A)      % 求矩阵的秩
r =
     2
```

有关数组运算的函数还有很多,限于篇幅这里不再赘述。

2.5 MATLAB 常用标点符号

通过前面的范例,读者应该能够意识到标点符号在 MATLAB 中有着非常重要的作用。MATLAB 常用标点符号及功能说明如表 2.5 - 1 所列。

表 2.5 - 1 MATLAB 常用标点符号及功能说明

名　　称	标　点	功能说明
空格		数组元素或输入量之间的分隔符
逗号	,	数组元素或输入量之间的分隔符
黑点	.	小数点;结构体数组的字段标识符;点运算标识符
分号	;	定义数组时,作为行间分隔符;用在某条命令的"结尾",不显示计算结果
冒号	:	作为冒号运算符,用来生成一维数组;作为数组单下标引用时,表示将数组按列拉长为长向量;作为数组多下标引用时,表示该维上的所有元素
注释号	%	注释内容引导符
单引号对	' '	字符串标记符
圆括号	( )	用来访问数组元素;用来标记运算作用域;定义函数时用来标记输入变量列表
方括号	[ ]	用来定义数组;定义函数时用来标记输出变量列表
花括号	{ }	用来定义或访问元胞数组;用来标记图形对象中的特殊字符
下连符	_	作为变量、函数或文件名中的连字符;图形对象中下脚标前导符

43

续表 2.5 - 1

名　称	标　点	功能说明
续行号	…	由三个以上连续黑点构成。它把其下的命令行看作该行的延续,以构成一个"较长"的完整命令
"At"号	@	放在函数名前,形成函数句柄;匿名函数前导符;放在目录名前,形成"用户对象"类目录

2.6　MATLAB 命令窗口中常用的快捷命令

在 MATLAB 命令窗口中常用的快捷命令如表 2.6 - 1 所列。

表 2.6 - 1　命令窗口中常用的快捷命令及其说明

快捷命令	说　明	快捷命令	说　明
help	查找 MATLAB 函数的帮助	cd	返回或设置当前工作路径
lookfor	按关键词查找帮助	dir	列出指定路径的文件清单
doc	查看帮助页面	whos	列出工作空间窗口的变量清单
clc	清除命令窗口中的内容	class	查看变量类型
clear	清除内存变量	which	查找文件所在路径
clf	清空当前图形窗口	what	列出当前路径下的文件清单
cla	清空当前坐标系	open	打开指定文件
edit	新建一个空白的程序编辑窗口	type	显示 M 文件的内容
save	保存变量	more	使显示内容分页显示
load	载入变量	exit/quit	退出 MATLAB

【例 2.6 - 1】 MATLAB 常用快捷命令举例。

程序如下:

```
>> A = [1 2 3;4 5 6;7 8 9];    % 定义矩阵 A
>> B = 100;    % 定义标量 B
>> Str = 'Hello World !!! ';    % 定义字符串变量 Str
>> C = cell(2,3);    % 定义空的元胞数组 C
>> S = struct('name', {'heping','xiezhh'}, 'age',{30,32});    % 定义结构体数组 S
>> syms a b c d    % 定义符号变量
>> D = [a b;c d];    % 定义符号矩阵 D
>> whos    % 查看当前工作空间的所有变量,包括变量名、大小、所占字节和类型等
   Name        Size            Bytes    Class       Attributes

   A           3x3               72     double
   B           1x1                8     double
   C           2x3               24     cell
   D           2x2               64     sym
   S           1x2              404     struct
   Str         1x16              32     char
   a           1x1               58     sym
   b           1x1               58     sym
   c           1x1               58     sym
   d           1x1               58     sym
```

```
>> save  xiezhh.mat A B Str    % 把变量 A,B 和 Str 保存成数据文件 xiezhh.mat
>> clear  A  B  Str    % 清除变量 A,B 和 Str
>> load  xiezhh.mat    % 加载数据文件 xiezhh.mat,重新载入变量 A,B 和 Str
>> which sin    % 查看正弦函数文件 sin.m 所在的路径
built-in (D:\Program Files\MATLAB\R2009a\toolbox\matlab\elfun\@double\sin)…

>> open sqrt    % 在程序编辑窗口打开函数文件 sqrt.m
>> type trace    % 在命令窗口显示函数文件 trace.m 的内容

function t = trace(A)
% TRACE   Sum of diagonal elements.
%    TRACE(A) is the sum of the diagonal elements of A, which is
%    also the sum of the eigenvalues of A.
%
%    Class support for input A:
%       float: double, single

%    Copyright 1984-2007 The MathWorks, Inc.
%    $ Revision: 5.8.4.2 $    $ Date: 2007/11/01 12:38:53 $

if ~(ndims(A) == 2 && size(A,1) == size(A,2))
  error('MATLAB:square','Matrix must be square.');
end
t = sum(diag(A));
```

2.7　参考文献

[1] 谢中华. MATLAB 统计分析与应用:40 个案例分析. 北京:北京航空航天大学出版社,2010.

[2] 张志涌,杨祖樱. MATLAB 教程 R2010a. 北京:北京航空航天大学出版社,2010.

[3] 吴鹏. MATLAB 高效编程技巧与应用:25 个案例分析. 北京:北京航空航天大学出版社,2010.

[4] 陈杰. MATLAB 宝典. 北京:电子工业出版社,2007.

[5] 罗华飞. MATLAB GUI 设计学习手记. 北京:北京航空航天大学出版社,2009.

若您对此书内容有任何疑问,可以登录 MATLAB 中文论坛与作者和同行交流。

第 3 章

MATLAB 绘图与可视化

谢中华(xiezhh)

在对数据进行计算分析时,图形能非常直观地展现数据所包含的规律,而 MATLAB 提供了非常丰富的绘图函数,并且能通过多种属性设置绘制出各种各样的图形。本章将对图形对象与图形对象句柄、二维图形绘制、三维图形绘制和动画制作等内容作详细介绍。

3.1 图形对象与图形对象句柄

3.1.1 句柄式图形对象

在 MATLAB 命令窗口通过 figure 命令可以新建一个图形窗口,如图 3.1-1 所示。

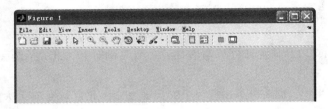

图 3.1-1 空图形窗口

图 3.1-1 所示是一个空的图形窗口,可利用 plot 函数在这个图形窗口中画一个线条,利用 surf 函数画一个曲面,利用 text 函数加一条注释,等。这里的图形窗口、线条、曲面和注释等都被看成是 MATLAB 中的图形对象,所有这些图形对象都可以通过一个被称为"图形句柄"的东西加以控制,如可以通过一个线条的句柄来修改线条的颜色、宽度和线型等属性。每个图形对象都对应一个唯一的句柄,它就像一个指针,与图形对象一一对应。如可以通过命令 h=figure 返回一个图形窗口的句柄。

MATLAB 中绘制出的所有图形对象都是显示在计算机屏幕上的,计算机屏幕在 MAT-LAB 中被作为根对象(root 对象)。由 figure 命令创建的图形窗口(figure 对象)是直接显示在屏幕上的,root 对象与 figure 对象就具有父子关系,root 对象是 figure 对象的父对象(Parent),而 figure 对象就是 root 对象的子对象(Children)。类似的,figure 对象也有子对象,例如在 figure 对象中绘制的坐标系(axes 对象)就是其子对象,而在坐标系中绘制的图形对象则是 axes 对象的子对象。具有父子关系的图形对象可以互相控制。图形对象之间的继承关系如图 3.1-2 所示。

在同时具有多个 figure 对象时,可以用 gcf 命令控制当前图形对象;在同时具有多个 axes 对象时,可以用 gca 命令控制当前 axes 对象。还可以用 gco 命令控制当前活动对象,用 gcbo 命令控制当前调用对象。

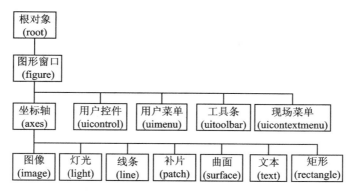

图 3.1 - 2　图形对象继承关系图

3.1.2　获取图形对象属性名称和属性值

get 函数用来获取图形对象的属性名称和属性值。在 MATLAB 中通过命令 get(h)可以获取句柄值为 h 的图形对象的所有属性名称和相应的属性值。例如：

```
>> h = line([0 1],[0 1])        % 绘制一条直线,并返回其句柄值赋给变量 h
h =
  Line with properties:
             Color: [0 0.4470 0.7410]
         LineStyle: '-'
         LineWidth: 0.5000
            Marker: 'none'
        MarkerSize: 6
   MarkerFaceColor: 'none'
             XData: [0 1]
             YData: [0 1]
             ZData: [1x0 double]
  Show all properties

>> get(h)                        % 获取句柄值为 h 的图形对象的所有属性名及相应属性值
    AlignVertexCenters: 'off'
            Annotation: [1x1 matlab.graphics.eventdata.Annotation]
          BeingDeleted: 'off'
            BusyAction: 'queue'
         ButtonDownFcn: ''
              Children: [0x0 GraphicsPlaceholder]
              Clipping: 'on'
                 Color: [0 0.4470 0.7410]
             CreateFcn: ''
             DeleteFcn: ''
           DisplayName: ''
      HandleVisibility: 'on'
               HitTest: 'on'
         Interruptible: 'on'
              LineJoin: 'round'
             LineStyle: '-'
             LineWidth: 0.5000
                Marker: 'none'
```

若您对此书内容有任何疑问，可以登录MATLAB中文论坛与作者和同行交流。

```
          MarkerEdgeColor: 'auto'
          MarkerFaceColor: 'none'
               MarkerSize: 6
                   Parent: [1x1 Axes]
             PickableParts: 'visible'
                 Selected: 'off'
        SelectionHighlight: 'on'
                      Tag: ''
                     Type: 'line'
            UIContextMenu: [0x0 GraphicsPlaceholder]
                 UserData: []
                  Visible: 'on'
                    XData: [0 1]
                    YData: [0 1]
                    ZData: [1x0 double]
```

3.1.3 设置图形对象属性值

在 MATLAB 中通过命令 set(h,'属性名称','属性值')可以设置句柄值为 h 的图形对象的指定属性名称的属性值。例如：

```
>> subplot(1, 2, 1);               %  绘制两个子图中的第 1 个
>> h1 = line([0 1],[0 1]);         %  绘制一条直线,并返回其句柄值赋给变量 h1
>> text(0, 0.5, '未改变线宽');     %  在(0, 0.5)处加注释
>> subplot(1, 2, 2);               %  绘制两个子图中的第 2 个
>> h2 = line([0 1],[0 1]);         %  绘制一条直线,并返回其句柄值赋给变量 h2
>> set(h2, 'LineWidth', 3)         %  设置线宽为 3
>> text(0, 0.5, '已改变线宽');     %  在(0, 0.5)处加注释
```

以上命令产生的图形如图 3.1-3 所示,可以看到图中直线的线宽得到了改变。

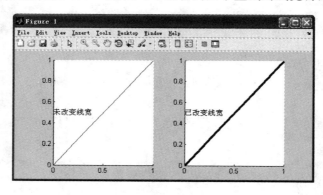

图 3.1-3 属性设置效果对比图

3.2 二维图形绘制

3.2.1 基本二维绘图函数

MATLAB 中提供了 plot、loglog、semilogx、semilogy、polar、plotyy 6 个非常实用的基本二维绘图函数。下面重点介绍 plot 函数的用法。

1. plot 函数

plot 函数用来绘制二维线图,其调用格式如下:

1) plot(Y)

绘制 **Y** 的各列,每列对应一条线。如果 **Y** 是实数矩阵,横坐标为下标;如果 **Y** 是复数矩阵,横坐标为实部,纵坐标为虚部。

2) plot(X1,Y1,X2,Y2,…)

绘制(Xi,Yi)对应的所有线条,自动确定线条颜色。Xi 和 Yi 可以同为同型矩阵,同为等长向量,也可以一个是矩阵,另一个是相匹配的向量。画图时自动忽略虚部。

3) plot(X,Y,LineSpec,…)

绘制(**X**,**Y**)对应的线条,并由 LineSpec 参数设置线型、线宽、线条颜色、描点类型、描点大小、点的填充颜色和边缘颜色等属性。**X** 和 **Y** 的描述同上。

4) plot(…,'PropertyName',PropertyValue,…)

利用 PropertyName(属性名)和 PropertyValue(属性值)设置线条属性。可用的属性名及属性值请读者自行查阅帮助。

5) plot(axes_handle,…)

在句柄值 axes_handle 所确定的坐标系内绘图。

6) h = plot(…)

返回 line 图形对象句柄的一个列向量,一个线条对应一个句柄值。

在用 plot 绘制二维线图时,除了用句柄值控制图形对象属性外,还可以用 LineSpec 参数设置线型、线宽、线条颜色、描点类型、描点大小、点的填充颜色和边缘颜色等属性。其中线型、描点类型、颜色的设置如表 3.2－1 所列。

表 3.2－1　线型、描点类型、颜色参数表

线 型	说 明	描点类型	说 明	描点类型	说 明	颜 色	说 明
－	实线(默认)	.	点	<	左三角形	r	红
—	虚线	o	圆	s	方形	g	绿
:	点线	×	叉号	d	菱形	b	蓝(默认)
-.	点画线	+	加号	p	五角星	c	青
		*	星号	h	六角星	m	品红
		v	下三角形			y	黄
		^	上三角形			k	黑
		>	右三角形			w	白

需要说明的是,线型、颜色、描点类型的符号应放在一对英文状态的单引号中,没有顺序限制,也可以缺省,例如可以这样:plot(…,'ro--'),plot(…,'--ro'),plot(…,'ro')。当描点类型缺省时,不进行描点;当描点类型为'.','x','+','*'时,描出的点不具有填充效果;其余描点类型均具有填充效果,此时可以通过设置'MarkerFaceColor'和'MarkerEdgeColor'属性的取值分别设置点的填充颜色和边缘颜色,这两个属性的取值同表 3.2－1 中颜色属性的取值,也可以为包含 3 个元素(分别对应红、绿、蓝三元色的灰度值)的向量。还可以通过设置'LineWidth'属性的取值(实数)来更改线宽,通过设置'MarkerSize'属性的取值(实数)来改变描点大小。

【例 3.2－1】　画正弦函数在[0,2π]内的图像。

程序如下：

```
>> x = 0 : 0.25 : 2 * pi;        % 产生一个从 0 到 2pi,步长为 0.25 的向量
>> y = sin(x);                   % 计算 x 中各点处的正弦函数值
% 绘制正弦函数图像,红色实线,描点类型为圆,线宽为 2
% 描点大小为 12,点的边缘颜色为黑色,填充颜色的红绿蓝灰度值为[0.49,1,0.63]
>> plot(x, y, '-ro',...
                'LineWidth',2,...
                'MarkerEdgeColor','k',...
                'MarkerFaceColor',[0.49, 1, 0.63],...
                'MarkerSize',12)
>> xlabel('X');    % 为 X 轴加标签
>> ylabel('Y');    % 为 Y 轴加标签
```

上面代码对应的图形如图 3.2-1 所示。

〖说明〗

plot 函数的第 4 种调用中的属性名(PropertyName)和属性值(PropertyValue)可以通过 get 函数来获取。

2. loglog 函数:双对数坐标绘图

程序如下：

```
>> x = logspace(-1,2);
>> loglog(x,exp(x),'-s')
>> grid on
>> xlabel('X');   ylabel('Y');    % 为 X 轴、Y 轴加标签
```

上面代码对应的图形如图 3.2-2 所示。

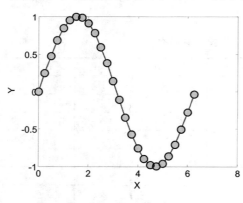

图 3.2-1   正弦函数图

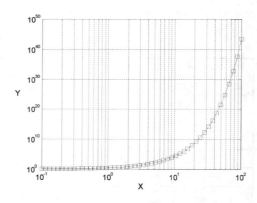

图 3.2-2   双对数坐标图

3. semilogx,semilogy 函数:半对数坐标绘图

程序如下：

```
>> x = 0 : 0.1 : 10;
>> semilogy(x, 10.^x)
>> xlabel('X');   ylabel('Y');    % 为 X 轴、Y 轴加标签
```

上面代码对应的图形如图 3.2-3 所示。

4. polar 函数:极坐标绘图

程序如下：

```
>> t = 0 : 0.01 : 2 * pi;
>> polar(t, sin(2 * t). * cos(2 * t),'--r')
```

上面代码对应的图形如图 3.2 - 4 所示。

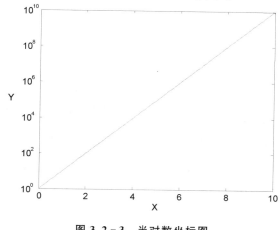

图 3.2 - 3　半对数坐标图

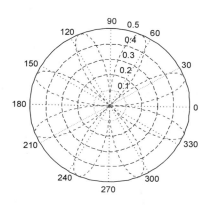

图 3.2 - 4　极坐标图

5. plotyy 函数:双纵坐标绘图

程序如下:

```
>> x = 0:0.01:20;        % 定义横坐标向量
>> y1 = 200 * exp( - 0.05 * x). * sin(x); y2 = 0.8 * exp( - 0.5 * x). * sin(10 * x);   % 纵坐标向量
>> ax = plotyy(x,y1,x,y2,'plot');   xlabel('X');
>> set(get(ax(1),'Ylabel'),'string','Left Y');     % 左 Y 轴标签
>> set(get(ax(2),'Ylabel'),'string','Right Y');    % 右 Y 轴标签
```

上面代码对应的图形如图 3.2 - 5 所示。

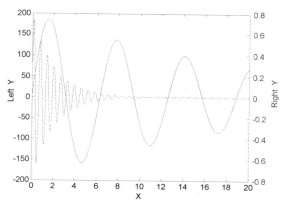

图 3.2 - 5　双纵坐标图

3.2.2　二维图形修饰和添加注释

现在大家已经能够绘制一些简单的二维图形了,在此基础上,还要对图形进行一些修饰,添加一些注释等。可以通过 MATLAB 命令对图形进行修饰和添加注释,也可以通过图形窗口的菜单项和工具栏完成这些工作。后者通过单击鼠标完成操作,相对比较简单,下面仅对相关命令进行介绍。

1. hold 函数:开启和关闭图形窗口的图形保持功能

调用格式:

```
hold   on      % 开启图形保持功能,可以在同一图形窗口绘制多个图形对象
hold   off     % 关闭图形保持功能
```

2. axis 函数:设置坐标系的刻度和显示方式

调用格式:

```
axis   on                              % 显示坐标线、刻度线和坐标轴标签
axis   off                             % 关闭坐标线、刻度线和坐标轴标签
axis([xmin xmax ymin ymax])            % 设置 x 轴和 y 轴的显示范围
axis([xmin xmax ymin ymax zmin zmax cmin cmax])   % 设置坐标轴显示范围和颜色范围
v = axis                               % 返回坐标轴的显示范围
axis auto                              % 设置 MATLAB 到它的默认动作——自动计算当前轴的范围
axis manual                            % 固定坐标轴的显示范围,当设置 hold on 时,后续绘图不改变坐标轴的显示范围
axis tight                             % 限定坐标轴的范围为数据的范围,即坐标轴中没有多余的部分
axis fill                              % 使坐标轴充满整个矩形位置
axis ij                                % 使用矩阵坐标系,坐标原点在左上角
axis xy                                % 使用笛卡儿坐标系(默认),坐标原点在左下角
axis equal                             % 设置坐标轴的纵横比,使在每个方向的数据单位都相同
axis image                             % 效果与 axis equal 同,只是图形区域刚好紧紧包围图像数据
axis square                            % 设置当前坐标轴区域为正方形(或立方体形,三维情形)
axis vis3d                             % 固定纵横比属性,以便进行三维图形对象的旋转
axis normal                            % 自动调整坐标轴的纵横比和刻度单位,使图形适合显示
axis(axes_handles,…)                   % 设置句柄 axes_handles 所对应坐标系的刻度和显示方式
```

3. box 函数:显示或隐藏坐标边框

调用格式:

```
box on                 % 显示坐标边框
box off                % 不显示坐标边框
box                    % 改变坐标框的显示状态
box(axes_handle, …)    % 改变句柄值为 axes_handle 的坐标系的坐标框显示状态
```

4. grid 函数:为当前坐标系添加或消除网格

调用格式:

```
grid on                 % 向当前坐标系内添加主网格
grid off                % 清除当前坐标系内主网格和次网格
grid                    % 设置当前坐标系内主网格为可见状态
grid(axes_handle,…)     % 设置句柄值为 axes_handle 的坐标系的网格状态
grid minor              % 开启次网格
```

5. title 函数:为当前坐标系添加标题

调用格式:

```
title('string')         % 用 string 所代表的字符作为当前坐标系的标题
title(…,'PropertyName',PropertyValue,…)   % 设置标题属性
title(axes_handle,…)    % 为句柄 axes_handles 所对应坐标系设置标题
h = title(…)            % 设置标题并返回相应 text 对象句柄值
```

6. xlabel 和 ylabel 函数:为当前坐标轴添加标签

调用格式:与 title 函数同。

7. text 函数:在当前坐标系中添加文本对象(text 对象)

调用格式:

```
text(x,y,'string')      % 在点(x,y)处添加 string 所对应字符串
text(x,y,z,'string')    % 在点(x, y, z)处添加字符串(三维情形)
text(x,y,z,'string','PropertyName',PropertyValue…)   % 在(x,y,z)处添加字符,并设置属性
text('PropertyName',PropertyValue…)   % 完全忽略坐标,设置文本对象属性
h = text(…)             % 返回文本对象的句柄列向量,一个对象对应一个句柄值
```

8. gtext 函数:在当前坐标系中交互式添加文本对象

调用格式:

```
gtext('string')   % 按下鼠标左键或右键,交互式在当前坐标系中加入字符串
gtext({'string1','string2','string3',…})   % 一键加入多个字符串,位于不同行
gtext({'string1';'string2';'string3';…})   % 加入多个字符串,每次按键只加入一个字符串
h = gtext(…)   % 返回文本对象句柄值
```

9. legend 函数:在当前坐标系中添加 line 对象和 patch 对象的图形标注框

常用调用格式:

```
legend('string1','string2',…)   % 在当前坐标系中用不同字符串为每组数据进行标注
legend(…,'Location',location)   % 用 location 设置图形标注框的位置,其中 location 的取值为
% 'North','South','East','West','NorthEast','NorthWest'…表示方向的字符串,所标注
% 方位同地图,默认位置为图形右上角
```

10. annotation 函数:在当前图形窗口建立注释对象(annotation 对象)

调用格式:

```
annotation(annotation_type)   % 以指定的对象类型,使用默认属性值建立注释对象
annotation('line',x,y)   % 建立从(x(1),y(1))到(x(2),y(2))的线注释对象
annotation('arrow',x,y)   % 建立从(x(1),y(1))到(x(2),y(2))的箭头注释对象
annotation('doublearrow',x,y)   % 建立从(x(1),y(1))到(x(2),y(2))的双箭头注释对象
annotation('textarrow',x,y)   % 建立从(x(1),y(1))到(x(2),y(2))的带文本框的箭头注释对象
annotation('textbox',[x y w h])   % 建立文本框注释对象,左下角坐标(x,y),宽 w,高 h
annotation('ellipse',[x y w h])   % 建立椭圆形注释对象
annotation('rectangle',[x y w h])   % 建立矩形注释对象
annotation(figure_handle,…)   % 在句柄值为 figure_handle 的图形窗口建立注释对象
annotation(…,'PropertyName',PropertyValue,…)   % 建立并设置注释对象的属性
anno_obj_handle = annotation(…)   % 返回注释对象的句柄值
```

注意: annotation 对象的父对象是 figure 对象,上面提到的坐标 x, y 是标准化的坐标,即整个图形窗口(figure 对象)左下角为 $(0, 0)$,右上角为 $(1, 1)$。宽度 w 和高度 h 也都是标准化的,其取值在 $[0, 1]$ 之间。

11. subplot 函数:绘制子图,即在当前图形窗口以平铺的方式创建多个坐标系

最常用的调用格式:

```
h = subplot(m,n,p)
```

将当前图形窗口分为 m 行 n 列个绘图子区,在第 p 个子区创建 axes 对象,作为当前 axes 对象,并返回该 axes 对象的句柄值 h。绘图子区的编号顺序从上到下,从左至右。读者可结合例 3.2 - 7 加以理解。

【例 3.2 - 2】　在同一个图形窗口内绘制多条曲线,设置不同的属性,并添加标注,如图 3.2 - 6 所示。

程序如下:

```
>> t = linspace(0,2 * pi,60);   % 等间隔产生一个从 0 到 2pi 的包含 60 个元素的向量
>> x = cos(t);   % 计算 t 中各点处的余弦函数值
>> y = sin(t);   % 计算 t 中各点处的正弦函数值
>> plot(t,x,':','LineWidth',2);   % 绘制余弦曲线,蓝色虚线,线宽为 2
>> hold on;   % 开启图形保持功能
>> plot(t,y,'r - .','LineWidth',3);   % 绘制正弦曲线,红色点画线,线宽为 3
>> plot(x,y,'k','LineWidth',2.5);   % 绘制单位圆,黑色实线,线宽为 2.5
>> axis equal;   % 设置坐标轴的纵横比相同
>> xlabel('X');   % 为 X 轴加标签
>> ylabel('Y');   % 为 Y 轴加标签
% 为图形添加标注框,标注框的位置在图形右上角(默认位置)
>> legend('x = cos(t)','y = sin(t)','单位圆','Location','NorthEast');
```

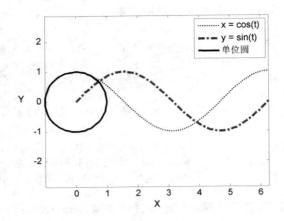

图 3.2 - 6 绘制多条曲线并修饰图形

【例 3.2 - 3】 根据椭圆方程 $(x \quad y) \begin{pmatrix} 3 & 1 \\ 1 & 4 \end{pmatrix} \begin{pmatrix} x \\ y \end{pmatrix} = 5$ 绘制椭圆曲线,并修饰图形,如

图 3.2 - 7 所示。

程序如下:

```
>> P = [3 1; 1 4];
>> r = 5;
>> [V, D] = eig(P);          % 求特征值,将椭圆化为标准方程
>> a = sqrt(r/D(1));          % 椭圆长半轴
>> b = sqrt(r/D(4));          % 椭圆短半轴
>> t = linspace(0, 2 * pi, 60);          % 等间隔产生一个从 0 到 2pi 的包含 60 个元素的向量
>> xy = V * [a * cos(t); b * sin(t)];          % 根据椭圆的极坐标方程计算椭圆上点的坐标
>> plot(xy(1,:),xy(2,:), 'k', 'linewidth', 3);          % 绘制椭圆曲线,线宽为 3,颜色为黑色
% 在当前图形窗口加入带箭头的文本标注框
>> h = annotation('textarrow',[0.606 0.65],[0.55 0.65]);
% 设置文本标注框中显示的字符串,并设字号为 15
>> set(h, 'string','3x^2 + 2xy + 4y^2 = 5', 'fontsize', 15);
% 为图形加标题,设字号为 18,字体加粗
>> h = title('这是一个椭圆曲线 ', 'fontsize', 18, 'fontweight', 'bold');
>> set(h, 'position', [ - 0.00345622 1.35769 1.00011]);          % 设置标题的位置
>> axis([ - 1.5 1.5 - 1.2 1.7]);          % 设置坐标轴的显示范围
>> xlabel('X');          % 为 X 轴加标签
>> ylabel('Y');          % 为 Y 轴加标签
```

【例 3.2 - 4】 绘制曲线 $y = -196.6749 + \dfrac{22.2118}{2}(x - 0.17)^2 + \dfrac{5.0905}{4}(x - 0.17)^4$,

并添加曲线方程,如图 3.2 - 8 所示。

程序如下:

```
>> a = [ - 19.6749    22.2118    5.0905];          % 定义向量 a
>> x = 0:0.01:1;          % 定义横坐标向量
% 计算 x 中各点对应的纵坐标的值
>> y = a(1) + a(2)/2 * (x - 0.17).^2 + a(3)/4 * (x - 0.17).^4;
>> plot(x,y);          % 绘制曲线图形
>> xlabel('X');          % 为 X 轴加标签
>> ylabel('Y = f(X)');          % 为 Y 轴加标签
% 在图形上点(0.05, - 12)处添加曲线方程
```

```
>> text('Interpreter','latex',...
    'String',['$ $ - 19.6749 + \frac{22.2118}{2}(x - 0.17)^2'...
              '+ \frac{5.0905}{4}(x - 0.17)^4 $ $'],'Position',[0.05, - 12],...
    'FontSize',12);
```

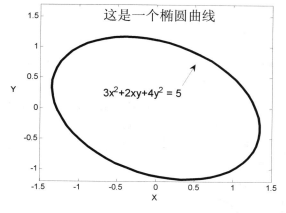

图 3.2 - 7　绘制椭圆曲线

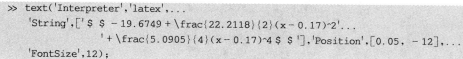

图 3.2 - 8　带有公式的图形

由例 3.2 - 3 和例 3.2 - 4 可以看到,在对图形进行修饰时,可以在图形中加入箭头、文字等,这里的文字可以是普通的文本字符,也可以是数学公式。在插入数学公式时,需要用 LATEX 的格式来描述数学公式。LATEX 是一种著名的科学文档排版系统,在编辑数学公式时,具有 Word 排版系统无可比拟的优越性,它会以特定格式把数学公式作为字符进行输入,经过编译之后即可得到想要的数学公式。也就是说在 LATEX 中,各种数学符号对应不同的 LATEX 命令,这些命令多是由\引导,上下标分别用^和_表示。例如\frac{22.2118}{2}表示分数 $\dfrac{22.2118}{2}$;\alpha 表示 α;\beta 表示 β;(x - 0.17)^2 表示 $(x - 0.17)^2$。用户只需在 MATLAB 帮助中以"Text Properties"为关键词进行搜索,即可找到 MATLAB 支持的所有 LATEX 命令和字符。更多 LATEX 的相关知识,请读者参阅文献[1]。

12. 利用图形对象属性修饰图形

前面已经介绍过 get 函数和 set 函数的用法,实际上通过 set 函数设置图形对象属性可以更为灵活地对图形进行修饰。

【例 3.2 - 5】　通过 axes 对象属性修改坐标轴的位置和刻度。

程序如下:

```
>> x = linspace( - pi,pi,60);               % 等间隔产生一个从 - pi~pi 的包含 60 个元素的向量
>> y = sin(x);                              % 计算 t 中各点处的正弦函数值
>> h = plot(x,y);                           % 绘制正弦函数图像
>> grid on;                                 % 添加参考网格
>> set(h,'Color','k','LineWidth',2);        % 设置线条颜色为黑色,线宽为 2
% 自定义 X 轴坐标刻度标签 XtickLabel,它是一个元胞数组
>> XTickLabel = {' - \pi',' - \pi/2','0','\pi/2','\pi'};
% 通过 axes 对象属性修改当前坐标轴的刻度
>> set(gca,'XTick',[ - pi;pi/2;pi]...        % 标记 X 轴刻度位置
        'XTickLabel',XTickLabel,...         % 标记 X 轴自定义刻度
        'TickDir','out');                   % 设置刻度短线在坐标框外面
>> xlabel(' - \pi \leq \Theta \leq \pi');   % 为 X 轴加标签
>> ylabel('sin(\Theta)');                   % 为 Y 轴加标签
% 在指定位置处添加文本信息
```

55

```
>> text(2 * pi/9,sin(2 * pi/9),'\leftarrow sin(2\pi \div 9)',...
        'HorizontalAlignment','left')
>> axis([-3.5 3.5 -1.1 1.1]);              %设置坐标轴的显示范围
>> box off;                                %不显示坐标边框
%设置坐标轴位置(过原点)和 X 轴刻度标签的旋转角度
>> set(gca,'XAxisLocation','origin',...
        'YAxisLocation','origin',...
        'XTickLabelRotation',-20);
```

以上命令绘制的图形如图 3.2-9 所示。上述命令中 gca 用来返回当前 axes 对象的句柄，然后调用 set 函数设置当前 axes 对象的相关属性。其中 'XTick' 属性用来设置 X 轴标记刻度的具体位置，其属性值是一个向量；'XTickLabel' 属性用来设置 X 轴标记刻度的符号，其属性值可以是元胞数组(每个元素表示一个刻度符号)，也可以是字符串，形如 '0|pi/2|pi|3pi/2|2pi'，即各刻度符号之间用竖线隔开。上述命令中还用到了很多 LATEX 命令，结合图 3.2-9 所显示的效果，读者应该不难明白其意义，这里不再详述。

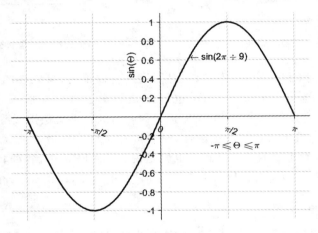

图 3.2-9　自定义坐标轴的刻度

3.2.3　常用统计绘图函数

MATLAB 的统计工具箱提供了一些统计绘图函数，如表 3.2-2 所列。

表 3.2-2　常用统计绘图函数

函数名	功能说明	函数名	功能说明
hist/hist3	二维/三维频数直方图	cdfplot	经验累积分布图
histfit	直方图的正态拟合	ecdfhist	经验分布直方图
boxplot	箱线图	lsline	为散点图添加最小二乘线
probplot	概率图	refline	添加参考直线
qqplot	q-q 图(分位数图)	refcurve	添加参考多项式曲线
normplot	正态概率图	gline	交互式添加一条直线
ksdensity	核密度图	scatterhist	绘制边缘直方图

【例 3.2-6】　用 normrnd 函数产生 1 000 个标准正态分布随机数，并做出频数直方图和经验分布函数图。

程序如下：

```
>> x = normrnd(0, 1, 1000, 1);        % 产生 1000 个标准正态分布随机数
>> hist(x, 20);                       % 绘制直方图
>> xlabel('样本数据');                 % 为 x 轴加标签
>> ylabel('频数');                     % 为 y 轴加标签
>> figure;                            % 新建一个图形窗口
>> cdfplot(x);                        % 绘制经验分布函数图
```

产生的图形如图 3.2 - 10、图 3.2 - 11 所示。

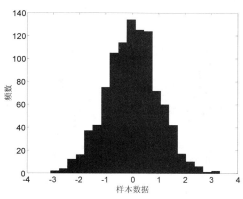
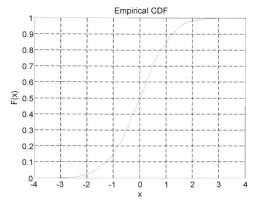

图 3.2 - 10　频数直方图　　　　　　　图 3.2 - 11　经验分布函数图

3.2.4　特殊二维绘图函数

MATLAB 中还提供了一些二维图形绘制的特殊函数,如表 3.2 - 3 所列。

表 3.2 - 3　特殊绘图函数

函数名	功能说明	函数名	功能说明
area	二维填充图	comet	彗星图
fplot	绘制函数图	compass	罗盘图
ezplot	隐函数直角坐标绘图	feather	羽毛图
ezpolar	隐函数极坐标绘图	rose	玫瑰图
pie	饼图	errorbar	误差柱图
stairs	楼梯图	pareto	Pareto(帕累托)图
stem	火柴杆图	fill	多边形填充图
bar	柱状图	patch	生成 patch 图形对象
barh	水平柱状图	quiver	二维箭头

【例 3.2 - 7】　特殊二维绘图函数举例。绘制的自定义函数图、单位圆、极坐标图、二维饼图、楼梯图、火柴杆图、罗盘图、羽毛图和填充八边形如图 3.2 - 12 所示。

```
>> subplot(3, 3, 1);                    % 绘制 3 行 3 列图中的第 1 个
>> f = @(x)200 * sin(x)./x;            % 定义匿名函数
>> fplot(f, [-20 20]);                 % 绘制函数图像,设置横坐标范围为[-20, 20]
>> title('y = 200 * sin(x)/x');        % 设置标题

>> subplot(3, 3, 2);                    % 绘制 3 行 3 列图中的第 2 个
>> ezplot('x^2 + y^2 = 1', [-1.1 1.1]);   % 绘制单位圆,横坐标从 -1.1 到 1.1
>> axis equal;                         % 设置坐标系的显示方式
```

```
>> title('单位圆');

>> subplot(3,3,3);                    % 绘制 3 行 3 列子图中的第 3 个
>> ezpolar('1 + cos(t)');             % 绘制心形图
>> title('心形图');

>> subplot(3,3,4);                    % 绘制 3 行 3 列子图中的第 4 个
>> x = [10 10 20 25 35];              % 制定各部分所占比例
>> name = {'赵','钱','孙','李','谢'};   % 指定各部分名称
>> explode = [0 0 0 0 1];             % 设置第 5 部分分离出来
>> pie(x,explode,name)                % 绘制饼图
>> title('二维饼图');

>> subplot(3,3,5);                    % 绘制 3 行 3 列子图中的第 5 个
>> stairs(-2*pi:0.5:2*pi,sin(-2*pi:0.5:2*pi));   % 绘制楼梯图
>> title('楼梯图');

>> subplot(3,3,6);                    % 绘制 3 行 3 列子图中的第 6 个
>> stem(-2*pi:0.5:2*pi,sin(-2*pi:0.5:2*pi));     % 绘制火柴杆图
>> title('火柴杆图');

>> subplot(3,3,7);                    % 绘制 3 行 3 列子图中的第 7 个
>> Z = eig(randn(20,20));             % 求 20×20 的标准正态分布随机数矩阵的特征值
>> compass(Z);                        % 绘制罗盘图
>> title('罗盘图');

>> subplot(3,3,8);                    % 绘制 3 行 3 列子图中的第 8 个
>> theta = (-90:10:90)*pi/180;
>> r = 2*ones(size(theta));           % 产生与 theta 等长的向量,元素全是 2
>> [u,v] = pol2cart(theta,r);         % 将极坐标转成直角坐标
>> feather(u,v);                      % 绘制羽毛图
>> title('羽毛图');

>> subplot(3,3,9);                    % 绘制 3 行 3 列子图中的第 9 个
>> t = (1/16:1/8:1)'*2*pi;
>> fill(sin(t),cos(t),'r');           % 绘制填充多边形
>> axis square;    title('八边形');
```

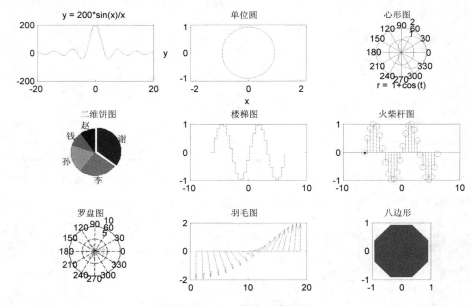

图 3.2 - 12   特殊二维图形

3.3　三维图形绘制

3.3.1　常用三维绘图函数

就像二维绘图一样，MATLAB 中还提供了很多三维绘图函数，一些三维绘图函数的函数名只是在二维绘图函数的函数名后加了一个 3，调用的方法也类似于二维绘图函数。常用的三维绘图函数如表 3.3 - 1 所列。

表 3.3 - 1　常用三维绘图函数

函数名	功能说明	函数名	功能说明
plot3	三维线图	sphere	单位球面
mesh	三维网格图	ellipsoid	椭球面
surf	三维表面图	quiver3	三维箭头
fill3	三维填充图	pie3	三维饼图
trimesh	三角网格图	bar3	竖直三维柱状图
trisurf	三角表面图	bar3h	水平三维柱状图
ezmesh	易用的三维网格绘图	stem3	三维火柴杆图
ezsurf	易用的三维彩色面绘图	contour	矩阵等高线图
meshc	带等高线的网格图	contour3	三维等高线图
surfc	带等高线的面图	contourf	填充二维等高线图
surfl	具有亮度的三维表面图	waterfall	瀑布图
hist3	三维直方图	pcolor	伪色彩图
slice	立体切片图	hidden	设置网格图的透明度
cylinder	圆柱面	alpha	设置图形对象的透明度

【例 3.3 - 1】　调用 plot3 函数绘制三维螺旋线，如图 3.3 - 1 所示。
程序如下：

```
>> t = linspace(0, 10 * pi, 300);                          % 产生一个行向量
>> plot3(20 * sin(t), 20 * cos(t), t, 'r', 'linewidth', 2);  % 绘制螺旋线
>> hold on                                                  % 图形保持
>> quiver3(0,0,0,1,0,0,25,'k','filled','LineWidth',2);       % 添加箭头作为 x 轴
>> quiver3(0,0,0,0,1,0,25,'k','filled','LineWidth',2);       % 添加箭头作为 y 轴
>> quiver3(0,0,0,0,0,1,40,'k','filled','LineWidth',2);       % 添加箭头作为 z 轴
>> grid on                                                  % 添加网格
>> xlabel('X'); ylabel('Y'); zlabel('Z');                    % 添加坐标轴标签
>> axis([ - 25,25, - 25,25,0,40]);                          % 设置坐标轴范围
>> view( - 210,30);                                         % 设置视角
```

利用 mesh 和 surf 函数绘制三维网格图和表面图之前，应先产生图形对象的网格数据。MATLAB 中提供的 meshgrid 函数可以进行网格划分，产生用于三维绘图的网格数据，其调用格式如下：

```
[X,Y] = meshgrid(x,y)    % 用向量 x 和 y 分别对 x 轴和 y 轴方向进行划分，产生网格矩阵 X 和 Y
[X,Y] = meshgrid(x)      % 用同一个向量 x 分别对 x 轴和 y 轴方向进行划分，产生网格矩阵 X 和 Y
[X,Y,Z] = meshgrid(x,y,z) % 用向量 x,y,z 分别对 x,y,z 轴方向进行划分，产生三维网格数组 X,Y,Z
```

【例 3.3 - 2】 调用 meshgrid 函数生成网格矩阵,并用 plot 函数画出平面网格图形,如图 3.3 - 2 所示。

程序如下:

```
% 根据 x 轴的划分(1:4)和 y 轴的划分(2:5)产生网格数据 x 和 y
>> [x,y] = meshgrid(1:4,2:5)

x =

     1     2     3     4
     1     2     3     4
     1     2     3     4
     1     2     3     4

y =

     2     2     2     2
     3     3     3     3
     4     4     4     4
     5     5     5     5

>> plot(x, y, 'r', x', y', 'r', x, y, 'k.','markersize',18);      % 绘制平面网格
>> axis([0 5 1 6]);      % 设置坐标轴的范围
>> xlabel('X'); ylabel('Y');      % 为 X 轴,Y 轴加标签
```

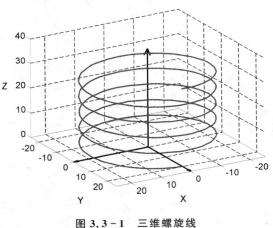

图 3.3 - 1   三维螺旋线

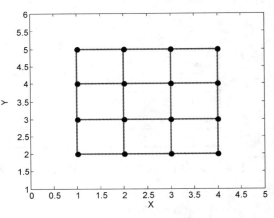

图 3.3 - 2   平面网格图

【例 3.3 - 3】 绘制三维曲面 $z = x e^{-(x^2+y^2)}$ 的等高线图和梯度场,如图 3.3 - 3 所示。

程序如下:

```
>> [X,Y] = meshgrid(-2:.2:2);      % 产生网格数据 X 和 Y
>> Z = X .* exp(-X.^2 - Y.^2);      % 计算网格点处曲面上的 Z 值
>> [DX,DY] = gradient(Z,0.2,0.2);      % 计算曲面上各点处的梯度
>> contour(X,Y,Z);      % 绘制等高线
>> hold on ;      % 开启图形保持
>> quiver(X,Y,DX,DY);      % 绘制梯度场
>> h = get(gca,'Children');      % 获取当前 axes 对象的所有子对象的句柄
>> set(h, 'Color','k');      % 设置当前 axes 对象的所有子对象的颜色为黑色
```

【例 3.3 - 4】 分别调用 mesh、surf、surfl、surfc 函数绘制曲面 $z = \cos x \sin y$($-\pi \leqslant x$, $y \leqslant \pi$)的图像。

程序如下:

```
>> t = linspace( - pi,pi,20);      % 等间隔产生从 - pi 到 pi 包含 20 个元素的向量 x
>> [X, Y] = meshgrid(t);           % 产生网格矩阵 X 和 Y
>> Z = cos(X). * sin(Y);           % 计算网格点处曲面上的 Z 值

>> subplot(2, 2, 1);               % 绘制 2 行 2 列子图中的第 1 个
>> mesh(X, Y, Z);                  % 绘制网格图
>> title('mesh');                  % 添加标题

>> subplot(2, 2, 2);               % 绘制 2 行 2 列子图中的第 2 个
>> surf(X, Y, Z);                  % 绘制面图
>> alpha(0.5);                     % 设置透明度为半透明
>> title('surf');                  % 添加标题

>> subplot(2, 2, 3);               % 绘制 2 行 2 列子图中的第 3 个
>> surfl(X, Y, Z);                 % 绘制带有灯光效果的面图
>> title('surfl');                 % 添加标题

>> subplot(2, 2, 4);               % 绘制 2 行 2 列子图中的第 4 个
>> surfc(X, Y, Z);                 % 绘制带有等高线的面图
>> title('surfc');                 % 添加标题
```

运行以上代码产生的图形如图 3.3 - 4 所示。

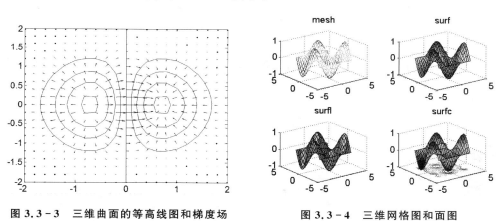

图 3.3 - 3   三维曲面的等高线图和梯度场   图 3.3 - 4   三维网格图和面图

〖说明〗

mesh 函数用来绘制三维网格图,而 surf 函数用来绘制三维面图。网格图和面图是有区别的,网格图只绘制带有颜色的网格曲线,每一个小网格面都不着色,而面图的网格线和网格面都是着色的。

【例 3.3 - 5】 调用 cylinder 和 sphere 函数绘制柱面、哑铃面、球面和椭球面,如图 3.3 - 5 所示。

程序如下:

```
% 绘制圆柱面
>> subplot(2,2,1);                 % 绘制 2 行 2 列子图中的第 1 个
>> [x,y,z] = cylinder;             % 产生柱面网格数据
>> surf(x,y,z);                    % 绘制柱面
>> title('圆柱面 ')                % 添加标题

% 绘制哑铃面
>> subplot(2,2,2);                 % 绘制 2 行 2 列子图中的第 2 个
>> t = 0:pi/10:2 * pi;             % 定义从 0 到 2pi,步长为 pi/10 的向量
```

```
>> [X,Y,Z] = cylinder(2 + cos(t));        % 产生哑铃面网格数据
>> surf(X,Y,Z);                            % 绘制哑铃面
>> title('哑铃面')                          % 添加标题

% 绘制球面,半径为 10,球心 (1,1,1)
>> subplot(2,2,3)                          % 绘制 2 行 2 列子图中的第 3 个
>> [x,y,z] = sphere;                       % 产生球面网格数据
>> surf(10 * x + 1,10 * y + 1,10 * z + 1); % 绘制球面
>> axis equal;                             % 设置坐标轴显示比例相同
>> title('球面')                            % 添加标题

% 绘制椭球面
>> subplot(2,2,4);                         % 绘制 2 行 2 列子图中的第 4 个
>> a = 4;                                  % 定义标量 a
>> b = 3;                                  % 定义标量 b
>> t = - b:b/10:b;                         % 定义向量 t
>> [x,y,z] = cylinder(a * sqrt(1 - t.^2/b^2),30);   % 产生椭球面网格数据
>> surf(x,y,z);                            % 绘制椭球面
>> title('椭球面')                          % 添加标题
```

【例 3.3 - 6】 调用 ezsurf 函数绘制螺旋面 $\begin{cases} x = u \sin v \\ y = u \cos v \\ z = 4v \end{cases}$,如图 3.3 - 6 所示。

程序如下:

```
% 调用 ezsurf 函数绘制参数方程形式的螺旋面,并设置参数取值范围
>> ezsurf('u * sin(v)','u * cos(v)', '4 * v',[- 2 * pi,2 * pi, - 2 * pi,2 * pi])
>> axis([- 7,7, - 7,7, - 30,30]);     % 设置坐标轴显示范围
```

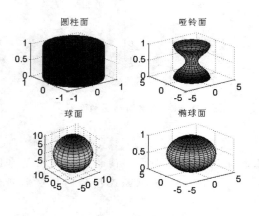

图 3.3 - 5 柱面、球面和椭球面

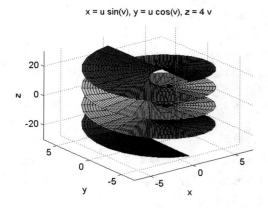

图 3.3 - 6 螺旋面

〖说明〗

ezmesh、ezsurf 和 ezsurfc 函数用来根据曲面方程进行绘图,这里的方程可以是显式方程,也可以是参数方程。

【例 3.3 - 7】 绘制三维饼图、三维柱状图、三维火柴杆图、三维填充图、三维向量场图和立体切片图(四维图),如图 3.3 - 7 所示。

程序如下:

```
% 饼图
>> subplot(2,3,1);                % 绘制 2 行 2 列子图中的第 1 个
>> pie3([2347,1827,2043,3025]);   % 绘制饼图
```

```
>> title('三维饼图');                   % 添加标题
   % 柱状图
>> subplot(2,3,2);                      % 绘制2行2列子图中的第2个
>> bar3(magic(4));                      % 绘制柱状图
>> title('三维柱状图');                 % 添加标题
   % 火柴杆图
>> subplot(2,3,3);                      % 绘制2行2列子图中的第3个
>> y = 2 * sin(0:pi/10:2 * pi);         % 计算正弦函数值
>> stem3(y);                            % 绘制火柴杆图
>> title('三维火柴杆图');               % 添加标题
   % 填充图
>> subplot(2,3,4);                      % 绘制2行2列子图中的第4个
>> fill3(rand(3,5),rand(3,5),rand(3,5), 'y');   % 绘制填充图
>> title('三维填充图');                 % 添加标题
   % 三维向量场图
>> subplot(2,3,5);                      % 绘制2行2列子图中的第4个
>> [X,Y] = meshgrid(0:0.25:4, - 2:0.25:2);  % 产生网格矩阵
>> Z = sin(X). * cos(Y);                % 计算曲面上Z轴坐标
>> [Nx,Ny,Nz] = surfnorm(X,Y,Z);        % 计算曲面网格点处法线方向
>> surf(X,Y,Z);                         % 绘制曲面
>> hold on;                             % 开启图形保持
>> quiver3(X,Y,Z,Nx,Ny,Nz,0.5);         % 绘制曲面网格点处法线
>> title('三维向量场图');               % 添加标题
>> axis([0 4 - 2 2 - 1 1]);             % 设置坐标轴显示范围
   % 立体切片图(四维图)
>> subplot(2,3,6);                      % 绘制2行2列子图中的第4个
>> t = linspace( - 2,2,20);             % 定义向量t
>> [X,Y,Z] = meshgrid(t,t,t);           % 产生三维网格数组X、Y和Z
>> V = X. * exp( - X.^2 - Y.^2 - Z.^2);
>> xslice = [ - 1.2,.8,2];              % 设置X轴切片位置
>> yslice = 2;                          % 设置Y轴切片位置
>> zslice = [ - 2,0];                   % 设置Z轴切片位置
>> slice(X,Y,Z,V,xslice,yslice,zslice)% 绘制立体切片图
>> title('立体切片图(四维图)');         % 添加标题
```

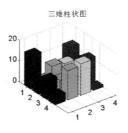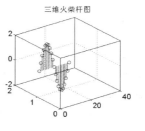
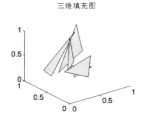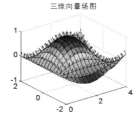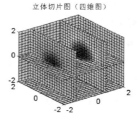

图 3.3-7　三维特殊图形

3.3.2　三维图形的修饰和添加注释

前面提到的二维图形的修饰和添加注释方法对于三维图形同样适用,除此之外,还可以对三维图形的绘图色彩、渲染效果、透明度、灯光和视角等进行设置。

1. 绘图色彩的调整

MATLAB 中提供了 colormap 函数,可以根据颜色映像矩阵对图形对象的色彩进行调整。所谓的颜色映像矩阵就是一个 $k \times 3$ 的矩阵,k 行表示有 k 种颜色,每行 3 个元素分别代表红、绿、蓝三元色的灰度值,取值均在 $[0,1]$ 之间。colormap 函数的调用格式如下:

1) colormap(map)

设置 map 为当前颜色映像矩阵。map 的设置有两种,可以人为指定一个元素值均在 $[0,1]$ 之间的 $k \times 3$ 的矩阵,也可以用 MATLAB 自带的 18 种颜色映像矩阵。在 MATLAB 命令窗口分别运行 autumn、bone、colorcube、cool、copper、flag、gray、hot、hsv、jet、lines、parula、pink、prism、spring、summer、white 和 winter 函数,就可得到这 18 种颜色映像矩阵,这 18 个矩阵都是 64×3 的矩阵,也就是说每一个自带的颜色映像矩阵可以设置 64 种不同的颜色,如果觉得颜色过多或过少,还可以通过类似 autumn(m) 的命令产生 $m \times 3$ 的颜色映像矩阵。若 map 取 MATLAB 自带的颜色映像矩阵,colormap(autumn) 和 colormap autumn 都是合法的命令,其他类似。

2) colormap('default')

恢复当前颜色映像矩阵为默认值。

3) cmap = colormap

获取当前颜色映像矩阵。

4) colormap(ax,…)

设置当前 axes 对象的颜色映像矩阵。

需要注意的是在同一个坐标系内绘制多个图形对象时,利用 colormap 命令会使得多个图形对象共用一个颜色映像矩阵,不能为每一个图形对象设置不同的颜色。此时可以利用图形对象的 FaceColor 属性为不同的对象设置不同的颜色。

2. 着色方式调整

有了颜色之后,颜色的着色效果可以通过 shading 函数来调整,shading 函数的调用格式如下:

1) shading flat

平面着色,同一个小网格面和相应的线段用同一种颜色着色。

2) shading faceted

类似于 shading flat,平面着色,只是网格线都用黑色,这是默认的着色方式。

3) shading interp

通过颜色插值方式着色。

4) shading(axes_handle,…)

为句柄值为 axes_handle 的坐标系内的图形对象设置着色方式。

3. 透明度调整

可以通过 alpha 函数调整图形对象的透明度,其最简单的调用格式为:alpha(alpha_data)。其中,alpha_data 是一个介于 0 到 1 之间的数,alpha_data=0 表示完全透明,alpha_data=1 表示完全不透明,alpha_data 的值越接近于 0,透明度越高。

通过设置图形对象的 FaceAlpha 属性的属性值,可以单独调整某个图形对象的透明度。FaceAlpha 属性的属性值的说明同上面的 alpha_data。

在绘制三维网格图时,还可以通过 hidden 函数调整网格图的透视效果,其调用格式如下:

```
hidden off          % 透视被网格图遮挡的图形
hidden on           % 消隐被网格图遮挡的图形
```

〖说明〗

hidden 函数只能用来设置三维网格图的透视效果,不能用来设置三维面图的透视效果,可以通过透明度调整的办法设置三维面图的透视效果。

【例 3.3 - 8】　三维图形的透视效果,如图 3.3 - 8 所示。

程序如下:

```
>> figure;                         % 创建新的图形窗口
>> [X,Y,Z] = sphere;               % 产生单位球面的三维网格数据
>> surf(X,Y,Z);                    % 绘制单位球面
>> colormap(lines);                % 根据颜色映像矩阵对图形对象的色彩进行调整
>> shading interp                  % 调整颜色的渲染效果
>> hold on;                        % 开启图形保持
>> mesh(2 * X,2 * Y,2 * Z)         % 绘制半径为 2 的球面网格图
>> hidden off                      % 调整网格图的透视效果,使其透明
>> axis equal                      % 设置坐标轴显示比例相同
>> axis off                        % 隐藏坐标轴

>> figure;                         % 创建新的图形窗口
>> surf(X,Y,Z,'FaceColor','r');    % 绘制红色单位球面
>> hold on;                        % 开启图形保持
>> surf(2 * X,2 * Y,2 * Z,'FaceAlpha',0.4);   % 绘制半径为 2 的球面
>> axis equal                      % 设置坐标轴显示比例相同
>> axis off                        % 隐藏坐标轴
```

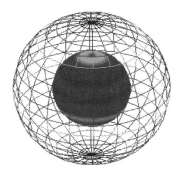

(a) 网格图的透视效果

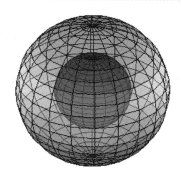

(b) 面图的透视效果

图 3.3 - 8　网格图和面图的透视效果

4. 光源设置与属性调整

用 light 函数可在当前坐标系中建立一个光源,该函数的调用格式如下:

1) light('PropertyName',propertyvalue,…)

建立一个光源,并设置光源属性和属性值。光源对象的主要属性有 'Position'、'Color' 和 'Style':'Position' 是位置属性,设置光源位置,其属性值为三个元素的向量[x, y, z],即光源的三维坐标;'Color' 是颜色属性,设置光源颜色,其属性值可以是代表颜色的字符(见表 3.2 - 1),也可以是由红、绿、蓝三元色的灰度值组成的向量;'Style' 是光源类型属性,设置光源类型,其取

值为字符串 'infinite' 或 'local',分别表示平行光源和点光源。

2) handle = light(…)

建立一个光源,并获取其句柄值 handle,之后可以通过 get(handle)查看光源的所有属性,也可以通过 set(handle, 'PropertyName', propertyvalue, …)设置光源的属性值。

5. 调整光照模式

建立光源之后,可使用 lighting 函数调整光照模式,使用方法如下。

1) lighting flat

产生均匀光照。选择此方法,以查看面对象,是光照模式的默认设置。

2) lighting gouraud

计算顶点法线并作线性插值修改表面颜色。选择此方法,以查看曲面对象。

3) lighting phong

做线性插值并计算每个像素的反射率来修改表面颜色。选择此方法,以查看曲面对象。此方法比 lighting gouraud 的效果好,但是用于渲染的时间较长。

4) lighting none

关掉照明。

6. 图形表面对光照反射属性设置

众所周知,不同材质的物体对光照的反射效果是不同的。MATLAB 中提供了 material 函数,用来设置图形表面的材质属性,从而控制图形表面对光照的反射效果。material 函数的调用格式如下:

1) material shiny

镜面效果,使图形对象有相对较高的镜面反射,镜面光的颜色仅取决于光源颜色。

2) material dull

类似于木质表面效果,使图形对象有更多的漫反射,反射光的颜色仅取决于光源颜色。

3) material metal

金属表面效果,使图形对象有非常高的镜面反射和非常低的环境光及漫反射,反射光的颜色取决于光源颜色和图形表面的颜色。

4) material([ka kd ks])、material([ka kd ks n])、material([ka kd ks n sc])

用 ka、kd 和 ks 分别设置图形对象的环境光、漫反射和镜面反射的强度,用镜面指数 n 控制镜面亮点的大小,用 sc 设置镜面颜色的反射系数。ka、kd、ks、n 和 sc 均为标量,sc 的取值介于 0 和 1 之间。

5) material default

恢复 ka、kd、ks、n 和 sc 的默认值。

7. 调整视点位置

如图 3.3 - 9 所示,在绘制三维图形时,视点的位置决定了坐标轴的方向,从不同的视点看,图形对象之间也可能有不同的遮挡关系。

在 MATLAB 中可利用 view 函数调整视点位置,view 函数的调用格式如下:

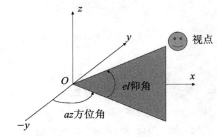

图 3.3 - 9   视点位置示意图

1) view(az,el)

设置三维绘图的视角,方位角 az 表示从 y 轴负向开始绕 z 轴旋转的度数,逆时针旋转时 az 取正值,el 表示相对于 Oxy 平面的仰角,在 Oxy 平面的上方取正值,在 Oxy 平面的下方取负值。

　　2) view([x,y,z])

　　设置视点的三维直角坐标 $[x, y, z]$。

　　3) view(2)

　　设置默认的二维视角，$az = 0, el = 90$。

　　4) view(3)

　　设置默认的三维视角，$az = -37.5, el = 30$。

　　5) view(ax,…)

　　设置句柄值为 ax 的坐标系的视角。

　　6) [az,el] = view

　　返回当前方向角和仰角。

　　【例 3.3 - 9】　绘制一个花瓶，并进行修饰，产生的花瓶效果如图 3.3 - 10 所示。

程序如下：

```
>> t = 0:pi/20:2 * pi;          % 产生一个向量
>> [x,y,z] = cylinder(2 + sin(t),100);     % 产生花瓶的三维网格数据
>> surf(x,y,z);                 % 绘制三维面图
>> xlabel('X'); ylabel('Y'); zlabel('Z');   % 为坐标轴加标签
>> set(gca,'color','none');      % 设置坐标面的颜色为无色
>> set(gca,'XColor',[0.5 0.5 0.5]);   % 设置 X 轴的颜色为灰色
>> set(gca,'YColor',[0.5 0.5 0.5]);   % 设置 Y 轴的颜色为灰色
>> set(gca,'ZColor',[0.5 0.5 0.5]);   % 设置 Z 轴的颜色为灰色
>> shading interp;               % 设置渲染属性
>> colormap(copper);             % 设置色彩属性
>> light('Posi',[-4 -1 0]);      % 在(-4，-1，0)点处建立一个光源
>> lighting phong;        % 设置光照模式
>> material metal;        % 设置面的反射属性
>> hold on;
>> plot3(-4,-1,0,'p','markersize',18);      % 在光源位置画一个五角星,大小为 18
% 添加文本注释,14 号字,粗体
>> text(-4,-1,0,'光源','fontsize',14,'fontweight','bold');
```

　　【例 3.3 - 10】　绘制一个透明的立方体盒子，里面放红色、蓝色和黄色三个球，效果如图 3.3 - 11 所示。

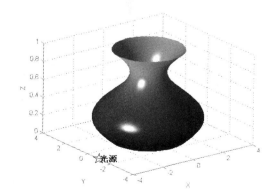

图 3.3 - 10　美丽的花瓶

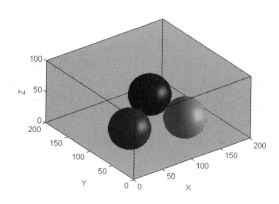

图 3.3 - 11　盒子与彩球

程序如下：

```
% 立方体顶点坐标
>> vert = [0 0 0;0 200 0;200 200 0;200 0 0;0 0 100;...
          0 200 100;200 200 100;200 0 100];
>> fac = [1 2 3 4;2 6 7 3;4 3 7 8;1 5 8 4;1 2 6 5;5 6 7 8];    % 规定顶点顺序
>> view(3);        % 设置视角
% 通过 patch 对象生成绿色的立方体盒子
>> h = patch('faces',fac,'vertices',vert,'FaceColor','g');
>> set(h,'FaceAlpha',0.25);        % 设置立方体盒子透明度
>> hold on;
>> [x0,y0,z0] = sphere;        % 产生单位球面的网格数据
% 产生球心在(30,50,50)、半径为 30 的球面网格数据
>> x = 30 + 30 * x0; y = 50 + 30 * y0; z = 50 + 30 * z0;
% 绘制红色球面
>> h1 = surf(x,y,z,'linestyle','none','FaceColor','r','EdgeColor','none');
% 产生球心在(110,110,50)、半径为 30 的球面网格数据
>> x = 110 + 30 * x0; y = 110 + 30 * y0; z = 50 + 30 * z0;
% 绘制蓝色球面
>> h2 = surf(x,y,z,'linestyle','none','FaceColor','b','EdgeColor','none');
% 产生球心在(110,30,50)、半径为 30 的球面网格数据
>> x = 110 + 30 * x0; y = 30 + 30 * y0; z = 50 + 30 * z0;
% 绘制黄色球面
>> h3 = surf(x,y,z,'linestyle','none','FaceColor','y','EdgeColor','none');
>> lightangle(45,30);        % 建立光源并设置光源视角
>> lighting phong;        % 设置光照模式
>> axis equal;        % 设置坐标轴显示方式
>> xlabel('X'); ylabel('Y'); zlabel('Z');        % 为坐标轴加标签
```

3.4 图形的打印和输出

用户在 MATLAB 中绘制出所需图形之后，通常还需要将图形打印出来，或者导出到文件，复制到剪贴板，以便在其他应用程序中使用。本节介绍 MATLAB 中图形的打印和输出。

3.4.1 把图形复制到剪贴板

1. 界面操作

图形窗口的 Edit 菜单下有 Copy Figure 和 Copy Options 选项，如图 3.4 - 1 所示，选择 Copy Figure 选项，可将图形窗口中的图形复制到剪贴板。

（1）复制选项设置

实际上在将图形窗口中的图形复制到剪贴板之前，还可以通过界面操作对复制选项进行设置。选择 Edit 菜单下的 Copy Options 选项，弹出复制选项界面，如图 3.4 - 2 所示。本界面用来设置图形复制到剪贴板的格式（clipboard format）、背景颜色（figure background color）和图形尺寸（size）。

MATLAB 把图形复制到 Windows 剪贴板时只支持 2 种图像格式：Metafile 和 Bitmap。其中 Metafile 是指彩色增强型图元文件（EMF 格式），它是向量图；Bitmap 是指 8 位彩色 BMP 格式点阵图（BMP 格式），它是位图。向量图和位图的最大区别就在于向量图放大或缩小之后不会失真，位图则不然。这是因为向量图储存的是一连串的绘图指令码，这些指令一般用于生成直线、曲线、填入的区域和文字等图形元素。

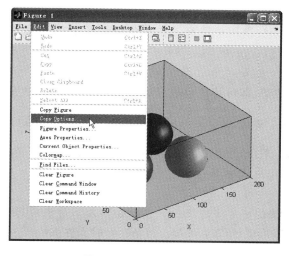

图 3.4-1　盒子与彩球

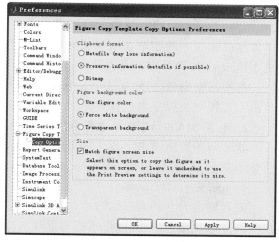

图 3.4-2　复制选项界面

图 3.4-2 所示界面中剪贴板的格式对应 3 个选项：Metafile、Preserve information 和 Bitmap，通常 MATLAB 会根据图像格式自动做出选择。实际上图像格式取决于显示图形时所采用的渲染方法，MATLAB 支持的渲染方法有 3 种：Painter's、Z-buffer 和 OpenGL。对于点、线、区域和简单表面图，MATLAB 采用 Painter's 进行渲染；对于非真彩色显示，或者 OpenGL 被设为不可调用时，MATLAB 会采用 Z-buffer 进行渲染；对于应用了光影效果的复杂图形，MATLAB 采用 OpenGL 进行渲染。当采用 OpenGL 或 Z-buffer 进行渲染时，MATLAB 选择图像格式为 BMP 格式；当采用 Painter's 进行渲染时，MATLAB 选择图像格式为 EMF 格式。

图 3.4-2 所示界面中背景颜色有 3 个选项：User figure color（用图形窗口的颜色作为背景色）、Force white background（强制为白色背景）和 Transparent background（透明背景），用户可以从 3 个选项中选择自己所需要的。

图 3.4-2 所示界面中图形尺寸只对应 1 个选项：Match figure screen size。若勾选此选项，则复制到剪贴板的图形尺寸为屏幕上实际显示的尺寸；不勾选此选项，将由打印预览中的设置来确定复制图形的尺寸。

（2）复制模板设置

在图 3.4-2 所示界面的左方浏览树中选中 Figure Copy Template 结点，将弹出复制模板界面，如图 3.4-3 所示。

复制模板界面中给出了 3 个模板选项：Word、PowerPoint 和 Restore Defaults。当需要把 MATLAB 图形窗口中的图形复制粘贴到 Microsoft Word 和 Microsoft PowerPoint 应用程序时，可以分别用前 2 个模板，最后 1 个选项用来恢复默认设置。

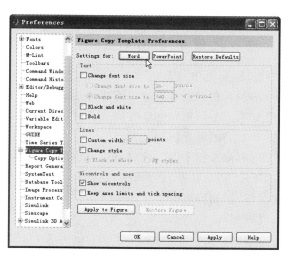

图 3.4-3　复制模板界面

69

在每一个复制模板中,还可以对文本字符(Text)、线条(Lines)、GUI 控件和坐标系(Ui-controls and axes)进行设置。Text 下的 3 个选项分别用来设置文本字符大小、字体颜色和字体粗度,Lines 下的 2 个选项用来设置线条样式,Uicontrols and axes 下的 2 个选项用来设置是否显示 GUI 控件以及是否保持坐标刻度。

选中某个模板之后,单击 Apply to Figure 按钮,即可将该模板套用到当前图形窗口,然后单击 OK 按钮关掉复制模板界面。

2. 利用 MATLAB 命令进行复制操作

除了利用界面操作之外,还可以利用 MATLAB 命令把图形窗口中的图形复制到剪贴板,这要用到 print 函数或 hgexport 函数,后者的调用格式如下:

1) hgexport(h,filename)

把句柄值为 h 的图形窗口中的图形写入默认的 eps 格式文件。filename 为字符串,用来指明文件名和保存路径,如果不指明保存路径,图形默认保存到 MATLAB 当前文件夹。

2) hgexport(h,'−clipboard')

把句柄值为 h 的图形窗口中的图形复制到 Windows 剪贴板。

【说明】

以上两种调用中的句柄 h 必须是 Figure 对象的句柄。实际上 hgexport 函数内部调用了 print 函数来实现将图形窗口中的图形写入文件或复制到剪贴板,前者使用更为方便。hgexport 函数导出的图像格式取决于图形渲染方式,Painter's 渲染对应 Metafile 格式,OpenGL 或 Z−buffer 渲染对应 Bitmap 格式。

【例 3.4−1】 绘制正弦函数在 $[0,2\pi]$ 内的图形,并将图像复制到剪贴板。

程序如下:

```
>> x = 0 : 0.25 : 2 * pi;          % 产生一个 0～2pi,步长为 0.25 的向量
>> y = sin(x);                     % 计算 x 中各点处的正弦函数值
>> plot(x, y);                     % 绘制正弦函数图形,蓝色实线
>> hgexport(gcf,'−clipboard');     % 把当前图形窗口中的图形复制到剪贴板
```

运行以上命令后即可将所绘制的正弦函数图形复制到剪贴板,可根据需要将剪贴板上的图形粘贴到其他应用程序中。

3.4.2 把图形导出到文件

1. 界面操作

在 MATLAB 中通过界面操作可以很方便地把图形窗口中的图形保存为各种标准格式的图像文件。图形窗口的 File 菜单下有 Save、Save As 和 Export Setup 3 个选项,均可用来将图形窗口中的图形导出到文件。

图形首次保存时,选择 File 菜单下的 Save 或 Save As 选项,弹出图形保存界面,如图 3.4−4 所示。在该界面中,用户可以设定文件名,选择保存路径和保存类型。设置完毕单击"保存"按钮即可。

【说明】

图形默认被保存成扩展名为 .fig 的文件,它是 MATLAB 所支持的独特的文件类型,可以理解为图形窗口文件,也就是将整个图形窗口保存成一个文件。在安装有相同或更高版本 MATLAB 的机器中双击保存后的文件还可以打开原始图形窗口,此时不会丢失原始绘图数据。当图形窗口中的 axes 对象只有一个子对象时,可以通过命令 x = get(get(gca,

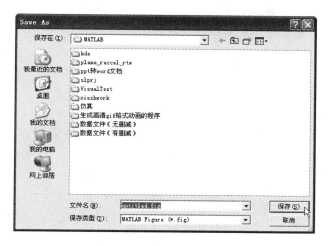

图 3.4 - 4　图形保存界面

'Children'),'XData')获取该子对象的 X 轴坐标数据,类似地,也可以获取其他轴的坐标数据;当图形窗口中的 axes 对象有多个子对象时,则可以通过如下命令获取其第 i 个子对象的绘图数据,这里的 i 为正整数。

```
>> axeschild = get(gca,'Children');      % 获取当前 axes 对象的所有子对象的句柄
>> x = get(axeschild(i),'XData');        % 获取第 i 个子对象的 X 轴坐标数据
>> y = get(axeschild(i),'YData');        % 获取第 i 个子对象的 Y 轴坐标数据
>> z = get(axeschild(i),'ZData');        % 获取第 i 个子对象的 Z 轴坐标数据
```

若选择 File 菜单下的 Export Setup 选项,则弹出图形导出设置界面,如图 3.4 - 5 所示。该界面提供了把 MATLAB 图形导出到文件的各种设置选项,包括属性设置选项(Properties)和导出样式设置选项(Export Styles)。

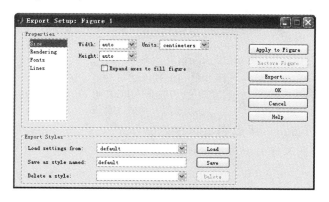

图 3.4 - 5　图形导出设置界面

界面上方的列表框中有 Size、Rendering、Fonts 和 Lines 4 个选项,分别用来设置图形尺寸、渲染方法、字体属性和线条属性,每选中一个选项,列表框的右方将显示相应的属性设置对话框。在界面下方的导出样式设置部分,用户可单击 Save 按钮,保存当前设置,也可单击 Load 按钮重新载入已保存的设置,还可以单击 Delete 按钮删除已保存的设置。界面右方有一组按钮,单击 Apply to Figure 按钮,把当前设置应用于当前图形;单击 Restore Figure 按钮恢复默认设置;单击 Export 按钮将弹出如图 3.4 - 4 所示的图形保存界面,从而可将图形窗口中的图形保存为各种标准格式的图像文件;单击 OK 按钮则完成确认并关闭图形导出设置界面;

单击 Cancel 按钮取消设置;单击 Help 按钮打开帮助页面,查询相关的帮助。

2. 利用 MATLAB 命令把图形导出到文件

除了利用界面操作之外,还可利用 MATLAB 命令把图形窗口中的图形导出到文件,这要用到 print 函数、hgexport 函数或 saveas 函数。从使用方便的角度,这里只介绍 saveas 函数的用法,它的调用格式如下:

1) saveas(h,'filename.ext')

把句柄值为 h 的图形或句柄值为 h 的 Simulink 模块图保存为文件 filename.ext。文件格式取决于文件的扩展名 ext,可用的扩展名如表 3.4-1 所列。

表 3.4-1　saveas 函数支持的文件格式

扩展名	格式说明	扩展名	格式说明
ai	Adobe Illustrator 软件支持的矢量图文件	pbm	便携式位图文件
bmp	Windows 位图文件	pcx	24 位画笔文件
emf	彩色增强型图元文件	pdf	便携式文档格式文件
eps	封装的 PostScript 格式文件	pgm	便携式灰度图
fig	MATLAB 图形窗口文件	png	便携式网络图形
jpg	JPEG 格式文件	ppm	便携式像素图
m	MATLAB M 文件	tif	压缩的 TIFF 格式文件

2) saveas(h,'filename','format')

把句柄值为 h 的图形或句柄值为 h 的 Simulink 模块图按指定格式保存为文件 filename。参数 'format' 是字符串,用来指明文件扩展名,可用的扩展名如表 3.4-1 所列。

需要注意的是以上两种调用中的 h 可以是任何图形对象的句柄,这一点与 hgexport 函数不同。

【例 3.4-2】 绘制正弦函数在[0,2π]内的图形,并将图形保存为 JPEG 格式的图像文件。
程序如下:

```
>> x = 0 : 0.25 : 2 * pi;        % 产生一个 0~2pi,步长为 0.25 的向量
>> y = sin(x);                   % 计算 x 中各点处的正弦函数值
>> h = plot(x, y);               % 绘制正弦函数图形,并返回句柄值 h
>> saveas(h,'xiezhh.jpg');       % 把正弦函数图形保存为图像文件 xiezhh.jpg
```

运行以上命令即可将正弦函数图形保存为图像文件 xiezhh.jpg,默认保存到 MATLAB 当前路径下;用户也可在文件名中指定保存路径。

3.4.3　打印图形

1. 界面操作

在 MATLAB 中绘制好图形之后,单击图形窗口 File 菜单下的 Print Preview 选项,打开打印预览界面,如图 3.4-6 所示。本界面用来设置打印的相关属性,界面左上方有 Layout、Lines/Text、Color 和 Advanced 4 个选项标签,分别用来进行页面设置、线条和文本属性设置、颜色属性设置、坐标限和坐标刻度及其他杂项设置。单击某个选项标签,界面左方将显示相应的属性设置对话框,当用户对属性做出修改时,界面右方空白区域将出现相应的打印预览图。该预览图的左边和上边各有一个刻度条,用鼠标拖动刻度条上的黑色小短线,可以快速调整要打印的图形在整个页面中的位置和大小。界面上方的 Zoom 下拉菜单用来调整显示比例。

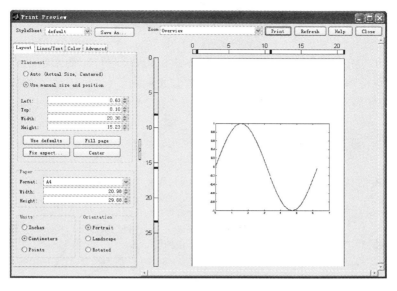

图 3.4 - 6　打印预览界面

设置好打印属性之后,单击界面左上方的 Save As 按钮可将用户设置保存下来以备后用。单击界面右上方的 Print 按钮开始打印,此时弹出打印机属性设置界面,如图 3.4 - 7 所示。

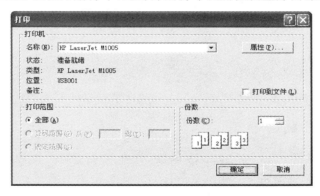

图 3.4 - 7　打印机属性设置界面

在打印机属性设置界面中选择合适的打印机,设置好打印机属性和打印份数之后单击"确定"按钮即完成打印。如果在打印机属性设置界面中勾选了"打印到文件"选项,则可将图形导出到文件。

图形窗口的 File 菜单下还有一个 Print 选项,若单击此选项,则直接弹出如图 3.4 - 7 所示的打印机属性设置界面,此时采用默认的打印设置进行打印。

2. 利用 MATLAB 命令进行打印操作

除了利用界面操作之外,还可以利用 MATLAB 命令对图形窗口中的图形进行打印操作,这要用到 print 函数,它的调用格式如下:

```
print                         % 打印当前图形窗口中的图形
print filename                % 把当前图形窗口中的图形输出到文件
print - ddriver               % 用 driver 指定的打印机打印当前图形
print - dformat               % 把当前图形复制到系统剪贴板
print - dformat filename      % 指定图像格式,把当前图形输出到文件
```

若您对此书内容有任何疑问,可以登录 MATLAB 中文论坛与作者和同行交流。

```
print  -  smodelname              % 打印当前 Simulink 模型 modelname
print  -  options                 % 打印属性设置
print(…)                          % print 的函数调用方式,通过输入参数控制打印
```

print 函数的调用格式中,前 7 种是命令行方式调用,控制打印的参数可以直接放到 print 的后面,中间用空格隔开即可,而最后一种是函数方式调用,需要传递输入参数。print 函数涉及的控制打印的参数有很多,这里不再详述,请读者在 MATLAB 帮助中搜索关键词"print",查阅相关帮助。

【例 3.4-3】 绘制正弦函数在 $[0,2\pi]$ 内的图形,并打印图形。

程序如下:

```
>> x = 0 : 0.25 : 2 * pi;       % 产生一个 0~2pi,步长为 0.25 的向量
>> y = sin(x);                  % 计算 x 中各点处的正弦函数值
>> h = plot(x, y);              % 绘制正弦函数图形,并返回句柄值 h
>> print;                       % 利用默认设置打印当前图形到纸张
>> print - dmeta                % 把当前图形复制到剪贴板
>> print - djpeg heping.jpg     % 把当前图形保存为.jpg 格式的图像文件 heping.jpg
```

〖说明〗

当 MATLAB 中同时打开多个图形窗口(Figure 对象)时,还可利用如下命令对第 i 个图形窗口中的图形进行打印操作,这里的 i 为正整数。

```
>> print - dmeta - fi           % 把第 i(具体数字)个图形窗口中的图形复制到剪贴板
>> print - djpeg - fi filename  % 把第 i 个图形窗口中的图形保存为.jpg 格式的图像文件
>> print - fi                   % 把第 i 个图形窗口中的图形保存为.jpg 格式的图像文件
```

3.5 动画制作

本节介绍利用 MATLAB 制作动画。MATLAB 中有多种形式的动画,下面逐一介绍。

3.5.1 彗星运行轨迹动画

MATLAB 中提供了 comet 和 comet3 函数,分别用来绘制二维和三维彗星运行轨迹动画。所谓的彗星运行轨迹动画是指用彗星运行的方式来描述的质点运行动画,动画中一个圆圈(彗星的头部)拖着一个尾巴绕指定路线运动,非常形象。

1. comet 函数

comet 函数的调用格式如下:

1) comet(y)

显示由向量 y 指定运行路线的二维彗星运行轨迹动画。

2) comet(x,y)

显示由向量 x 和 y 指定运行路线的二维彗星运行轨迹动画。

3) comet(x,y,p)

同 2)中的调用,此时用输入参数 p 来指定彗尾长度为 $p * \text{length}(y)$,p 的取值介于 0~1,默认值为 0.1。

4) comet(axes_handle,…)

在句柄值为 axes_handle 的坐标系中显示二维彗星运行轨迹动画。

【例 3.5-1】 显示质点绕阿基米德螺线(极坐标方程为 $\rho = \theta$)运动的二维彗星运行轨迹动画。静态图如图 3.5-1 所示。

程序如下：

```
>> t = linspace(0,10 * pi,2000);      % 定义一个从 0 到 10pi,包含 2000 元素的向量
>> x = t. * cos(t);                    % 计算阿基米德螺线的横坐标
>> y = t. * sin(t);                    % 计算阿基米德螺线的纵坐标
>> comet(x,y);                         % 显示二维彗星运行轨迹动画
```

2. comet3 函数

comet3 函数的调用格式如下：

1）comet3(z)

显示由向量 z 指定运行路线的三维彗星运行轨迹动画。

2）comet3(x,y,z)

显示由向量 x、y 和 z 指定运行路线的三维彗星运行轨迹动画。

3）comet3(x,y,z,p)

同 2）的调用,此时用输入参数 p 来指定彗尾长度为 $p * \text{length}(y)$,p 的取值介于 0～1,默认值为 0.1。

4）comet3(axes_handle,...)

在句柄值为 axes_handle 的坐标系中显示三维彗星运行轨迹动画。

【例 3.5－2】　显示质点绕螺旋线 $\begin{cases} x = 20\sin t \\ y = 20\cos t \\ z = t \end{cases}$ 运动的三维彗星运行轨迹动画。静态图如图 3.5－2 所示。

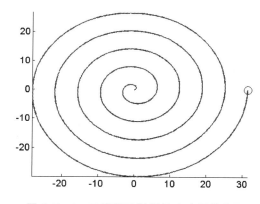

图 3.5－1　二维彗星运行轨迹动画静态图

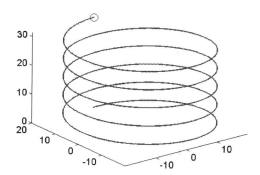

图 3.5－2　三维彗星运行轨迹动画静态图

程序如下：

```
>> t = linspace(0, 10 * pi, 2000);    % 定义一个从 0 到 10pi,包含 2000 元素的向量
>> x = 20 * sin(t);                    % 计算螺旋线的 X 轴坐标
>> y = 20 * cos(t);                    % 计算螺旋线的 Y 轴坐标
>> z = t;                              % 螺旋线的 Z 轴坐标
>> comet3(x,y,z)                       % 显示三维彗星运行轨迹动画
```

3.5.2　霓虹闪烁动画

如今繁华大都市的夜色中,霓虹闪烁,煞是好看,调用 MATLAB 中的 spinmap 函数可以做出这种效果的动画,它是通过旋转颜色映像的方式来呈现这种霓虹闪烁的动画效果的。spinmap 函数的调用格式如下：

若您对此书内容有任何疑问,可以登录 MATLAB 中文论坛与作者和同行交流。

新编 MATLAB/Simulink 自学一本通

spinmap	% 旋转颜色映像约 5s
spinmap(t)	% 旋转颜色映像约 t,具体时间取决于硬件
spinmap(t,inc)	% 旋转颜色映像约 t,并设置增量参数 inc,该参数用来调整闪烁频率
spinmap('inf')	% 不限时旋转颜色映像,若需终止,请按 Ctrl + C 键

【例 3.5 - 3】 霓虹闪烁的球体。静态图如图 3.5 - 3 所示。

程序如下:

sphere;	% 绘制单位球面
axis equal;	% 设置坐标显示比例相同
axis off;	% 隐藏坐标轴
spinmap(20,1);	% 设置增量参数为 1,旋转颜色映像约 20s

逐条运行以上命令即可看到霓虹闪烁效果的球体。

图 3.5 - 3 霓虹闪烁的球体的静态图

3.5.3 电影动画

电影动画是指先把一帧帧图片保存起来,然后再像放电影一样把它们按次序播放出来。MATLAB 提供了 getframe 函数和 movie 函数,用来制作电影动画。其中 getframe 函数用来抓取图形对象作为电影的帧,它的调用格式如下:

getframe	% 返回一个电影帧,它是当前坐标系或图形窗口的快照
F = getframe	% 抓取当前坐标系作为一帧
F = getframe(h)	% 抓取句柄值为 h 的图形对象作为一个电影帧
F = getframe(h,rect)	% 抓取句柄值为 h 的图形对象的指定区域作为一个电影帧

调用 getframe 函数返回一个电影帧 **F**,它是一个结构体数组,包含 cdata(图像数据)和 colormap(色图)两个字段。getframe 函数的第 4 种调用中的 rect 是形如[左边距,下边距,宽度,高度]的向量,用来设定抓取区域。

movie 函数用来播放电影动画,它的调用格式如下:

movie(M)	% 在当前坐标系中只播放一次由矩阵 M 所保存的电影
movie(M,n)	% 播放 n 次,若 n 为负数,则倒着循环播放
	% 若 n 为向量,第一个元素为播放次数,后续元素为帧序号
movie(M,n,fps)	% 每秒播放 fps 帧,播放 n 次,默认每秒 12 帧
movie(h,...)	% 在句柄值为 h 的图形窗口或坐标系中播放电影
movie(h,M,n,fps,loc)	% 在句柄值为 h 的图形窗口或坐标系的指定位置播放电影
	% M,n,fps 的说明同上。loc 是 4 个元素的向量[x y 0 0],x 和 y
	% 用来设定帧的左下角在图形窗口或坐标系的位置,单位为像素

【例 3.5 - 4】 一颗跳动的红心。静态图如图 3.5 - 4 所示。

程序如下:

76

```
>> x = linspace( - 2,2,100);                    % 定义向量 x
>> [X,Y,Z] = meshgrid(x,x,x);                   % 产生三维网格数组 X,Y 和 Z
>> V = (X.^2 + 9/4 * Y.^2 + Z.^2 - 1).^3 - X.^2 .* Z.^3 - 9/80 * Y.^2 .* Z.^3;
>> p = patch(isosurface(X,Y,Z,V,0));            % 利用等值面算法绘制心形包络面
>> set(p, 'FaceColor', 'red', 'EdgeColor', 'none'); % 设置面的颜色为红色
>> view(3);                                      % 设置默认的三维视角
>> axis equal ;                                  % 设置坐标轴显示比例相同
>> axis([ - 1.2,1.2, - 0.7,0.7, - 1,1.25]);      % 设置坐标轴的显示范围
>> axis off;                                     % 隐藏坐标轴
>> light('Posi',[0 - 2 3]);                      % 在(0, - 2,3)点处建立一个光源
>> lighting phong                                % 设置光照模式
>> set(gca,'nextplot','replacechildren');        % 设置当前坐标系的 'nextplot' 属性
>> XX = get(p,'XData');                          % 获取心形面的 X 轴坐标数据
>> YY = get(p,'YData');                          % 获取心形面的 Y 轴坐标数据
>> ZZ = get(p,'ZData');                          % 获取心形面的 Z 轴坐标数据
% 通过 for 循环获取电影动画的各帧,把各帧存入结构体数组 F
>> for j = 1:20
     bili = sin(pi * j/20);                      % 计算心形面的缩放比例
     % 更新心形面的坐标数据,从而达到缩放的效果
     set(p,'XData',bili * XX,'YData',bili * YY,'ZData',bili * ZZ)
     F(j) = getframe;                            % 获取当前坐标系中的图形作为一个电影帧
   end
>> movie(F,10)                                   % 播放 10 遍红心跳动的电影动画
```

图 3.5 - 4　一颗跳动的红心的静态图

3.5.4　录制 AVI 格式视频动画

　　MATLAB 中提供了 videowriter 函数,用来把 getframe 函数抓取的电影帧录制为 AVI 格式视频动画。AVI(Audio Video Interleaved,音频视频交错格式)是将语音和影像同步组合在一起的文件格式。它对视频文件采用了一种有损压缩的方式,但压缩比较高,因此尽管画面质量不是太好,但其应用范围仍然非常广泛。AVI 支持 256 色和 RLE 压缩。AVI 信息主要应用在多媒体光盘上,用来保存电视、电影等各种影像信息。

　　利用 MATLAB 录制 AVI 格式视频动画的步骤依次如下:
　　➢ 调用 videowriter 函数先创建一个空白的 avifile 文件。
　　➢ 调用 open 函数打开 avifile 文件。
　　➢ 绘制视频的每一个帧所对应的图形。
　　➢ 调用 getframe 函数抓取当前图形窗口或坐标系中的图片。

77

> 调用 writevideo 函数把抓取的图片添加到 avifile 文件中。

> 调用 close 函数关闭 avifile 文件。

需要注意的是,在录制 AVI 格式视频动画的过程中,用户最好不要进行其他操作,以免影响录制效果。

下面以一个例子来说明以上函数的调用方法。

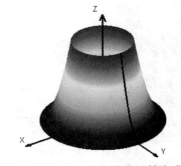

图 3.5-5 空间曲线绕 Z 轴生成旋转面的静态图

【**例 3.5-5**】 录制空间曲线 $z = 3(y-2)^2$, $1 \leqslant y \leqslant 2$ 绕 Z 轴旋转生成旋转面的 AVI 格式视频动画。静态图如图 3.5-5 所示。

```
>> V = VideoWriter('旋转面.avi');        % 建立空白的 avifile 文件
>> open(V);                              % 打开 avifile 文件,准备写入数据
>> y = 1:0.01:2;                         % 定义向量 y
>> z = 3 * (y-2).^2;                     % 计算空间曲线上的 Z 轴坐标
>> x = zeros(size(y));                   % 空间曲线上的 X 轴坐标
>> theta = [pi/2,pi/2:pi/20:2.5 * pi];   % 定义角度向量
>> figure;                               % 新建空白图形窗口
>> h = plot3(x,y,z,'k','LineWidth',2);   % 绘制空间曲线
>> hold on                               % 开启图形保持
>> quiver3(0,0,0,1,0,0,3,'k','filled','LineWidth',2);   % 绘制 X 轴
>> quiver3(0,0,0,0,1,0,3,'k','filled','LineWidth',2);   % 绘制 Y 轴
>> quiver3(0,0,0,0,0,1,4,'k','filled','LineWidth',2);   % 绘制 Z 轴
>> text(0,-0.5,4,'Z')                    % 添加文本信息 Z
>> text(0,3.2,0.3,'Y')                   % 添加文本信息 Y
>> text(3.2,0,0.3,'X')                   % 添加文本信息 X
>> axis equal                            % 设置坐标轴显示比例相同
>> axis([-2,2,-2,2,0,4])                 % 设置坐标轴显示范围
>> axis off                              % 隐藏坐标轴
>> view(145,30);                         % 设置视角(方位角 145,仰角 30)
>> title('空间曲线绕 Z 轴生成旋转面','fontsize',12,'fontweight','bold')   % 添加标题
% 通过 for 循环向 avifile 文件中添加视频帧
>> for i = 1:length(theta)-1
    [r,alpha1] = meshgrid(y,linspace(theta(i),theta(i+1),10));  % 生成网格矩阵
    zz = repmat(z,10,1);                 % 第 i 个小面片的 Z 轴坐标网格数据
    xx = r. * cos(alpha1);               % 第 i 个小面片的 X 轴坐标网格数据
    yy = r. * sin(alpha1);               % 第 i 个小面片的 Y 轴坐标网格数据
    surf(xx,yy,zz);                      % 绘制第 i 个小面片
    shading interp                       % 设置着色方式
    % 通过设置线对象 h 的坐标属性来更新空间曲线的位置
    set(h,'XData',xx(end,:),'YData',yy(end,:),'ZData',zz(end,:))
    drawnow;                             % 刷新屏幕
    pause(0.05)                          % 暂停 0.05s
    F = getframe(gcf);                   % 抓取当前图形窗口中的图形
    writeVideo(V,F);                     % 将抓取的图形加入 avifile 文件
end
>> hold off                              % 取消图形保持
>> close(V);                             % 关闭 avifile 文件
```

3.5.5　制作 GIF 格式动画

在浏览网页的时候,大家会看到很多很炫的动画,它们大都是 GIF 格式的图片。GIF (Graphics Interchange Format,图形交换格式)是美国一家著名的在线服务机构(CompuServe 公司)在 1987 年开发的图像文件格式。GIF 格式是一种基于 LZW 算法的连续色调的无损压缩格式,其压缩率一般在 50% 左右,最多支持 256 种色彩的图像。GIF 格式动画占用磁盘空间较少,其以小巧得到了广泛的应用。

其实 GIF 格式动画是将多幅图像保存为一个图像文件,从而形成动画。MATLAB 中制作 GIF 动画要用到 getframe、frame2im、rgb2ind 和 imwrite 函数。getframe 函数用来抓取当前图形窗口或坐标系中的图像,frame2im 函数和 rgb2ind 函数用来将抓取的图像转为索引图像,imwrite 函数用来将索引图像写入 GIF 格式动画。

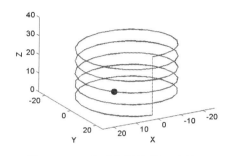

注意: imwrite 函数不能将真彩图像(RGB 图像)写入 GIF 格式动画,必须先将真彩图像转为索引图像或灰度图像,然后才能写入。关于真彩图像、索引图像和灰度图像的定义,请读者自行查阅相关文献。

下面以一个例子来说明以上函数的调用方法。

图 3.5 - 6　小球绕螺旋线运动的 GIF 格式动画的静态图

【例 3.5 - 6】　制作小球绕螺旋线运动的 GIF 格式动画。静态图如图 3.5 - 6 所示。

```
>> filename = 'Ball.gif';                          % 定义文件名
>> t = linspace(0, 10 * pi, 100);                  % 产生一个行向量
>> x = [20 * sin(t),zeros(1,10)];                  % 计算螺旋线 X 轴坐标数据
>> y = [20 * cos(t),20 * ones(1,10)];              % 计算螺旋线 Y 轴坐标数据
>> z = [t,linspace(10 * pi,0,10)];                 % 螺旋线 Z 轴坐标数据
>> plot3(x, y, z, 'r', 'linewidth', 2);            % 绘制三维螺旋线
>> hold on                                          % 开启图形保持
% 绘制初始位置的小球,并返回其句柄值,以方便后面对其进行控制
>> h = plot3(0,20,0,'.', 'MarkerSize',40,'EraseMode', 'xor');
>> xlabel('X'); ylabel('Y'); zlabel('Z');          % 添加坐标轴标签
>> axis([-25 25 -25 25 0 40]);                     % 设置坐标轴范围
>> view(-210,30);                                   % 设置视角(方向角 -210°,仰角 30°)
% 通过循环把多幅图片写入 GIF 文件 Ball.gif
>> for i = 1:length(x)
    % 通过设置对象 h 的坐标属性来更新小球的位置
    set(h, 'xdata',x(i), 'ydata',y(i), 'zdata',z(i));
    drawnow;                                        % 刷新屏幕
    pause(0.05)                                     % 暂停 0.05s
    f = getframe(gcf);                              % 抓取当前图形窗口中的图形作为一帧
    [IM,map] = frame2im(f);                         % 把抓取的帧转为图像数据
    if isempty(map)
        [IM,map] = rgb2ind(IM,256);                 % 把真彩图像转为索引图像
    end
```

```
        if i = = 1
            %  把第一幅图像写入 GIF 文件 Ball.gif
            imwrite(IM,map,filename,'gif', 'Loopcount',inf,'DelayTime',0.1);
        else
            %  把后续各幅图像依次写入 GIF 文件 Ball.gif
            imwrite(IM,map,filename,'gif','WriteMode','append','DelayTime',0.1);
        end
    end
```

上述代码中用到了 for 循环和 if – else – end 等流程控制语句,以及执行暂停功能的 pause 函数,关于它们的介绍请参考本书 4.2 节。

3.6 参考文献

[1] 陈志杰,赵书钦,李树钧,等. LATEX 入门与提高. 2 版. 北京:高等教育出版社,2000.

[2] 李显宏. MATLAB 7. x 界面设计与编译技巧. 北京:电子工业出版社,2006.

[3] 秦襄培. MATLAB 图像处理与界面编程宝典. 北京:电子工业出版社,2009.

[4] 罗华飞. MATLAB GUI 设计学习手记. 2 版. 北京:北京航空航天大学出版社,2011.

第 4 章

MATLAB 程序设计

吴鹏（rocwoods）

要想充分利用 MATLAB 强大的功能解决复杂的问题，就不得不自己编写程序，这就需要了解 MATLAB 的程序文件——M 文件。M 文件分脚本文件和函数文件。本章先介绍脚本文件和函数文件；之后介绍 MATLAB 的程序流程控制方法以及调试方法，并以一个完整程序对几乎所有的程序控制流程进行了演示；接下来介绍了匿名函数、子函数和嵌套函数的概念。需要特别说明的是，从 MATLAB 7.0 开始出现的匿名函数以及嵌套函数在编写方便、简洁、高效的 MATLAB 程序中起着非常重要的作用，因此本章专门设计了一个包含多种应用场合的案例来展示其用法。

常有很多 MATLAB 的使用者抱怨 MATLAB 运行速度太慢。基于此，作者在本章后半部分讲述了在高版本 MATLAB 环境下编写高效的 MATLAB 程序时应注意的一些问题。

养成良好的编程习惯对于任何程序员来说都是极为重要的一件事，MATLAB 程序员也不例外。因此，本章最后一节着重讨论了编写规范的 MATLAB 程序应该注意的一些事项，这些内容恰恰是以往图书容易忽略的。

4.1　M 文件——脚本文件和函数文件

4.1.1　脚本文件

对于一些比较简单的问题，譬如几行代码就可以解决的问题，从指令窗直接输入指令进行计算会很方便。但是随着指令的增加并且需要频繁重复计算时，再直接从指令窗进行计算就很麻烦了。这时候使用脚本文件最为适宜。

脚本文件就是一些按用户意图排列的 MATLAB 指令（包括流程控制指令在内）组成的 M 文件。将要保存的一系列 MATLAB 指令复制粘贴到 MATLAB 程序编辑窗口，单击保存快捷按钮 即可保存成脚本文件，保存路径采用默认即可。需要注意的是，脚本文件的文件名要以英文字母打头，否则会出现错误。单击程序编辑窗口上的运行按钮 ，或者在 MATLAB 命令窗口输入脚本文件的文件名后回车，均可运行脚本文件，在命令窗口查看运行结果。

脚本文件和函数文件的主要区别之一在于，脚本文件运行后，产生的所有变量都驻留在 MATLAB 基本工作空间（base workspace）中。只要用户不使用 clear 指令加以清除，或 MATLAB 不关闭，这些变量将一直保存在基本工作空间。基本工作空间随 MATLAB 的启动而产生，只有当关闭 MATLAB 时，该基本空间才被删除。

4.1.2　函数文件

函数文件与脚本文件最大的不同是其由函数构成，每个函数都由 function 引导，格式为

```
function [out1, out2, …] = funname(in1, in2, …)
注释说明部分(%号引导的行)
      函数体
```

其中,out1,out2,…为输出参数列表;in1,in2,…为输入参数列表;funname 为函数名。输入参数和输出参数个数根据问题的需要可以为 0 到多个。函数文件也需要保存到 MAT-LAB 的搜索路径下才能被调用。

注意： 函数输出参数列表中提到的变量要在函数体中予以赋值,函数名与变量名的命名规则相同。另外,函数名最好与文件名相同,并且自编函数不要与内部函数重名,否则极易导致错误。

从运行上看,与脚本文件不同,每当函数文件被调用时,MATLAB 就会专门为其开辟一个临时的工作空间——函数工作空间(function workspace)来保存函数内部用到的中间变量。当函数调用完毕,返回调用该函数文件的程序点时,属于这个函数的临时工作空间也就被随之删除。

如果在函数文件中发生对某脚本文件的调用,则运行脚本文件产生的所有变量都存放在该函数的函数空间中,而不是存放在基本空间中。

4.2 MATLAB 程序流程控制与调试

4.2.1 MATLAB 程序流程控制

和其他大多数编程语言一样,MATLAB 主要有以下几种程序流程控制方法,使用格式分别为:

1. if – else – end 结构

第一种:

```
if expr % expr 为表达式,一般是关系、逻辑运算构成的表达式,如果成立,则执行到"end"为止的所有
% commands,否则不执行 commands
commands;
end
```

第二种:

```
if expr1 % expr1 成立,则执行 commands1;否则判断 expr2
commands1;
elseif expr2 % 如果 expr2 为真,则执行 commands2
commands2;
else % expr1,expr2 都不成立,执行 commands3
commands3;
end
```

其中,根据程序分支的多少,elseif 的个数可以有 0 到多个。

2. switch – case – otherwise – end 结构

```
switch expr        % expr 为表达式,结果只能是标量数值或字符串常量
    case  value1   % expr 取值等于 value1 或者 value1 是 cell 型数组,且某一元素等于 expr 取值
                   % 时,执行 commands1
       (commands1)
    case  value2   % expr 取值等于 value2 或者 value2 是 cell 型数组,且某一元素等于 expr 取值
                   % 时,执行 commands2
```

```
(commands2)
   case   valuek
     (commandsk)
   otherwise            % expr 取值为不符合上述任一 case 情况时,执行 commands
     (commands)
end
```

　　otherwise 类似于 if – else – end 结构中的 else,视程序逻辑需要,并不是一定要有,但为了程序结构上的完整性以及某些情况下调试程序的需要,建议始终保留。commands 也可以为空语句。

3. for 循环

```
for ix = array
commands;
end
```

在命令窗口中运行下列代码,体会 for 循环的用法:

```
for ix = 1:10
a = ix,
end
for ix = (1:10)´
a = ix,
end
for ix = [1 2 3;4 5 6;7 8 9]
a = ix,
end
```

　　运行上述代码可以发现,MATLAB 的 for 循环机制是遍历 array 的列,无论这个 array 是向量还是矩阵。如果 array 是行向量,那么 for 循环就遍历它的每个元素;如果是列向量,for 循环就循环一次,即遍历列向量自身。如果 array 是矩阵,那么 for 循环就遍历它的每一列,循环 n 次,n 是 array 的列数。此外,如果 array 是三维矩阵,那么 for 循环先遍历第 1 页的所有列,之后是第 2 页的所有列,等。

4. while 循环

```
while expr
commands;
end
```

　　while 循环的机制是当 expr 为真的时候执行 commands 命令,直到 expr 为假。所以执行commands 命令必须得在有限循环次数内使得 expr 为假;否则,while 循环会一直循环运行下去。

5. try – catch 结构:

```
try
   commands1      % Try block
catch ME
   commands2      % Catch block
end
```

　　该结构的意义是执行 commands1,如果不发生错误,则不用执行 commands2;如果执行commands1 的过程中发生错误,那么 commands2 就会被执行,同时,ME 记录了发生错误的相关信息。

6. 其他中断、暂停语句

MATLAB 在循环体内还可以利用 continue 语句跳过位于它之后的循环体中的其他指令，而执行循环的下一个迭代。例如：

```
for ix = 1:5
    if ix = = 3
        continue;
    end
    disp(['ix = ',num2str(ix)])
end
```

运行结果为：

```
ix = 1
ix = 2
ix = 4
ix = 5
```

MATLAB 可以用 break 语句结束包含该指令的 while 或者 for 循环体，或在 if – end、switch – case、try – catch 中导致中断。例如：

```
ix = 3;
jx = 6;
    if ix = = 3
        disp(['ix = ',num2str(ix)]);
        break
        disp(['jx = ',num2str(jx)]);
    end
```

运行结果：

```
ix = 3
```

可见，break 中断程序执行了，"jx = 6"没有被显示。

pause(n)可以使程序暂停 n s 后，再继续执行；pause 使程序暂停执行，等待用户按任意键继续。

return 指令可以结束 return 所在函数的执行：如果 return 所在的函数由函数 fun 来调用，则程序将控制转至 fun；如果 return 所在的函数是在命令窗口直接运行的，则程序将控制转至命令窗口。

4.2.2　MATLAB 程序调试

1. 语法错误和运行结果错误

无论是编写一个脚本文件还是编写一个函数文件，都要进行代码的调试，使其能够正常运行。M 代码的调试就是检查代码中出现的两类错误：语法错误和运行结果错误。

顾名思义，语法错误就是由于书写的代码不符合 MATLAB 语法规范所造成的错误，这类错误比较常见，比如由于粗心造成的拼写错误，不十分了解某个函数的调用方法而造成的调用错误等。一般来说，语法错误会造成程序的运行出现中断，不能得出结果，比如：

```
>> x = 1:10;
>> y = x(11);       % 提取 x 的第 11 个元素,语法错误
??? Attempted to access x(11); index out of bounds because numel(x) = 10.
>> s = sun(x)       % 求 x 的所有元素之和,拼写错误
??? Undefined function or method 'sun' for input arguments of type 'double'.
>> y = 11;
```

```
>> z = 12;
>> s = sum(x, y, z)       % 求 x,y,z 的和,调用函数错误
??? Error using = = > sum
Trailing string input must be 'double' or 'native'.
```

这类错误的原因能从运行后的错误提示(???引导的语句)中很清晰地看出来。

运行结果错误是一类非常难以检查的错误,程序能正常运行,只是运行结果与期望的不一样,这类错误大多是由于算法错误引起的,也可能是由 MATLAB 运算的复数结果造成的。下面给出一个典型的例子:

```
>> ( - 8)^(1/3)
ans =
   1.0000 + 1.7321i       % 复数结果
>>  - 8^(1/3)
ans =
 - 2                      % 实数结果
```

对于运行结果错误的检查一般可以采用以下办法:

① 将可能出错的语句后面的分号";"去掉,让其返回结果。

② 如果是一个函数文件,可以将 function 所在的行注释掉,使其变为脚本文件,以便在命令窗口查看运行结果。

③ 利用 clear 或 clear all 命令清除以前的运算结果,以免程序运行受以前结果的影响。

④ 在程序的适当位置添加 keyboard 指令,增加程序的交互性。程序运行到 keyboard 指令时会出现暂停,命令窗口的命令提示符" >> "前会多出一个字母 K,此时用户可以很方便地查看和修改中间变量的取值。在"K >> "的后面输入 return 指令,按 Enter 键即可结束查看,继续向下执行原程序。

2. 设置断点进行调试

当一个 MATLAB 程序包含很多行代码时,单纯靠人眼观察很难找出其中的错误,此时可以通过在程序中设置断点进行调试。设置断点有以下几种方式。

① 在程序编辑窗口中编写的 M 代码的每一行的前面都标有行号,在可执行的命令行的行号后面都有一个小短横"–",单击某一行的"–",就可在该行设置一个断点,此时的"–"变成了红色的圆点,表示设置断点成功。

② 将光标放到 M 代码的某一行上,然后按快捷键 F12,或者单击程序编辑窗口工具栏中的图标,也可以通过菜单项 Debug→Set/Clear Breakpoint 设置断点。

③ 用函数 dbstop 设置断点,该函数有多种调用方式,例如:

```
dbstop  at  13  in  HistRate.m     % 在 HistRate.m 的第 13 行设置断点
% 或者
dbstop in HistRate.m at 13
% 或者
dbstop('HistRate.m',  '13');
```

设置断点后,在命令窗口调用此程序,就进入了程序调试状态,此时程序编辑窗口工具栏中的等功能键被激活。这些功能键的说明见表4.2 - 1。

如果断点前面有错误,程序运行中断,在命令窗口给出出错信息;否则,程序运行到断点处暂停,自动跳回程序编辑窗口,设置断点的红色圆点处出现一个指向右方的绿色箭头。此时可以单击表 4.2 - 1 中列出的功能键,执行不同的操作。若连续单击,可依次单步执行断点下面的各行命令,绿色箭头逐步下移,若遇到某行有语法错误,则程序运行中断,在命令窗口给出

出错信息。

若您对此书内容有任何疑问，可以登录MATLAB中文论坛与作者和同行交流。

表 4.2 - 1　程序调试功能键说明

功能键图标	说　明	相应菜单项	相应的 MATLAB 指令
	设置/清除断点	Debug→Set/Clear Breakpoint	dbstop/dbclear
	清除所有断点	Debug→Clear Breakpoints in All Files	dbclear all
	跳到下一步	Debug→Step	dbstep
	跳到下一步并进入所调用函数	Debug→Step In	dbstep in
	执行剩余命令并跳出程序	Debug→Step Out	dbstep out
	恢复程序调用	Debug→Continue	dbcont
	结束调试	Debug→Exit Debug Mode	dbquit

　　对于比较长的程序,设置断点是一种比较方便和实用的调试方法,可以实现程序的分段调试,从而精确锁定出错的区域,避免多个错误纠结在一起而不好排除。另外,通过设置断点还能帮助读者看明白别人所编的程序,以便从别人那里得到借鉴。

4.3　程序流程控制示例

4.3.1　概　述

　　本例主要通过一个完整的 MATLAB 程序来展示各种流程控制的用法。该程序来源于如下一个有趣的问题。

　　一只失明的小猫不幸掉进山洞里。山洞有三个门:从第一个门进去后走 2 h 后可以回到地面;从第二个门进去后走 4 h 又回到原始出发点;从第三个门进去后走 6 h 还是回到原始出发点。小猫由于眼睛失明,每次都是随机地选择其中的一个门走。问题是:这只可怜的小猫走出山洞的期望时间是多少?

4.3.2　问题分析

　　该问题如果按照常规思路,需要求几个级数的和,很麻烦。不过,可以这么想:设小猫走出山洞的期望时间为 t,如果小猫不幸进了第二个或第三个门,那么它过 4 h 或是 6 h 后又和进门之前所面临的状况一样了,只不过这两种不幸的情况发生的概率都为 1/3,而万幸一次性走出去的概率也是 1/3。于是可以得到下面的方程:

$$t = 2 \times (1/3) + (4+t) \times (1/3) + (6+t) \times 1/3$$

解得 $t=12$。

86

　　除了上述解析分析的方法,还可以利用计算机模拟的方法来近似得到小猫走出山洞的期望时间。其思路如下:

　　输入正整数 n 作为模拟小猫出洞的次数,生成一个 $1 \times n$ 的数组 T 用来记录每次小猫出洞的时间,初始值为 0;k 从 1 循环到 n,$T(k)$ 用来记录小猫每次实际出洞的时间;随机等概率地生成{1,2,3}中的一个数 c。如果 $c=1$,$T(k)=T(k)+2$,小猫走出山洞,开始下一次模拟;

否则,根据 $c=2$ 或者 $c=3$,决定 $T(k)=T(k)+4$ 或 $T(k)=T(k)+6$,并继续随机生成 c,直到 $c=1$。

模拟完 n 次后,计算 T 的均值得到小猫走出山洞的期望时间的近似值。

4.3.3　MATLAB 求解

根据上面的描述,可以写出如下 MATLAB 程序:

```
function T = cat_in_holl(varargin)
% varargin,使函数可以接受参数个数不定的输入
if ~isempty(varargin) % 输入参数非空
n = varargin{1}; % varargin 为 cell 型数组,取其第一个元素赋给 n
end
% try - catch 结构用法示例
try
    % 如果 n 是正整数,下面的语句不会发生错误,进而执行 try - catch 结构之后的语句
    % 否则会发生错误,执行由 catch 引导的语句
    if n>0&&mod(n,1) = = 0; % n 为正整数的判断条件
        % 空语句,不会报错
    else % n 不是正整数,报错
        error;
    end
catch ME      % ME 用来记录发生错误的一些信息
    disp('函数没有输入参数或者输入的参数不是正整数标量');
    T = [];% 给 T 赋空值
    return;% 函数返回,后面的语句不再执行,没有 return 会接着执行后面的语句
end
% switch - case - end 结构用法示例
switch nargin % nargin,函数输入参数的个数
    case 1
        % case 1 的情况是程序的核心部分,即模拟整个小猫出洞的过程
        T = zeros(1,n);
        for k = 1:n              % for 循环用法示例
            c = unidrnd(3,1);      % 等概率地随机生成{1,2,3}中某个数字
            while c ~ = 1           % while 循环用法示例
                if c = = 2
                    T(k) = T(k) + 4;
                else
                    T(k) = T(k) + 6;
                end
                c = unidrnd(3,1);
            end
            T(k) = T(k) + 2;
        end
    case 2
        T = [];
        disp('函数只能有一个输入参数,且为正整数');
    otherwise
        T = [];
        disp('函数输入的参数的个数不能大于1,参数需为正整数');
end
```

在 Editor 中新建一个 M 文件,将上述程序复制过去,并以文件名 cat_in_holl.m 保存到

MATLAB 的搜索路径下。对于 $n=10^4$ 以及 $n=10^5$，可以用如下指令得到近似期望时间 T：

```
>> n = 1e4;
>> T = cat_in_holl(n);
>> mean(T)
ans =
    11.8888
>> T = cat_in_holl(n);
>> mean(T)
ans =
    12.0222
```

可见，随着 n 的增加，模拟出的小猫平均出洞的时间越来越接近理论的期望出洞时间。

cat_in_holl.m 是一个完整的 M 函数文件，里面几乎用到了各种流程控制方法。读者可以试运行如下指令，观看程序结果，体会各流程控制的功能：

```
T = cat_in_holl;                    %没有输入参数
T = cat_in_holl(10.1);              %输入参数为小数
T = cat_in_holl( −10000);           %输入参数为负数
T = cat_in_holl({1000});            %输入为元胞数组
T = cat_in_holl(1000,100);          %输入参数为 2 个
T = cat_in_holl(1000,100,100);      %输入参数大于 2 个
```

由于程序用到了随机函数 unidrnd 来随机生成 $\{1,2,3\}$ 中的某个数，因此即使对于同一正整数 n，程序每次运行的结果也不完全一样，但是根据统计学原理，每次运行的结果偏差不会很大。

4.4 匿名函数、子函数与嵌套函数

4.4.1 匿名函数

先来看下面几个问题：

➤ 在程序编写中，经常需要计算像 $f(x)=\sin(x)/x$，$g(x,y)=\exp(x)+x^2\ln(y)$ 等这样的一些数学表达式的值。如何方便地构造这些函数？写成 M 文件再调用肯定可以，但是从简洁以及管理的方便性考虑，这不是好办法。

➤ 有时通过符号计算推导得到了一个函数表达式，接下来想通过数值计算对这个表达式进行进一步的操作，如求值、求数值积分等，如何进行？

➤ 很多时候要对含参变量的函数进行操作，譬如 $f(x)=x^a$，如何在计算中得到 a 的具体值后再得到 $f(x)=x^a$ 的具体函数表达式？

上面这些问题都可以用匿名函数来方便地解决。事实上，匿名函数的应用非常灵活，其不但可以实现内联函数(inline function)的所有功能，而且一些用内联函数实现起来不大方便或者不简捷的功能，用匿名函数则非常容易实现。MathWorks 研发人员，包括首席科学家 Moler 教授本人都推荐用匿名函数来代替内联函数。MathWorks 之所以至今仍保留内联函数类型，主要就是照顾一些从 MATLAB 老版本时代过来的客户，使得他们开发的代码在新版本上尽量具有较好的兼容性，同时也兼顾他们的使用习惯。但从效率以及易用性等方面来讲，匿名函数都远远优于内联函数。因此，无论是 MATLAB 初学者还是已使用 MATLAB 多年的人都应该掌握匿名函数的用法，并用它替代内联函数。

1. 匿名函数定义

匿名函数的基本定义如下：

```
fhandle = @(arglist) expr
```

其中,expr 是具体的函数表达式;arglist 是指定函数的自变量。具体请见下面示例：

```
f = @(x) x.^2;
>> fx = f(1:10)
fx =
      1     4     9    16    25    36    49    64    81   100
>> g = @(x,y) x.^2 + y.^2;
>> gxy = g(1:10,2:11)
gxy =
      5    13    25    41    61    85   113   145   181   221
```

2. 匿名函数的种类

匿名函数按照不同的分类方法可以分为不同的种类。按照自变量的个数以及层数可以分为：单变量匿名函数、多变量匿名函数、单重匿名函数、多重匿名函数。下面逐一介绍。

1）单变量匿名函数。这种是最简单的匿名函数,只含有一个自变量。例如：

```
f = @(x) x.^2;
```

除此之外,含有参数、参数值已知的单个自变量的匿名函数也是单变量匿名函数。例如：

```
a = 10;
b = 20;
f = @(x) a * x + b;
>> f(1:5)
ans =
     30    40    50    60    70
```

2）多变量匿名函数。这种匿名函数含有两个或两个以上的自变量,例如：

```
g = @(x,y) x.^2 + y.^2;
```

与单变量匿名函数类似,多变量匿名函数也可以有已知的参数值。例如：

```
>> a = 1;
b = 2;
g = @(x,y) a * x + y.^b;
g(1:5,1:5)
ans =
      2     6    12    20    30
```

3）单重匿名函数。到目前为止,上面列举的匿名函数,无论是单变量匿名函数还是多变量匿名函数,都属于单重匿名函数。这类匿名函数的特点是,只有一个"@"符号引导,"@"之后就是具体的函数表达式。自变量输入单重匿名函数后,得到的是具体的数值。除了单重匿名函数外,还有双层乃至多重匿名函数。这些多重匿名函数在参数传递方面非常方便。

4）多重匿名函数。下面以二重匿名函数为例来介绍多重匿名函数,读者可以参考二重匿名函数写出多重匿名函数。下例是一个简单的二重匿名函数：

```
f = @(a,b) @(x) a * x + b
f =
    @(a,b)@(x)a * x + b
```

其中,"a,b"是外层变量;"x"是内层变量。

可以这样理解这个表达式:每个"@"符号后面括号里的变量的作用域一直到表达式的结尾。这样,"a,b"的作用域就是"@(x) a * x＋b",而"x"的作用域就是"a * x＋b"。因此,对于给定的"a,b","gab = f(a,b)"是一个单层以"x"为变量的单变量匿名函数。

可以利用 functions 函数观察所建立的匿名函数信息：

```
f = @(a,b) @(x) a * x + b
f =
    @(a,b)@(x)a * x + b
>> f23 = f(2,3)
f23 =
    @(x)a * x + b
>> f23info = functions(f23)
f23info =
      function: '@(x)a * x + b'
          type: 'anonymous'
          file: ''
     workspace: {3x1 cell}
>> f23info.workspace{1}
ans =
1x1 struct array with no fields.
>> f23info.workspace{2}
ans =
    varargout: {[1x1 function_handle]}
            a: 2
            b: 3
>> f23info.workspace{3}
ans =
1x1 struct array with no fields.
```

两重以上的匿名函数可以参考二重匿名函数类推，例如：

```
>> f = @(a) @(b,c) @(x) x^a + b * c
f =
    @(a)@(b,c)@(x)x^a + b * c
```

两重以上的匿名函数各变量的作用域可以参考二重匿名函数。多重匿名函数在变量传递方面非常方便，本节后半部分将给出具体的应用例子。

4.4.2 子函数

函数 M 文件中，一般称第一个 function 引导的函数为主函数，外部调用函数文件时总是从主函数开始执行。如果整个函数文件只有一个函数，那这个函数就是主函数。

在设计比较复杂的程序时，为了能够使程序之间的逻辑关系清楚，易于阅读和维护，通常会采用模块化的设计方式，这时就会涉及子函数的使用。从函数编写格式以及形态上来说，子函数和主函数并无区别，区别仅在于在函数文件中的位置以及调用关系。

子函数指在同一函数文件中，主函数之后的由 function 引导的函数。一个函数文件可以有多个子函数。这些子函数在函数文件中的排列顺序可以随意，前提是都要位于主函数后。

子函数可以被其所在的函数文件中的主函数和其他子函数调用，子函数也可以调用主函数。在设计子函数调用主函数的程序时一定要小心，避免形成"死"的调用循环。

4.4.3 嵌套函数

类似匿名函数，先来看下面几个问题：

➤ 在程序编写中，有的数学表达式比较长，不方便用一行来表示，而且这个表达式里还有

其他的参数。这时候就需要将其写成函数,用嵌套函数可以方便地解决参数共享问题。

> 当求解微分方程或者优化问题时,一些复杂的表达式往往涉及参数传递过程,这个时候,比较适合将其表达式写成嵌套函数。

> 在编写 GUI 用户界面的回调函数时,参数传递往往是个棘手的问题。利用嵌套函数,可以方便地解决这个问题。

嵌套函数结构非常强大,方便易用。下面予以详细介绍。

1. 嵌套函数的定义

嵌套函数,即 nested function,顾名思义,是嵌套在函数体内部的函数,开始以 function 声明,结束的时候加上 end。嵌套函数在其父函数中可以先于调用它的语句编写,也可以在其后编写,位置比较灵活。需要说明的是,包含有嵌套函数的函数,无论它是主函数、子函数或者嵌套函数,都应该在末尾的地方加上 end。下面是一个简单的嵌套函数的例子。

```
function r = MyTestNestedFun(input)
a =  5;
c = sin(input) + tan(input);
function y = nestedfun(b)
y = a * c + b;
end
r = nestedfun(5);
end
```

保存后在指令窗口输入:

```
r = MyTestNestedFun(6)
```

得到如下结果:

```
r =
    2.1479
```

结果是这样得到的:调用 MyTestNestedFun 后,程序依次执行 $a = 5$;$c = \sin(input) + \tan(input)$;然后又调用 nestedfun 这个嵌套函数,此时 $b = 5$,而嵌套函数所在函数中的 a, c 对嵌套函数是可见的,即 $a = 5$,$c = -0.5704$。于是 $r = a * c + b = 5 \times (-0.5704) + 5 = 2.1479$。

2. 嵌套函数的种类

嵌套函数可以分为单重嵌套函数和多重嵌套函数。单重嵌套函数嵌套在别的函数体内,自己内部不再有嵌套的函数。一个函数里可以有一个或者多个单重嵌套函数。

多重嵌套函数嵌套在别的函数体内,同时自己内部又嵌套着别的另一层或几层函数。同样,一个函数里可以有一个或者多个多重嵌套函数。如下面类型的函数:

```
function x = A(p1, p2)
...
    function y1 = B1(p3)
    ...
        function z1 = C1(p4)
        ...
        end
    ...
    end
...
```

```
    function y2 = B2(p5)
    ...
        function z2 = C2(p6)
        ...
            function w = D(p7)
            ...
            end
        end
    end
end
```

该函数 A(p1,p2)内部有两个嵌套函数,分别是 B1(p3)和 B2(p5),而 B1(p3)和 B2(p5)分别是二重和三重嵌套函数。

3. 嵌套函数的变量作用域

变量的作用域是指变量能够被程序访问、修改、设置等的代码范围。含有嵌套函数的函数体内的变量作用域非常重要,但同时又很容易搞错。在讨论这些变量作用域前,请读者先运行下面几个例子,以体会位于不同位置的变量的作用域。

【例 4.4-1】 变量作用域示例 1。

程序如下:

```
function r = NestedFunctionVarScopeDemo(a)
b = a+1;
    function Nested1
        c = b+1;
        function Nested11
            d = c+a;
        end
        Nested11;
    end
Nested1
r = d;
end
```

读者运行下面的代码,例如:

```
r = NestedFunctionVarScopeDemo(1)
r =
    4
```

上述代码有一个二重嵌套函数 Nested1,它内部还包含一个嵌套函数 Nested11,整个函数的执行过程如下:

传入变量 a=1,计算 b 的值,b=2;遇到 Nested1 的函数定义,往下是调用 Nested1 的语句,进入 Nested1 之后先计算 c 的值,即 c 等于 b+1=3。从这里可以看到,在嵌套函数体内,可以访问父函数之内的变量。"c=b+1;"这条语句之后是定义 Nested11 的函数语句,定义 Nested11 结束后,是调用 Nested11 的函数语句。从 Nested11 的定义来看,这个函数非常简单,做的仅仅是计算"d=c+a";从这里可以看出在第二重嵌套函数里,分别访问了 Nested1 里的变量 c 和主函数里的变量 a。主函数的最后一句是从外部访问了第二重嵌套函数里的变量 d,并将 d 赋给 r,以此作为父函数的返回值。

从上面这个嵌套函数的示例可以看出,父函数和嵌套在其内的函数,它们各自的变量是可以互相访问的。但必须注意的是,嵌套函数访问父函数的变量,可以在函数定义里直接拿过来用,而父函数访问嵌套在其内的函数里的变量,则必须要在调用之后,如例 4.4-1 主函数访问

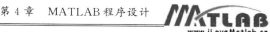

Nested11 里的 d,是经过在父函数里调用 Nested1,而在 Nested1 里又调用 Nested11 后才成功的,否则是不行的。读者再看下面的例子。

【例 4.4 - 2】 变量作用域示例 2。

程序如下:

```
function r = NestedFunctionVarScopeDemo2(a)
b = a + 1;
    function Nested1
        c = b + 1;
        c1 = 10;
        function Nested11
            d = c + a;
        end
    end
Nested1
e = c1
r = d;
end
```

在命令窗口中运行得到如下结果:

```
r = NestedFunctionVarScopeDemo2(1)
e =
    10
??? Undefined function or variable "d".

Error in = => NestedFunctionVarScopeDemo2 at 12
r = d;
```

在调用 NestedFunctionVarScopeDemo2 时发生了错误,从提示来看,是没有定义变量 d。这是因为调用 Nested1 后执行了 Nested1 里的语句,但是 Nested1 中只是定义了 Nested11,并没有调用它的语句,因此,外界不能访问 d。这也是为什么运行"e = c1"可以成功,而运行"r = d;"报错的原因了。

上面讨论了嵌套函数和父函数之间变量互相访问的情况(包括主函数也是嵌套函数的情况)。那么,不同的嵌套函数之间有没有嵌套关系呢？请看下面的例子。

【例 4.4 - 3】 变量作用域示例 3。

程序如下:

```
function r = NestedFunctionVarScopeDemo3(a)
b = a + 1;
    function Nested1
        c = b + 1;
        c1 = 10;
        Nested2;
        c2 = d*2;
    end
    function Nested2
        d = 2 * b;
    end
Nested1
r = c2
end
```

该函数里面包含两个嵌套函数,都是单重的,一个是 Nested1,另一个是 Nested2。本例是想验证,能否直接从 Nested1 中通过调用 Nested2 来访问其中的变量。经过运行得到下面的结果:

```
r = NestedFunctionVarScopeDemo3(1)
??? Undefined function or variable 'd'.
Error in = = > NestedFunctionVarScopeDemo3>Nested1 at 7
       c2 = d*2;

Error in = = > NestedFunctionVarScopeDemo3 at 12
Nested1
```

从错误提示来看,出错原因是访问变量 d 不成功,d 未定义,因此彼此没有嵌套关系的嵌套函数间是不能简单地共享变量的。如果非要共享,则只能通过它们所在的父函数来进行。

4.4.4 嵌套函数的彼此调用关系

通过 4.4.3 节,读者可能已经注意到了,父函数和嵌套函数之间的变量共享需要通过调用来实现。这就涉及一个问题:父函数和嵌套函数,不同的嵌套函数,以及不同嵌套层次的函数,它们之间的调用关系是怎样的呢?接下来将详细讨论这些问题。

1. "直系"嵌套函数之间

这里所说的"直系"关系指的是嵌套函数之间是一重或多重嵌套与被嵌套的关系,如函数 A 嵌套 B,B 嵌套 C 和 D,C 嵌套 E,等,A 与 B、A 与 C 和 D,A 与 E,B 和 E 等都属于"直系"关系。这里的"直系"不包括处于同一嵌套层次类似"亲兄弟"这样的嵌套函数,譬如 C 和 D。这样的情形以及其他情形在稍后讨论。

直系嵌套函数之间,调用关系遵循以下原则:父函数可以调用嵌套在其中的第一重嵌套函数,而不能调用第二重或者更深重的嵌套函数;但无论第几重嵌套函数,都可以调用其父函数或者父函数的父函数。请看下面的例子。

【例 4.4 - 4】 嵌套函数调用示例 1。

程序如下:

```
function r = NestedFunctionCallDemo1(a)
b = a+1;
    function c1 = Nested1(x)
        c = b+1;
        c1 = 10+c*x;
        function d = Nested11
            d = c+a;
        end
    end
c1 = Nested1(1),
r = Nested11;
end
```

本例呈现的是父函数调用子嵌套函数的例子,从上面可以看出,在父函数 NestedFunctionCallDemo1 里分别对 Nested1 和 Nested11 进行了调用。运行结果如下:

```
r = NestedFunctionCallDemo1(1)
c1 =
    13
??? Undefined function or variable 'Nested11'.
Error in = = > NestedFunctionCalleDemo1 at 11
r = Nested11;
```

从结果来看,调用 Nested1 成功,而调用 Nested11 没有成功。这验证了"父函数可以调用嵌套在其中的第一重嵌套函数,而不能调用第二重或者更深重的嵌套函数"的结论。

如果是嵌套函数调用父函数的情形呢？再看下面这个例子。

【例 4.4 - 5】 嵌套函数调用示例 2。

程序如下：

```
function  NestedFunctionCallDemo2(flag)
switch flag
    case 1
        disp('flag = 1');
        return;
    case 2
        disp('flag = 2');
        NestedFun1
    case 3
        disp('flag = 3');
        return
    otherwise
        disp(['flag = ',num2str(flag)]);
        return
end
    function NestedFun1
        NestedFunctionCallDemo2(1);
        NestedFun2
        function NestedFun2
            NestedFunctionCallDemo2(3)
        end
    end
end
```

运行上述代码,得到下面的结果：

```
NestedFunctionCallDemo2(2)
flag = 2
flag = 1
flag = 3
```

当 flag = 2 时,执行的是 NestedFun1,而在 NestedFun1 中调用了父函数,这时候 flag = 1,因此显示"flag = 1",接下来在 NestedFun1 中对 NestedFun2 进行了调用。而 NestedFun2 对最外层的父函数来说是一个二重嵌套函数,同样它也调用了 NestedFunctionCallDemo2,只不过 flag = 3,因此显示"flag = 3"。从上例可以看出,嵌套函数对父函数的调用是可以的。

2. "非直系"嵌套函数之间

这里讨论的"非直系"嵌套函数之间指的是嵌套深度相同或者不同,彼此之间没有嵌套与被嵌套关系的不同的嵌套函数。如位于第一层的不同嵌套函数之间,以及位于第二层的不同嵌套函数之间,等。请看下面这个例子。

【例 4.4 - 6】 嵌套函数调用示例 3。

程序如下：

```
function  NestedFunctionCallDemo3
Nested1(5)
    function  Nested1(x)
        disp(['Nested1 执行,输入：',num2str(x)])
        Nested2(6)
        function  Nested11(xx)
            disp(['Nested11 执行,输入：',num2str(xx)]);
        end
    end
```

```
function   Nested2(y)
       disp(['Nested2 执行,输入:',num2str(y)])
       function   Nested22(yy)
           disp(['Nested22 执行,输入:',num2str(yy)]);
       end
    end
end
```

运行结果如下:

```
Nested1 执行,输入:5
Nested2 执行,输入:6
```

从上面的结果来看,Nested1 执行后成功调用 Nested2,这说明第一层的嵌套函数之间是可以互相调用的。那么,第二层的嵌套函数之间以及第二层嵌套函数和第一层嵌套函数之间是否可以互相调用呢?请看下面的例子。

【例 4.4-7】 嵌套函数调用示例 4。

程序如下:

```
function   NestedFunctionCallDemo4
Nested1(5)
    function   Nested1(x)
        disp(['Nested1 执行,输入:',num2str(x)])
        Nested11(6)
        function   Nested11(xx)
            disp(['Nested11 执行,输入:',num2str(xx)]);
            Nested2(pi)
            Nested22(10);
        end
    end
    function   Nested2(y)
        disp(['Nested2 执行,输入:',num2str(y)])
        Nested22(pi * pi)
        function   Nested22(yy)
            disp(['Nested22 执行,输入:',num2str(yy)]);
        end
    end
end
```

运行例 4.4-7,得到如下结果:

```
Nested1 执行,输入:5
Nested11 执行,输入:6
Nested2 执行,输入:3.1416
Nested22 执行,输入:9.8696
??? Undefined function or method 'Nested22' for input arguments of type 'double'.

Error in = = > NestedFunctionCallDemo4>Nested1/Nested11 at 9
          Nested22(10);

Error in = = > NestedFunctionCallDemo4>Nested1 at 5
      Nested11(6)

Error in = = > NestedFunctionCallDemo4 at 2
Nested1(5)
```

从上面的执行情况可以看出,函数 Nested11 成功被调用,而且 Nested11 再调用 Nested2 也成功了,通过 Nested2 间接调用了 Nested22,但是从 Nested11 中直接调用 Nested22 却没有成功。这说明第二重嵌套函数可以调用不包含它的第一重嵌套函数。如果是第三重嵌套函数,那么能否调用不包含它的第二重嵌套函数呢？请看下面的例子。

【例 4.4-8】　嵌套函数调用示例 5。

程序如下：

```
function  NestedFunctionCallDemo5
Nested1(5)
    function  Nested1(x)
        disp(['Nested1 执行,输入:',num2str(x)])
        Nested11(6)
        function  Nested11(xx)
            disp(['Nested11 执行,输入:',num2str(xx)]);
            Nested111(pi)
            function Nested111(xxx)
                disp(['Nested111 执行,输入:',num2str(xxx)]);
                Nested2(exp(1))
                Nested22(100)
            end
        end
    end
    function  Nested2(y)
        disp(['Nested2 执行,输入:',num2str(y)])
        Nested22(pi * pi)
        function  Nested22(yy)
            disp(['Nested22 执行,输入:',num2str(yy)]);
        end
    end
end
```

运行例 4.4-8,得到如下结果：

```
Nested1 执行,输入:5
Nested11 执行,输入:6
Nested111 执行,输入:3.1416
Nested2 执行,输入:2.7183
Nested22 执行,输入:9.8696
??? Undefined function or method 'Nested22' for input arguments of type 'double'.

Error in = = > NestedFunctionCallDemo5>Nested1/Nested11/Nested111 at 12
                Nested22(100)

Error in = = > NestedFunctionCallDemo5>Nested1/Nested11 at 8
            Nested111(pi)

Error in = = > NestedFunctionCallDemo5>Nested1 at 5
        Nested11(6)

Error in = = > NestedFunctionCallDemo5 at 2
Nested1(5)
```

从上面的执行情况可以看出,函数 Nested1 执行后,函数 Nested11 成功被调用,而且 Nested11 再调用 Nested111、Nested111 再调用 Nested2 也成功了;通过 Nested2,Nested111 间接调用了 Nested22,但是从 Nested111 中直接调用 Nested22 却没有成功。这说明第三重嵌套函数不可以调用不包含它的第二重嵌套函数。

3. 嵌套函数调用关系总结

本节讨论了各种情形下的嵌套函数相关调用情况。为了方便读者理解并记忆这些调用关系,可以将上述调用情况进行类比。具体情况如下:将主函数看成"父亲",嵌套函数依据嵌套深度可以看成"儿子""孙子"及"重孙"等。这样,最外层的主函数可以认为是所有内部函数的

97

"祖先",位于不同嵌套函数里的函数之间的关系类似于一个家族之间的"亲属关系"。

如例 4.4－8 中,"祖先"是函数 NestedFunctionCallDemo5,函数 Nested1 和函数 Nested2 是它的两个"儿子",函数 Nested11 和函数 Nested22 是它的两个"孙子",而函数 Nested111 是它的重孙子。函数 Nested11 和 Nested22 之间是"堂兄弟"的关系等。可以把"函数调用另一个函数"类比于"一个人求助于另一个人"。这样,嵌套函数之间的调用关系可以总结成下面的几句话:

父亲可以求助儿子,儿子可以求助父亲,也即父子可以互相求助。一个人不能求助孙子、重孙等后代,但是可以求助自己的直系祖宗(祖父、曾祖父等)以及和其直系祖宗是亲兄弟的先人。一个人可以求助自己的亲兄弟或者亲叔叔、亲伯伯,但不能求助侄儿。

4.5 匿名函数、子函数与嵌套函数应用案例

本节主要以丰富的实例来展示匿名函数、子函数和嵌套函数的应用。这些例子很多都是被各大技术论坛网友频繁提问的问题,相信读者可以从中获得启发。

4.5.1 匿名函数应用实例

1. 匿名函数在求解方程中的应用

匿名函数可以非常方便地表示所求方程,并供 fzero 等求解函数调用。请看下面的例子。

【例 4.5－1】 求方程 $f(x)=\mathrm{e}^x+x^2+x^{\sqrt{x}}=100$ 的根。

求解代码如下:

```
>> f = @(x) exp(x) + x^2 + x^(sqrt(x)) - 100  %构造方程的匿名函数形式
f =
    @(x)exp(x) + x^2 + x^(sqrt(x)) - 100
>> format long
>> x0 = fzero(f,3)     %求方程的根,初始值为3
x0 =
   4.163549956946139  %求出的解
>> f(x0)              %代入原方程验证
ans =
   2.842170943040401e - 014
```

从该例子可以看出,匿名函数在表达方程方面很简洁。上面的例子没有参数,如果方程有额外的参数,而且要求对不同的参数一一求解方程相应的根,应该怎么办?请看例 4.5－1 续。

【例 4.5－1 续】 对于 $a=[0,0.01,0.02,\cdots,2]$,求方程 $f(x)=\mathrm{e}^x+x^a+x^{\sqrt{x}}=100$ 相应的 x 值,并画出 a 和相应的 x 的图像。

本例多了一个参数项 a,因此对于不同的 a,方程的具体表达式也不一样。下面的代码给出这一求解并且画图的过程:

```
f = @(a) @(x) exp(x) + x^a + x^(sqrt(x)) - 100;%构造函数句柄
format long
aa = 0:0.01:2;
plot(aa,arrayfun(@(a) fzero(f(a),4),aa),'* -')%利用 arrayfun 求解不同的 a 对应的 x
xlabel('$ a $','interpreter','latex','fontsize',15)%标注 x、y 坐标轴,按照 latex 语法
ylabel('$ x $','interpreter','latex','fontsize',15)
title('$ \mathrm{e}^{x} + x^{\sqrt{x}} + x^a - 100 $','interpreter','latex'...
'fontsize',15)
```

生成的图形如图 4.5 - 1 所示。

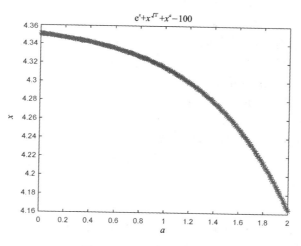

图 4.5 - 1　*a* 与 *x* 关系图

2. 匿名函数在显式表示隐函数方面的应用

隐函数一般无法在数学上显式地表达。这里说的显式表示指的是构造一个 MATLAB 函数来表达隐函数,具体思路是:对于给定的隐函数的自变量 x,通过数值方法求解出因变量 y,这样就相当于显式表达隐函数。请看下面的例子:

【例 4.5 - 2】　显式表示下列 y 关于 x 的隐函数:

$$(e^y + x^y)^{\frac{1}{y}} - x^2 y = 0$$

利用匿名函数,可以在 MATLAB 中显式地写出 y 和 x 的关系式如下:

```
y = @(x) fzero(@(y) (exp(y) + x^y)^(1/y) - x^2 * y, 1 );
```

这样,对于任意的 x,只需调用 $yx = y(x)$,就能得到对应的 y 值,如:

```
format long
y1 = y(1)
y1 =
   2.777942350124938
>> y2 = y(2)
y2 =
   1.105452026515033
>> y3 = y(3)
y3 =
   0.775941879211877
```

这时的 y 只能接受标量 x 输入,利用函数 arrayfun,也可以令其接受向量输入:

```
>> format long
>> Y = @(x) arrayfun(@(xx)fzero(@(y) (exp(y) + xx^y)^(1/y) - xx^2 * y,1 ), x);
>> Y(1:10)
ans =
  Columns 1 through 5
   2.777942350124938    1.105452026515033    0.775941879211877    0.628359329251039
   0.542541817671730
  Columns 6 through 10
   0.485590680913226    0.444620168925079    0.413493851208235    0.388897398866600
   0.368874717117660
```

```
>> Y(1)
ans =
    2.777942350124938
```

读者可能对如下关键语句有疑问：

```
Y = @(x) arrayfun(@(xx)fzero(@(y) (exp(y) + xx^y)^(1/y) - xx^2 * y,1 ), x);
```

其实，arrayfun 函数的作用就是对

```
y = @(x) fzero(@(y) (exp(y) + x^y)^(1/y) - x^2 * y,1);
```

增加了一个循环的"外壳"，使得 y 既可以接受标量 x 的输入，还可以接受向量 $\boldsymbol{x}$ 的输入。其中：

```
@(xx)fzero(@(y) (exp(y) + xx^y)^(1/y) - xx^2 * y,1 )
```

是 arrayfun 函数的第一个输入参数，定义了以循环变量"xx"为输入参数的匿名函数，实现的功能是针对每个 xx，求对应的使

$$\left[e^y + (xx)^y\right]^{\frac{1}{y}} - (xx)^2 y = 0$$

成立的 y。xx 的循环范围是 y 的输入变量 x，也就是上述 arrayfun 函数的第二个输入参数。这样，x 是标量的时候，xx 的循环范围就是一个值；是向量的时候就遍历 $\boldsymbol{x}$ 的每个元素。

【例 4.5 - 3】 显式表示下列 z 关于 x、y 的隐函数：

$$z = \sin\left[(zx - 0.5)^2 + 2xy^2 - \frac{z}{10}\right]\exp\left\{-\left[(x - 0.5 - \exp(-y + z))^2 + y^2 - \frac{z}{5} + 3\right]\right\}$$

借助匿名函数，可以写出 z 关于 x、y 的关系式如下：

```
z = @(x,y) fzero(@(z) z - sin((z * x - 0.5)^2 + x * 2 * y^2 - z/10) *...
    exp(-((x - 0.5 - exp(-y + z))^2 + y^2 - z/5 + 3)),rand);
```

其中，fzero 函数求解该隐函数的初值为随机值 rand。利用上述匿名函数，可以得到 z 关于 x、y 的图像：

```
[X,Y] = meshgrid(-1:0.1:7, -2:0.1:2);
Z = arrayfun(@(x,y) z(x,y),X,Y);
surf(X,Y,Z)
xlabel('\fontsize{15}\fontname{times new roman}x','color','b')
ylabel('\fontsize{15}\fontname{times new roman}y','color','b')
zlabel('\fontsize{15}\fontname{times new roman}z','color','b')
title('\fontsize{15}\fontname{隶书}z(x,y)的函数图像 ','color','r')
```

函数的图像如图 4.5 - 2 所示。

3. 匿名函数在求积分区域方面的应用

有的时候，需要根据已知的积分值和被积函数求对应的积分区域，当被积函数表达式不是很复杂的时候，用匿名函数比较适合。请看下例。

【例 4.5 - 4】 要使 $\dfrac{\sin^2 x}{x^2}$ 这个式子的积分值为 0.99π，求其关于 0 对称的积分区域。

本例利用匿名函数求解非常方便，仅有一行代码：

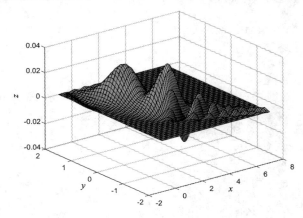

图 4.5 - 2　$z(x,y)$ 关于 x,y 的图像

```
u0 = fzero(@(u) 0.99 * pi/2 - quadl(@(x) sin(x).^2./(x.^2),0,u), 1)
```

上面代码的意思是求"0.99 * pi/2−quadl(@(x) sin(x).^2./(x.^2),0,u)"等于 0 成立的 u,fzero 求解的时候设置的初始值为 1,最后求出的结果是 u0。

4. 匿名函数和符号计算的结合

有时用户需要推导一些表达式,再对得到的表达式进行诸如求值、积分或者极值的运算。如果表达式不是很复杂的话,可以手动推导。但是很多时候手动推导非常烦琐甚至根本不可行,这时候就要借助计算机来推导。在得到表达式后,再将其转化成匿名函数,从而方便后续处理。请看下面的例子。

【例 4.5 - 5】 求函数

$$f(x) = (x + \tan x)^{\sin x}$$

的三阶导数在$[0,1]$区间的图像。

本例如果用手算,则比较烦琐;如果用符号运算得到三阶导数的解析表达式,然后再转化成匿名函数,则比较方便。读者朋友,尤其是初学者,可以从本例了解符号计算和数值计算结合的一种途径。代码如下:

```
syms x
f = (x + tan(x))^(sin(x));
c = diff(f,3);
f3 = eval(['@(x)' vectorize(c)]);
x = linspace(0,1,100);
plot(x,f3(x))
title('(x + tan(x))^{(sin(x))}三阶导数图像')
```

最后得到的图像如图 4.5 - 3 所示。

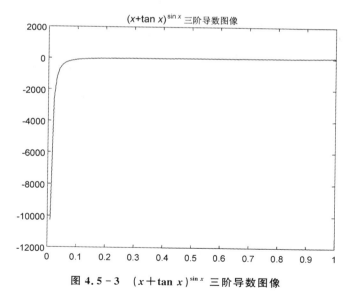

图 4.5 - 3 $(x + \tan x)^{\sin x}$ 三阶导数图像

5. 匿名函数在优化中的应用

匿名函数在优化中的应用主要是以表示目标函数的形式出现的。如下例。

【例 4.5 - 6】 求函数

$$f(x) = 3x_1^2 + 2x_1 x_2 + x^2$$

的最小值。

用匿名函数来表示目标函数 $f(x)$ 如下:

```
f = @(x) 3 * x(1)^2 + 2 * x(1) * x(2) + x(2)^2;
```

进一步求解:

```
x0 = [1,1];% 初始值
[x,fval] = fminunc(f,x0)
x =
  1.0e - 006 *
    0.2541    - 0.2029
fval =
  1.3173e - 013
```

4.5.2 子函数和嵌套函数应用实例

1. 在求解积分上限中的应用

【例 4.5-7】   如下述积分表达式,如何已知 a, e 和 l, 求得 β_0?

$$l = \int_0^{\beta_0} \frac{a(1-e^2)}{(1-e^2\sin^2\beta)} \mathrm{d}\beta$$

本例关于 β 的积分没有解析表达式,需要用数值积分来做,同时还要求解一个非线性方程。本例的积分表达式写出来不是很复杂,可以利用匿名函数来做,有兴趣的读者可以尝试一下。这里先采用子函数和嵌套函数来求解,代码如下:

```
function sol = exampleIntLimit1(a,e,l)
% 用嵌套函数表示被积表达式
    function f = fun1(beta)
        f = a. * (1 - e.^2)./(1 - e.^2. * sin(beta).^2).^(3/2);
    end
% 调用 fzero 求满足条件的 beta0 值
sol = fzero(@(beta0)fun2(beta0,l,@fun1),3);
end
% 用子函数表示积分
function g = fun2(beta0,l,fhdle)
g = quadl(fhdle,0,beta0) - l;
end
```

本例中的 fun2 也完全可以采用嵌套函数来实现,后面将会看到,采用嵌套函数后程序更加方便、简洁。这里只是为了示例普通子函数的用法,将 fun2 用子函数来实现。从上面的程序可以看到,由于子函数不能和主函数共享变量,子函数如果需要用到主函数内部的变量,则主函数在调用子函数时必须要传给它,譬如 fun2 中的 l 和 fhdle,fhdle 是被积函数 fun1 的函数句柄,l 是主函数中的参数 l,这些参数都在主函数调用 fun2 这个子函数时通过下面的语句

```
sol = fzero(@(beta0)fun2(beta0,l,@fun1),3);
```

借助匿名函数@(beta0)fun2(beta0,l,@fun1)进行了传递。对于给定的 $a=20$, $e=0.6$, $l=6$, 上述程序的运行结果如下:

```
sol = exampleIntLimit1(20,0.6,6)
sol =
    0.4519
```

下面再看一下 fun1 和 fun2 完全采用嵌套函数的方法:

```
function sol = exampleIntLimit2(a,e,l)
% 被积表达式
```

```
    function f = fun1(beta)
            f = a. * (1 - e.^2)./(1 - e.^2. * sin(beta).^2).^(3/2);
    end
% 计算积分
    function g = fun2(beta0)
            g = quadl((@fun1,0,beta0) - l;
    end
sol = fzero(@fun2,3);
end
```

对于给定的 $a = 20, e = 0.6, l = 6$,上述程序的运行结果如下:

```
sol = exampleIntLimit2 (20,0.6,6)
sol =
    0.4519
```

由于 fun1 和 fun2 都是嵌套函数,因此可以和主程序共享变量,这样就少了额外的参数传递工作,程序也显得简洁。上述两种方法的运行结果完全一样。本例表明,涉及比较多的参数传递时,用嵌套函数要比用子函数方便得多。

2. 在 GUI 中的应用

在 GUI 设计中,回调函数往往频繁涉及参数传递,利用嵌套函数可以方便共享变量的特点,在编写 GUI 中的回调函数(callback function)时,可以采用嵌套函数来实现。下面举一个嵌套函数在 GUI 中应用的例子。

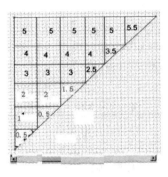

【例 4.5 - 8】 用 MATLAB 生成一个如图 4.5 - 4 所示的三角界面。

要求:① 图上的数字根据行数和列数动态生成,每一层都比下面大 1;

② 在滚动条拖动的时候,会根据滚动条的位置,使三角形中的数字变红,最大值时数字全部为红色,最小值时数字全部为黑色。

图 4.5 - 4　三角界面示意图

本例的代码如下:

```
function triangle_table
% 生成界面,默认控件属性为 'normalized',即随界面大小而变化,名称为 'triangle_table'
% figure 的编号去掉,不显示菜单项
fig = figure('defaultuicontrolunits','normalized','name','triangle_table',...
    'numbertitle','off','menubar','none');
% 建立坐标轴,但是不显示它
ah = axes('Pos',[.1 .2 .75 .75],'Visible','off');
% 建立滚动条,回调函数为 change_color
slider_h = uicontrol('style','slider','units','normalized','pos',...
    [0.1,0.05,0.75,0.05],'sliderstep',[1/6,0.05],'callback',@change_color);
% 画网格并填好数字
hold on
for k = 0:6
    plot(0:6-k,(6-k) * ones(1,(7-k)),'k');
    plot(k * ones(1,(7-k)),k:6,'k');
end
plot([0,6],[0,6],'k');
hold off;
```

```
for x = 1:5
    for y = 1:x
        text(y - 0.5,x + 0.5,num2str(x),'color','k','tag','数字');
    end
end
for k = 0:5
    text(k + 0.1,k + 0.5,[num2str(k),'.5'],'tag','数字');
end
% ==== 滚动条的回调函数 ======
    function change_color(hObject,eventdata)
        %滚动条控件句柄 slider_h 在主函数中,由于是嵌套函数,可以直接使用
        v = round(6 * get(slider_h,'value'));
        num_h = findobj('tag','数字');
        num_pos = get(num_h,'pos');
        %红色数字的索引
        red_num_logic = cellfun(@(x) (x(1)< = v&&x(2)< = v),num_pos);
        set(num_h(red_num_logic),'color','r');
        set(num_h(~red_num_logic),'color','k');
    end
end
```

实现本例界面的思路是:用 plot 来画线;用 text 函数来填格子;每次移动滑动条后,得到当前滑动条的值,根据这个值来判断究竟把哪些数字设成红色,哪些设成黑色的;slider_h 是滑动条的句柄,它的回调函数 change_color 用嵌套函数来实现,这样,slider_h 对于嵌套函数内部来说是可见的,不用采用额外的参数传递方式来传递到回调函数内部。

3. 嵌套函数在 3D 作图中的一个应用

本例是利用嵌套函数来表示 3D 作图中所需要计算的函数。当然,也可以采用其他函数形式来实现,但是采用嵌套函数相对来说比较简洁,而且可以少传递一些参数。

【例 4.5 - 9】 画出下列函数的图像

$$T(n,m) = 1.0 - e^{-n-m} \sum_{N=1}^{+\infty} \left(\frac{m^N}{N!} \sum_{k=0}^{N-1} \frac{n^k}{k!} \right) \quad (0 \leqslant n \leqslant 2.0, 0 \leqslant m \leqslant 2.0)$$

本例需要计算两个求和项,其中最外层要求一个无穷级数,分析表达式可以得知,实际计算中,N 不必取到无穷,只要取到 30 就可以达到较高的精度。代码如下:

```
function [m,n,TT] = plot3dnmT(N,L)
%N:inf 的近似,L:[0,2]区间的剖分个数
C = zeros(N,1); % nested - function:Tmn = calcT(mm,nn)中用来存储计算结果
m = linspace(0,2,L);
[m,n] = meshgrid(m,m);
TT = zeros(size(n)); %和网格数据 m,n 对应的计算出来的 T(m,n)网格数据
for ii = 1:L
    for jj = 1:L
        TT(ii,jj) = calcT(m(ii,jj),n(ii,jj));
    end
end
% =====计算 T(m,n)的 nest - function
function Tmn = calcT(mm,nn)
for N1 = 1:N
    C(N1) = (mm^N1/gamma(N1 + 1)) * sum(  nn.^(0:N1 - 1)./gamma(1:N1)  );
    Tmn = 1.0 - exp( - mm - nn) * sum(C);
```

```
end
end
mesh(n,m,TT);
end
```

运行下面的代码：

```
[m,n,TT] = plot3dnmT(30,30);
```

得到的图像如图 4.5－5 所示。

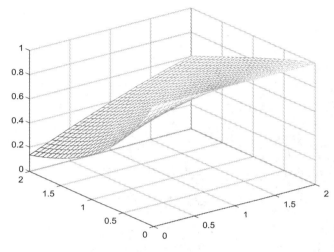

图 4.5－5　$T(n,m)$ 的图像

4．用嵌套函数表示待优化的目标函数

下面以一个有代表性的例子来说明嵌套函数在表示待优化的目标函数方面的应用。

【例 4.5－10】　已知 $w = \left[\dfrac{\pi}{2}, \pi, \dfrac{3\pi}{2}\right]$，$N = \left[\dfrac{\pi}{2}-1, -2, -\dfrac{3\pi}{2}-1\right]$，求表达式

$$y = \left[\int_0^{w(1)} t^m \cos t\,\mathrm{d}t - N(1)\right]^2 + \left[\int_0^{w(2)} t^m \cos t\,\mathrm{d}t - N(2)\right]^2 + \left[\int_0^{w(3)} t^m \cos t\,\mathrm{d}t - N(3)\right]^2$$

的最小值。其中，m 在 $[0,2]$ 区间。

代码如下：

```
function m = Findm
w = [pi/2,pi,pi * 1.5];
N = [pi/2 - 1, - 2, - 1.5 * pi - 1];
function y = ObjecFun(m)
    y = (quadl((@(t) t.^m. * cos(t),0,w(1)) - N(1))^2 + (quadl((@(t) t.^m. * cos(t),0,...
    w(2)) - N(2))^2 + (quadl((@(t) t.^m. * cos(t),0,w(3)) - N(3))^2;
end
m = fminbnd(@ ObjecFun,0,2);
end
```

上述代码中，目标函数即 y 用嵌套函数 ObjecFun 来表示。fminbnd 第一个输入的参数是 ObjecFun 的句柄，第二、三个参数是求解最小值的范围。函数运行结果如下：

```
>> format long
>> m = Findm
m =
  1.000000256506471
```

5. 嵌套函数在表示微分方程方面的应用

嵌套函数可以方便地表示微分方程,从而可以方便地被 MATLAB 中求解微分方程的函数来调用。请看下例:

【例 4.5-11】 求微分方程 $y''+4y=3\sin(at)$ 在区间 $[0,5]$ 的解。其中 a 是参数,初始条件为:$y(0)=1$,$y'(0)=0$。

本例要想应用 MATLAB 的微分方程求解函数 ode45,需要变一下形式,即变成一阶微分方程组的形式:

$$\begin{cases} y_1'=y_2 \\ y_2'=3\sin(at)-4y_1 \end{cases}$$

其中,$y_1(t)$ 对应于函数 $y(t)$;$y_2(t)$ 对应于 $y'(t)$。

在实际应用中,一般希望将参数 a 作为程序的一个输入参数。这样,指定不同的 a,就能得到对应的不同的解。利用嵌套函数还可以得到如下的求解程序:

```
function Nestedfun4ode(a)
tspan = [0,5];          % 变量求解区间
y0 = [1,0];             % 初值
[t,y] = ode45(@tfys,tspan,y0);      % 调用 ode45 求解方程
figure;
plot(t,y(:,1),'k-');                % 画函数 y(t)的曲线
hold on;
plot(t,y(:,2),'k:');                % 画函数 y(t)导数的曲线
set(gca,'fontsize',12);             % 设置当前坐标轴字体大小
xlabel('\itt','fontsize',16);       % 标注 x 轴
% 用嵌套函数定义微分方程组
    function dy = tfys(t,y)
        dy(1,1) = y(2);             % 对应于例子中方程组第一个方程
        dy(2,1) = 3 * sin(a * t) - 4 * y(1);  % 对应于例子中方程组第二个方程
    end
end
```

譬如当 $a=6$ 时,运行 Nestedfun4ode(a)得到如图 4.5-6 所示的结果。

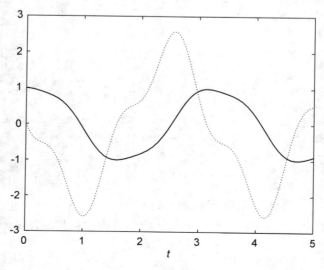

图 4.5-6 求解结果图

4.6　编写高效的 MATLAB 程序

4.6.1　重新认识循环

1. 高版本 MATLAB 对循环结构的优化

从 MATLAB 6.5 版开始,MATLAB 引入了 JIT(just in time)技术和加速器(accelerator),并在后续版本中不断优化。到了 MATLAB 高版本,很多情况下,循环体本身已经不是程序性能提高的瓶颈了,瓶颈更多地来源于循环体内部的代码实现方式,以及使用循环的方式。循环就是多次重复做一件事,如果对这件事本身代码写得不优化,放在循环体内再多次循环,则必然造成运行时间过长。

老版本的 MATLAB 对循环机制的支持不好,因此提倡避免循环,而高版本的 MATLAB 对循环机制的支持大大提高了,所以不必像过去那样谈“循环”色变,非得千方百计地避免循环。当使用了循环,造成程序运行时间过长时,不要武断地将代码运行效率低归结到使用了循环。有的时候千方百计地把一段代码矢量化了,凭自己的编程经验(很多是从老版本遗留下来的经验)和常识(从老的教科书得到的)觉得程序很标准,很优化,殊不知实际测量时会发现程序性能不比采用很自然的想法实现的程序效率高多少,甚至还会降低。看下面的例子。

【例 4.6 - 1】　运行下面测试 JIT/accelerator 的代码,体会高版本的 MATLAB 对循环的加速。

```
function JITAcceleratorTest
u = rand(1e6,1);% 随机生成一个 1 * 1000000 的向量
v = zeros(1e6,1);
tic
 u1 = u + 1;
time = toc;
disp(['用向量化方法的时间是:',num2str(time),'秒!']);
tic
for ii = 1:1000000
    v(ii) = u(ii) + 1;
end
time = toc;
disp(['循环的时间是:',num2str(time),'秒!']);

feature jit off;
tic
for ii = 1:1000000
    v(ii) = u(ii) + 1;
end
time = toc;
disp(['只关闭 JIT 的时间是:',num2str(time),'秒!']);

feature accel off;

tic
for ii = 1:1000000
    v(ii) = u(ii) + 1;
end
time = toc;
```

```
disp(['关闭 accel 和 JIT 的时间是：',num2str(time),'秒！']);
feature accel on;  % 测试完毕重新打开 accelerator 和 JIT
feature jit on;
end
```

在作者计算机上运行的结果如下：

```
用向量化方法的时间是：0.0095308 秒！
循环的时间是：0.010176 秒！
只关闭 JIT 的时间是：0.084027 秒！
关闭 accel 和 JIT 的时间是：1.2673 秒！
```

自从引入 JIT 和 accelerator 后，MATLAB 对这两项功能默认都是打开的。这也是高版本的 MATLAB 对循环支持好的原因所在。关闭 JIT 和 accelerator 需要用到 MATLAB 一个未公开（undocumented）的函数：feature。feature accel on/off 即为打开/关闭 accelerator，类似地，打开/关闭 JIT 的是 feature jit on/off。

上面的代码用来计算一个长向量与一个标量的和。读者会发现，在 JIT 和 accelerator 都打开的状态下，循环和矢量化运算所需的时间从统计意义上来讲，已经没有显著差别了。关闭 JIT 后，运行时间变为原来的 8 倍左右；而再关闭 accelerator，运行时间立刻变为原来的 100 多倍。

再来看一个例子。

【例 4.6 - 2】 由一个 $m \times n$ 的矩阵构造一个 $m \times (m+n-1)$ 的矩阵。构造方式如下：以 4×4 矩阵 A 为例，目的构造矩阵 B。

```
A =

     1     2     3     4
     3     4     5     6
     2     3     4     5
     1     3     4     6

B =

     1     2     3     4     0     0     0
     0     3     4     5     6     0     0
     0     0     2     3     4     5     0
     0     0     0     1     3     4     6
```

这个例子用循环解决非常容易实现，而这里想要讨论的是用向量化的方法解决该问题和用循环解决该问题所用的时间对比（还不考虑写出向量化的代码比用循环实现多花的时间）。

向量化思路：观察 B 发现，如果按行数的话，B 中元素的排列顺序是原来 A 中的每一行和下一行之间以 4 个 0 相隔。这样就可以计算出 A 中的元素在 B 中相应的索引值（当然是按行）矩阵 I。这样可以生成一个和 A 大小一样的全 0 矩阵 B，然后 $B(I)=A(:)$；最后注意到，MATLAB 是按列的顺序遍历元素的，所以最后再对 B 进行转置。写成代码就是：

```
function B = rowmove(A)
  [m,n] = size(A);
  I = repmat(1:n,m,1) + repmat((0:m-1)' * (m+n),1,n);
  B = zeros(m+n-1,m);
  B(I(:)) = A(:);
  B = B';
```

循环的代码如下：

```
function C = LoopRowMove(A)
 [m,n] = size(A);
C = zeros(m,m + n - 1);
for k = 1:m
C(k,k:k + n - 1) = A(k,:);
end
```

可以看出,循环的思路以及操作非常简单,就是循环赋值操作。下面随机生成一个 1 000×1 000 的矩阵,比较一下用上述两种方法求解的速度:

```
A = rand(1000);
tic;B = rowmove(A);time = toc;
disp(['向量化求解的时间是:',num2str(time),'秒!'])
tic;C = LoopRowMove(A);time = toc;
disp(['用循环求解的时间是:',num2str(time),'秒!'])
if isequal(B,C)
    disp('两种方法的结果完全一样')
end
```

在作者计算机上运行的结果如下:

```
向量化求解的时间是:0.11389 秒!
用循环求解的时间是:0.054231 秒!
两种方法的结果完全一样
```

循环的时间反而不到向量化时间的一半,而且循环的代码要比向量化的容易写得多,算上"开发"时间,本例用循环比用向量化要高效得多。这是为什么呢?因为本例循环结构内部的代码仅仅为"赋值"这样简单的操作,不存在函数调用。目前在高版本的 MATLAB 中,循环本身往往不是程序瓶颈,反而函数调用产生的额外开销在很多情况下是构成程序瓶颈的因素之一,尤其是采用大量低效率的函数结构时(如 inline 对象,这个将在后续章节详细讨论)。

利用 MATLAB 的 Profiler 工具对命令"B = rowmove(A);"的运行效率进行分析,如图 4.6 - 1 所示,可以看出,两次调用 repmat 函数所占用的时间比例最高,其次是转置操作,这两项一共占去了整个程序运行时间的 62%。而这两项对于本例来说都是完全可以避免的。当用户用循环实现时,只需要赋值 m 次即可,因此所用的系统开销相对要少。

一些读者在使用 MATLAB 的过程中对向量化的高效率体会颇深,加上传统的书籍以及网络上流传的传统观点对循环低效率的描述,导致其逐渐形成一种观点,就是只要是循环,效率就是低的。从上面的例子大家可以看出,不能一味地否认循环。下节会讲到,MATLAB 效率低往往是由于发生大量函数的调用以及算法本身运算次数多引起的。譬如计算多项式:

$$p_4(x) = a_1 x^4 + a_2 x^3 + a_3 x^2 + a_4 x + a_5$$

如果直接按照上述表达式按部就班地进行,需要计算 4+3+2+1=10 次乘法以及 4 次加法,如果按

$$pp_4(x) = \{[(a_1 x + a_2)x + a_3]x + a_4\}x + a_5$$

计算,则只需要计算 4 次乘法和 4 次加法。随着多项式次数的增加,差距将越来越明显。请看下面的例子。

【例 4.6 - 3】　计算 $\sum\limits_{k=1}^{10^6+1} k(1 + 10^{-6})^{10^6+1-k}$。

对于本例,可以利用 sum 函数、polyval 函数以及前述将多项式拆开的算法自行编写代码来实现。代码如下:

```
Profiler
File  Edit  Debug  Desktop  Window  Help

Start Profiling  Run this code:  B=rowmove(A);          Profile time: 0 sec

Parents (calling functions)
No parent
Lines where the most time was spent
```

Line Number	Code	Calls	Total Time	% Time	Time Plot
3	I=repmat(1:n,m,1)+repmat((0:m-...	1	0.045 s	36.8%	▬▬
6	B=B';	1	0.032 s	25.6%	▬▬
5	B(I(:))=A(:);	1	0.031 s	24.8%	▬▬
4	B=zeros(m+n-1,m);	1	0.016 s	12.8%	▬
2	[m,n]=size(A);	1	0 s	0%	
All other lines			0.000 s	0.0%	
Totals			0.123 s	100%	

```
Children (called functions)
```

Function Name	Function Type	Calls	Total Time	% Time	Time Plot

图 4.6 – 1　剖析例 4.6 – 2 所用的向量化方法性能

```
clear
N = 1e6 + 1; k = [1:N]; x = 1 + 1e - 6;
tic
p1 = sum(k. * x.^[N - 1: - 1:0]); % 方法 1:用 sum 函数的方法
p1, toc %
tic, p2 = polyval(k,x), toc   % 方法 2:调用 polyvol 函数实现
tic, p3 = k(1);
for i = 2:N % nested multiplication
p3 = p3 * x + k(i);
end
p3,toc   % 方法 3:根据上述多项式求和算法实现
p1 =
   7.1828e + 011
Elapsed time is 0.167499 seconds.
p2 =
   7.1828e + 011
Elapsed time is 0.039696 seconds.
p3 =
   7.1828e + 011
Elapsed time is 0.014916 seconds.
```

　　从上述运行结果来看，根据多项式求和算法自己编写并用到了循环的代码，所用的时间最短。值得一提的是：polyval 核心部分也是采用上述方法 3 中的多项式求和算法，但是为什么时间要稍长一些呢？这是因为 polyval 函数比较通用化，里面有一些额外的代码——考虑了各种可能出现的情况,感兴趣的读者可以在命令窗口运行 type polyval 查看其源代码即可明了。

下面再看一个算法本身引起的效率差异的例子。该例也是很多网友经常问到的问题。

【例 4.6-4】　如何从 1 到 n 这 n 个数字中随机选出 m 个不重复的数字。

方法一:该方法是比较容易想到的方法,就是利用 randperm 函数,随机排列 1 到 n 这 n 个数字,然后取前 m 个。可是这样做在 n 较大而 m 较小时效率不高,因为只需要 m 个不重复的数字,却把所有的数字都重新排列了一遍(注:新版本的 MATLAB 中,randperm 函数增加了该功能,调用格式如下:p = randperm(n,m))。

方法二:令 $a=[1,2,\cdots,n]$;对于 i 从 1 循环到 m,随机等概率地生成一个属于 i 到 n 的随机整数 ind,交换 $a(i)$ 和 $a(ind)$ 的值,循环完毕取 $a(1)$ 到 $a(m)$。

上述算法写成函数如下:

```
function r = randnchoosek(n,m)
%n:数组,需要从中随机选取 m 个不重复的元素
%r: 数组 n 中随机选取的 m 个不重复的元素
ln = length(n);
for i = 1:m
    ind = i-1 + unidrnd(ln-i+1);
    a = n(ind);
    n(ind) = n(i);
    n(i) = a;
end
r = n(1:m);
```

对于 $n=10^6$,$m=1\,000$,可以比较一下两种方法的速度:

```
clear;tic
N = 1e6;m = 1000;
rnN = randperm(N);
r1 = rnN(1:m);toc
tic;r2 = randnchoosek(1:N,m);toc
Elapsed time is 0.233197 seconds.
Elapsed time is 0.038107 seconds.
```

可见第二种方法比第一种要快得多。

2. 选择循环还是向量化

关于该用循环还是向量化,这是一个比较复杂的问题。作者结合多年使用 MATLAB 的经验给出如下建议:

(1)凡是涉及矩阵运算的,尽量用向量化。

这是因为,向量化编程是 MATLAB 语言的精髓,如果不熟悉其向量化编程的方法,则相当于没掌握这门语言。MATLAB 以矩阵为核心,MATLAB 卓越的矩阵计算能力是建立在 LAPACK 算法包和 BLAS 线性代数算法包的基础之上的。这两个算法包里的程序都是由世界上多个顶尖专家编写并经过高度优化了的程序。譬如计算矩阵乘法的时候,就不要用循环去做了,这时候,循环方法不仅运行效率大大低于 MATLAB 的矩阵乘法,而且开发效率也非常低。

需要说明的是,本原则是建立在参与运算的矩阵尺寸不太大,能够适应系统物理内存的条件下。

（2）如果向量化可能导致超大型矩阵的产生，使用前要慎重。

向量化操作所获得的高效率很多时候是以空间换时间来实现的。

具体说来，就是把数据以整体为单位，在内存中准备好，从而使得 MATLAB 内建的高效函数能批量处理。如果处理的数据量很大，譬如一些图像数据、地质数据、交通数据等，那么可能导致其准备过程以及存储这些矩阵耗费数百兆乃至千兆甚至更多的内存空间，如果超过系统物理内存空间，则会造成效率低下。其原因如下：

① 数据准备过程也是需要耗费资源的，事先存储大规模的矩阵，势必造成留给 MATLAB 计算引擎乃至操作系统的物理内存大大减少，如果系统内存不够大，势必大大影响计算效率。

② 如果参与运算的矩阵尺寸过大，甚至可能导致虚拟内存的使用，那么当对这块矩阵进行读写和计算时可能涉及频繁的内存与外存交换区的输入/输出，如此一来会造成效率的急剧下降。这时应该做的是对程序进行重新思考和设计。可以考虑分块向量化。

（3）向量化的使用要灵活，多分析其运行机制，并与循环做对比。

在网上经常看到一些 MATLAB 使用者视 MATLAB 的循环为"洪水猛兽"，千方百计避免循环，不管什么程序都要想尽办法将其向量化，好像只要向量化，速度就会神奇地上去。可是，向量化有些时候会增加实际运算次数，这往往出现在那些不适合向量化的过程中。这样，即使绞尽脑汁、生搬硬套利用一些向量化技巧、向量化的函数让操作变成矩阵运算，但是增加的无用计算使得即使使用了更高效的引擎也无法挽回损失。这一点比较好的证明就是例 4.6 - 2。

（4）MATLAB 初学者要尽量多用向量化思路编程。

MATLAB 是一门灵活性与高效性结合得非常好的语言。虽然我们不能过分强调、夸大向量化编程的优势，但更不能把 MATLAB 当成 C/C++ 等语言来使用。MATLAB 初学者一定要提醒自己，处处想尽办法向量化编程，而暂时先不管向量化后会不会得到性能大幅提高或者应不应该向量化。

这是因为，只有当你充分熟悉了 MATLAB 的语言特点，并且熟悉了其最常用的内置函数之后，才能灵活运用向量化和非向量化。向量化编程往往需要程序编写者熟悉 MATLAB 的常用内置函数、常用技巧，并且在向量化一个程序的过程中有效锻炼其观察、分析、概括、抽象、归纳的能力。

在经过大量向量化编程的训练后，MATLAB 学习者能够更加深入、细腻地感受 MATLAB 语言的优缺点，能够积累大量的内置函数使用经验以及常用的向量化技巧，不仅能从高效、优美、简洁的向量化代码中获得意想不到的提速所带来的快乐，也能遇到经过向量化反而没有提高效率的困惑，从而迫使自己进一步加深对 MATLAB 语言的了解。

只有当对 MATLAB 向量化函数、技巧都了解的时候，才能为以后高效地利用 MATLAB 编程打下坚实基础。

（5）高效的编程包括高效的开发和高效的运行。

我们应该明白自己编程的目的。如果仅仅是验证某个东西，程序最多运行几次以后就不会再用了。那么这个时候的高效编程就是怎么能尽快实现程序的功能，让程序尽快在可接受的时间内跑出正确的结果。

如果我们采用自己容易想到的思路实现这个程序，程序运行几秒钟就可出结果。而我们为了优化这个程序多花的时间远远大于优化后的程序所节省的时间，这是得不偿失的。

4.6.2　提高代码效率的方法

1. 预分配内存

当矩阵尺寸较大时,预分配内存(preallocation)是 MATLAB 高效编程中最应该注意,同时也是很容易把握的一个技巧。来看下面的例子。

【例 4.6 - 5】　比较预分配和不预分配内存对程序运行速度的影响。

程序如下:

```
function PreAllocMemVSnot
n = 30000;
tic;
for k = 1:n
    a(k) = 1;
end
time = toc;
disp(['未预分配内存下动态赋值长为 ',num2str(n),' 的数组时间是:',num2str(time),' 秒! '])
% %
tic
b = zeros(1,n,'double');
for k = 1:n
    b(k) = 1;
end
time = toc;
disp(['预分配内存下赋值长为 ',num2str(n),' 的数组时间是:',num2str(time),' 秒! '])
```

在作者的计算机上运行的结果如下:

```
>> PreAllocMemVSnot
未预分配内存下动态赋值长为 30000 的数组时间是:0.58989 秒!
预分配内存下赋值长为 30000 的数组时间是:0.0004281 秒!
```

两种情况下速度相差 1 000 倍之巨! 例子中仅仅是一个长为 30 000 的数组。事实上,数组的长度越大,这种差距越明显。造成上述速度巨大差距的原因是什么呢? 原因是 MAT-LAB 动态扩充数组在内存中是按图 4.6 - 2 所示进行实现的。

图 4.6 - 2 描述的是如下代码在内存中的实现方式:

```
>> x = 1;
>> x(2) = 2;
>> x(3) = 3;
```

图中的十六进制数字代表内存地址,如果以 1、2、3 来依次给 x 动态扩充赋值,由于 MAT-LAB 默认是以双精度来表示数字的,因此每个数字占 8 字节。可以看出,每次赋值,MAT-LAB 都会在内存中重新开辟一块和当前赋完值之后的 x 的尺寸相等的连续区域来存储 x,并把原来 x 存储的元素赋值到新的相应区域。可以想象,当动态赋值一个大型数组时,会有大量的时间耗费在无谓的内存读写上。数组越长,耗费的时间增长得越快。而事先向量化呢? 即

```
>> x = zeros(3,1,'double');
>> x(1) = 1;
>> x(2) = 2;
>> x(3) = 3;
```

图 4.6 - 3 展示了这一过程。

若您对此书内容有任何疑问,可以登录 MATLAB 中文论坛与作者和同行交流。

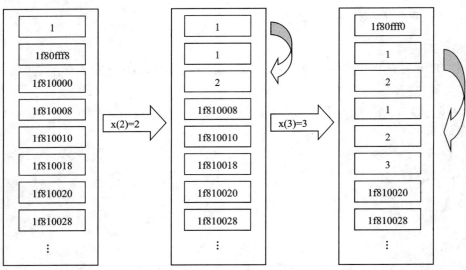

图 4.6-2　MATLAB 动态扩充数组内存实现方式

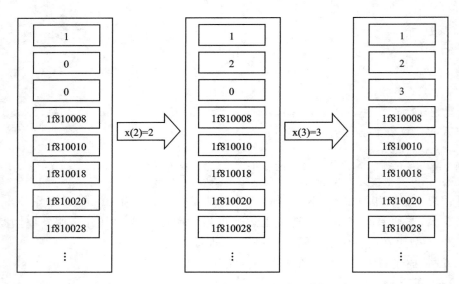

图 4.6-3　MATLAB 预分配内存后赋值实现方式

　　由图 4.6-3 可以看出,预分配内存后,不会有时间浪费在无谓的内存读写上,效率得到了大大提高。

　　细心的读者可能已经注意到了前面预分配内存的程序,如 b＝zeros(1,n,'double'),和大家常见的预分配内存 zeros 用法有些不同,多了一个数值类型输入参数。其实,这是高版本 MATLAB 又一个改进的地方。b＝zeros(1,n,'double')或者 b(1,n)＝0 的效率要远远高于 b＝zeros(1,n),这是因为前者并不在物理内存中真正写入这样一个矩阵,而是在 MATLAB 进程的虚拟内存空间中声明所需的一片连续地址,当对生成的矩阵进行操作时,写入物理内存操作才真正发生。而运行 b ＝ zeros(1,n),在 MATLAB 的虚拟内存空间中声明以及写入物理内存都会发生,所以效率比较低。有兴趣的读者可以用高版本 MATLAB 试试下面的代码(多运行几次看看时间上的差别):

```
clear;
tic;a(10000,5000) = 0;toc;clear
tic;a = zeros(10000,5000);toc;clear
tic;a = zeros(10000,5000,'double');toc;
```

2. 选用恰当的函数类型

MATLAB 有多种函数类型,不同函数类型的调用效率差别相当大。为了写出高效的 MATLAB 代码,需要选用恰当的函数类型。下面以一个实用的例子简要介绍 MATLAB 常用的一些函数类型,并比较其效率,相关函数类型的详细介绍将放在后面章节。

【例 4.6 – 6】 已知 $f(k) = \int_0^5 \sin(kx) x^2 \mathrm{d}x$,求 k 取 $[0,5]$ 区间不同值时的函数值,并画出函数图像。

该例子的意义在于其求解方法对于一些复杂的、无显式积分表达式的带参数积分问题具有通用性。

本例的关键就是,如何让 MATLAB 识别积分表达式中不同的 k 的问题。初学者对这个问题爱用符号积分。诚然,本例中的函数关于 x 具有显式原函数表达式,符号积分可以奏效,但是现实工程中很多问题的积分表达式很复杂,是没有显式原函数表达式的,这时候采用符号积分就行不通了,只能采用数值积分。以下分别用 inline 函数、匿名函数、嵌套(nested)函数类型求解该问题。读者完全可以参照嵌套函数的方法自己尝试用普通子函数实现。求解这个问题的代码如下:

```
function InlineAnonymousNestedDemo
% % 用 inline 解决
tic;
k = linspace(0,5);
y1 = zeros(size(k));
for i = 1:length(k)
    kk = k(i);
    fun = inline(['sin(',num2str(kk),' * x). * x.^2']);
    y1(i) = quadl(fun,0,5);
end
time = toc;
disp(['用 inline 方法的时间是:',num2str(time),'秒!'])
% % 用 anonymous function 解决
tic;
f = @(k) quadl(@(x)    sin(k. * x). * x.^2,0,5);
kk = linspace(0,5);
y2 = zeros(size(kk));
for ii = 1:length(kk)
    y2(ii) = f(kk(ii));
end
time = toc;
disp(['用 anonymous function 方法的时间是:',num2str(time),'秒!'])
% % 用 nested function 解决
    function y = ParaInteg(k)
        y = quadl(@(x) sin(k. * x). * x.^2 ,0,5);
    end
tic;
kk = linspace(0,5);
```

```
y3 = zeros(size(kk));
for ii = 1:length(kk)
      y3(ii) = ParaInteg(kk(ii));
end
time = toc;
disp(['用 nested function 方法的时间是:',num2str(time),'秒! '])
% % 用 arrayfun + anonymous function  解决
tic;y4 = arrayfun(@(k) quadl(@(x)  sin(k. * x). * x.^2,0,5),linspace(0,5));time = toc;
disp(['用 arrayfun + anonymous function 方法的时间是:',num2str(time),'秒! '])
plot(kk,y2);
xlabel('k');
ylabel('f(k)')
end
```

运行结果如下：

```
用 inline 方法的时间是:0.96154 秒!
用 anonymous function 方法的时间是:0.13904 秒!
用 nested function 方法的时间是:0.1368 秒!
用 arrayfun + anonymous function 方法的时间是:0.13907 秒!
```

得到的图像如图 4.6 - 4 所示。

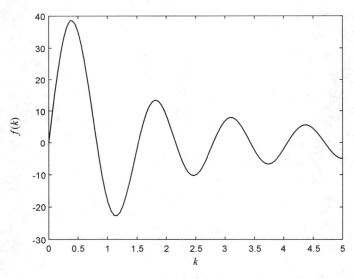

图 4.6 - 4　$f(k) = \int_0^5 \sin(kx)x^2\,\mathrm{d}x$ 的函数图像

从这个例子可以看出，匿名函数或者嵌套函数的效率要明显高于 inline,而且在参数传递方面要比 inline 方便高效。不熟悉匿名函数或者嵌套函数的读者可能对匿名函数或者嵌套函数的用法理解得不是很透彻,这没关系,对其详细的介绍将放在后续章节,通过本例读者只要能建立起对匿名函数和嵌套函数的初步印象即可。本例中还有用 arrayfun 的示例。arrayfun 最早出现在 MATLAB 7.1 版本中,功能是将一特定函数(用户指定函数句柄)应用到一数组的每个元素上,返回值是和输入数组尺寸一样大的数组,返回数组和输入数组对应元素是相应的函数输出。这里的数组不仅包括数值型的,还可以是元胞(cell)型和结构(struct)型的。利用 arrayfun,可以简写很多循环的代码,后面章节有对其专门的介绍。类似的函数还有 struct-fun、cellfun、spfun 等。

这里需要强调的是,inline 对象作为 MATLAB 7.0 之前构造简短函数常用的结构,在 7.0 之后的版本中已经被匿名函数(anonymous function)所取代。inline 能实现的,匿名函数完全可以更好地实现,调用效率要比 inline 高得多;但是很多用匿名函数很易实现的功能,用 inline 却很难实现。

这里先粗略比较一下 MATLAB 中各种函数结构的调用效率,说明选择好函数结构的重要性。下面以 $f(x)=x$ 这个简单的函数为例,来比较内联(inline)函数、匿名(anonymous)函数、嵌套(nested)函数、普通子函数(sub-function)的调用效率。

【例 4.6-7】 编写 $f(x)=x$ 相应的内联函数、匿名函数、嵌套函数、普通子函数形式的代码,并分别调用 10 000 次,比较各种函数结构调用时间的差异。

比较的代码如下:

```
function InlineSubAnonymousNestedCallDemo
% 各种类型函数调用效率比较
n = 10000;
f1 = inline('x');          % f(x) = x 的 inline 形式
f2 = @(x) x;               % f(x) = x 的 anonymous function 形式
    function f3 = f3(x)    % f(x) = x 的 nested function 形式
        f3 = x;
    end
% % inline 的调用效率
tic
for k = 1:n
    f1(1);
end
time = toc;
disp(['f(x) = x 的 inline 形式调用 ',num2str(n),'次时间是:',num2str(time),'秒! '])
% % anonymous function 的调用效率
tic
for k = 1:n
    f2(1);
end
time = toc;
disp(['f(x) = x 的 anonymous function 形式调用 ',num2str(n),'次时间是:',...
    num2str(time),'秒! '])
% % nested function 的调用效率
tic
for k = 1:n
    f3(1);
end
time = toc;
disp(['f(x) = x 的 nested function 形式调用 ',num2str(n),'次时间是:',...
    num2str(time),'秒! '])
% % sub-function 的调用效率
tic
for k = 1:n
    f4(1);
end
time = toc;
disp(['f(x) = x 的 sub-function 形式调用 ',num2str(n),'次时间是:',...
    num2str(time),'秒! '])
```

```
end

function f4 = f4(x)  % f(x) = x 的 sub - function 形式
f4 = x;
end
```

运行结果如下：

```
 f(x) = x 的 inline 形式调用 10000 次的时间是：1.1487 秒!
 f(x) = x 的 anonymous function 形式调用 10000 次的时间是：0.0060664 秒!
 f(x) = x 的 nested function 形式调用 10000 次的时间是：0.0042187 秒!
 f(x) = x 的 sub - function 形式调用 10000 次的时间是：0.0034907 秒!
```

由此可以看出，匿名函数、嵌套函数和普通子函数的调用效率基本上相差不太大，而内联函数的调用效率只有上述几种函数类型的几百分之一！

因此在使用高版本的 MATLAB 编程的过程中，要坚决摒弃 inline 这种过时的函数结构，应根据需要选用匿名函数或者嵌套函数以及子函数。一般说来，简短的数学表达式函数或者可以写成一行代码的函数可以选用匿名函数来实现，而复杂的、函数内部要做较多事情的函数可以选用子函数和嵌套函数来实现，其中在变量共享以及传递方面，嵌套函数具有较大的优势，尤其是用子函数实现并且用到全局变量的场合，用嵌套函数可以避免用全局变量，并且实现起来方便容易。后续专门讨论嵌套函数的章节会详细介绍嵌套函数的用法。

3. 选用恰当的数据类型

在前面，已经讨论了不同的函数结构实现相同功能之间的效率差异。MATLAB 同样有多种数据类型，不同的数据类型在存储和访问效率上也不尽相同，选用恰当的数据类型对写出高效的 MATLAB 代码同样具有重要意义。下面讨论 double 型数组、cell 数组及 struct 数组三种最常用的数据类型的访问效率。

【例 4.6 - 8】 比较 double 型数组、cell 数组及 struct 数组的访问效率。

程序如下：

```
function VisitSpeedOfDifferentDataTypes
n = 30000;
a = 8;
b{1} = 8;
c.data = 8;
% %
tic;
for k = 1:n
    a;
end
time = toc;
disp(['访问 ',num2str(n),'次 double 型数组的时间是：',num2str(time),'秒!'])
% %
tic;
for k = 1:n
    b{1};
end
time = toc;
disp(['访问 ',num2str(n),'次 cell 型数组的时间是：',num2str(time),'秒!'])
% %
tic;
for k = 1:n
```

```
        c.data;
    end
    time = toc;
    disp(['访问 ',num2str(n),'次结构数组的时间是：',num2str(time),'秒！'])
```

运行结果如下：

```
访问 30000 次 double 型数组的时间是：0.00010113 秒！
访问 30000 次 cell 型数组的时间是：0.0069649 秒！
访问 30000 次结构数组的时间是：0.00011091 秒！
```

由此可以看出，就访问效率来说，double 型数组和 struct 数组的访问效率相当，大约都是 cell 型数组的 70 倍。

就内存中的存储来说，即使是空的 cell 型数组，每个 cell 单元也要占用 8 字节的内存空间。这是因为，cell 型数组不需要连续内存空间来存储，因此，每个 cell 单元需要记录其在内存中的位置等一些信息，每个 cell 单元无论空与否，都在内存中占有固定的 8 字节用来存储这些信息。而至于一个 1×1 的 struct 数组，每一个域无论空与否，都会占用 176 字节的内存空间。

因此综合占用内存大小以及访问效率等因素，在设计程序时应尽量采用 double 型数组。

选择好数据类型后，还要注意高效的访问方法。就 double 型数组来说，由于 MATLAB 是按列顺序存储数据的，因此按列访问、遍历数值数组要比按行访问、遍历快。看下面的例子：

```
function ColLoopVsRowLoop
n = 3000;
a = rand(n);
tic;
for ii = 1:n
    for jj = 1:n
        a(ii,jj);
    end
end
toc

tic;
for ii = 1:n
    for jj = 1:n
        a(jj,ii);
    end
end
toc
```

运行结果如下：

```
Elapsed time is 0.136464 seconds.
Elapsed time is 0.069589 seconds.
```

可见，按列遍历比按行快 1 倍左右。

4. 减少无谓损耗——给一些函数"瘦身"

我们要清楚，在 MATLAB 程序完成一个特定任务时，哪些是完成这个特定任务必须执行的代码，哪些不是必需的。举例来说，MATLAB 自身以及工具箱里的很多函数具有较广的通用性。所谓通用性，是指为考虑一个个具体的情形所添加的必要的代码，这样对于每个具体的情形，代码实际上都有冗余。如果程序的某些部分对通用性要求不高，那么在优化时要考虑将不必要的代码去掉，这样就需要重写一些简单的函数，轻装上阵。举例如下。

【例 4.6 - 9】 median 函数的"瘦身"。

有兴趣的读者可以运行 edit median 或者 type median 看看 MATLAB 自带的 median 函数的源代码。

读者会发现,median 函数的源代码比较长,而且为了保证函数具有较广的通用性,源代码中各种分支判断以及类型判断较多。这对于特定的某个求中位数的问题来说,可能很多代码都是没有必要执行的,因为求中位数,最核心的是排序程序段,而且求中位数也不难自己实现,因此针对特定问题用户可以自己写"瘦身的 median 函数"代码。譬如,如果程序中频繁地求一个维数 a 为 1 000 的向量的中位数,可以写如下函数:

```
function b = mymedian(a)
a = sort(a);
n = length(a);
half = floor(n/2);%若非整数,则向下取整,整数维持不变
b = a(half + 1);
if half * 2 = = n%若 n 为偶数,b 等于排好序的中间两个数的平均值
    b = (b + a(half))/2;
end
```

做测试,结果如下:

```
>> clear
a = rand(1000,1);
tic;for k = 1:10000;c = median(a);end;toc
tic;for k = 1:10000;d = mymedian(a);end;toc
Elapsed time is 0.859531 seconds.
Elapsed time is 0.690383 seconds.
>> isequal(c,d)
ans =
    1
```

可见,瘦身后的 mymedian 函数的运行速度提高了 20% 左右。这是因为 mymedian 函数考虑的情况以及分支较 median 少。需要说明的是,当 a 的长度很大时,执行分支判断语句的时间远小于排序本身的时间,median 和 mymedian 的时间差距不会太明显。但是当 a 的长度较小,执行排序的时间小于执行额外语句的时间时,这种差距就明显了。同样是上述代码,不同的是 a 的长度是 100,两个函数运行时间的差距就大了:

```
>> a = rand(100,1);
tic;for k = 1:10000;c = median(a);end;toc
tic;for k = 1:10000;d = mymedian(a);end;toc
Elapsed time is 0.228408 seconds.
Elapsed time is 0.060108 seconds.
>> isequal(c,d)        % 判断 c 和 d 是否相等,返回值为 1,说明 c 和 d 相等

ans =

    1
```

这时候瘦身后的函数所用时间仅为原始 median 的四分之一左右。

本例给出的启示是在通用性要求不高的场合,用户可以根据需要来给 MATLAB 函数瘦身,但要权衡瘦身的难易程度和获得的效率提升度。

5. 变"勤拿少取"为"少拿多取"

通过前面章节的介绍,可以了解如下事实:

在 MATLAB 中,函数调用都要有一定的开销,这种开销一般是 built - in(像 sin,cos,

zeros,ones,find,all,any 等但凡在命令窗口运行"type 文件名",MATLAB 会显示"XXX is a built - in function."这样的函数)为最低,其次是一般的 M 文件和工具箱中能看到源代码的那些 M 函数,以及用户自己写的 M 文件、子函数、nested function、匿名函数等。总的来说,上面这些函数类型调用开销都比较低,而调用开销最大的是 inline 函数类型(在高版本的 MAT-LAB 中应当摒弃 inline 这种落后的函数类型)。函数调用开销相对于一些简单的计算来说往往相当可观,即使用的是 built - in 函数类型。

　　另外,为了使函数具有通用性,很多函数刚开始都会有一些判断、准备工作,往往判断好几层才到真正算法实现部分。在上一小节已经讨论了"函数瘦身"所带来的速度上的提升,可是 MATLAB 作为方便易用的科学计算语言,其优势之一就是集中了大量现成的功能强大的函数,如果所用 MATLAB 自带函数的核心算法实现较复杂,那么为"函数瘦身"就可能得不偿失了。这时候为了尽可能多地降低函数调用无谓的损耗,就要想尽办法把需要多次函数调用才能完成的工作用较少次数的函数调用完成。可以形象地称之为:变"勤拿少取"为"少拿多取"。下面以一个例子来说明。

【例 4.6 - 10】　数组 A 是一个 $7 \times 1\,000\,000$ 的矩阵,每行的形式类似下面:

$A = [100\ 2\ 6\ 96\ 8\ 7\ 20;$

$15\ 69\ 7\ 6\ 4\ 20\ 11;$

$21\ 101\ 45\ 48\ 6\ 5\ 4;$

$\cdots];$

b 是一维数组[4 6 8];

试找出 A 中每一行与数组 b 的交集,再将 b 中的交集元素置零,并将置零后的 b 存到 B 中。B 的形式为:$B = [4\ 0\ 0;\ 0\ 0\ 8;\ 0\ 0\ 8;\ \cdots]$。

本例如果按照常规思路实现,可能会想到下面的方法:

```
function example1000000slow
A = unidrnd(100,1000000,7);% 随机生成 1000000 * 7 的 A 矩阵,A 的元素为 1 到 100 的整数
B = zeros(1000000,3);
for m = 1:1000000
    a = A(m,:);
    b = [4 6 8];
    for ii = 1:3
        dd = a(a = = b(ii));% dd:a 中等于 b(ii)的元素
        if isempty(dd) = = 0 % dd 不为空
            b(ii) = 0;
        end
    end
    B(m,:) = b;
end
```

仔细分析上面的代码,会发现需要遍历 A 的每一行,判断 A 的每一行是否有元素等于 b 的某个元素,如果有的话,就把相应的 b 的这个元素置为零。这样对于本例来说,光 isempty 就调用了 300 万次。可以想象,效率比较低。如果采用"少拿多取"的思想,可以做如下改进:

```
function example1000000fast1
clear
A = unidrnd(100,1000000,7);% 这里先假设 A 是一个随机矩阵
B = repmat([4,6,8],1000000,1);
tic;C = [any(ismember(A,4),2) any(ismember(A,6),2) any(ismember(A,8),2)];
```

```
B(C) = 0;
toc
```

或者编写如下程序：

```
function example1000000fast2
clear
AA = unidrnd(100,1000000,7);
B = repmat([4,6,8],1000000,1);
tic;C = [any(AA = = 4,2) any(AA = = 6,2) any(AA = = 8,2)];
B(C) = 0;
toc
```

上述两个程序的共同之处在于，一次处理很多数据。这样，原本要调用 300 万次的"比较"操作，现在只需调用 3 次，只不过每次需处理整个 **A** 矩阵。然后结合 any 函数给出最后要被置零的逻辑索引。

上面的代码不难看懂，关键是上面叙述的编程理念要用心体会。

6. 循环注意事项

很多人编写循环时，往往忽略很重要的事实，那就是：同样的循环层数、次数，不同的写法，可能造成速度方面的巨大差异。编写循环时应该遵循以下两个重要的原则：

① 按列优先循环（因为 MATLAB 按列循序存储矩阵）。

② 循环次数多的变量安排在内层。

下面以具体例子来说明上述原则的重要性。

【例 4.6－11】 对于 $n \times n$ 的矩阵 **A**，生成一个矩阵 **B**，使得其元素满足下列关系式：

$$B(i,j) = \left(\sum_{\substack{i-1 \leqslant k \leqslant i+1 \\ j-1 \leqslant l \leqslant j+1}} A(k,l) \right) \bigg/ 9, \quad 2 \leqslant i \leqslant n-1, 2 \leqslant j \leqslant n-1$$

对于本例，可以用多种方法来求解。由于现在是在讨论使用循环需要注意的事项，因此本例仅用循环的方法来处理，而且是用四重循环。值得注意的是，用这么多层循环，在老版本时代，历来是被强烈反对的。下面看看不同的写法效率能有多大差距（读者如有兴趣，可以用二重循环或者想尽办法避免循环试一下，并和效率高的四重循环对比一下）。以一个 512×512 的随机矩阵 **A** 为例来说明。

首先，先看方法一：

```
function y = ForLooPCompare1(x)
y(512,512) = 0;
tic;
for i = 2:511
    for j = 2:511
        for k1 = -1:1
            for k2 = -1:1
                y(i,j) = y(i,j) + x(i+k1,j+k2)/9;
            end
        end
    end
end
toc
```

本方法将循环次数少的放到了内循环，外循环依次是 i,j，并且是先按行循环。

再看第二种方法：

```
function y = ForLooPCompare2(x)
y(512,512) = 0;
tic;
for j = 2:511
    for i = 2:511
        for k2 = -1:1
            for k1 = -1:1
                y(i,j) = y(i,j) + x(i+k1,j+k2)/9;
            end
        end
    end
end
toc
```

本方法同样将循环次数少的放到了内循环,不同的是内外循环都是列优先。

第三种方法:

```
function y = ForLooPCompare3(x)
y(512,512) = 0;
tic;
for k1 = -1:1
    for k2 = -1:1
        for i = 2:511
            for j = 2:511
                y(i,j) = y(i,j) + x(i+k1,j+k2)/9;
            end
        end
    end
end
toc
```

本方法将循环次数少的放到了外循环,内外循环都是按行优先循环。

第四种方法:

```
function y = ForLooPCompare4(x)
y(512,512) = 0;
tic;
for k2 = -1:1
    for k1 = -1:1
        for j = 2:511
            for i = 2:511
                y(i,j) = y(i,j) + x(i+k1,j+k2)/9;
            end
        end
    end
end
toc
```

该方法不仅将循环次数少的放到了外循环,而且内外都是按照列优先的循环顺序。下面看看这四种方法的运行效率对比:

```
x = rand(512);
y1 = ForLooPCompare1(x);
y2 = ForLooPCompare2(x);
y3 = ForLooPCompare3(x);
y4 = ForLooPCompare4(x);
```

若您对此书内容有任何疑问,可以登录MATLAB中文论坛与作者和同行交流。

123

```
Elapsed time is 0.330648 seconds.
Elapsed time is 0.281970 seconds.
Elapsed time is 0.322625 seconds.
Elapsed time is 0.057423 seconds.
```

由此可见,同时遵循了"按列优先循环""循环次数多的变量安排在内层"原则的方法耗时最少。

7. 逻辑索引和逻辑运算的应用

MATLAB 的矩阵元素索引有两类:一类是数值索引;另一类是逻辑索引。前者又可分为线性索引(linear index)和下标索引(subscripts)。就效率来说,逻辑索引要高于数值索引。所以访问矩阵元素能用逻辑索引的就用逻辑索引。

这里需要强调的是,find 函数返回的是数值索引。因此,如果不需要对返回的索引值做进一步的操作,只是单纯寻找满足条件的一些元素,完全不必要使用 find 函数。看下面的简单例子。

【例 4.6-12】 随机生成一个 $1\,000\times1\,000$ 的矩阵 A,A 的元素服从[0,1]区间均匀分布,并找出大于 0.3 小于 0.7 的所有元素。

请看用数值索引和逻辑索引的效率对比:

```
A = rand(1000);
tic;B = A(find(A>0.3 & A<0.7));toc
tic;C = A((A>0.3 & A<0.7));toc
Elapsed time is 0.056147 seconds.
Elapsed time is 0.047591 seconds.
```

关于逻辑运算,MATLAB 提供了一系列内置的逻辑运算函数,这些函数的运行效率往往比较高,可以根据需要进行选用。这些函数通过各自函数帮助文档页面下的 see also 里列出的函数彼此连接起来,这样可以减少使用时的记忆负担。譬如,如果运行 doc any,帮助文档里除了列出 any 函数的使用说明外,在 see also 里还列出了和 any 属同一类型的其他函数,这些函数的帮助文档下面又列出和自身关系密切的其他函数。

此外,运行"doc is"系统可以列出一系列有关判断的逻辑函数。由于篇幅关系,这里对每个函数的功能就不做过多介绍了,有需要的读者可以查看这些函数的帮助文档。

4.7 养成良好的编程风格

不管选用何种语言进行项目开发,代码(格式)的正确性、清晰性与通用性都是至关重要的,MATLAB 语言也不例外。良好写作规范的程序可读性更好,而且易于调试与修改。本节从命名规则、程序设计、编排和注释等几方面讨论 MATLAB 编程的规范。

4.7.1 命名规则

1. 变 量

一般来说,变量的命名应该能够反映出其意义或者用途。MATLAB 允许变量名或者函数名最长为 63 个字符。原则上讲,只要变量名不超过 63 个字符,并且符合 MATLAB 命名要求即可。但在实际应用中,命名一个变量应该兼顾简洁性以及意义明确性。

通常,应用范围比较大的变量应该具有有意义的变量名,小范围应用的变量应该用短的变量名。应用范围比较大的变量指那些重要的参数、计算过程中重要的结果、在整个程序中需要经常访问的变量。其命名多采用"英文描述性"命名原则,能够尽量使用户看到名称便大体猜到其意义。如果需要几个英文单词才能描述清楚其意义,一般采用将这些单词合在一起、每个英文单词首字母大写的方式来命名变量。如果其中某个英语单词长度过长使变量显得臃肿,可以对其适当缩写,譬如"button"缩写为"btn","dialogue"缩写为"dlg",等。小范围应用的变量主要指一些诸如循环变量、计算过程中临时性的中间结果等"草稿变量",这些变量的命名应以简洁为主。

汉语拼音命名变量的习惯应当坚决摒弃。经常可以看到一些编程的初学者采用汉语拼音命名变量,这是一个相当不好的习惯。汉语拼音命名的变量尤其是缩写的汉语拼音变量经常让人莫名其妙,不利于程序的维护以及共同开发。

一些用来表示对象个数的变量一般前面应加前缀 n,如 nFiles,nSegments。需要注意的是,对于包含多个个体的变量,通常的做法是将所有变量名要么命名为单数形式,要么命名为复数形式。两个变量只是最后相差一个字母 s 加以区别的情况应该避免。如果确实有分开区别的必要,可以在复数情况下加 Array、Set、Group 等含有集合意义的后缀。例如:point 与 pointArray,client 与 clientGroup,line 与 lineSet,等。

一些用来表示某特定有序实体序号的变量可以加后缀 No 或者前缀 i,如 tableNo,empolyeeNo,iTable,iEmployee,等。

多数语言的循环变量通常以 i、j、k 等为前缀,但在 MATLAB 中应避免使用 i、j 作为循环变量名,这是因为在 MATLAB 中,i、j 作为预置常量是用来表示虚数单位的。在多重循环中,由外到内的循环变量前缀应该按照字母表顺序递增,并且赋予有意义的变量名:

```
for iFile = 1:nFiles
    for jPosition = 1:nPositions
    ......
    end
end
```

对于布尔型的变量,通常的做法是以"is"作为前缀,但要避免以否定式的布尔变量命名。譬如:用～isNotFound 远没有采用 isFound 直观。

最后要强调的是:变量命名不要以 MATLAB 中的关键字或者自带函数来命名。判断一个字符串是不是 MATLAB 中的关键字可以用 iskeyword 函数;判断一个字符串是不是 MATLAB 自带函数的函数名可以用 which 函数。譬如,可以运行下面指令观察结果:

```
>> iskeyword('if')
ans =
    1
>> iskeyword end
ans =
    1
>> iskeyword spmd
ans =
    1
>> which sin
built - in (F:\MATLAB\R2009a\toolbox\matlab\elfun\@double\sin)    % double method
```

2. 常　量

常数变量(包括全局变量)命名应该采用大写字母,用下画线分割单词。这里读者可能会有如下疑问:MATLAB 中有一些内置常量,如 pi、i、j,都是以小写字母命名的。其实这些都是函数,可以用"doc pi"查看 pi 这个函数的帮助文档。

3. 函　数

函数命名遵循的原则和变量命名差不多,函数命名更应该强调有意义的命名。如果要编写许多具有相近操作的函数,譬如构造、查找、计算等操作的函数,则应该在函数名称前加上相应的英文前缀,如 ComputeTotalCost( )、FindOptimValue( )、isFinished( )等,以提示函数的功能。

4.7.2　程序设计注意事项

1. 模块化

编写一个比较复杂的程序时,最好利用函数将其分化为小块。这种方式可使程序的可读性、易于理解性和可测试性得到增强。

任何频繁出现的一段代码都应该考虑做成函数的形式,这样在后续的程序维护、程序修改时可以大大减轻工作量,而且也不容易出错。

如果函数的输入参数过多,可以考虑采用结构体的形式避免一长串地输入参数。

2. 函数语句

在对效率要求不是特别高的场合,函数语句编写应以易读性为指导原则,一些简洁但并不易读的语句应该添加详细的注释。

尽量避免在程序表达式中出现数字。要知道,修改变量比修改数字要容易得多且不易遗漏,而且变量还容易帮助理解其代表的意义。

程序设计中,由于浮点计算机制本身的特点,涉及浮点数的恒等比较时应该慎重。如果逻辑表达式过长,应考虑引入中间变量将其简化。含有多个运算符的表达式应该在容易含糊不清的地方加上括号以便消除歧义。

4.7.3　程序编排与注释

程序编排合理与否直接影响程序的可读性以及维护上的难易程度,而注释更是程序编写过程中不可或缺的一环。阅读一些没有注释的程序甚至比重新写一遍还要困难、费时。

1. 编　排

好的程序编排能帮助读者理解代码。由于很多编辑器、终端打印机控制的列数通常是 80 列,因此应该将代码内容控制在 80 列之内,对于一些较长的行,应该在恰当的地方将行进行切分。一般划分的位置是:

➤ 在一个逗号或者空格之后进行断开;
➤ 在一个操作符之后断开;
➤ 在表达式开始前的地方重新开始新的一行。

一般来说,一行最多有一条语句,无论这条语句多短。大段的程序缩进很重要,尤其是嵌套多重循环以及分支选择结构的语句,缩进后的程序可以有助于读者看清其结构安排。在MATLAB 编辑器中可以选中要缩进的程序段,按 Ctrl＋I 即可完成缩进。

空格以及空白行的使用也可以使程序易于阅读。一般来说,应该在"＝""&"与"|"前后加上空格。在程序块之间,根据前后逻辑关系以及实现的功能差异添加一个或者多个空白行,或者由注释符"％"引导的行。

2．注　释

注释的目的是为代码增加信息，方便阅读与维护。注释按功能可分为解释用法、提供参考信息、证明结果、阐述需要的改进等。经验表明，在写代码的同时就加上注释比后来再补充注释要好。关于注释需要注意以下几点：

① 注释不能够改变写得很糟糕的代码效果，糟糕的代码应该重新编写。

② 注释文字应该简洁易读并与代码的功能保持一致。

③ 函数开始的第一行注释应该写明函数的主要用途以及关键字。

④ 函数的注释应该把函数输入、输出参数的要求以及函数的适用范围介绍清楚。

⑤ 注释最好写在要注释的语句之前。对某一行进行注释时，如果注释和语句写在一行有些长，也可以将注释写在语句之前。

4.8　参考文献

［1］吴鹏．MATLAB 高效编程技巧与应用：25 个案例分析．北京：北京航空航天大学出版社，2010．

［2］苏金明，刘宏，刘波．MATLAB 高级编程．北京：电子工业出版社，2005．

第 5 章

图形用户界面(GUI)编程

刘焕进(liuhuanjinliu)

随着计算机软硬件技术的飞速发展,人与计算机的交互方式也发生了很大的变化,如从早期的 DOS 系统的命令行方式发展到现在的 Windows 系统的图形用户界面方式,而现在绝大多数的应用程序都是在图形化用户界面下运行的。

道格拉斯·恩格尔巴特在 20 世纪 60 年代发明了鼠标和图形用户界面。它们于 20 世纪 70 年代在施乐公司的帕罗奥尔托研究中心(PARC)的努力下得到了进一步的完善,并于 20 世纪 80 年代在苹果公司的努力下完成了走向大众的进程。至此,显示在计算机屏幕上的内容在可视性方面大大改善,图形用户界面减轻了计算机操作者的记忆负担,人们再也不用像从前一样需要记忆计算机文件的名称和路径,只需要轻松单击鼠标就可完成相关的操作。

图形用户界面(Graphical User Interface,GUI)是一个包含设备或图形对象的图形化显示工具,允许用户通过界面与应用程序进行交互式操作。图形用户界面的设备包括鼠标、键盘、显示器等,图形对象可以是菜单、工具条、下压按钮、单选按钮、列表框和滑动条,等。用户通过一定的方法(如鼠标或键盘)来选择、激活这些组件,使计算机产生某种动作,如实现科学计算、绘制图形,等。

MATLAB 软件早期以矩阵运算为主,从 MATLAB 4.0 开始推出了句柄图形,之后所有的 Demos 都包含友好的图形用户界面,MATLAB 的图形界面设计功能也日益完善。在 MATLAB 中,GUI 是使用图形对象(graphical objects)创建的用户界面,这些图形对象包括:按钮、文本框、滑动条、菜单、工具条等。通过与图形用户界面的交互,用户可以方便地操作与控制程序的运行。

5.1 图形对象

图形对象是 MATLAB 用来显示数据和创建图形用户界面的基本元素。在 MATLAB 图形用户界面程序中,界面上的每一个按钮、菜单、工具条等都是一个个图形对象的实例。每一个对象的实例都是由一个独一无二的标识符来表示的,这个标识符就称为对象的"句柄"。根据句柄,用户就可以找到这个图形对象的各项属性,进而修改这些属性,以产生不同的图形呈现效果。如:设置界面窗口的大小,修改坐标轴中曲线的线型和颜色,为曲线添加图例(legend),等。

图 5.1-1 所示是一个简单的图形用户界面。该图形用户界面包括:

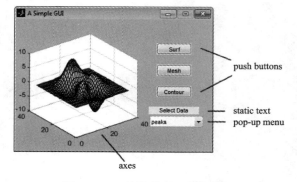

图 5.1-1 简单的图形用户界面

① 一个坐标轴(axes),用来在其中绘图;

② 一个弹出式菜单(pop - up menu),列出 MATLAB 中的三个函数:peaks、membrane 和 sinc;

③ 一个静态文本框(static text),提示用户选择弹出式菜单项;

④ 三个下压按钮(push buttons),用来调用相应的绘图命令绘制图形。

5.1.1　图形对象的类型

各种图形对象之间是存在着一定的层次关系的,下面举例说明这种层次关系。

【例 5.1 - 1】　利用不同颜色和线型来绘制曲线(见 example1.m)。

程序如下:

```
%清空命令窗口和工作空间
clc;clear;
%创建向量 x、y1、y2
x = 0:pi/50:4 * pi;
y1 = sin(x);
y2 = cos(x);
%使用默认属性值创建界面窗口
figure;
%在图形界面上创建第一个子图对象
subplot(121);
plot(x,y1,'r * ');
%在图形界面上创建第二个子图对象
subplot(122);
plot(x,y2,'bo');
```

上述代码创建了一个图形窗口,并在其中创建了两个子图对象,利用不同的颜色和线型画出关于 x 的两个函数 $\sin x$ 和 $\cos x$ 的图形。程序运行的结果如图 5.1 - 2 所示。

图 5.1 - 2 所示的图形界面由安排在一个层次结构上的五个图形对象组成:首先是界面窗口,由 figure 命令来创建;然后由两个坐标轴对象来定义相应的坐标轴,通过 subplot 命令来创建;最后用 plot 命令来创建两个线条对象。

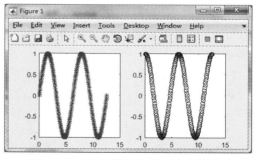

图 5.1 - 2　不同颜色和线型绘制的图形

根据图形对象之间的这种依赖关系,MATLAB 将所有图形对象组织在一个树形结构的层次关系表中,如图 5.1 - 3 所示。MATLAB 中的图形对象的种类列于表 5.1 - 1 中。

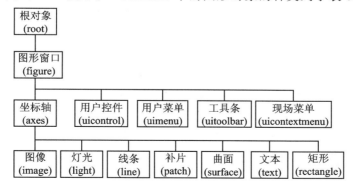

图 5.1 - 3　图形对象的层次关系

表 5.1 – 1　MATLAB 图形对象种类

对象类型	父对象	对象描述
根对象（root）	无	对应于计算机的屏幕
图形窗口对象（figure）	root	屏幕上的一个图形窗口，句柄值是整数，在窗口的标题中给出，如 1、2、3、…
坐标轴（axes）	figure	在图形窗口中定义一个图形区域，用来描述子对象的位置和方向
用户控件（uicontrol）	figure	用户界面控件。当用户单击对象时，MATLAB 完成一个相应的动作
用户菜单（uimenu）	figure	创建一个窗口菜单，用户使用菜单来控制程序运行
现场菜单（uicontextmenu）	figure	创建与图形对象关联的快捷菜单
图像（image）	axes	用当前的色图矩阵定义一个图像。图像可以有自己的色图
灯光（light）	axes	影响补片和曲面对象的光源
线条（line）	axes	使用 plot、plot3、contour 和 contour3 等函数创建的一些简单的图形
补片（patch）	axes	创建有边界的填充多边形
矩形（rectangle）	axes	从椭圆到矩形变化的二维形状
曲面（surface）	axes	将数据作为 x – y 平面高度创建的三维矩阵数据描述
文本（text）	axes	字符串，它的位置由其父对象来指定

　　需要特别说明的是：计算机的屏幕是一个根对象（root）。在 MATLAB 中，可以使用 set 和 get 命令来设置它的属性。通常，root 的所有属性都采用默认值，用户不必进行修改。

　　在进行图形用户界面编程时，用户最关心的是计算机屏幕的尺寸，因为其常常需要根据屏幕的尺寸（通常用像素点来表示）来确定图形窗口的尺寸大小，以确保图形窗口在屏幕上能完整地显示出来。

　　【例 5.1 – 2】　在命令窗口中输入命令以查询计算机屏幕的尺寸（见 example2. m）。

程序如下：

```
get(0,'ScreenSize')
% 显示结果为电脑屏幕的宽度和高度,以像素点为单位,例如:1280×800
ans =
          1          1       1280        800
```

　　需要特别说明的是，MATLAB 从 R2014b 开始推出了全新的 MATLAB 图形系统，图形对象更易于使用，并提供了用于更改属性的简单方法。

　　在 MATLAB R2014b 之后的版本中，图形句柄变更为对象，而不是之前版本中的 double 类型的数值，无法以数值的方式使用图形句柄，两者之间的差别如图 5.1 – 4 所示。从图中可以看到，在 R2014b 之后的版本中，handles 句柄结构中的如 figure1 等的值是以对象的形式来表示的，而不像之前版本中是以一个 double 类型的数值来表示。

　　由于图形句柄的类型变为了对象，因此可以直接使用点标记法（dot notation）来访问对象的某一属性。

　　例如，要访问 figure1 对象的位置属性，可以这样来操作：

```
>> handles.figure1.Position
ans =
    71.8000   31.1429   74.8000   19.7857
```

　　要设置 figure1 对象的颜色，可以这样来操作：

```
handles:
              figure1: [1x1 Figure]
          popup_label: [1x1 UIControl]
           plot_popup: [1x1 UIControl]
       mesh_pushbutton: [1x1 UIControl]
     contour_pushbutton: [1x1 UIControl]
        surf_pushbutton: [1x1 UIControl]
               axes1: [1x1 Axes]
                peaks: [35x35 double]
```

```
handles: 1x1 struct =
        figure1: 1
          edit2: 3.0135
          edit1: 2.0135
      pushbutton2: 1.0135
      pushbutton1: 0.0135
```

(a) R2014b版本之前　　　　　　(b) R2014b版本号之后

图 5.1-4　R2014b 之前与之后的图形句柄比较

```
>> handles.figure1.Color = [0 0 0]
```

注意：点标记法对属性名称的大小写和缩写敏感,并不像 set 和 get 等通用方法那样可以随意使用大小写或缩写形式。

例如,如果使用命令 handles.figure1.position 来查询当前窗口的位置,MATLAB 会给出错误提示如下:

```
>> handles.figure1.position
No appropriate method, property, or field 'position' for class 'matlab.ui.Figure'.
```

另外,当同时操作多个对象的同一个属性时,点标记法需要一一索引,而通用的 get 或 set 函数可以同时索引,此时使用点标记法会显得较为啰唆。比如同时更改两个 figure 对象的背景颜色为白色:

```
h1 = figure; h2 = figure;

%点标记法
h1.Color = 'w'; h2.Color = 'w';

%通用方法
set([h1 h2], 'Color', 'w');
```

在使用 MATLAB R2014b 或更新的版本进行实际编程时,两种方式可以互换使用,从而达到简易和高效的双赢。

此外,对于根对象(root),MATLAB 也赋予了一个专用的名称—groot,而不像之前的版本一样以数字"0"来代替。因此,所有用命令 set 或 get 来访问根对象的地方,都可以将数字"0"以"groot"来代替。例如,set(0)和 set(groot)是等价的,get(0,'ScreenSize')和 get(groot,'ScreenSize')是等价的。

在命令窗口中输入 groot,MATLAB 将显示如下的结果:

```
>> groot
ans =
  Graphics Root with properties:
           CurrentFigure: []
      ScreenPixelsPerInch: 96
              ScreenSize: [1 1 1366 768]
        MonitorPositions: [1 1 1366 768]
                  Units: 'pixels'
  Show all properties
```

可见,与计算机屏幕有关的一些参数将很直观地显示出来。

若您对此书内容有任何疑问,可以登录MATLAB中文论坛与作者和同行交流。

5.1.2　图形对象的属性

图形对象的属性可以控制对象的外观和行为等许多方面的特性。对象的属性既包括对象的一般信息,例如对象的类型、父对象和子对象、对象是否可见等,又包括对象特定的、独一无二的信息,如 figure 对象中对鼠标控制的 WindowButtonDownFcn、WindowButtonMotionFcn 等属性,line 对象的线型属性(LineStyle),等。

MATLAB 将图形对象的信息组织成一个层次表,并将这些信息储存在该对象的属性中。如,root 属性表包括当前图形窗口的句柄和当前的指针位置。

一些属性对于所有的图形对象来说具有相同的含义。表 5.1-2 列出了图形对象的这些共有的属性。

MATLAB 为所有对象都设置了默认值。用户在创建图形对象时,如果没有指定其属性值,则 MATLAB 会使用对象的系统默认属性值来创建对象。可以在命令窗口中使用 get 命令来查询这些默认的属性值,所有的默认属性值均以 factory 开头,表示其"出厂"设置。

表 5.1-2　MATLAB 图形对象的共有属性

对象类型	对象描述
BusyAction	控制 MATLAB 处理特定对象回调函数中断的方法。如果 Interruptible 设置为'off',BusyAction 可以有下面几种情况: 'queue':此为默认值。表示将回调函数的中断请求放入一个挂起队列中直到对象的回调函数完成; 'cancel':忽略其他回调函数所有可能的中断
ButtonDownFcn	定义用鼠标左键单击图形对象时执行的回调函数
Children	保存对象的所有子对象句柄的向量
Clipping	图形对象显示模式。'on'(默认值):只显示在坐标轴界限内的部分图形对象;'off':同时显示坐标轴界限内外的部分
CreateFcn	创建图形对象时执行的回调函数
DeleteFcn	用户销毁图形对象时执行的回调函数
HandleVisibility	控制对象句柄的访问方式。 'on':(默认值),总是可以访问; 'callback':只有回调函数或者调用回调函数的函数可以访问,这样可以防止用户从命令窗口的命令行中对图形对象进行修改,以防止误操作; 'off':不可访问
Interruptible	决定回调函数是否可以被随后调用的回调函数中断,有'on'和'off'两个值可以设置
Parent	该对象的父对象的句柄
Selected	该对象是否被选中,可以设置为'on'或'off'
SelectionHighlight	定义对象是否使用可见方式表明被选中状态,可以设置为'on'(默认值)或者'off'
Tag	用户用来标识对象的字符串
Type	对象的类型,如 figure、axes、line 或者 text 等
UserData	是一个矩阵,包含用户要在对象中保存的数据,该数据并不被对象本身使用
UIContextMenu	和对象相关联的现场菜单句柄。当在对象上单击鼠标右键时,将显示现场菜单
Visible	决定对象是否可见,其值可以为'on'或者'off'

【例 5.1 - 3】　查询 root 的属性值的出厂设置(见 example3.m)。

相关程序如下：

```
>> get(0,'factory')
ans =

                factoryFigureAlphamap: [1x64 double]
               factoryFigureBusyAction: 'queue'
             factoryFigureButtonDownFcn: ''
                factoryFigureClipping: 'on'
          factoryFigureCloseRequestFcn: 'closereq'
                  factoryFigureColor: [0 0 0]
                factoryFigureColormap: [64x3 double]
               factoryFigureCreateFcn: ''
               factoryFigureDeleteFcn: ''
            factoryFigureDockControls: 'on'
             factoryFigureDoubleBuffer: 'on'
               factoryFigureFileName: ''
          factoryFigureHandleVisibility: 'on'
                factoryFigureHitTest: 'on'
            factoryFigureIntegerHandle: 'on'
             factoryFigureInterruptible: 'on'
            factoryFigureInvertHardcopy: 'on'
              factoryFigureKeyPressFcn: ''
             factoryFigureKeyReleaseFcn: ''
                        ......
```

　　用户不仅可以查询当前任意图形对象的属性值,而且可以设置对象的大多数属性值(某些属性被设置为"只读",用户只能查询,不能修改)。

　　属性值只对对象的特定实例起作用,即修改对象的属性值不会对同类对象、不同实例的属性值产生影响。例如,修改坐标轴 1 的刻度值,坐标轴 2 的刻度值则不会受影响。

　　由于是层次结构,所以某个对象的属性改变时,会影响到这个结构中该对象以下的对象。例如,如果使用鼠标改变图形窗口在计算机屏幕上的位置,线条和坐标轴对象在屏幕上的位置则随之改变。

　　用户可以修改对象的属性值以便使图形对象符合用户的要求。例如,可以修改图形窗口的位置和图形对象的背景颜色;对于坐标轴对象,可以修改它的图形区域内的刻度大小和位置;线条对象可以改变颜色和线型等。

　　可以通过如下的方法来修改对象的属性值：

　　① 在创建对象的时候设置对象的属性值;

　　② 在对象创建完成后,通过获得对象的句柄,调用 set 函数来修改对象的属性值;

　　③ 在对象创建完成后,通过获得对象的句柄,利用点标记法来设置对象的各个属性值。

　　以上方法将会在后面的内容中结合具体实例分别介绍。

　　无论何时,用户都可以使用 get 函数或通过点标记法来查询图形对象的当前属性值。

【例 5.1 - 4】　查询图形对象的属性值(见 example4.m)。

可以通过如下命令查询当前图形对象的默认属性值：

```
>> h = gcf;% 取得当前图形窗口的句柄
>> get(h)% 取得当前图形窗口的默认属性值
```

结果如下：

```
Alphamap = [ (1 by 64) double array]
BackingStore = on
CloseRequestFcn = closereq    % 关闭窗口时调用的回调函数
Color = [0.8 0.8 0.8]         % 窗口的背景颜色
Colormap = [ (64 by 3) double array]
CurrentAxes = []              % 当前坐标轴,为[]表示还未创建坐标轴
CurrentCharacter =
CurrentObject = []
CurrentPoint = [0 0]          % 鼠标当前的位置
DockControls = on
DoubleBuffer = on
FileName =
FixedColors = [ (3 by 3) double array]
IntegerHandle = on
InvertHardcopy = on
KeyPressFcn =
KeyReleaseFcn =
MenuBar = figure
MinColormap = [64]
Name = % 图形窗口的名称,显示在标题条中,用户可以任意设置
NextPlot = add
NumberTitle = on % 在窗口的标题条中出现 figure 1 等字样
PaperUnits = centimeters
PaperOrientation = portrait
PaperPosition = [0.634517 6.34517 20.3046 15.2284]
PaperPositionMode = manual
PaperSize = [20.984 29.6774]
PaperType = A4
Pointer = arrow               % 鼠标指针为"箭头"形状
PointerShapeCData = [ (16 by 16) double array]
PointerShapeHotSpot = [1 1]
Position = [360 278 560 420] % 窗口的位置,前两项表示窗口左下角在屏幕上的 x 和 y 坐标,第三项表
                              % 示窗口的宽度,第四项表示窗口的高度
Renderer = None
RendererMode = auto
Resize = on  % 可以用鼠标拖动窗口的右下角来改变其大小
ResizeFcn =
SelectionType = normal  % 鼠标左键表示选中图形对象
ShareColors = on
ToolBar = auto
Units = pixels
WindowButtonDownFcn =  % 对鼠标指针的控制函数
WindowButtonMotionFcn =
WindowButtonUpFcn =
WindowScrollWheelFcn =
WindowStyle = normal
WVisual = 00 (RGB 32  GDI, Bitmap, Window)
WVisualMode = auto
BeingDeleted = off
ButtonDownFcn =  % 在窗口中按下鼠标左键时的回调函数
Children = []
Clipping = on
CreateFcn =  % 图形窗口的创建函数
DeleteFcn =  % 销毁图形窗口时调用的回调函数
BusyAction = queue  % 采用排队的方式处理发生的事件
```

```
HandleVisibility = on
HitTest = on
Interruptible = on
Parent = [0]  % Parent 的值为 0,表示其父对象为 root 对象,即计算机屏幕
Selected = off
SelectionHighlight = on
Tag =
Type = figure
UIContextMenu = []
UserData = []
Visible = on   % 设置图形窗口是可见的
```

用户可以使用 set 命令来修改窗口的各个属性值。

【例 5.1-5】　修改上述窗口的颜色为蓝色,去掉 figure 1 标识,并将窗口的名称设置为"my first figure"(见 example5. m)。

```
>> h = gcf;                          % 取得当前图形窗口的句柄
>> set(h,'color',[0 0 1]);           % 修改其背景颜色为蓝色
>> set(h,'numbertitle','off');       % 去掉 figure 的数字编号
>> set(h,'name','my first figure');  % 设置 figure 的名称
```

运行结果如图 5.1-5 所示。

图 5.1-5　修改图形窗口的背景色为蓝色

若使用点标记法来操作,也可以达到同样的效果。代码如下:

```
h = gcf;% 取得当前图形窗口的句柄
h. Color = [0 0 1];% 修改其背景颜色为蓝色
h. NumberTitle = 'off';% 去掉 figure 的数字编号
h. Name = 'my first figure';% 设置 figure 的名称
```

5.1.3　图形对象的操作

每一种类型的图形对象都有一个相应的创建函数,这个创建函数使用户能够创建这一类对象的一个实例。除了在"第 3 章　绘图与可视化"中提到的二维绘图函数(如 plot)、三维绘图函数(如 plot3)和特殊绘图函数(如 stem)等函数外,图形窗口对象、坐标轴、用户控件、用户菜单、工具条和现场菜单的创建函数以及对句柄的操作函数列于表 5.1-3 中。

表 5.1-3　图形对象操作函数

函数名称	功能描述	函数名称	功能描述
figure	创建图形窗口	uicontextmenu	创建图形对象的右键弹出式菜单
axes	创建坐标轴	uitoolbar	创建在图形窗口顶部显示的工具条
line	创建线条	uipushtool	在工具条上创建下压按钮
uicontrol	创建用户界面控件	uitoggletool	在工具条上创建开关按钮
uimenu	创建用户界面菜单	uipanel	在图形窗口上创建面板对象

函数名称	功能描述	函数名称	功能描述
uibuttongroup	在图形窗口上创建按钮组对象	gcf	获取当前图形窗口对象的句柄
set	设置对象的属性	gca	获取当前坐标轴对象的句柄
get	获取对象的属性	clf	清空当前图形窗口上的对象
findobj	根据对象的属性值查找对象的句柄	cla	清除当前坐标轴上的对象
delete	删除对象	close	关闭当前窗口
gco	获取当前鼠标所单击的对象的句柄	copyobj	复制图形对象
gcbo	获取当前回调函数对应的对象的句柄		

〖说明〗

gco、gcbo、gcf 和 gca 是 get 函数的助记符,其含义如下:

1) gco

返回当前图形窗口对象的 CurrentObject 属性值,相当于 get(gcf,'CurrentObject')。

2) gcbo

返回根对象的 CallbackObject 属性值,相当于 get(0,'CallbackObject')。

3) gcf

返回根对象的 CurrentFigure 属性值,相当于 get(0,'CurrentFigure')。

4) gca

返回当前图形窗口对象的 CurrentAxes 属性值,相当于 get(gcf,'CurrentAxes')。

在 MATLAB 中,有两个基本命令用来处理图形对象:get 和 set。通过使用这两个命令,可以设置和修改指定对象的属性值。此外,从 MATLAB R2014b 版本开始,用户也可以使用点标记法来设置和修改对象的属性值。举例如下。

【例 5.1-6】 利用 set 和 get 来设置和查询图形对象的属性(见 ex51_6.m)。

1) 查看图形窗口对象的大小和位置的度量单位

```
% 使用默认的属性创建一个图形窗口对象
fh = figure;
% 使用 get 命令来查看度量单位,此处为"像素"
get(fh,'units')
ans =
pixels
% 使用点标记法来查看度量单位
fh.Units
```

2) 改变窗口的大小和位置

```
% 使用 set 命令,将窗口的左下角移动到点(200,300)处,大小设置为 400×300 像素点
set(fh,'Position',[200 300 400 300]);
% 使用点标记法
fh.Position = [200 300 400 300];
```

可以看到,图形窗口在屏幕上的位置和大小均发生了改变。

3) 查看可以设置的鼠标指针的形状

```
% 使用 set 命令
>> set(fh,'Pointer') % Pointer 属性标识鼠标指针的形状
'arrow'(默认) | 'ibeam' | 'crosshair' | 'watch' | 'topl' | 'topr' | 'botl' | 'botr' | 'circle' | 'cross' |
'fleur' | 'custom' | 'left' | 'top' | 'right' | 'bottom' | 'hand'
>> fh.Pointer
ans = arrow
```

下面通过一个简单的实例具体说明部分函数的操作,以起到抛砖引玉的作用。

【例 5.1 - 7】 图形对象操作简单示例程序(见 example7. m)。

程序运行的界面如图 5.1 - 6 所示。

该示例程序通过 figure、axes 和 uicontrol 命令来创建一个图形窗口、一个坐标轴、一个静态文本、一个弹出式菜单。用户选择弹出式菜单中的各项,可以更改坐标轴中曲线的颜色。

程序的示例代码如下:

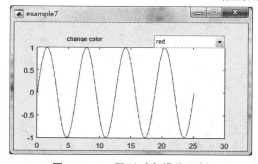

图 5.1 - 6　图形对象操作示例

```matlab
% 定义该 M 文件的名称
function [] = example7()
% 创建 figure
S.fh = figure('units','normalized',...
    'position',[0.1 0.1 0.3 0.3],...
    'menubar','none',...
    'name','example7',...
    'numbertitle','off',...
    'resize','off');
% 创建静态文本
S.text = uicontrol('style','text'...
    'unit','normalized',...
    'position',[0.1,0.85 0.4 0.05],...
    'string','change color');
% 创建弹出式菜单,并为菜单项赋初值
S.pop = uicontrol('style','popupmenu',...
    'unit','normalized',...
    'position',[0.6,0.8 0.3 0.1],...
    string',{'red';'green';'blue';...
'yellow';'black';'cyan';'magenta'});
% 创建坐标轴
S.axes = axes('unit','normalized',...
'position',[0.1 0.1 0.8 0.7]);
% 在坐标轴中绘制曲线
x = 0:pi/50:8 * pi;
y = sin(x);
axes(S.axes);
S.hplot = plot(x,y,'color',[1 0 0]);
% 定义弹出式菜单的回调函数
set(S.pop,'callback',{@mycallback,S});

% 调用弹出式菜单的回调函数
function mycallback(obj,event,S)
% 取得选中的弹出式菜单项的 value 属性值
val = get(obj,'Value');
% 根据选中的菜单项修改曲线的颜色
switch val
    case 1
        set(S.hplot,'color',[1 0 0]);
```

```
        case 2
            set(S.hplot,'color',[0 1 0]);
        case 3
            set(S.hplot,'color',[0 0 1]);
        case 4
            set(S.hplot,'color',[1 1 0]);
        case 5
            set(S.hplot,'color',[0 0 0]);
        case 6
            set(S.hplot,'color',[0 1 1]);
        case 7
            set(S.hplot,'color',[1 0 1]);
    end
```

在以上程序代码中要注意如下几点：

（1）关于函数 M 文件

代码的起始部分有语句"function [] = example7()"，此语句表明将该文件声明为函数 M 文件，function 是声明函数 M 文件时必须使用的关键字，example7 为函数的名称，() 和 [] 内分别包含函数的输入和输出参数，为空表示函数不带输入和输出参数。

如果函数需要输入和输出参数，可以这样声明：

function [out1,out2,···] = example7(in1,in2,···)

函数的输入和输出参数的个数不受限制。

（2）关于结构变量 S

此处变量 S 定义为结构体，又称为"句柄结构"，该结构体包含了界面上所有图形对象的句柄。这样做的目的有两个：一是为了代码的简洁；二是便于各图形对象的句柄在各回调函数之间传递。这是编程时的习惯做法。

S.fh、S.text、S.pop 和 S.axes 是 S 结构的字段，分别用于保存图形窗口对象的句柄、文本对象的句柄、弹出式菜单对象的句柄和坐标轴对象的句柄。

用户若想查看句柄结构 S 的数值，可以在程序中设置断点。例如：希望在代码"set(S.pop,'callback',{@mycallback,S});"行尾处设置断点，将光标移到该行行尾，按下 F12 键即可。然后，单击 MATLAB 上方 EDITOR 导航条上的 Run 按钮，程序即自动运行到断点处暂停，在命令窗口中输入命令"S"，可显示 S 中的内容：

```
K >> S
S =
        fh: [1x1 Figure]
      text: [1x1 UIControl]
       pop: [1x1 UIControl]
      axes: [1x1 Axes]
     hplot: [1x1 Line]
```

（3）弹出式菜单的 Callback 属性

在 MATLAB 中，将图形对象的 Callback 属性设置为函数句柄的形式，可以将主函数和回调函数的代码保存到同一个函数 M 文件中。每一个函数 M 文件都只有一个主函数，这个主函数位于文件的开头，其余函数都是子函数。

在示例程序中，设置弹出式菜单的回调函数为 mycallback，并把句柄结构 S 作为参数传递给它，以方便在子函数中通过句柄结构对界面上的图形对象进行控制。例如，可以使用 set 命令来改变线条对象的颜色属性，等。

（4）图形对象的 Position 属性

figure、axes、text 和 popupmenu 等图形对象都有 Position 属性,用来确定图形对象的位置和大小。Position 定义了一个矩形区域,来确定图形对象的位置和大小:

```
rect = [left, bottom, width, height]
```

left 和 bottom 表示图形对象矩形区域的左下角在其父对象中的坐标;figure 的父对象是电脑屏幕(root 对象),axes、text 和 popupmenu 的父对象是 figure。width 和 height 确定了矩形区域的宽度和高度。

图 5.1-7 标识了例 5.1-7 的 figure 窗口在屏幕上的位置,其左下角相对于屏幕的左下角的位置矢量如图中的红色"—"型虚线所示;界面上的 Edit 控件相对于 figure 窗口的位置矢量如图中的黑色"＊"型虚线所示;文本框和坐标轴的位置也在图中做了标注。

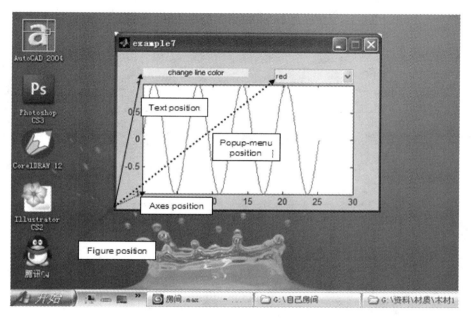

图 5.1-7　图形对象位置示意图

（5）曲线的 Color 属性

在 MATLAB 的帮助文件中,Line 对象的 Color 属性值为 ColorSpec,ColorSpec 指的是在 MATLAB 中定义颜色的 3 种方式:RGB 三元素行向量、简称、全称。RGB 向量中各元素的取值在 0～1 之间,分别表示 red(红色)、green(绿色)和 blue(蓝色)所占的比重。MATLAB 中有 8 种预定义的颜色,列于表 5.1-4 中。

（6）使用 propedit 属性编辑器编辑图形对象的属性

前面提到了使用 set 和 get 命令、点标记法可以设置和查询图形对象的属性。此外,MATLAB 还提供了一个图形用户界面的属性编辑器,利用它可方便地对图形用户界面上对象的属性进行设置修改。

在命令窗口中输入下列命令,即可显示属性编辑器。

```
propedit
```

图 5.1-8 所示是属性编辑器的界面。Figure Name 是显示在窗口标题栏中的名称;Show Figure Number 如果被勾选,则在窗口的名称前显示窗口的编号,如图 5.1-8 中的 Figure 1:

若您对此书内容有任何疑问，可以登录MATLAB中文论坛与作者和同行交流。

example7；Colormap 表示图形窗口使用的色图矩阵，有 13 种预定义的色图矩阵，此外，用户还可以定义自己的色图矩阵；单击 More Properties 按钮，可以打开 Inspector 窗口，用户可以查看和修改更多的属性值；Export Setup 按钮可以导出设置好的 figure 窗口并可以保存为 .fig、.bmp、.jpg 等图片文件。

表 5.1-4　MATLAB 中的预定义颜色

RGB 值	简　称	全　称	含　义
[1 0 0]	R	red	红色
[0 1 0]	G	green	绿色
[0 0 1]	B	blue	蓝色
[0 1 1]	C	cyan	青绿色
[1 0 1]	m	magenta	紫红色
[1 1 0]	y	yellow	黄色
[1 1 1]	w	white	白色
[0 0 0]	k	black	黑色

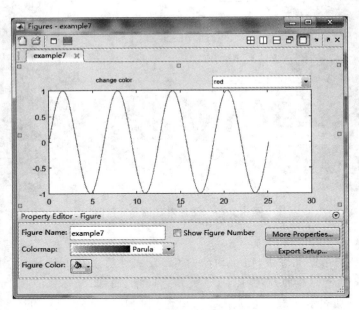

图 5.1-8　属性编辑器启动界面

5.2　图形用户界面的设计原则和步骤

5.2.1　图形用户界面设计原则

由于具体的要求不同，用户设计出来的图形界面可能千差万别。但是，一个良好的图形用户界面设计应遵循如下原则：

① 简单性。设计界面时，应力求简洁、直接、清晰地体现出界面的功能和特征。由于受图

形用户界面大小的限制,对于可有可无的显示内容应尽量删除,只在界面上显示最终、最关键、最重要的信息,以保持界面的整洁,提高界面的使用效率。

要正确地使用图形的表达能力。图形适合于表达整体性、印象感和关联性的信息,而文字或数值则适合于表达单一、精确、不具关联性的一般资料。因此,设计界面时要合理地采用图形表示,滥用图形有时会造成画面混乱,反而不便于用户使用。

设计界面应尽量减少窗口数目,力求避免在不同窗口之间进行来回切换。

② 一致性。人机界面的一致性主要体现在输入、输出方面的一致性。具体是指在应用程序的不同部分,甚至不同的应用程序之间,具有相似的界面外观和布局、相似的人机交互方式以及相似的信息显示格式等。例如,凡是下拉菜单或者弹出式菜单都有同样的结构和操作方法;各种类型信息(包括结果信息、提示信息、错误信息、帮助信息等)都在确定的屏幕位置和以相似的格式显示等。

一致性原则有助于用户学习,它将减少用户的学习量和记忆量,有助于用户将局部的经验知识推广到其他的场合下应用。

③ 熟悉性。设计新的图形界面时,应尽量使用人们所熟悉的标志和符号。用户可能并不了解新界面的具体含义及操作方法,但完全可以根据自己所熟悉的标志来摸索界面的使用。

④ 系统要给用户提供反馈信息。要通过图形界面及时对用户的操作做出反应,给出反馈信息,以便用户确定其操作是否正确,操作的结果是什么。如果执行某个命令或功能需要耗费较长的时间,需要给出操作完成还需要的时间等信息,便于用户及时掌握程序运行的进度。同时,系统可以允许用户中断正在进行的运算。

⑤ 用户界面应具有容错能力。在用户输入、调试运行程序时难免会出错,此外,计算机的软件或硬件系统也可能出错,因此,用户界面应具有容错能力,应能及时给出出错信息,出错信息应清楚、易理解。同时,用户界面应具有保护功能,防止因用户的误操作而破坏系统的运行状态和信息存储。

此外,图形用户界面应提供帮助功能,便于用户学习和使用系统,等。

5.2.2 图形用户界面的设计步骤

1. 确定对界面的要求和使用环境

一个图形用户界面的优劣,很大程度上取决于用户的使用评价。因此,在系统开发的最初阶段,尤其要重视系统界面部分的用户需求,了解用户的技能和经验,综合考虑系统直接或潜在的用户需求,同时要考虑图形用户界面运行所必需的软、硬件环境。

2. 分析界面功能,明确设计任务

在设计界面之前,需要仔细考虑界面的外观和要完成的功能。可以围绕"信息输入—信息处理—信息输出"这样一条主线来理清整个软件系统所产生的信息。如:哪些信息或参数是需要通过图形界面输入,这些信息将以何种方式输入(单选按钮、菜单、列表框、弹出式菜单、文本编辑框,等)。在程序运行过程中会产生哪些中间信息(包括中间结果以及可能的出错信息等),哪些中间信息是有必要呈现给用户的。程序运行结束后会产生哪些结果,这些结果以何种方式在界面上体现。程序的运行结果可以以图形的形式(如直方图、饼图、曲线、三维图形,等)来展示,可以以弹出式对话框的形式(如信息框(Message Box))的形式来展示,也可以是表格的形式(如用 table 控件实现的表格)或文本编辑框或列表框的形式来展示。此外,用户也可以将程序的运行结果保存到指定的文件,如 Excel 文件、Word 文件、文本文件(.txt),等。

若您对此书内容有任何疑问,可以登录MATLAB中文论坛与作者和同行交流。

3. 建立界面模型

根据系统的功能以及输入、输出信息,选择合适的控件,对界面进行合理的布局,构建图形用户界面草图,并反复推敲、修改,直至获得满意的效果。

4. 根据界面模型完成图形界面的开发

根据确定的界面模型,选择合适的界面开发方法,逐步细化完成界面的开发。

一个图形用户界面的开发往往不是一蹴而就的,以上的设计和开发步骤往往是反复进行的,常常是边设计开发边修改完善,最终得到理想的界面效果。

5.3 开发图形用户界面的方法

图形用户界面上的每一个对象以及窗口对象本身,都对应着一个或多个称为回调函数(callback)的例程。特定的用户动作,如按下按钮、单击鼠标、选择菜单项、单击窗口右上角的关闭按钮等都会触发执行相应的回调函数。这些回调函数有的是由用户自己编写的,如按下按钮的回调函数;有的是 MATLAB 系统默认的,如单击窗口右上角的关闭按钮时默认的回调函数(CloseReq)。

在图 5.1-1 所示的 GUI 程序中,用户从弹出式菜单中选择不同的函数来产生相应的数据,然后单击某一个绘图按钮,与按钮相应的回调函数就被执行,就会在坐标轴上绘制相应的图形。

上述的编程方法又称为"事件驱动"编程,本例中的"事件"即为使用鼠标单击绘图按钮。在事件驱动的编程方法中,回调函数的执行是异步的,即受外部事件的控制。

在 MATLAB 环境下,有两种开发图形用户界面程序的方法:一是以基本的 MATLAB 程序开发为主,直接编写 M 文件;二是以鼠标为主,通过 MATLAB 提供的 GUIDE 集成开发环境进行。两种方法各有优缺点。

1. 直接编写 M 文件的方法

该方法以句柄图形(Handle Graphics)的概念为基础,依据前面所讲的图形对象的相关知识,通过编写 MATLAB 代码,调用图形对象的操作函数来创建、操作图形对象,设置图形对象的有关属性,定义有关图形对象的相关回调函数,开发出满足要求的图形用户界面。

这种方法是以编写纯代码的形式进行的,在编写完成必要的代码并调试运行程序后,图形用户界面才能在计算机屏幕上显示出来,这种方法需要用户熟练掌握图形对象的相关知识,需要较多的编程技巧。

相比利用 GUIDE 的方法,这种方法开发的图形用户界面,过程比较明晰,代码编写较为灵活,代码执行效率高。

由于这种方法开发的图形用户界面是"事后"呈现出来的,因此,用户需要事先对界面的格式及布局进行细致的规划,尤其是要准确计算各图形对象在界面上的位置,以便正确确定其 Position 属性的值。这可能需要通过多次修改代码以修改对象的属性值,以便得到满意的图形界面效果,需要占用较多的开发时间。

利用该方法编写图形用户界面程序如"例 5.1-7"示例程序所示。

2. 利用 MATLAB 提供的 GUIDE 界面开发工具

图形用户界面开发环境(Graphical User Interface Development Environment,GUIDE)是 MATLAB 提供的一个专门用于 GUI 程序设计的快速开发环境。GUIDE 是一个界面设计工具集,MATLAB 将所有 GUI 支持的用户控件都集成在这个开发环境中,并提供界面外观、属性和事件响应方式的设置方法。用户不需要编写任何代码,即可以通过鼠标的简单拖拽迅速地产生各种 GUI 控件,并可以根据要求方便地修改它们的外形、大小、颜色等属性,从而设计出各种符合要求的图形用户界面。

GUIDE 的界面如图 5.3-1 所示(MATLAB R2015a)。

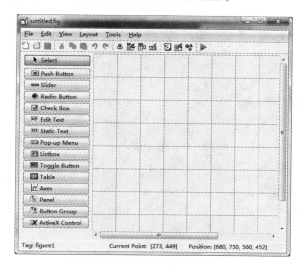

图 5.3-1　GUIDE 界面

GUIDE 将用户设计好的 GUI 界面保存在一个 FIG 资源文件中,同时还生成包含 GUI 初始化和界面布局控制代码的 M 文件。

(1) FIG 文件

该文件包括 GUI 图形窗口及其上所有控件的完整描述,包括所有对象的属性值。FIG 文件是一个二进制文件,在用户打开 GUI 时,MATLAB 自动读取 FIG 文件来重新构造图形窗口及其所有控件。所有对象的属性都被设置为图形窗口创建时保存的属性。可以使用 open、openfig 和 hgload 命令来打开扩展名为.fig 的 FIG 文件。

(2) M 文件

该文件包括 GUI 设计、控制函数以及定义为子函数的用户控件回调函数,主要用于控制 GUI 打开时的各种特征。该 M 文件的内容包括两部分:GUI 初始化和控件的回调函数。当用户与 GUI 进行交互操作时,程序将调用相应的回调函数来处理用户的操作。

GUIDE 可以根据用户 GUI 的设计过程直接自动生成 M 文件的框架,这样就简化了 GUI 的创建工作,用户可以使用这个框架来编写自己的函数代码。同直接编写 M 文件的方法相比,利用 GUIDE 开发图形用户界面有如下优点:

① 利用 GUIDE 工具开发图形界面直观,便捷,所见即所得,自动生成的 M 文件中包含程序所需要的一些有用的函数代码(如初始化函数 OpeningFcn 和输出函数 OutputFcn 等),无须用户自行编写。

② 可以使用 M 文件生成的有效方法来管理图形对象句柄(句柄结构 handles),并执行回调函数子程序。

③ 可以自动插入回调函数的原型,用户只需要编写回调函数的具体实现代码即可。

利用 GUIDE 工具来实现一个图形用户界面包括以下两项工作:GUI 界面设计和 GUI 控件编程。整个 GUI 的实现过程可以分为如下几步:

- 根据需要设置 GUIDE 开发环境。通过菜单 File→Preferences 来完成。
- 使用界面设计编辑器进行 GUI 界面设计。
- 编写用户 GUI 控件的回调函数代码。

【例 5.3-1】 将上述的示例程序 example7.m 所示的图形用户界面利用 GUIDE 来创建。程序运行界面如图 5.3-2 所示。(程序文件见 ex53_1.m、图形文件见 ex53_1.fig)

下面列出.m 文件的内容(为节约篇幅,去掉 MATLAB 自动添加的注释):

```matlab
% 主函数入口,包括输入参数结构 varargin 和输出参数结构 varargout
function varargout = ex53_1(varargin)
gui_Singleton = 1;
gui_State = struct('gui_Name',          mfilename, ...
                   'gui_Singleton',   gui_Singleton, ...
                   'gui_OpeningFcn', @ex53_1_OpeningFcn, ...
                   'gui_OutputFcn',  @ex53_1_OutputFcn, ...
                   'gui_LayoutFcn',   [] , ...
                   'gui_Callback',    []);
if nargin && ischar(varargin{1})
    gui_State.gui_Callback = str2func(varargin{1});
end

if nargout
    [varargout{1:nargout}] = gui_mainfcn(gui_State, varargin{:});
else
    gui_mainfcn(gui_State, varargin{:});
end

% 初始化函数,用户可以在其中添加初始化代码
function ex53_1_OpeningFcn(hObject, eventdata, ...
 handles, varargin)
x = 0:pi/50:8 * pi;
y = sin(x);
axes(handles.axes1);
handles.hplot = plot(x,y,'color',[1 0 0]);
handles.output = hObject;
guidata(hObject, handles);
% 输出函数,用户可以把要输出的变量添加到 varargout 结构中
function varargout = example7_OutputFcn(hObject, eventdata, ...
 handles)
varargout{1} = handles.output;
% 弹出式菜单的回调函数,在其中对用户选择菜单的项目作出响应
function popupmenu1_Callback(hObject, eventdata, handles)
val = get(hObject,'Value');
switch val
    case 1
        set(handles.hplot,'color',[1 0 0]);
    case 2
        set(handles.hplot,'color',[0 1 0]);
    case 3
        set(handles.hplot,'color',[0 0 1]);
    case 4
        set(handles.hplot,'color',[1 1 0]);
```

```
        case 5
            set(handles.hplot,'color',[0 0 0]);
        case 6
            set(handles.hplot,'color',[0 1 1]);
        case 7
            set(handles.hplot,'color',[1 0 1]);
    end
    % 弹出式菜单控件的创建函数,此代码通常不需要修改
    function popupmenu1_CreateFcn(hObject, eventdata, handles)
    if ispc && isequal(get(hObject,'BackgroundColor'),...
    get(0,'defaultUicontrolBackgroundColor'))
        set(hObject,'BackgroundColor','white');
    end
```

比较两种界面编程方法创建的 M 文件
可以看出：

①　如果用户直接编写 M 文件来创建
GUI 界面,需要编写图形窗口及其所有控件
的创建命令,用户也需要控件的回调函数的
框架及其实现命令,所有工作都依靠用户手
工完成。

②　如果采用 GUIDE 工具来创建 GUI
界面,用户创建界面及控件的所有信息都保
存到了. fig 文件中, M 文件中只包括必要的
初始化函数和回调函数。两种 M 文件的逻

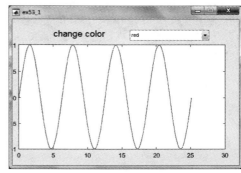

图 5.3 - 2　例 5.3 - 1 运行界面

辑结构有很大的不同,需要读者在编程实践中慢慢摸索、领会。

5.4　直接编写 M 文件开发图形用户界面

5.4.1　M 文件的类型

　　MATLAB 允许用户将一系列 MATLAB 语句集中写入一个文件中,然后通过一条简单
的命令来执行它们。用户将程序写入一个文件名为 filename. m 的文件中, filename 就成为与
程序相关联的新命令,用户执行程序时只要输入指令"filename"就可以了。

　　MATLAB 提供了两种方法来封装 MATLAB 语句:脚本文件(MATLAB scripts)和函数
文件(MATLAB functions)。两种 M 文件都是以. m 作为文件扩展名,但有以下重要的区别:

　　①　脚本 M 文件不包含函数声明行,没有输入参数和输出参数;函数 M 文件是以函数声明
行"function . . ."作为开始的,可以包括输入参数和输出参数,用户可以将输入作为参数传递
给函数 M 文件,也可以从函数 M 文件得到输出。

　　②　脚本 M 文件中的变量全部存在于基本工作空间(Base Workspace)中,用户可以在命
令窗口直接访问基本工作空间中的变量;在函数 M 文件中使用的变量的作用域是局部的,只
局限于函数空间(Function Workspace)内部,函数空间和基本工作空间之间是相互独立的,用
户不能在命令窗口中直接访问函数空间中的变量。

　　③　MATLAB 编译器 V 4.3(MATLAB 7.1)版本及其之前的版本只能编译(使用 mcc 命

若您对此书内容有任何疑问,可以登录MATLAB中文论坛与作者和同行交流。

令)函数 M 文件,不能编译脚本 M 文件。

【例 5.4 - 1】 将脚本 M 文件修改为函数 M 文件。

运行包含下述代码的脚本 M 文件(见 ex54_1.m),则在基本工作空间中创建两个变量:m 和 t,并在命令窗口中显示变量 t 的数值,如图 5.4 - 1 所示。

```
m = magic(4);        % 产生 4×4 的魔方矩阵
t = m.^3;            % 将 m 中的每个元素求三次方
disp(t);             % 在命令窗口中显示 t 的值
```

若将脚本 M 文件转换为函数 M 文件,只需在文件的起始处添加关键字 function,并指定函数的名称(如 myfunc)即可。函数 M 文件运行后,在命令窗口中仍然显示变量 t 的数值,但在基本工作空间中就不会看到变量 m 和 t 了。

```
% 函数 M 文件,不包含输入参数和输出参数
function myfunc
m = magic(4);        % 产生 4×4 的魔方矩阵
t = m.^3;            % 将 m 中的每个元素求三次方
disp(t);             % 在命令窗口中显示 t 的值
```

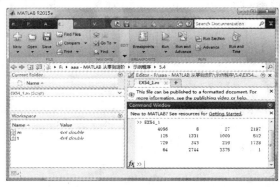

图 5.4 - 1　在基本工作空间中创建变量

在 GUI 编程时,对于比较简单的 GUI 程序,如果不需要输入、输出参数,可以将其定义为脚本 M 文件,见下例。

【例 5.4 - 2】 使用脚本 M 文件编写 GUI 程序(见 ex54_2.m)。

以下为文件中的 MATLAB 代码,运行效果见图 5.4 - 2。

```
% 创建界面窗口,不包含工具条
h0 = figure('toolbar','none',...
    'position',[200 150 450 250],...
    'name','ex54_2',...
    'numbertitle','off');
% 在窗口中绘制正弦曲线
x = 0:0.5:2 * pi;
y = sin(x);
h = plot(x,y);
grid on
% 创建静态文本控件
hm = uicontrol(h0,'style','text'...
    'string',...
    ' 绘图函数 ',...
    'position',[380 180 50 20]);
% 创建弹出式菜单控件,并初始化其 string 属性值
hm = uicontrol(h0,'style','popupmenu',...
```

```
        'string',...
        'sin(x)|cos(x)|sin(x)+cos(x)',...
        'position',[380 150 50 20]);
    % 设置弹出式菜单的第一项为默认选项
    set(hm,'value',1)
    % 定义弹出式菜单的callback,为字符数组
    my_callback = [...
        'v = get(hm,"value");,',...
        'switch v,',...
        'case 1,',...
        'delete(h),',...
        'y = sin(x);,',...
        'h = plot(x,y);,',...
        'grid on,',...
        'case 2,',...
        'delete(h),',...
        'y = cos(x);,',...
        'h = plot(x,y);,',...
        'grid on,',...
        'case 3,',...
        'delete(h),',...
        'y = sin(x) + cos(x);,',...
        'h = plot(x,y);,',...
        'grid on,',...
        'end'];
    % 设置弹出式菜单的 callback 属性值
    set(hm,'callback',my_callback);
    % 设置坐标轴的位置和大小,坐标轴对象的 units 属性默认值为 normalized
    set(gca,'position',[0.2 0.2 0.6 0.6])
```

从以上代码可以看出,使用脚本 M 文件开发的 GUI 程序,不包含输入和输出参数,控件回调函数的书写较为复杂。

〖说明〗

由于在 MATLAB 中,脚本文件中不允许有函数的定义,故例 5.4 - 2 中的弹出式菜单的 callback 定义为字符数组,并在同一脚本 M 文件中列出。

用户也可以把 callback 的代码编写成另外的 M 文件,这时,就需要将其定义为函数 M 文件的形式。

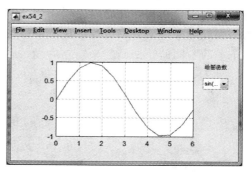

图 5.4 - 2　使用脚本编写的 GUI

【例 5.4 - 3】　将回调函数定义为单独的函数 M 文件(见 ex54_3.m)。

1)在 M 文件中设置弹出式菜单的 callback 属性值

```
set(hm,'callback','my_callback');
```

2)定义函数 M 文件 my_callback.m

```
function mycallback
hm = findobj(gcf,'style','popupmenu');
```

```
h = findobj(gcf,'style','line');
x = evalin('base','x');
v = get(hm,'value');
switch v
    case 1
        delete(h);
        y = sin(x);
        h = plot(x,y);
        grid on
    case 2
        delete(h);
        y = cos(x);
        h = plot(x,y);
        grid on
    case 3
        delete(h);
        y = sin(x) + cos(x);
        h = plot(x,y);
        grid on
end
```

程序运行的效果仍如图 5.4-2 所示。

通常,将 GUI 程序定义为函数 M 文件,可以很方便地被其他程序调用,同时,控件的回调函数书写也较简单,没有太多的语法限制。关于控件的回调函数定义的语法规则将在后续章节中作详细介绍。

将上述的脚本 M 文件修改为函数 M 文件,见下例。

【例 5.4-4】 将例 5.4-3 中的脚本 M 文件改编成函数 M 文件(见 ex54_4.m)。

首先需要在文件的起始处增加函数声明行"function ex54_4",其次要按照定义回调函数的语法规则来定义和书写控件相应事件的回调函数,此处的"事件"是指用户分别选择弹出式菜单中的不同的绘图函数来绘制曲线。回调函数和主函数的代码可以放在同一个 M 文件中。

```
% 定义函数 M 文件,函数名为 ex54_4,不包含输入和输出参数
function ex54_4
% 创建界面窗口,不包含工具条
h0 = figure('toolbar','none',...
    'position',[200 150 450 250],...
    'name','ex5_7',...
    'numbertitle','off');
% 将曲线对象的句柄定义为全局变量,以利于函数之间的参数传递
global h
% 在窗口中绘制正弦曲线
x = 0:0.5:2 * pi;
y = sin(x);
h = plot(x,y);
grid on
% 创建静态文本控件
hm = uicontrol(h0,'style','text',...
    'string',...
    '绘图函数',...
```

```
                'position',[380 180 50 20]);
    % 创建弹出式菜单控件,并初始化其 string 属性值
    hm = uicontrol(h0,'style','popupmenu',...
                'string',...
                'sin(x)|cos(x)|sin(x) + cos(x)',...
                'position',[380 150 50 20]);
    % 设置弹出式菜单的第一项为默认选项
    set(hm,'value',1)
    % 设置弹出式菜单的 callback 属性值
    set(hm,'callback',{@popupmenu_callback,x})
    % 设置坐标轴的位置和大小,坐标轴对象的 units 属性默认值为 normalized
    set(gca,'position',[0.2 0.2 0.6 0.6])

    % 定义弹出式菜单的 callback,为子函数
    function popupmenu_callback(hobj,event,x)
    % 声明全局变量 h,以对全局变量进行引用
    global h
    % 决定弹出式菜单中哪个选项被选中
    v = get(hobj,'value');
    % 根据选项分别进行处理
    switch v
        case 1
            delete(h);
            y = sin(x);
            h = plot(x,y);
            grid on
        case 2
            delete(h);
            y = cos(x);
            h = plot(x,y);
            grid on
        case 3
            delete(h);
            y = sin(x) + cos(x);
            h = plot(x,y);
            grid on
    end
```

5.4.2 根对象

　　根对象是指与计算机屏幕相对应的图形对象。显然,只有一个根对象,根对象没有父对象,根对象的子对象是图形窗口对象。

　　根对象的句柄值为 0。在 MATLAB R2014b 之前的版本中,只能通过 set 和 get 命令并利用句柄值来获取根对象的属性。从 MATLAB R2014b 版本开始,MATLAB 为图形根对象指定了一个专用名字——groot,利用 groot 可以获取根对象的一些属性。举例如下:

```
>> h = groot  % 保存图形根对象的句柄
>> set(h)
```

结果如下:

```
h =
  Graphics Root with properties:
        CurrentFigure: []
```

若您对此书内容有任何疑问,可以登录MATLAB中文论坛与作者和同行交流。

```
        ScreenPixelsPerInch: 96
                 ScreenSize: [1   1   1366   768]
           MonitorPositions: [1   1   1366   768]
                      Units: 'pixels'

    Show all properties
                   Children: {}
              CurrentFigure: {}
         FixedWidthFontName: {}
           HandleVisibility: {'on'  'callback'  'off'}
                     Parent: {}
            PointerLocation: {}
                ScreenDepth: {}
        ScreenPixelsPerInch: {}
           ShowHiddenHandles: {'on'  'off'}
                        Tag: {}
                      Units: {'inches'  'centimeters'  'characters'  'normalized'  'points'  'pixels'}
                   UserData: {}
```

当用户启动 MATLAB 时,根对象就存在了。因此,根对象不需要用户来创建,用户也不能销毁根对象。

根对象常用的属性和方法列于表 5.4 - 1 中。

以下属性对根对象是不起作用的:BusyAction、ButtonDownFcn、Clipping、CreateFcn、DeleteFcn、HandleVisibility、HitTest、Interruptible、Selected、SelectionHighlight、Uicontext-Menu、Visible。

表 5.4 - 1　根对象常用的属性和方法

属性和方法名称	属性描述
CallbackObject	只读。包含正在执行的回调函数的对象的句柄。如果没有回调函数在执行,则其值为[](空)
Children	包含所有属性 HandleVisibility 为 on 的子对象的句柄
CommandWindowSize	只读。包含命令窗口的尺寸,如[138 39]
CurrentFigure	当前图形对象的句柄。如果不存在当前图像对象,则返回[](空)
Diary	允许用户将命令窗口所有的键盘输入以及大部分输出内容保存到日记文件中。值可以取 on 或 off(默认值)
DiaryFile	日记文件的名称。默认名称为 Diary
CreateFcn	创建图形对象时执行的回调函数,常用默认值
Echo	当执行脚本 M 文件时,是否在命令窗口中显示文件的每一行内容。值可以取 on 或 off(默认值)
ErrorMessage	其值为 MATLAB 最近一次错误信息的字符串
FixedWidthFontName	用于 axes、text 和 uicontrol 对象
Format	控制命令窗口中数字的显示格式。可以选择的值有:short｜long｜shortE｜longE｜shortG｜longG｜hex｜bank｜＋｜rational｜debug｜shortEng｜longEng,默认值为 shortE
FormatSpacing	其值为控制 MATLAB 命令窗口中输出内容的行间隔的字符串,可以为 loose(默认值)和 compact

属性和方法名称	属性描述
MonitorPositions	包含第一显示器和第二显示器的尺寸
More	控制命令窗口中内容的多屏显示
Parent	根对象没有父对象
PointerLocation	鼠标指针相对于屏幕左下角的位置,以像素(pixels)为单位
PointerWindow	鼠标指针所在的图形窗口的句柄,如果鼠标不在任何图形窗口中,则其值为 0
ScreenDepth	只读。显示器的颜色深度,即每个像素多少位
ScreenPixelsPerInch	显示器的分辨率,即每英寸代表多少像素
ScreenSize	只读。由四个元素组成的屏幕位置和尺寸向量
ShowHiddenHandles	控制所有图形对象的句柄的可访问性,使各自的 HandleVisibility 属性失效,其值为 on 和 off(默认值)
Tag	用户设置的用来标识根对象的字符串(其实用户可以不用设置其 tag 属性,因为根对象的句柄总为 0,可以方便使用)
Type	对象的类型,其值为 root
Units	大小和位置的度量单位,可选用下列单位: pixels　(标准)屏幕像素 normalized　屏幕宽度和高度归一化处理 inches　英寸 centimeters　厘米 points　打印机的点,等于 0.353 毫米 characters　字符
UserData	用户要在根对象中保存的数据
Visible	决定对象是否可见,值可以为'on'或者'off'

【注】　表 5.4－1 中的根对象的属性,有些只能通过句柄值 0 来获取,例如:Diary、Diary-File、Echo、Format、FormatSpacing、More、ErrorMessage,这些根对象的属性与图形对象无关,故不能通过 groot 来访问。如果利用 groot 来访问,MATLAB 将给出如下报错信息:

```
>> get(h,'ErrorMessage')
Error using matlab.ui.Root/get
    There is no ErrorMessage property on the Root class.
```

【例 5.4－5】　根对象的操作方法(见 ex54_5.m)。

1) 设置命令窗口中数字的显示格式

```
%设置命令窗口中数字的显示格式为有理式 rational
>> set(0,'Format','rational') %或者使用命令 format rational
>> a = 133/444
a =
       133/444
%设置命令窗口中数字的显示格式为 short
>> set(0,'format','short')
>> a
a =
    0.2995
```

2）查询屏幕尺寸和修改度量单位

```
>> get(0,'units')           %查询屏幕尺寸的度量单位
ans =
pixels
>> get(0,'screensize')      %获取以像素为单位的屏幕尺寸
ans =
           1           1        1280         800
>> set(0,'units','inch')  %设置屏幕尺寸的度量单位为英寸
>> get(0,'screensize')      %获取以英寸为单位的屏幕尺寸
ans =
         0         0   13.3333    8.3333
>> get(0,'ScreenPixelsPerInch')  %查询屏幕分辨率
ans =
    96
```

3）设置命令窗口中输出内容的行间隔

```
>> get(0,'FormatSpacing')  %属性值为 loose,行与行之间有间隔

ans =

loose

>> set(0,'FormatSpacing','compact')
>> get(0,'FormatSpacing')  %属性值为 compact,行与行之间没有间隔
ans =
compact
```

4）控制命令窗口内容的分屏显示

如果在命令窗口中显示的内容超出命令窗口的范围,用户可以设置根对象的 more 属性值来实现分屏显示。

```
>> set(0,'more','on')
>> set(0)
    CurrentFigure
    Diary: [ on | off ]
    DiaryFile
    Echo: [ on | off ]
    FixedWidthFontName
    Format: [ short | long | shortE | longE | shortG | longG | hex | bank | + | rational | debug | shortEng | longEng ]
    FormatSpacing: [ loose | compact ]
    Language
    More: [ on | off ]
    - - more - -
```

用户按 Enter 键可以逐行滚动显示,按空格键可以逐屏滚动显示。

5.4.3 图形窗口对象

图形窗口对象包含图像或用户界面组件,对应着计算机屏幕上的一个图形窗口,它的父对象是计算机屏幕,即 root 对象。因此,图形窗口对象继承了 root 对象的很多属性。属性可以在图形窗口对象创建时修改,也可以通过 set 命令或点标记法来修改。

除了表 5.1－2 所列的和其他对象的共有属性外,图形窗口对象其他常用属性和方法列于表 5.4－2 中。

可以看出,图形窗口对象的属性中不仅包含了对菜单、工具条等子对象的控制,还包含了对键盘、鼠标、打印等事件的控制。

表 5.4－2　图像窗口对象常用属性和方法

属性名称	属性描述
BeingDeleted	指示窗口对象是否正被删除。如果窗口对象的删除回调函数(见 DeleteFcn)被调用,则 MATLAB 自动设置该属性为 on,表明窗口正在被删除。off 是其默认属性值
CloseRequestFcn	图形窗口关闭时执行的回调函数,默认为 closereq
Color	图形窗口的背景颜色,见 ColorSpec
Colormap	供曲面、图像和补片对象使用的色图矩阵
CurrentAxes	正在用来绘图的当前坐标轴的句柄,见 gca
CurrentCharacter	包含在图形窗口中最后一个按下的键盘字符键
CurrentObject	包含在图形窗口中鼠标选中的最后一个对象的句柄,见 gco
CurrentPoint	鼠标最后一次按下时指针的位置,格式为[x y]
DockControls	是否允许图形窗口停靠到 MATLAB 桌面上,值为 on(默认)或 off
FileName	GUI 的 FIG 文件名,用来保存 GUI 的布局信息
IntegerHandle	控制句柄是以整数值还是浮点数值来标识,值为 on(默认)或 off
KeyPressFcn	在当前窗口中按下键盘按键时的回调函数,用来处理键盘输入
KeyReleaseFcn	在当前窗口中释放键盘按键时的回调函数,用来处理键盘输入
MenuBar	控制是否在图形窗口的顶部显示 MATLAB 菜单,值为 none(不显示菜单)或 figure(默认,显示菜单)
Name	图形窗口的标题,默认为空
NextPlot	在图形窗口中新图的绘制方式,其值为 new:创建新的图形窗口或在指定的其他窗口中显示图形; add:(默认值)在当前图形窗口中显示图形; replace:在绘图前,将除位置属性外的所有其他图形对象的属性设置为默认值,并删除所有子对象(相当于 clf reset); replacechildren:删除所有子对象,但不重置窗口对象(相当于 clf)
NumberTitle	在图形窗口的标题中加上图形编号,如 figure 1、figure 2、…
Pointer	在图形窗口中,鼠标指针的形状,默认为 arrow。其值可以为下列之一:crosshair｜{arrow}｜watch｜topl｜topr｜botl｜botr｜circle｜cross｜fleur｜left｜right｜top｜bottom｜fullcrosshair｜ibeam｜custom
PointerShapeCData	16×16 的矩阵,表示用户自定义的鼠标指针形状
Position	图形窗口在屏幕上的位置和大小,其值为[left bottom width height]
Units	图形窗口位置和大小属性值的度量单位。其值可以为:inches、centimeters、normalized(默认值)、points、pixels 和 characters,见 root 属性
WindowStyle	图形窗口的形式,其值可以为 normal:(默认值); modal:所有的鼠标或键盘输入都被限制在图形窗口内; docked:图形窗口停靠到 MATLAB 桌面上
Resize	决定是否允许用户用鼠标拖动窗口的右下角以改变大小,其值为 on(默认值)或 off
ResizeFcn	当窗口改变大小时调用的回调函数

153

154

属性名称	属性描述
SelectionType	确定鼠标左右键的单击或双击选择，其值为 normal：(默认值)表示单击鼠标左键； extend：shift 键＋鼠标左键或中间键； alternate：control 键＋鼠标左键或右键； open：双击鼠标左键
ToolBar	控制是否在图形窗口显示工具条。其值为 none：不显示工具条； auto：显示工具条，但当在窗口中添加图形用户控件(uicontrol)时移除工具条； figure：始终显示工具条
UIContextMenu	与图像窗口相联的现场菜单的句柄
WindowButtonDownFcn	在图形窗口中按下鼠标键时执行的回调函数
WindowButtonMotionFcn	鼠标指针在图形窗口中移动时执行的回调函数
WindowButtonUpFcn	在图形窗口内释放鼠标键时执行的回调函数

【例 5.4 - 6】 图形窗口对象的操作方法(见 ex54_6.m)。

创建一图形窗口，去掉数字标题，将其标题改为"example window"，隐去图形窗口的标准菜单栏，显示图形窗口的标准工具条，并将图形窗口对象的 units 属性设置为 normalized，并设置其位置和大小。

```
function ex54_6
% 使用默认属性值创建图形窗口
hf = figure;
% 设置图形窗口的部分属性值
set(hf,...
    'toolbar','figure',...
    'menubar','none',...
    'numbertitle','off',...
    'name','example window',...
    'units','normalized',...
    'position',[0.3 0.4 0.6 0.5]);
```

创建的图形窗口对象如图 5.4 - 3 所示。

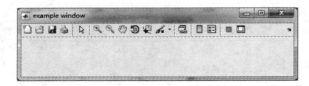

图 5.4 - 3 新建图形窗口

5.4.4 坐标轴对象

坐标轴对象可以在图形窗口中定义绘图的区域，其父对象是图形窗口对象，而线条、图像、补片和文本对象等是它的子对象。在同一个图形窗口对象中可以有多个坐标轴对象。

除了表 5.1－2 所列和其他对象的共有属性外,坐标轴对象的其他常用属性和方法如表 5.4－3 所列。

表 5.4－3 坐标轴对象常用属性和方法

属性名称	属性描述
Box	确定坐标轴是否有边框,其值可以为"on"或者"off"(默认值)
Color	指定坐标轴的背景颜色,默认值为 none,表示坐标轴是透明的。颜色值见 ColorSpec
CurrentPoint	包含鼠标最后一次在坐标轴中按下时指针的位置,其形式为 $\begin{bmatrix} x_{\text{front}} \cdot y_{\text{front}} \cdot z_{\text{front}} \\ x_{\text{back}} \cdot y_{\text{back}} \cdot z_{\text{back}} \end{bmatrix}$,它定义了从坐标空间前面延伸到后面的一条三维直线
FontAngle	指定坐标轴文本字体的倾斜角度,其值可以为 normal(默认值)、italic 和 oblique。italic 和 oblique 指定了倾斜的字体
FontName	坐标轴文本所使用的字体
FontSize	指定字体的大小。使用 FontUnits 中的单位
FontUnits	FontSize 中使用的字体大小单位,其值可以为:inches、centimeters、normalized、points(默认值)和 pixels
FontWeight	坐标轴文本加黑。其值可以为:normal(默认值)、light、bold 和 demi
GridLineStyle	坐标轴中的栅格所使用的线型,可以为:"－""－－"":""－.""none",默认值为";"
LineWidth	x、y 和 z 坐标轴的宽度,默认值为 0.5 点,1 点＝1/72 英寸
NextPlot	指定在坐标轴内绘制新图形的方式,其值为 add:使用已存在的坐标轴来绘制图形; replace:(默认值)删除坐标轴的所有子对象,并重新设置除 Position 属性外的所有属性值,等同于 cla reset 命令; replace children:删除所有子对象,但不重新设置坐标轴的属性值,等同于 cla 命令
Position	指定坐标轴在图形窗口中的位置和大小,其值为位置向量[left bottom width height],left 和 bottom 表示坐标轴左下角相对于图形窗口左下角的位置,width 和 height 表示坐标轴的宽度和高度
Title	指定坐标轴的标题文本
Units	坐标轴位置和大小属性值的度量单位。见 figure 属性
XAxisLocation	x 轴的刻度标记和 x 轴标签的位置,其值可以为:top 和 bottom(默认值)
YAxisLocation	y 轴的刻度标记和 y 轴标签的位置,其值可以为:right 和 left(默认值)
XColor\YColor\ZColor	x 轴、y 轴和 z 轴的颜色。在 x、y 和 z 轴方向的刻度标记、数字文本和栅格线都是这种颜色
XGrid\YGrid\ZGrid	是否在 x 轴、y 轴和 z 轴方向绘制栅格线,其值为 on 或 off(默认值)
XLabel\YLabel\ZLabel	x 轴、y 轴和 z 轴的标签
XLim\YLim\ZLim	设置 x 轴、y 轴和 z 轴的最大和最小值
XTick\YTick\ZTick	指定 x 轴、y 轴和 z 轴的刻度标记,为数字
XTickLabel\YTickLabel\ZTickLabel	指定 x 轴、y 轴和 z 轴的刻度标记,为数字文本字符串

【例 5.4－7】 坐标轴对象的操作方法(见 ex54_7.m)。

在示例 5.4－6 所创建的图形窗口(example window)中创建坐标轴,并在坐标轴中绘制曲线。

```matlab
% 创建坐标轴对象
haxes = axes('parent',hf,'position',[0.1 0.1 0.5 0.8]);
% 初始化绘图数据
x = 0:pi/50:2 * pi;
y = sin(x);
% 指定当前坐标轴
axes(haxes);
% 绘制图形
plot(x,y,'b * ');
% 设置坐标轴的文本为倾斜,x轴的颜色为红色
set(gca,'fontangle','italic','xcolor',[1 0 0]);
% 打开栅格
grid on
% 给坐标轴对象添加标题
title(' 我建立的第一个坐标轴 ');
% 给 x 和 y 轴添加标签
xlabel('x 坐标轴 ');
ylabel('y 坐标轴 ');
```

程序运行效果如图 5.4-4 所示。

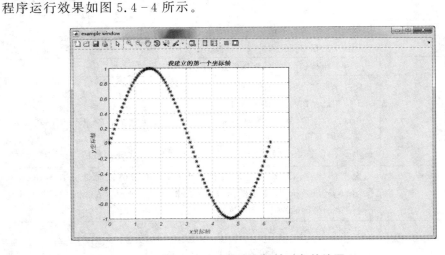

图 5.4-4　创建坐标轴对象并绘图

5.4.5　用户界面控件对象

用户界面控件对象用来创建在 GUI 上使用的一些控件,在 MATLAB 中,这些控件包括:

① 下压按钮(pushbutton):通过鼠标单击按钮可以实现按钮的压下,并调用相应的回调函数来完成某项事务。

② 双位按钮(togglebutton):单击按钮将使按钮保持按下或弹起状态,两种情况下可分别调用不同的回调函数来完成不同的事务。

③ 单选按钮(radiobutton):单选按钮通常以组为单位,一组单选按钮之间是一种互斥的关系,任一时刻一组单选按钮只能有一个按钮有效。

④ 复选框(checkbox):复选框通常也以组为单位,但某一时刻多个复选框可以同时有效。

⑤ 编辑框(edit):用户可以在编辑框中输入文本数据。编辑框的属性 Max 和 Min 用来控制是否允许多行输入,如果 Max−Min>1,则可以在编辑框中输入多行内容。此外,用户也可以利用编辑框来显示程序运行的结果。

⑥ 静态文本(text):通常作为其他控件的标签,用户不能通过静态文本来输入程序运行的参数或调用相应的回调函数。

⑦ 滑动条(slider):用户可以通过滑动条来改变指定范围内的数值输入,滑动条的位置代表用户输入的数值。

⑧ 列表框(listbox):列表框显示由其 string 属性定义的一组选项,用户可以选择其中的一项或多项。列表框的属性 Max 和 Min 用来控制选择模式:如果 Max-Min>1,则允许多项选择;如果 Max-Min≤1,则只允许单项选择。

⑨ 弹出式菜单(popupmenu):弹出式菜单可以打开并显示由其 string 属性定义的一组选项。弹出式菜单不像列表框那样有滑动条,减少了对图形窗口空间的占用。

⑩ 框架(frame):框架是图形窗口中一个可见的、封闭的矩形区域,它把一组互相关联的控件(例如一组单选按钮等)组合在一起,使得用户界面更容易理解。框架没有相关联的回调函数。目前,框架一般由面板(uipanel)和组合框(uibuttongroup)来代替。

用户界面控件对象的常用属性和方法如表 5.4-4 所列。

表 5.4-4　用户界面控件常用属性和方法

属性名称	属性描述
BackgroundColor	是一个 RGB 三元数组或 MATLAB 预定义的颜色,用于设置对象的背景颜色
Callback	用户激活控件时运行的回调函数。但用户不可交互控制 frame 和 text 的回调函数
CData	指定一个 RGB 值的 $m \times n \times 3$ 的矩阵,表示在 pushbutton 或 togglebutton 上显示的真彩图像
Enable	决定当用户用鼠标单击控件时,控件是否可用及其动作,其值为 on:(默认值)表示控件可用,鼠标单击时执行其 Callback; inactive:控件处于非活动状态,鼠标单击时不执行其 Callback,而是执行其 ButtonDownFcn; off:控件标题变灰,鼠标单击时执行其 ButtonDownFcn
ForegroundColor	是一个 RGB 三元数组或 MATLAB 预定义的颜色,用于设置其文本 String 的颜色
HorizontalAlignment	对象的文本 String 的水平排列方式,其值为 left、center(默认值)或 right
KeyPressFcn	当控件有输入焦点时,按下键盘按键执行的回调函数
ListboxTop	只对列表框控件有效,表示将列表框中的哪一项放在列表框的最上面
Max	指定控件的 Value 属性的最大值,取决于控件的类型: togglebutton、radiobutton 和 checkbox　当控件被选中时,其 Value 值设置为 Max; slider　滑动条可选择的最大值,Max 要大于 Min,Max 的默认值为 1; edit　当 Max-Min>1 时,文本框接受多行输入;当 Max-Min≤1 时,文本框接受单行输入; listbox　当 Max-Min>1 时,可以选择列表框的多个选项;当 Max-Min≤1 时,只能选择列表框的单个选项; popupmenu、pushbutton 和 text 控件不使用这个属性

属性名称	属性描述
Min	指定控件的 Value 属性的最小值,取决于控件的类型: togglebutton、radiobutton 和 checkbox　当控件未被选中时,其 Value 值设置为 Min; slider　滑动条可选择的最小值,Min 值要小于 Max 的值,Min 的默认值为 0; edit　当 Max－Min>1 时,文本框接受多行输入;当 Max－Min≤1 时,文本框接受单行输入; listbox　当 Max－Min>1 时,可以选择列表框的多个选项;当 Max－Min≤1 时,只能选择列表框的单个选项; popupmenu、pushbutton 和 text 控件不使用这个属性
Position	位置向量[left bottom width height],表示控件在图形窗口中的位置及大小
String	控件的标签、列表框的选项、弹出式菜单的选项
Style	指定控件的类型。其值可以为 pushbutton(默认值)、togglebutton、radiobutton、checkbox、edit、text、slider、frame、listbox 或 popupmenu
SliderStep	slider 控件的属性,其值为[min_step max_step],表示每次滑动条移动所改变的最小值和最大值
TooltipString	用户将鼠标移动到控件上时显示的提示字符串
Units	位置属性值的单位,见 root 对象
Value	不同类型的对象,其 Value 属性值不同: togglebutton、radiobutton 和 checkbox　见 Max 和 Min slider　滑动条的当前值 popupmenu、listbox　表示哪些选项被选中 edit、pushbutton 和 text 的 Value 属性无效
Visible	确定控件是否可见,其值可以为 on:(默认值)表示控件可见; off:表示控件不可见

此外,FontAngle、FontName、FontSize、FontUnits 和 FontWeight 用来对控件上的文本进行控制。

几个编程要点:

1. 如何设置控件相关事件的回调函数

每个用户界面控件都有若干个回调函数,用来对用户触发的不同事件做出响应。Callback、ButtonDownFcn 和 KeyPressFcn 等分别表示当用户选中控件、在控件上单击鼠标和按下键盘按键时调用的回调函数。如果用户需要处理这些事件,就需要设置和定义这些回调函数。因此,用户首先需要了解定义这些回调函数所要遵循的语法规则。

① 如果回调函数执行的语句较少,可在创建控件时直接将语句赋值给其回调函数。

【例 5.4－8】 定义下压按钮 pushbutton 的 Callback 属性,将要执行的语句用"[ ]"和"'"符号括起来,作为 Callback 的属性值。[]内的每条命令必须用两个单引号"'"括起来,每条语句之间必须用逗号","隔开(见 ex54_8.m)。

```
function DefineCallback
% 创建图形窗口对象
hFig = figure('units','normalize',...
    'position',[0.4 0.4 0.3 0.2]);
% 创建下压按钮对象,设置其 Callback 属性
uicontrol('parent',hFig,...
    'style','pushbutton',...
    'String','Execute Callback',...
    'units','normalize',...
    'position',[0.4 0.4 0.3 0.2],...
    'callback',['figure;',...
    'x = 0:pi/20:2 * pi;',...
    'y = sin(x);',...
    'plot(x,y);']);
```

程序运行效果如图 5.4 - 5 所示。

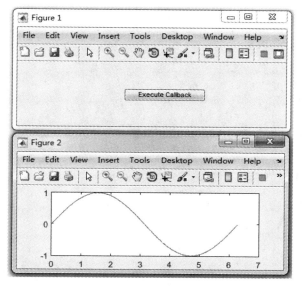

图 5.4 - 5　示例 5.4 - 8 的运行结果

　　② 如果事件的处理较复杂,执行的语句较多,可以将控件的回调函数的代码写到单独的函数内。

　　在这种情况下,MATLAB 对定义回调函数有严格的语法规则,用户必须按照这些规则来定义回调函数。定义回调函数的语法规则如表 5.4 - 5 所列,表中内容是以定义 pushbutton 的 Callback 为例。

表 5.4 - 5　定义回调函数的语法规则

序　号	如何设置对象的 Callback 属性	如何定义回调函数
1	set(hObject,'Callback','myfile')	function myfile
2	set(hObject,' Callback ',@myfile)	function myfile(obj, event)
3	set(hObject,' Callback ',{'myfile',5,6})	function myfile(obj,event,arg1,arg2)
4	set(hObject,' Callback ',{@myfile,5,6})	function myfile(obj,event,arg1,arg2)

　　在第一种情况下,回调函数没有输入参数,回调函数必须保存成单独的 M 文件。

在第二种情况下,对象 hObject 的 Callback 属性设置为函数句柄的形式。这种情况下,回调函数 myfile 必须带两个参数:obj 表示调用该回调函数的对象的句柄,如 pushbutton 的句柄;event 是个结构体,其中包含了事件的信息。这时的回调函数可以是单独的函数 M 文件,也可以写在主函数 M 文件内。

在第三种情况下,对象 hObject 的 Callback 属性设置为{'myfile',5,6},回调函数不仅必须带 obj 和 event 两个参数,而且还包含了用户需要传递的其他参数。其中,用户传递的参数的个数不受限制。这时,回调函数也必须保存成单独的 M 文件。

在第四种情况下,对象 hObject 的 Callback 属性设置为{@myfile,5,6},回调函数不仅必须带 obj 和 event 两个参数,而且还包含了用户需要传递的其他参数。其中,用户传递的参数的个数不受限制。这时的回调函数可以是单独的函数 M 文件,也可以写在主函数 M 文件内。

【例 5.4-9】 将例 5.4-8 中的 Callback 编写成单独的子函数的形式(见 ex54_9.m)。

程序如下:

```
% 定义主函数
function DefineCallback
% 创建图形窗口对象
hFig = figure('units','normalize',...
    'position',[0.4 0.4 0.3 0.2]);
% 创建下压按钮对象,设置其 Callback 属性
hPush = uicontrol('parent',hFig,...
    'style','pushbutton',...
    'String','Execute Callback',...
    'units','normalize',...
    'position',[0.4 0.4 0.3 0.2]);
set(hPush,'callback',@ex54_9_Callback)

% 定义回调函数,作为子函数
function ex54_9_Callback(obj,event)
figure;
x = 0:pi/20:2*pi;
y = sin(x);
plot(x,y);
```

以上代码中,函数 DefineCallback 和 ex54_9_Callback 在同一个 M 文件中,分别作为主函数和子函数,层次比较明晰。

2. 为按钮控件(pushbutton 和 togglebutton)增加背景图片:CData 属性的设置

通过控件的 CData 属性,用户可以设置 pushbutton 和 togglebutton 的背景图片,以美化图形界面。实现的方法如下:

① 设计一些按钮的图片,保存为.jpg 格式备用。如示例中的 mute.jpg。
② 在图形窗口中创建按钮,对按钮进行初始化,设置其 CData 属性值。

【例 5.4-10】 为按钮添加背景图片(见 ex54_10.m)。

程序如下:

```
function ex54_10
% 创建图形窗口对象
hFig = figure('units','normalize',...
    'position',[0.4 0.4 0.3 0.2]);
% 创建下压按钮对象
```

```
hPush = uicontrol('parent',hFig,...
    'style','pushbutton',...
    'String','',...
    'units','normalize',...
    'position',[0.4 0.4 0.2 0.2]);
%读取按钮的背景图片
[a,map] = imread('mute.jpg');
%取得图片的尺寸
[r,c,d] = size(a);
%改变图片的大小,使其和按钮的大小相符
x = ceil(r/30);
y = ceil(c/30);
g = a(1:x:end,1:y:end,:);
%设置按钮的CData属性值
set(hPush,'CData',g);
```

程序运行的结果如图 5.4 - 6 所示。

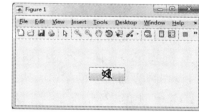

图 5.4 - 6　为按钮添加背景图片

3. 用户界面控件的编程方法

（1）创建用户界面控件对象

用户可以在图形界面上创建上述所列的 10 种用户界面控件对象。创建这些对象需要调用 MAT-LAB 提供的 uicontrol 函数,其常用的调用格式如下:

```
handle = uicontrol(parent,'PropertyName',PropertyValue,...)
```

其中,parent 是父对象的句柄,指明要在什么对象中创建用户界面控件。parent 可以是 fig-ure、uipanel 或 uibuttongroup 图形对象的句柄。

此外,如果用户想创建 uipanel 或 uibuttongroup 控件对象,可以分别调用 uipanel 函数和 uibuttongroup 函数。

```
handle = uipanel(parent,...
    'PropertyName1',value1,...
    'PropertyName2',value2,...);
handle = uibuttongroup(parent,...
    'PropertyName1',value1,...
    'PropertyName2',value2,...);
```

【例 5.4 - 11】　在图形界面上创建 uipanel 控件,在 uipanel 上添加 3 个 radiobutton,并设置第 1 个 radiobutton 为选中状态(见 ex54_11. m)。

程序如下:

```
function ex54_11
%创建图形窗口对象
hFig = figure('units','normalize',...
    'position',[0.4 0.4 0.3 0.2]);
%创建 uipanel 控件
hPanel = uipanel(hFig,...
    'Title','panel',...
    'units','normalize',...
    'position',[0.1 0.1 0.4 0.8]);
%创建 radiobutton 控件
hRadio1 = uicontrol('parent',hPanel,...
    'style','radiobutton',...
```

```
                'String','radiobutton1',...
                'units','normalize',...
                'position',[0.1 0.1 0.8 0.2],...
                'value',1);
    hRadio2 = uicontrol('parent',hPanel,...
                'style','radiobutton',...
                'String','radiobutton2',...
                'units','normalize',...
                'position',[0.1 0.4 0.8 0.2],...
                'value',0);
    hRadio3 = uicontrol('parent',hPanel,...
                'style','radiobutton',...
                'String','radiobutton3',...
                'units','normalize',...
                'position',[0.1 0.7 0.8 0.2],...
                'value',0);
```

程序运行结果如图 5.4－7 所示。

（2）处理用户界面控件的回调函数

假设用户界面控件的 Callback 按照表 5.4－5 中的第 2 种情况进行定义（设置为函数句柄的形式），hObject 为执行 Callback 的对象的句柄，eventdata 为包含事件信息的结构。下面分别讲述各种控件的回调函数的处理方法。以下用户界面控件的示例代码包含在文件 uicontrol_opera.m 中。

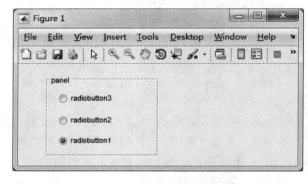

图 5.4－7　创建用户界面控件对象

1) checkbox

用户可以通过查询列表框的 Value 属性值，来确定列表框是否被勾选。

```
function checkbox1_Callback(hObject,eventdata)
% 判断 checkbox 是否被选中
if (get(hObject,'Value') = = get(hObject,'Max'))
    % checkbox 被选中，在这里添加处理代码
else
    % checkbox 未被选中，在这里添加处理代码
end
```

2) edit

使用 get 命令，通过获取编辑框的 String 属性值，就可以获得用户在编辑框中的输入内容。

```
function edittext1_Callback(hObject,eventdata)
user_string = get(hObject,'String');
% 后续处理代码
```

其中，user_string 是字符串类型。如果用户希望输入数值类型，则需要调用 str2double 或 str2num 函数对 user_string 进行转换，将字符串转换为数值。方法如下：

```
user_value = str2double(user_string);
user_value = str2num(user_string);
```

3) listbox

当列表框的 Callback 被触发时,其 Value 属性值为被选中的列表项的索引值,String 属性值则是包含列表中所有条目的 cell 数组。

```
function listbox1_Callback(hObject,eventdata)
% 取得被选中条目的索引值
index_selected = get(hObject,'Value');
% 取得列表框中的所有条目,保存到 list 元胞数组中
string_list = get(hObject,'String');
% 根据索引值获取所选中的列表条目,item_selected 为字符串
item_selected = string_list{index_selected};
```

4) popupmenu

弹出式菜单的操作方法与列表框类似。

```
function popupmenu1_Callback(hObject,eventdata)
% 取得被选中条目的索引值
index_selected = get(hObject,'Value');
% 取得弹出式菜单中的所有条目,保存到 list 元胞数组中
string_list = get(hObject,'String');
% 根据索引值获取所选中的条目,item_selected 为字符串
item_selected = string_list{index_selected};
```

5) pushbutton

下压按钮的 Callback 的处理较为简单,用户只要在其中加入要处理的程序代码,单击按钮,则 Callback 内的代码被执行,完成用户需要的操作。

下面的代码的功能为在图形界面上创建一个按钮控件,当用户单击按钮时,调用命令来关闭图形窗口。

```
function mygui
hFig = figure('units','normalize',...
    'position',[0.4 0.4 0.3 0.2]);
% 创建按钮控件
hButton = uicontrol('parent',hFig,...
    'style','push',...
    'String','push button',...
    'units','normalize',...
    'position',[0.3 0.4 0.4 0.2]);
% 设置按钮控件的 Callback 属性
set(hButton,'Callback',@pushbutton1_Callback);
% 按钮的回调函数
function pushbutton1_Callback(hObject,eventdata)
close(gcbf);
```

6) radiobutton

在单选按钮的回调函数内部,用户可以通过查询其 Value 属性值来确定单选按钮的当前状态。

```
function radiobutton1_Callback(hObject,eventdata)
if (get(hObject,'Value') == get(hObject,'Max'))
    % 单选按钮被选中,进行后续处理
else
    % 单选按钮未被选中,进行后续处理
end
```

7) slider

滑动条的 Max 和 Min 属性值确定了滑动条的变动范围（其值为 Max－Min），其 Slider-Step 属性值确定了滑动条每次移动的步长。SliderStep 的属性值形如[min_step max_step]，min_step 表示当用鼠标单击滑动条两端的箭头时，滑动条移动的数值；max_step 表示当拖动滑动条的滑块或者用鼠标单击滑块的两侧时，滑动条移动的数值。

用户可以在滑动条的回调函数内，通过查询其 Value 属性值来取得滑动条当前所指示的数值。

```
function slider1_Callback(hObject,eventdata)
% 取得滑动条所指示的数值
slider_value = get(hObject,'Value');
% 进行后续处理
```

8) togglebutton

在双位按钮的回调函数中，用户需要编写代码来查询其状态，然后决定进行什么样的操作。当双位按钮被按下时，MATLAB 将其 Value 属性值设置为 Max 的数值（Max 的默认值为 1）；双位按钮抬起时，MATLAB 将其 Value 属性值设置为 Min 的数值（Min 的默认值为 0）。

```
function togglebutton1_Callback(hObject,eventdata)
% 取得其 Value 属性值
button_state = get(hObject,'Value');
if button_state = = get(hObject,'Max')
    % 按钮被按下,进行后续处理
    ...
elseif button_state = = get(hObject,'Min')
    % 按钮抬起,进行后续处理
    ...
end
```

9) buttongroup

按钮组控件用来创建一个容器对象，来集中管理一组具有互斥功能的单选按钮或双位按钮。

当用户选择按钮组控件中的某一个按钮时，按钮组控件的 SelectionChangeFcn 回调函数就会被调用，用户可在该函数内部添加对事件的处理代码。如果按钮组控件的 Selection-ChangeFcn 被定义为函数句柄的形式，MATLAB 会传递 hObject 和 eventdata 两个参数：hObject 是按钮组控件的句柄；eventdata 是包含事件信息的结构体。eventdata 包含的字段如表 5.4－6 所列。

表 5.4－6　eventdata 所包含的字段

字　段	描　述
EventName	事件的名称，其值为 SelectionChanged
OldValue	事件发生之前所选择的对象的句柄。若之前没有对象被选中，其值为[]
NewValue	当前所选择的对象的句柄

此外，用户也可以通过查询按钮组控件的 SelectedObject 属性值来确定被选中对象的句柄。

【例 5.4－12】　如图 5.4－8 所示，在界面上创建按钮组控件"Button Group"，在其中创建4 个单选按钮，其 Tag 属性值分别为 radiobutton1、radiobutton2、radiobutton3、radiobutton4，

在按钮组控件的 SelectionChangeFcn 回调函数内加入处理代码(见 ex54_12.m)。

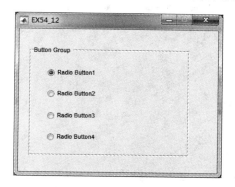

图 5.4-8　按钮组控件界面

```
function buttongroup1_SelectionChangeFcn(hObject,eventdata)
% 取得被选中对象的 Tag 属性值
tag = get(hObject,'Tag');
switch tag
    case 'radiobutton1'
        % 单选按钮 1 被选中,进行后续处理
    case 'radiobutton2'
        % 单选按钮 2 被选中,进行后续处理
    case 'radiobutton3'
        % 单选按钮 3 被选中,进行后续处理
    case 'radiobutton4'
        % 单选按钮 4 被选中,进行后续处理
    otherwise
        % 如果没有单选按钮被选中,则在此进行后续处理
end
```

【例 5.4-13】　接例 5.4-7,在界面上增加按钮组控件,创建两个单选按钮,分别控制栅格的打开和关闭;创建列表框控件,来控制曲线的颜色;创建弹出式菜单控件,来控制曲线的线型。程序运行的界面如图 5.4-9 所示(见 ex54_13.m)。

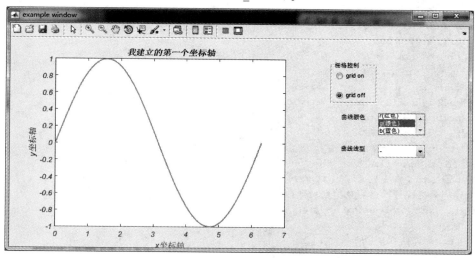

图 5.4-9　例 5.4-13 运行界面

```matlab
function ex54_13
% 使用默认属性值创建图形窗口对象
s.hf = figure;
% 设置图形窗口对象的部分属性值
set(s.hf,...
    'toolbar','figure',...
    'menubar','none',...
    'numbertitle','off',...
    'name','example window',...
    'units','normalized',...
    'position',[0.3 0.4 0.6 0.5]);
% 创建坐标轴对象
s.haxes = axes('parent',s.hf,'position',[0.1 0.1 0.5 0.8]);
% 初始化绘图数据
x = 0:pi/50:2 * pi;
y = sin(x);
% 指定当前坐标轴
axes(s.haxes);
% 绘制图形
s.plot = plot(x,y,'b','linewidth',1.5);
% 设置坐标轴的文本为倾斜,x轴的颜色为红色
set(gca,'fontangle','italic','xcolor',[1 0 0]);
% 打开栅格
grid on
% 给坐标轴对象添加标题
title('我建立的第一个坐标轴');
% 给 x 和 y 轴添加标签
xlabel('x坐标轴');
ylabel('y坐标轴');
% 创建按钮组控件,并在其上创建两个单选按钮
s.hgroup = uibuttongroup('parent',s.hf,...
    'title','栅格控制',...
    'units','normalized',...
    'position',[0.7 0.7 0.1 0.2]);
s.hradio1 = uicontrol('parent',s.hgroup,...
    'style','radiobutton',...
    'tag','radiobutton1',...
    'string','grid on',...
    'units','normalized',...
    'position',[0.1 0.7 0.8 0.2]);
s.hradio2 = uicontrol('parent',s.hgroup,...
    'style','radiobutton',...
    'tag','radiobutton2',...
    'string','grid off',...
    'units','normalized',...
    'position',[0.1 0.1 0.8 0.2]);
% 创建列表框控件的标签及其列表框控件
s.text1 = uicontrol('parent',s.hf,...
    'style','text',...
    'string','曲线颜色',...
    'units','normalized',...
    'position',[0.7 0.6 0.1 0.05]);
```

```
s.list = uicontrol('parent',s.hf,...
    'style','listbox',...
    'string',{'r';'g';'b'},...
    'units','normalized',...
    'position',[0.805 0.55 0.1 0.1]);
% 创建弹出式菜单控件的标签及其弹出式菜单控件
s.text2 = uicontrol('parent',s.hf,...
    'style','text',...
    'string',' 曲线线型 ',...
    'units','normalized',...
    'position',[0.7 0.45 0.1 0.05]);
s.pop = uicontrol('parent',s.hf,...
    'style','popupmenu',...
    'string',{'-';'- -';':';'- .';'none'},...
    'units','normalized',...
    'position',[0.805 0.4 0.1 0.1]);

% 设置按钮组控件的 SelectionChangeFcn 回调函数属性
set(s.hgroup,'SelectionChangeFcn',...
    {@buttongroup_SelectionChangeFcn,s});
% 设置列表框控件的 Callback 回调函数属性
set(s.list,'callback',{@list_callback,s});
% 设置弹出式菜单控件的 Callback 回调函数属性
set(s.pop,'callback',{@pop_callback,s});

% 定义按钮组控件的 SelectionChangeFcn 回调函数
function buttongroup_SelectionChangeFcn(hObject,...
    eventdata,s)
tag = get(eventdata.NewValue,'Tag');
switch tag
    case 'radiobutton1'
        set(s.haxes,'xgrid','on','ygrid','on');
    case 'radiobutton2'
        set(s.haxes,'xgrid','off','ygrid','off');
end

% 定义列表框控件的 Callback 回调函数
function list_callback(hObject,...
    eventdata,s)
value = get(hObject,'value');
switch value
    case 1
        set(s.plot,'color','r');
    case 2
        set(s.plot,'color','g');
    case 3
        set(s.plot,'color','b');
end

% 定义弹出式菜单控件的 Callback 回调函数
function pop_callback(hObject,...
    eventdata,s)
value = get(hObject,'value');
```

```
switch value
    case 1
        set(s.plot,'linestyle','-','marker','none');
    case 2
        set(s.plot,'linestyle','--','marker','none');
    case 3
        set(s.plot,'linestyle',':','marker','none');
    case 4
        set(s.plot,'linestyle','-.','marker','none');
    case 5
        set(s.plot,'linestyle','none','marker','none');
end
```

在本示例程序中，使用了"句柄结构"，即把所有图形对象的句柄保存到结构体 s 中，并把句柄结构当作输入参数在各控件的回调函数之间进行传递，用户可以方便地通过访问句柄结构的各个字段来获得各图形对象的句柄，从而对图形对象进行相应的操作，例如，设置曲线对象的颜色和线型等。

5.4.6　用户菜单对象

用户菜单对象可以建立下拉式菜单，将它放置在图形窗口的顶部。用户菜单对象的常用属性和方法如表 5.4-7 所列。

表 5.4-7　用户菜单对象常用属性和方法

属性名称	属性描述
Accelerator	指定菜单项的快捷键，用户可以使用 Ctrl＋Accelerator 来选择菜单项。其中 Ctrl＋c、Ctrl＋x 和 Ctrl＋v 是预留给系统粘贴板使用的
Callback	用户选中菜单项时调用的回调函数
Checked	指示菜单项的选中状态，其值为"on"（选中）或"off"（默认值，表示未选中）
Enable	指示菜单项是否可用，其值为"on"（默认值，表示菜单项可用）或"off"（菜单项不可用）
ForegroundColor	菜单项的文本颜色，是一个 RGB 三元素数组或者 MATLAB 预定义的颜色
Label	含有菜单项名字的字符串，使用"&"符号将使其后的一个字符加上下画线，用户可以使用 Alt＋该字符来激活菜单项
Position	是一个标量，用来指示菜单项的相对位置。对于最左边的菜单，其值为 1；对于某一菜单中的最上边的菜单项，其值为 1
Separator	指示菜单中各菜单项之间是否有分隔符。其值为"on"（有分隔符）或"off"（默认值，无分隔符）

【例 5.4-14】　在例 5.4-13 中的界面窗口上创建菜单"曲线颜色"，用来控制所绘制的曲线线条的颜色。程序运行的界面如图 5.4-10 所示（见 ex54_14.m）。

（1）创建用户菜单对象，并设置其 Callback 属性

```
s.menu = uimenu('Label','曲线颜色');
    uimenu(s.menu,'Label','红色', ...
'Callback',{@menu_callback,s},'foregroundcolor',[1 0 0]);
    uimenu(s.menu,'Label','绿色', ...
'Callback',{@menu_callback,s},'foregroundcolor','g');
    uimenu(s.menu,'Label','蓝色', ...
'Callback',{@menu_callback,s},'foregroundcolor','b',...
        'Separator','on','Accelerator','b');
```

（2）定义菜单对象的 Callback 回调函数

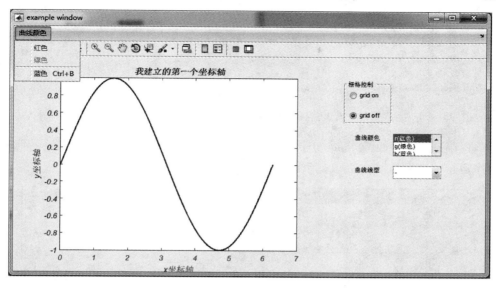

图 5.4 - 10   创建菜单对象

```
function menu_callback(hObject,...
    eventdata,s)
value = get(hObject,'position');
switch value
    case 1
        set(s.plot,'color','r');
    case 2
        set(s.plot,'color','g');
    case 3
        set(s.plot,'color','b');
end
```

5.4.7   用户现场菜单对象

uicontextmenu 命令允许用户为图形对象建立现场菜单,当用户在图像对象上单击鼠标右键时,将弹出现场菜单,用户可以选择菜单项来执行相应的命令。现场菜单总是和其他图形对象联系在一起,见表 5.4 - 7。

uicontextmenu 的调用格式为:

```
handle = uicontextmenu('PropertyName',PropertyValue,...)
```

用户创建图像对象的现场菜单通常按照如下的步骤进行:

① 调用 uicontextmenu 命令创建现场菜单对象。

② 创建子菜单项,并定义各菜单项的 Callback 属性。

③ 设置图形对象的 UIContextMenu 属性值,把现场菜单和图形对象联系起来。

下面举例说明现场菜单的创建。

【例 5.4 - 15】   接例 5.4 - 14,建立图中曲线对象的现场菜单,用来改变曲线的颜色(见 ex54_15.m)。

```
% 建立现场菜单
cmenu = uicontextmenu;
```

```
% 定义现场菜单项的 Callback 属性
cb1 = 'set(gco, "Color", "r")';
cb2 = 'set(gco, "Color", "g")';
cb3 = 'set(gco, "Color", "b")';
% 创建现场菜单项
uimenu(cmenu, 'Label', '红色', 'Callback', cb1);
uimenu(cmenu, 'Label', '绿色', 'Callback', cb2);
uimenu(cmenu, 'Label', '蓝色', 'Callback', cb3);
% 设置线条对象的 UIContextMenu 属性值
set(s.plot,'UIContextMenu', cmenu);
```

程序运行的结果如图 5.4-11 所示。

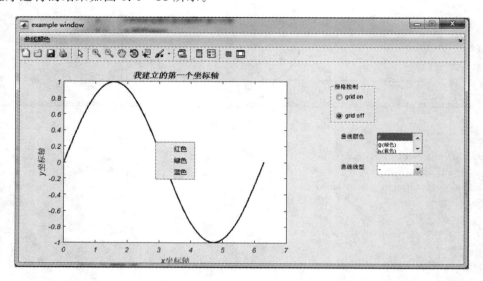

图 5.4-11 创建现场菜单对象

5.4.8 用户工具条对象

用户可以调用 uitoolbar 命令来在图形窗口上创建工具条,然后调用 uipushtool 命令或 uitoggletool 命令在工具条上创建工具按钮。uipushtool 命令用来创建下压按钮;uitoggletool 用来创建双位按钮。

除表 5.1-2 所列的共有属性和方法外,uipushtool 和 uitoggletool 图形对象常用的属性和方法列于表 5.4-8 和表 5.4-9 中。

表 5.4-8 uipushtool 常用属性和方法

属性名称	属性描述
CData	在工具条上的下压按钮上显示的真彩图像
ClickedCallback	当用鼠标单击工具条上的按钮时执行的回调函数
Separator	确定在每个按钮的左侧是否显示分隔符,其值为"on"或"off"(默认值)
TooltipString	当鼠标指针移动到按钮上时,显示的提示字符串

【例 5.4-16】 接例 5.4-15,隐藏图形窗口上方的 MATLAB 标准工具条,建立新的工具条,在其上添加双位按钮,用来控制栅格的打开和关闭(见 ex54_16.m)。

表 5.4 - 9　uitoggletool 常用属性和方法

属性名称	属性描述
CData	在工具条的双位按钮上显示的真彩图像
OnCallback	当 uitoggletool 对象的 Enable 属性设置为 on 时,若其 State 属性设置为 on,或者当用鼠标单击双位按钮使其处于 on 位置(按钮被按下),该回调函数被执行
OffCallback	当 uitoggletool 对象的 Enable 属性设置为 on 时,若其 State 属性设置为 off,或者当用鼠标单击双位按钮使其处于 off 位置(按钮被抬起),该回调函数被执行
ClickedCallback	当 uitoggletool 的 OffCallback 或 OnCallback 执行完成后,该回调函数被执行
Separator	确定在每个按钮的左侧是否显示分隔符,其值为"on"或"off"(默认值)
State	指示工具条上双位按钮的状态。其值可以为 on(按钮被按下)或 off(默认值,按钮被抬起)
TooltipString	当鼠标指针移动到按钮上时,显示的提示字符串

程序运行的结果如图 5.4 - 12 所示。

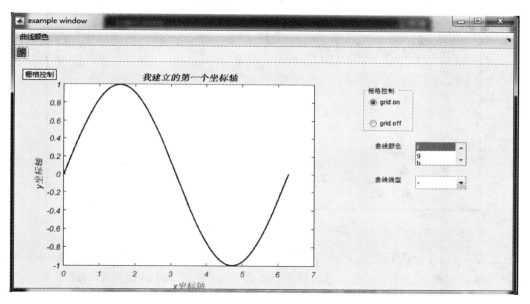

图 5.4 - 12　创建工具条示例

程序代码如下:

```
%创建工具条,在其上创建双位按钮
s.toolbar = uitoolbar(s.hf);
a = rand(16,16,3);
s.toggletool = uitoggletool(s.toolbar,'CData',a,'TooltipString','栅格控制');
%设置 uitoggletool 对象的 OnCallback 和 OffCallback 属性
set(s.toggletool,'oncallback',{@grid_on_callback,s});
set(s.toggletool,'offcallback',{@grid_off_callback,s});

%定义 OnCallback 和 OffCallback 回调函数
function grid_on_callback(hObject,...
    eventdata,s)set(s.haxes,'xgrid','on','ygrid','on');

function grid_off_callback(hObject,...
```

```
        eventdata,s)
    set(s.haxes,'xgrid','off','ygrid','off');
```

5.5 利用 GUIDE 工具开发图形用户界面

如 5.3 节所述,利用 MATLAB 提供的 GUIDE 图形用户界面开发工具,用户可以方便地设计出各种符合要求的图形用户界面。

用户可以通过如下 2 种方式进入 GUIDE 快速启动界面:

① 在 MATLAB 窗口上方的导航栏中选择 HOME 选项卡,单击 New 按钮,从下拉菜单中选择 Graphical User Interface。

② 在命令窗口中输入 guide 命令。

GUIDE 的快速启动界面如图 5.5-1 所示。

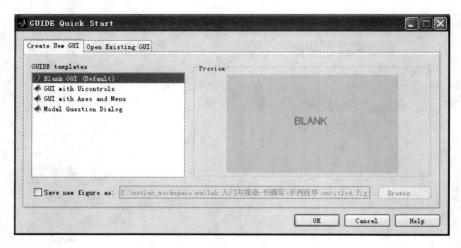

图 5.5-1 GUIDE 快速启动界面

在图 5.5-1 中,GUIDE 的启动界面有两个标签页,用户可以选择 Create New GUI 标签页中的选项来创建新的 GUI,也可以选择 Opening Existing GUI 标签页中的选项来打开已有的 GUI。

GUIDE 提供了几种模板(templates)供用户选择。默认情况下,GUIDE 使用空白模板(Blank GUI (Default))。此外,GUIDE 还提供了包含用户界面控件的模板(GUI with Uicontrols)、包含坐标轴和菜单的模板(GUI with Axes and Menu)以及模态对话框模板(Modal Question Dialog)。

5.5.1 GUIDE 及其组成部分

默认情况下,选择 Create New GUI 标签页中的 Blank GUI (Default)选项,将打开带有空白模板的"布局编辑器"(Layout Editor),如图 5.5-2 所示。

从图 5.5-2 可见,GUIDE 其实是一个界面设计工具集合,它提供了一系列工具用来创建图形用户界面。这些工具包括:

① 界面布局编辑器。允许用户利用鼠标拖拽的方式在图形窗口中添加所需的图形对象。

② 对齐工具。用来将界面窗口中的图形对象按横向或纵向对齐,以使界面美观。

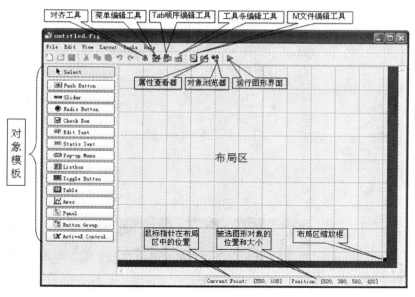

图 5.5 - 2　GUIDE 的外观

③ 菜单编辑工具。用来设计和创建窗口菜单和现场菜单。

④ Tab 顺序编辑工具。用来确定当按下键盘上的 Tab 键时,界面上的控件获得输入焦点的顺序。

⑤ 工具条编辑工具。用来设计和创建窗口工具条。

⑥ M 文件编辑器。用来打开与图形用户界面相关联的 M 文件,供用户编辑修改。

⑦ 属性查看器。用来查看和设置图形对象的属性值。

⑧ 对象浏览器。观察当前图形用户界面上的图形对象的句柄的继承关系表。

5.5.2　GUIDE 产生的 FIG 文件和 M 文件

如 5.3 节所述,GUIDE 将用户设计好的 GUI 界面保存在一个 FIG 资源文件中,同时还生成用于控制 GUI 初始化以及启动 GUI 代码的 M 文件。该 M 文件的内容包括两部分:GUI 初始化和控件的回调函数。当用户与 GUI 进行交互操作时,程序将调用相应的回调函数来处理用户的操作。

下面详细介绍 GUIDE 生成的 M 文件的组成。

以示例程序 5.3 - 1 为例。在 GUIDE 中创建的图形界面如图 5.5 - 3 所示。界面上包含 3 个控件:1 个静态文本控件、1 个列表框和 1 个坐标轴。GUIDE 产生的 M 文件的代码如例 5.3 - 1 所示。

可见,GUIDE 生成的是函数 M 文件,包含如下几部分:

(1) 主函数声明部分

ex53_1.m 文件的第 1 行代码为:

```
function varargout = ex53_1(varargin)
```

这一行为主函数的声明行,函数名为 ex53_1,varargin 和 varargout 分别是函数的输入、输出参数。

varargin(Variable length input argument list)和 varargout(Variable length output argu-

若您对此书内容有任何疑问,可以登录MATLAB中文论坛与作者和同行交流。

173

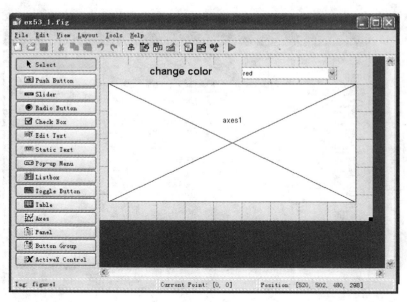

图 5.5 - 3　利用 GUIDE 设计例 ex53_1 的界面

ment list)都是可变长度的 cell 类型的结构体,是 MATLAB 预定义的专用参数,可以分别用来存储函数的输入和输出参数。它们在函数的输入和输出参数个数不确定的情况下使用,可以应用到可变输入输出参数的函数中。

(2) 帮助信息部分

主函数声明行下面的各行以注释符号"%"开头,它是当用户在命令窗口中输入"help ex53_1"时显示的帮助信息,说明了用户调用该 M 文件的方法。

```
>> help ex53_1
  ex53_1 M - file for ex53_1.fig
      ex53_1, by itself, creates a new ex53_1 or raises the existing
      singleton *.

      H = ex53_1 returns the handle to a new ex53_1 or the handle to
      the existing singleton *.

      ex53_1('CALLBACK',hObject,eventData,handles,...) calls the local
      function named CALLBACK in ex53_1.M with the given input arguments.

      ex53_1('Property','Value',...) creates a new ex53_1 or raises the
      existing singleton *.  Starting from the left, property value pairs are
      applied to the GUI before ex53_1_OpeningFcn gets called.  An
      unrecognized property name or invalid value makes property application
      stop.  All inputs are passed to ex53_1_OpeningFcn via varargin.

      * See GUI Options on GUIDE's Tools menu.  Choose "GUI allows only one
      instance to run (singleton)".

  See also: guide, guidata, guihandles
```

帮助信息的各行以注释符号"%"开头,中间不允许有空行。若中间有空行,则帮助信息在命令窗口中的显示将到此为止,下面的信息将不会在命令窗口中显示。

（3）GUI 初始化部分

帮助信息下面的代码是 GUI 界面的初始化部分：

```
gui_Singleton = 1;
gui_State = struct('gui_Name',        mfilename, ...
                   'gui_Singleton',  gui_Singleton, ...
                   'gui_OpeningFcn', @ex53_1_OpeningFcn, ...
                   'gui_OutputFcn',  @ex53_1_OutputFcn, ...
                   'gui_LayoutFcn',  [] , ...
                   'gui_Callback',   []);
if nargin && ischar(varargin{1})
    gui_State.gui_Callback = str2func(varargin{1});
end

if nargout
    [varargout{1:nargout}] = gui_mainfcn(gui_State, varargin{:});
else
    gui_mainfcn(gui_State, varargin{:});
end
```

当用户运行该 GUI 程序时，这部分代码分别调用界面窗口和控件的 CreateFcn 函数来创建控件。通常用户不必编辑这部分代码。

（4）OpeningFcn 函数部分

```
% --- Executes just before ex53_1 is made visible.
function ex53_1_OpeningFcn(hObject, eventdata, handles, varargin)
% This function has no output args, see OutputFcn.
% hObject      handle to figure
% eventdata    reserved - to be defined in a future version of MATLAB
% handles      structure with handles and user data (see GUIDATA)
% varargin     command line arguments to ex53_1 (see VARARGIN)

x = 0:pi/50:8 * pi;
y = sin(x);
axes(handles.axes1);
handles.hplot = plot(x,y,'color',[1 0 0]);

% Choose default command line output for ex53_1
handles.output = hObject;

% Update handles structure
guidata(hObject, handles);

% UIWAIT makes ex53_1 wait for user response (see UIRESUME)
% uiwait(handles.figure1);
```

OpeningFcn 函数内的代码，是在 GUI 界面上的控件被创建且在 GUI 界面显示之前执行的。用户可以在该函数体内添加初始化代码，例如，可以设置在列表框或编辑框中显示的内容；可以设置 GUI 界面显示的位置(position)，等。

如果用户在调用该 GUI 程序时传入了输入参数，则可以从 varargin 数组中得到这些输入参数。用户可以通过 varargin{1}、varargin{2}、…来得到输入的第 1、2、…个参数。

默认情况下，在 OpeningFcn 函数体内包含下面的语句：

```
handles.output = hObject;
```

该命令是把 hObject 的值保存到句柄结构 handles 中，hObject 是图形窗口 figure 的句柄值。

若您对此书内容有任何疑问，可以登录MATLAB中文论坛与作者和同行交流。

（5）OutputFcn 函数部分

```
% - - - Outputs from this function are returned to the command line.
function varargout = ex53_1_OutputFcn(hObject, eventdata, handles)
% varargout   cell array for returning output args (see VARARGOUT);
% hObject     handle to figure
% eventdata   reserved - to be defined in a future version of MATLAB
% handles     structure with handles and user data (see GUIDATA)

% Get default command line output from handles structure
varargout{1} = handles.output;
```

OutputFcn 函数是在图形用户界面创建完成并显示后调用的最后一个函数，在函数体内将主函数的返回参数放置到 varargout 数组中。

默认情况下，该函数体内只包含一条语句：

```
varargout{1} = handles.output;
```

该语句的作用是将在 OpeningFcn 中保存到 handles 结构的图形窗口 figure 的句柄值作为第 1 个输出参数放置到 varargout 数组中。因此，当用户调用由 GUIDE 生成的某一图形用户界面程序时，默认情况下得到的是"图形窗口 figure 的句柄"。

当然，用户也可以修改 OutputFcn 函数体内的代码，将更多的输出参数放置到 varargout 中。例如，输出变量 out1、out2、…：

```
varargout{1} = handles.output;
varargout{2} = out1;
varargout{3} = out2;
…
```

（6）各控件的回调函数部分

默认情况下，MATLAB 会添加各用户界面控件的 CreateFcn 回调函数，用户可以在该函数体内添加代码，设置该控件的一些属性值，如修改背景颜色，等。

此外，用户还可以手工添加界面窗口及控件的其他回调函数。例如，可以添加在图形窗口中对鼠标进行控制的回调函数：WindowButtonDownFcn、WindowButtonMotionFcn、WindowButtonUpFcn，等。当用户在图形窗口中单击或移动鼠标时，这些回调函数将由 MATLAB 自动调用。

5.5.3　GUIDE 创建的 GUI 中的数据管理

在利用 GUIDE 创建图形用户界面程序时，MATLAB 会在程序中自动创建并维护一个称为 handles 的"句柄结构"。从示例程序 ex53_1 中可以看到，handles 结构被包含在各个子函数的输入参数中。

handles 之所以被称为句柄结构，是因为它是一个结构体（struct），其中包含了图形窗口 figure 及其上所有控件的句柄值。示例程序 ex53_1 中的 handles 结构存储的数据如图 5.5-4 所示。

需要特别说明的是，在 MATLAB R2014b 版本之前，所有控件的句柄值是 double 类型的数值；从 MATLAB R2014b 版本之后，图形句柄变更为对象，而不是之前版本中的 double 类型的数值，无法以数值的方式使用图形句柄。从图 5.5-4 可以看出，handles 句柄结构中的如 figure1 等的值是以对象的形式来表示。

其中的 figure1、popupmenu1、text1、axes1 是图形窗口、弹出式菜单、静态文本和坐标轴的

Tag 属性值；hplot 和 output 是用户添加的保存到 handles 结构中的数据。利用 handles 结构，用户可以方便地利用"点标记法"来访问图形窗口及其上的各个控件，各控件句柄的访问方式为 handles. Tag，如：handles. figure1、handles. axes1 等。

　　每一个 GUI 的 handles 结构本身都和该 GUI 的 figure 相关联，用户可以调用 guidata 命令来适时更新 handles 结构。例如，下面的代码将 myvalue 的数值保存到 handles 结构中：

```
myvalue = 10;
handles. newvalue = myvalue;
% 更新 handles 结构，hObject 可以是 figure 或其上控件的句柄。该句不可遗漏
guidata(hObject,handles);
```

代码执行后，handles 结构被更新，如图 5.5 - 5 所示。

```
handles:
        figure1: [1x1 Figure]
    popupmenu1: [1x1 UIControl]
        text1: [1x1 UIControl]
        axes1: [1x1 Axes]
```

图 5.5 - 4　handles 句柄结构

```
handles:
        figure1: [1x1 Figure]
    popupmenu1: [1x1 UIControl]
        text1: [1x1 UIControl]
        axes1: [1x1 Axes]
        hplot: [1x1 Line]
     newvalue: 10
```

图 5.5 - 5　更新后的 handles 结构

可见，在 handles 结构中增加了一个新字段 newvalue，其值为 10。

5.5.4　利用 GUIDE 创建图形用户界面

利用 GUIDE 来创建图形用户界面包含如下 4 个步骤：

① 打开 GUIDE 的 Layout Editor，用鼠标将所需控件拖动到布局区的合适位置，并利用对齐工具等将各个控件对齐；打开属性编辑器，修改各控件的属性值。

② 将界面布局保存到 FIG 文件。

③ 为各控件添加回调函数，在 M 文件的各回调函数内添加合适的处理代码。

④ 保存 M 文件。

【例 5.5 - 1】　将例 5.4 - 16 中最终完成的 GUI 界面利用 GUIDE 来创建(见 ex55_1. m 和 ex55_1. fig)。程序界面如图 5.5 - 6 所示。

① 用鼠标将各控件拖动到布局区的合适位置，并拖动各控件的右下角以改变其大小。

② 修改各控件的属性值。其中，Axes 控件的 Tag 属性值为"axes1"；Button Group 控件的 Title 属性值为"栅格控制"，Tag 属性值为"uipanel1"；两个单选按钮的 Tag 属性值分别为"radiobutton1"和"radiobutton2"；"曲线颜色"静态文本的 Tag 属性值为"text1"，"曲线线型"静态文本的 Tag 属性值为"text2"；Listbox 控件的 Tag 属性值为"listbox1"，String 属性值为"{'r';'g';'b'}"；Pop - up Menu 控件的 Tag 属性值为 popupmenu1，String 属性值为"{'-';'--';':';'-. ';'none'}"。

③ 利用"菜单编辑工具"创建菜单，如图 5.5 - 7 所示。菜单项的 Label 属性分别为"红色""绿色"和"蓝色"，Tag 属性值分别为"menu_red""menu_green"和"menu_blue"，并设置"绿色"菜单项的 Accelerator 为"Ctrl＋B"。单击 Callback 右边的"View"按钮，可自动添加相应菜单项的 Callback 回调函数。

④ 利用"工具条编辑工具"创建工具条，在其上创建双位按钮，如图 5.5 - 8 所示。

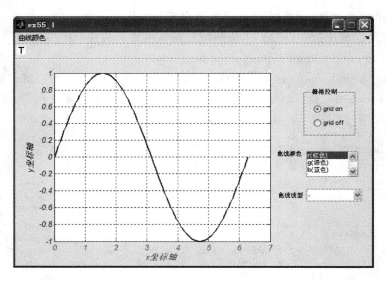

图 5.5 - 6　例 5.5 - 1 的界面

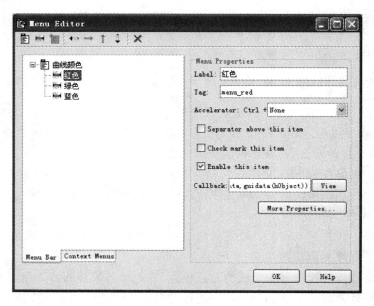

图 5.5 - 7　利用菜单编辑器创建下拉菜单

　　双位按钮的 Tag 属性值为"uitoggletool1"，Tooltip String 属性值为"栅格控制"；单击 Off Callback 和 On Callback 标签右边的"View"按钮，可自动添加其 OffCallback 和 OnCallback 回调函数。

　　⑤ 在界面上的 Button Group 控件、Listbox 控件和 Pop - up Menu 控件上单击鼠标右键，在弹出的菜单中选择"View Callbacks"下的菜单项，可分别添加相应的回调函数，如图 5.5 - 9 所示。Button Group 控件的回调函数为"SelectionChangeFcn"；Listbox 控件和 Pop - up Menu 控件的回调函数为"Callback"。

　　⑥ 在 M 文件的相应函数内添加合适的代码，实现程序的功能。

　　a）在 ex55_1_OpeningFcn 函数内添加初始化代码，在坐标轴内绘制曲线。

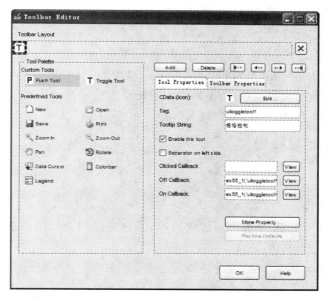

图 5.5 - 8 利用工具条编辑工具创建工具条

图 5.5 - 9 为控件添加回调函数

```
% 初始化绘图数据
x = 0:pi/50:2 * pi;
y = sin(x);
% 指定当前坐标轴
axes(handles.axes1);
% 绘制图形,将线条对象的句柄保存到 handles 句柄结构中
handles.plot = plot(x,y,'b','linewidth',1.5);
% 设置坐标轴的文本为倾斜,x 轴的颜色为红色
set(gca,'fontangle','italic','xcolor',[1 0 0]);
% 打开栅格
```

```
grid on
% 给 x 和 y 轴添加标签
xlabel('x 坐标轴');
ylabel('y 坐标轴');
```

b）在 uipanel1_SelectionChangeFcn 函数中添加代码，当 Button Group 控件中的单选按钮被选中时，该函数内的代码被执行，坐标轴中的栅格线被打开和关闭。

```
tag = get(eventdata.NewValue,'Tag');
switch tag
    case 'radiobutton1'
        set(handles.axes1,'xgrid','on','ygrid','on');
    case 'radiobutton2'
        set(handles.axes1,'xgrid','off','ygrid','off');
end
```

c）在 listbox1_Callback 函数中添加代码，当用户选择列表框中的选项时，该函数中的代码被执行，曲线的颜色被更改。

```
value = get(hObject,'value');
switch value
    case 1
        set(handles.plot,'color','r');
    case 2
        set(handles.plot,'color','g');
    case 3
        set(handles.plot,'color','b');
end
```

d）在 popupmenu1_Callback 函数中添加代码，当 Pop-up Menu 控件中的选项选中时，该函数内的代码被执行，曲线的线型被更改。

```
value = get(hObject,'value');
switch value
    case 1
        set(handles.plot,'linestyle','-','marker','none');
    case 2
        set(handles.plot,'linestyle','--','marker','none');
    case 3
        set(handles.plot,'linestyle',':','marker','none');
    case 4
        set(handles.plot,'linestyle','-.','marker','none');
    case 5
        set(handles.plot,'linestyle','none','marker','none');
end
```

e）在下拉菜单项的回调函数内添加代码。

```
function menu_red_Callback(hObject, eventdata, handles)
set(handles.plot,'color','r');

function menu_green_Callback(hObject, eventdata, handles)
set(handles.plot,'color','g');

function menu_blue_Callback(hObject, eventdata, handles)
set(handles.plot,'color','b');
```

f）在工具按钮的回调函数内添加代码。

若您对此书内容有任何疑问，可以登录MATLAB中文论坛与作者和同行交流。

```
function uitoggletool1_OffCallback(hObject, eventdata, handles)
set(handles.axes1,'xgrid','off','ygrid','off');

function uitoggletool1_OnCallback(hObject, eventdata, handles)
set(handles.axes1,'xgrid','on','ygrid','on');
```

至此,整个 GUI 界面的创建工作全部完成。

从示例程序可见,handles 句柄结构在参数传递方面起了非常重要的作用,使用也非常方便,用户可在实际编程工作中慢慢体会。

5.6　典型案例介绍

上述 5.1~5.5 节详细介绍了图形对象的概念及其常用属性和方法、两种不同的 GUI 编程方法,本节将介绍几个典型案例。

5.6.1　基于列表控件的图片浏览器

1. 案例背景

MATLAB 为用户开发 GUI 程序提供了一个高效集成的编程环境:MATLAB 图形用户界面开发环境 GUIDE。GUIDE 中包含所有能在 GUI 中使用的用户界面控件,如按钮控件、复选框、编辑框、静态文本、列表框、弹出式菜单等。利用 GUIDE,用户可以方便地完成 GUI 程序的开发。

列表框(Listbox)是在 MATLAB 编程中使用比较多的控件,通常用于显示多个条目,并在其中选择指定的条目进行相应的操作。例如,在 MATLAB 程序中获取计算机硬盘上某一个文件夹中的某一类文件,然后在列表框中直观地显示文件名称。如果用户选定其中的某一个文件,可以调用相应的处理程序对文件进行操作等。

列表框有两个属性:Max 和 Min,它们用来控制列表框中条目的选择状态。Max 和 Min 的初始值分别为 1.0 和 0.0,表示每次只允许用户选择控件中的一个条目。用户可以修改 Max 和 Min 的属性值,如果 Max−Min>1,则允许用户一次选择多个条目;如果 Max−Min≤1,则只允许用户一次选择一个条目,如图 5.6−1 和图 5.6−2 所示。

列表框的"Value"属性值用来标识被选中的条目在列表框中的序号,列表框中条目的序号从上至下依次标记为 1、2、3、… 如果是单选状态,Value 的值是一个标量;如果是多选状态,Value 的值是一个向量,其中包含所选条目的序号。

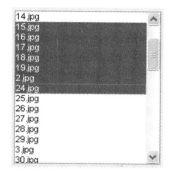

图 5.6−1　多选状态

图 5.6−2　单选状态

2. 编程要点

（1）获取计算机硬盘上指定文件夹下的所有图片文件

要实现浏览所有的图片文件,首先需要把计算机硬盘上指定文件夹下的所有图片文件信息读入 MATLAB 程序中。可以利用 MATLAB 提供的 ls 和 dir 函数来实现。

这两个函数的调用方法如下:

1) ls 函数

ls 函数返回一个 $m \times n$ 的 char 类型的数组,m 代表文件的个数,n 代表文件中的最长文件名的字符数。文件名少于 n 个字符的,在末尾用空格补齐。下面举例说明 ls 函数的用法。

列出 MATLAB 当前目录下的所有 M 文件:

```
>> filename = ls('*.m'); %通配符*代表要列出所有文件,.m是文件的扩展名
filename =
ginput.m
scoretongji.m
test.m
test1.m
```

列出"C:\Users\Default\Pictures"目录下的所有.jpg 格式的图片文件:

```
filename = ls(' C:\Users\Default\Pictures \ *.jpg');
```

取得 filename 中保存的文件的数目:

```
%filename 为 m×n 的数组,参数1代表取得数组的行数
number_of_files = size(filename,1);
```

取得 filename 中第 1 个文件的名称:

```
fileii = filename(1,:);
```

2) dir 函数

函数的用法为:

```
files = dir('dirname');
```

如果 dirname 为指定的文件夹,则 dir 返回的是 dirname 文件夹中的所有文件夹和所有文件。files 是一个 $m \times 1$ 的结构体,包含文件的所有信息。该结构体所包含的字段如表 5.6 - 1 所列。

表 5.6 - 1　dir 函数返回值的结构

字段名	字段含义
name	文件名,如 mygui7
date	文件最后修改的日期,如 04 - 一月 - 2010 11:24:28
bytes	文件的大小,如 4376
isdir	1 表示是文件夹;0 表示是文件
datenum	以秒数表示的修改的日期,如 734142.475324074

下面举例说明 dir 函数的用法。

列出"C:\Users\Default\Pictures"目录下的所有.jpg 格式的图片文件:

```
filename = dir(' C:\Users\Default\Pictures\ *.jpg');
```

取得 filename 中保存的文件的数目:

```
number_of_files = length(filename); %filename 为 m×1 的结构体
```

取得 filename 中第 ii 个文件的名称:

```
fileii = filename(ii).name;
```

（2）取得列表框中的选中条目

程序如下：

```
str = get(h,'string'); % 取得控件中的所有条目,str 是 N×1 的 cell 数组
value = get(h,'value'); % 取得所选条目的序号,是 1×n 的数组
% 取得所选条目的字符串,selected_str 是 1×n 的 cell 数组
selected_str = str(value(:));
```

（3）删除列表框中的选中条目

程序如下：

```
str = get(h,'string'); % 取得控件中的所有条目
value = get(h,'value'); % 取得所选条目的序号
str(value(:)) = []; % 把指定条目的字符串设置为[],即可删除所选的条目
% 重新设置显示的条目,并设置第一个条目为选中状态
set(h,'string',str,'value',1);
```

注意： 使用 Listbox 控件时,必须同时正确地设置其 String 和 Value 的属性值,否则,有可能在使用时出现下面的错误：

Warning: single – selection listbox control requires that Value be an integer within String range. Control will not be rendered until all of its parameter values are valid. 并且导致控件无法在程序界面上显示。

这种错误是由于列表框的 Value 值超出了列表条目的数目而导致的。例如：首先把 10 个条目赋给列表框,并选中最后的条目进行处理,这时列表控件的 Value 属性值即为 10；然后再把另外的 5 个条目赋给列表框,且未设置其 Value 属性值,就会出现上述错误。

3. MATLAB 实现

程序的界面如图 5.6 – 3 所示。界面上包含 edit 控件、listbox 控件、两个 pushbutton 控件和一个 axes 控件。load pictures 按钮用来导入图片,edit 控件用来显示图片文件所在的文件夹,listbox 控件用来显示文件夹中的所有图片文件,delete items 按钮用来删除列表中的所选条目。图片文件加载后,双击列表中的图片名称,可以显示图片的内容以及图片的名称。

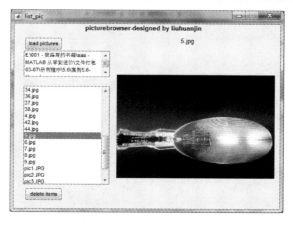

图 5.6 – 3　使用列表控件制作图片浏览器

（1）在 load pictures 按钮的 Callback 中加入代码,载入图片文件

```
% 调用打开文件对话框,定位图片所在的文件夹
[filename,pathname,filterspec] = uigetfile({'* .bmp; * .jpg;
* .gif','( * .bmp; * .jpg; * .gif)';'* .bmp','( * .bmp)';'* .jpg',...
```

```
'(*.jpg)';'*.gif','(*.gif)';},'载入图片');
% 如果用户没有选择图片,则 filename、pathname 和 filterspec 的值均为 0,通
% 过判断它们的值,可以避免误操作
if filename~ = 0
% 定义一个 cell 数组,用来存放得到的图片文件的名字
filename = {};
% 得到所有.jpg 格式的文件
filename1 = ls([pathname '*jpg']);
% 得到所有.bmp 格式的文件
filename2 = ls([pathname '*bmp']);
% 得到所有.gif 格式的文件
filename3 = ls([pathname '*gif']);
% 调用 cellstr 函数,将字符串数组转换为 cell 数组
filename = [filename;cellstr(filename1)];
filename = [filename;cellstr(filename2)];
filename = [filename;cellstr(filename3)];
% 在 edit1 控件中显示图片所在的文件夹
set(handles.edit1,'string',pathname);
% 设置列表框的值
set(handles.listbox1,'string',filename,'value',1);
set(handles.textfilename,'string',filename{1});
% 读取 filename 数组中的第一幅图片,并在坐标轴中显示
data = imread([pathname filename{1}]);
axes(handles.axes1);
imshow(data);
end
```

如上面所介绍的,ls 函数返回一个 $m \times n$ 的字符串数组,包含所在文件夹中的图片文件名。文件名的长度很可能不一致,文件名少于 n 个字符的,MATLAB 自动用空格来补齐。为了便于文件名的检索和引用,调用 cellstr 函数将字符串数组转换为 cell 数组,以去掉其后的空格字符。

cellstr 函数的调用格式为:

```
c = cellstr(S);
```

例如:

```
>> filename = ls('*.jpg');
filename =
ilovematlab.jpg
ilovematlab1.jpg
>> whos filename
  Name          Size        Bytes     Class     Attributes
  filename      2x16         64        char
% 将 filename 转换为 cell 数组
>> value = cellstr(filename);
value =
    'ilovematlab.jpg'
    'ilovematlab1.jpg'
```

如果想将 cell 数组转换为字符串数组,可以调用 char 函数。接上例:

```
>> char(value)
ans =
ilovematlab.jpg
ilovematlab1.jpg
```

```
>> whos ans
  Name      Size          Bytes  Class     Attributes
  ans       2x16             64  char
```

（2）在 Listbox 控件的 callback 中加入代码，以实现选择图片时在坐标轴中可显示图片

```
% 双击鼠标左键表示列表框中的条目被选中
if strcmp(get(handles.figure1,'selectiontype'),'open')
% 读取列表控件的值
value = get(hObject,'value');
% 读取列表控件包含的所有字符串
str = get(hObject,'string');
% 取得选中的条目的字符串，即图片文件的名称
filename = str{value};
% 判断列表框中是否有条目被选中
    if ~isempty(filename)
        set(handles.textfilename,'string',filename);
        pathname = get(handles.edit1,'string');
        % 读取图片并显示
        data = imread([pathname filename]);
        axes(handles.axes1);
        imshow(data);
    end
end
```

（3）在 delete items 按钮的 callback 中加入删除列表条目的代码

```
value = get(handles.listbox1,'value');
str = get(handles.listbox1,'string');
% 删除选定的条目
str(value(:)) = [];
% 重新设置列表框中的内容
set(handles.listbox1,'string',str,'value',1);
```

5.6.2　在 GUI 中对鼠标进行控制

1. 案例背景

通过鼠标对 MATLAB 的图形用户界面程序进行操作是常用的手段。当用户在窗口内触发了鼠标事件，如按下或释放一个鼠标键、双击鼠标键、移动鼠标等，常常希望程序能够处理这些鼠标事件，如在窗口内绘制图形、拖动对象等。MATLAB 为处理鼠标的输入预留了"接口"，这些"接口"包含在 figure 对象的属性中。

2. 编程要点

为了响应鼠标事件，MATLAB 在 figure 的属性中设置了 WindowButtonDownFcn、WindowButtonMotionFcn、WindowButtonUpFcn、WindowScrollWheelFcn 这 4 个属性。在命令窗口中输入命令 set(gcf)，或者在 GUIDE 环境下在 figure 区域内单击鼠标右键，都可以看到这些函数，见下述代码和图 5.6-4。

```
>> set(gcf)
...
WindowButtonDownFcn: string - or - function handle - or - cell array
WindowButtonMotionFcn: string - or - function handle - or - cell array
WindowButtonUpFcn: string - or - function handle - or - cell array
WindowScrollWheelFcn: string - or - function handle - or - cell array
...
```

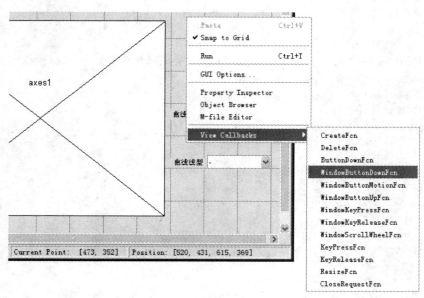

图 5.6 - 4　figure 中对鼠标操作的回调函数

　　其中，WindowButtonDownFcn 和 WindowButtonUpFcn 用来响应鼠标按键按下和弹起事件；WindowButtonMotionFcn 用来响应鼠标移动事件；WindowScrollWheelFcn 响应鼠标滚轮滚动事件。用户在编程时，只要设置了 figure 的这几个属性值，就可以实现对鼠标输入操作的控制。

　　（1）取得鼠标指针当前位置的坐标

　　如表 5.4 - 2 所列，figure 的 CurrentPoint 属性值存储了鼠标指针最后一次按下时的位置。如果用户想取得鼠标指针的当前位置，可以通过如下方式实现：

　　1) pos = get(gcf,'CurrentPoint');

　　取得鼠标指针在 figure 中的当前位置，pos 是 $1×2$ 的数组，pos(1) 是鼠标指针所在位置的横坐标，pos(2) 是鼠标指针所在位置的纵坐标。这个横纵坐标是相对于 figure 的左下角而言的，坐标值的单位和 figure 的 Units 属性值是一致的。

　　2) pos = get(gca,'CurrentPoint');

　　取得鼠标指针在当前坐标轴中的位置。坐标轴的 CurrentPoint 属性值为鼠标最后一次在坐标轴中按下时指针的位置（见表 5.4 - 3 坐标轴对象常用属性和方法），其形式为 $\begin{bmatrix} x_{front} , y_{front} , z_{front} \\ x_{back} , y_{back} , z_{back} \end{bmatrix}$，它定义了从坐标空间前面延伸到后面的一条三维直线，pos 是 $2×3$ 的数组。对于二维坐标轴，pos(1) 是鼠标指针在坐标轴中的横坐标，pos(3) 是鼠标指针在坐标轴中的纵坐标。横纵坐标的范围为坐标轴的 XLim 和 YLim 属性值。

　　（2）区分按下的是鼠标左键、右键、中间键还是鼠标双击

　　figure 对象的"SelectionType"属性值可以被设置为：normal、extend、alt 或 open。MATLAB 自动维护这个属性值，提供在 figure 窗口中按下鼠标按键时的信息。

　　normal：表示按下鼠标左键。

　　extend：表示按下 shift＋鼠标左键或同时按下鼠标左右键。

　　alt：表示按下 Ctrl＋鼠标左键，或者按下鼠标右键，或者鼠标中间键。

open:表示双击鼠标按键。

在图形窗口内按下鼠标按键时,可以通过查询 figure 对象的 SelectionType 属性来判断按下的是左键、右键、中间键还是双击鼠标按键。

下面的示例代码用来判断鼠标按键信息,并使用信息框给出提示信息:

```
if strcmp(get(gcf,'SelectionType'),'normal')
msgbox(' 按下了鼠标左键 ');
elseif strcmp(get(gcf,'SelectionType'),'alt')
msgbox(' 按下了鼠标右键 ');
elseif strcmp(get(gcf,'SelectionType'),'extend')
msgbox(' 按下了鼠标中间键 ');
elseif strcmp(get(gcf,'SelectionType'),'open')
msgbox(' 鼠标双击操作 ');
end
```

3. MATLAB 实现

创建一图形窗口,在其上创建坐标轴对象,定义 figure 的 WindowButtonDownFcn、WindowButtonMotionFcn 和 WindowButtonUpFcn 属性,用来处理鼠标事件。用户在绘图区域内按下鼠标左键并移动鼠标,将绘制曲线;用户抬起鼠标左键,绘图结束;单击鼠标右键,将清除绘制的图形。同时,该例还演示了对鼠标左右键的区分。

```
function ex56_2
% 创建图形窗口,去掉标准的菜单栏和工具条
s.hf = figure('name',' 获得鼠标输入 ',...
    'numbertitle','off',...
    'tag','figure1',...
    'menubar','none',...
    'toolbar','none',...
    'units','normalized',...
    'position',[0.3 0.3 0.4 0.3]);
% 创建坐标轴
s.haxes = axes('parent',s.hf,...
    'units','normalized',...
    'position',[0.1 0.1 0.8 0.8],...
    'XTick',[],...
    'YTick',[],...
    'Box','on');
% 设置 figure 的 WindowButtonDownFcn 属性、WindowButtonMotionFcn 属性
% 以及 WindowButtonUpFcn 属性
set(s.hf,'WindowButtonDownFcn',@my_windowbuttondownfcn);
set(s.hf,'WindowButtonMotionFcn',@my_windowbuttonmotionfcn);
set(s.hf,'WindowButtonUpFcn',@my_windowbuttonUpfcn);
% 定义一个绘图标志,其值为 1 表示可以绘图,为 0 表示不能绘图
global draw_enable
draw_enable = 0;

function my_windowbuttondownfcn(hobj,event)
global draw_enable;
global x;
global y;
% 如果 figure 的 selectiontype 属性值为 normal,则表示单击鼠标左键
% 将绘图标志设置为 1,开始绘图
if strcmp(get(hobj,'SelectionType'),'normal')
```

187

```
    draw_enable = 1;
    p = get(gca,'currentpoint');
    x(1) = p(1);
    y(1) = p(3);
    x(2) = p(1);
    y(2) = p(3);
    Animatedline(x,y);
% 如果 figure 的 selectiontype 属性值为 alt,则表示单击鼠标右键
% 清除以前绘制的图形
elseif strcmp(get(hobj,'SelectionType'),'alt')
    cla;
end

function my_windowbuttonmotionfcn(hobj,event)
global draw_enable;
global x;
global y;
p = get(gca,'currentpoint');
% 如果绘图标志 draw_enable == 1,则表示按下鼠标左键,允许绘图
if draw_enable == 1
% 鼠标移动时,随时更新所绘线条的起止端点坐标
    x(1) = x(2);
    y(1) = y(2);
    x(2) = p(1);
    y(2) = p(3);
    Animatedline(x,y);
end

function my_windowbuttonUpfcn(hobj,event)
% 松开鼠标按键,将绘图标志设置为 0,当在绘图区域内移动鼠标时,将不会绘图
global draw_enable
draw_enable = 0;
```

程序运行结果如图 5.6-5 所示。

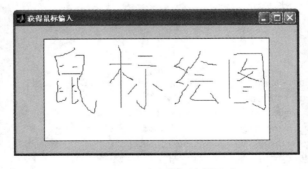

图 5.6-5　利用鼠标绘制图形

5.6.3　实现同一 GUI 内的不同控件之间的数据传递

1. 案例背景

对于包含多个控件的图形用户界面程序来说,常常需要在不同控件之间进行数据传递。例如,在编辑控件中输入数据后,单击按钮,得到编辑控件中输入的数据,然后用于绘图等。因此,掌握不同控件之间数据传递的方法就显得尤为重要。

2. 编程要点

在同一图形用户界面程序的不同控件之间传递数据,可以有下列多种方法。

(1) 利用全局变量(global)进行数据传递

只要将变量定义为全局变量,所有的 MATLAB 函数都可以对这些全局变量进行调用和修改。因此,定义全局变量是不同控件之间传递数据的一种简便方法。

要把变量定义为全局变量,只需调用 global 命令即可。global 命令的调用格式如下:

global X Y Z

其中,X、Y、Z 为要定义的全局变量。可以同时定义多个全局变量,变量的个数没有限制。

在引用全局变量时,需要事先调用 global 命令来声明全局变量,然后才能调用。例如:

```
% 定义全局变量
global X Y Z
X = 10;Y = 20;Z = 30;
% 使用全局变量
global X Y Z
A = X;B = Y;C = Z;
disp(X);
disp(Y);
disp(Z);
```

(2) 通过 handles 结构进行数据传递

在利用 GUIDE 创建图形用户界面时,MATLAB 自动生成并维护一个句柄结构——handles。handles 结构用作各个控件的回调函数的输入参数。除了用于保存 figure 以及控件的句柄外,handles 结构还可以保存用户要传递的数据,以实现在不同控件之间传递数据。例如:

```
% 在控件的回调函数中将数据保存到 handles 结构中
handles.value1 = 10;
handles.value2 = 20;
guidata(hObject,handles);
% 在控件的回调函数中引用 handles 结构中保存的数据
value1 = handles.value1;
value2 = handles.value2;
disp(value1);
disp(value2);
```

注意: 常见的问题是:在 handles 结构中存储了新的变量后,没有调用 guidata 函数来对 handles 结构进行更新,导致在其他的函数中访问该变量时出现形如“??? Reference to non - existent field 'var'.”的错误。

在 figure 的任一个控件的回调函数内,必须按照如下方式更改 handles 结构:

```
handles.var1 = var1;handles.var2 = var2;…;
% 必须调用 guidata 函数来更新 handles 结构
guidata(hObject,handles);
```

(3) 利用 setappdata 和 getappdata 函数进行数据传递

在 MATLAB 中,应用程序数据(application data)允许用户为某一对象设置用户自定义的属性,这个对象通常是应用程序的 figure 对象,当然也可以是其他的对象。因此,可以利用应用程序数据来在不同控件之间传递数据。

若您对此书内容有任何疑问,可以登录MATLAB中文论坛与作者和同行交流。

对应用程序数据进行操作的函数有：

1）setappdata：用来指定应用程序数据的名称和数值。函数的调用格式为：

```
setappdata(h,'name',value);
```

其中，h 为 figure 或 figure 内任一控件的句柄；name 和 value 分别为应用程序数据的名称和数值。value 可以为任意类型的数据，下同。

2）getappdata：用来取得应用程序数据。函数的调用格式为：

```
value = getappdata(h,name); % 用来取得指定名称(name)的应用程序数据
values = getappdata(h); % 用来取得与对象的句柄 h 相关联的所有的应用程序数据
```

3）rmappdata（Remove application – defined data）用来删除应用程序数据。其原型定义为：

```
rmappdata(h,name);
```

（4）利用 figure 或控件的 UserData 属性来传递数据

每个 figure 和控件对象都有一个 UserData 属性，用户可以在程序中设定其属性值，从而实现不同控件之间数据的传递。例如：

```
value = 10;
% 设置 figure 的 UserData 属性值
set(handles.figure1,'userdata',value);
% 取得 figure 的 UserData 属性值
value1 = get(handles.figure1,'userdata');
```

注意：利用 figure 和控件对象的"UserData"属性，用户每次只能设置一个要传递的数据。

（5）利用 save 和 load 函数来传递数据

MATLAB 提供了 save 函数，用来把数据写入二进制的 MAT 文件中；load 函数用来读取 MAT 文件中的数据。利用这两个函数也可以实现数据的传递。

两个函数的调用格式为：

```
save('filename','var1','var2',...); % filename 为 MAT 文件名，var1,var2,… 为要保存的变量
S = load(filename); % S 是一个结构体，包含读取的变量值
```

3. MATLAB 实现

（1）利用全局（global）变量进行数据传递

将变量定义为 global 以进行数据传递。

1）在 edit1 的 Callback 中加入代码：

```
% 声明 edit1_value 为全局变量
global edit1_value
% 取得 edit1 中输入的数据，赋值给全局变量 edit1_value
edit1_value = get(hObject,'string');
```

2）在 pushbutton1 的 Callback 中加入代码：

```
% 首先声明 edit1_value 为全局变量
global edit1_value
% 引用全局变量的值，在 edit2 中显示
set(handles.edit2,'string',edit1_value);
```

用户在 edit1 中输入数据，单击"传递"按钮，输入的数据在 edit2 中显示，如图 5.6 – 6 所示。

（2）利用 handles 结构进行数据传递

结合上述的例子,使用 handles 结构来传递数据。

1）在 edit1 的 Callback 中加入如下代码：

```
% 取得 edit1 中输入的数据
edit1_value = get(hObject,'string');
% 把数据保存到 handles 结构中
handles.edit1_value = edit1_value;
% 必须更新 handles 结构
guidata(hObject,handles);
```

2）在 pushbutton1 的 Callback 中加入如下代码：

```
% 取得 edit1_value 的数据
edit1_value = handles.edit1_value;
% 在 edit2 中显示
set(handles.edit2,'string',edit1_value);
```

程序运行的结果如图 5.6－7 所示。

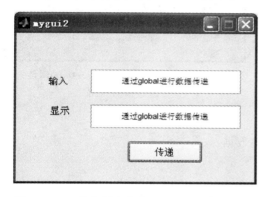

图 5.6－6　将变量定义为 global 进行数据传递

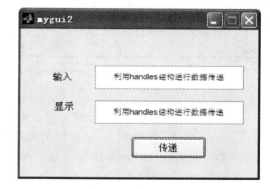

图 5.6－7　利用 handles 结构传递数据

（3）利用 setappdata 和 getappdata 函数进行数据传递

结合上述的例子,利用 setappdata 和 getappdata 来传递数据。

1）在 edit1 的 Callback 中加入如下代码：

```
% 取得 edit1 中输入的数据
edit1_value = get(hObject,'string');
% 设置应用程序数据名称为 mydata,数值为 edit1_value 的数值。
setappdata(handles.figure1,'mydata',edit1_value);
```

2）在 pushbutton1 的 Callback 中加入如下代码：

```
% 取得 mydata 的数据
edit1_value = getappdata(handles.figure1,'mydata');
% 在 edit2 中显示
set(handles.edit2,'string',edit1_value);
```

程序运行的结果如图 5.6－8 所示。

（4）利用 figure 或控件的 UserData 属性进行数据传递

以 mygui2 为例,利用 UserData 属性来传递数据。

1）在 edit1 的 Callback 中加入如下代码：

```
% 取得 edit1 中输入的数据
edit1_value = get(hObject,'string');
```

若您对此书内容有任何疑问，可以登录 MATLAB 中文论坛与作者和同行交流。

```
% 设置 figure1 的 UserData 属性值为 edit1_value 的值
set(handles.figure1,'UserData',edit1_value);
```

2）在 pushbutton1 的 Callback 中加入如下代码：

```
% 取得 figure1 的 UserData 属性值
edit1_value = get(handles.figure1,'UserData');
% 在 edit2 中显示
set(handles.edit2,'string',edit1_value);
```

程序运行的结果如图 5.6 - 9 所示。

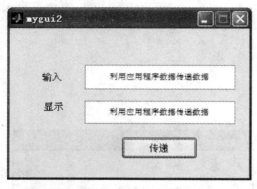

图 5.6 - 8　利用 setappdata 和 getappdata
　　　　　　传递数据

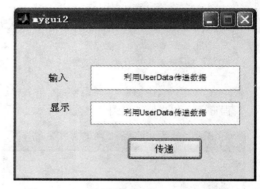

图 5.6 - 9　利用 figure 的 UserData 属性来
　　　　　　传递数据的界面

（5）利用 save 和 load 函数来传递数据

以 mygui2 为例，利用 save 和 load 函数来传递数据。

1）在 edit1 的 Callback 中加入如下代码：

```
% 取得 edit1 中输入的数据
edit1_value = get(hObject,'string');
% 保存数据到 myfile.mat 文件中
save('myfile.mat','edit1_value');
```

2）在 pushbutton1 的 Callback 中加入如下代码：

```
% 读取 myfile.mat 中保存的数据
S = load('myfile.mat');
% 在 edit2 中显示
set(handles.edit2,'string',S.edit1_value);
```

程序运行的结果如图 5.6 - 10 所示。

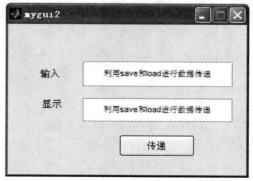

图 5.6 - 10　利用 save 和 load 进行数据传递的界面

5.6.4　实现不同 GUI 之间的数据传递

1. 案例背景

不同的 GUI 程序之间的互相调用和数据传递是程序设计中经常遇到的问题,例如,在主程序的界面中单击按钮,弹出一个对话框,要求用户输入数据,并把数据传递给主程序进行处理。这就涉及不同程序之间的数据传递问题。

掌握不同 GUI 程序之间的数据传递方法,有助于用户设计出具有丰富的图形用户界面的程序,能实现复杂的功能。

2. 编程要点

有多种方法可以实现不同的 GUI 之间数据的传递。

(1) 利用全局(global)变量进行数据传递

全局变量的定义和使用见 5.6.3 节。

(2) 利用程序的输入/输出参数进行数据传递

因为利用 GUIDE 创建的每一个程序的 M 文件其实是一个函数文件,因此,在程序中可以像调用一般的函数一样调用程序的 M 文件,并在输入和输出参数中完成数据的传递。

GUIDE 创建的 GUI 程序,其 M 文件的开头有如下语句:

```
function varargout = test(varargin)
```

其中,varargin 和 varargout 结构分别作为函数的输入参数和输出参数。

varargin(variable length input argument list)和 varargout(variable length output argument list)都是可变长度的元胞数组,是 MATLAB 预定义的专用参数,可以分别用来存储函数的输入参数和输出参数。它们在函数的输入和输出参数个数不确定的情况下使用,即可以应用到可变输入输出参数的函数中。

利用 varargin 和 varargout 可以传递任意数目的输入参数和输出参数。函数被调用时,MATLAB 使用 varargin{1}来接收函数的第一个输入值,用 varargin{2}来接收函数的第二个输入值;依此类推。同时,MATLAB 使用 varargout{1}来接收第一个返回值,用 varargout{2}来接收第二个返回值;依此类推。

(3) 利用 setappdata 和 getappdata 函数进行数据传递

利用这两个函数也可以实现在不同 GUI 程序之间传递数据。函数的使用方法见 5.6.3 节。

(4) 利用 save 和 load 函数进行数据传递

同样,利用 save 和 load 函数也可以实现在不同 GUI 程序之间传递数据。使用方法见 5.6.3 节。

(5) uiwait 和 uiresume 联合使用实现数据从子程序传回主程序

在上述(2)中介绍的利用函数的输入/输出参数来实现数据传递是从主程序向子程序传递数据。主程序调用子程序,并把要传递的数据以输入参数的形式传递给子程序,这时子程序不等用户进行任何操作便返回,并把子程序的 figure 的句柄传递给主程序。如果主程序调用子程序时,不希望子程序立即返回,而是希望用户在子程序中对数据进行处理后把处理结果返回给主程序,则需要采取另外的方法。

解决该问题的方法如下:在主程序调用子程序后,子程序不立即返回,而是等待用户操作完毕,把处理结果赋值给输出参数后才返回。可以利用 MATLAB 提供的两个函数 uiwait 和 uiresume 来实现这一功能。实现的步骤如下:

1) 在子程序的 OpeningFcn 函数的末尾加上 uiwait(handles. figure1);

figure1 是子程序的 figure 对象的 'Tag' 标记。程序运行到此便暂停继续运行,等待用户操作完成。

2) 在子程序的 OutputFcn 中设置要传递出去的数据。例如:

```
varargout{1} = par1;
varargout{2} = par2;
...
```

其中,par1、par2、… 包含要传递给主程序的数据。在 OutputFcn 函数的最后,调用 delete (handles. figure1)来关闭子程序界面并删除其 figure 对象。

3) 用户操作完毕,需要子程序返回时,调用 uiresume(handles. figure1),这时,程序会继续向下运行,调用 OutputFcn 函数,把数据传给主程序。

3. MATLAB 实现

(1) 利用全局(global)变量进行数据传递

建立 mygui3 和 mygui4 两个程序。程序界面上均有编辑控件和下压按钮控件两个控件,用来传递和显示数据。程序界面如图 5.6 - 11 和图 5.6 - 12 所示,数据传递的方法如下。

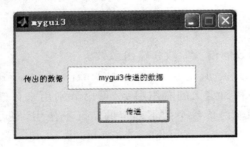

图 5.6 - 11　mygui3 界面

图 5.6 - 12　mygui4 界面

1) 在 mygui3 的 pushbutton1 的 Callback 中加入以下代码:

```
% 定义 transfData 为 global 类型
global transfData
% 取得 edit1 的输入值并赋值给 transfData
transfData = get(handles.edit1,'string');
% 调用 mygui4
mygui4();
```

2) 在 mygui4 的 pushbutton1 的 Callback 中加入以下代码:

```
% 先声明 transfData 为 global 类型,这一步是必需的
global transfData
% 引用 transfData 的值
if ~isempty(transfData)
set(handles.edit1,'string',transfData);
end
```

在 mygui3 的编辑框中输入数据后,单击"传递"按钮,则弹出 mygui4 的界面。单击"显示"按钮,在 mygui4 的编辑框中显示从 mygui3 传递过来的数据。

(2) 利用程序的输入/输出参数进行数据传递

仍以 mygui3 和 mygui4 为例。

1) 在 mygui3 的 pushbutton1 的 Callback 中加入以下代码:

```
% 取得 mygui3 的编辑框中的输入数据
value = get(handles.edit1,'string');
% 调用 mygui4,并将数据传给 mygui4
mygui4(value);
```

2) 在 mygui4 的 OpeningFcn 函数中加入如下代码:

```
% 取得输入参数的值,输入的数据保存在 varargin 中的第一个元胞中
varin = varargin{1};
handles.data = varin;
% 保存到 handles 结构中,供其他回调函数调用
guidata(hObject,handles)
```

3) 在 mygui4 的 pushbutton1 的 Callback 中加入以下代码:

```
% 从 handles 结构中取得保存的数据
value = handles.data;
% 在编辑框中显示
set(handles.edit1,'string',value);
```

(3) 利用 setappdata 和 getappdata 函数实现数据的传递

1) 在 mygui3 的 pushbutton1 的 Callback 中加入以下代码:

```
% 取得 mygui3 的编辑框中输入的数据
transferdata = get(handles.edit1,'string');
% 调用 setappdata 来设置与 mygui3 的 figure 相关联的应用程序数据,名称为
% mydata,数值为 transferdata 中存储的数据
setappdata(handles.figure1,'mydata',transferdata);
% 调用 mygui4,并把 mygui3 的 figure 的句柄传递给 mygui4
mygui4(handles.figure1);
```

2) 在 mygui4 的 OpenningFcn 函数中,保存传递过来的 mygui3 的 figure 的句柄。

```
varin2 = varargin{1};
% 向 handles 结构中添加域 gui3figure,其值为 mygui3 的 figure 的句柄
handles.gui3figure = varin2;
guidata(hObject,handles)
```

3) 在 mygui4 的显示按钮的 Callback 中取得与 mygui3 相关联的数据 mydata,并在编辑框中显示。

```
% 取得与 mygui3 相关联的应用程序数据 mydata
data = getappdata(handles.gui3figure,'mydata');
% 在编辑框中显示
set(handles.edit1,'string',data);
```

(4) 利用 save 和 load 函数实现数据的传递

1) 在 mygui3 的 pushbutton1 的 Callback 中加入以下代码:

```
value = get(handles.edit1,'string');
% 将 value 变量保存到 gui3data.mat 文件中
save('gui3data.mat','value');
mygui4();
```

2) 在 mygui4 的 pushbutton1 的 Callback 中加入以下代码:

```
% 调用 load 函数读取文件中的数据
data = load('gui3data.mat');
% 在编辑框中显示,注:data 是结构数组,data.value 为已存数据
set(handles.edit1,'string',data.value);
```

(5) uiwait 和 uiresume 联合使用实现数据从子程序传回主程序

若您对此书内容有任何疑问,可以登录MATLAB中文论坛与作者和同行交流。

创建程序 GUI1 和 GUI2，界面上分别有两个控件：一个按钮和一个编辑框。在 GUI1 的编辑框中输入数据，单击 gui1→gui2 按钮，程序调用 GUI2，把数据传递给 GUI2，并显示在 GUI2 的文本框中；同样，在 GUI2 的编辑框中输入数据，单击 GUI2→GUI1 按钮，则把 GUI2 的编辑框中的数据传递给 GUI1，并显示给 GUI2 的编辑框中。程序的运行界面如图 5.6-13、图 5.6-14 所示。

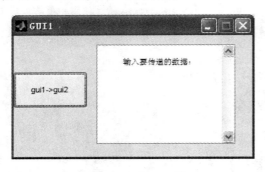

图 5.6-13　主 GUI 界面

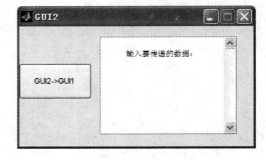

图 5.6-14　子 GUI 界面

1）在 GUI1 的按钮的 Callback 中加入如下代码。

```
% 取得编辑框中的数据
data = get(handles.edit1,'string');
% 调用 GUI2，传入数据 data，返回数据保存到 gui2_data 变量中
gui2_data = GUI2(data);
% 在 GUI1 的编辑框中显示返回的数据
set(handles.edit1,'string',gui2_data);
```

2）在 GUI2 的 OpeningFcn 中加入初始化代码，保存输入参数，并调用 uiwait 函数暂停程序的执行，等待用户操作完成。

```
% 判断是否有输入数据，防止误操作
if ~isempty(varargin)
% 取得输入数据，并显示到编辑框中
    data = varargin{1};
    set(handles.edit1,'string',data);
end
uiwait(handles.figure1);
```

3）在 GUI2 的按钮的 Callback 中加入代码，取得编辑框中的数据并保存到 handels 结构中。

```
data = get(handles.edit1,'string');
handles.gui2_data = data;
guidata(hObject,handles);
% 调用 uiresume 重新恢复程序的运行
uiresume(handles.figure1);
```

4）在 GUI2 的 OutputFcn 中加入代码，设置输出参数：

```
varargout{1} = handles.gui2_data;
delete(handles.figure1);
```

注意： 上面的示例代码是在两个程序之间传递一个数据，如果用户要传递多个数据，可以定义一个结构数组（struct array），把要传递的数据赋值给结构体中的各个结构域，即可实现多个数据的传递。

5.6.5　在 GUI 中控制 Simulink 仿真过程

1. 案例背景

Simulink 作为 MATLAB 的工具箱之一,是交互式动态系统建模、仿真和分析的图形系统,是进行基于模型的嵌入式系统开发的基础开发环境,它可以针对控制系统、信号处理以及通信系统等进行系统的建模、仿真和分析工作。

Simulink 环境下常用示波器(Floating Scope)来观察仿真的结果。在很多情况下,用户希望能通过 GUI 来控制仿真过程,并把仿真的结果显示在 GUI 上。

2. 编程要点

要实现在 GUI 程序中控制 Simulink 的仿真过程,用户需要遵循如下步骤:

① 在 Simulink 环境下建立模型文件,为模型中的每个模块设置合适的名称。

② 在 MATLAB 命令窗口中输入命令"simulink",或者选择 MATLAB 主窗口工具条中的 HOME 标签页,单击其中的"simulink Library"按钮,都可以打开"Simulink Library Browser"窗口,如图 5.6 - 15 所示。

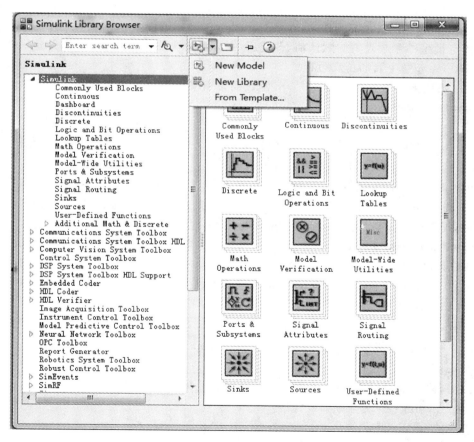

图 5.6 - 15　Simulink 库浏览器窗口

在图 5.6 - 15 中,单击"New Model"按钮,在下拉菜单中选择 New Model 菜单项;或者在 MATLAB 主窗口上方的工具栏中选择 HOME 标签页,单击"New"按钮,在下拉菜单中选择 Simulink Model 菜单项,都可以打开模型创建窗口,在其中可以创建 Simulink 模型。

③ 调用 open_system 函数打开模型文件。

open_system 用来打开 Simulink 系统窗口或仿真模块对话框。其最简单和最常用的两种调用格式为：

open_system('sys');

打开指定的系统窗口或子系统窗口。"sys"是在 MATLAB 路径上的模型名称，可以是模型的全路径名称，也可以是已打开系统的子系统的相对路径名称，如"engine/Combustion"。

open_system('blk');

打开指定的仿真模块的参数设置对话框。如果定义了模块的 OpenFcn 回调函数，则执行该回调函数。

④ 调用 set_param 函数设置模型中各模块的参数。

set_param 函数用来设置 Simulink 系统和模块的参数。其调用格式为：

set_param('obj', 'parameter1', value1, 'parameter2', value2, ...)

其中，'obj' 是仿真系统或模块的路径名，'parameter1', value1, 'parameter2', value2 为要设置的参数及其数值。

模型和模块的所有参数见 MATLAB 帮助文件的"Model and Block Parameters"部分。

set_param(0, 'modelparm1', value1, 'modelparm2', value2, ...)

将指定模型的参数设置为默认值，即使用 Simulink 软件创建模型时的默认值。

⑤ 调用 sim 命令启动仿真过程。

sim 函数用来运行模型的仿真。sim 函数的常用格式为：

sim(model,timespan,options,ut);

其中，model 为模型名称；timespan 为仿真的开始时间和结束时间，如果设置为[]，则使用在 Simulink 环境中设置的开始和结束时间；options 为仿真选项，常用 simset 函数来设置一个 options 结构；ut 为可选择的参数，为外部输入向量。

simset 函数常用来设置仿真运行的工作空间，工作空间可以为"base"（基本工作空间）、"current"（调用 sim 命令的函数工作空间）或"parent"（调用 sim 命令的函数的上一级工作空间）。

例如，设置仿真运行的工作空间为"base"：

simset('DstWorkspace','base');

⑥ 将仿真的结果在图形用户界面上显示。

在 GUI 程序中调用 plot 等函数，将仿真的结果以图形的形式显示在界面上。

3. MATLAB 实现

仿真模型的名称为"ex.mdl"，如图 5.6-16 所示。"Sine Wave"模块用于产生正弦波形，分别通过"Gain"模块和"Transfer"模块，结果在"Scope"中显示，并通过"To Workspace"模块输出到指定的工作空间。

建立名称为 test 的图形用户界面，编辑 M 文件中的代码。

1）在 OpeningFcn 函数中加入代码：

```
% 判断模型是否打开,否则打开模型
if  isempty(find_system('Name','ex'))
    open_system('ex.mdl');
end
% 清除基本工作空间中的变量
evalin('base','clear');
```

2）在 slider1 的 Callback 中加入代码：

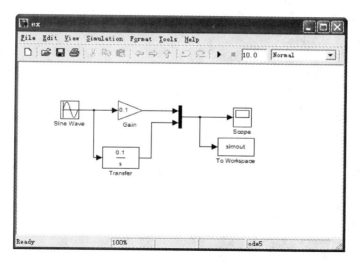

图 5.6 - 16 仿真模型 ex.mdl

```
% 取得滑动条的当前数值
value = get(hObject,'value');
% 设置 Gain 模块的 Gain 参数值
set_param('ex/Gain','Gain',num2str(value));
% 设置 Transfer 模块的 Numerator 参数值
set_param('ex/Transfer','Numerator',num2str(value));
% 在编辑框中显示滑动条的当前数值
set(handles.edit1,'string',value);
% 调用 sim 函数在基本工作空间中运行仿真
sim('ex',[],simset('DstWorkspace','base'));
```

仿真运行完成后,会在基本工作空间中生成 tout 和 simout 两个变量,如图 5.6 - 17 所示。在 GUI 中引用这两个变量来绘制曲线。

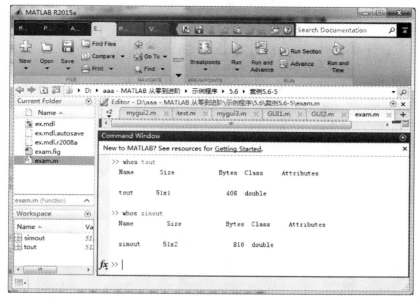

图 5.6 - 17 仿真完成后在基本工作空间中的变量

3) 在 pushbutton1 的 Callback 中调用 evalin 函数来取得基本工作空间中的变量来绘制曲线。

```
try
% 取得工作空间中的变量
simout = evalin('base','simout');
tout = evalin('base','tout');
% 指定坐标轴绘图
axes(handles.axes1);
cla;
plot(tout,simout(:,1),'y');
hold on
plot(tout,simout(:,2),'m');
set(gca,'color','k');
axis([0 10 -5 5]);
set(gca,'xcolor','w','ycolor','w');
set(gca,'xtick',[0 2 4 6 8 10],'ytick',[-5 0 5]);
grid on
catch
    msgbox('请先运行仿真？');
end
```

程序运行的 GUI 界面如图 5.6 - 18 所示。

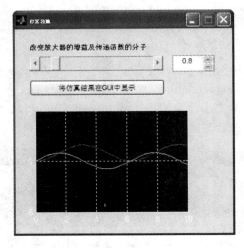

图 5.6 - 18   仿真运行的 GUI 界面

第 6 章
MATLAB 与 TXT 文件的数据交换

谢中华(xiezhh)

6.1 案例背景

在用 MATLAB 进行编程计算时,不可避免地要涉及数据的导入导出问题。如果数据量比较小,还可以通过定义数组的形式直接把数据写在程序中,或把数据直接输出到 MATLAB 命令窗口,可是当数据量比较大时,这种方法就行不通了,此时应从包含数据的外部文件中读取数据到 MATLAB 应用程序中,结果的输出也应该直接写入数据文件。

MATLAB 中提供了很多文件读写函数,用来读写文本文件和二进制文件。利用这些函数可以从文本文件和二进制文件中读取数据,赋给变量,也可以把变量的值写入文本文件或二进制文件。

通常情况下,用户总是习惯于把数据存入记事本文件(TXT 文件)和 Excel 文件。本章通过案例介绍 MATLAB 与 TXT 文件之间的数据交换,包括从这些文件中读取数据,以及往这些文件中写入数据。

6.2 从 TXT 文件中读取数据

TXT 文件是纯文本文件,本节以 TXT 文件为例,介绍从文本文件中读取数据的方法。MATLAB 中用于读取文本文件的常用函数如表 6.2-1 所列。

表 6.2-1 MATLAB 中读取文本文件的常用函数

高级函数		低级函数	
函数名	说 明	函数名	说 明
load	从文本文件导入数据到 MATLAB 工作空间	fopen	打开文件,获取打开文件的信息
importdata	从文本文件或特殊格式二进制文件(如图片,.avi 视频等)读取数据	fclose	关掉一个或多个打开的文件
dlmread	从文本文件中读取数据	fgets	读取文件中的下一行,包括换行符
csvread	调用了 dlmread 函数,从文本文件读取数据。过期函数,不推荐使用	fgetl	调用 fgets 函数,读取文件中的下一行,不包括换行符
textread	按指定格式从文本文件或字符串中读取数据	fscanf	按指定格式从文本文件中读取数据
strread	按指定格式从字符串中读取数据,不推荐使用此函数,推荐使用 textread 函数	textscan	按指定格式从文本文件或字符串中读取数据

高级函数和低级函数的区别就在于:低级函数调用语法比较复杂,好处是能按照各种格式读取文件,具有很好的灵活性,并且多数低级函数都是 built - in 函数(fgetl 函数除外),即内建

函数,它们的核心技术不对外公开。而高级函数大多会调用一些低级函数,具有调用语法简单、方便使用的特点,缺点是可定制性差,只适用于某些特殊格式的文件类型,缺乏灵活性。

除了以上函数外,MATLAB 工作界面或 File 菜单里有一个 Import Data 选项,可以打开数据导入向导,通过界面操作的方式从外部文件把数据导入 MATLAB 工作空间。

下面通过具体的例子介绍 MATLAB 与 TXT 文件的数据交换,并总结以上函数的具体用法。

6.2.1 利用数据导入向导导入 TXT 文件

【例 6.2-1】 TXT 文件 examp6_2_1.txt 中包含以下内容:

3.1110	9.7975	5.9490	1.1742	0.8552	7.3033	9.6309	6.2406
9.2338	4.3887	2.6221	2.9668	2.6248	4.8861	5.4681	6.7914
4.3021	1.1112	6.0284	3.1878	8.0101	5.7853	5.2114	3.9552
1.8482	2.5806	7.1122	4.2417	0.2922	2.3728	2.3159	3.6744
9.0488	4.0872	2.2175	5.0786	9.2885	4.5885	4.8890	9.8798

TXT 文件 examp6_2_2.txt 中包含以下内容:

1.6218e-005	6.0198e-005	4.5054e-005	8.2582e-005	1.0665e-005	8.6869e-005
7.9428e-005	2.6297e-005	8.3821e-006	5.3834e-005	9.6190e-005	8.4436e-006
3.1122e-005	6.5408e-005	2.2898e-005	9.9613e-005	4.6342e-007	3.9978e-005
5.2853e-005	6.8921e-005	9.1334e-005	7.8176e-006	7.7491e-005	2.5987e-005
1.6565e-005	7.4815e-005	1.5238e-005	4.4268e-005	8.1730e-005	8.0007e-005

这种格式的数据文件是最理想的,数据比较整齐,数据间以空格作为分隔符,除了用于科学记数法的字母 e、E、d 和 D 外,不含有其他字母和文字说明。对于这样的 TXT 数据文件,可以用数据导入向导导入数据。单击 MATLAB 工作界面上的导入数据图标（或 File 菜单里的 Import Data 选项）,弹出界面如图 6.2-1 所示。

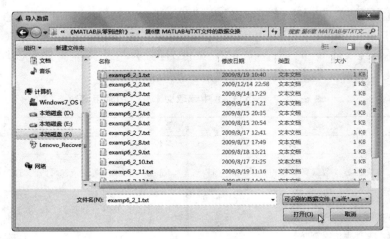

图 6.2-1 数据文件选择界面

选择数据文件,然后单击"打开"按钮,弹出如图 6.2-2 所示界面。该界面用来导入 TXT 数据文件,一切操作都是可视化的。当用户选择的数据文件中包含可读取的数据时,数据预览区会显示相应的数据。导入类型中有 4 个选项:列矢量（Column vectors）、矩阵（Matrix）、元胞数组（Cell Array）和表（Table）。在导入范围编辑框中,用户可以指定数据所在的单元格区域,形如"A1:H5"。界面的中上偏右区域是替换规则编辑区,通过单击规则条目后面的"＋"或"－",可增加或删除一个规则条目。默认规则条目为"用非数 NaN 替换无法导入的元胞",

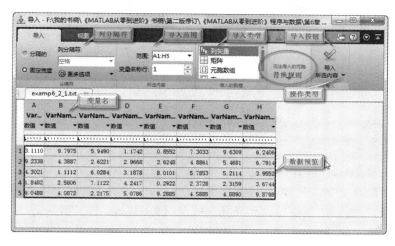

图 6.2－2　数据导入向导界面

表示在导入数据时将无法导入的数据用 NaN 代替。用户可通过"替换"和"无法导入的元胞"后面的下拉菜单查看可用的规则条目,并通过设置适当的规则条目来替换或过滤某些行和列。界面的左上角区域是列分隔符设置区,默认情况下,数据导入向导会自动识别数据文件中的列分隔符,不需要用户设定,当然用户可以通过列分隔符设置区的下拉菜单和单选框自定义列分隔符,若改变列分隔符,导入结果可能会随之改变。当用户设置好导入类型、导入范围和替换规则后,只需单击导入按钮即可将数据导入到 MATLAB 工作空间。如果选择导入列矢量,则每列数据对应一个变量,默认变量名为 VarNamei,i 为列序号;如果选择导入矩阵、元胞数组或表,则将全部数据导入为一个变量,默认变量名为 untitled(或数据文件名)。用户可在变量名编辑区输入自定义变量名。

在用户通过图 6.2－2 所示界面导入数据的同时,MATLAB 在执行一系列读取数据的代码,这些代码也是可视化的。单击操作类型下拉菜单,可以看到 3 个选项:导入数据(Import Data)、生成脚本(Generate Script)和生成函数(Generate Function),其中"导入数据"选项用来导入数据,其功能相当于单击导入按钮,"生成脚本"选项用来生成与界面操作相关的脚本文件,"生成函数"选项用来生成与界面操作相关的函数文件,这些文件中均包含了与界面操作相对应的 MATLAB 代码,可作为标准函数使用。

【例 6.2－2】　TXT 文件 examp6_2_3.txt 中包含以下内容:

```
5.307976,7.791672,9.340107,1.299062,5.688237,4.693906,0.119021,3.371226,1.621823
7.942845,3.112150,5.285331,1.656487,6.019819,2.629713,6.540791,6.892145,7.481516
4.505416,0.838214,2.289770,9.133374,1.523780,8.258170,5.383424,9.961347,0.781755
4.426783,1.066528,9.618981,0.046342,7.749105,8.173032,8.686947,0.844358,3.997826
```

该 TXT 数据文件中没有文字说明,数据间均用逗号分隔,每行数据个数相同,对于这样格式的数据,同样可用数据导入向导导入数据。

【例 6.2－3】　TXT 文件 examp6_2_4.txt 中包含以下内容:

```
9.5550    2.7027,   8.6014;   5.6154 *   3.4532
0.9223    0.9284,   1.4644;   3.6703 *   2.2134
5.5557    7.2288,   4.3811;   6.4703 *   4.7856
4.7271    9.9686,   6.1993;   9.6416 *   0.6866
```

可以看出 examp6_2_4.txt 中只包含数据,没有文字说明,每行数据个数相同,只是有多种数据分隔符,此时数据导入向导同样适用。

【例 6.2 - 4】 TXT 文件 examp6_2_5.txt 中包含以下内容:

```
1.758744     7.217580     4.734860     1.527212
3.411246     6.073892     1.917453
7.384268     2.428496
9.174243
```

TXT 文件 examp6_2_6.txt 中包含以下内容:

```
2.690616     7.655000     1.886620
2.874982     0.911135     5.762094     6.833632     5.465931
4.257288     6.444428     6.476176     6.790168
```

两文件中都没有文字说明,但各行数据不等长,examp6_2_5.txt 中第 1 行最长,examp6_2_6.txt 中第 1 行最短。用数据导入向导导入数据时会出现如下情况:

```
>> examp6_2_5
examp6_2_5 =

    1.7587    7.2176    4.7349    1.5272
    3.4112    6.0739    1.9175       NaN
    7.3843    2.4285       NaN       NaN
    9.1742       NaN       NaN       NaN
>> examp6_2_6
examp6_2_6 =

    2.6906    7.6550    1.8866
    2.8750    0.9111    5.7621
    6.8336    5.4659       NaN
    4.2573    6.4444    6.4762
    6.7902       NaN       NaN
```

从此例可以看到导入的数据是以第 1 行的长度为基准,后面各行长度不足的自动以 NaN(不确定数)补齐,长度超标的自动截断,截断后长度不足的部分仍以 NaN 补齐。

【例 6.2 - 5】 TXT 文件 examp6_2_7.txt 中包含以下内容:

```
这是2行头文件,
你可以选择跳过,读取后面的数据。
1.096975,   0.635914,   4.045800,   4.483729,   3.658162,   7.635046
6.278964,   7.719804,   9.328536,   9.727409,   1.920283,   1.388742
6.962663,   0.938200,   5.254044,   5.303442,   8.611398,   4.848533
```

TXT 文件 examp6_2_8.txt 中包含以下内容:

```
这是2行头文件,
你可以选择跳过,读取后面的数据。
1.096975    0.635914    4.045800    4.483729    3.658162    7.635046
6.278964    7.719804    9.328536    9.727409    1.920283    1.388742
6.962663    0.938200    5.254044    5.303442    8.611398    4.848533
这里还有两行文字说明和两行数据,
看你还有没有办法!
5.472155    1.386244    1.492940
8.142848    2.435250    9.292636
```

当文字说明出现在数据的前面、后面和中间时,可以在图 6.2 - 2 所示界面中设置导入范围,从而正确读取所需数据。对于本例,若设置导入范围为"A3:F5",可读到第 1 段数据;若设置导入范围为"A8:C9",可读到第 2 段数据。

【例 6.2 − 6】 TXT 文件 examp6_2_9.txt 中包含以下内容：

```
1.455390 + 1.360686i, 8.692922 + 5.797046i, 5.498602 + 1.449548i, 8.530311 + 6.220551i
3.509524 + 5.132495i, 4.018080 + 0.759667i, 2.399162 + 1.233189i, 1.839078 + 2.399525i
4.172671 + 0.496544i, 9.027161 + 9.447872i, 4.908641 + 4.892526i, 3.377194 + 9.000538i
```

当数据文件中含有复数数据，并且"＋"号的两侧没有空格或其他分隔符时，通过设置合适的列分隔符，可正确读取数据。对于本例，可设置列分隔符为逗号和空格，并通过图 6.2 − 2 所示界面的"更多选项"下拉菜单组合重复的分隔符，将多个分隔符视为一个分隔符。

当加号的两侧有空格或其他分隔符时，可设置合适的列分隔符，分别读取复数的实部和虚部数据。后面还会介绍利用其他函数读取这种类型的数据。

【例 6.2 − 7】 TXT 文件 examp6_2_10.txt 中包含以下内容：

```
2009 − 8 − 19,  10:39:56.171 AM
2009 − 8 − 20,  10:39:56.171 AM
2009 − 8 − 21,  10:39:56.171 AM
2009 − 8 − 22,  10:39:56.171 AM
```

文件 examp6_2_10.txt 中含有年、月、日、时、分、秒和毫秒的数据，还含有字符。利用数据导入向导导入时间数据时，需通过数据预览区中各列的下拉菜单设置正确的日期/时间格式。对于本例，设置列分隔符为逗号和空格，然后把前两列的日期/时间格式分别设为"yyyy-m-dd"和"HH:MM:SS"即可。后面还会介绍利用其他函数读取这种类型的数据。

【例 6.2 − 8】 TXT 文件 examp6_2_11.txt 中包含以下内容：

```
Name: xiezh Age: 18 Height: 170 Weight: 65 kg
Name: yanlh Age: 16 Height: 160 Weight: 52 kg
Name: liaoj Age: 15 Height: 160 Weight: 50 kg
Name: lijun Age: 20 Height: 175 Weight: 70 kg
Name: xiagk Age: 15 Height: 172 Weight: 56 kg
```

对于文字与数据交替出现的数据文件，数据导入向导也能读取其中的数据，后面也会介绍利用其他函数读取这种类型的数据。

6.2.2　调用高级函数读取数据

1. 调用 importdata 函数读取数据

导入数据向导调用了 uiimport 函数，而 uiimport 函数调用了 importdata 函数，importdata 函数的调用格式如下：

1) `importdata(filename)`

把数据从文件导入 MATLAB 工作空间，filename 为字符串，用来指明文件名，若文件名中不指定文件完整路径，则数据文件一定得在当前目录或 MATLAB 搜索路径下才行，利用其他函数读取数据也应满足这个基本要求。在这种调用格式下，importdata 函数自动识别数据间分隔符，读取的数据赋给变量 ans。

2) `A = importdata(filename)`

把数据从文件 filename 导入 MATLAB 工作空间。这种调用自动识别数据间分隔符，读取的数据赋给变量 A，A 可能是结构体数组。例如：

```
% 调用 importdata 函数读取文件 examp6_2_7.txt 中的数据，返回结构体变量 x
>> x = importdata('examp6_2_7.txt')

x =

        data: [3x6 double]
```

```
        textdata: {2x1 cell}
>> x.data        %  查看读取的数值型数据
ans =
    1.0970    0.6359    4.0458    4.4837    3.6582    7.6350
    6.2790    7.7198    9.3285    9.7274    1.9203    1.3887
    6.9627    0.9382    5.2540    5.3034    8.6114    4.8485
>> x.textdata        %  查看读取的文本数据
ans =
    '这是 2 行头文件,'
    '你可以选择跳过,读取后面的数据。'
```

3) A = importdata(filename,delimiter)

用 delimiter 指定数据列之间的分隔符(如 '\t' 表示 Tab 制表符),把数据从文件 filename 导入 MATLAB 工作空间,读取的数据赋给变量 A。例如:

```
%  调用 importdata 函数读取文件 examp6_2_3.txt 中的数据,用 ';' 作分隔符,返回字符串元胞数组 x
>> x = importdata('examp6_2_3.txt',';')
x =
    [1x80 char]
    [1x80 char]
    [1x80 char]
    [1x80 char]
>> x{1}        %  查看 x 的第 1 个元胞中的字符
ans =
5.307976,7.791672,9.340107,1.299062,5.688237,4.693906,0.119021,3.371226,1.621823
```

可以看到当分隔符选择不当时,可能无法正确读入数据。examp6_2_3.txt 中数据间以逗号分隔,这里选择分号作为分隔符,得到的 x 是一个元胞数组,每一个元胞都是字符型的,显然没有正确读取数据。

4) A = importdata(filename,delimiter,headerline)

filename 和 delimiter 的说明同上,headerline 是一个数字,用来指明文件头的行数。例如:

```
%  调用 importdata 函数读取文件 examp6_2_8.txt 中的数据,用空格作分隔符,设置头文件行数为 2
>> x = importdata('examp6_2_8.txt','',2)        %  返回结构体变量 x
 x =
            data: [3x6 double]
        textdata: {2x1 cell}
```

这里以空格为分隔符,设置头文件行数为 2,能正确读取第 1 段数据,与 2)中读取的数据相同。

5) [A D] = importdata(…)

返回结构体数组赋给变量 A,返回分隔符赋给变量 D。

6) [A D H] = importdata(…)

A 和 D 的说明同 5),返回的头文件行数赋给变量 H。例如:

```
%  调用 importdata 函数读取文件 examp6_2_7.txt 中的数据
%  返回结构体变量 x,分隔符 s,头文件行数 h
>> [x, s, h] = importdata('examp6_2_7.txt')
```

```
x =
          data: [3x6 double]
      textdata: {2x1 cell}

s =
'

h =
      2
```

7) […] = importdata('- pastespecial', …)

从粘贴缓冲区(即剪贴板)载入数据,而不是从文件读取数据。例如将文件 examp6_2_7.txt 中的内容全部选中,复制选中内容,然后在 MATLAB 命令窗口运行 importdata('−pastespecial'),即可载入 examp6_2_7.txt 中的数据。

注意： importdata 函数不能正确读取例 6.2−3、例 6.2−6、例 6.2−7 和例 6.2−8 中 TXT 文件里的数据,但是可以先把整个文件内容当成字符读进来,然后根据数据所在的列提取出其中的数据。例如：

```
% 调用 importdata 函数读取文件 examp6_2_10.txt 中的数据
>> FileContent = importdata('examp6_2_10.txt')       % 返回字符串元胞数组 FileContent
FileContent =
    '2009 - 8 - 19,  10:39:56.171 AM'
    '2009 - 8 - 20,  10:39:56.171 AM'
    '2009 - 8 - 21,  10:39:56.171 AM'
    '2009 - 8 - 22,  10:39:56.171 AM'
```

读进来的 FileContent 是 4×1 的元胞数组,每一个元胞都是字符型数组。下面的命令将 FileContent 转换成 4×27 的字符型矩阵。

```
>> FileContent = char(FileContent)       % 将字符串元胞数组转为字符矩阵
FileContent =
2009 - 8 - 19,  10:39:56.171 AM
2009 - 8 - 20,  10:39:56.171 AM
2009 - 8 - 21,  10:39:56.171 AM
2009 - 8 - 22,  10:39:56.171 AM
```

FileContent 矩阵的第 8、9 列是日期数据,把它提取出来,然后通过 str2num 函数将字符串转为数字即可得到日期的数据,其他数据也可类似得到。

```
>> t = str2num(FileContent(:,8:9))       % 提取字符矩阵的第 8 至 9 列,并转为数字
t =
    19
    20
    21
    22
```

需要说明的是,当数据文件比较大时,这种字符串转换数字的方式不可取。应利用其他函数读取数据。

2. 调用 load 函数读取数据

对于例 6.2−1 中的数据格式,除了前面提到的两种方式外,还可用高级函数 load,dlmread,textread 读取数据。请看以下调用：

```
>> load examp6_2_1.txt                  % 用 load 函数载入文件 examp6_2_1.txt 中的数据
>> load  - ascii examp6_2_1.txt         % 用 - ascii 选项强制以文本文件方式读取数据
>> x1 = load('examp6_2_2.txt')          % 用 load 函数载入文件 examp6_2_2.txt 中的数据

x1 =

 1.0e - 004 *

   0.1622    0.6020    0.4505    0.8258    0.1066    0.8687
   0.7943    0.2630    0.0838    0.5383    0.9619    0.0844
   0.3112    0.6541    0.2290    0.9961    0.0046    0.3998
   0.5285    0.6892    0.9133    0.0782    0.7749    0.2599
   0.1657    0.7481    0.1524    0.4427    0.8173    0.8001

>> x1 = load('examp6_2_2.txt', '- ascii');   % 用 - ascii 选项强制以文本文件方式读取数据
% 调用 dlmread 函数读取文件 examp6_2_1.txt 中的数据
>> x2 = dlmread('examp6_2_1.txt');
% 调用 textread 函数读取文件 examp6_2_1.txt 中的数据
>> x3 = textread('examp6_2_1.txt');
```

对这样整齐的不含文字说明的数据文件,以上调用均能自动识别数据间的分隔符,从而正确读取数据。对于数据量比较小的数据文件,以上函数中 dlmread 和 load 所用时间相当(都比较短),textread 函数次之,importdata 函数用时最长。而对于比较大型的数据,dlmread 函数用时最短,textread 函数次之,load 和 importdata 函数用时相当(都比较长)。

以上调用中,列出了 load 函数读取文本文件的 4 种调用格式,其中前 2 种调用是命令行方式调用,后 2 种调用是函数方式调用。对于命令行方式调用,文件名中不能有空格。对于 TXT 数据文件,命令行方式调用不能指定变量名,读取成功后,会自动在 MATLAB 工作空间产生一个变量,变量名是数据文件的文件名(不包括扩展名),读入的数据自动赋给该变量,例如前 2 条命令读取的数据自动赋给变量 examp6_2_1。对于函数方式调用,可以将读取的数据赋给指定的变量,若不指明变量名,同样以文件名作为变量名。命令行和函数方式调用都通过 - ascii 选项强制以文本文件方式读取数据。

load 函数适合读取全是数据的文件,若数据文件中有文字说明,可能会出现错误,即使对全是数据的文件,若各行数据不等长,也会出现错误。例如:

```
>> load examp6_2_3.txt      % 用 load 函数载入文件 examp6_2_3.txt 中的数据
>> load examp6_2_4.txt      % 用 load 函数载入文件 examp6_2_4.txt 中的数据

% 用 load 函数载入文件 examp6_2_5.txt 中的数据,出现错误
>> load examp6_2_5.txt
??? Error using = = > load
Number of columns on line 1 of ASCII file D:\Backup\我的文档\MATLAB\examp6_2_5.txt
must be the same as previous lines.

% 用 load 函数载入文件 examp6_2_7.txt 中的数据,出现错误
>> load examp6_2_7.txt
??? Error using = = > load
Number of columns on line 2 of ASCII file D:\Backup\我的文档\MATLAB\examp6_2_7.txt
must be the same as previous lines.

% 用 load 函数载入文件 examp6_2_10.txt 中的数据,出现错误
>> load examp6_2_10.txt
??? Error using = = > load
```

```
Unknown text on line number 1 of ASCII file D:\Backup\…\MATLAB\examp6_2_10.txt
"AM".

% 用 load 函数载入文件 examp6_2_11.txt 中的数据,出现错误
>> load examp6_2_11.txt
??? Error using = = > load
Unknown text on line number 1 of ASCII file D:\Backup\…\MATLAB\examp6_2_11.txt
"Name:".
```

load 函数能正确读取 examp6_2_3.txt 和 examp6_2_4.txt 中的数据,不能正确读取 examp6_2_5.txt 至 examp6_2_11.txt。因为 examp6_2_5.txt 和 examp6_2_6.txt 中各行数据不等长,examp6_2_9.txt 中含有复数,只能读取实部,examp6_2_7.txt、examp6_2_8.txt、examp6_2_10.txt 和 examp6_2_11.txt 中含有文字说明。但也不是所有含有文字说明的文件都不能读取,请看下例。

【例 6.2 - 9】　TXT 文件 examp6_2_12.txt 中包含以下内容:

```
6.1604    3.5166    5.8526    9.1719
4.7329    8.3083    5.4972    2.8584 这是多余的字符
```

该 TXT 数据文件中的文字说明与数据同行,出现在数据之后,而数据是等长的,可以调用 load 函数读取数据。

```
>> x = load('examp6_2_12.txt')    % 用 load 函数载入文件 examp6_2_12.txt 中的数据
x =

    6.1604    3.5166    5.8526    9.1719
    4.7329    8.3083    5.4972    2.8584
```

3. 调用 dlmread 函数读取数据

dlmread 函数的调用格式如下:

```
M = dlmread(filename)
M = dlmread(filename, delimiter)
M = dlmread(filename, delimiter, R, C)
M = dlmread(filename, delimiter, range)
```

filename 和 delimiter 的说明同 importdata 函数,逗号为默认分隔符,分隔符只能是单个字符,不能用字符串作为分隔符。参数 R 和 C 分别指定读取数据时的起始行和列,即用 R 指定读取的数据矩阵的左上角在整个文件中所处的行,用 C 指定所处的列。R 和 C 的取值都是从 0 开始的,R=0 和 C=0 分别表示文件的第 1 行和第 1 列。

参数 range=[R1, C1, R2, C2] 用来指定读取数据的范围,(R1, C1) 表示读取的数据矩阵的左上角在整个文件中所处的位置(行和列),(R2, C2) 表示右下角位置。请看下面的调用:

```
% 调用 dlmread 函数读取文件 examp6_2_3.txt 中的数据
>> x = dlmread('examp6_2_3.txt')    % 返回读取的数据矩阵 x
x =

    5.3080    7.7917    9.3401    1.2991    5.6882    4.6939    0.1190    3.3712    1.6218
    7.9428    3.1122    5.2853    1.6565    6.0198    2.6297    6.5408    6.8921    7.4815
    4.5054    0.8382    2.2898    9.1334    1.5238    8.2582    5.3834    9.9613    0.7818
    4.4268    1.0665    9.6190    0.0463    7.7491    8.1730    8.6869    0.8444    3.9978
```

```
% 调用 dlmread 函数读取文件 examp6_2_3.txt 中的数据,用逗号(',')作分隔符,设定读取的初始位置
>> x = dlmread('examp6_2_3.txt', ',', 2, 3)      % 返回读取的数据矩阵 x

x =

    9.1334    1.5238    8.2582    5.3834    9.9613    0.7818
    0.0463    7.7491    8.1730    8.6869    0.8444    3.9978

% 调用 dlmread 函数读取文件 examp6_2_3.txt 中的数据,用逗号(',')作分隔符,设定读取的范围
>> x = dlmread('examp6_2_3.txt', ',', [1, 2, 2, 5])      % 返回读取的数据矩阵 x

x =

    5.2853    1.6565    6.0198    2.6297
    2.2898    9.1334    1.5238    8.2582
```

dlmread 函数适合读取全是数据的文件,数据间可以用空格、逗号、分号分隔,也可用其他字符分隔(不要用%分隔),但是当同一数据文件中有多种分隔符时,dlmread 不能正确读取。例如:

```
% 调用 dlmread 函数读取文件 examp6_2_4.txt 中的数据,出现错误
>> x = dlmread('examp6_2_4.txt')
??? Error using = = > dlmread at 145
Mismatch between file and format string.
Trouble reading number from file (row 2, field 2) = = > ;
```

dlmread 函数读取不等长数据时,会自动以 0 补齐。例如:

```
% 调用 dlmread 函数读取文件 examp6_2_5.txt 中的数据
>> x = dlmread('examp6_2_5.txt')      % 返回读取的数据矩阵 x

x =

    1.7587    7.2176    4.7349    1.5272
    3.4112    6.0739    1.9175         0
    7.3843    2.4285         0         0
    9.1742         0         0         0

% 调用 dlmread 函数读取文件 examp6_2_6.txt 中的数据
>> x = dlmread('examp6_2_6.txt')      % 返回读取的数据矩阵 x

x =

    2.6906    7.6550    1.8866         0         0
    2.8750    0.9111    5.7621    6.8336    5.4659
    4.2573    6.4444    6.4762    6.7902         0
```

当数据文件中含有文字说明,并且文字说明只出现在数据前面时,dlmread 函数的前两种调用会出错,此时可通过后两种调用读取数据。当数据的前后都有文字说明时,可以通过 dlmread 函数的最后一种调用读取数据。例如:

```
% 调用 dlmread 函数读取文件 examp6_2_7.txt 中的数据,出现错误
>> x = dlmread('examp6_2_7.txt')
??? Error using = = > dlmread at 145
Mismatch between file and format string.
Trouble reading number from file (row 1, field 1) = = > 这是 2
```

```
% 调用 dlmread 函数读取文件 examp6_2_7.txt 中的数据,用逗号(',')作分隔符,设定读取的初始位置
>> x = dlmread('examp6_2_7.txt', ',', 2, 0)      % 返回读取的数据矩阵 x
```

```
x =

    1.0970    0.6359    4.0458    4.4837    3.6582    7.6350
    6.2790    7.7198    9.3285    9.7274    1.9203    1.3887
    6.9627    0.9382    5.2540    5.3034    8.6114    4.8485

% 调用 dlmread 函数读取文件 examp6_2_8.txt 中的数据,用空格(' ')作分隔符,设定读取的范围
>> x = dlmread('examp6_2_8.txt','',[7,0,8,8])

x =

    5.4722    0    0    0    1.3862    0    0    0    1.4929
    8.1428    0    0    0    2.4352    0    0    0    9.2926

>> x = x(:,1:4:end)    % 提取矩阵 x 的第 1,5,9 列

x =

    5.4722    1.3862    1.4929
    8.1428    2.4352    9.2926
```

文件 examp6_2_8.txt 中有两段数据,相邻数据间有 4 个空格,文件中还有两段文字说明,利用 dlmread 函数的最后一种调用格式可读取两段数据。上面用空格作为分隔符,设定读取数据范围为$[7,0,8,8]$,即从文件第 8 行第 1 列到第 9 行第 9 列。从读取的结果看,每个数据占用一列,数据间多余的 3 个空格也各占一列,因此读取的相邻数据间多了 3 列 0,提取数据矩阵的第 1、5、9 列即得到所要的数据。

例 6.2-6 中文件 examp6_2_9.txt 包含复数数据,并且复数中"+"号的两侧没有空格或其他分隔符,这样的数据可以用 dlmread 函数读取,命令如下:

```
% 调用 dlmread 函数读取文件 examp6_2_9.txt 中的数据
>> x = dlmread('examp6_2_9.txt')    % 返回读取的复数矩阵 x

x =

    1.4554 + 1.3607i    8.6929 + 5.7970i    5.4986 + 1.4495i    8.5303 + 6.2206i
    3.5095 + 5.1325i    4.0181 + 0.7597i    2.3992 + 1.2332i    1.8391 + 2.3995i
    4.1727 + 0.4965i    9.0272 + 9.4479i    4.9086 + 4.8925i    3.3772 + 9.0005i
```

若复数中"+"号的两侧有空格或其他分隔符,则不能用 dlmread 函数读取。对于文件 examp6_2_10.txt 和 examp6_2_11.txt 中的数据,也不能用 dlmread 函数读取。

4. 调用 textread 函数读取数据

textread 函数可按用户指定格式读取文本文件中的数据,还可以同时指定多种数据分隔符。textread 函数的调用格式如下:

1) [A,B,C,…] = textread('filename','format')

以用户指定格式从数据文件中读取数据,赋给变量 A,B,C 等。filename 为数据文件的文件名,format 用来指定读取数据的格式,它确定了输出变量的个数和类型。可用的 format 字符串如表 6.2-2 所列。

表 6.2-2　textread 函数支持的 format 字符串

格式字符串	说　明	输　出
普通字符串	忽略与 format 字符串相同的内容。例如 xie%f 表示忽略字符串 xie,读取其后的浮点数	无

格式字符串	说　明	输　出
%d	读取一个整数。例如%5d 指定读取的无符号整数的宽度为 5	双精度数组
%u	读取一个无符号整数。例如%5u 指定读取的整数的宽度为 5	双精度数组
%f	读取一个浮点数。例如%5.2f 指定浮点数宽度为 5（小数点也算），有 2 位小数	双精度数组
%s	读取一个包含空格或其他分隔符的字符串。例如%10s 表示读取长度为 10 的字符串	字符串元胞数组
%q	读取一个双引号里的字符串，不包括引号	字符串元胞数组
%c	读取多个字符，包括空格符。例如%6c 表示读取 6 个字符	字符数组
%[…]	读取包含方括号中字符的最长字符串	字符串元胞数组
%[·…]	读取不包含方括号中字符的非空最长字符串	字符串元胞数组
% * …	忽略与 * 号后字符相匹配的内容。例如% * f 表示忽略浮点数	无
%w…	指定读取内容的宽度。例如%w.pf 指定浮点数宽度为 w，精度为 p	

2) [A,B,C, …] = textread('filename','format',N)

若 N 为正整数，则重复使用 N 次由 format 指定的格式读取数据；若 $N < 0$，则读取整个文件。filename 和 format 的说明同上。

3) [···] = textread(···,'param','value', ···)

设定成对形式出现的参数名和参数值，可以更为灵活地读取数据。字符串 param 用来指定参数名，value 用来指定参数的取值。可用的参数名与参数值如表 6.2 - 3 所列。

表 6.2 - 3　textread 函数支持的参数名与参数值列表

参数名	参数值		说　明
bufsize	正整数		设定最大字符串长度，默认值为 4095，单位是 byte
commentstyle	matlab		忽略%后的内容
	shell		忽略♯后的内容
	c		忽略/ * 和 */ 之间的内容
	c++		忽略//后的内容
delimiter	一个或多个字符		元素之间的分隔符。默认没有分隔符
emptyvalue	一个双精度数		设定在读取有分隔符的文件时在空白单元填入的值。默认值为 0
endofline	单个字符或 '\r\n'		设定行尾字符。默认从文件中自动识别
expchars	指数标记字符		设定科学计数法中标记指数部分的字符。默认值为 eEdD
headerlines	正整数		设定从文件开头算起需要忽略的行数
whitespace	' '	空格	把字符向量作为空格。默认值为 ' \b\t'
	\b	后退	
	\n	换行	
	\r	回车	
	\t	水平 Tab 键	

下面调用 textread 函数读取文件 examp6_2_1.txt 至 examp6_2_11.txt 中的数据。

例 6.2 - 1 中数据整齐，数据间以空格分隔，读取比较简单，例如：

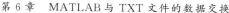

```
% 调用 textread 函数读取文件 examp6_2_1.txt 中的数据,返回读取的数据矩阵 x1
>> x1 = textread('examp6_2_1.txt');
% 调用 textread 函数读取文件 examp6_2_2.txt 中的数据,返回读取的数据矩阵 x2
>> x2 = textread('examp6_2_2.txt');
```

例 6.2 - 2 中数据以逗号分隔,可以这样读取:

```
% 调用 textread 函数读取文件 examp6_2_3.txt 中的数据,用逗号(',')作分隔符
>> x3 = textread('examp6_2_3.txt','','delimiter',',');      % 返回读取的数据矩阵 x3
```

例 6.2 - 3 中数据有多种分隔符,只需设定 delimiter 参数的参数值为 ',;*' 即可。如下命令通过设定 format 参数将 5 列数据赋给 5 个变量。

```
% 调用 textread 函数读取文件 examp6_2_4.txt 中的数据,指定读取格式,
% 同时用逗号、分号和星号(',;*')作分隔符
>> [c1,c2,c3,c4,c5] = textread('examp6_2_4.txt','%f %f %f %f %f','delimiter',',;*');
>> c5       % 查看 c5 的数据
c5 =

    3.4532
    2.2134
    4.7856
    0.6866
```

例 6.2 - 4 中数据不等长,可以通过 emptyvalue 参数设定不足部分用 -1 补齐,命令如下:

```
% 调用 textread 函数读取文件 examp6_2_5.txt 中的数据,不等长部分用 -1 补齐
>> x5 = textread('examp6_2_5.txt','','emptyvalue',-1)      % 返回读取的数据矩阵 x5

x5 =

    1.7587    7.2176    4.7349    1.5272
    3.4112    6.0739    1.9175   -1.0000
    7.3843    2.4285   -1.0000   -1.0000
    9.1742   -1.0000   -1.0000   -1.0000

% 调用 textread 函数读取文件 examp6_2_6.txt 中的数据,不等长部分用 -1 补齐
>> x6 = textread('examp6_2_6.txt','','emptyvalue',-1)      % 返回读取的数据矩阵 x6

x6 =

    2.6906    7.6550    1.8866   -1.0000   -1.0000
    2.8750    0.9111    5.7621    6.8336    5.4659
    4.2573    6.4444    6.4762    6.7902   -1.0000
```

例 6.2 - 5 数据文件中有文字说明也有数据,可以通过 headerlines 参数设置跳过的行数,命令如下:

```
% 调用 textread 函数读取文件 examp6_2_8.txt 中的数据,设置头文件行数为 7
>> x8 = textread('examp6_2_8.txt','','headerlines',7)      % 返回读取的数据矩阵 x8

x8 =

    5.4722    1.3862    1.4929
    8.1428    2.4352    9.2926
```

例 6.2 - 6 中包含复数,复数中的"+"号和 i 都被作为字符,可以通过 whitespace 参数把"+"号和 i 作为空格,从而读取复数的实部和虚部。下面的命令中同时用逗号和空格作为分隔符,读取的数据多了一列 0。

```
% 调用 textread 函数读取文件 examp6_2_9.txt 中的数据
% 用逗号和空格(', ')作为分隔符,把"+"号和 i 作为空格,返回读取的数据矩阵 x9
>> x9 = textread('examp6_2_9.txt','','delimiter',', ','whitespace','+ i')
```

若您对此书内容有任何疑问,可以登录 MATLAB 中文论坛与作者和同行交流。

```
x9 =

    1.4554   1.3607   8.6929   5.7970   5.4986   1.4495   8.5303   6.2206        0
    3.5095   5.1325   4.0181   0.7597   2.3992   1.2332   1.8391   2.3995        0
    4.1727   0.4965   9.0272   9.4479   4.9086   4.8925   3.3772   9.0005        0
```

若同时用加号、i 和逗号作为分隔符,有下面的结果:

```
% 调用 textread 函数读取文件 examp6_2_9.txt 中的数据,同时用加号、i 和逗号('+ i,')作为分隔符
>> x9 = textread('examp6_2_9.txt','','delimiter','+ i,')

x9 =

    1.4554   1.3607   0   8.6929   5.7970   0   5.4986   1.4495   0   8.5303   6.2206   0
    3.5095   5.1325   0   4.0181   0.7597   0   2.3992   1.2332   0   1.8391   2.3995   0
    4.1727   0.4965   0   9.0272   9.4479   0 4.9086   4.8925   0 3.3772   9.0005   0
```

也可以设定 format 参数,将复数的实部和虚部对应的数据赋给 8 个变量。

```
% 调用 textread 函数读取文件 examp6_2_9.txt 中的数据,设定读取格式
% 用逗号和空格(', ')作为分隔符,把加号和 i 作为空格,返回读取的数据
>> [c1,c2,c3,c4,c5,c6,c7,c8] = textread('examp6_2_9.txt',...
'%f %f %f %f %f %f %f %f','delimiter',', ','whitespace','+ i');
>> x9 = [c1,c2,c3,c4,c5,c6,c7,c8]        % 查看读取的数据

x9 =

    1.4554      1.3607      8.6929      5.7970      5.4986      1.4495      8.5303      6.2206
    3.5095      5.1325      4.0181      0.7597      2.3992      1.2332      1.8391      2.3995
    4.1727      0.4965      9.0272      9.4479      4.9086      4.8925      3.3772      9.0005
```

例 6.2 – 7 中的时间数据可以这样读取:

```
% 调用 textread 函数读取文件 examp6_2_10.txt 中的数据,设定读取格式
% 同时用减号、逗号和冒号('- ,:')作为分隔符,返回读取的数据
>> [c1,c2,c3,c4,c5,c6,c7] = textread('examp6_2_10.txt',...
'%4d %d %2d %d %d %6.3f  %s','delimiter','- ,:');
>> [c1,c2,c3,c4,c5,c6]        % 查看读取的数据

ans =

  1.0e + 003 *

    2.0090   0.0080   0.0190   0.0100   0.0390   0.0562
    2.0090   0.0080   0.0200   0.0100   0.0390   0.0562
    2.0090   0.0080   0.0210   0.0100   0.0390   0.0562
    2.0090   0.0080   0.0220   0.0100   0.0390   0.0562
```

例 6.2 – 8 中文字与数据交替出现,通过设置 format 参数,用冒号和空格(': ')作为分隔符,可以读取其中的文字和数据,命令如下:

```
% 设定读取格式
>> format = '%s %s %s %d %s %d %s %d %s';
% 调用 textread 函数读取文件 examp6_2_11.txt 中的数据,
% 用冒号和空格': '作为分隔符,返回读取的数据
>> [c1,c2,c3,c4,c5,c6,c7,c8,c9] = textread('examp6_2_11.txt',format,...
'delimiter',': ');
>> [c4 c6 c8]        % 查看读取的数据

ans =

    18     170     65
    16     160     52
    15     160     50
```

```
20   175   70
15   172   56
```

6.2.3　调用低级函数读取数据

调用低级函数读取数据的一般步骤是:按指定格式打开文件,并获取文件标识符,读取文件内容,然后关闭文件。

1. 调用 fopen 函数打开文件

fopen 函数用于打开一个文件,也可用于获取已打开文件的信息。默认情况下,fopen 函数以读写二进制文件方式打开文件。fopen 函数用于打开文本文件的调用格式如下:

1) fid = fopen(filename, permission)

以指定方式打开一个文件。参数 filename 是一个字符串,用来指定文件名,可以包含完整路径,也可以只包含部分路径(在 MATLAB 搜索路径下)。permission 也是一个字符串,用来指定打开文件的方式,可用的方式如表 6.2 - 4 所列。

表 6.2 - 4　打开文本文件的方式列表

允许的打开方式(permission)	说　明
'rt'	以只读方式打开文件。这是默认情况
'wt'	以写入方式打开文件,若文件不存在,则创建新文件并打开。原文件内容会被清除
'at'	以写入方式打开文件或创建新文件。在原文件内容后续写新内容
'r+t'	以同时支持读、写方式打开文件
'w+t'	以同时支持读、写方式打开文件或创建新文件。原文件内容会被清除
'a+t'	以同时支持读、写方式打开文件或创建新文件。在原文件内容后续写新内容
'At'	以续写方式打开文件或创建新文件。写入过程中不自动刷新文件内容,适合于对磁带介质的操作
'Wt'	以写入方式打开文件或创建新文件,原文件内容会被清除。写入过程中不自动刷新文件内容,适合于对磁带介质的操作

输出值 fid 是文件标识符(file identifier),其可作为其他低级 I/O(Input/Output)函数的输入参数。文件打开成功时,fid 为正整数,不成功时 fid 为 -1。

输出值 message 为命令执行相关信息,打开文件成功时,message 为空字符串,不成功时,message 为操作失败的相关信息。例如,打开一个不存在的文件 xiezhh.txt,会有如下结果:

```
% 调用 fopen 函数打开一个不存在的文件 xiezhh.txt
>> [fid, message] = fopen('xiezhh.txt')    % 返回文件标识符 fid 和相关信息 message
fid =
    -1

message =
No such file or directory
```

fid 的值为 -1,表明文件没能成功打开,操作失败的原因是该文件不存在。

注意: 若文件打开方式里含有"+"号,则在读和写操作之间必须调用 fseek 或 frewind 函数。fseek 和 frewind 函数的用法将在后面介绍。

2) [filename, permission] = fopen(fid)

返回被打开文件的信息。文件标识符 fid 作为 fopen 函数的输出值,还能再作为它的输入

值而得到被打开文件的信息。当打开文件成功后,这里返回的 filename 是与 fid 对应的函数名,permission 是文件打开方式。当文件打开不成功时,filename 和 permission 都是空字符串。例如:

```
>> fid = fopen('xiezhh.txt')        % 调用 fopen 函数打开一个不存在的文件 xiezhh.txt

fid =
    -1

>> [filename, permission] = fopen(fid)        % 得到被打开文件的信息

filename =
    ''

permission =
    ''
```

2. 调用 fcolse 函数关闭文件

对 fopen 函数打开的文件操作结束后,应将其关闭,否则会影响其他操作。fcolse 函数用于关闭文件,其调用格式如下:

```
status = fclose(fid)
status = fclose('all')
```

第 1 种调用用来关闭文件标识符 fid 指定的文件,第 2 种调用用来关闭所有被打开的文件。若操作成功,返回 status 为 0,否则为 -1。

3. 调用 fseek、ftell、frewind 和 feof 函数控制读写位置

低级 I/O 函数在读写文件时,通过内部指针来控制读写位置。文件被成功打开后,内部指针就指向文件的第 1 个字节,随着对文件的读、写操作,这个指针会在文件中移动,指向文件的不同位置。

MATLAB 中提供了 fseek、ftell、frewind 和 feof 4 个函数控制内部指针位置,实际上是 3 个,因为 frewind 调用了 fseek 函数,fseek、ftell 和 feof 都是内建函数。下面介绍这些函数的用法。

（1）fseek 函数

fseek 函数用来设定文件指针位置。调用格式为:

```
status = fseek(fid, offset, origin)
```

其中,参数 fid 为 fopen 函数返回的文件标识符。参数 offset 是整型变量,表示相对于指定的参考位置移动指针的方向和字节数。offset 参数的取值情况如表 6.2 - 5 所列。

表 6.2 - 5   offset(偏移量)参数取值情况表

offset(偏移量)参数取值	说　明
offset > 0	从参考位置向文件末尾移动 offset 字节
offset = 0	不移动
offset < 0	从参考位置向文件开头移动 offset 字节

参数 origin 用来指定指针的参考位置,其取值可以为特殊字符串或整数,如表 6.2 - 6 所列。

表 6.2 - 6   origin 参数的取值情况表

origin 参数取值	说　明
'bof' 或 -1	文件的开头
'cof' 或 0	文件中的当前位置
'eof' 或 1	文件末尾

若 fseek 函数操作成功,则函数返回值 status 为 0,否则为 −1。

（2）ftell 函数

ftell 函数用来获取文件指针位置。调用格式为:

```
position = ftell(fid)
```

输入参数 fid 为文件标识符,输出参数 position 为当前文件指针位置距离文件开头的字节数。若返回的 position 为 −1,则表示未能成功调用。

（3）frewind 函数

frewind 函数调用了 fseek 函数,用来移动当前文件指针到文件的开头。它的调用格式为:

```
frewind(fid)
```

输入参数 fid 为文件标识符。frewind 函数的源代码里的关键命令为 status = fseek(fid, 0, −1)。

（4）feof 函数

feof 函数用来判断是否到达文件末尾。调用格式为:

```
eofstat = feof(fid)
```

输入参数 fid 为文件标识符。当到达文件末尾时,输出 eofstat＝1,否则 eofstat 为 0。

4. 调用 fgets、fgetl 函数读取文件的下一行

fgets、fgetl 函数用来读取文件的下一行,fgetl 函数调用了 fgets 函数。它们的区别是 fgets 函数读取文件的一行,包括该行换行符,fgetl 不包括换行符。

fgets 函数的调用格式如下:

```
tline = fgets(fid)
tline = fgets(fid, nchar)
```

输入参数 fid 为文件标识符,nchar 用来设定读取的最长字符数。输出 tline 为读取的内容。对于第 2 种调用,若某一行内容超过 nchar 个字符,则只读取该行的前 nchar 个字符,其余的内容会被丢掉。例如:

```
% 调用 fopen 函数以只读方式打开文件 examp6_2_1.txt
>> fid = fopen('examp6_2_1.txt','rt');    % 返回文件标识符 fid
>> tline = fgets(fid, 32)     % 读取文件 examp6_2_1.txt 的一行上的 32 个字符

tline =

3.1110    9.7975    5.9490    1.

>> fclose(fid);    % 关闭文件
```

fgetl 函数的调用格式为:

```
tline = fgetl(fid)
```

5. 调用 textscan 函数读取数据

textscan 函数用来以指定格式从文本文件或字符串中读取数据。它与 textread 函数类似,但是 textscan 函数更为灵活和高效,它提供了更多数据转换格式,能从文件的任何地方开始读取数据,能更好地处理大型数据。作者做了一项测试,用 textread 和 textscan 函数读取同一个 TXT 数据文件,文件中数据量为 1 000 000×8,文件大小为 69.6 MB。textread 函数用时 30.777 1s,textscan 函数用时 3.363 2s,可以看出 textscan 函数比 textread 函数效率高了很多。

若您对此书内容有任何疑问，可以登录 MATLAB 中文论坛与作者和同行交流。

表 6.2 - 7 textscan 函数支持的基本转换指示符

字段类型	指示符	说　明
有符号整型	%d	32 - bit
	%d8	8 - bit
	%d16	16 - bit
	%d32	32 - bit
	%d64	64 - bit
无符号整型	%u	32 - bit
	%u8	8 - bit
	%u16	16 - bit
	%u32	32 - bit
	%u64	64 - bit
浮点数	%f	64 - bit（双精度）
	%f32	32 - bit（单精度）
	%f64	64 - bit（双精度）
	%n	64 - bit（双精度）
字符串	%s	字符串
	%q	字符串，可能是由双引号括起来的字符串
	%c	任何单个字符，可以是分隔符
模式匹配字符串	%[…]	读取和方括号中字符相匹配的字符，直到首次遇到不匹配的字符或空格时停止。若要包括]自身，可用%[]…] 例如，%[mus]会把 'summer ' 读作 'summ'
	%[^…]	读取和方括号中字符不匹配的字符，直到首次遇到匹配的字符或空格时停止。若要排除^自身，可用%[]…] 例如，%[^xrg]会把 'summer ' 读作 'summe'

textscan 函数的调用格式如下：

1) C = textscan(fid, 'format')

输入参数 fid 为 fopen 函数返回的文件标识符。format 用来指定数据转换格式，它是一个字符串，包含一个或多个转换指示符。返回值 C 是一个元胞数组，format 中包含的转换指示符的个数决定了 C 中元胞的数目。

转换指示符是由%号引导的特殊字符串，基本的转换指示符如表 6.2 - 7 所列。用户还可以在%号和指示符之间插入数字，用来指定数据的位数或字符的长度。对于浮点数（%n，%f，%f32，%f64），还可以指定小数点右边的位数。textscan 函数支持的字段宽度设置如表 6.2 - 8 所列。

对于每一个数字转换指示符（例如%f），textscan 函数返回一个 $K \times 1$ 的数值型向量作为 C 的一个元胞，这里的 K 为读取指定文件时该转换指示符被使用的次数。对于每一个字符转换指示符（例如%s），textscan 函数返回一个 $K \times 1$ 的字符元胞数组作为 C 的一个元胞。%Nc 会返回一个 $K \times N$ 的字符数组作为 C 的一个元胞。

【例 6.2 - 10】文件 examp6_2_13.txt 中含有以下内容：

```
Sally   Level1   12.34   45   1.23e10   inf    NaN     Yes
Joe     Level2   23.54   60   9e19      - inf   0.001   No
Bill    Level3   34.90   12   2e5       10      100     No
```

表 6.2 - 8　textscan 函数支持的字段宽度设置

指示符		说　明
%Nc		读取 N 个字符,包括分隔符。 例如,%9c 会把 'Let's Go! ' 读作 'Let's Go! '
%Ns %Nq %N[…] %N[^…]	%Nn %Nd… %Nu… %Nf…	读取 N 个字符或数字(小数点也算一个数字),直到遇到第 1 个分隔符,不论是什么分隔符。 例如,%5f32 会把 '473.238' 读作 473.2
%N.Dn %N.Df…		读取 N 个数字(小数点也算一个数字),直到遇到第 1 个分隔符,不论是什么分隔符。返回的数字有 D 位小数。 例如,%7.2f 会把 '473.238' 读作 473.23

用 fopen 函数打开文件,然后调用 textscan 函数可以读取其中不同类型的数据,命令如下:

```
>> fid = fopen('examp6_2_13.txt');      % 打开文件 examp6_2_13.txt,返回文件标识符 fid
>> C = textscan(fid, '%s %s %f32 %d8 %u %f %f %s')      % 以指定格式读取文件中数据
C =
    Columns 1 through 6
       {3x1 cell}    {3x1 cell}    [3x1 single]    [3x1 int8]    [3x1 uint32]    [3x1 double]
    Columns 7 through 8
       [3x1 double]    {3x1 cell}
>> fclose(fid);      % 关闭文件
```

返回的 C 是一个 1×8 的元胞数组,其各列元素分别为:

```
C{1} = {'Sally'; 'Joe'; 'Bill'}                class cell
C{2} = {'Level1'; 'Level2'; 'Level3'}          class cell
C{3} = [12.34; 23.54; 34.9]                    class single
C{4} = [45; 60; 12]                            class int8
C{5} = [4294967295; 4294967295; 200000]        class unit32
C{6} = [Inf; - Inf; 10]                        class double
C{7} = [NaN; 0.001; 100]                       class double
C{8} = {'Yes'; 'No'; 'No'}                      class cell
```

可以看到原始文件中第 5 列的前两个数据 1.23×10^{10} 和 9×10^{19} 均被读成 4 294 967 295,这是因为 format 参数中的第 5 个转换符是 %u,1.23×10^{10} 和 9×10^{19} 均被转换成无符号 32 位整型,而无符号 32 位整型所能表示的最大数为 $2^{32}-1=4\,294\,967\,295$,它们就被转换成这个最大数了。

通常情况下,textscan 函数按照用户设定的转换指示符来读取文件中的相应类型字段的全部内容。用户还可设置需要跳过的字段和部分字段,用来忽略某些类型的字段或字段的一部分,可用的设置如表 6.2 - 9 所列。

2) C = textscan(fid, 'format', N)

重复使用 N 次由 format 指定的转换指示符,从文件中读取数据。fid 和 format 的说明同上。N 为整数。当 N 为正整数时,表示重复次数;当 N 为 -1 时,表示读取全部文件。

3) C = textscan(fid, 'format', param, value, …)

利用可选的成对出现的参数名与参数值来控制读取文件的方式。fid 和 format 的说明同

上。字符串 param 用来指定参数名，value 用来指定参数的取值。可用的参数名与参数值如表 6.2-10 所列。

表 6.2-9　跳过某些字段或部分字段的转换指示符

指示符	说　明
%*…	跳过某些字段，不生成这些字段的输出。 例如，'%s %*s %s %s %*s %*s %s' 把字符串 'Blackbird singing in the dead of night' 转换成具有 4 个元胞的输出，元胞中字符串分别为：'Blackbird' 'in' 'the' 'night'
%*n…	忽略字段中的前 n 个字符，n 为整数，其值小于或等于字段中字符个数。 例如，%*4s 把 'summer' 读作 'er'
字面上的(literal)	忽略字段中指定的字符。 例如，Level%u8 把 'Level1' 读作 1　　　　　　例如，%u8Step 把 '2Step' 读作 2

表 6.2-10　textscan 函数支持的参数名与参数值列表

参数名	参数值（设定值）	默认值
BufSize	最大字符串长度，单位是 byte	4 095
CollectOutput	取值为整数，若不等于 0（即为真），则将具有相同数据类型的连续元胞连接成一个数组	0（假）
CommentStyle	忽略文本内容的标识符号，可以是单个字符串（比如'%'），也可以是由两个字符串构成的元胞数组（比如{'/*', '*/'}）。若为单个字符串，则该字符串后面的在同一行上的内容会被忽略。若为元胞数组，则两个字符串中间的内容会被忽略	无
Delimiter	分隔符	空格
EmptyValue	空缺数字字段的填补值	NaN
EndOfLine	行结尾符号	从文件中识别:\n, \r, or \r\n
ExpChars	指数标记字符	'eEdD'
HeaderLines	跳过的行数（包括剩余的当前行）	0
MultipleDelimsAsOne	取值为整数，若不等于 0（为真），则将连在一起的分隔符作为一个单一的分隔符。只有设定了 delimiter 选项它才是有效的	0（假）
ReturnOnError	取值为整数，用来确定读取或转换失败时的行为。若非 0（为真），则直接退出，不返回错误信息，输出读取的字段。若为 0（为假），则退出并返回错误信息，此时没有输出	1（真）
TreatAsEmpty	在数据文件中被作为空值的字符串，可以是单个字符串或字符串元胞数组。只能用于数字字段	无
Whitespace	作为空格的字符	' \b\t'

4) C = textscan(fid, 'format', N, param, value, …)

结合了第 2) 种和第 3) 种调用格式，可以同时设定读取格式的重复使用次数和某些特定的参数。

5) C = textscan(str, …)

从字符串 str 中读取数据。第 1 个输入参数 str 是普通字符串，不再是文件标识符，除此

之外,其余参数的用法与读取文本文件时相同。

 6) [C, position] = textscan(…)

读取文件或字符串中的数据 C,并返回扫描到的最后位置 position。若读取的是文件,position 就是读取结束后文件指针的当前位置,等于 ftell(fid) 的返回值。若读取的是字符串,position 就是已经扫描过的字符的个数。

【例 6.2 - 11】　调用 textscan 函数读取文件 examp6_2_8.txt 至 examp6_2_11.txt 中的数据。

```
>> fid = fopen('examp6_2_8.txt','r');       % 以只读方式打开文件 examp6_2_8.txt
>> fgets(fid);      % 读取文件的第 1 行
>> fgets(fid);      % 读取文件的第 2 行
% 调用 textscan 函数以指定格式从文件 examp6_2_8.txt 的第 3 行开始读取数据,
% 并将读取的具有相同数据类型的连续元胞连接成一个元胞数组 A
>> A = textscan(fid, '%f %f %f %f %f %f', 'CollectOutput', 1)

A =

    [3×6 double]

>> fgets(fid);      % 读取文件的第 6 行
>> fgets(fid);      % 读取文件的第 7 行
% 调用 textscan 函数以指定格式从文件 examp6_2_8.txt 的第 8 行开始读取数据,
% 并将读取的具有相同数据类型的连续元胞连接成一个元胞数组 B
>> B = textscan(fid, '%f %f %f', 'CollectOutput', 1)

B =

    [2×3 double]

>> fclose(fid);      % 关闭文件

>> fid = fopen('examp6_2_9.txt','r');       % 以只读方式打开文件 examp6_2_9.txt
% 调用 textscan 函数以指定格式从文件 examp6_2_9.txt 中读取数据,用空格(' ')作分隔符
% 并将读取的具有相同数据类型的连续元胞连接成一个元胞数组 A
>> A = textscan(fid, '%f % *s %f % *s %f % *s %f % *s', 'delimiter',...
' ', 'CollectOutput', 1)

A =

    [3×4 double]

>> A{:}      % 查看 A 中的数据
ans =

    1.4554 + 1.3607i    8.6929 + 5.7970i    5.4986 + 1.4495i    8.5303 + 6.2206i
    3.5095 + 5.1325i    4.0181 + 0.7597i    2.3992 + 1.2332i    1.8391 + 2.3995i
    4.1727 + 0.4965i    9.0272 + 9.4479i    4.9086 + 4.8925i    3.3772 + 9.0005i

>> fclose(fid);      % 关闭文件

>> fid = fopen('examp6_2_10.txt','r');       % 以只读方式打开文件 examp6_2_10.txt
% 调用 textscan 函数以指定格式从文件 examp6_2_10.txt 中读取数据,用 '- ,:' 作分隔符
% 并将读取的具有相同数据类型的连续元胞连接成一个元胞数组 A
>> A = textscan(fid, '%d %d %d %d %d %f % *s', 'delimiter','- ,:','CollectOutput',1)

A =

    [4×5 int32]    [4x1 double]

>> A{1,1}      % 查看 A 的第 1 行,第 1 列的元胞中的数据
```

若您对此书内容有任何疑问,可以登录MATLAB中文论坛与作者和同行交流。

```
ans =
        2009            8           19          10          39
        2009            8           20          10          39
        2009            8           21          10          39
        2009            8           22          10          39
```

`>> fclose(fid);`   % 关闭文件

`>> fid = fopen('examp6_2_11.txt','r');`   % 以只读方式打开文件 examp6_2_11.txt

% 调用 textscan 函数以指定格式从文件 examp6_2_11.txt 中读取数据,用空格(' ')作分隔符
% 并将读取的具有相同数据类型的连续元胞连接成一个元胞数组 A

`>> A = textscan(fid,'%*s %s % *s %d % *s %d % *s %d % *s',...`
`'delimiter',' ', 'CollectOutput',1)`

```
A =
     {5×1 cell}    [5×3 int32]
```

`>> A{1,1}`   % 查看 A 的第 1 行,第 1 列的元胞中的数据

```
ans =
     'xiezh'
     'yanlh'
     'liaoj'
     'lijun'
     'xiagk'
```

`>> A{1,2}`   % 查看 A 的第 1 行,第 2 列的元胞中的数据

```
ans =
        18          170          65
        16          160          52
        15          160          50
        20          175          70
        15          172          56
```

`>> fclose(fid);`   % 关闭文件

6.3　把数据写入 TXT 文件

MATLAB 中用于写数据到文本文件的函数如表 6.3 – 1 所列。

表 6.3 – 1　MATLAB 中读写文本文件的常用函数

高级函数		低级函数	
函数名	说　明	函数名	说　明
save	将工作空间中的变量写入文件	fprintf	按指定格式把数据写入文件
dlmwrite	按指定格式将数据写入文件		

在 MATLAB 7. x 版本中,选择 File 菜单下的 Save Workspace As 选项,在 MATLAB 8. x 版本中,单击工作界面上的保存工作区图标▥,均可将 MATLAB 工作空间里的所有变量导出到 MAT 文件。下面介绍 dlmwrite 和 fprintf 函数的用法。

6.3.1　调用 dlmwrite 函数写入数据

dlmwrite 函数用来将矩阵数据写入文本文件。调用格式如下:

1) dlmwrite(filename, M)

默认用逗号作分隔符,将 **M** 矩阵的数据写入 filename 指定的文件中。filename 为字符串

变量,用来指定目标文件的文件名,可以包含路径,若不指定路径,则自动保存到 MATLAB 当前文件夹。

2) dlmwrite(filename, M, 'D')

指定分隔符,将 M 矩阵的数据写入 filename 指定的文件中。filename 和 M 的说明同上,D 为单个字符,用来指定数据间分隔符。例如 ' ' 表示空格,'\t' 表示制表符。

3) dlmwrite(filename, M, 'D', R, C)

允许用户从目标文件的第 R 行、第 C 列开始写入数据。R 表示 M 矩阵的左上角在目标文件中所处的行,C 表示所处的列。R 和 C 都是从 0 开始,即 $R = 0$ 和 $C = 0$ 分别表示第 1 行和第 1 列。

4) dlmwrite(filename, M, 'attrib1', value1, 'attrib2', value2, …)

利用可选的成对出现的参数名与参数值来控制写入文件的方式。可用的参数名(attribute)与参数值(value)如表 6.3 - 2 所列。

表 6.3 - 2　dlmwrite 函数支持的参数名与参数值列表

参数名	参数值	说　明
delimiter	单个字符,如 ',',' ','\t' 等	设定数据间分隔符
newline	'pc'	设定换行符为 '\r\n'
	'unix'	设定换行符为 '\n'
roffset	通常为非负整数	M 矩阵的左上角在目标文件中所处的行
coffset	通常为非负整数	M 矩阵的左上角在目标文件中所处的列
precision	以 % 号引导的精度控制符,如 '%10.5f'	和 C 语言类似的精度控制符,用来指定有效位数

5) dlmwrite(filename, M, '- append')

若指定文件存在,则从原文件内容的后面续写数据,当不设定 '-append' 选项时,将清除原文件内容,重新写入数据。若指定文件不存在,则创建一个新文件并写入矩阵数据。

6) dlmwrite(filename, M, '- append', attribute - value list)

前 2 种调用的结合。'-append' 选项可以放在各参数名与参数值对之间,但不能放在参数名和参数值之间。

【**例 6.3 - 1**】　用逗号作为分隔符,调用 dlmwrite 函数将如下复数矩阵写入文件 examp6_2_9. txt。

```
1.455390 + 1.360686i    8.692922 + 5.797046i    5.498602 + 1.449548i    8.530311 + 6.220551i
3.509524 + 5.132495i    4.018080 + 0.759667i    2.399162 + 1.233189i    1.839078 + 2.399525i
4.172671 + 0.496544i    9.027161 + 9.447872i    4.908641 + 4.892526i    3.377194 + 9.000538i
```

相关命令如下:

```
% 定义复数矩阵
>> x = [1.455390 + 1.360686i 8.692922 + 5.797046i 5.498602 + 1.449548i 8.530311 + 6.220551i
3.509524 + 5.132495i 4.018080 + 0.759667i 2.399162 + 1.233189i 1.839078 + 2.399525i
4.172671 + 0.496544i 9.027161 + 9.447872i 4.908641 + 4.892526i 3.377194 + 9.000538i];
% 将复数矩阵 x 写入文件 examp6_2_9.txt,用逗号(',')作分隔符,用 '\r\n' 作换行符
>> dlmwrite('examp6_2_9.txt', x, 'delimiter', ',', 'newline', 'pc')
```

6.3.2　调用 fprintf 函数写入数据

fprintf 函数用来以指定格式把数据写入文件或显示在计算机屏幕上。调用格式为:

```
count = fprintf(fid, format, A, …)
```

若您对此书内容有任何疑问,可以登录 MATLAB 中文论坛与作者和同行交流。

输出参数 count 为写入文件或显示在电脑屏幕上的字节数。当输入参数 fid 为 fopen 函数返回的文件标识符时,上述调用以字符串 format 指定的格式把数据写入文件。当 fid 取整数 1 时,对应的是标准输出,会以字符串 format 指定的格式把数据显示在屏幕上。当 fid 取整数 2 时,对应的是标准错误输出,此时用红色字体在屏幕上显示信息。输入参数 format 是字符串变量,由普通字符和 C 语言转换指示符构成。例如:

```
>> y = fprintf(1,'祝福我们伟大的新中国%d周岁生日快乐!!!',60)        % 在屏幕上显示一
                                                                 % 句话
% 祝福我们伟大的新中国 60 周岁生日快乐!!!
y =
        38
```

转换指示符用来控制符号表示法、对齐方式、有效位数、字段宽度和输出格式的其他方面。format 字符串能包含不可打印的控制符(转义符),例如换行符和制表符。如图 6.3-1 所示,转换指示符以%引导,除了%号必需外,还包括以下可选项和必需项:

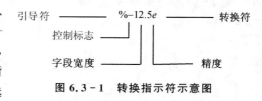

图 6.3-1 转换指示符示意图

① 控制标志(可选)。图 6.3-1 中的"一"为控制标志,表示左对齐。如可用如表 6.3-3 所列的控制标志来控制对齐方式。

表 6.3-3 控制标志

字 符	说 明	例 子
减号(一)	左对齐	%-5.2d
加号(+)	总是显示一个加号	%+5.2d
空格	在值前插入一个空格	% 5.2d (%号和5之间有一个空格)
0	在值前插入一个 0	%05.2d

② 字段宽度(可选)。
③ 精度(可选)。
④ 转换符(必需)。

例如%-6.2f 表示以左对齐方式输出一个浮点数,数据宽度为 6 个字符(包括小数点),小数点后有 2 个有效数字。

format 参数中可用的转义符如表 6.3-4 所列。

表 6.3-4 format 参数中可用的转义符

符 号	说 明	符 号	说 明
\b	后退	\t	水平制表符
\f	进纸	\\	反斜杠
\n	换行	\" 或 ''	单引号
\r	回车	%%	%号

这里不再一一列举 format 参数中可用的转换符,请读者自行查阅 MATLAB 帮助或 C 语言手册。下面给出用 fprintf 函数将数据写入文件 examp6_2_1.txt 至 examp6_2_11.txt 的代码。

```
>> x = 10 * rand(8,5);      % 产生一个 8 行 5 列的随机矩阵,其元素服从[0,10]上的均匀分布
>> fid = fopen('examp6_2_1.txt','wt');      % 以写入方式打开文件,返回文件标识符
% 把矩阵 x 以指定格式写入文件 examp6_2_1.txt
>> fprintf(fid,'% - f     % - f    % - f     % - f    % - f    % - f    % - f\n', x);
>> fclose(fid);            % 关闭文件

>> x = rand(6,5)/10000;    % 产生一个 6 行 5 列的随机矩阵,其元素服从[0,1/10000]上的均匀分布
>> fid = fopen('examp6_2_2.txt','wt');       % 以写入方式打开文件,返回文件标识符
% 把矩阵 x 以指定格式写入文件 examp6_2_2.txt
>> fprintf(fid,'% - e    % - e    % - e    % - e    % - e    % - e\n', x);
>> fclose(fid);            % 关闭文件

>> x = 10 * rand(9,4);      % 产生一个 9 行 4 列的随机矩阵,其元素服从[0,10]上的均匀分布
>> fid = fopen('examp6_2_3.txt','wt');       % 以写入方式打开文件,返回文件标识符
% 把矩阵 x 以指定格式写入文件 examp6_2_3.txt
>> fprintf(fid,'%f,%f,%f,%f,%f,%f,%f,%f\n',x);
>> fclose(fid);            % 关闭文件

>> x = 10 * rand(5,4);      % 产生一个 5 行 4 列的随机矩阵,其元素服从[0,10]上的均匀分布
>> fid = fopen('examp6_2_4.txt','wt');       % 以写入方式打开文件,返回文件标识符
% 把矩阵 x 以指定格式写入文件 examp6_2_4.txt
>> fprintf(fid,'% - f     % - f,    % - f;    % - f *    % - f\n',x);
>> fclose(fid);            % 关闭文件

>> w = 10 * rand(1,4)      % 产生一个 1 行 4 列的随机向量,其元素服从[0,10]上的均匀分布
>> x = 10 * rand(1,3);      % 产生一个 1 行 3 列的随机向量,其元素服从[0,10]上的均匀分布
>> y = 10 * rand(1,2);      % 产生一个 1 行 2 列的随机向量,其元素服从[0,10]上的均匀分布
>> z = 10 * rand;          % 产生一个服从[0,10]上均匀分布的随机数
>> fid = fopen('examp6_2_5.txt','at');       % 以续写方式打开文件,返回文件标识符
% 把向量 w,x,y,z 分别以指定格式写入文件 examp6_2_5.txt
>> fprintf(fid,'% - f    % - f     % - f     % - f\n', w);
>> fprintf(fid,'% - f    % - f     % - f\n', x);
>> fprintf(fid,'% - f    % - f\n', y);
>> fprintf(fid,'% - f\n', z);
>> fclose(fid);            % 关闭文件

>> x = 10 * rand(1,3);      % 产生一个 1 行 3 列的随机向量,其元素服从[0,10]上的均匀分布
>> y = 10 * rand(1,5);      % 产生一个 1 行 5 列的随机向量,其元素服从[0,10]上的均匀分布
>> z = 10 * rand(1,4);      % 产生一个 1 行 4 列的随机向量,其元素服从[0,10]上的均匀分布
>> fid = fopen('examp6_2_6.txt','at');       % 以续写方式打开文件,返回文件标识符
% 把向量 x,y,z 分别以指定格式写入文件 examp6_2_6.txt
>> fprintf(fid,'% - f     % - f     % - f\n', x);
>> fprintf(fid,'% - f     % - f     % - f     % - f\n', y);
>> fprintf(fid,'% - f     % - f     % - f     % - f\n', z);
>> fclose(fid);            % 关闭文件

>> x = 10 * rand(6,3);      % 产生一个 6 行 3 列的随机矩阵,其元素服从[0,10]上的均匀分布
>> fid = fopen('examp6_2_7.txt','at');       % 以续写方式打开文件,返回文件标识符
% 往文件 examp6_2_7.txt 中写入两行文字
>> fprintf(fid,' 这是 % d 行头文件,\n 你可以选择跳过,读取后面的数据。\n', 2);
% 把矩阵 x 以指定格式写入文件 examp6_2_7.txt
>> fprintf(fid,'% - f,    % - f,    % - f,    % - f,    % - f,    % f\n', x);
>> fclose(fid);            % 关闭文件

>> x = 10 * rand(6,3);      % 产生一个 6 行 3 列的随机矩阵,其元素服从[0,10]上的均匀分布
>> y = 10 * rand(3,2);      % 产生一个 3 行 2 列的随机矩阵,其元素服从[0,10]上的均匀分布
>> fid = fopen('examp6_2_8.txt','at');       % 以续写方式打开文件,返回文件标识符
% 往文件 examp6_2_8.txt 中写入两行文字
>> fprintf(fid,' 这是 % d 行头文件,\n 你可以选择跳过,读取后面的数据。\n', 2);
% 把矩阵 x 以指定格式写入文件 examp6_2_8.txt
```

若您对此书内容有任何疑问,可以登录 MATLAB 中文论坛与作者和同行交流。

```
>> fprintf(fid,'%-f    %-f    %-f    %-f    %-f    %f\n', x);
```
% 往文件 examp6_2_8.txt 中再写入两行文字
```
>> fprintf(fid,'这里还有两行文字说明和两行数据,\n看你还有没有办法! \n');
```
% 把矩阵 y 以指定格式写入文件 examp6_2_8.txt
```
>> fprintf(fid,'%-f    %-f    %-f    %-f    %f\n', y);
>> fclose(fid);        % 关闭文件

>> x = 10 * rand(2,12);    % 产生一个 2 行 12 列的随机矩阵,其元素服从[0,10]上的均匀分布
>> fid = fopen('examp6_2_9.txt','wt');      % 以写入方式打开文件,返回文件标识符
```
% 把矩阵 x 以指定格式写入文件 examp6_2_9.txt
```
>> fprintf(fid,'%f + %fi, %f + %fi, %f + %fi, %f + %fi\n', x);
>> fclose(fid);      % 关闭文件

>> dt = [2009 08 19 10 39 56.171
         2009 08 20 10 39 56.171
         2009 08 21 10 39 56.171
         2009 08 22 10 39 56.171]';        % 定义一个 4 行 6 列的矩阵
>> fid = fopen('examp6_2_10.txt','wt');      % 以写入方式打开文件,返回文件标识符
```
% 把矩阵 dt 以指定格式写入文件 examp6_2_10.txt
```
>> fprintf(fid,'%d- %d- %d,   %d:%d:%5.3f AM\n', dt);
>> fclose(fid);      % 关闭文件

>> x = ['xiezh'; 'yanlh'; 'liaoj'; 'lijun'; 'xiagk'];        % 定义一个字符矩阵
>> y = [18 16 15 20 15]';      % 定义一个列向量
>> z = [170 160 160 175 172]';      % 定义一个列向量
>> w = [65 52 50 70 56]';      % 定义一个列向量
>> fid = fopen('examp6_2_11.txt','at');      % 以续写方式打开文件,返回文件标识符
>> fm = 'Name: %s Age: %d Height: %d Weight: %d kg\n';      % 定义写入格式
```
% 通过循环将 x,y,z 和 w 按指定格式写入文件 examp6_2_11.txt
```
>> for i = 1:5
       fprintf(fid, fm, x(i,:),y(i),z(i),w(i));
   end
>> fclose(fid);      % 关闭文件
```

注意: 调用 fprintf 函数写入数据或在屏幕上显示数据时,format 参数指定的格式循环作用在矩阵的列上,原始矩阵的列在文件中或屏幕上就变成了行。例如:

```
>> x = [1 2 3; 4 5 6; 7 8 9; 10 11 12]        % 定义一个 4 行 3 列的矩阵

x =

     1     2     3
     4     5     6
     7     8     9
    10    11    12
```
% 把矩阵 x 以指定格式显示在屏幕上
```
>> fprintf(1,'    %-d    %-d    %-d    %d\n', x);
    1    4    7    10
    2    5    8    11
    3    6    9    12
```

6.4 参考文献

[1] 谢中华. MATLAB 统计分析与应用:40 个案例分析[M]. 北京:北京航空航天大学出版社,2010.

[2] 董维国. 深入浅出 MATLAB 7.x 混合编程[M]. 北京:机械工业出版社,2006.

第 7 章

MATLAB 与 Excel 文件的数据交换

郑志勇(ariszheng)　　谢中华(xiezhh)

Excel 是一款非常优秀的通用表格软件,在学习、工作与科研中大量的数据可能都是以 Excel 表格的方式存储的。如何利用 MATLAB 强大的数值计算功能处理 Excel 中的数据?首要解决的问题就是如何将 Excel 中的数据导入 MATLAB 中或将 MATLAB 数值计算的结果转存入 Excel 中。为此,本章主要介绍以界面操作方式(数据导入向导)、函数方式和 exlink 宏方式实现 MATLAB 与 Excel 的数据交互。

7.1 利用数据导入向导导入 Excel 文件

可以利用数据导入向导把 Excel 文件中的数据导入 MATLAB 工作空间,步骤与 6.2.1 节相同。

【例 7.1-1】 把 Excel 文件 examp7_1_1.xls 中的数据导入 MATLAB 工作空间。examp7_1_1.xls 中的数据格式如图 7.1-1 所示。

	A	B	C	D	E	F	G	H
1	序号	班名	学号	姓名	平时成绩	期末成绩	总成绩	备注
2	1	60101	6010101	陈亮	0	63	63	
3	2	60101	6010102	李旭	0	73	73	
4	3	60101	6010103	刘鹏飞	0	0	0	缺考
5	4	60101	6010104	任时迁	0	82	82	
6	5	60101	6010105	苏宏宇	0	80	80	
7	6	60101	6010106	王海涛	0	70	70	
8	7	60101	6010107	王洋	0	88	88	
9	8	60101	6010108	徐靖磊	0	80	80	
10	9	60101	6010109	阎世杰	0	92	92	
11	10	60101	6010110	姚前树	0	84	84	
12	11	60101	6010111	张金铭	0	95	95	
13	12	60101	6010112	朱星宇	0	82	82	
14	13	60101	6010113	韩宏洁	0	75	75	
15	14	60101	6010114	刘菲	0	71	71	
16	15	60101	6010115	苗艳红	0	70	70	
17	16	60101	6010116	宋佳艺	0	80	80	
18	17	60101	6010117	王峥瑶	0	78	78	

图 7.1-1　Excel 数据表格

可以看出文件 examp7_1_1.xls 中包含了某两个班的某门课的考试成绩,有序号、班级名称、学号、姓名、平时成绩、期末成绩、总成绩和备注等数据,有数字也有文字说明。可用数据导入向导读取工作表中的数值型数据,其数据格式如下(部分数据):

```
>> data      % 查看导入的变量 data

data =

1      60101     6010101       NaN       0       63       63        NaN
2      60101     6010102       NaN       0       73       73        NaN
3      60101     6010103       NaN       0        0        0        NaN
4      60101     6010104       NaN       0       82       82        NaN
5      60101     6010105       NaN       0       80       80        NaN
…
```

7.2 调用函数读写 Excel 文件

7.2.1 调用 xlsfinfo 函数获取文件信息

在读取 Excel 目标数据文件前,可以通过 xlsfinfo 函数获取该文件的相关信息,为后续操作获得有效信息(如,文件类型、文件内部结构、相关的软件版本等)。

xlsinfo 函数的调用格式如下:

```
[typ, desc, fmt] = xlsfinfo(filename)
```

其中,输入参数 filename 为字符串变量,用来指定目标文件的文件名和文件路径。若目标文件在 MATLAB 搜索路径下,filename 为文件名字符串即可,如 'abc. xls';若目标文件不在 MATLAB 搜索路径下,filename 中还应包含文件的完整路径,如 'E:\other\基础 MAT-LAB 案例书籍\abc. xls'。

输出参数的含义如下:

typ:目标文件类型

desc:目标文件内部表名称(sheetname)

fmt:支持目标文件的软件版本

【例 7.2 - 1】 调用 xlsfinfo 函数读取 Excel 文件。以下代码保存在 M 文件 CaseXlsRead. m 中。

```
% code by ariszheng@gmail.com
% 2010 - 6 - 22
% %
% 文件名称"excel.xls"
[typ, desc, fmt] = xlsfinfo('excel.xls')
% 文件在当前工作目录下,直接输入文件名称即可。
system('taskkill /F /IM EXCEL.EXE');
```

注释: 在用 MATLAB 2009a 与 Excel 2007 进行数据交互时,每次使用.xls 类函数,都会重新开启一个 Excel 进程,若反复使用.xls 类函数会导致系统中多个 Excel 进程并存,消耗系统资源,导致系统运行速度下降,故作者使用 system('taskkill /F /IM EXCEL.EXE')调用 Windows 的 taskkill 函数关闭刚使用的 Excel 进程。

本例输出结果如下:

```
typ =
Microsoft Excel Spreadsheet
% 文件类别为 excel 文件
desc =
    'Sheet1'    'Sheet2'    'Sheet3'
% 文件中数据表为  'Sheet1'    'Sheet2'    'Sheet3'
fmt =
xlExcel8
% 文件版本为 xlExcel8 版本  对应的为 excel 97~2003 版本
成功: 已终止进程 "EXCEL.EXE",其 PID 为 5508。
```

7.2.2 调用 xlsread 函数读取数据

数据导入向导在导入 Excel 文件时调用了 xlsread 函数,xlsread 函数可用来读取 Excel 工

作表中的数据。原理是这样的,当用户系统安装有 Excel 时,MATLAB 创建 Excel 服务器,通过服务器接口读取数据。当用户系统没有安装 Excel 或 MATLAB 不能访问 COM 服务器时,MATLAB 利用基本模式(Basic mode)读取数据,即把 Excel 文件作为二进制映像文件读取进来,然后读取其中的数据。xlsread 函数的调用格式如下:

1) num = xlsread(filename)

读取由 filename 指定的 Excel 文件中第 1 个工作表中的数据,返回一个双精度矩阵 num。输入参数 filename 是由单引号括起来的字符串,用来指定目标文件的文件名和文件路径。

当 Excel 工作表的顶部或底部有一个或多个非数字行(如图 7.1 - 1 中的第 1 行),左边或右边有一个或多个非数字列(如图 7.1 - 1 中的第 H 列)时,在输出中不包括这些行和列。例如,xlsread 会忽略一个电子表格顶部的文字说明。

如图 7.1 - 1 中的第 D 列,它是一个处于内部的列。对于内部的行或列,即使它有部分非数字单元格,甚至全部都是非数字单元格,xlsread 也不会忽略这样的行或列。在读取的矩阵 num 中,非数字单元格位置用 NaN 代替。

2) num = xlsread(filename, -1)

在 Excel 界面中打开数据文件,允许用户交互式选取要读取的工作表以及工作表中需要导入的数据区域。这种调用会弹出一个提示界面,提示用户选择 Excel 工作表中的数据区域。在某个工作表上单击并拖动鼠标即可选择数据区域,然后单击提示界面上的"确定"按钮即可导入所选区域的数据。

3) num = xlsread(filename, sheet)

用参数 sheet 指定读取的工作表。sheet 可以是单引号括起来的字符串,也可以是正整数:当是字符串时,用来指定工作表的名字,当是正整数时,用来指定工作表的序号。

4) num = xlsread(filename, range)

用参数 range 指定读取的单元格区域。range 是字符串,为了将之与 sheet 区分开来,range 参数必须是包含冒号的,形如 'C1:C2' 的表示区域的字符串。若 range 参数中没有冒号,xlsread 就会把它作为工作表的名字或序号,这就可能导致错误。

5) num = xlsread(filename, sheet, range)

同时指定工作表和工作表区域。

【例 7.2 - 2】 调用 xlsread 函数读取文件 examp7_1_1.xls 第 1 个工作表中区域 A2:H4 的数据。命令及结果如下:

```
% 读取文件 examp7_1_1.xls 第 1 个工作表中单元格 A2:H4 中的数据
% 第一种方式:
>> num = xlsread('examp7_1_1.xls','A2:H4')     % 返回读取的数据矩阵 num

num =

        1     60101    6010101    NaN      0      63      63
        2     60101    6010102    NaN      0      73      73
        3     60101    6010103    NaN      0       0       0

% 第二种方式:
>> num = xlsread('examp7_1_1.xls',1,'A2:H4')      % 返回读取的数据矩阵 num

num =

        1     60101    6010101    NaN      0      63      63
        2     60101    6010102    NaN      0      73      73
        3     60101    6010103    NaN      0       0       0
```

若您对此书内容有任何疑问,可以登录MATLAB中文论坛与作者和同行交流。

```
% 第三种方式:
>> num = xlsread('examp7_1_1.xls','Sheet1','A2:H4')      % 返回读取的数据矩阵 num

num =

        1     60101    6010101    NaN     0    63    63
        2     60101    6010102    NaN     0    73    73
        3     60101    6010103    NaN     0     0     0
```

可以看出上述命令中用到的 3 种调用格式的作用是相同的,读取到了相同的数据。

6) num = xlsread(filename, sheet, range, 'basic')

用基本模式(Basic mode)读取数据。当用户系统没有安装 Excel 时,用这种模式导入数据,此时导入功能受限,range 参数的值会被忽略。可以设定 range 参数的值为空字符串('),而 sheet 参数必须是字符串,此时读取的是整个工作表中的数据。

7) num = xlsread(filename, …, functionhandle)

在读取电子表格里的数据之前,先调用由函数句柄 functionhandle 指定的函数。它允许用户在读取数据之前对数据进行一些操作,如在读取之前变换数据类型。

用户可以编写自己的函数,把函数句柄传递给 xlsread 函数。当调用 xlsread 函数时,它从电子表格读取数据,把用户函数作用在这些数据上,然后返回最终结果。xlsread 函数在调用用户函数时,它通过 Excel 服务器 Range 对象的接口访问电子表格的数据,所以用户函数必须包括作为输入输出的接口。

【例 7.2 - 3】 将文件 examp7_1_1.xls 第 1 个工作表中 A2 至 C3 单元格中的数据加 1,并读取变换后的数据。

首先编写用户函数如下:

```
function DataRange = setplusone1(DataRange)
for k = 1:DataRange.Count
    DataRange.Value{k} = DataRange.Value{k} + 1;      % 将单元格取值加 1
end
```

用户函数中的输入和输出均为 DataRange,其实它就是一个变量名,用户可以随便指定。当 xlsread 函数调用用户函数时,会通过 DataRange 参数传递 Range 对象的接口,默认情况下传递的是第 1 个工作表对象的 UsedRange 接口,用户函数通过这个接口访问工作表中的数据。

把用户函数句柄作为 xlsread 函数的最后一个输入,可以如下调用:

```
% 读取文件 examp7_1_1.xls 第 1 个工作表中单元格 A2:C3 中的数据,将数据分别加 1 后返回
>> convertdata = xlsread('examp7_1_1.xls', '', 'A2:C3', '', @setplusone1)

convertdata =

        2    60102    6010102
        3    60102    6010103
```

8) [num, txt] = xlsread(filename, …)

返回数字矩阵 num 和文本数据 txt。txt 是一个元胞数组,如同例 7.1 - 1 中的 textdata,txt 中与数字对应位置的元胞为空字符串(')。

9) [num, txt, raw] = xlsread(filename, …)

num 和 txt 的解释同上,返回的 raw 为未经处理的元胞数组,既包含数字,又包含文本数据。

10) [num, txt, raw, X] = xlsread(filename, …, functionhandle)

返回用户函数额外的输出 **X**。此时的用户函数应有两个输出，第 1 个输出为 Range 对象的接口，第 2 个输出为这里的 **X**。

例如，可以将例 7.2 - 3 中的用户函数增加一个输出，变为如下形式：

```
function [DataRange, customdata] = setplusone2(DataRange)
for k = 1:DataRange.Count
    DataRange.Value{k} = DataRange.Value{k} + 1;    % 将单元格取值加 1
    customdata(k) = DataRange.Value{k};    % 把单元格取值赋给变量 customdata
end
% 按照所选区域中单元格行数和列数把向量 customdata 变为矩阵
customdata = reshape(customdata, DataRange.Rows.Count, DataRange.Columns.Count);
```

把函数句柄作为 xlsread 函数的最后一个输入，读取文件 examp7_1_1. xls 第 1 个工作表中 A2 至 H2 单元格中的数据，命令如下：

```
% 读取文件 examp7_1_1.xls 第 1 个工作表中单元格 A2:H2 中的数据，将读取到的数据分别加 1
% 返回数值矩阵 num，文本矩阵 txt，元胞数组 raw，变换后数值矩阵 X
>> [num, txt, raw, X] = xlsread('examp7_1_1.xls', '', 'A2:H2', '', @setplusone2)

num =

     2      60102      6010102      NaN      1      64      64

txt =

    {}

raw =

    [2]    [60102]    [6010102]    [NaN]    [1]    [64]    [64]    [NaN]

X =

     2      60102      6010102      NaN      1      64      64      NaN
```

11) xlsread filename sheet range basic

xlsread 函数的命令行调用格式。此时 sheet 参数必须是字符串（如 Sheet3）。当 sheet 参数中有空格时，必须用单引号括起来（如 'Income 2002'）。

7.2.3　调用 xlswrite 函数把数据写入 Excel 文件

xlswrite 函数用来将数据矩阵 **M** 写入 Excel 文件，其主要调用格式如下：

```
xlswrite(filename, M)
xlswrite(filename, M, sheet)
xlswrite(filename, M, range)
xlswrite(filename, M, sheet, range)
status = xlswrite(filename, …)
[status, message] = xlswrite(filename, …)
```

其中，输入参数 filename 为字符串变量，用来指定文件名和文件路径。若 filename 指定的文件不存在，则创建一个新文件，文件的扩展名决定了 Excel 文件的格式。若扩展名为".xls"，则创建一个 Excel 97—2003 下的文件；若扩展名为".xlsx"、".xlsb"或".xlsm"，则创建一个 Excel 2007 格式的文件。

M 可以是一个 $m \times n$ 的数值型矩阵或字符型矩阵，也可以是一个 $m \times n$ 的元胞数组，此时每一个元胞只包含一个元素。由于不同版本的 Excel 所能支持的最大行数和列数是不一样的，所以能写入的最大矩阵的大小取决于 Excel 的版本。

sheet 用来指定工作表，可以是代表工作表序号的正整数，也可以是代表工作表名称的字符串。需要注意的是，sheet 参数中不能有冒号。若由 sheet 指定名称的工作表不存在，则在所有工作表的后面插入一个新的工作表。若 sheet 为正整数，并且大于工作表的总数，则追加多个空的工作表直到工作表的总数等于 sheet。这两种情况都会产生一个警告信息，表明增加了新的工作表。

range 用来指定单元格区域。对于 xlswrite 函数的第 3 种调用，range 参数必须是包含冒号的，形如 'C1:C2' 的表示单元格区域的字符串。当同时指定 sheet 和 range 参数时（如第 4 种调用），range 可以是形如 'A2' 的形式。xlswrite 函数不能识别已命名区域的名称。range 指定的单元格区域的大小应与 M 的大小相匹配：若单元格区域超过了 M 的大小，则多余的单元格用♯N/A 填充；若单元格区域比 M 的大小还要小，则只写入与单元格区域相匹配的部分数据。

输出 status 反映了写操作完成的情况，若成功完成，则 status 等于 1（真）；否则，status 等于 0（假）。只有在指定输出参数的情况下，xlswrite 函数才返回 status 的值。

输出 message 中包含了写操作过程中的警告和错误信息，它是一个结构体变量，有两个字段：message 和 identifier。其中，message 是包含警告和错误信息的字符串；identifier 也是字符串，包含了警告和错误信息的标识符。

例如：

```
message =
      message: [1x117 char]
      identifier: 'MATLAB:xlswrite:LockedFile'
```

表示目标文件被锁定从而导致无法写入。当目标文件被其他程序占用时，系统会锁定目标文件，就会出现这种情况。

【例 7.2-4】 生成一个 10×10 的随机数矩阵，将它写入 Excel 文件 excel.xls 的第 2 个工作表的默认区域。以下代码保存在 M 文件 CaseXlsWrite.m 中。

```
% code by ariszheng@gmail.com
% 2010 - 6 - 22
% %
% 产生随机数
X = rand(10,10);
% 将随机数据 X 写入 Excel 文件 excel.xls 的第 2 个工作表的默认区域
[status, message] = xlswrite('excel.xls', X, 'sheet2')
system('taskkill /F /IM EXCEL.EXE')
```

结果输出：

```
status =
    1  % 表示写入成功
message =
        message: ''
    identifier: ''
```

成功：已终止进程 "EXCEL.EXE"，其 PID 为 368。

7.3 Excel-Link 宏

MATLAB 提供使其能与 Excel 互动操作的 Excel-link 宏。Excel-link 使得数据在

MATLAB 与 Excel 之间随意交换,以及在 Excel 下调用 MATLAB 的函数,其将 MATLAB 强大的数值计算功能、数据可视化功能与 Excel 的数据 Sheet 功能结合在一起,其功能原理如图 7.3 - 1 所示。下面就简单介绍 Excel - link 的基本操作。

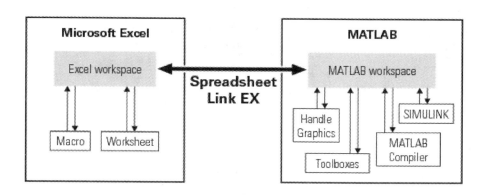

图 7.3 - 1　Excel - link 功能原理图

7.3.1　Excel 2003 加载 Excel - link 宏

用户加载 Excel - link 宏的过程如图 7.3 - 2 至图 7.3 - 4 所示。单击"工具"菜单,选择"加载宏"选项,在弹出的加载宏界面中单击"浏览"按钮,通过浏览界面在路径"MATLAB 的安装路径\toolbox\exlink\"下找到 excllink. xla 文件,双击打开此文件则回到加载宏界面,在 Excel Link 2.3 for use with MATLAB 选项前打勾,单击"确定"按钮即可完成加载。加载 Excel - link 宏成功后会在 Excel 工具栏的下方出现 startmatlab、putmatrix、getmatrix、eval-string 等选项,通过这些选项可以实现 MATLAB 与 Excel 之间的数据交互。

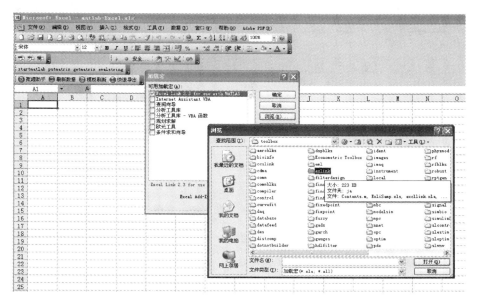

图 7.3 - 2　exlink 加载方法示意图 1

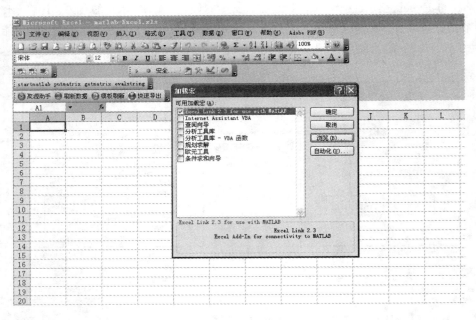

图 7.3-3　exlink 加载方法示意图 2

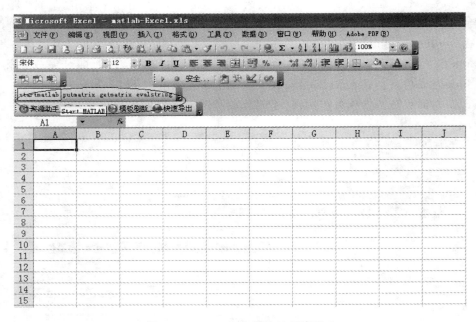

图 7.3-4　exlink 加载方法示意图 3

7.3.2　使用 Excel - link 宏

1. 启动 MATLAB

startmatlab 选项用来启动 MATLAB。单击 startmatlab 选项可以启动 MATLAB,但只会启动 MATLAB 命令窗口(MATLAB Command Window),如图 7.3-5 所示。

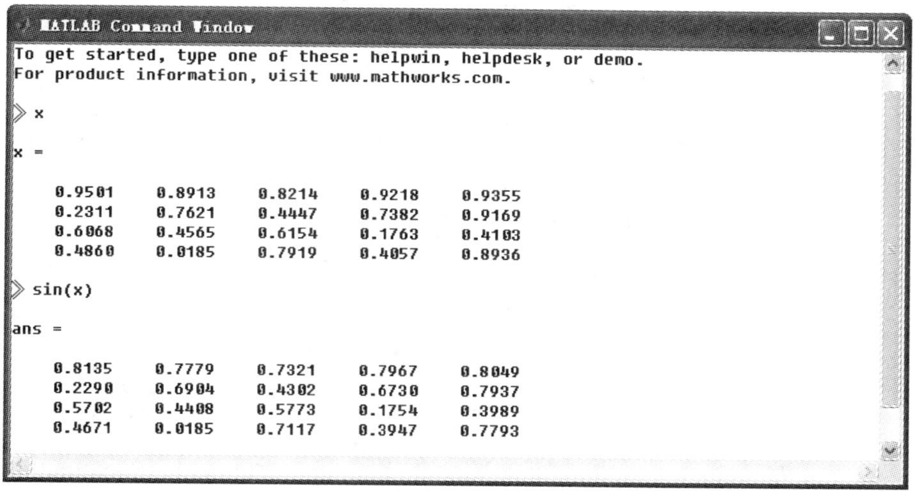

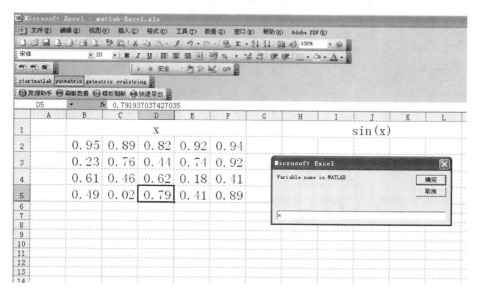

图 7.3 - 5　MATLAB 命令窗口示意图

2. 传输 Excel 数据到 MATLAB 中

启动 MATLAB 之后,可以通过 putmatrix 选项将 Excel 中的数据传输到 MATLAB 中。选中 Excel 表格中要传输的数据区域,单击 putmatrix 选项,将弹出如图 7.3 - 6 所示的 Microsoft Excel 界面。在界面的编辑框中输入变量名,然后单击"确定"按钮,此时 MATLAB 工作空间就多了一个变量,可以在已经启动的 MATLAB 命令窗口输入变量名查看变量值。

图 7.3 - 6　putmatrix 选项使用方法示意图

3. 传输 MATLAB 计算结果到 Excel 中

将 Excel 中的数据传输到 MATLAB 之后,可以充分利用 MATLAB 强大的计算功能和绘图功能,在已经启动的 MATLAB 中对数据进行处理,然后将计算结果再传输到 Excel 中。这要用到 getmatrix 选项。

将光标放到 Excel 空白单元格,单击 getmatrix 选项,将再次弹出 Microsoft Excel 界面, 如图 7.3-7 所示。在界面的编辑框中输入待传输的变量名,然后单击"确定"按钮,此时在 Excel 单元格中就可看到从 MATLAB 中传输过来的计算结果,如图 7.3-8 所示。

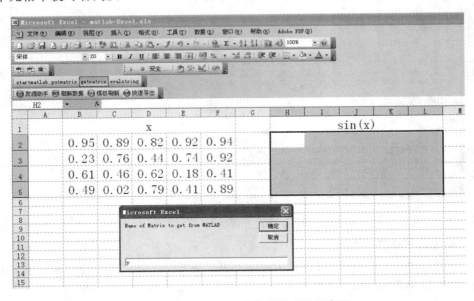

图 7.3-7 getmatrix 选项使用方法示意图

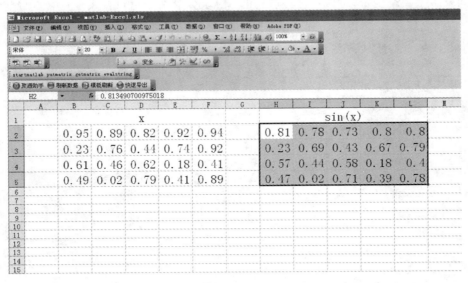

图 7.3-8 传输 MATLAB 计算结果示意图

4. 在 Excel 中执行 MATLAB 命令

将 Excel 中的数据以变量形式传输到 MATLAB 之后,还可以直接在 Excel 中运行 MAT-LAB 命令,以完成相应的计算。单击 evalstring 选项,弹出 Microsoft Excel 界面,如图 7.3-9 所示,在编辑框中输入 MATLAB 命令,然后单击"确定"按钮即可完成计算。如果用户输入的 MATLAB 命令执行出现错误,会弹出错误提示界面,如图 7.3-10 所示。

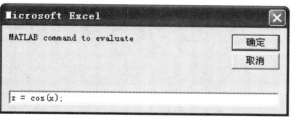

图 7.3 - 9　在 Excel 中执行 MATLAB 命令示意图　　　　图 7.3 - 10　错误提示界面

7.3.3　Excel 2007 与 Excel 2010 加载和使用宏

1. 加载 Excel - link 宏

相比 Excel 2003，Excel 2007 和 Excel 2010 的界面发生了很大的变化，Excel - link 宏的加载方式也稍有不同。这里以 Excel 2010 为例介绍 Excel - link 宏的加载方式，Excel 2007 中的加载方式与之类似。

如图 7.3 - 11 所示，打开"文件"菜单，单击"选项"，在弹出的 Excel 选项界面单击"加载宏"选项，然后单击"转到（G）"按钮，弹出如图 7.3 - 12 所示的加载宏界面，下面的步骤与 Excel 2003 加载 Excel - link 宏相同，这里不再赘述。加载 Excel - link 宏成功后，Excel 菜单栏中出现"加载项"菜单，如图 7.3 - 13 所示。单击"加载项"菜单可以看到工具栏下方新增的 start-matlab、putmatrix、getmatrix、evalstring、getfigure、wizard、preferences 等选项，通过这些选项可以实现 MATLAB 与 Excel 之间的数据交互。其中 startmatlab、putmatrix、getmatrix、eval-string 选项的使用方法与 Excel 2003 相同，下面介绍 getfigure、wizard、preferences 选项的用法。

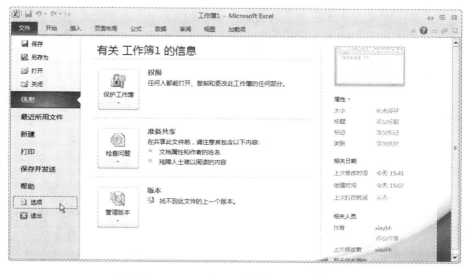

图 7.3 - 11　Excel 2010 加载 exlink 示意图 1

2. 使用 Excel - link 宏

单击 wizard 选项，弹出 MATLAB 函数向导（MATLAB Function Wizard）界面，如图 7.3 - 14 所示。利用此界面可以在 Excel 中通过界面操作的方式调用 MATLAB 函数。这

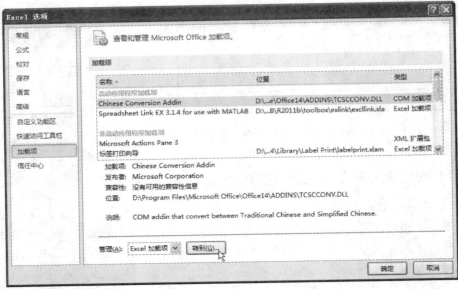

图 7.3 – 12   Excel 2010 加载 exlink 示意图 2

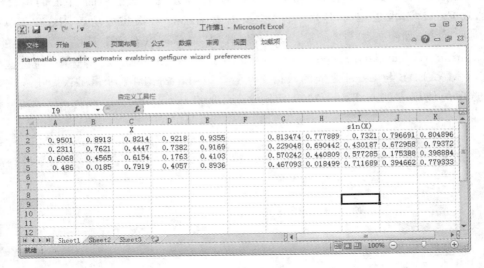

图 7.3 – 13   Excel 2010 加载 exlink 示意图 3

238

里以一个示例介绍该界面的用法。

　　Select a category 下方的下拉菜单用来选择 MATLAB 工具箱，这里选择统计工具箱（Statistics Toolbox）；Select a function 下方的列表框用来选择工具箱中的函数，这里选择 histfit 函数；Select a function signature 下方的列表框用来选择函数的调用格式，这里选择 histfit 函数的第一种调用格式；Function Help 下方的列表框用来显示被选函数的帮助信息。用户作出如上选择之后，将弹出函数输入参数设置界面（Function Arguments）。单击 Inputs 下方的 ▣ 图标，交互式地选择要处理的数据（这里选择 A 列中变量 X 的数据），单击 OK 按钮即完成 histfit 函数的调用。

　　histfit 函数的作用是绘制带有正态拟合的直方图，单击 getfigure 选项可以将绘制的图形传输到 Excel 工作表中，如图 7.3 – 15 所示。

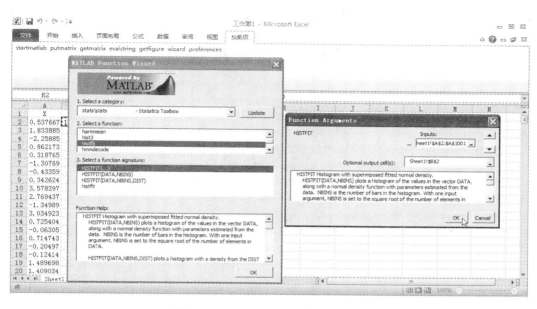

图 7.3 - 14　　MATLAB 函数向导界面

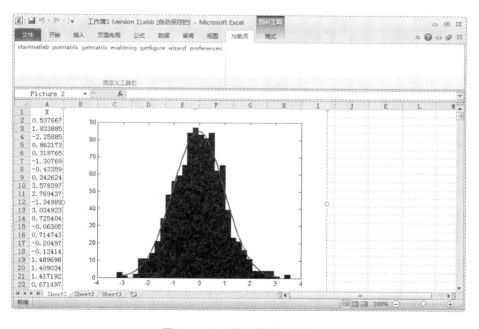

图 7.3 - 15　　图形传输示意图

　　单击 preferences 选项,弹出属性设置界面(MATLAB Preferences),如图 7.3 - 16 所示。默认情况下,Start MATLAB at Excel startup 选项处于勾选状态,这样就实现了在打开 Excel 的同时启动 MATLAB;如果用户不愿同时启动 Excel 和 MATLAB,需要取消 Start MAT-LAB at Excel startup 选项的勾选状态。关于属性设置界面的其他功能,这里就不再一一介绍,请读者自行尝试。

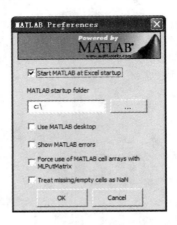

图 7.3 – 16　属性设置界面

7.4　参考文献

[1] 谢中华. MATLAB 统计分析与应用:40 个案例分析. 北京:北京航空航天大学出版社,2010.

[2] 郑志勇. 金融数量分析——基于 MATLAB 编程. 北京:北京航空航天大学出版社,2009.

[3] Excel 研究组. Excel 2007 函数与公式速查手册. 北京:电子工业出版社,2008.

若您对此书内容有任何疑问,可以登录MATLAB中文论坛与作者和同行交流。

第 8 章

数据库连接

郑志勇(ariszheng)

8.1 案例背景

随着计算机数据库技术的应用与发展,科学研究与生产生活中的大量数据都按一定的规则方式存储在数据库中,如个人的各种账户(包括银行账户、证券账户、手机账户、论坛账户等)及账户所涉及的各种信息,等。

若能将大量数据导入 MATLAB 中,利用 MATLAB 优异的数值技术与图形展示技术,可以更好地处理或分析科学研究与生产生活中的数据,进行实证性研究或者潜在规则的挖掘。

本章使用的编程环境为 MATLAB 2009a,SQL Server 2005 Express Edition。其中,SQL Server 2005 Express Edition 为 SQL Server 2005 的免费版本,读者可以从微软网站上下载相关安装文件,其安装方法本章节也不再详述,读者可以参考微软的相关说明文档。

数据的获取方式除了从数据库获取外,还可以通过网络获取。而且,目前网络已经成为数据重要的来源之一,MATLAB 可以一次性按格式从网络中读取大量数据。在 8.3 节,笔者以 MATLAB 读取 Yahoo 财经数据与 Google 财经数据为例进行实例讲解。

8.2 MATLAB 实现

8.2.1 Database 工具箱简介

Mathworks 公司为 MATLAB 与数据库连接提供了有效接口——Database 工具箱。Database 工具箱帮助用户使用 MATLAB 的可视化技术与数据分析技术处理数据库中的信息。在 MATLAB 的工作环境下,用户可以使用 SQL(structured query language)标准数据查询语言从数据库读取数据或将数据写入数据库。

目前,MATLAB 可以支持与主要厂商的数据库产品进行连接,例如 Oracle,Sybase,Microsoft SQL Server 和 Informix 等数据库。MATLAB 的 Database 工具箱还自带了 Visual Query Builder 交互式界面,方便用户使用数据。

8.2.2 Database 工具箱函数

Database 工具箱函数,具体分为数据库访问数据、数据库游标访问函数、数据库元数据访问函数。函数具体功能见表 8.2-1~表 8.2-3,由于相关函数较多,在本节不再详述相关函数的调用格式,后面将结合实例进行讲解。

上述仅列出函数名称与函数的主要功能,函数的具体使用请读者参考 MATLAB 的 Database 工具箱相关帮助信息。

表 8.2 - 1　数据库访问函数

函数名称	函数功能
clearwarnings	清除数据库连接警告
close	关闭数据库连接
commit	数据库改变参数
database	连接数据库
exec	执行 SQL 语句和打开游标
get	得到数据库属性
insert	导出 MATLAB 单元数组数据到数据库表
isconnection	判断数据库连接是否有效
isreadonly	判断数据库连接是否只读
ping	得到数据库连接信息
rollback	撤销数据库变化
set	设置数据库连接属性
sql2native	转换 JDBC SQL 语法为系统本身的 SQL 语法
update	用 MATLAB 单元数组数据代替数据库表的数据

表 8.2 - 2　数据库游标访问函数

函数名称	函数功能
attr	获得的数据集的列属性
close	关闭游标
cols	获得的数据集的列数值
columnnames	获得的数据集的列名称
fetch	导入数据到 MATLAB 单元数组
get	得到游标对象属性
querytimeout	数据库 SQL 查询成功的时间
rows	获取数据集的行数
set	设置游标获取的行限制
width	获取数据集的列宽
attr	获得的数据集的列属性

表 8.2 - 3　数据库元数据访问函数

函数名称	函数功能	函数名称	函数功能
bestrowid	得到数据库表唯一行标识	indexinfo	得到数据库表的索引和统计
columnprivileges	得到数据库列优先权	primarykeys	从数据库表或结构得到主键信息
columns	得到数据库表列名称	procedurecolumns	得到目录存储程序参数和结果列
crossreference	得到主键和外键信息		
dmd	创建数据库元数据对象	procedures	得到目录存储程序
exportedkeys	得到导出外部键信息	supports	判断是否支持数据库元数据
get	得到数据库元数据属性	tableprivileges	得到数据库表优先权
importedkeys	得到导入外键信息	tables	得到数据库表名称

8.2.3　数据库数据读取

数据库数据读取主要由数据库连接、获取数据库信息、执行 SQL 查询语言查询数据、关闭数据连接等几个主要步骤组成。

（1）数据库连接函数 database

database 函数调用格式：

conn = database('datasourcename','username','password')

输入参数：

datasourcename:数据库名称(连接对象的名称,如果不是本地数据,需输入网址或者 IP 地址及端口)

username：数据库用户名

password:数据库密码

输出参数：

conn：建立数据连接对象（内含连接信息、参数）

函数测试（DatabaseRead.m）：

```
% DatabaseReadTest
% code by ariszheng@gmail.com
% 建立数据连接
conn = database('ARIS_SQL','sa','ariszheng')
% 数据库名称为"ARIS_SQL" 为本数据库之间输入数据名称即可
% 如果不是本地数据，需输入网址或者 IP 地址及端口
% 数据库用户名为"sa"
% 数据库密码为"ariszheng"
```

结果输出：

```
conn =
        Instance: 'ARIS_SQL'   % 数据名称
        UserName: 'sa'   % 用户名称
          Driver: []
             URL: []
     Constructor: [1x1 com.mathworks.toolbox.database.databaseConnect]
         Message: []
          Handle: [1x1 sun.jdbc.odbc.JdbcOdbcConnection]
         TimeOut: 0
      AutoCommit: 'on'   % 连接成功
            Type: 'Database Object'
```

注释：AutoCommit：'on' 表示数据库连接成功；AutoCommit：'off' 表示数据库连接失败。

（2）获取数据库连接信息函数 ping

ping 函数调用格式：

ping(conn)

通过 ping 函数可以获得数据库连接的数据版本、数据名称、驱动程序、URL 地址等。

输入参数：

Conn：数据库连接对象

输出参数：

DatabaseProductName：数据库产品名称

DatabaseProductVersion：数据库产品版本

JDBCDriverName：JDBC 驱动名称

JDBCDriverVersion：JDBC 驱动版本

MaxDatabaseConnections：数据库最大连接数量

CurrentUserName：使用的数据库名称

DatabaseURL：数据库 URL 地址

AutoCommitTransactions：是否连接

参数测试（DatabaseRead.m）：

```
% 获取数据库连接信息
ping(conn);
```

结果输出：

```
ans =
        DatabaseProductName: 'Microsoft SQL Server'
% 数据库为 'Microsoft SQL Server'
     DatabaseProductVersion: '09.00.1399'
```

```
% 数据库版本为 '09.00.1399'
                JDBCDriverName: 'JDBC - ODBC Bridge (SQLSRV32.DLL)'
% 数据库的驱动程序为"JDBC - ODBC Bridge"
                JDBCDriverVersion: '2.0001 (03.85.1132)'
% 驱动程序版本"2.0001 (03.85.1132)"
        MaxDatabaseConnections: 0
% 数据库最大连接数(未设置)
                CurrentUserName: 'dbo'
% 当前用户名称"dbo"
                DatabaseURL: 'jdbc:odbc:ARIS_SQL'
% 数据库连接地址 'jdbc:odbc:ARIS_SQL'
        AutoCommitTransactions: 'True'
```

(3) 执行 SQL 语句和打开游标函数 exec

exec 函数语法

curs = exec(conn, 'sqlquery')

输入参数：

conn：数据库连接对象

sqlquery：SQL 数据库查询语句

输出参数：

curs：结构体(游标)

函数测试(DatabaseRead. m)：

该程序的目标是从数据库表 StockData. dbo. Hs300(表结构如表 8.2 - 4 所列)中查询 $2008 - 01 - 01$ 到 $2010 - 01 - 01$ 沪深 300 指数的点位。

SQL 查询语言的框架为

Use 数据库

Select 数据内容

From 数据表名称(查询目标表)

Where 查询条件

Order by 排序方式

表 8.2 - 4 StockData 数据表结构

字 段	类 型
Date	Datetime 类型
Price	Double 类型
Vol	Double 类型

本节对 SQL 语言的语法不进行详细讲解,若读者需要可参见文献[2]。

Sqlquery：SQL 语言

```
SELECT ALL Price
FROM StockData.dbo.Hs300
WHERE Date BETWEEN ''2008 - 01 - 01'' AND ''2010 - 01 - 01''
```

MATLAB 语言：

```
% 查询数据
curs = exec(conn,'SELECT ALL Price FROM StockData.dbo.Hs300 WHERE Date BETWEEN ''2008 - 01 - 01''
AND ''2010 - 01 - 01'' ')
```

输出结果：

```
Attributes: []
        Data: 0
DatabaseObject: [1x1 database]
    RowLimit: 0
    SQLQuery: [1x92 char]
```

```
        Message: []
           Type: 'Database Cursor Object'
      ResultSet: [1x1 sun.jdbc.odbc.JdbcOdbcResultSet]
         Cursor: [1x1 com.mathworks.toolbox.database.sqlExec]
      Statement: [1x1 sun.jdbc.odbc.JdbcOdbcStatement]
          Fetch: 0
```

注释： 执行 SQL 查询语句，你可能还没有得到你想要的数据，需要对查询结果进行 fetch 处理，将数据导入 MATLAB 的数组中。

（4）导入数据到 MATLAB 单元数组函数 fetch

fetch 函数调用格式：

curs = fetch(curs)

输入参数：

curs：exec 执行后获得的结果（游标）

输出参数：

curs：经 fetch 处理后的数据结果

函数测试（DatabaseRead.m）：

```
% 导入数据到 MATLAB 单元数组函数
e = fetch(e)
e.data
% 查询的结果数据存储在对象 e 的 data 中
```

输出结果：

```
e =
      Attributes: []
            Data: {490x1 cell}    % 数据数量
  DatabaseObject: [1x1 database]
        RowLimit: 0
        SQLQuery: [1x92 char]
         Message: []
            Type: 'Database Cursor Object'
       ResultSet: [1x1 sun.jdbc.odbc.JdbcOdbcResultSet]
          Cursor: [1x1 com.mathworks.toolbox.database.sqlExec]
       Statement: [1x1 sun.jdbc.odbc.JdbcOdbcStatement]
           Fetch: [1x1 com.mathworks.toolbox.database.fetchTheData]
ans =
    [5.3383e + 003]
    [5.3851e + 003]
    [5.4220e + 003]
```

（5）关闭数据库连接 close

close 函数调用格式：

close(curs)：关闭查询游标

close(conn)：关闭数据连接

函数测试（DatabaseRead.m）：

```
close(conn)
```

注释： 数据库连接或数据查询结束后，应当关闭数据库连接或查询游标，避免重复连接、重复查询浪费系统资源，使得计算机处理速度降低。

若您对此书内容有任何疑问，可以登录 MATLAB 中文论坛与作者和同行交流。

8.2.4 数据库数据写入

与数据的读取一样,数据库数据写入主要由数据库连接、获取数据库信息、执行 SQL 查询语言写入数据几个主要步骤组成。

(1) 将数据插入数据库函数 fastinsert

fastinsert 函数调用格式:

fastinsert(conn, 'tablename', colnames, exdata)

输入参数:

conn:数据库连接对象。

tablename:数据写入的目标数据表名称(数据表需事先在数据库中建立完成)。

colnames:数据写入的列名称。

exdata:写入数据。

函数测试(DatabaseWrite.m):

将 2010 - 6 - 21 沪深 300 的指数 2780.66 交易量 5 526 万插入数据库 StockData.dbo.Hs300 表中。"StockData.dbo.Hs300"表示 StockData 数据库中的 dbo.Hs300 表。

```
% code by ariszheng@gmail.com
conn = database('ARIS_SQL','sa','ariszheng')
% 数据库名称:'ARIS_SQL',
% 数据库用户名:'sa'
% 数据库用户名对应的密码:'ariszheng'
ping(conn)
% 查询数据库连接状态
load Hs300
% %
% 输入数据  格式:时间  数据
expData = { '2010 - 6 - 21' 2780.66 55260000}
% 将数据插入表 'StockData.dbo.Hs300'
fastinsert(conn, 'StockData.dbo.Hs300',{'Date';'Price';'Vol'}, expData);
```

查询验证数据是否写入成功:

```
% 查询数据,看数据是否写入成功
e = exec(conn,'SELECT Price,Vol FROM StockData.dbo.Hs300 WHERE Date = ''2010 - 06 - 21''  ')
e = fetch(e)
e.data
% 关闭连接
close(conn)
```

结果输出:

```
conn =
          Instance: 'ARIS_SQL'
          UserName: 'sa'
            Driver: []
               URL: []
       Constructor: [1x1 com.mathworks.toolbox.database.databaseConnect]
           Message: []
            Handle: [1x1 sun.jdbc.odbc.JdbcOdbcConnection]
           TimeOut: 0
        AutoCommit: 'on'
```

```
                  Type: 'Database Object'
ans =
            DatabaseProductName: 'Microsoft SQL Server'
         DatabaseProductVersion: '09.00.1399'
                 JDBCDriverName: 'JDBC - ODBC Bridge (SQLSRV32.DLL)'
              JDBCDriverVersion: '2.0001 (03.85.1132)'
        MaxDatabaseConnections: 0
                CurrentUserName: 'dbo'
                    DatabaseURL: 'jdbc:odbc:ARIS_SQL'
        AutoCommitTransactions: 'True'
expData =
    '2010 - 6 - 21'    [2.7807e + 003]    [55260000]
e =
            Attributes: []
                  Data: 0
        DatabaseObject: [1x1 database]
              RowLimit: 0
              SQLQuery: [1x67 char]
               Message: []
                  Type: 'Database Cursor Object'
             ResultSet: [1x1 sun.jdbc.odbc.JdbcOdbcResultSet]
                Cursor: [1x1 com.mathworks.toolbox.database.sqlExec]
             Statement: [1x1 sun.jdbc.odbc.JdbcOdbcStatement]
                 Fetch: 0
e =
            Attributes: []
                  Data: {[2.7807e + 003]    [55260000]}
        DatabaseObject: [1x1 database]
              RowLimit: 0
              SQLQuery: [1x67 char]
               Message: []
                  Type: 'Database Cursor Object'
             ResultSet: [1x1 sun.jdbc.odbc.JdbcOdbcResultSet]
                Cursor: [1x1 com.mathworks.toolbox.database.sqlExec]
             Statement: [1x1 sun.jdbc.odbc.JdbcOdbcStatement]
                 Fetch: [1x1 com.mathworks.toolbox.database.fetchTheData]
ans =
[2.7807e + 003]    [55260000]
```

（2）插入多行数据

上述案例讲解的是如何插入一组数据，还可以使用循环的方式实现插入多组数据。

函数测试（DatabaseWrite2.m）：

```
插入多行数据，可以采用循环插入方法
%%
load Hs300
%N 为数据个数
N = length(Hs300Price)
for i = 1:N
    expData = {Hs300Date(i),Hs300Price(i),Hs300Vol(i)};
    fastinsert(conn, 'StockData.dbo.Hs300',{'Date';'Price';'Vol'}, expData);
end
close(conn)
```

8.3 网络数据读取

随着科技的发展,网络已经成为获取数据的重要来源之一。MATLAB 可以一次性按格式从网络中读取大量数据。本节以 MATLAB 读取 Yahoo 财经数据与 Google 财经数据为例进行讲解。

8.3.1 读取 Yahoo 数据

MyYahoo 函数是网络开源的 MATLAB 检索 Yahoo 财经数据的函数,其主要使用 urlread 函数读取网页数据。由于涉及比较复杂的字符串处理,本节不具体讲解函数的技术细节,主要介绍其使用方法。

MyYahoo 函数调用格式:

[stock_Price] = MyYahoo(StockName, StartDate, EndDate, Freq)

输入参数说明:

StockName:证券代码,主要参考 Yahoo 的证券代码形式。Yahoo 采用的证券编码形式为:证券代码.交易所。如:

武钢股份(600005)Yahoo 代码 600005.SS

深发展 (000001) Yahoo 代码 000001.SZ

IBM IBM Yahoo 代码 IBM(纽约交易所) IBM.F(法兰克福交易所)

StartDate: 开始时间。

EndDate: 截止时间。

Freq: 数据频率"d"日、"w"周、"m"月。

输出参数说明:

stock_Price:证券数据。

MyYahoo 函数源码(MyYahoo.m):

```
function [stock_Price] = MyYahoo(StockName, StartDate, EndDate, Freq)

% This engine is used for a rapid searching in Yahoo! Finance for retriving
% Financial Data.
% 数据时间区间
startdate = StartDate;
enddate = EndDate;
% 字符串变化
ms = num2str(str2num(datestr(startdate, 'mm')) - 1);
ds = datestr(startdate, 'dd');
ys = datestr(startdate, 'yyyy');
me = num2str(str2num(datestr(enddate, 'mm')) - 1);
de = datestr(enddate, 'dd');
ye = datestr(enddate, 'yyyy');

url2Read = sprintf('http://ichart.finance.yahoo.com/table.csv? s = % s&a = % s&b = % s&c = % s&d
= % s&e = % s&f = % s&g = % s&ignore = .csv', StockName, ms, ds, ys, me, de, ye, Freq);
s = urlread(url2Read);

[Date Open High Low Close Volume AdjClose]
 = strread (s, '%s  %s  %s  %s   %s %s  %s', 'delimiter', ',');
```

```
Date(1) = [];
AdjClose(1) = [];
row = size(Date, 1);
for i = 1:row
    Date_temp(i, 1) = datenum(cell2mat(Date(i)), 'yyyy - mm - dd');
    AdjClose_temp(i, 1) = str2num(cell2mat(AdjClose(i)));
end
stock_Price = [Date_temp, AdjClose_temp];
root = [pwd, '\'];
filename = [root, StockName, '.mat'];
save(filename, 'stock_Price');
end
```

实例演示(testMyYahoo.m),提取武钢股份日行情数据:

```
% 提取数据 武钢股份(上海交易所)
A = MyYahoo('600005.ss', '01/01/2005', '12/31/2008', 'd')
% 将 A 数据 A 的格式[价格、日期] 采用的 MATLAB 编码形式,以整数编码
% 将 A 数据 转变为时间序列
stock = fints(A)
% 画图
plot(stock);
```

函数计算结果:

```
A =

  1.0e + 005 *

    7.3377    0.0000
    7.3377    0.0000
    7.3377    0.0000
    7.3377    0.0000
    7.3377    0.0001
    7.3377    0.0001
    7.3377    0.0001
    7.3376    0.0001
    7.3376    0.0001
    7.3376    0.0001
    ......
Stock =

    desc: (none)
    freq: Unknown (0)

    'dates: (1032)'   'series1: (1032)'
    '03 - Jan - 2005'   [          3.1100]
    '04 - Jan - 2005'   [          2.9700]
    '05 - Jan - 2005'   [          3.0400]
    '06 - Jan - 2005'   [          2.9600]
    '07 - Jan - 2005'   [          2.8500]
    '10 - Jan - 2005'   [          2.9000]
    ......
```

所得结果如图 8.3 - 1 所示。

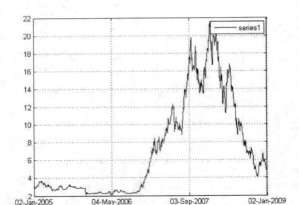

图 8.3 - 1　武钢股份股价图

8.3.2　读取 Google 数据

Googleprices 函数是网络开源的检索 Google 财经数据的 MATLAB 函数，其主要使用 urlwrite 函数读取网页数据。由于涉及比较复杂的字符串处理，本节不具体讲解函数的技术细节，主要介绍其使用方法：

googleprices 函数调用格式：

ds = googleprices(stockTicker, startDate, endDate)

参数输入说明：

stockTicker：证券代码，主要参考 Google 的证券代码形式。

Google 采用的证券编码形式为：交易所：证券代码。如：

　　武钢股份（600005）Google 代码 SHA：600005

　　思科系统（CSCO）Google 代码 NASDAQ：CSCO

startDate：开始时间。

endDate：截止时间。

注释： 目前使用 googleprices 读取中国 A 股数据错误，原因不明。

参数输出说明：

Ds：证券历史行情数据。

Googleprices 函数源文件（googleprices. m）：

```
function ds = googleprices(stockTicker, startDate, endDate)
% PURPOSE: Download the historical prices for a given stock from Google
% Finance and converts it into a MATLAB dataset format.
% -----------------------------------------------------------
% USAGE: ds = googleprices(stockTicker, startDate, endDate)
% where: stockTicker = Google stock ticker (ExchangeSymbol:SecuritySymbol),
%                      ex. NASDAQ:CSCO for Cisco Stocks.
%        startDate: start date of the prices series. It could be either in
%                   serial matlab form or in Google Date form (mmm + dd,yyyy).
%        endDate: end date of the prices series. It could be either in
%                 serial matlab form or in Google Date form
%                 (mmm + dd,yyyy).
% -----------------------------------------------------------
% RETURNS: A dataset representing the retrieved prices.
```

```
% --------------------------------------------------------
% REFERENCES： a references for the google formats could be found here：
% http://computerprogramming.suite101.com/article.cfm/an_introduction_to_go
% ogle_finance
% --------------------------------------------------------
% Version： 1.0
% Written by：
% Display Name： El Moufatich, Fayssal
% Windows： Microsoft Windows NT 5.2.3790 Service Pack 2
% Date： 15 - Jun - 2010 17：38：18
if isnumeric(startDate)
    startDate = datestr(startDate, 'mmm + dd,yyyy');
end

if ~exist('exportFormat', 'var')
    exportFormat = 'csv';
end

% Download the data
fileName = urlwrite (['http://finance. google. com/finance/historical? q = ' stockTicker
'&startdate = ' startDate '&enddate = ' endDate '&output = ' exportFormat], ['test.' exportFormat]);

% Import the file as a dataset.
ds = dataset('file', fileName, 'delimiter', ',');

% Delete the temporary file
delete(fileName);

% Adjust the Date VarName
names = get(ds, 'VarNames');
names{:, 1} = 'Date';
ds = set(ds, 'VarNames', names);
end
```

函数计算结果：

```
ds =
```

Date 时间	Open 开盘价	High 最高价	Low 最低价	Close 收盘价	Volume 成交量
'26 - Jul - 10'	23.32	23.61	23.2	23.61	3.8335e + 007
'23 - Jul - 10'	23.16	23.41	23.01	23.35	3.9345e + 007
'22 - Jul - 10'	22.73	23.36	22.73	23.27	5.7954e + 007
'21 - Jul - 10'	23.06	23.22	22.4	22.56	4.5752e + 007
'20 - Jul - 10'	22.27	23.08	22.05	23.05	6.6167e + 007
'19 - Jul - 10'	22.87	23.03	22.55	22.73	5.4702e + 007
'16 - Jul - 10'	23.87	23.87	22.61	22.75	7.7069e + 007
'15 - Jul - 10'	23.7	23.96	23.42	23.92	5.1771e + 007
'14 - Jul - 10'	23.43	23.89	23.39	23.74	6.147e + 007

251

8.4　参考文献

[1] 吴祈宗. 运筹学与最优化算法. 北京：机械工业出版社，2005.

[2] Ben Forta. SQL Server 编程必知必会. 刘晓霞，钟鸣，译. 北京：人民邮电出版社，2009.

第 9 章

符号计算

吴鹏(rocwoods)

所谓符号计算,就是基于数学公式、定理并通过一系列推理、演绎得到方程的解或者数学表达式的值。符号计算对操作对象不进行离散化和近似化处理,因此其计算结果是完全准确而没有误差的,也正是因为这一点,一般符号计算的速度要大大慢于数值计算。由于在很多场合,符号计算求解问题的指令和过程与数值计算相比更加人性化和易于理解,符号计算也更贴近目前高校高数和线性代数等课程的教学,因此很多 MATLAB 的初学者都习惯使用符号计算。但是我们也要看到符号计算的局限——实际科研和生产中遇到的问题绝大多数都无法获得精确的符号解,这时,我们不得不求助于数值计算。数值计算是 MATLAB 的强项,正是凭借强大的数值计算能力,MATLAB 得以在众多优秀的数学软件中处于领先地位。因此,作者建议读者对待符号计算的态度应该是:用其来完成公式推导和解决简单的对计算时效性要求不高的问题,综合符号计算和数值计算各自的优点,视问题特点混合使用符号计算和数值计算。

在 MATLAB R2008b(MATLAB 7.7)之前,MATLAB 符号计算引擎是基于 Maple 内核的,从 MATLAB R2008b 开始,符号计算引擎开始采用 Mupad 内核。Mupad 是德国 SciFace 软件公司推出的优秀的符号计算软件,2008 年 MathWorks 公司收购 SciFace 后,符号计算引擎随之换成 Mupad 内核。为了照顾大多数客户的使用习惯,同时也为了代码前后的统一,MathWorks 公司重新修改了最常用的符号计算函数,使其内部默认指向 Mupad 引擎,而对外的接口以及调用格式不变。因此,对于符号工具箱单独列出来的符号计算函数,我们可以像以前那样使用。MathWorks 这样做,最大限度地减少了更换符号计算内核对用户的影响。考虑到读者使用的 MATLAB 版本前后跨度可能比较大,本章讨论最基本的 MATLAB 符号计算,这在新老版本下都是通用的。

9.1 符号对象和符号表达式

符号对象和符号表达式是 MATLAB 进行符号计算的基本元素。要进行符号计算首先要创建符号对象,对符号对象进行数学上的运算操作便得到符号表达式。

9.1.1 符号对象的创建

【例 9.1-1】 运行下列代码,体会符号对象的创建方法和特点。

```
>> a = sym('5');
>> b = sym('b');
>> syms c d e;
>> whos
```

```
Name         Size              Bytes   Class    Attributes
a            1x1               112     sym
b            1x1               112     sym
c            1x1               112     sym
d            1x1               112     sym
e            1x1               112     sym
>> a^100
ans =
788860905221011805411728565282786229673206435109023004770278930 6640625
```

从以上代码可以看出,要生成一个符号对象,可以利用 sym 以及 syms 函数。sym 可以生成单个符号对象;而 syms 可以生成多个符号对象。符号对象的运算是完全精确的,没有舍入误差。

关于 sym 和 syms 的进一步详细用法,读者可以参考其帮助文档。

9.1.2　符号表达式

创建了符号对象,就可以创建各种各样的符号表达式。譬如,创建符号变量 a , b , c 后,如下都是符号表达式:

```
z1 = a + b + c;
z2 = sin(a + b + c);
z3 = a^b * gamma(c);
```

确定一个符号表达式中的符号变量,可以用 findsym 函数。其用法如下:

```
findsym(expr)
findsym(expr,n)
```

第一种用法是确认表达式 expr 中的所有自由符号变量;第二种用法是从表达式 expr 中确认出距离 x 最近的 n 个符号变量。这个最近距离指的是变量的第一个字符和 x 的 ASCII 码值之差的绝对值,差绝对值相同时,ASCII 码值大的字符优先。

9.1.3　运算符

由于 MATLAB 采用了重载(overload)技术,使得用来构成符号表达式的运算符,无论在拼写还是使用方法上,都与数值计算中的算符完全相同,如"＋""－""＊""\""/""^"等。

需要特别说明的是,有些 MATLAB 版本在符号对象的比较中,没有"大于""大于或等于""小于""小于或等于"的概念,而只有是否"等于"的概念,即"＝＝"与"～＝"。如果要判断两个符号数值的大小,一般来说有两种办法:一种是利用 double 将其转换成数值型的;另一种是利用 sort＋"＝＝"或"～＝"。譬如:

```
>> a = sym('2');
>> b = sym('3');
>> double(a)<double(b)
ans =
    1
>> sa = sort([b,a])
sa =
[ 2, 3]
>> a = = sa(1)
ans =
    1
```

若您对此书内容有任何疑问,可以登录MATLAB中文论坛与作者和同行交流。

从上述代码可以看出,上述两种方法都间接地实现了判断大小。

9.1.4 符号计算与数值计算结合

当用户利用符号计算得到结果时,有时需要将结果转换成数值型的,以便后续数值计算时利用。另外,当用户通过符号计算得到一个表达式时,一般会想办法把它转换成关于其中某个变量的数值函数。将变量转换成 MATLAB 默认的 double 型数值有两种方法:一种是利用 double 函数;另一种是利用 eval 函数。转换成其他精度的数值类型可以用相应的函数,譬如单精度型可以用 single 函数,8 位整型可以用 int8 函数等。请看下面的代码:

```
>> format long
>> a = vpa(pi,30)
a =
3.14159265358979323846264338328
>> a1 = double(a)
a1 =
   3.141592653589793
>> a2 = eval(a)
a2 =
   3.141592653589793
>> a3 = single(a)
a3 =
   3.1415927
>> a4 = int8(a)
a4 =
   3
>> whos
  Name        Size            Bytes  Class     Attributes

  a           1×1               118  sym
  a1          1×1                 8  double
  a2          1×1                 8  double
  a3          1×1                 4  single
  a4          1×1                 1  int8
```

vpa 函数可以按指定的有效数字位数来显示符号数值对象,上面的 a 是将 pi 显示 30 位有效数字后的符号对象。可以看到,double 和 eval 在将符号数值对象转换成数值对象时是等价的,single 可以将符号对象转换成单精度数值对象,而 int8 可以将符号对象转换成 8 位整型数据。

上述是关于符号数值对象向数值对象转换的讨论,很多时候用户需要求符号表达式在不同参数值下的具体值。通俗地讲,就是如何把具体的参数代入符号表达式。这时候可以利用 eval 和 subs 函数或者将其转换成匿名函数。请看下面的例子。

【例 9.1-2】 已知 $f(x) = \sin\left(\dfrac{x^x}{x^2 \mathrm{e}^x}\right)$,求其二阶导数在 $x=1$ 处的值。代码如下:

```
>> syms x
f = sin(x^x/x^2/exp(x));
d2f = diff(f,x,2);% 利用符号计算求 f(x)的二阶导数
>> % 第一种方法:利用 subs 函数求 d2f 在 x = 1 时的值
d2fx1 = double(subs(d2f,x,1))

d2fx1 =
```

```
    2.2082

>> %第二种方法:x赋值1后,利用 eval 函数求 d2f 在 x = 1 时的值
x = 1;
eval(d2f)

ans =

    2.2082

>> %第三种方法:将 d2f 转换成匿名函数,求其在 x = 1 时的值
F = eval(['@(x)',vectorize(char(d2f))]);
F(1)

ans =

    2.2082
```

由此可见,三种方法都得到了同样的结果。第一、二种方法仅适合针对自变量个别具体值对符号表达式计算具体数值。第三种方法尤其适合符号计算和数值计算结合的场合,利用符号计算推导公式,最后转化成匿名函数大大方便了在数值计算中被其他函数调用。

9.2　符号微积分

MATLAB 的符号计算功能强大,可以解决高等数学中大多数微积分问题,而且求解命令简单,符合人们求解问题的思路。

9.2.1　极限、导数和级数的符号计算

MATLAB 中完成极限、导数和级数符号计算的函数主要是下面的一组函数:

limit(f,v,a)	求极限 $\lim\limits_{v\to a}f(v)$
limit(f,v,a,'right')	求右极限 $\lim\limits_{v\to a}f(v)$
limit(f,v,a,'left')	求左极限 $\lim\limits_{v\to a}f(v)$
diff(f,v,n)	求 $\dfrac{\mathrm{d}^n f(v)}{\mathrm{d}v^n}$
jacobian(f,v)	求多元向量函数 $f(v)$ 的 Jacobian 矩阵
taylor(f,n,v,a)	求 $f(v)$ 在 $v=a$ 处展开到 n 次的 Taylor 级数
symsum(s,v,a,b)	求 v 等于 a 到 b 之间关于 v 的、通项表达式为 s 的级数的和

〖说明〗

➢ f 是矩阵时,求极限和求导操作对元素逐个进行。

➢ 上述变量 v 缺省时,自变量会自动由 findsym 确认;当 n 缺省时,默认 $n=1$。

➢ 在数值计算中,diff 是用来求差分的。

【例 9.2 - 1】　求极限:$\lim\limits_{n\to+\infty}\dfrac{n^{n+\frac{1}{2}}}{\mathrm{e}^n n!}$。代码如下:

```
>> syms n
>> limit(n^(n + 1/2)/(exp(n) * gamma(n + 1)),n,inf)
ans =
1/(2 * pi)^(1/2)
```

若您对此书内容有任何疑问,可以登录MATLAB中文论坛与作者和同行交流。

〖说明〗

> MATLAB 中的 gamma 函数，即数学上的 gamma 函数，有如下性质：$\text{gamma}(n+1)=n!$。

> 上述极限即著名的 stirling 公式，当 n 趋近无穷时：$n! \sim n^n \mathrm{e}^{-n}\sqrt{2\pi n}$。

【例 9.2-2】 $f = \begin{bmatrix} a & t\ln x \\ \sqrt{t} & x^2+3x \end{bmatrix}$，求 $\dfrac{\mathrm{d}f}{\mathrm{d}t}, \dfrac{\mathrm{d}^2 f}{\mathrm{d}x^2}, \dfrac{\mathrm{d}^2 f}{\mathrm{d}t\,\mathrm{d}x}$。本例目的：演示求导运算是对矩阵元素逐个进行的。代码如下：

```
>> syms a t x;
f = [a,t*log(x);sqrt(t),x^2 + 3*x];
dfdt = diff(f,t) % 矩阵 f 对 t 的一阶导数
dfdx2 = diff(f,2) % 矩阵 f 对 x 的二阶导数，由于是 x，而 f 中含有 x 变量，故 x 可以省略
dfdtdx = diff(diff(f,t),x) % 求二阶混合导数
dfdt =
[              0, log(x)]
[1/(2*t^(1/2)),      0]
dfdx2 =
[ 0, -t/x^2]
[ 0,      2]
dfdtdx =
[ 0, 1/x]
[ 0,   0]
```

【例 9.2-3】 求 $f(x_1,x_2,x_3)=\begin{bmatrix} x_1(\mathrm{e}^{x_2}+\mathrm{e}^{x_3}) \\ x_1+x_2 \\ \dfrac{\ln(x_1)x_2}{\sin(x_3)} \end{bmatrix}$ 的 Jacobian 矩阵 $\begin{bmatrix} \dfrac{\partial f_1}{\partial x_1} & \dfrac{\partial f_1}{\partial x_2} & \dfrac{\partial f_1}{\partial x_3} \\ \dfrac{\partial f_2}{\partial x_1} & \dfrac{\partial f_2}{\partial x_2} & \dfrac{\partial f_2}{\partial x_3} \\ \dfrac{\partial f_3}{\partial x_1} & \dfrac{\partial f_3}{\partial x_2} & \dfrac{\partial f_3}{\partial x_3} \end{bmatrix}$。

程序代码如下：

```
>> syms x1 x2 x3;
f = [x1*(exp(x2) + exp(x3));x1 + x2;log(x1)*x2/sin(x3)];
v = [x1 x2 x3];
jac = jacobian(f,v)

jac =
[ exp(x2) + exp(x3),        x1*exp(x2),                        x1*exp(x3)]
[                 1,                 1,                                 0]
[   x2/(x1*sin(x3)), log(x1)/sin(x3), -(x2*cos(x3)*log(x1))/sin(x3)^2]
```

【例 9.2-4】 求下列无穷级数：$\displaystyle\sum_{k=3}^{+\infty}\frac{k-2}{2^k}, \sum_{k=1}^{+\infty}\left[\frac{1}{(2k+1)^2}, \frac{(-1)^k}{3^k}\right]$。

程序代码如下：

```
>> syms k
f1 = symsum((k-2)/2^k,k,3,inf)
A = [1/(2*k+1)^2,(-1)^k/3^k];
f2 = symsum(A,k,1,inf)

f1 =
1/2
f2 =
[ pi^2/8 - 1, -1/4]
```

9.2.2　符号积分计算

与数值积分相比,符号积分具有指令简单、占用机时长等特点,因此一般复杂的积分运算都采用数值积分函数来计算。但某些情况下,特别是一些简单的上下限为函数的多重积分,用符号积分计算会比调用数值积分函数计算简单方便许多。

求积分的指令如下:

```
intf = int(f,v)          % 求以 v 为自变量的函数 f 的不定积分
intf = int(f,v,a,b)      % 求以 v 为自变量的函数 f 从 a 到 b 的定积分
```

上述调用格式中,v 可以省略,当 v 省略时,积分将针对 findsym 确定的变量来进行。a,b 为积分上下限,实际输入中可以为数值符号或者字母符号。

【例 9.2 - 5】　求 $\int \dfrac{1}{x\sqrt{x^2+1}}\,\mathrm{d}x$。

代码如下:

```
>> syms x
>> s = int(1/(x * sqrt(x^2 + 1)),x)
s =
log(x) - log((x^2 + 1)^(1/2) + 1)
```

【例 9.2 - 6】　求 $f = \begin{bmatrix} xv & v^2 \\ \sin(u)v & \cos(ux) \end{bmatrix}$ 关于 u 的不定积分以及不指定积分变量情况下 f 的不定积分。

代码如下:

```
>> syms x u v
f = [x * v v^2;sin(u) * v cos(u * x)];
intfu = int(f,u)
intf = int(f)

intfu =
[      u * v * x,        u * v^2]
[ - v * cos(u), sin(u * x)/x]

intf =
[    (v * x^2)/2,        v^2 * x]
[ v * x * sin(u), sin(u * x)/u]
```

从上面的结果可以看出,在不指定积分变量的情况下,int 默认是对 x 进行积分。

一些简单的一般区域上的多重积分也可以利用 int 函数来计算,请看下例。

【例 9.2 - 7】　求积分 $\displaystyle\int_1^2\int_x^{2x}\int_{xy}^{2xy}\dfrac{(x+y)}{z}\,\mathrm{d}z\,\mathrm{d}y\,\mathrm{d}x$。

代码如下:

```
>> syms x y z
>> Result = int(int(int((x + y)/z,z,x * y,2 * x * y),y,x,2 * x),1,2)
Result =
(35 * log(2))/6 % 符号积分结果
>> double(Result) % 转换成数值
ans =
   4.043358553266348
```

若您对此书内容有任何疑问,可以登录 MATLAB 中文论坛与作者和同行交流。

9.3 符号方程求解

9.3.1 符号代数方程求解

MATLAB 中求解符号代数方程的函数是 solve。用 solve 不仅可以求解单个线性/非线性方程,而且还可以求解线性/非线性方程组。其调用格式为:

```
solve('eqn1','eqn2',…,'eqnN','var1,var2,…,varN')
```

【例 9.3-1】 求解如下方程:

$$2\sin(3x - \pi/4) = 1, \quad x + xe^x - 10 = 0$$

代码如下:

```
>> x = solve('2 * sin(3 * x - pi/4) = 1')        %解第一个方程
x =
  (5 * pi)/36
 (13 * pi)/36
>> x = solve('x + x * exp(x) - 10')  %解第二个方程
x =
matrix([[1.6335061701558463841931651789789]])
>> double(x)              %将符号解形式转换成数值解
ans =
  1.633506170155846
```

【例 9.3-2】 求解如下方程组:

$$\begin{cases} \dfrac{1}{x^3} + \dfrac{1}{y^3} = 28 \\ \dfrac{1}{x} + \dfrac{1}{y} = 4 \end{cases}$$

代码如下:

```
>> [x y] = solve('1/x^3 + 1/y^3 - 28','1/x + 1/y - 4','x,y')
x =
  1
 1/3
y =
 1/3
  1
```

有时直接按照给出的方程组描述待求解的方程组时,solve 会给不出解,这时对原方程组进行变形往往会有截然不同的结果。

【例 9.3-3】 求下列方程组的解:

$$\begin{cases} x + y = 98 \\ \sqrt[3]{x} + \sqrt[3]{y} = 2 \end{cases}$$

直接编写代码如下:

```
>> [x y] = solve('x + y - 98','x^(1/3) + y^(1/3) - 2','x,y')
Warning: Explicit solution could not be found.
> In solve at 98
x =
[ empty sym ]
y =
    []
```

可以看出，MATLAB 无法求解，这时如果将原来的问题稍作变形，令 $\sqrt[3]{x}=u$，$\sqrt[3]{y}=v$，则可以得到下面的求解代码：

```
>> [u v] = solve('u^3 + v^3 - 98','u + v - 2','u,v')
u =
    5
   -3
v =
   -3
    5
>> x = u.^3
x =
  125
  -27
>> y = v.^3
y =
  -27
  125
```

可见，MATLAB 成功求解了原方程组。

9.3.2　符号常微分方程求解

一些形式不是特别复杂的微分方程（组）可以求得其解析解。对于这类微分方程（组），可以利用符号计算函数 dsolve 方便地求解。一般说来，相对于数值求解微分方程的一系列函数，dsolve 函数的调用格式要简洁、容易得多。

由于 MATLAB 自从 R2008b 版本开始采用 Mupad 的符号计算内核，因此 R2008b 之前版本的 dsolve 函数和之后版本的 dsolve 函数在语法上以及返回结果上有些差异。一般来说，这些差异并不影响使用，但在有些时候需要注意。

1. MATLAB R2008b 之前的 dsolve 函数

MATLAB R2008a 是 MATLAB 采用 Maple 符号计算内核的最后一个版本，本书以这个版本的 dsolve 为例，介绍 R2008b 中 dsolve 函数的用法。该版本 dsolve 函数的调用格式如下：

```
r = dsolve('eq1,eq2,...', 'cond1,cond2,...', 'v')
r = dsolve('eq1','eq2',...,'cond1','cond2',...,'v')
```

r 为求解得到的输出结果，eq1 和 eq2 等是求解的微分方程表达式。微分方程表达式中自变量（以 t 为例）的 n 阶导数 $\dfrac{\mathrm{d}^n f}{\mathrm{d}t^n}$ 可以用 Dnf 来表示。类似地，$\dfrac{\mathrm{d}^n g}{\mathrm{d}t^n}$ 可以用 Dng 来表示，等。边界条件或者初值条件等一些微分方程的定解条件由 cond1，cond2 等给出。v 为方程的自变量，默认的自变量是 t。

在使用上述 dsolve 函数的第二种调用格式时，需要注意输入变量的个数不要超过 12 个。也就是说，所有的方程、定解条件以及自变量总和不要超过 12 个。

2. MATLAB R2008b 及以后版本的 dsolve 函数

MATLAB R2008b 之后版本的 dsolve 函数除了支持上述两种调用格式外，还多了一个 IgnoreAnalyticConstraints 设置项，即如下调用格式：

```
dsolve('eq1','eq2',...,'cond1','cond2',...,'v','IgnoreAnalyticConstraints',value)
```

其中，IgnoreAnalyticConstraints 参数项的字面意思是"忽略分析上的约束"，这是出于对一些求解结果在一般性上的考虑。譬如，$\ln \mathrm{e}^x$，通常我们认为其等于 x，这是基于默认 x 为实

若您对此书内容有任何疑问，可以登录MATLAB中文论坛与作者和同行交流。

数情况下得出的结论。如果 $x=2\pi i$,则 $\ln e^{2\pi i}=\ln 1=0$,而不是等于 $2\pi i$。上述 IgnoreAnalyt-icConstraints 有两个设置值可供选择:all 和 none。默认情况下为 all,这个时候意味着不对所求结果进行一般意义上的推广,所求解出来的解可能在最一般意义条件下会不成立,但还是会满足原始微分方程以及定解条件。而如果选择 none,dsolve 返回的解(前提是能够求得解析解)在最一般意义下也会成立,但是会增加求不出统一的解析表达式的概率。

下面来看 dsolve 求解微分方程的一些实例。

【例 9.3 - 4】 求 $\dfrac{\mathrm{d}x}{\mathrm{d}t}=y$,$\dfrac{\mathrm{d}y}{\mathrm{d}t}=-x$ 的解。本例的目的是介绍 dsolve 函数最简单的调用格式。本例在 R2015b 版本下的求解代码如下:

```
>> S = dsolve('Dx = y,Dy = - x')
S =
    y: [1x1 sym]
    x: [1x1 sym]
>> S.x
ans =
C5 * cos(t) + C4 * sin(t)
>> S.y
ans =
C4 * cos(t) - C5 * sin(t)
```

在 MATLAB R2017a 版本下,相应的结果如下:

```
>> S = dsolve('Dx = y,Dy = - x')
S =
    y: [1x1 sym]
    x: [1x1 sym]
>> S.x
ans =
C2 * cos(t) + C1 * sin(t)
>> S.y
ans =
C1 * cos(t) - C2 * sin(t)
```

上述结果中的 C4,C5 都是任意常数。从以上结果可以看出,R2015b 和 R2008a 下求得的结果形式还是有一些差异的。虽然求解结果一样,但是形式的差异体现了 Mupad 和 Maple 两个不同符号计算引擎的差异。

【例 9.3 - 5】 画图展示微分方程 $y=xy'-(y')^2$ 的通解和奇异解的关系。通过本例,读者将看到 R2008a 和 R2017a 下 dsolve 求解的异同;未指定独立变量时的求解结果;如何将符号结果转化成数值表达式;一些绘图指令的应用。

以下代码基于 R2017a:

```
>> y = dsolve('y = x * Dy - (Dy)^2','x') % 注意书写规则,本例需要制定独立变量为 x
y =
x^2/4
 - C4^2 + x * C4
% 利用 str2func 函数转换符号表达式为匿名函数,vectorzie 函数将其转换成"元素运算"
% 形式,即通常的"点运算"形式
>> f1 = str2func(['@(x)' vectorize(char(y(1)))])
f1 =
    @(x)x.^2./4
```

```
>> x1 = -6:0.2:6;
>> y1 = f1(x1);
% 画奇异解,LineH 为奇异解曲线的句柄,读者可以运行 set(lineH) 观察其可设置的属性
% set(LineH,'属性名',属性值) 来设置某属性
>> lineH = plot(x1,y1,'color','r','LineWidth',5,'LineStyle','-.');
>> f2 = str2func(['@(C4) @(x)' vectorize(char(y(2)))]) % 构造双重匿名函数
f2 =
@(C4)@(x)C4.*x-C4.^2
>> hold on
>> forC4 = -2:0.5:2
f2C4 = f2(C4); % 对于每个具体的 C4,得到相应的通解的具体解
plot(x1,f2C4(x1));
end
>> hold off
>> title('\fontname{隶书}\fontsize{16}微分方程通解和奇解')
```

得到的结果如图 9.3 - 1 所示。

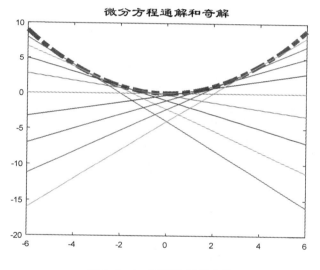

图 9.3 - 1　通解和奇解曲线

注意: 如果不指定独立变量为 x,MATLAB 还会认为默认变量为 t,这样得出的解如下:

```
>> y = dsolve('y = x*Dy - (Dy)^2')
y =

                                        0
x^2/4 - (x + x*lambertw(0, exp((C9 + t - x)/x)/x))^2/4
x^2/4 - (x + x*lambertw(0, -exp((C6 + t - x)/x)/x))^2/4
```

上述代码是基于 2017a 的,在 2008a 下,直接运行

```
y = dsolve('y = x*Dy - (Dy)^2','x')
```

会报错,这时候需要写成"导数在前函数在后,导数阶数降阶"的形式,即

```
y = dsolve('(Dy)^2 - x*Dy + y = 0','x')
```

给出的结果如下:

```
y = dsolve('(Dy)^2 - x * Dy + y = 0','x')
y =
    1/4 * x^2
- C1^2 + x * C1
```

剩下的画图等操作可以参考上述 2015b 下的代码。

【例 9.3 - 6】 求解下述微分方程：$\dfrac{\mathrm{d}y}{\mathrm{d}t}=1+y^2$，$y(0)=1$。本例展示 IgnoreAnalyticCon-straints 设置项的用法。

由于 R2008a 没有 IgnoreAnalyticConstraints 这一设置项，可以先来看看在 R2008a 下求解的结果：

```
y = dsolve('Dy = 1 + y^2','y(0) = 1')
y =
tan(t + 1/4 * pi)
```

回到 R2015b：

```
y = dsolve('Dy = 1 + y^2','y(0) = 1')
y =
tan(t + pi/4)
```

可见，默认情况下得到的结果和 R2008a 下是一致的。在 R2017a 下，IgnoreAnalyticCon-straints 这一设置项的值默认是"true"的，也就是说得到表达式并不是严格数学意义上的最一般的表达式，如果将其值改为"false"得到的结果如下：

```
y = dsolve('Dy = 1 + y^2','y(0) = 1',...
'IgnoreAnalyticConstraints',false)
y =
tan(t + pi/4 + pi * C18)
```

上述结果是数学上严格条件下微分方程的通解。

【例 9.3 - 7】 求解两点边值问题：$xy''-3y'=x^2$，$y(1)=0$，$y(5)=0$。前面都是微分方程初值问题的例子，本例介绍 dsolve 求解边值问题。继续介绍符号表达式如何可视化。

以下代码基于 R2015b：

```
>> y = dsolve('x * D2y - 3 * Dy = x^2','y(1) = 0,y(5) = 0','x')
y =
(31 * x^4)/468 - x^3/3 + 125/468
% 用另一种方法将符号表达式转化成匿名函数,读者可以对照例 9.3 - 5 中的方法
>> eval(['f = @(x) ',vectorize(char(y))])
f =
    @(x)(31. * x.^4)./468 - x.^3./3 + 125./468
>> x = - 1:0.2:6;
>> LineH = plot(x,f(x)); % 画微分方程解曲线,返回曲线句柄 LineH
% 通过曲线的句柄设置曲线一些属性值
>> set(LineH,'color',[0 1 1],'LineWidth',3,'LineStyle','-- ')
>> hold on
>> plot([1 5],[0,0],'*','color','r','markersize',12) % 画微分方程的两个边值点
>> text(1,1,'y(1) = 0') % 图上标注边值条件
>> text(4,1,'y(5) = 0')
>> title(['x * D2y - 3 * Dy = x^2,',' y(1) = 0,y(5) = 0'])
>> hold off
```

上述代码得到的结果如图 9.3 - 2 所示。

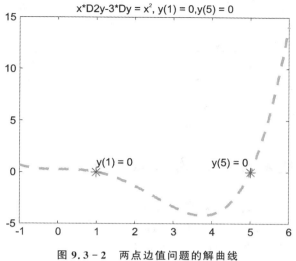

图 9.3 - 2　两点边值问题的解曲线

9.4　参考文献

［1］张志涌，杨祖樱．MATLAB 教程 R2010a．北京：北京航空航天大学出版社，2010.

［2］吴鹏．MATLAB 高效编程技巧与应用：25 个案例分析．北京：北京航空航天大学出版社，2010.

［3］薛定宇，陈阳泉．高等应用数学问题的 MATLAB 求解．2 版．北京：清华大学出版社，2008.

若您对此书内容有任何疑问，可以登录MATLAB中文论坛与作者和同行交流。

第 10 章

数值积分计算

吴鹏（rocwoods）

10.1 矩形区域积分以及离散数据积分

MATLAB 的优势在于数值计算，在数值积分计算方面表现尤为明显。实际问题中遇到的积分一般用符号计算都无法给出解析解，这时就必须求助于数值积分。本章先从最简单的单重积分以及规则区域的二重、三重积分、离散数据积分讲起，之后介绍一般区域的二重、三重积分以及 n 重积分的解法。

10.1.1 矩形区域积分

这里的矩形区域积分指的是积分上下限是常数的积分，下面分单重、二重、三重、向量化 4 种情况讨论。

1. 单重情形

一般单重积分视情况可以用下面 3 个函数解决：quad（自适应 Simpson 积分）、quadl（自适应 Gauss Lobatto 积分，最常用）、quadgk（自适应 Gauss Kronrod 积分，尤其适合振荡积分、含奇点的积分；从 R2007b 开始支持）。另外，从 MATLAB R2012a 版本开始，integral 函数也可以求解一般单重积分。

【例 10.1 - 1】 分别利用 quad,quadl,quadgk 以及 integral 函数计算 $\sin(x)$ 以及 $\sin(100x)$ 在 $0\sim20$ 的积分，并比较它们的差异。

```
function QuadDemo
format long
tic;a1 = quad(@(x) sin(x).^2,0,20),toc
tic;a2 = quadl(@(x) sin(x).^2,0,20),toc
tic;a3 = quadgk(@(x) sin(x).^2,0,20),toc
tic;a4 = integral(@(x) sin(x).^2,0,20),toc
warning('off','all');
disp(' ');
disp('下面是振荡函数积分结果');
disp(' ');
tic;b1 = quad(@(x) sin(100 * x).^2,0,20),toc
tic;b2 = quadl(@(x) sin(100 * x).^2,0,20),toc
tic;b3 = quadgk(@(x) sin(100 * x).^2,0,20),toc
tic;b4 = integral(@(x) sin(100 * x).^2,0,20),toc
syms x
double(int(sin(100 * x)^2,0,20)) %符号积分给出精确结果
```

上述程序在如下计算机（CPU 为 Intel Core i7 - 4610M，内存 8G，操作系统：64 位 Win7）上运行结果如下：

```
a1 =
    9.813721729112704
Elapsed time is 0.007158 seconds.
a2 =
    9.813721709879468
Elapsed time is 0.011581 seconds.
a3 =
    9.813721709880161
Elapsed time is 0.003221 seconds.
a4 =
    9.813721709880161
Elapsed time is 0.003326 seconds.
```

下面是振荡函数积分结果：

```
b1 =
    9.814980925544601
Elapsed time is 0.105051 seconds.
b2 =
    11.245444198456633
Elapsed time is 0.062856 seconds.
b3 =
    10.001708759484679
Elapsed time is 0.003622 seconds.
b4 =
    10.001708759484679
Elapsed time is 0.005820 seconds.
ans =
    10.001708759484693
```

从上面可以看出，对于非高频振荡的函数来说，3 个函数求得的结果相差不大，但对高频振荡的函数积分 $\sin(100 * x)$，quadgk 或者 integral 函数无论从速度还是准确度上都是首屈一指的。

2. 二重情形

一般二重积分可以用函数 dblquad，quad2d（R2009a 开始支持，不仅可以求矩形区域二重积分，还可以求一般区域二重积分）来解决。另外，从 MATLAB R2012a 版本开始，integral2 函数也可以求解一般的二重积分。

【例 10.1 - 2】　分别利用 dblquad，quad2d 以及 integral2 函数计算 $f(x,y) = x^2 + y^2$ 在 $0 \leqslant x \leqslant 1, 0 \leqslant y \leqslant 1$ 上的积分。

代码如下：

```
format long
f = @(x,y) x.^2 + y.^2;
a1 = dblquad(f,0,1,0,1)
a2 = quad2d(f,0,1,0,1)
a3 = integral2(f,0,1,0,1)
a1 =
    0.666666666666667
a2 =
    0.666666666666776
a3 =
    0.666666666666776
```

在本章后面将会有 quad2d 或者 integral2 函数在求解一般区域二重积分的应用。

3. 三重情形

MATLAB 中可以利用 triplequad 函数或者 integral3 函数（MATLAB R2012a 之后的版本中有）求解长方体区域的三重积分。

【例 10.1-3】 计算 $f(x,y,z)=x^2+y^2+z^2$ 在 $0\leqslant x\leqslant1,0\leqslant y\leqslant1,0\leqslant z\leqslant1$ 上的积分。

```
f = @(x,y,z) x.^2 + y.^2 + z.^2;
a1 = triplequad(f,0,1,0,1,0,1)
a2 = integral3(f,0,1,0,1,0,1)
a1 =
    1
a2 =
    1.000000000000109
```

4. 向量化积分

所谓向量化积分，是指被积函数含有参数，需要对参数的一系列值求出相应的积分。求解向量化积分可以用 quadv 函数（integral 也可以）。

【例 10.1-4】 求函数 $f(x)=\mathrm{besselk}(0,n^2\sqrt{x}+1)$ 在 n 取 $1\sim10$ 的情况下，x 从 $0\sim1$ 的积分。

```
>> format long
>> f = @(x,n) besselk(0,(1:n).^2 * x.^0.5 + 1);  % 构造被积函数匿名函数句柄
>> sf = quadv(@(x)f(x,10),0,1)  % quadv 的调用示例
sf =

  Columns 1 through 6

    0.182019302576721   0.032101281487744   0.006752634734882   0.002138784769104
    0.000877247702385   0.000424597310308

  Columns 7 through 10

    0.000231063683911   0.000137637574182   0.000088405753739   0.000060732916491
sf = integral(@(x)f(x,10),0,1,'ArrayValued',true)  % integral 的调用示例
sf =
  Columns 1 through 4
    0.182019161742279   0.032100827608173   0.006751883443716   0.002137660512628
  Columns 5 through 8
    0.000875586406382   0.000422254246954   0.000227922325719   0.000133603882825
  Columns 9 through 10
    0.000083408246312   0.000054724150405
```

程序中 sf 是 1×10 的数组，对应的是 n 取 $1\sim10$ 时，$f(x)$ 从 $0\sim1$ 的积分。

【注】 ① quadv 采用的是自适应 Simpson 积分，因此对于一些类似 besselk 这样的快速衰减函数积分计算的精度不好，如例 10.1-4 所示。

② 目前 MathWorks 推荐用 integral，integral2，integral3 分别作为一重、二重以及三重积分的计算函数。quad，quadl，dblquad，triplequad 等函数在未来的版本中将被移除。

10.1.2　离散数据积分

MATLAB 中离散数据积分的函数只有 trapz 函数，是针对一重情形的，如果是二重情形，需要用户自己编写，其中会用到 trapz 函数。下面看两个关于离散数据积分的例子。

【例 10.1-5】 已知 $x=0:\pi/100:\pi/2$，$y=\sin x$，利用上述离散数据求 y 关于 x 的积分，并和 $\int_0^{\pi/2}\sin(x)\mathrm{d}x$ 比较。

代码如下：

```
>> x = 0:pi/100:pi/2;
y = sin(x);
Intyx = trapz(x,y)          % 利用离散数据积分
Intyx =
    0.999917751943722
>> Intyx2 = quadl(@sin,0,pi/2)% 对 sin(x)进行 0～pi/2 的积分
Intyx2 =
    0.999999999991748
>> TrueValue = int(sym('sin(x)'),0,pi/2)% 利用符号计算求真值
TrueValue =
1
```

可见，trapz 得到的结果和真实结果很接近。下面看一种二重离散积分的情况。

【例 10.1-6】　被积函数为 $f(x,y)p(x)q(y)$，对 x 和 y 进行二重积分。实际应用中 $f(x,y)$ 是 $N×N$ 的矩阵，$p(x)$ 和 $q(y)$ 都是 $1×N$ 的向量。

本例以 $f(x,y)=\cos(x)\sin(y)$、$p(x)=\cos(x)$、$q(x)=\sin(x)$ 为例来说明二重离散积分的实现方法。

首先，准备测试数据：

```
x = linspace(0,pi/2);
y = linspace(0,2 * pi);
[X Y] = meshgrid(x,y);
f = cos(X). * sin(Y);
p = cos(x);
q = sin(y);
```

然后，利用 trapz 求二重积分：

```
Fx = zeros(size(x));
for k = 1:length(x)
    Fx(k) = trapz(y,f(:,k)'. * p(k). * q);
end
format long
trapz(x,Fx)
ans =
    2.467401100272340
```

将上述结果和已知函数表达式情况下，利用 dblquad 计算的结果进行比较：

```
dblquad(@(x,y) cos(x). * sin(y). * cos(x). * sin(y),0,pi/2,0,2 * pi)
ans =
    2.467401126236392
```

由此可见，上述两种方法得到的结果是相差不大的。

10.2　含参数积分

在解决实际问题时常需要解一些带参数的积分问题，这涉及参数的传递，总的说来，有以下几种方法可以求解：

➤ 用 inline+num2str 方法（MATLAB 7.0 以前版本使用，7.0 以后不推荐使用）；

➤ 利用匿名函数实现；

➢ 利用嵌套函数实现；

➢ 利用积分函数本身传递参数。

下面就一个简单的例子介绍上面的方法。

【例 10.2-1】 已知 $y=f(k)=\int_1^5 \sin(kx)x^2\mathrm{d}x$，$k$ 的取值范围是[0,5]，画出 y 关于 k 的图形。

```
function ParaInteDemo
%{
方法 1:num2str + inline
%}
clear all
k = linspace(0,5);
y = zeros(1,length(k));
for i = 1:length(k)
    kk = k(i);
    fun = strcat('sin(',num2str(kk),'*x).*x.^2');
    y(i) = quadl(inline(fun),1,5);
end
plot(k,y)
% =================
%方法 2:匿名函数实现
% =================
f = @(k) quad(@(x)  sin(k.*x).*x.^2,0,5);
kk = linspace(0,5);
y = zeros(size(kk));
for ii = 1:length(kk)
y(ii) = f(kk(ii));
end
plot(kk,y)
% =================
%方法 3:嵌套函数实现
% =================
function y = ParaIntDemo(k)
function f = f(x)
f = sin(k.*x).*x.^2;
end
%上面是以嵌套函数的形式表示的 f,也可以用匿名函数来表示 f,即 f = @(x) sin(k.*x).*x.^2;
%当 f 无法简单表示时,只能采用嵌套函数
y = quadl(@f,1,5);
end
kk = linspace(0,5);
y = zeros(size(kk));
for ii = 1:length(kk)
y(ii) = ParaIntDemo(kk(ii));
end
plot(kk,y)
% ==========================
%方法 4:积分函数本身传递参数
% ==========================
kk = linspace(0,5);
y = zeros(size(kk));
```

```
    for ii = 1:length(kk)
    y(ii) = quad(@(x,k) sin(k. * x). * x.^2,0,5,[],[],kk(ii));
    end
    end
```

画出的图形如图 10.2 − 1 所示。

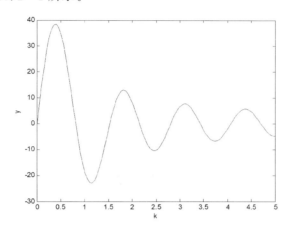

图 10.2 − 1　y 与 k 的关系图

需要说明的是,上例比较简单,可以用符号积分给出 y 关于 k 的解析表达式,有兴趣的读者可以自行验证。对于大多数带参数的积分,直接符号积分往往是无法得到关于参数的解析表达式的。上述给出的 4 种方法读者可以依据自身的使用习惯选用。

10.3　一般区域二重和三重积分

10.3.1　概　要

这里讨论的计算方法指的是,利用现有的 MATLAB 函数来求解,而不是根据具体的数值计算方法来编写相应程序。对于一般区域上的二重积分,低版本的 MATLAB 向来支持不好,7.x 之前的版本不能通过简单的形式直接求取一般区域上的二重积分,往往要借助广泛流传的 NIT(数值积分)工具箱来实现。到了 7.x 版本,MATLAB 引入了匿名函数结构,dblquad 的被积函数可以是匿名函数的形式,利用匿名函数结构,通过适当地改写被积函数,dblquad 可以求解一般区域上的二重积分。其实,这种改写就是将积分区域表示成逻辑表达式形式并与被积函数相乘,本质上还是计算矩形区域的积分。dblquad 的帮助文档给出了用 dblquad 求一般区域上二重积分的简单例子。

仔细分析 dblquad 的帮助文档中求一般区域二重积分的例子就会发现,这种方法是把原被积函数外推到了一个矩形区域上来实现的,该矩形区域包含了被积区域,在被积区域上,外推函数取值和原函数一样,而在矩形区域内被积区域外的那部分,外推函数取值都为 0。这样外推函数在矩形区域上积分的结果就等于原被积函数在被积区域的结果。这种数学上简单的变换导致的结果就是,按这种方法,计算量大增,特别是在被积区域非常不规则并布满整个矩形区域的时候。

让人高兴的是,从 MATLAB R2009a 版本起,MATLAB 终于有了专门求解一般区域二重积分的函数——quad2d。该函数采用的自适应积分算法基于 L. F. Shampine 的文章：
"Vectorized Adaptive Quadrature in MATLAB"（Journal of Computational and Applied Mathematics，211，2008）。该函数求解一般区域二重积分的效率要远高于上面提到的 dblquad 的方法。

虽然 quad2d 可以求解一般区域二重积分，但还是不能直接求解一般区域三重积分，而 NIT 工具箱也没有一般区域三重积分的计算函数。

本案例的目的是介绍一种在 7.x 版本 MATLAB 里求解一般区域二重、三重积分的思路与方法（从 MATLAB R2012a 开始，integral2 和 integral3 也可以求解一般区域二重积分和三重积分，本节介绍的方法主要适用于老版本的 MATLAB 用户，特别是 MATLAB R2009a 之前的 7.X 版本的用户）。

10.3.2　一般区域二重积分的计算

首先看一下 dblquad 和 quad2d 函数怎样用来求解一般区域的二重积分。请看下面的例子。

【例 10.3 - 1】　求解函数 $f(x,y) = \sqrt{10000 - x^2}$ 在 $x^2 + y^2 \leqslant 10000$ 区域内的积分。

采用 dblquad 函数，可以写出如下求解代码：

```
tic,y1 = dblquad(@(x,y) sqrt(10^4 - x.^2). * (x.^2 + y.^2 < = 10^4),...
- 100,100, - 100,100 ),toc
```

运行结果如下：

```
y1 =
   2.6667e + 006
Elapsed time is 8.326637 seconds.
```

采用 quad2d 函数，则代码如下：

```
tic,y2 = quad2d(@(x,y) sqrt(10^4 - x.^2), - 100,100,...
@(x) - sqrt(10^4 - x.^2),@(x)sqrt(10^4 - x.^2)),toc
```

运行结果如下：

```
y2 =
   2.6667e + 006
Elapsed time is 0.024370 seconds.
```

可见，quad2d 的效率远远高于 dblquad。

从上面可以看到，用 dblquad 求解一般区域二重、三重积分的思路与方法，就是将被积函数"延拓"到矩形或者长方体区域，但是这种方法不可避免地引入了很多乘 0 运算，造成时间上的浪费。而 quad2d 虽然效率很高，但是 R2009a 之前没有这个函数。因此，要想在 R2009a 之前的 MATLAB 7 版里计算一般区域二重、三重积分，需要开辟新的方法。新的方法是调用已有的 MATLAB 函数求解，在求一般区域二重积分时，效率和 quad2d 相比有一些差距，但是相对于"延拓"函数的做法，效率大大提高了。下面结合一些简单的例子说明一下计算方法。

【例 10.3 - 2】　计算下列二重积分：

$$\int_1^2 \int_{\sin(x)}^{\cos(x)} xy \,\mathrm{d}y \,\mathrm{d}x$$

这个积分可以很容易用符号积分计算出结果：

```
syms x y
int(int(x * y,y,sin(x),cos(x)),1,2)
```

```
ans =
cos(4)/8 - cos(2)/8 - sin(2)/4 + sin(4)/2
>> vpa(ans,20)
ans =
- 0.63541270239994324049
```

上述结果可供稍后的数值计算参考。

如果读者用的是 MATLAB R2009a 及以后的版本，可以用

```
quad2d(@(x,y) x. * y,1,2,@(x)sin(x),@(x)cos(x),'AbsTol',1e - 12)
```

得到上述结果。

读者如果用的不是 MATLAB R2009a 或更新的版本，那么可以利用 NIT 工具箱中的 quad2dggen 函数。如果既没有 NIT 工具箱，用的也不是 R2009a 或以后的版本，该怎么办呢？答案是可以利用 quadl 函数两次。注意到 quadl 函数要求积分表达式必须写成向量化形式，所以构造的函数必须能接受向量输入。见如下代码：

```
function IntDemo
    function f1 = myfun1(x)
        f1 = zeros(size(x));
        for k = 1:length(x)
            f1(k) = quadl(@(y) x(k) * y,sin(x(k)),cos(x(k)));
        end
    end
y = quadl(@myfun1,1,2)
end
```

myfun1 函数就是构造的原始被积函数对 y 积分后的函数，这时候是关于 x 的函数，要能接受向量形式的 x 输入，所以构造这个函数的时候考虑到 x 是向量的情况。利用 arrayfun 函数可以将 IntDemo 函数精简成一句代码：

```
quadl(@(x) arrayfun(@(xx) quadl(@(y) xx * y,sin(xx),cos(xx)),x),1,2)
```

上面这行代码体现了用 MATLAB 7. x 求一般区域二重积分的一般方法。可以这么理解这句代码：

```
@(x) arrayfun(@(xx) quadl(@(y) xx * y,sin(xx),cos(xx)),x)
```

定义了一个关于 x 的匿名函数，供 quadl 调用求最外重（x 从 1～2 的）积分，这时候，x 对于

```
arrayfun(@(xx) quadl(@(y) xx * y,sin(xx),cos(xx)),x)
```

就是已知的了，而

```
@(xx) quadl(@(y) xx * y,sin(xx),cos(xx))
```

定义的是对于给定的 xx，求 $xx * y$ 关于 y 的积分函数，这就相当于数学上积完第一重 y 的积分后得到一个关于 xx 的函数，而

```
arrayfun(@(xx) quadl(@(y) xx * y,sin(xx),cos(xx)),x)
```

只是对

```
@(xx) quadl(@(y) xx * y,sin(xx),cos(xx))
```

加了一个循环的壳，保证"积完第一重 y 的积分后得到一个关于 xx 的函数"能够接受向量化的 xx 的输入，从而能够被 quadl 调用。有了这个模板，可以很方便地求其他一般积分区域（上下限是函数）形式的二重积分。如下例。

【例 10.3 - 3】　求下列二重积分：

$$\int_{10}^{20}\int_{5x}^{x^2} e^{\sin(x)}\ln(y)\,\mathrm{d}y\,\mathrm{d}x$$

用 quad2d 函数和上面介绍的方法,以及 dblquad 帮助文档所给的延拓函数的方法得到的运算结果以及运行时间情况如下:

```
tic,y1 = quad2d(@(x,y) exp(sin(x)). * log(y),10,20,@(x)5 * x,@(x)x.^2),toc
tic,y2 = quadl(@(x) arrayfun(@(x) quadl(@(y) exp(sin(x)). * log(y),...
5 * x,x.^2),x),10,20),toc
tic,y3 = dblquad(@(x,y) exp(sin(x)). * log(y). * (y>= 5 * x & y<= x.^2),10,20,50,400),toc
y1 =
    9.368671342614414e + 003
Elapsed time is 0.021152 seconds.
y2 =
    9.368671342161189e + 003
Elapsed time is 0.276614 seconds.
y3 =
    9.368671498376889e + 003
Elapsed time is 1.674544 seconds.
```

由此可以看出,本节介绍的求一般区域二重积分的方法在 R2009a 以前的版本中不失为一种方法,效率要明显高于 dblquad 帮助文档中推荐的做法。更重要的是,这为求解一般区域三重积分提供了一种途径。接下来的章节,将介绍求一般区域三重积分的方法。

10.3.3　一般区域三重积分的计算

10.3.2 节给出了一般区域二重积分计算的例子:

```
quadl(@(x) arrayfun(@(xx) quadl(@(y) xx * y,sin(xx),cos(xx)),x),1,2)
```

可以将其写成模板,即

```
quadl(@(x) arrayfun(@(xx) quadl(@(y) 被积二元函数 f(xx,y),y 的积分下限表达式 g1(xx),y 的
积分上限表达式 g2(xx)),x),x 积分下限值,x 积分上限值)
```

现在来看一般区域三重积分的做法,有两种思路:一种是用 quadl+quad2d 函数,这需要 R2009a 及以后的版本来支持;另一种是用 3 个 quadl 函数。前者还可细分成先 quad2d 后 quadl,以及先 quadl 后 quad2d。我们可以得到 3 种模板,同时以下面的简单三重积分为例进行说明:

$$\int_1^2 \int_x^{2x} \int_{xy}^{2xy} xyz \, dz \, dy \, dx$$

模板与相应实例如下。

模板 1:

```
quadl(@(x) arrayfun(@(xx) quad2d(被积函数 f(xx,y,z)关于 y,z 变量的函数句柄,y 积分下限 y1
(xx),y 积分上限 y2(xx),z 积分下限 z1(xx,y),z 积分上限 z2(xx,y)),x),x 积分下限值,x 积分上限值)
```

实例:

```
quadl(@(x) arrayfun(@(xx) quad2d(@(y,z) xx. * y. * z,xx,2 * xx,@(y) xx * y,@(y)...
 2 * xx * y),x),1,2)
```

模板 2:

```
quad2d(@(x,y) arrayfun(@(xx,yy) quadl(被积函数 f(xx,yy,z)关于 z 变量的函数句柄,z 积分下限 z1
(xx,yy),z 积分上限 z2(xx,yy)),x,y),x 积分下限值,x 积分上限值,y 积分下限 y1(x),y 积分上限 y2(x))
```

实例:

```
quad2d(@(x,y) arrayfun(@(xx,yy) quadl(@(z) xx. * yy. * z,...
xx * yy,2 * xx * yy),x,y),1,2,@(x)x,@(x)2 * x)
```

模板 3:

```
quadl(@(x) arrayfun(@(xx) quadl(@(y) arrayfun(@(yy) quadl(被积函数 f(xx,yy,z)关于 z 变量的
函数句柄,z 积分下限 z1(xx,yy),z 积分上限 z2(xx,yy)),y),y 积分下限 y1(xx),y 积分上限 y2(xx)),x),x
积分下限值,x 积分上限值)
```

实例：

```
quadl(@(x) arrayfun(@(xx) quadl(@(y) arrayfun(@(yy) quadl(@(z)...
xx. * yy. * z,xx * yy,2 * xx * yy)),y),xx,2 * xx)),x),1,2)
```

模板使用说明：x,y,z 是积分变量，模板中除了用语言描述的参量用相应表达式替换掉外，其余结构保持不变。读者可以实际运行这 3 个实例，都比用 triplequad 拓展函数法快得多，而且 triplequad 拓展函数得到的结果还不精确。在作者计算机上结果如下：

```
tic;quadl(@(x) arrayfun(@(xx) quad2d(@(y,z) xx. * y. * z,xx,2 * xx,@(y) xx * y,@(y)...
 2 * xx * y),x),1,2),toc
tic;quad2d(@(x,y) arrayfun(@(xx,yy) quadl(@(z)...
 xx. * yy. * z,xx * yy,2 * xx * yy),x,y),1,2,@(x)x,@(x)2 * x),toc
tic;quadl(@(x) arrayfun(@(xx) quadl(@(y) arrayfun(@(yy) quadl(@(z)...
 xx. * yy. * z,xx * yy,2 * xx * yy),y),xx,2 * xx)),x),1,2),toc
tic;triplequad(@(x,y,z) x. * y. * z. * (z< = 2 * x. * y&z> = x. * y&y< = 2 * x&y> = x),...
 1,2,1,4,1,16),toc
ans =
 179.2969
Elapsed time is 0.037453 seconds.
ans =
 179.2969
Elapsed time is 0.223533 seconds.
ans =
 179.2969
Elapsed time is 0.090477 seconds.
ans =
 178.9301
Elapsed time is 78.421721 seconds.
```

从上面的代码可以看出，如果读者用的是 R2009a 及以后的版本，那么计算一般区域三重积分时可以用模板 1,2009a 以前的版本(限于 7. x 版本)可以用模板 3,而模板 2 效率比较低(更加频繁地调用函数增加了系统开销)。以上二重、三重积分模板还可以推广应用范围,譬如计算如下积分：

$$\int_{10}^{100} \left(\frac{1}{\int_{x}^{x^2} y \, dy} \right) dx$$

就不能套用 dblquad 或者 quad2d,但是可对一般二重积分模板稍作变形,求解代码如下：

```
quadl(@(x) 1./arrayfun(@(xx)quadl(@(y)y,xx,xx^2),x),10,100)
```

对于上述方法的应用,可以再看一个例子。

【例 10.3 - 4】 求下列二重积分：

$$\int_{0.2}^{1} 2y e^{-y^2} \left(\int_{-1}^{1} \frac{e^{-x^2}}{y^2 + x^2} \, dx \right)^2 dy$$

上述积分不是简单的二重积分,不能用 dblquad 求解,只能分两次积分求解。利用 quadl 和 arrayfun,可以写出求解代码：

若您对此书内容有任何疑问，可以登录MATLAB中文论坛与作者和同行交流。

```
f1 = quadl(@(y) 2 * y. * exp( - y.^2). * arrayfun(@(y)quadl(@(x) exp( - x.^2)./...
(y.^2 + x.^2), - 1,1),y).^2,0.2,1)
f1 =
    10.2135
```

10.4 一般区域 n 重积分

通过上面两个案例,讨论了一般区域上的一重、二重、三重积分。接下来一个自然而然的问题就是如何求解一般区域上的 n 重积分。

本节重点讨论一般区域上 n 重积分的计算方法。这里讨论的 n,理论上讲不限大小,但是鉴于 n 重积分的特点,如果积分重数高,同时积分区域范围大,数值积分计算量十分巨大。如果各重积分原函数都能显式表示,对于多重积分,采用符号积分是第一选择。当只能采用数值积分时,很多时候四重、五重积分的计算时间都较长。所以虽说不限制 n 的大小,但是能实际计算的 n 重积分,n 一般不会很大。

下面介绍求解一般区域 n 重积分的函数——nIntegrate。需要说明的是,nIntegrate 函数是调用现成的 MATLAB 函数来编写 n 重积分的,因此当积分重数高时,存在着大量的函数调用,因此整体运行效率会受到影响。但读者可以从该函数中加深对 10.3 节 4 个例子的理解,因为本案例在内容上可以看作是前面 4 个例子的推广与递进。

该函数的调用语法如下:

```
f = nIntegrate(fun,low,up)
```

f 为函数的返回值,是 n 重积分的积分结果。

fun 是被积函数字符串形式,不同的变量依次以 $x1, x2, \cdots, xn$ 表示(需要注意的是,必须以 $x1, x2, \cdots, xn$ 这种形式表示,其余像 $y1, y2, \cdots, yn$ 或是其他表示方法都不行)。

low 和 up 都是长度为 n 的 cell 数组,low 存储从外到内各重积分的积分下限函数;up 存储从外到内各重积分的积分上限函数(都是字符串形式)。low 和 up 内的函数表示都要遵循一些原则,这些原则在程序注释里进行了说明,后续例子中将进一步详细说明。

下面给出 nIntegrate 函数的代码:

```
function f = nIntegrate(fun,low,up)
% f, 返回值,n 重积分积分结果
% fun, 是被积函数字符串形式
% low 存储从外到内各重积分的积分下限函数
% up 存储从外到内各重积分的积分上限函数(都是字符串形式)
% 为了保证函数的正常运行,low 和 up 内的函数遵循如下原则:设积分重数为 m,最内层到最外层的
% 积分变量依次以 xm,...x2,x1 来表示(只能以这样的顺序,其他顺序或者别的字母表示变量都不可以)
% 最内层的上下限函数不管是不是关于 x(m-1) 的函数都要求 x(m-1) 必须出现,不是其函数时
% 可以写成" 0 * x(m-1)"等形式,依次类推,次内层要求 x(m-2) 必须要出现,等等,一直到次外层
% 要求变量 x1 出现,最外层才是常数
N = length(low); % 判断积分重数
fun = vectorize(fun); % 将被积函数写成点乘形式,方便数值积分函数调用
if verLessThan('MATLAB','7.8') % 判断当前运行该函数的 MATLAB 版本是否低于 7.8,即 R2009a
    % 低于 7.8 调用 GenerateExpr_quadl 函数递归构造求解表达式
    expr = GenerateExpr_quadl(N);
else % 7.8 或者以后的版本调用 GenerateExpr_quad2d 函数递归构造求解表达式
    if mod(N,2) = = 0
        expr = GenerateExpr_quad2d(N);
    else
```

```
            expr = ['quadl(@(x1) arrayfun(@(x1)',...
                   GenerateExpr_quad2d(N-1),',x1),',low{1},',',up{1},')'];
        end

    end
    %=============================================================
    % 主要利用 quadl 函数递归构造求解表达式,适用于 R2009a 以前的版本
    %=============================================================
    function expr = GenerateExpr_quadl(n)
        if n == 1
            expr = ['quadl(@(x',num2str(N),')',fun,',',low{N},',',up{N},')'];
        else
            expr = ['quadl(@(x',num2str(N-n+1),') arrayfun(@(x',...
                   num2str(N-n+1),')',GenerateExpr_quadl(n-1),',x',num2str(N-n+1),...
                   '),',low{N-n+1},',',up{N-n+1},')'];
        end
    end
    %=============================================================
    % 主要利用 quad2d 函数递归构造求解表达式,适用于 R2009a 及以后的版本
    %=============================================================
    function expr = GenerateExpr_quad2d(n)
        if n == 2
            expr = ['quad2d(@(x',num2str(N-1),',x',num2str(N),')',fun,',',...
                   low{N-1},',',up{N-1},',@(x',num2str(N-1),')',low{N},',@(x',...
                   num2str(N-1),')',up{N},')'];
        else
            expr = ['quad2d(@(x',num2str(N-n+1),',x',num2str(N-n+2),')',...
                   'arrayfun(@(x',num2str(N-n+1),',x',num2str(N-n+2),')',...
                   GenerateExpr_quad2d(n-2),...
                   ',x',num2str(N-n+1),',x',num2str(N-n+2),'),',...
                   low{N-n+1},',',up{N-n+1}...
                   ',@(x',num2str(N-n+1),')',low{N-n+2}...
                   ',@(x',num2str(N-n+1),')',up{N-n+2},')'];
        end
    end
f = eval(expr);
end
```

函数可运行于 MATLAB 7.0 以后的版本,其中又以 R2009a 为界设置了不同的求解方法。如果用的是 R2009a 或以后版本,那么速度明显会比 2009a 以前的版本快不少。

现举例说明函数的用法。

【例 10.4-1】　计算如下积分:

$$\int_0^1 \left(\int_0^1 \left(\int_0^1 \left(\int_0^1 e^{x_1 x_2 x_3 x_4} \, \mathrm{d}x_4 \right) \mathrm{d}x_3 \right) \mathrm{d}x_2 \right) \mathrm{d}x_1$$

对上述四重积分,构造输入变量并求解如下:

```
fun = 'exp(x1 * x2 * x3 * x4)';
% 由于各层积分上下限都是常数,为了和程序中要求的保持一致,积分上下限函数可以写成如下形式
% 当然还可以写成任意满足程序要求的形式,譬如 up = {'1','0 * x1 + 1','0 * (x1 + x2) + 1','0 * (x1 *
% x2 - x3) + 1'};等等
up = {'1','0 * x1 + 1','0 * x2 + 1','0 * x3 + 1'};
low = {'0','0 * x1','0 * x2','0 * x3'};
format long
```

```
f = nIntegrate(fun,low,up)
f =
    1.069397608859771
% 和真实值比较
syms x1 x2 x3 x4
>> double(int(int(int(int(exp(x1 * x2 * x3 * x4),x4,0,1),x3,0,1),x2,0,1),x1,0,1))
Warning: Explicit integral could not be found.
> In sym.int at 64
Warning: Explicit integral could not be found.
> In sym.int at 64
Warning: Explicit integral could not be found.
> In sym.int at 64
ans =
    1.069397608859771
```

由此可见,用 nIntegrate 求解出的结果和由符号计算得到的结果值一样。

【例 10.4 - 2】 计算如下积分:

$$\int_1^2 \left(\int_{x_1}^{2x_1} \left(\int_{x_1 x_2}^{2x_1 x_2} x_1 x_2 x_3 \, \mathrm{d}x_3 \right) \mathrm{d}x_2 \right) \mathrm{d}x_1$$

对于上述积分,构造输入变量如下:

```
fun = 'x1 * x2 * x3';
up  = {'2','2 * x1','2 * x1 * x2'};
low = {'1','x1','x1 * x2'};
```

然后按 f=nIntegrate(fun,low,up) 调用即可。积分结果如下:

```
f =
    179.2969
```

【例 10.4 - 3】 计算如下四重积分:

$$\int_1^2 \left(\int_{x_1}^{3x_1} \left(\int_{x_1 x_2}^{2x_1 x_2} \left(\int_{x_1 + x_1 x_3}^{x_1 + 2x_1 x_3} \left(\sqrt{x_1 x_2} \ln x_3 + \sin\left(\frac{x_4}{x_2}\right) \right) \mathrm{d}x_4 \right) \mathrm{d}x_3 \right) \mathrm{d}x_2 \right) \mathrm{d}x_1$$

求解上述积分的代码如下:

```
fun4 = 'sqrt(x1 * x2) * log(x3) + sin(x4/x2)' % 构造被积函数字符表达式
up4  = {'2','3 * x1','2 * x1 * x2','x1 + 2 * x1 * x3 + 0 * x2'} % 积分上限函数字符表达式
low4 = {'1','x1','x1 * x2','x1 + x1 * x3 + 0 * x2'} % 积分下限函数字符表达式
f = nIntegrate(fun4,low4,up4)
fun4 =
sqrt(x1 * x2) * log(x3) + sin(x4/x2)
up4 =
    '2'    '3 * x1'    '2 * x1 * x2'    'x1 + 2 * x1 * x3'
low4 =
    '1'    'x1'    'x1 * x2'    'x1 + x1 * x3'
f =
    1.5025e + 003
```

【例 10.4 - 4】 计算如下五重积分:

$$\int_0^1 \mathrm{d}x_1 \int_{\exp(x_1)/2}^{\exp(x_1)} \mathrm{d}x_2 \int_{(x_1 + \sin(x_2))/2}^{x_1 + \sin(x_2)} \mathrm{d}x_3 \int_{(x_1 + x_3)/2}^{x_1 + x_3} \mathrm{d}x_4$$

$$\int_{x_4}^{2x_4} \left(\sin(x_1 \exp(x_2 \sqrt{x_3})) + x_4^{x_5} \right) \mathrm{d}x_5$$

求解上述积分的代码如下:

276

```
fun5 = 'sin(x1 * exp(x2 * sqrt(x3))) + x4^x5'
up5 = {'1','exp(x1)','x1 + sin(x2)','x1 + x3','2 * x4'}
low5 = {'0','exp(x1)/2','x1/2 + sin(x2)/2','x1/2 + x3/2','x4'}
f = nIntegrate(fun5,low5,up5),
fun5 =
sin(x1 * exp(x2 * sqrt(x3))) + x4^x5
up5 =
    '1'    'exp(x1)'    'x1 + sin(x2)'    'x1 + x3'    '2 * x4'
low5 =
  Columns 1 through 4
    '0'    'exp(x1)/2'    'x1/2 + sin(x2)/2'    'x1/2 + x3/2'
  Column 5
    'x4'
f =
    5.7981
```

需要说明的是,随着积分重数的增加,大量函数调用随之发生,计算量也会急剧增加,因此,上述求解过程会比较费时间,在现实的计算时间内,能够以比较高的精度求解的积分重数不会太多。但上述介绍的方法在很多时候还是能够方便快捷地求出常见的一些维数不太高的多重积分的解的。

10.5　蒙特卡洛法计算 n 重积分

10.5.1　概　述

在 10.4 节我们已经看到,对于一些积分重数比较高的积分,如果再按照传统方法进行计算的话,运算量会非常大,求解时间随着重数的增加而迅速增加。10.4 节虽然给出了一般区域 n 重积分的通用程序,但在实际计算中,n 不会很大,一般 n 超过 5 后,求解时间就会长到无法接受。对于更高维的积分,一个非常有效的求解方法就是蒙特卡洛积分法。

蒙特卡洛方法又称随机抽样法或统计试验方法,它用于求积分时,与积分重数无关,这点非常重要。虽然四维以下的积分用蒙特卡洛法计算时效率可能不如传统的一些数值积分方法高,但是维数高的时候,蒙特卡洛法比传统方法要有效得多,而且实现起来也非常容易。可以说,计算高维积分是蒙特卡洛方法最成功和典型的应用。

实际应用中,有多种蒙特卡洛方法可以计算 n 重积分,这里介绍基本的蒙特卡洛法和等分布序列的蒙特卡洛法。

10.5.2　基本的蒙特卡洛积分法

设 D 为 n 维空间 R^n 的一个区域,$f(x) \in D \subset R^n \to R$,区域 D 上的 n 重积分表示为

$$I = \int_D f(p)\mathrm{d}p$$

式中,I 可以认为等于区域 D 的测度乘以函数 f 的期望。

基本的蒙特卡洛法就是找一个超立方体(测度已知,为 M_C)包含区域 D,在 D 内随机生成 n(n 一般足够大)个均匀分布的点,统计落入区域 D 的点,假设有 m 个,则区域 D 的测度

$$M_D \approx \frac{mM_C}{n}$$

若您对此书内容有任何疑问,可以登录MATLAB中文论坛与作者和同行交流。

函数 f 的期望

$$\bar{f} \approx \frac{1}{m}\sum_{i\in D}f(p_i)$$

从而有

$$I \approx M_D\bar{f} = \frac{M_C}{n}\sum_{i\in D}f(p_i)$$

这就是计算重积分的基本的蒙特卡洛法。由此可以看出,该方法实现起来很方便。下面结合例子来说明该方法。

【例 10.5 - 1】 用基本的蒙特卡洛法计算例 10.4 - 1 中的积分:

$$\int_0^1\left(\int_0^1\left(\int_0^1\left(\int_0^1 e^{x_1 x_2 x_3 x_4}\,dx_4\right)dx_3\right)dx_2\right)dx_1$$

这个四重积分在例 10.4 - 1 中已经用 nIntegrate 函数得到结果为 1.069397608859771,用基本的蒙特卡洛求解如下:

```
% 构造被积函数,x 为长为 4 的行向量或者矩阵(列数为 4)。x 的每一行表示 4 维空间中的一个点
f = @(x) exp(prod(x,2));
n = 10000;
X = rand(n,4); % 随机生成 n 个 4 维单位超立方体内的点
format long
I = sum(f(X))/n % 用基本的蒙特卡洛法估计积分值
I =
    1.069840982686524
```

求出的结果和用 nIntegrate 求出的结果相差不大。

再看不规则区域上的多重积分的蒙特卡洛解法。

【例 10.5 - 2】 计算如下积分:

$$\int_1^2\left(\int_{x_1}^{2x_1}\left(\int_{x_1 x_2}^{2x_1 x_2} x_1 x_2 x_3\,dx_3\right)dx_2\right)dx_1$$

前面计算得该积分的结果为 179.2969,用蒙特卡洛法求解:

```
% 构造被积函数,x 为长为 3 的列向量或者矩阵(行数为 3)。x 的每一列表示 s 维空间中的一个点
f = @(x) prod(x);
n = 100000;
% 随机均匀生成空间中包含积分区域的长方体内的点
x1 = unifrnd(1,2,1,n);
x2 = unifrnd(1,4,1,n);
x3 = unifrnd(1,16,1,n);
ind = (x2>=x1)&(x2<=2*x1)&(x3>x1.*x2)&(x3<2*x1.*x2);
X = [x1;x2;x3];
format long
I = (4-1)*(16-1)*sum(f(X(:,ind)))/n % 用基本的蒙特卡洛法估计积分值
I =
    1.790310643580260e + 002
```

10.5.3 等分布序列的蒙特卡洛法

在区间 $[a,b]$ 中的一个(确定性)点列 $x_1,x_2,\cdots$,若对所有的有界黎曼(Riemann)可积函数 $f(x)$,均有

$$\lim_{n\to+\infty}\frac{b-a}{n}\sum_{i=1}^{n}f(x_i) = \int_a^b f(x)\,dx$$

则称该点列在$[a,b]$中是等分布的。令(ξ)表示ξ的小数部分,即$(\xi)=\xi-[\xi]$,这里$[\xi]$表示不超过ξ的最大整数。于是可以引入下面的定理。

定理 10.5-1 若θ为一个无理数,则数列
$$x_n=(n\theta), \quad n=1,2,\cdots$$
在$[0,1]$中是等分布的。

定理证明从略,有兴趣的读者可以参阅本章的参考文献[1]。

对于一般的区间$[a,b]$,可以令$u_n=x_n(b-a)+a$来得到$[a,b]$中等分布的点列。对于s重积分$I=\int_{D_s}f(p)\mathrm{d}p$,一般是挑选$s$个对有理数线性独立的无理数$\theta_1,\theta_2,\cdots,\theta_s$,来得到包含积分区域$D_s$的超长方体内的均匀分布的点列
$$P_n=((n\theta_1)(b_1-a_1)+a_1,(n\theta_2)(b_2-a_2)+a_2,\cdots,(n\theta_s)(b_s-a_s)+a_s)$$
其中,$[a_i,b_i]$是包含积分区域的超长方体的第$i(i=1,2,\cdots,s)$维边长。无理数对有理数线性独立是指对$\alpha_j\in\mathbf{Q}(j=1,2,\cdots,s,$不全为0),有
$$\alpha_1\theta_1+\alpha_2\theta_2+\cdots+\alpha_s\theta_s\neq0$$
这样,可以得到用等分布序列蒙特卡洛法计算的积分的近似值:
$$I\approx M_{D_s}\bar f=\frac{M_C}{n}\sum_{i\in D_s}f(P_i), \quad i=1,2,\cdots,n$$

可以证明,采用等分布序列的蒙特卡洛法比采用随机序列的蒙特卡洛法误差阶要好。还是结合例子来说明。

【例 10.5-3】 用等分布序列的蒙特卡洛法计算例 10.4-1 中的积分:
$$\int_0^1\left(\int_0^1\left(\int_0^1\left(\int_0^1\mathrm{e}^{x_1x_2x_3x_4}\mathrm{d}x_4\right)\mathrm{d}x_3\right)\mathrm{d}x_2\right)\mathrm{d}x_1$$

```
%构造被积函数,x 为长为4的列向量或者矩阵(行数为4)。x 的每一列表示4维空间中的一个点
f = @(x) exp(prod(x));
n = 10000;
%选取对有理数独立的无理数 sqrt(2),sqrt(3),sqrt(6)/3,sqrt(10)来生成等分布序列
x = bsxfun(@times,repmat(1:n,4,1),[sqrt(2);sqrt(3);sqrt(6)/3;sqrt(10)]);
x = mod(x,1);
format long
I = sum(f(x))/n %用基本的蒙特卡洛法估计积分值
I =
    1.069297245824625
```

【例 10.5-4】 用等分布序列的蒙特卡洛法计算例 10.4-4 中的积分,并和基本的蒙特卡洛法比较:
$$\int_0^1\mathrm{d}x_1\int_{\exp(x_1)/2}^{\exp(x_1)}\mathrm{d}x_2\int_{(x_1+\sin(x_2))/2}^{x_1+\sin(x_2)}\mathrm{d}x_3\int_{(x_1+x_3)/2}^{x_1+x_3}\mathrm{d}x_4$$
$$\int_{x_4}^{2x_4}\left(\sin(x_1\exp(x_2\sqrt{x_3}))+x_4^{x_5}\right)\mathrm{d}x_5$$

该五重积分的积分区域是不规则的,在 10.4 节,已经利用 nIntegrate 函数给出了其精度比较高的解,但是从中也可看出,求解时间相当长。这里利用蒙特卡洛法重新对其进行计算并比较结果。

从上述积分表达式容易找到包含被积区域的一个超长方体如下:
$$0\leqslant x_1\leqslant1,\frac{1}{2}\leqslant x_2\leqslant\mathrm{e},\frac{\sin(\mathrm{e})}{2}\leqslant x_3\leqslant2,\frac{\sin(\mathrm{e})}{4}\leqslant x_4\leqslant3,\frac{\sin(\mathrm{e})}{4}\leqslant x_5\leqslant6$$

279

选取 $\sqrt{2}, \sqrt{3}, \dfrac{\sqrt{6}}{3}, \sqrt{10}, \sqrt{19}$ 这 5 个对有理数独立的无理数来生成等分布序列。利用等分布序列的蒙特卡洛法计算如下：

```
clear
format long
% 构造被积函数
f = @(x) sin(x(1,:). * exp( x(2,:). * sqrt(x(3,:)) )) + x(4,:).^x(5,:);
n = 1000000;
% 选取对有理数独立的无理数 sqrt(2),sqrt(3),sqrt(6)/3,sqrt(10),sqrt(19)来生成等分布序列
x = bsxfun(@times,repmat(1:n,5,1),[sqrt(2);sqrt(3);sqrt(6)/3;sqrt(10);sqrt(19)]);
x = mod(x,1);
% 进行变换,使得区间(0,1)上的等分布序列变到各层积分区间上去
BminusA = diff([0.5 sin(exp(1))/2 sin(exp(1))/4 sin(exp(1))/4;exp(1) 2 3 6])';
x(2:end,:) = bsxfun(@times,x(2:end,:),BminusA);
x(2:end,:) = bsxfun(@plus,x(2:end,:),[0.5;sin(exp(1))/4 * [2;1;1]]);
% 判断哪些点落入积分区域
ind = ( x(2,:)> = exp(x(1,:))/2 )&( x(2,:)< = exp(x(1,:)) )&...
( x(3,:)> = (sin(x(2,:)) + x(1,:))/2 )&( x(3,:)< = (sin(x(2,:)) + x(1,:)) )&...
( x(4,:)> = (x(1,:) + x(3,:))/2 )&( x(4,:)< = x(1,:) + x(3,:) )&...
( x(5,:)> = x(4,:) )&(x(5,:)< = 2 * x(4,:));
% 求近似积分
I1 = (exp(1) - 0.5) * (2 - sin(exp(1))/2) * (3 - sin(exp(1))/4) * (6 - sin(exp(1))/4) * ...
    sum(f(x(:,ind))))/n
I1 =
    5.898580893966090
```

利用一般的蒙特卡洛法计算如下：

```
clear
format long
% 构造被积函数
f = @(x) sin(x(1,:). * exp( x(2,:). * sqrt(x(3,:)) )) + x(4,:).^x(5,:);
n = 1000000;
% 生成超长方体内的随机数
x(1,:) = rand(1,n);
x(2,:) = unifrnd(0.5,exp(1),1,n);
x(3,:) = unifrnd(sin(exp(1))/2,2,1,n);
x(4,:) = unifrnd(sin(exp(1))/4,3,1,n);
x(5,:) = unifrnd(sin(exp(1))/4,6,1,n);
% 判断哪些点落入积分区域
ind = ( x(2,:)> = exp(x(1,:))/2 )&( x(2,:)< = exp(x(1,:)) )&...
( x(3,:)> = (sin(x(2,:)) + x(1,:))/2 )&( x(3,:)< = (sin(x(2,:)) + x(1,:)) )&...
( x(4,:)> = (x(1,:) + x(3,:))/2 )&( x(4,:)< = x(1,:) + x(3,:) )&...
( x(5,:)> = x(4,:) )&(x(5,:)< = 2 * x(4,:));
% 求近似积分
I2 = (exp(1) - 0.5) * (2 - sin(exp(1))/2) * (3 - sin(exp(1))/4) * (6 - sin(exp(1))/4) * ...
    sum(f(x(:,ind))))/n
I2 =
    5.682118433926163
```

一般的蒙特卡洛法具有计算不可重复性等缺点,相比而言,等分布序列的蒙特卡洛法在选定产生等序列的无理数后,计算结果就唯一确定了。从上面的讨论可以看出,如果对于积分精度要求不是很高,蒙特卡洛法在求解重数较多的积分时是很有效的。

10.6　参考文献

［1］Davis P J. Interpolation and Approximation. Boston：Ginn（Blaisdell），Massachusetts. 1963.

［2］吴鹏. MATLAB 高效编程技巧与应用：25 个案例分析. 北京：北京航空航天大学出版社，2010.

若您对此书内容有任何疑问，可以登录MATLAB中文论坛与作者和同行交流。

第 11 章

方程与方程组的数值求解

郑志勇(ariszheng)　　　吴鹏(rocwoods)

11.1 概述

求解方程和方程组是科学研究、工程实践以及经济生活中经常要面临的问题。总体来说,方程和方程组可以分为线性和非线性两大类,其中线性方程(组)是基础,很多非线性的问题在实际中为了简化计算都会转化成线性问题来近似求解。线性方程组的相关理论和求解方法已经非常成熟,MATLAB 中也有非常高效的求解线性方程组的方法。

非线性方程种类繁多,大体可以分为多项式非线性方程和其他非线性方程。

MATLAB 中与求解方程有关的函数(运算符)有 solve,/,\,fzero,roots,fsolve 等。其中,solve 用于求解符号方程(组),在符号计算章节已经介绍了;/,\(右除和左除)用于求解线性方程(组);fzero 用于求解一元非线性方程;roots 是求多项式方程的根;fsolve 用于求解非线性方程组。

读者需要注意的是,在实际应用这些函数解决问题时,要注意函数适用的范围,譬如fsolve 可以求解非线性方程组,那么它也可以求解非线性方程以及线性方程(组),但是真正求解线性方程的时候不要用 fsolve,因为/,\(右除和左除)比 fsolve 高效得多。同理,在求多项式根的时候用 roots 函数,而不要用 fzero;求一般的一元非线性方程用 fzero 而不要用fsolve,等。

关于方程和方程组的求解理论有兴趣的读者可以参考数值计算相关书籍,本书主要介绍MATLAB 求解方程(组)的函数及其用法。

11.2 MATLAB 求解方程(组)的函数及其用法

11.2.1 左除"\"与右除"/"

对于一般线性方程组 $Ax=b$ 或者 $xA=b$,当 A 非奇异时,解法主要有 Cramer 法则、矩阵求逆法以及高斯消元法。在 MATLAB 环境中,强烈建议读者使用左除"\"或者右除"/"解线性方程组,即对于方程 $Ax=b$,有 $x=A\backslash b$,对于方程 $xA=b$,有 $x=b/A$。

左除和右除是根据除号左侧还是右侧是分母而定的,方程系数矩阵在未知数左侧,则用左除,反之用右除。之所以建议读者使用左除"\"或者右除"/",是因为其对求解线性方程(组)的广泛适用性。当未知数个数大于方程个数的时候,左除或右除会给出方程的特解,结合 null函数,可以得到通解;当未知数个数小于方程个数的时候,左除或右除会给出方程的最小二乘解。

【例 11.2 - 1】 求下列方程的特解和通解:

$$\begin{bmatrix} 16 & 2 & 3 & 13 \\ 5 & 11 & 10 & 8 \end{bmatrix} X = \begin{bmatrix} 20 \\ 30 \end{bmatrix} \qquad (11.2-1)$$

求特解:

```
A = [16 2 3 13;5 11 10 8];
b = [20;30];
Xs = A\b%求特解
Xs =

    0.9639
    2.2892
         0
         0
```

求通解:

```
nA = null(A)%A 的零空间
nA =
   - 0.0100   - 0.5863
   - 0.6423   - 0.1996
     0.7636   - 0.1093
   - 0.0651     0.7775
```

因此,原方程的通解为 $Xs + c * nA$,其中 c 为任意常数。

【例 11.2 - 2】　求下列方程的最小二乘解:

$$\begin{bmatrix} 8 & 1 & 6 \\ 3 & 5 & 7 \\ 4 & 9 & 2 \\ 1 & 2 & 3 \end{bmatrix} X = \begin{bmatrix} 20 \\ 30 \\ 35 \\ 10 \end{bmatrix} \qquad (11.2-2)$$

代码如下:

```
>> A = [8 1 6;3 5 7;4 9 2;1 2 3];
>> b = [20;30;35;10];
>> lsX = A\b
lsX =
    0.9794
    3.1231
    1.5168
```

从以上两例可以看出,左除和右除在求解线性方程(组)方面非常方便易用。

11.2.2　fzero 函数

fzero 是 MATLAB 内置的最主要的求解单变量非线性方程的函数。其一般调用格式如下:

[x,fval,exitflag,output] = fzero(fun,x0,options)

输入参数说明:

fun:目标函数。简单表达式的函数一般用匿名函数表示,复杂的用函数文件的函数句柄形式给出。

x0:优化算法初始迭代解,一般根据经验或者猜测给出。

options:优化参数设置。

输出参数说明:

x:最优解输出(或最后迭代解)。

fval：最优解(或最后迭代解)对应的函数值。

exitflag：函数结束信息(具体参见帮助文档)。

output：函数基本信息，包括迭代次数、目标函数最大计算次数、使用的算法名称、计算规模。

【例 11.2-3】 求解下列方程

$$f(x) = 2x - x^2 - e^{-x} = 0 \qquad (11.2-3)$$

① 构造目标函数的函数句柄，采用匿名函数形式：

```
f = @(x)2*x - x^2 - exp(-x);
```

② 利用 fzero 求解：

```
% 初始迭代点为 0
x0 = 0;
[x,fval,exitflag,output] = fzero(f,x0)
```

计算结果：

```
x =
     0.4164
fval =
     0
exitflag =
     1     % 表示迭代计算成功结束，获得函数解
output =
     intervaliterations: 9
               iterations: 5
                funcCount: 24
                algorithm: 'bisection, interpolation'
                  message: 'Zero found in the interval [-0.452548, 0.452548]'
```

11.2.3　roots 函数

对于多项式方程这样一类特殊的非线性方程，如果用 fzero 求解，需要提供初值，而且每次只能得到一个解，求得的解依赖于初值点的选取；如果方程含有虚根，用 fzero 直接求解是无法得到的。

MATLAB 针对多项式方程专门设计了 roots 函数来求解。其一般调用格式如下：

r = roots(c)

输入参数说明：

c：多项式方程系数组成的行向量或者列向量，按降幂顺序排列。

输出参数说明：

r：多项式方程的解向量。

【例 11.2-4】 求解下列方程

$$2s^3 - 3s^2 + 5s - 10 = 0 \qquad (11.2-4)$$

用 roots 求解非常方便：

```
>> p = [2 -3 5 -10];
>> r = roots(p)
r =
   1.7279
  -0.1139 + 1.6973i
  -0.1139 - 1.6973i
```

可见,用 roots 函数求解方程不仅得到了方程的实根,连其剩余的两个虚根也一并得到了。

11.2.4　fsolve 函数

fsolve 是 MATLAB 内置的求解一般多元非线性方程组的主要函数。其一般调用格式如下:

[x,fval,exitflag,output,jacobian] = fsolve(fun,x0,options)

输入参数说明:

fun:目标函数,一般用函数句柄形式给出。

x0:优化算法初始迭代解。

options:参数设置(具体设置参考帮助文档)。

输出参数说明:

x:最优解输出(或最后迭代解)。

fval:最优解(或最后迭代解)对应的函数值。

exitflag:函数结束信息(具体参考帮助文档)。

output:函数基本信息,包括迭代次数、目标函数的最大计算次数、使用的算法名称、计算规模。

jacobian:Jacobian 矩阵(主要用来判断是否得到有效解)。

【例 11.2 − 5】　求解方程组

$$
\left.
\begin{aligned}
2x_1 - x_2 - \mathrm{e}^{-x_1} &= 0 \\
-x_1 + 2x_2 - \mathrm{e}^{-x_2} &= 0
\end{aligned}
\right\} \tag{11.2−5}
$$

编写函数文件 SolveEqfun3.m 如下:

```
function SolveEqfun3
% 初始迭代点为[−5;−5]
x0 = [−3; −5];
options = optimset('Display','iter'); % 显示迭代过程
[x,fval] = fsolve(@Eqfunobj2,x0,options)

% 目标方程:Eqfunobj3,用子函数的形式
function F = Eqfunobj3(x)
  F = [2 * x(1) − x(2) − exp(−x(1));
      − x(1) + 2 * x(2) − exp(−x(2))];
```

计算结果:

```
>> format long
>> SolveEqfun3
```

Iteration	Func − count	f(x)	Norm of step	First − order optimality	Trust − region radius
0	3	24597.8		2.34e + 004	1
1	6	4029.09	1	3.35e + 003	1
2	9	957.028	1	500	1
3	12	269.264	1	128	1
4	15	75.7197	1	36	1
5	18	19.2764	1	10.6	1
6	21	3.09857	1	2.97	1

若您对此书内容有任何疑问,可以登录 MATLAB 中文论坛与作者和同行交流。

7	24	0.051324	0.826999	0.298	1
8	27	1.72543e − 005	0.139014	0.00522	2.07
9	30	1.97829e − 012	0.00264506	1.74e − 006	2.07
10	33	2.57437e − 026	8.9653e − 007	1.95e − 013	2.07

```
Equation solved.

fsolve completed because the vector of function values is near zero
as measured by the default value of the function tolerance, and
the problem appears regular as measured by the gradient.

<stopping criteria details>

x =
   0.567143290409713
   0.567143290409710
fval =
  1.0e − 012 *
  − 0.108579811808340
  − 0.118127729820117
```

11.2.5 含参数方程组求解

在许多实际问题中,需要求解带参数的方程组,参数往往在程序运行中才知道具体值,例如下面的问题。

【例 11.2 − 6】 求解方程组

$$
\left.
\begin{aligned}
ax_1 - x_2 - \mathrm{e}^{x_1} &= 0 \\
-x_1 + bx_2 - \mathrm{e}^{x_2} &= 0
\end{aligned}
\right\}
\tag{11.2 − 6}
$$

其中,a,b 为参数。

可以采用下面的方法求解,编写函数文件 SolveParaEqfun.m 如下:

```
function SolveParaEqfun
x0 = [ − 5; − 5];
a = 2; % 取值示例
b = 2;
options = optimset('Display','iter');
[x,fval] = fsolve(@(x) CEqfun(x,a,b),x0,options)
% 目标方程,预留了参数的输入项,方便后续结合匿名函数传递参数
function F = CEqfun(x,a,b)
F = [a * x(1) − x(2) − exp( − x(1));
    − x(1) + b * x(2) − exp( − x(2))];
```

计算结果:

Iteration	Func − count	f(x)	Norm of step	First − order optimality	Trust − region radius
0	3	47071.2		2.29e + 004	1
1	6	12003.4	1	5.75e + 003	1
2	9	3147.02	1	1.47e + 003	1
3	12	854.452	1	388	1
4	15	239.527	1	107	1
5	18	67.0412	1	30.8	1
6	21	16.7042	1	9.05	

7	24	2.42788	1	2.26	1
8	27	0.032658	0.759511	0.206	2.5
9	30	7.03149e-006	0.111927	0.00294	2.5
10	33	3.29525e-013	0.00169132	6.36e-007	2.5

```
Equation solved.

fsolve completed because the vector of function values is near zero
as measured by the default value of the function tolerance, and
the problem appears regular as measured by the gradient.

<stopping criteria details>

x =
   0.567143031397357
   0.567143031397357
fval =
  1.0e-006 *
  -0.405909605705190
  -0.405909605705190
```

11.3　应用扩展

11.3.1　等额还款模型

"按揭"的通俗意义是指用预购的商品房进行贷款抵押。它是指按揭人将预购的物业产权转让于按揭受益人(银行)作为还款保证,还款后,按揭受益人将物业的产权转让给按揭人。

具体地说,按揭贷款是指购房者以所预购的楼宇作为抵押品而从银行获得贷款,购房者按照按揭契约中规定的归还方式和期限分期付款给银行,银行按一定的利率收取利息。如果贷款人违约,银行有权收走房屋。

还款方式主要有如下两种:

(1) 等额还款

借款人每期以相等的金额偿还贷款,按还款周期逐期归还,在贷款截止日期前全部还清本息。例如,贷款 30 万,20 年还款期,每月还款 2 000 元。

(2) 等额本金还款

借款人每期须偿还等额本金,同时付清本期应付的贷款利息,而每期归还的本金等于贷款总额除以贷款期数。实际每期还款总额为递减数列。

对于等额还款,给定如下参数:

R:月贷款利率;B:总借款额;MP:月还款额;YE(t):月初贷款余额;IR(t):月利息偿还额;BJ(t):月本金偿还额,$t=1,\cdots,n,n$ 为还款期数。

根据每月还款额中的现金流包括支付的利息和偿还的本金,月还总额一定,有如下模型:

$$YE(t+1)=YE(t)-BJ(t),BJ(t)=MP-IR(t),IR(t)=YE(t)\times R \qquad (11.3-1)$$

随着如期缴纳最后一期月供款,贷款全部还清,即 YE$(n)=0$。

通常情况下,贷款总额与利息是已知的,月还款额与还款期限未定,根据上述等额还款模型,月还款额与还款期限存在着关联关系。

287

11.3.2 MATLAB 编程求解等额还款模型

在建立上述模型的基础上,通过 MATLAB 编程实现根据不同还款期限计算还款金额。

(1)给定月还款额、还款期数、贷款总额和利率计算到期剩余贷款

F = AJfixPayment(MP,Num,B,Rate)

输入参数说明：

MP:每期还款总额。

Num:还款期数。

B:贷款总额。

Rate:贷款利率。

输出参数说明：

F:最后贷款余额。

AJfixPayment 函数程序源代码如下：

```
function F = AJfixPayment(MP,Num,B,Rate)
%
%
%生成初始 IR 向量
IR = zeros(1,Num);
%生成初始 YE 向量
YE = zeros(1,Num);
%生成初始 BJ 向量
BJ = zeros(1,Num);
YE(1) = B;
for i = 1:Num
    IR(i) = Rate * YE(i);
    BJ(i) = MP - IR(i);
    if i<Num
    YE(i + 1) = YE(i) - BJ(i);
    end
end
F = B - sum(BJ);
```

(2)测试 AJfixPayment 函数(testAJfixPayment.m)

假设,贷款 50 万元,10 年还款共 120 期,年贷款利率为 5%,若每月还款 5 000 元,则贷款余额为多少？（注释：月利率为年利率 5% 除以 12）

```
%
%
%期限为 10 年共 120 期,每月还款一次
Num = 12 * 10;
%本金为 50 万元
B = 5e5;
Rate = 0.05/12;
%每月还款 5000
MP = 5000;
F = AJfixPayment(MP,Num,B,Rate)
>> F =
  4.7093e + 004
```

计算结果为 4 709.3 元,即贷款余额为 4 709.3。

（3）使用 fsolve 求出合适的 MP 值，使得在 120 次还款后，贷款余额为零（SolveAJfixPay-ment. m）

```
Num = 12 * 10;
B = 5e5;
Rate = 0.05/12;
MPo = 1000;
MP = fsolve(@(MP) AJfixPayment(MP,Num,B,Rate),MPo)
>> Optimization terminated: first - order optimality is less than options.TolFun.
MP =
  5.3033e + 003
```

计算结果为 5 303.3，即贷款 50 万元，10 年还款共 120 期，年贷款利率为 5%，若每月还款 5 303.3 元，则 10 年（还款 120 期）后贷款余额为 0。

等额还款模型的具体解析解为

$$MP = B \times \frac{R \times (1+R)^n}{(1+R)^n - 1}$$

其中，MP 为月还款额；R 为月贷款利率；B 为总借款额；n 为还款期限。

将上述参数代入，贷款 50 万元，10 年还款共 120 期，年贷款利率为 5%，计算出 MP＝5 303.3。可见，和 fsolve 求得的数值解一致。

11.4　参考文献

［1］吴祈宗，郑志勇. 运筹学与最优化 MATLAB 编程. 北京：机械工业出版社，2009.

［2］郑志勇. 金融数量分析——基于 MATLAB 编程. 北京：北京航空航天大学出版社，2010.

第 12 章

常微分方程(组)数值求解

吴鹏(rocwoods)

12.1 数值求解常微分方程(组)函数概述

12.1.1 概 述

在第 9 章,已经介绍了符号求解各类型的微分方程组,但是能够求得解析解的微分方程往往只是出现在大学课堂上。在实际应用中,绝大多数微分方程(组)无法求得解析解。这就需要利用数值方法求解。MATLAB 以数值计算见长,提供了一系列数值求解微分方程的函数。

这些函数可以求解非刚性问题、刚性问题、隐式微分方程和微分代数方程等初值问题,也可以求解延迟微分方程以及边值问题等。本节对这些函数做一些简单介绍,12.2 节开始以案例形式介绍上述各类型微分方程的求解方法。

12.1.2 初值问题求解函数

MATLAB 提供了以下函数用于各种初值问题求解:ode23,ode45,ode113,ode15s,ode23s,ode23t,ode23tb。这些函数统一的调用格式如下:

```
[T,Y] = solver(odefun,tspan,y0)
[T,Y] = solver(odefun,tspan,y0,options)
sol = solver(odefun,[t0 tf],y0...)
```

输入参数说明:

odefun:微分方程(组)的句柄,本书后面部分将会给出使用范例。

tspan:微分方程(组)的求解时间区间,有两种格式[t0,tf]或者[t0,t1,…,tf],两者都以 t0 为初值点,根据 tf 自动选择积分步长。前者返回实际求解过程中所有求解的时间点上的解,而后者只返回设定的时间点上的解。后者对计算效率没有太大影响,但是求解大型问题时,可以减少内存存储。

y0:微分方程(组)的初值,即所有状态变量在 t0 时刻的值。

options:结构体,通过 odeset 设置得到的微分优化参数,是一个结构体数组。

返回参数说明:

T:时间点组成的列向量。

Y:微分方程(组)的解矩阵,每一行对应相应 T 的该行上时间点的微分方程(组)的解。

sol:以结构体的形式返回解。

各函数介绍如表 12.1-1 所列。

关于各函数优化选项 option 的参数设置,读者可以参考帮助文档,这里受篇幅限制不再详述。

表 12.1-1 微分方程初值问题解算器

函 数	问题类型	精确度	说 明
ode45	非刚性	中等	采用算法为 4~5 阶 Runge – Kutta 法,大多数情况下首选的函数
ode23	非刚性	低	基于 Bogacki – Shampine 2~3 阶 Runge – Kutta 公式,在精度要求不高的场合,以及对于轻度刚性方程,ode23 的效率可能好于 ode45
ode113	非刚性	低到高	基于变阶次 Adams – Bashforth – Moutlon PECE 算法。在对误差要求严格的场合或者输入参数 odefun 代表的函数本身计算量很大情况下比 ode45 效率高。ode113 可以看成一个多步解算器,因为它会利用前几次时间节点上的解计算当前时间节点的解。因此它不适用于非连续系统
ode15s	刚性	低到中	基于数值差分公式(后向差分公式,BDFs 也叫 Gear 方法),因此效率不是很高。同 ode113 一样,ode15s 也是一个多步计算器。当 ode45 求解失败,或者非常慢,并且怀疑问题是刚性的,或者求解微分代数问题时,可以考虑用 ode15s
ode23s	刚性	低	基于修正的二阶 Rosenbrock 公式。由于是单步解算器,当精度要求不高时,它的效率可能会高于 ode15s。它可以解决一些 ode15s 求解起来效率不太高的刚性问题
ode23t	适度刚性	低	ode23t 可以用来求解微分代数方程
ode23tb	刚性	低	当方程是刚性的,并且求解要求精度不高时可以使用

12.1.3 延迟问题以及边值问题求解函数

对于延迟问题,MATLAB 提供了两个求解函数 dde23 和 ddesd,前者用来求解状态变量延迟为常数的微分方程(组),后者用来求解状态变量延迟不为常数的微分方程(组)。调用格式以及参数意义大部分类似 ode 系列求解函数,不同的是要输入延迟参数以及系统在时间小于初值时的状态函数,详细格式可以参考帮助文档。

对于边值问题,MATLAB 提供了两个求解函数 bvp4c 和 bvp5c,后者求解精度要比前者好。以 bvpsolver 表示 bvp4c 或者 bvp5c,那么这两个函数有着统一的调用格式:

```
solinit = bvpinit(x, yinit, params)
sol = bvpsolver(odefun,bcfun,solinit)
sol = bvpsolver(odefun,bcfun,solinit,options)
```

输入输出各参数说明:

solinit:包含解的初始猜测值的结构数组,由 bvpinit 生成。

x:需要计算的按顺序排列的初始节点。类似于初值问题 ode * * 系列函数输入参数中的 tspan。对于 [a,b] 上的边值问题,x(1) = a,x(end) = b。对于多点边值问题,譬如[a,c,b],a、b、c 上都有边值限制,那么 x = [a,…,c,c,…,b],即中间的边值点要重复。a 和 c 之间,c 和 b 之间可有可无其他的点。

yinit:解的初始猜测值,可以是具体值,也可以是函数,类似 ode * * 中的 x0。

params:其他的未知参数,也是一个猜测的值。

odefun:描述边值问题微分方程的函数句柄,类似 ode * * 中的 odefun。

bcfun:边值函数句柄,一般是两点边值形式,也支持多点边值形式(具体可以参考帮助文档)。

options:边值问题解算器的优化参数,可以通过 bvpset 设置,具体参数可以查看帮助文档。

本章后半部分将针对几种类型的微分方程以案例形式给出其求解方法。

12.1.4 求解前的准备工作

很多初学 MATLAB 的朋友都爱用符号法求解微分方程,而不愿意用数值方法求解微分方程,很大一部分原因就在于,数值求解的时候要把求解的微分方程转换成 MATLAB 数值求解函数可以认识的形式,这种转换比符号求解要麻烦一些。

但是在理解并明白转化的含义后,掌握转换的方法并不难,而且各微分方程数值求解函数所接受的输入形式是一致的。

常微分方程的形式是多种多样的,一般来说,很多高阶微分方程可以通过变量替换转换成一阶微分方程组,即可以写成下面的形式:

$$\boldsymbol{M}(t,y)\boldsymbol{y}' = \boldsymbol{F}(t,y) \tag{12.1-1}$$

$\boldsymbol{M}(t,y)$ 被称为质量矩阵,如果其非奇异的话,式(12.1-1)可以写成

$$\boldsymbol{y}' = \boldsymbol{M}^{-1}(t,y)\boldsymbol{F}(t,y) \tag{12.1-2}$$

化为式(12.1-2)的形式后,将等式右半部分用 odefun 表示出来(具体表现形式可以采用匿名函数、子函数、嵌套函数、单独 M 文件等),就是 ode45,ode23 等常微分方程初值问题求解的输入参数 odefun。

如果 $\boldsymbol{M}(t,y)$ 奇异,则式(12.1-1)称为微分代数方程组(differential algebraic equations,DAEs),可以利用求解刚性微分方程的函数(如 ode15s,ode23s 等)来求解,从输入形式上看,求解 DAEs 和求解普通的 ODE 很类似,主要区别是需要给微分方程求解器指定质量矩阵 $\boldsymbol{M}(t,y)$。关于其原理,有兴趣的读者可以参考文献[2],这里不再详述。本章后面部分将给出 DAE 的求解案例。

还有一些方程无法写成式(12.1-1)或者式(12.1-2)的形式,即隐式微分方程,关于其解法也将在后面进行介绍。

12.2 非刚性/刚性常微分方程初值问题求解

12.2.1 概　述

本案例着重介绍非刚性(nonstiff)/刚性(stiff)常微分方程求解。所谓刚性、非刚性问题最直观的判别方法就是从解在某段时间区间内的变化来看。非刚性问题变化相对缓慢,而刚性问题在某段时间内会发生剧烈变化,即很短的时间内,解的变化巨大。对于刚性问题不适合用 ode45 来求解,如果硬要用 ode45 来求解,则达到指定精度所耗费的时间往往会非常长。

12.2.2 非刚性问题举例

【例 12.2-1】　求如下微分方程

$$\frac{\mathrm{d}^2 x}{\mathrm{d}t^2} - \mu(1-x^2)\frac{\mathrm{d}x}{\mathrm{d}t} + x = 0$$

$$x(0) = 1, \quad \frac{\mathrm{d}x(0)}{\mathrm{d}t} = 0$$

的解,求解时间区间为[0,30],并图示。其中,μ 事先不知道,是计算过程中生成的数值。

用户需要将其转化成式(12.1-2)的形式,进行变量替换。令 $y_1 = x$,$y_2 = \dfrac{\mathrm{d}x}{\mathrm{d}t}$ 于是原方

程可以改写成如下一阶微分方程组形式：

$$\begin{bmatrix} \dfrac{\mathrm{d}y_1}{\mathrm{d}t} \\[2mm] \dfrac{\mathrm{d}y_2}{\mathrm{d}t} \end{bmatrix} = \begin{bmatrix} y_2 \\ \mu(1 - y_1^2)y_2 - y_1 \end{bmatrix}, \quad \begin{bmatrix} y_1(0) \\ y_2(0) \end{bmatrix} = \begin{bmatrix} 1 \\ 0 \end{bmatrix}$$

由于 μ 事先不知道,因此用户在构造微分函数的句柄 odefun 时需要考虑 μ,即能根据生成的 μ 实时得到与之对应的微分方程。可以将求解微分方程以及画图的一系列过程写到一个 M 文件中：

```
function examp12_2_1
close all;
% 利用 nested function 形式来表示微分方程
    function ydot = DyDtNestedFun(t,y)
        ydot = [y(2);mu * (1 - y(1)^2) * y(2) - y(1)];
    end
% 利用匿名函数形式来表示微分方程
DyDtAnony = @(mu)@(t,y)[y(2);mu * (1 - y(1)^2) * y(2) - y(1)];
% 以下代码对 mu = 1,2,3 分别求解微分方程,并画出微分方程的解
tspan = [0,30];% 时间区间
y0 = [1 0];
figure(1);h1 = axes;hold on;
figure(2);g1 = axes;hold on;
ColorOrder = get(gca,'ColorOrder');% 默认的坐标轴曲线颜色顺序
% 曲线类型顺序,方便区分显示不同线
LineStyle = { '-','- -',':'};
for mu = 1:3
    % 利用 ode45 求解微分方程(输入微分方程组是 nested function 形式表示的)
    [tt yy] = ode45(@DyDtNestedFun,tspan,y0);
    % 在句柄值为 h1 的坐标轴上根据不同的 mu 画相应的解曲线
    plot(h1,tt,yy(:,1),'color',ColorOrder(mu,:),'LineStyle',LineStyle{mu});
    % 在句柄值为 g1 的坐标轴上根据不同的 mu 画相应的平面相轨迹
    plot(g1,yy(:,1),yy(:,2),'color',ColorOrder(mu,:),'LineStyle',LineStyle{mu});
end
xlabel(h1,'t');% 在句柄值为 h1 的坐标轴的 x 轴上标注
title(h1,'x(t)');
legend('\mu = 1','\mu = 2','\mu = 3');hold off
xlabel(g1,' 位移 ');ylabel(g1,' 速度 ');hold off
% 下面利用 ode45 求解微分方程(输入的微分方程组是匿名函数形式表示的)
figure(3);h2 = axes;hold on;
figure(4);g2 = axes;hold on;
for mu = 1:3
    [tt yy] = ode45(DyDtAnony(mu),tspan,y0);
    plot(h2,tt,yy(:,1),'color',ColorOrder(mu,:),'LineStyle',LineStyle{mu});
    plot(g2,yy(:,1),yy(:,2),'color',ColorOrder(mu,:),'LineStyle',LineStyle{mu});
end
xlabel(h2,'t');
title(h2,'x(t)');
legend('\mu = 1','\mu = 2','\mu = 3');hold off
xlabel(g2,' 位移 ');ylabel(g2,' 速度 ');hold off
end
```

若您对此书内容有任何疑问，可以登录 MATLAB 中文论坛与作者和同行交流。

运行上述函数会发现,无论采用 nest function 表示微分方程组还是匿名函数表示微分方程组,都得到了一模一样的如图 12.2-1 所示的微分方程解曲线和如图 12.2-2 所示的平面相轨迹。采用 nested function 表示微分方程可以方便地与主程序共享 mu,而且 nested function 在主函数之内的位置也是随意的,甚至可以放到主函数内的 mu 出现之前。主函数内的 mu 生成之后或者改变值之后调用微分方程 DyDtNestedFun,DyDtNestedFun 内的 mu 也会做出改变。而采用双重匿名函数来构造微分方程是把 mu 作为外重变量传入的,给定一个 mu,DyDtAnony(mu)就会生成对应的微分方程句柄。

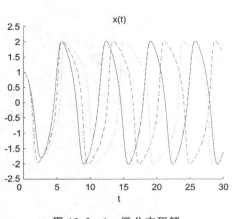

图 12.2-1　微分方程解

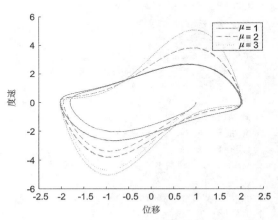

图 12.2-2　平面相轨迹

12.2.3　刚性问题举例

【例 12.2-2】　求解如下微分方程组:

$$\begin{bmatrix} \dfrac{\mathrm{d}y_1}{\mathrm{d}t} \\[2mm] \dfrac{\mathrm{d}y_2}{\mathrm{d}t} \end{bmatrix} = \begin{bmatrix} a-(b+1)y_1+y_1^2 y_2 \\[2mm] by_1-y_1^2 y_2 \end{bmatrix}, \quad \begin{bmatrix} y_1(0) \\ y_2(0) \end{bmatrix} = \begin{bmatrix} 3 \\ 4 \end{bmatrix}$$

其中,$a=100$;$b=50$。

这里也涉及参数 a 和 b 传递到微分方程的问题。上节已经给出两种传递参数的方式,这里给出参数传递的另一种途径,即在调用微分方程求解函数的时候传递参数,只是这种情况下,需要把输入参数都写全,待传递的参数写在后面。该问题的求解代码如下:

```
function examp12_2_2
tspan = [0,10];%变量求解区间
y0 = [3 4];%初值
a = 100;%参数赋值
b = 50;
options = odeset('RelTol',0.001);%设置相对误差
tic;
%需要把 ode45 的输入参数都写全,待传递的参数 a,b 写在后面。下面的 ode23,ode15s 类似
[t45,y45] = ode45(@DyDtSubFun,tspan,y0,options,a,b);
time45 = toc;
disp(['ode45 计算点数(子函数表示微分方程):',num2str(length(t45)),...
     ';所用时间:',num2str(time45),'s.'])
```

```
tic;
[t23,y23] = ode23(@DyDtSubFun,tspan,y0,options,a,b);
time23 = toc;
disp(['ode23 计算点数(子函数表示微分方程):',num2str(length(t23)),...
    ';所用时间:',num2str(time23),'s.'])
tic;
[t15s,y15s] = ode15s(@DyDtSubFun,tspan,y0,options,a,b);
time15s = toc;
disp(['ode15s 计算点数(子函数表示微分方程):',num2str(length(t15s)),...
    ';所用时间:',num2str(time15s),'s.'])
% 用匿名函数表示微分方程
DyDtAnony = @(t,y,a,b) [a - (b + 1) * y(1) + y(1).^2 * y(2);b * y(1) - y(1).^2 * y(2)];
tic;
[t15sAnony,y15sAnony] = ode15s(DyDtAnony,tspan,y0,options,a,b);
time15sAnony = toc;
disp(['ode15s 计算点数(匿名函数表示微分方程)::',num2str(length(t15sAnony)),...
    ';所用时间:',num2str(time15sAnony),'s.'])
% 画图展示
figure;
subplot(131);
plot(t23,y23,'k-');xlabel('\itt','fontsize',16);
title('子函数形式/ode23')
subplot(132);
plot(t15s,y15s,'k--');xlabel('\itt','fontsize',16);
title('子函数形式/ode15s')
subplot(133);
plot(t15sAnony,y15sAnony,'k:');xlabel('\itt','fontsize',16);
title('匿名函数形式/ode15s')

% 用子函数来表示微分方程
function dy = DyDtSubFun(t,y,a,b)
dy(1,1) = a - (b + 1) * y(1) + y(1).^2 * y(2);
dy(2,1) = b * y(1) - y(1).^2 * y(2);
```

运算上述代码得到如下结果:

```
ode45 计算点数(子函数表示微分方程):102869;所用时间:7.8812s.
ode23 计算点数(子函数表示微分方程):33968;所用时间:4.713s.
ode15s 计算点数(子函数表示微分方程):90;所用时间:0.041823s.
ode15s 计算点数(匿名函数表示微分方程):90;所用时间:0.044306s.
```

从上面的结果可以看到,ode45 以及 ode23 求解的计算量都比 ode15s 大得多,因此耗费的时间也长得多,利用子函数或者匿名函数表示微分方程都可以在方程求解的时候把参数传递到方程中去。对此感兴趣的读者可以改变参数 a 和 b 的值,大家会发现随着 b/a 逐渐增大,方程的刚性会逐渐增强。图 12.2 - 3 所示是采用不同的微分方程求解器以及不同的微分方程表示方法得到的微分方程解随时间变化的图像。从图中可以看到,结果都是一致的。

【例 12.2 - 3】 已知 $y_1(t)$, $y_2(t)$ 满足如下方程式:

$$\begin{bmatrix} \dfrac{\mathrm{d}y_1}{\mathrm{d}t} \\ \dfrac{\mathrm{d}y_2}{\mathrm{d}t} \end{bmatrix} = \begin{bmatrix} y_2 - f(t) \\ y_1 g(t) - y_2 \end{bmatrix}, \quad \begin{bmatrix} y_1(0) \\ y_2(0) \end{bmatrix} = \begin{bmatrix} 1 \\ 2 \end{bmatrix}$$

$$f(t) = \begin{cases} \sin(t), & t < 4\pi \\ 0, & t \geqslant 4\pi \end{cases}, \quad g(t) = \begin{cases} 0, & t < 7\pi/2 \\ 2\cos(t), & t \geqslant 7\pi/2 \end{cases}$$

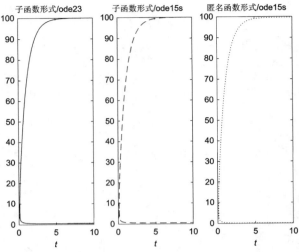

图 12.2 - 3　不同求解器得到的微分方程解

求使得 $F(t) = y_1(t) + y_2(t)$ 值为 0 的时间点。

本例目的：介绍函数 ode23tb 和 deval 的使用，以及如何寻找一个关于微分方程解的复合函数的零点。代码如下：

```
function T0 = examp12_2_3
% 用 nested function 表示微分方程
    function dy = DyDxNestedFun(t,y)
        ft = 0;
        gt = 0;
        if t<4 * pi
            ft = 2 * sin(t);
        end
        if t>3.5 * pi
            gt = cos(t);
        end
        dy = [y(2) - ft;y(1) * gt - y(2)];
    end
tspan = [0,20];% 变量求解区间
y0 = [1,2];% 初值
sol = ode23tb(@DyDxNestedFun,tspan,y0);% 调用 ode23tb 求解
subplot(121);
plot(sol.x,sol.y(1,:),'k - ','linewidth',2);% 画出函数 y1(t)曲线
hold on;
plot(sol.x,sol.y(2,:),'k - .','linewidth',2);% 画出函数 y2(t)曲线
hold off;
% 图例,图例位置自动选择最佳位置
L1 = legend('{\ity}_1(t)','{\ity}_2(t)','Location','best');
set(L1,'fontname','Times New Roman');
xlabel('\itt','fontsize',16);
subplot(122);
plot(sol.x,sum(sol.y),'linewidth',2);hold on;
plot([0,20],[0 0],'color','r','linestyle',':','linewidth',2);
xlabel('\itt','fontsize',16);
% 图例,图例位置自动选择最佳位置
```

```
L2 = legend('F(t) = {\ity}_1(t) + {\ity}_2(t)','y = 0 直线 ','Location','best');
set(L2,'fontname','Times New Roman');
hold off;
% 以下代码利用 arrayfun + fzero + deval 实现求 F(t)的所有零点
T0 = arrayfun(@(t0) fzero(@(t) sum(deval(sol,t)),t0),[2 4 6 10 18]);
end
```

运行 T0＝examp12_2_3 得到 $F(t)=y_1(t)+y_2(t)$ 的 5 个零点为：

```
T0 = examp12_2_3
T0 =
2.0961    4.1875    4.1875    10.4707    16.1420
```

得到 $y_1(t),y_2(t)$ 的图像以及 $F(t)=y_1(t)+y_2(t)$ 的图像如图 12.2－4 所示。

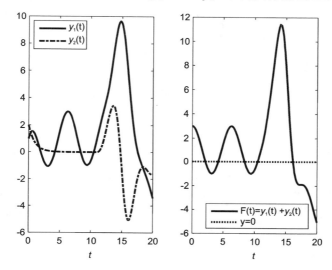

图 12.2－4　微分方程解曲线以及两个解的和曲线

从上面的例子可以看出,对于较为复杂的微分方程描述式,完全可以方便地用 nested function 来表示。deval 函数的作用是通过微分方程求解函数得到的结构体 sol 计算和指定的 t 对应的 x 值,和 polyval 等函数很相似。从图 12.2－4 可以看到,$F(t)=y_1(t)+y_2(t)$ 一共有 5 个零点,因此,在 examp12_2_3 中最后求其零点时,初值都设置在相应的零点附近。

12.3　隐式微分方程(组)求解

12.3.1　概　述

一些微分方程组在初始给出的时候是不容易显式地表示成上面所提到的标准形式的。这时候就需要想办法表示成上述的形式。一般来说有 3 种思路:一种是利用 solve 函数符号求解出高阶微分的显式表达式;一种是利用 fzero/fsolve 函数求解状态变量的微分值;还有一种是利用 MATLAB 自带的 ode15i 函数求解。下面逐一介绍。

12.3.2　利用 solve 函数

【例 12.3－1】　求下列微分方程组的解:

$$\begin{cases} y'_2 \left[y_2 \cos(4t) - y_1^3 \right] - \dfrac{t}{5} y'_1 = 0 \\ t \sin(y_2)/8 - 2y_2 y'_2 + \sqrt{t}\, y'_1 = 0 \end{cases}$$

初始条件为：$y_1(1)=1, y_2(1)=1$。

方程中 y'_1 和 y'_2 并不是显式给出的，当然针对本例，可以通过手算得出 y'_1 和 y'_2 的表达式，不过为了一般起见，更是为了介绍 solve 函数符号求解的过程，本例采用 solve 函数求解 y'_1 和 y'_2 的显式表达式，并自动将符号表达式转化成微分方程函数句柄，供 ode45 等函数调用求解。程序如下：

```
function examp12_3_1
%用符号积分求解 dy 的解析表达式
[dy(1,1),dy(2,1)] = solve('dy2*(y(2)*cos(4*t) - y(1)^3) - t/5*dy1',...
    't*sin(y(2))/8 - 2*y(2)*dy2 + sqrt(t)*dy1','dy1','dy2');
%利用字符串执行函数 eval 生成微分方程的匿名函数
eval(['DyDtAnony = @(t,y) [' char(dy(1,1)),';',char(dy(2,1)),']']);
tspan = [1 30];
y0 = [1;1];
[t,y] = ode45(DyDtAnony,tspan,y0);%调用 ode45 求解
figure;
plot(t,y(:,1),'k-');
hold on
plot(t,y(:,2),'k:');
%图例,位置自动选择最佳位置
L = legend('{\ity}_1(t)','{\ity}_2(t)','Location','best');
set(L,'fontname','Times New Roman');
xlabel('\itt','fontsize',16);
```

上述程序得到的图形如图 12.3-1 所示。

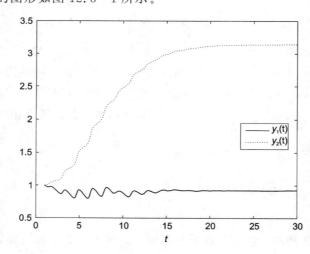

图 12.3-1　函数 ode45 求解的结果曲线

12.3.3　利用 fzero/fsolve 函数和 ode15i 函数

不是所有隐式格式的微分方程（组）都能像例 12.3-1 那样可以用 solve 解出显式表达式的。这种就是真正的隐微分方程（组）。

这时候该怎么办呢？首先可以分析一下微分方程解算器求解显式微分方程时的做法。微分方程解算器对微分方程的识别是通过 odefun 来完成的,构造好的 odefun 的输出就是状态变量的一阶微分,只不过显式条件下,这个值可以直接通过算式表达出来。微分方程解算器实际上是不管 odefun 内部是如何得到输出的。因此,如果微分方程没有显式表达式的话,可以数值求解状态变量的一阶微分。对于含有一个状态变量的隐式微分方程可以通过 fzero 函数求解,而隐式微分方程组可以通过 fsolve 函数来求解。

【例 12.3 - 2】　求下列微分方程的解:

$$y' = \exp\left(-\left\{[y - 0.5 - \exp(-t + y')]^2 + y^2 - \frac{t}{5} + 3\right\}\right)$$

其中,初始条件为 $y(0) = 0.1$,求解时间区间为 $[0, 20]$。

该微分方程是真正的隐式微分方程,没有 y' 关于 t、y 的显式表达式,只能通过数值方法求出 y' 关于 t、y 的表达式。代码如下:

```
function examp12_3_2
% 用 nested function 构造微分方程,利用 fzero 求解隐微分方程输出项
    function DyDt = DyDtNestedFun(t,y)
        fun = @(yp) yp - exp(-(( y - 0.5 - exp(-t + yp))^2 + y^2 - t/5 + 3));
        DyDt = fzero(fun,3);
    end
tspan = [0,20];% 时间区间
y0 = 0.1;
[t y] = ode45(@DyDtNestedFun,tspan,y0);
figure;
plot(t,y,'k -','linewidth',2);
xlabel('\itt','fontsize',16);
end
```

运行上述程序得到的图像如图 12.3 - 2 所示。

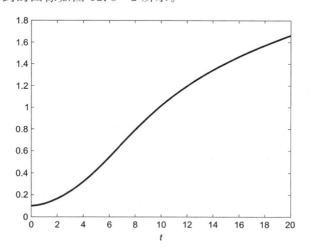

图 12.3 - 2　隐微分方程求解示例图像

【例 12.3 - 3】　求下列微分方程组的解:

$$\begin{cases} x''\sin(y') + y''^2 = -2xy + xx''y' \\ xx''y'' + \cos(y'') = 3x'y \end{cases}$$

初始条件为:$x(0) = 1, x'(0) = 0, y(0) = 0, y'(0) = 1$。

若您对此书内容有任何疑问,可以登录MATLAB中文论坛与作者和同行交流。

首先令 $y_1(t) = x(t)$，$y_2(t) = x'(t)$，$y_3(t) = y(t)$，$y_4(t) = y'(t)$，则上述方程组变为

$$\begin{cases} y_1' = y_2 \\ y_2' \sin(y_4) + (y_4')^2 = -2y_1 y_3 + y_1 y_2' y_4 \\ y_3' = y_4 \\ y_1 y_2' y_4' + \cos(y_4') = 3y_2 y_3 \end{cases}$$

上述是一个隐微分方程组，在构造微分方程组函数句柄时，需要对 y_2' 和 y_4' 利用 fsolve 函数进行数值求解，接下来再用 ode45 等函数求解微分方程组。相应的代码如下：

```
function examp12_3_3
% 用 nested function 构造微分方程组,利用 fsolve 求解隐微分方程组的某些输出项
    function DyDt = DyDtNestedFun(t,y)
        fun = @(dy24)[dy24(1)*sin(y(4))+dy24(2)^2+2*y(1)*y(3)-y(1)*dy24(1)*y(4);
            y(1)*dy24(1)*dy24(2)+cos(dy24(2))-3*y(2)*y(3)];
        options = optimset('display','off');
        %使用 fsolve 求解出与原问题对应的 x'' 和 y''
        dy24Zero = fsolve(fun,y([1,3]),options);
        DyDt = [y(2);dy24Zero(1);y(4);dy24Zero(2)];%状态变量一阶微分值
    end
tspan = [0,5];%时间区间
y0 = [1 0 0 1]';
[t y] = ode45(@DyDtNestedFun,tspan,y0);
%画图结果展示
figure;
plot(t,y(:,1),'k-','linewidth',2);
hold on
plot(t,y(:,2),'k--','linewidth',2);
plot(t,y(:,3),'k-.','linewidth',2);
plot(t,y(:,4),'k:','linewidth',2);
%图例,图例位置自动选择最佳位置
L = legend('{\ity}_1(t)','{\ity}_2(t)','{\ity}_3(t)'...
    ,'{\ity}_4(t)','Location','best');
set(L,'fontname','Times New Roman');
xlabel('\itt','fontsize',16);
end
```

运行下述代码，得到程序执行时间以及图 12.3 - 3 所示的图形：

```
>> tic; examp12_3_3;toc
Elapsed time is 0.986295 seconds.
```

在 ode15i 出现之前，对于真正的隐式微分方程，一般都用上述方法进行求解。这种方法的主要缺点就是要对每一个计算节点上的处于隐变量位置的微分值进行数值求解，当系统比较庞大时，计算量非常巨大，而且由于初始值的选取问题，fsolve 并不是每次都可以成功求解。

从 7.0 版本开始，MATLAB 提供了 ode15i 函数用来求解隐式微分方程乃至微分代数方程组（DAEs）。下面介绍 ode15i 函数的用法。

【例 12.3 - 4】 用 ode15i 函数求下列微分方程组的解：

$$\begin{cases} y_1' = y_2 \\ y_2' \sin(y_4) + (y_4')^2 = -2y_1 y_3 + y_1 y_2' y_4 \\ y_3' = y_4 \\ y_1 y_2' y_4' + \cos(y_4') = 3y_2 y_3 \end{cases}$$

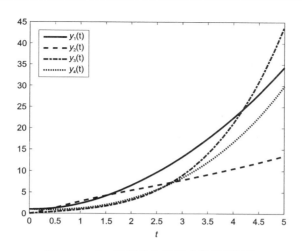

图 12.3 - 3　隐微分方程组求解示例图像

其中,初始条件为:$y_1(0) = 1$, $y_2(0) = 0$, $y_3(0) = 0$, $y_4(0) = 1$。

　　该例是例 12.3 - 3 进行变量替换后的形式。下面利用 ode15i 函数对其进行求解。代码如下:

```
function examp12_3_4
% 用 nested function 构造微分方程组,注意多了一个一阶导数变量 dy(与非隐式微分方程不同)
    function DyDt = DyDtNestedFun(t,y,dy)
        DyDt = [dy(1) - y(2);
                dy(2) * sin(y(4)) + dy(4)^2 + 2 * y(1) * y(3) - y(1) * dy(2) * y(4)
                dy(3) - y(4)
                y(1) * dy(2) * dy(4) + cos(dy(4)) - 3 * y(3) * y(2)];
    end
t0 = 0;% 自变量的初值
y0 = [1;0;0;1];% 初值 y0
% fix_y0 表明初值 y0 的值哪些不能改变。1 表示对应位置初值不能改变,0 为可以改变
fix_y0 = ones(4,1);      % 本例中 y0 的值都给出了,因此都不能改变,所有 fix_y0 全为 1
dy0 = [0 3 1 0]';        % 猜测一下 dy0 的初值
fix_dy0 = zeros(4,1);    % 由于本例中 dy0 的初值是猜测的,可以都改变,因此 fix_dy0 全部为 0
% 调用 decic 函数来决定
[y02,dy02] = decic(@DyDtNestedFun,t0,y0,fix_y0,dy0,fix_dy0);
% 求解微分方程
[t y] = ode15i(@DyDtNestedFun,[0 5],y02,dy02);% y02 和 dy02 是由 decic 输出的参数
% 画图结果展示
figure;
plot(t,y(:,1),'k-','linewidth',2);
hold on
plot(t,y(:,2),'k--','linewidth',2);
plot(t,y(:,3),'k-.','linewidth',2);
plot(t,y(:,4),'k:','linewidth',2);
% 图例,位置自动选择最佳位置
L = legend('{\ity}_1(t)','{\ity}_2(t)','{\ity}_3(t)'...
    ,'{\ity}_4(t)','Location','best');
set(L,'fontname','Times New Roman');
xlabel('\itt','fontsize',16);
end
```

若您对此书内容有任何疑问,可以登录MATLAB中文论坛与作者和同行交流。

运行下述代码,得到程序执行时间以及图 12.3－4 所示的图形:

```
>> tic;examp12_3_4;toc
Elapsed time is 0.221251 seconds.
```

从 examp12_3_3 和 examp12_3_4 的执行时间来看,采用 ode15i 时的速度明显高于使用 fsolve 方法时的速度,而且从图像上看,使用两种方法得到的图像一致。有兴趣的读者可以比较两者得到的 y 的具体差异。需要说明的是,在给出 dy0 的初始值时,往往要猜测,如果初始猜测的值不好,也容易导致求解不成功。这种情况下,可以考虑换一下猜测的初值。

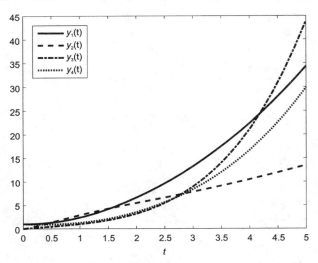

图 12.3－4　ode15i 求解隐微分方程组的示例图像

12.4　微分代数方程(DAE)与延迟微分方程(DDE)求解

12.4.1　概　述

在 12.1 节已经介绍了 DAE 以及 DDE 的一些求解函数,本节主要结合几个方程介绍这些函数的用法。

12.4.2　微分代数方程举例

DAE 的求解一般有 3 种方法:一种是变量替换法;一种是用 ode15s 函数;还有一种是用 12.3 节中提到的 ode15i 函数。下面结合例子对其进行介绍。

【例 12.4－1】　求解下面的微分代数方程:

$$\begin{bmatrix} \dfrac{\mathrm{d}y_1}{\mathrm{d}t} \\ \dfrac{\mathrm{d}y_2}{\mathrm{d}t} \\ y_1 + y_2 + y_3 \end{bmatrix} = \begin{bmatrix} -0.2y_1 + y_2 y_3 + 0.3y_1 y_2 \\ 2y_1 y_2 - 5y_2 y_3 - 2y_2^2 \\ 1 \end{bmatrix}$$

初值条件为: $y_1(0) = 0.8, y_2(0) = 0.1, y_3(0) = 0.1$。

将上式写成式(12.1－1)所示的矩阵形式:

$$M(t,y)y' = \begin{bmatrix} 1 & 0 & 0 \\ 0 & 1 & 0 \\ 0 & 0 & 0 \end{bmatrix} \begin{bmatrix} \mathrm{d}y_1/\mathrm{d}t \\ \mathrm{d}y_2/\mathrm{d}t \\ \mathrm{d}y_3/\mathrm{d}t \end{bmatrix} = \begin{bmatrix} -0.2y_1 + y_2y_3 + 0.3y_1y_2 \\ 2y_1y_2 - 5y_2y_3 - 2y_2^2 \\ y_1 + y_2 + y_3 - 1 \end{bmatrix} = F(t,y)$$

下面给出用 3 种方法求解上述方程的代码：

```matlab
function examp12_4_1
y01 = [0.8;0.1];%第 1 种方法的初值(第 1 种方法只需要用到 2 个变量)
y0 = [0.8;0.1;0.1];%初值
tspan = [0 20];
% ===================================
%方法 1:变量替换
% ===================================
%将 y(3)用 1-y(1)-y(2)代替
    function DyDt = DyDtNestedFun1(t,y)
        DyDt = [-0.2 * y(1) + y(2) * (1 - y(1) - y(2)) + 0.3 * y(1) * y(2);
            2 * y(1) * y(2) - 5 * y(2) * (1 - y(1) - y(2)) - 2 * y(2)^2];
    end
[T1,Y1] = ode45(@DyDtNestedFun1,tspan,y01);
% ===================================
%方法 2:设置质量矩阵,用 ode15s 函数
% ===================================
M = [1 0 0;0 1 0;0 0 0];%质量矩阵
options = odeset('mass',M);
% 被 ode15s 调用的微分函数表达式
    function DyDt = DyDtNestedFun2(t,y)
        DyDt = [-0.2 * y(1) + y(2) * y(3) + 0.3 * y(1) * y(2);
            2 * y(1) * y(2) - 5 * y(2) * y(3) - 2 * y(2)^2;
            y(1) + y(2) + y(3) - 1];
    end
[T2,Y2] = ode15s(@DyDtNestedFun2,tspan,y0,options);
% ===================================
%方法 3:用 ode15i 函数
% ===================================
% 被 ode15i 调用的微分函数表达式
    function DyDt = DyDtNestedFun3(t,y,dy)
        DyDt = [dy(1) + 0.2 * y(1) - y(2) * y(3) - 0.3 * y(1) * y(2);
            dy(2) - 2 * y(1) * y(2) + 5 * y(2) * y(3) + 2 * y(2)^2;
            y(1) + y(2) + y(3) - 1];
    end
%y(1)+y(2)+y(3)-1=0 表明 y0 中任何一个改变后都会至少引起其余一个发生变化
y0_fix = [0;0;1];%任意两位都可以改为 0,比如[0;1;0]或者[1;0;0]
%状态变量一阶微分初值,例子中没有提供,因此可以随意猜测一组值
dy0 = [1;1;1];
%该组初值都可以改变,故全部为 0
dy0_fix = [0;0;0];
%时间变量的初值
t0 = 0;
%计算输入到 ode15i 解算器的 dy 以及 dy3
[y00,dy00] = decic(@DyDtNestedFun3,0,y0,y0_fix,dy0,dy0_fix);
[T3,Y3] = ode15i(@DyDtNestedFun3,tspan,y00,dy00);
```

```
% ==========================
% 画图呈现 3 种方法的计算结果
% ==========================
figure;
% 方法 1 得到的图
subplot(131);
plot(T1,Y1(:,1),'k - ','linewidth',2);
hold on
plot(T1,Y1(:,2),'k - .','linewidth',2);
plot(T1,1 - Y1(:,1) - Y1(:,2),'k:','linewidth',2);
hold off
% 图例,位置自动选择最佳位置
L = legend('{\ity}_1(t)','{\ity}_2(t)','{\ity}_3(t)','Location','best');
set(L,'fontname','Times New Roman');
xlabel('\itt','fontsize',16);title(' 方法 1 计算结果图 ')
% 方法 2 得到的图
subplot(132);
plot(T2,Y2(:,1),'k - ','linewidth',2);
hold on
plot(T2,Y2(:,2),'k - .','linewidth',2);
plot(T2,Y2(:,3),'k:','linewidth',2);
hold off
L = legend('{\ity}_1(t)','{\ity}_2(t)','{\ity}_3(t)','Location','best');
set(L,'fontname','Times New Roman');
xlabel('\itt','fontsize',16);title(' 方法 2 计算结果图 ')
% 方法 3 得到的图
subplot(133);
plot(T3,Y3(:,1),'k - ','linewidth',2);
hold on
plot(T3,Y3(:,2),'k - .','linewidth',2);
plot(T3,Y3(:,3),'k:','linewidth',2);
hold off
L = legend('{\ity}_1(t)','{\ity}_2(t)','{\ity}_3(t)','Location','best');
set(L,'fontname','Times New Roman');
xlabel('\itt','fontsize',16);title(' 方法 3 计算结果图 ')
end
```

运行上述代码,得到图 12.4 - 1,由此可见,3 种方法得到的图像一致。

上面是普通的微分代数方程,下面再看一个隐式微分代数方程的例子。

【例 12.4 - 2】 求解下面的微分代数方程:

$$
\begin{bmatrix}
y'_1 \\
y'_2 \\
y'_3 \\
y_1 + y_2 - y_3 - y_4
\end{bmatrix}
=
\begin{bmatrix}
-0.3y_1 - 2y_2\sin(y'_3) - y_2 y_4 \\
-y_2 - 0.5\cos(y'_1 + y_3) - 0.2\sin(0.6t) \\
-0.2y_1 y_2 + \exp(-y'_1) \\
1
\end{bmatrix}
$$

初值条件为:$y_1(0) = 1, y_2(0) = 0.5, y_3(0) = 0.3, y_4(0) = 0.2$。

上式是一个隐式微分代数方程,无法写成式(12.1 - 1)所示的矩阵形式,但是结合以前的案例,有两种方法可以求解它:一种是变量替换后用 fsolve 函数求解出每一计算节点的 y'_1,y'_2,y'_3 值,然后再调用 ode45,ode23tb 等函数求解;另一种就是直接利用 ode15i 函数求解。两种方法的求解代码如下:

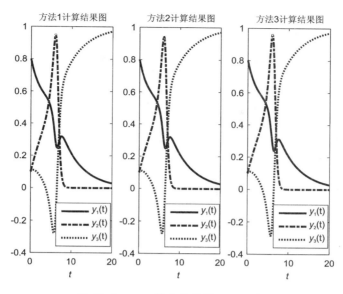

图 12.4－1　3 种方法求解 DAE 示例

```
function examp12_4_2
y01 = [1;0.5;0.3];% 第 1 种方法的初值(第 1 种方法只需要用到 3 个变量)
y0 = [1;0.5;0.3;0.2];% 初值
tspan = [0 5];
% =================================
% 方法 1:变量替换后用 fsolve 函数
% =================================
% 将 y(4)用 y(1) + y(2) - y(3) - 1 代替
    function DyDt = DyDtNestedFun1(t,y)
        fun = @(dy)[dy(1) + 0.3 * y(1) + 2 * y(2) * sin(dy(3)) + y(2) * (y(1) + y(2) - y(3) - 1);
            dy(2) + y(2) + 0.5 * cos(dy(1) + y(3)) + 0.2 * sin(0.6 * t);
            dy(3) + 0.2 * y(1) * y(2) - exp( - dy(1))];
        options = optimset('display','off','TolX',1e - 8,'TolFun',1e - 8);
        % 使用 fsolve 求解出与原问题对应的和 y1',y2',y3'
        DyDt = fsolve(fun,y,options);% 状态变量一阶微分值
    end
[T1,Y1] = ode45(@DyDtNestedFun1,tspan,y01);
% =================================
% 方法 2:用 ode15i 函数
% =================================
% 被 ode15i 调用的微分函数表达式
    function DyDt = DyDtNestedFun2(t,y,dy)
        DyDt = [dy(1) + 0.3 * y(1) + 2 * y(2) * sin(dy(3)) + y(2) * y(4);
            dy(2) + y(2) + 0.5 * cos(dy(1) + y(3)) + 0.2 * sin(0.6 * t);
            dy(3) + 0.2 * y(1) * y(2) - exp( - dy(1));
            y(1) + y(2) - y(3) - y(4) - 1];
    end
% y(1) + y(2) - y(3) - y(4) - 1 = 0 表明 y 中任何一个改变后都会至少引起其余一个发生变化,因此
y0_fix = [0;1;0;0];% 任意 3 位都可以改为 0,比如[0;0;1;0]或者[1;0;0;0]等
% 状态变量一阶微分初值,例子中没有提供,因此可以猜测一组值,可能需要猜测好几回才能保证
```

305

```
% 不提示"Convergence failure in DECIC."的错误
dy0 = [-1;-1;2.5;0.5];
% 该组初值都可以改变,故全部为 0
dy0_fix = [0;0;0;0];
% 时间变量的初值
t0 = 0;
% 计算输入到 ode15i 解算器的 dy 以及 dy3
[y00,dy00] = decic(@DyDtNestedFun2,0,y0,y0_fix,dy0,dy0_fix);
[T2,Y2] = ode15i(@DyDtNestedFun2,tspan,y00,dy00);
% =========================
% 画图呈现 3 种方法的计算结果
% =========================
figure;
% 方法 1 得到的图
subplot(121);
plot(T1,Y1(:,1),'k-','linewidth',2);
hold on
plot(T1,Y1(:,2),'k-.','linewidth',2);
plot(T1,Y1(:,3),'k-*','linewidth',1);
plot(T1,Y1(:,1)+Y1(:,2)-Y1(:,3)-1,'k-o','linewidth',1);
hold off
% 图例,位置自动选择最佳位置
L = legend('{\ity}_1(t)','{\ity}_2(t)','{\ity}_3(t)',...
    '{\ity}_4(t)','Location','best');
set(L,'fontname','Times New Roman');
xlabel('\itt','fontsize',16);title('方法 1 计算结果图')
% 方法 2 得到的图
subplot(122);
plot(T2,Y2(:,1),'k-','linewidth',2);
hold on
plot(T2,Y2(:,2),'k-.','linewidth',2);
plot(T2,Y2(:,3),'k-*','linewidth',1);
plot(T2,Y2(:,4),'k-o','linewidth',1);
hold off
L = legend('{\ity}_1(t)','{\ity}_2(t)','{\ity}_3(t)',...
    '{\ity}_4(t)','Location','best');
set(L,'fontname','Times New Roman');
xlabel('\itt','fontsize',16);title('方法 2 计算结果图')
end
```

运行上面代码得到的图形如图 12.4-2 所示。

【补充说明】

对于隐式微分代数方程来讲,examp12_4_2 给出的两种办法各有利弊。

用 fsolve 方法的最大缺点在于,某些节点上对于给定的初始值可能无法收敛到方程的根,因此导致后面的计算都会错下去。当然可以在每步求解的时候根据 fsolve 返回的 exitflag (fsolve 函数的第 3 个返回参数)来判断是否接受当前解,如果不接受再重新计算。这样做势必增加计算量,而且操作不方便。而用 ode15i,则给状态变量的一阶微分赋初值是件麻烦的事,赋的值不好会导致"Convergence failure in DECIC"的错误。在实际应用中对一些较复杂的问题,可以两种方法取长补短,譬如利用 fsolve 函数求解状态变量的一阶微分初始值,然后

306

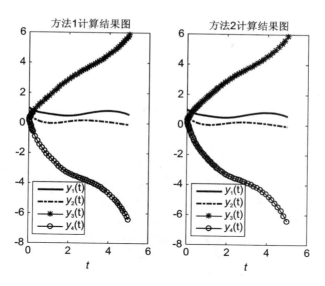

图 12.4 - 2　两种方法求解隐式 DAE 示例

将得到的初始值作为 decic 的 dy0 参数,进而得到 ode15i 所需要的状态变量一阶微分的初始值,这样发生"Convergence failure in DECIC"错误的概率会小些。examp12_4_2 中第 2 种方法在给 dy0 赋初值的时候就参考了第 1 种方法 fsolve 给出的初始值。

12.4.3　延迟微分方程(DDE)举例

DDE 的表达式要依赖某些状态变量过去一些时刻的状态,即形如

$$y' = f(t, y, y(t-t_1), y(t-t_2), \cdots, y(t-t_n)) \qquad (12.4-1)$$

其中,$t_1, t_2, \cdots, t_n > 0$,是时间延迟项,既可以是常数也可以是关于 t 和 y 的函数,当是常数的时候可以用 dde23 来求解,当是 t 和 y 的函数的时候可以用 ddesd 来求解。ddesd 也可以求解 $t_1, t_2, \cdots, t_n$ 为常数的情形,这时候的用法和 dde23 类似。下面结合例子说明 dde23 和 ddesd 的用法。

【例 12.4 - 3】　求解下面的延迟微分方程:

$$\begin{bmatrix} y'_1 \\ y'_2 \\ y'_3 \end{bmatrix} = \begin{bmatrix} 0.5y_3(t-3) + 0.5y_2(t)\cos(t) \\ 0.3y_1(t-1) + 0.7y_3(t)\sin(t) \\ y_2(t) + \cos(2t) \end{bmatrix}$$

当 $t \leqslant 0$ 时,$y_1(t) = 1, y_2(t) = 0, y_3(t) = 1$。

dde23 的调用格式如下:

```
sol = dde23(ddefun,lags,history,tspan)
sol = dde23(ddefun,lags,history,tspan,options)
```

其中,ddefun 是表示式(12.4 - 1)右边项的函数句柄,它代表的函数形式如下:dydt = ddefun(t,y,Z)。其中 t 与当前的 t 对应;y 是一个列向量,是对 $y(t)$ 的近似;Z 的第 j 个列向量,即 Z(:,j)是对所有延迟为 t_j 的状态变量即 $y(t-t_j)$ 的估计,$t_j = \text{lags}(j)$。lags 是存储各延迟常数的向量。history 是描述 t≤t0 时的状态变量的值的函数,可以为句柄形式或者常数形式。tspan 以及 options 的意思同其他 ode 求解函数。sol 为返回的求解结果,是一个结构体。其中 sol.x 是时间变量采样值,而 sol.y 为状态变量求解值。需要注意的是这里的 sol.x

为行向量,sol. y 为行向量组成的矩阵,每一行表示一个求解出来的状态变量。

本例方程自身已经是一阶微分方程组的标准形式了,故不用再另外转换。状态变量 $y_1(t)$ 和 $y_3(t)$ 分别存在时间为 1 和 3 的延迟。求解代码如下:

```
function examp12_4_3
lags = [1,3];% 延迟常数向量
history = [0,0,1];% 小于初值时的历史函数
tspan = [0,8];
% 用 nested function 构造延迟微分方程组函数
    function dy = ddefunNestedFun(t,y,Z)
        y1d = Z(:,1);% 对所有延迟为 lags(1) 的状态变量的近似
        y3d = Z(:,2);% 对所有延迟为 lags(2) 的状态变量的近似
        % y3(t-3) 的时间延迟了 lags(2),而 y3 又是第三个状态变量,因此 y3(t-3) 用 y3d(3) 来表示
        % 同理,y1(t-1) 用 y1d(1) 来表示。因此得到 dy 的如下表达式
        dy = [0.5 * y3d(3) + 0.5 * y(2) * cos(t);
            0.3 * y1d(1) + 0.7 * y(3) * sin(t);
            y(2) + cos(2 * t)];
    end
sol = dde23(@ddefunNestedFun,lags,history,tspan);% 调用 dde23 求解
% 以下画图呈现结果
plot(sol.x,sol.y(1,:),'k-','linewidth',2);
hold on
plot(sol.x,sol.y(2,:),'k-.','linewidth',2);
plot(sol.x,sol.y(3,:),'k-*','linewidth',1);
hold off
% 图例,位置自动选择最佳位置
L = legend('{\ity}_1(t)','{\ity}_2(t)','{\ity}_3(t)','Location','best');
set(L,'fontname','Times New Roman');
xlabel('\itt','fontsize',16);title('方程各解的曲线图')
end
```

运行上述程序得到包含 3 个解的图形,如图 12.4-3 所示。

dde23 只能求解延迟时间为常数的 DDE,下面再给出一个用 ddesd 求解延迟时间不为常数的 DDE 的例子。

【例 12.4-4】 求解如下延迟微分方程:

$$\begin{bmatrix} y_1' \\ y_2' \end{bmatrix} = \begin{bmatrix} y_2(t) \\ -y_2(\exp(1-y_2(t)))y_2(t)^2\exp(1-y_2(t)) \end{bmatrix}$$

其中,求解时间范围为 tspan = [0.1,5]。

该延迟微分方程具有如下解析解: $y_1(t) = \ln(t)$, $y_2(t) = \dfrac{1}{t}$ 。因此,可以作为时间小于

初值时的历史函数,同时也方便验证求解的结果。利用 ddesd 函数求解的代码如下:

```
function examp12_4_4
    function v = ddex3hist(t)
        % 历史函数
        v = [log(t); 1./t];
```

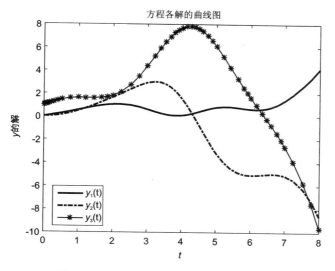

方程各解的曲线图

图 12.4 - 3　延迟为常数的 DDE 求解示例

```
    end
    function d = ddex3delay(t,y)
        % 延迟函数
        d = exp(1 - y(2));
    end
    function dydt = ddex3de(t,y,Z)
        % 延迟微分方程函数,由于只有一个延迟项,因此 Z 为 1 列的向量,y2(exp(1-y2(t)))延迟
        % 了 exp(1-y2(t)),而 y2 又是第二个状态变量,因此 y2(exp(1-y2(t)))用 Z(2)来表示
        dydt = [ y(2); - Z(2) * y(2)^2 * exp(1 - y(2))];
    end
t0 = 0.1;
tfinal = 5;
tspan = [t0, tfinal]; % 求解时间范围
sol = ddesd(@ddex3de,@ddex3delay,@ddex3hist,tspan);
% 准确解
texact = linspace(t0,tfinal);
yexact = ddex3hist(texact);
% 以下画图呈现结果
figure;
plot(sol.x,sol.y(1,:),'o','markersize',7);
hold on
plot(sol.x,sol.y(2,:),' * ','markersize',7);
plot(texact,yexact(1,:),'k - ','linewidth',2);
plot(texact,yexact(2,:),'k:','linewidth',2);
% 图例,位置自动选择最佳位置
L = legend('{\ity}_1,ddesd','{\ity}_2,ddesd','{\ity}_1,解析解',...
    '{\ity}_2,解析解','Location','best');
set(L,'fontname','Times New Roman');
hold off
xlabel('\fontname{隶书}时间 t','fontsize',16);
ylabel('\fontname{隶书}y 的解 ','fontsize',16);
title('ddesd 求解和解析解对比图 ');
end
```

ddesd 求解的结果和解析解对比图形如图 12.4 - 4 所示。

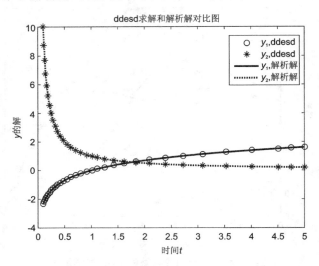

图 12.4 - 4   延迟不为常数的 DDE 求解示例

12.5   边值问题求解

12.5.1   概   述

前面讨论的 ode 系列函数只能用来求解初值问题,但是在实际中经常可以遇到一些边值问题。譬如,热传导问题,初值时候的热源状态已知,一定时间后温度达到均匀。再比如,弦振动问题,弦两端端点的位置是固定的。像这种知道自变量在前后两端时系统状态的问题被称为边值问题,可以使用下面的方程来描述:

$$f(t,y,y')=0$$

定解条件:从 $y(0)=a$,$y(t_0)=b$,$y'(0)=c$,$y'(t_0)=d$ 中两端点 0 和 t_0 的两个表达式中各选一个组成定界条件。MATLAB 提供了求解边值问题的两个函数 bvp4c 和 bvp5c。下面结合例子进行介绍。

12.5.2   求解案例

【例 12.5 - 1】   求解下列边值问题在区间 $t = [0,4]$ 上的解:

$$y''=2y'\cos(t)-y\sin(4t)-\cos(3t)$$

边界条件为:$y(0)=1$,$y(4)=2$。

首先进行变量替换,化为标准形式。令 $y_1(t)=y(t)$,$y_2(t)=y'_1(t)$,则上式化为

$$\begin{bmatrix} y'_1 \\ y'_2 \end{bmatrix} = \begin{bmatrix} y_2 \\ 2y_2\cos(t)-y_1\sin(4t)-\cos(3t) \end{bmatrix}$$

求解代码如下:

```
function examp12_5_1
T = linspace(0,4,10); % 为 bvpinit 生成初始化网络准备
    function yinit = mat4init(t)
```

```
    % 对 y 初值的估计函数,由于 y1(0) = 1,y1(4) = 2;所以挑选一个满足上述条件的函数
    % 这里选择的是 1 + t/4 来作为对 y1(t) 的估计,从而其导数 1/4 作为对 y2(t) 的估计
    yinit = [  1 + t/4;
               1/4 ];
end
function res = mat4bc(ya,yb)
    % 边界条件为 y1(0) = 1,y1(4) = 2; 0,4 分别对应 ya,yb 边界两端,而 y1,y1
    % 对应的都是第一个状态变量,因此是 ya(1) - 1,yb(1) - 2
    res = [  ya(1) - 1
             yb(1) - 2];
end
function dydx = mat4ode(t,y)
    % 微分方程函数
    dydx = [  y(2)
              2 * y(2) * cos(t) - y(1) * sin(4 * t) - cos(3 * t)];
end
solinit = bvpinit(T,@mat4init);% 由 bvpinit 生成的初始化网格
sol = bvp4c(@mat4ode,@mat4bc,solinit);% 调用 bvp4c 求解,也可以换成 bvp5c
tint = linspace(0,4);
Stint = deval(sol,tint);% 根据得到的 sol 利用 deval 函数求出[0,4]区间内更多其他的解
% 画图展示
figure;
plot(tint,Stint(1,:),'k - ','linewidth',2);
hold on
plot(tint,Stint(2,:),'k:','linewidth',2);
L = legend('{\ity}_1(t)','{\ity}_2(t)','Location','best');
set(L,'fontname','Times New Roman');
xlabel('\itt','fontsize',16);ylabel('方程的解');
title('求解结果')
end
```

得到的结果图形如图 12.5 - 1 所示。

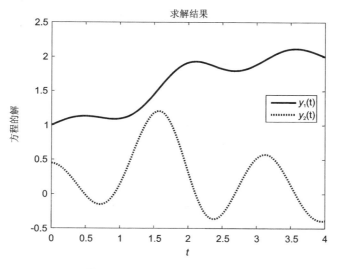

图 12.5 - 1　边值问题求解结果

看一个非线性边值的例子。

【例 12.5-2】 求解下列边值问题,求解范围 $t = [0, 6]$:

$$\begin{bmatrix} y'_1 \\ y'_2 \end{bmatrix} = \begin{bmatrix} y_2 \\ \cos(y_2)\sin(y_1) \end{bmatrix}$$

边界条件为 $y_1(0) = 1$,$y_1(6) = 2$。

该微分方程组第二个方程是关于状态变量的非线性函数,利用 bvp4c 的解法如下:

```
function examp12_5_2
T = linspace(0,6,15); % 为 bvpinit 生成初始化网络准备
    function yinit = mat4init(t)
        % 对 y 初值的估计函数,由于 y1(0) = 1,y1(6) = 2;所以挑选一个满足上述条件的函数
        % 这里选择的是 1 + t/6 来作为对 y1(t) 的估计,从而其导数 1/6 作为对 y2(t) 的估计
        yinit = [   1 + t/6;
                  1/6 ];
    end
    function res = mat4bc(ya,yb)
        % 边界条件为 y1(0) = 1,y1(6) = 2;0,6 分别对应 ya,yb 边界两端,而 y1,y1
        % 对应的都是第一个状态变量,因此是 ya(1)-1,yb(1)-2
        res = [   ya(1)-1
                yb(1)-2];
    end
    function dydx = mat4ode(t,y)
        % 微分方程函数
        dydx = [   y(2)
                 cos(y(2)) * sin(y(1)) ];
    end
solinit = bvpinit(T,@mat4init); % 由 bvpinit 生成的初始化网格
sol = bvp4c(@mat4ode,@mat4bc,solinit); % 调用 bvp4c 求解,也可以换成 bvp5c
tint = linspace(0,6);
Stint = deval(sol,tint); % 根据得到的 sol 利用 deval 函数求出[0,6]区间内更多其他的解
% 画图展示
figure;
plot(tint,Stint(1,:),'k-','linewidth',2);
hold on
plot(tint,Stint(2,:),'k:','linewidth',2);
L = legend('{\ity}_1(t)','{\ity}_2(t)','Location','best');
set(L,'fontname','Times New Roman');
xlabel('\itt','fontsize',16);ylabel('方程的解');
title('求解结果')
end
```

得到的解的图像如图 12.5-2 所示。

再看一个带未知参数的边值问题求解的例子。

【例 12.5-3】 求解下列边值问题,求解范围 $x = [0, \pi]$:

$$\begin{bmatrix} y'_1 \\ y'_2 \end{bmatrix} = \begin{bmatrix} y_2 \\ -(\lambda - 2q\cos(2x))y_1 \end{bmatrix}$$

该方程的解 $y_1(x)$ 是 Mathieu 方程的特征函数,其中 $q = 5$,λ 为未知参数。由于有 λ 这个未知参数,因此,方程有 3 个边界条件:$y_1(0) = 1$,$y_2(0) = 0$,$y_2(\pi) = 0$。

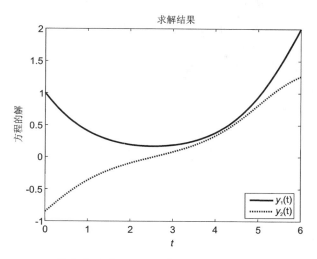

图 12.5 - 2　带参数边值问题求解示例(Mathieu 方程的特征函数)

求解该问题的程序如下:

```
function examp12_5_3
X = linspace(0,pi,10); % 为 bvpinit 生成初始化网络准备
q = 5;
lambda = 15; % 对 lambda 的猜测值
    function yinit = mat4init(x)
        % 对 y 初值的估计函数,由于 y2(0) = 1,y2(pi) = 0;所以挑选一个满足上述条件的函数
        % 这里选择的是 - k * sin(4 * x)来作为对 y2(t)的估计,其原函数 y1(t)满足 y1(0) = 1,因此
        % k = 4,所以 y1(t)的估计为 cos(4 * x),y2(t)的估计为 - 4 * sin(4 * x)
        yinit = [    cos(4 * x)
                  - 4 * sin(4 * x) ];
    end
    function res = mat4bc(ya,yb,lambda)
        % lambda 作为未知参数不能省略
        % 边界条件为 y1(0) = 1,y2(0) = 2,y2(pi) = 0; 0,0,pi 分别对应 ya,ya,yb
        % 而 y1,y2,y2 分别是第一、第二、第二个状态变量。因此得到如下 res 表达式
        res = [ya(1) - 1;
               ya(2);
               yb(2)
               ];
    end
    function dydx = mat4ode(x,y,lambda)
        % 微分方程函数
        dydx = [    y(2);
                 - (lambda - 2 * q * cos(2 * x)) * y(1) ];
    end
solinit = bvpinit(X,@mat4init,lambda); % 由 bvpinit 生成的初始化网格
sol = bvp4c(@mat4ode,@mat4bc,solinit); % 调用 bvp4c 求解,也可以换成 bvp5c
tint = linspace(0,pi);
Stint = deval(sol,tint); % 根据得到的 sol 利用 deval 函数求出[0,4]区间内更多其他的解
% 画图展示
figure;
plot(tint,Stint(1,:),'k - ','linewidth',2);
```

若您对此书内容有任何疑问,可以登录MATLAB中文论坛与作者和同行交流。

```
hold on
plot(tint,Stint(2,:),'k:','linewidth',2);
L = legend('{\ity}_1(t)','{\ity}_2(t)','Location','best');
set(L,'fontname','Times New Roman');
xlabel('\itt','fontsize',16);ylabel('方程的解');
title('方程的解 y_1(t)为 Mathieu 方程的特征函数')
end
```

运行上述代码得到的图像如图 12.5-3 所示。

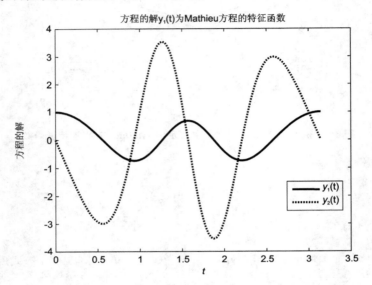

图 12.5-3 带参数边值问题求解示例(Mathieu 方程的特征函数)

12.6 参考文献

[1] Yang Won Young, Cao Wenwu, Chung Tae-Sang, et al. Applied numerical methods using MATLAB. Hoboken, New Jersey:Wiley, 2005.

[2] Shampine L F, Reichelt M W, Kierzenka J A. Solving index-1 DAEs in MATLAB and Simulink. SIAM Review,1999(41): 538-552.

[3] Shampine L F, Gladwell I, Thompson S. Solving ODEs with MATLAB. New York:Cambridge University Press,2003.

第 13 章

线性规划问题

郑志勇(ariszheng)　　谢中华(xiezhh)

13.1 案例背景

13.1.1 线性规划应用

线性规划是运筹学中研究较早、发展较快、应用广泛、方法较成熟的一个重要分支,它是辅助人们进行科学管理的一种数学方法。在经济管理、交通运输、工农业生产等经济活动中,提高经济效益是人们不可缺少的要求,而提高经济效益一般有两种途径:一是技术方面的改进,例如改善生产工艺,使用新设备和新型原材料等;二是生产组织与计划的改进,如合理安排人力物力资源等。线性规划所研究的是:在一定条件下,合理安排人力物力等资源,使经济效益达到最好。例如下面所述的生产计划问题。

【例 13.1 - 1】 某厂生产 A,B,C 三种产品,每种产品生产需经过三道工序:选料、提纯和调配。根据现有的生产条件,可确定各工序有效工时、单位产品耗用工时及利润如表 13.1 - 1 所列。试问应如何安排各种产品的周产量,才能获得最大利润?

表 13.1 - 1 各工序有效工时、单位产品耗用工时及利润列表

工　序	单位产品耗用工时/(h · kg^{-1})			每周有效工时/h
	A	B	C	
选料	1.1	1.2	1.4	4 600
提纯	0.5	0.6	0.6	2 100
调配	0.7	0.8	0.6	2 500
利润/(元 · kg^{-1})	12	14	13	

这是一个典型的线性规划问题,若用 x_1, x_2, x_3 分别表示产品 A,B,C 的周产量(kg),z 表示每周获得的利润(元),则可建立该问题的数学模型如下:

$$\max \quad z = 12x_1 + 14x_2 + 13x_3$$

$$\text{s. t.} \begin{cases} 1.1x_1 + 1.2x_2 + 1.4x_3 \leqslant 4\ 600 \\ 0.5x_1 + 0.6x_2 + 0.6x_3 \leqslant 2\ 100 \\ 0.7x_1 + 0.8x_2 + 0.6x_3 \leqslant 2\ 500 \\ x_1 \geqslant 0, \quad x_2 \geqslant 0, \quad x_3 \geqslant 0 \end{cases} \qquad (13.1-1)$$

上述模型中 x_1, x_2, x_3 称为决策变量,$z = 12x_1 + 14x_2 + 13x_3$ 为目标函数,它是决策变量的线性函数,目标函数下方由花括号括起来的部分为约束条件,s. t. 是 subject to 的简写,可译为"使得"。本例是求在诸多线性约束下的目标函数的最大值点与相应的最大值。

一般地,求线性目标函数在线性约束条件下的最大值或最小值的问题,统称为线性规划问

题。满足线性约束条件的解作可行解,由所有可行解组成的集合叫作可行域。

13.1.2　线性规划的求解方法

求解线性规划问题的基本方法是单纯形法,随着线性优化算法的发展,为了提高解题速度,又有改进单纯形法、对偶单纯形法、原始对偶方法、分解算法和各种多项式时间算法。

MATLAB 求解线性规划用到的算法有:传统内点法(interior - point - legacy)、内点法(interior - point)、对偶单纯形算法(dual - simplex)、作用集算法(active - set)、单纯形算法(simplex)。

13.2　线性规划的标准型

线性规划问题的标准数学模型(简称标准型)为

$$\min \quad z = f^{\mathrm{T}} x$$

$$\text{s. t.} \begin{cases} A \cdot x \leqslant b \\ Aeq \cdot x = beq \\ lb \leqslant x \leqslant up \end{cases} \tag{13.2-1}$$

其中,f 为目标函数中决策变量的系数值向量;A 为线性不等式约束的系数矩阵;b 为线性不等式约束的右端常数向量;Aeq 为线性等式约束的系数矩阵;beq 为线性等式约束的右端常数向量;lb 为决策变量 x 的下界值向量;up 为决策变量 x 的上界值向量。

13.3　线性规划问题的 MATLAB 求解

MATLAB 优化工具箱(Optimization - Toolbox)中提供了 linprog 函数,用来求解式(13.2-1)所示的线性规划问题,其调用格式为

```
[x,fval,exitflag,output,lambda] = linprog(f,A,b,Aeq,beq,lb,ub,x0,options)
```

该函数的输入参数说明:

f:目标函数中决策变量的系数值向量。

A:不等式约束系数矩阵。

b:不等式约束常数向量。

Aeq:等式约束系数矩阵。

beq:等式约束常数向量。

lb:x 的可行域下界。

ub:x 的可行域上界。

x0:初始迭代点(这个与 linprog 使用的算法有关)。

options:优化参数设置,用来设置迭代算法、迭代终止容限等。

该函数的输出参数说明:

x:最优解(或者结束迭代点)。

fval:最优值(或者结束迭代点对应的函数值)。

exitflag:迭代停止标识,其可能的取值及说明如下

　　1　算法收敛于解 x,即 x 是线性规划的最优解;

　　0　算法达到最大迭代次数停止迭代,即 x 不一定是线性规划的最优解;

－2　算法没有找到可行解,即算法求解失败,问题的可行解集合为空;

－3　原问题无界,即最优解可能为正(负)无穷大;

－4　在算法中出现除零问题或其他问题,导致变量中出现非数值情况;

－5　线性规划的原问题与对偶问题都不可解;

－7　可行搜索方向向量过小,无法再提高最优解质量。

output:算法计算信息,是一个结构体变量,包含如下字段

　　algorithm　计算时使用的优化算法;

　　cgiterations　共轭梯度迭代次数(仅对应内点法);

　　iterations　算法迭代次数;

　　message　返回结束信息;

　　constrviolation　最大约束函数;

　　firstorderopt　一阶最优测度。

lambda:最优解对应的拉格朗日乘子,是一个结构体变量,包含如下字段

　　lower　下界;

　　upper　上界;

　　neqlin　线性不等式;

　　eqlin　线性等式。

注意: linprog 函数用到了 3 种迭代算法(参见 13.1.2 节),可用输入参数 options 进行控制。options 参数是由 optimset 函数生成的结构体变量,所包含字段及说明如表 13.3 – 1 所列。

表 13.3 – 1　options 参数的字段及说明

字　段	说　明
Algorithm	选择最优化算法,可选字段值如下: 'interior – point – legacy'　传统内点法(默认) 'interior – point'　内点法 'dual – simplex'　对偶单纯形算法 'active – set'　作用集算法 'simplex'　单纯形算法
diagnostics	显示目标函数的诊断信息,可选字段值如下: 'on'　显示诊断信息 'off'　不显示诊断信息(默认)
display	结果显示方式,可选字段值如下: 'off'　不显示输出结果 'iter'　显示每一步迭代结果,不适用于作用集算法 'final'　只显示最终结果(默认)
largeScale	设置迭代算法,可选字段值如下: 'on'　使用传统内点法(默认) 'off'　使用中等规模算法
maxIter	设置迭代步数,字段值为正整数
tolFun	设置目标函数的终止容限,对于传统内点法,默认值为 $1e-8$;对于内点法和单纯形法,默认值为 $1e-6$,对于对偶单纯形法,默认值为 $1e-7$
simplex	设置中等规模算法,可选字段值如下: 'on'　使用单纯形算法,此时不需要用户指定初始迭代点 x0 'off'　使用中等规模作用集算法(默认)

13.4 线性规划案例分析

这里仍考虑例 13.1-1,调用 linprog 函数进行求解。由于例 13.1-1 中求解的是最大值问题,应首先将式(13.1-1)中的目标函数乘以 -1,把模型(13.1-1)化为如下标准型:

$$\min \quad z = -12x_1 - 14x_2 - 13x_3$$

$$\text{s.t.} \begin{cases} 1.1x_1 + 1.2x_2 + 1.4x_3 \leqslant 4\,600 \\ 0.5x_1 + 0.6x_2 + 0.6x_3 \leqslant 2\,100 \\ 0.7x_1 + 0.8x_2 + 0.6x_3 \leqslant 2\,500 \\ x_1 \geqslant 0, \quad x_2 \geqslant 0, \quad x_3 \geqslant 0 \end{cases} \qquad (13.4-1)$$

对比式(13.2-1)中的标准型,不难确定 linprog 函数中的各个输入变量。相应的 MATLAB 代码如下:

```
f = [-12, -14, -13];    % 目标函数系数向量
A = [1.1, 1.2, 1.4; 0.5, 0.6, 0.6; 0.7, 0.8, 0.6]; % 不等式约束的系数矩阵
b = [4600; 2100; 2500];    % 不等式约束的常数向量
Aeq = [];       % 等式约束的系数矩阵(该问题无等式约束,Aeq 为空)
beq = [];       % 等式约束的 beq(该问题无等式约束,beq 为空)
lb = [0; 0; 0];    % 变量的下界
ub = [];       % 变量的上界(无上界约束,ub 为空)
```

注意:与线性规划的标准型对比,当模型中某些约束不存在时,linprog 函数中相应位置的输入需用空矩阵([])代替。

13.4.1 传统内点法求解

下面调用 linprog 函数,使用默认算法(传统内点法)求解模型(13.4-1),相应的 MATLAB 代码及结果如下:

```
% 调用 linprog 函数,使用默认算法(传统内点法)求解模型(13.4-1)
>> [x,fval,exitflag,output,lambda] = linprog(f,A,b,Aeq,beq,lb,ub)

% 计算结果:
Optimization terminated.  %(优化算法计算结束)

% 最优解
x =

  1.0e + 003 *

   0.7500
   1.2500
   1.6250

% 最优值(最优解对应的目标函数值),例 13.1-1 原始模型中目标函数的负值
fval =

  - 4.7625e + 004

% 算法收敛于解 x,即 x 是线性规划的最优解
exitflag =

     1

output =

        iterations: 5      %(算法迭代 5 次)
```

```
             algorithm: 'interior - point - legacy'     %（使用的算法是传统内点法）
           cgiterations: 0     %（共轭梯度迭代 0 次,没有使用共轭梯度迭代）
               message: 'Optimization terminated.'     %（算法正常停止）
         constrviolation: 0
           firstorderopt: 1.0441e - 05
lambda =

           ineqlin: [3x1 double]
            eqlin: [0x1 double]
            upper: [3x1 double]
            lower: [3x1 double]
```

由计算结果可知,linprog 函数使用传统内点法经过 5 次迭代求出了模型(13.4 - 1)的最优解和最优值,求出的最优解为 $x = (750, 1250, 1625)^T$,最优值(最优解对应的目标函数值)为 $-47\,625$。需要注意的是,在将模型(13.1 - 1)化为标准型的过程中,目标函数发生了变化(通过乘以 -1 将最大值问题化为最小值问题),因此原问题的最优解为 $x = (750, 1250, 1625)^T$ kg,最优值为 $47\,625$ 元,即产品 A,B,C 的周产量分别为 750 kg、$1\,250$ kg 和 $1\,625$ kg,相应的最大利润为 $47\,625$ 元。

13.4.2　单纯形法求解

下面调用 linprog 函数,通过参数设置使用单纯形法求解模型(13.4 - 1),相应的 MAT-LAB 代码及结果如下:

```
% 调用 optimset 函数生成结构体变量 options,用来控制迭代算法和结果显示方式
% 'Simplex', 'on' 表示使用单纯型算法
% 'Display','iter' 显示迭代过程
>> options = optimset('LargeScale', 'off', 'Simplex', 'on','Display','iter');

% 调用 linprog,使用单纯形算法求解模型(13.4 - 1),并显示每一步迭代结果
>> [x,fval,exitflag,output,lambda] = linprog(f,A,b,Aeq,beq,lb,ub,[],options)

% 计算结果:
The default starting point is feasible, skipping Phase 1.
Phase 2: Minimize using simplex.
    Iter          Objective              Dual Infeasibility
                  f' * x                 A' * y + z - w - f
     0               0                       22.561
     1            - 43750                     2.5
     2            - 47500                    0.166667
     3            - 47625                      0
Optimization terminated.     %（优化算法计算结束）

% 最优解
x =

   1.0e + 003 *

    0.7500
    1.2500
    1.6250

% 最优值(最优解对应的目标函数值),例 13.1 - 1 原始模型中目标函数的负值
fval =

    - 47625
```

```
%  算法收敛于解 x,即 x 是线性规划的最解
exitflag =

     1

output =

          iterations：3      %（算法迭代 3 次）
          algorithm：'simplex'    %（使用的是中等规模的单纯形法）
        cgiterations：[]
             message：'Optimization terminated.'
       constrviolation：0
        firstorderopt：1.7764e − 15

lambda =

   ineqlin：[3x1 double]
     eqlin：[0x1 double]
     upper：[3x1 double]
     lower：[3x1 double]
```

从计算结果不难看出,linprog 函数使用单纯形算法经过 3 次迭代也求出了模型(13.4－1)
的最优解和最优值,结果与传统内点法相同,这里就不再做过多的说明。

13.5　案例扩展——含参数线性规划

在研究工作中,对于同一个问题,常常有不同的背景假设或参数假设,不同的参数假设会
有不同的模型,本节讨论含参数线性规划问题的求解。

13.5.1　目标函数含参数

【例 13.5－1】　求解含参数线性规划问题：

$$\min f = a_1 x_1 + a_2 x_2 + a_3 x_3$$

$$\text{s. t.} \begin{cases} 7x_1 + 3x_2 + 9x_3 \leqslant 1 \\ 8x_1 + 5x_2 + 4x_3 \leqslant 1 \\ 6x_1 + 9x_2 + 5x_3 \leqslant 1 \\ x_1, x_2, x_3 \geqslant 0 \end{cases} \qquad (13.5-1)$$

对应不同的参数 a_1, a_2, a_3,上述优化问题有不同的解。当参数变化时,为便于优化问题
的求解,可将参数写成向量形式 $a = [a_1, a_2, a_3]$,在每次进行新的计算前,只需修改参数向量
$a = [a_1, a_2, a_3]$ 即可,方便实用且可以节约修改程序的时间。对于 $a_1 = -1, a_2 = -2, a_3 = -3$,求解本例的 MATLAB 代码及结果如下：

```
% code by xiezhh
% 2012 − 1 − 26
f0 = [1,1,1];    % 目标函数系数向量
a = [−1,−2,−3]; % 参数向量,每次新的计算只需修改 a 即可
f = a. * f0;  % 生产新的目标函数系数
A = [7,3,9;8,5,4;6,9,5];  % 不等式约束的系数矩阵
b = [1;1;1];      % 不等式约束的常数向量
Aeq = [];        % 等式约束的系数矩阵(该问题无等式约束,Aeq 为空)
beq = [];        % 等式约束的常数向量 beq(该问题无等式约束.beq 为空)
lb = [0,0,0];    % 变量的下界
ub = [];         % 变量的上界(无上界约束,ub 为空)
```

```
% 调用 linprog 函数求解
[x,fval,exitflag,output,lambda] = linprog(f,A,b,Aeq,beq,lb,ub)
% ----------------------------------------------------------
% 计算结果如下:
% ----------------------------------------------------------
Optimization terminated.
% 最优解
x =

    0.0000
    0.0606
    0.0909

% 最优值
fval =

   - 0.3939

% 迭代停止标识
exitflag =

    1

% 算法计算信息
output =

         iterations: 7
          algorithm: 'interior - point - legacy'
       cgiterations: 0
            message: 'Optimization terminated.'
     constrviolation: 0
       firstorderopt: 2.0476e - 09

% 最优解对应的拉格朗日乘子
lambda =

      ineqlin: [3x1 double]
        eqlin: [0x1 double]
        upper: [3x1 double]
        lower: [3x1 double]
```

可以看出本问题的最优解为 $x = (0.0000, 0.0606, 0.0909)^{\mathrm{T}}$,最优值为 -0.3939。

13.5.2 约束函数含参数

【例 13.5 - 2】 求解如下含参数线性规划问题:

$$\min f = -x_1 - x_2 - x_3$$

$$\text{s.t.} \begin{cases} a_1 x_1 + 3x_2 + 9x_3 \leqslant 1 \\ 8x_1 + a_2 x_2 + 4x_3 \leqslant 1 \\ 6x_1 + 9x_2 + a_3 x_3 \leqslant 1 \\ x_1, x_2, x_3 \geqslant 0 \end{cases} \qquad (13.5 - 2)$$

此线性规划模型的约束条件中含有参数 a_1, a_2, a_3,处理方式同例 13.5 - 1。对于 $a_1 = 7$,$a_2 = 5, a_3 = 5$,求解本例的 MATLAB 代码及结果如下:

```
% code by xiezhh
% 2012 - 1 - 26
f = [-1, -1, -1];  % 目标函数系数向量
a = [7,5,5];  % 参数向量,每次新的计算只需修改 a 即可
```

```
A = [a(1), 3, 9; 8, a(2), 4; 6, 9, a(3)];   % 不等式约束的系数矩阵
b = [1; 1; 1];               % 不等式约束的常数向量
Aeq = [];                    % 等式约束的系数矩阵(该问题无等式约束,Aeq 为空)
beq = [];                    % 等式约束的常数向量 beq(该问题无等式约束,beq 为空)
lb = [0, 0, 0];              % 变量的下界
ub = [];                     % 变量的上界(无上界约束,ub 为空)
% 调用 linprog 函数求解
[x,fval,exitflag,output,lambda] = linprog(f,A,b,Aeq,beq,lb,ub)
% -----------------------------------------------------------------------
% 计算结果如下:
% -----------------------------------------------------------------------
Optimization terminated.
% 最优解
x =

    0.0870
    0.0356
    0.0316

% 最优值
fval =

    - 0.1542

% 迭代停止标识
exitflag =

    1

% 算法计算信息
output =

        iterations: 7
         algorithm: 'interior - point - legacy'
       cgiterations: 0
           message: 'Optimization terminated.'
      constrviolation: 0
       firstorderopt: 3.2143e - 14

% 最优解对应的拉格朗日乘子
lambda =

    ineqlin: [3x1 double]
      eqlin: [0x1 double]
      upper: [3x1 double]
      lower: [3x1 double]
```

可以看出本问题的最优解为 $x = (0.087\ 0, 0.035\ 6, 0.031\ 6)^{\mathrm{T}}$,最优值为 $-0.154\ 2$。

13.6 参考文献

[1] 吴祈宗. 运筹学与最优化算法. 北京:机械工业出版社,2005.

[2] 林健良. 运筹学及实验. 广州:华南理工大学出版社,2006.

[3] Dantzig G B, Orden A, Wolfe P. Generalized Simplex Method for Minimizing a Linear from Under Linear Inequality Constraints. Pacific Journal Math,(5):183 - 195.

[4] Zhang Y. Solving Large - Scale Linear Programs by Interior - Point Methods Under the MATLAB Environment. Technical Report TR96 - 01, 1995.

第 14 章
非线性优化问题

郑志勇（ariszheng）　　　吴鹏（rocwoods）

14.1　理论背景

非线性优化理论的发展是伴随计算机的发展而逐渐发展的。自从 1951 年 Kuhn-Tucker 最优条件（简称 KT 条件）建立后，非线性优化理论得到了蓬勃发展。20 世纪 50 年代主要对梯度法和牛顿法进行了研究。以 Davidon(1959)、Fletcher 和 Powell(1963) 提出的 DFP 方法为起点，20 世纪 60 年代是研究拟牛顿方法的活跃时期，同时对共轭梯度法也有较好的研究。在 1970 年由 Broyden、Fletcher、Goldfarb 和 Shanno 从不同的角度共同提出的 BFGS 方法是目前为止最有效的拟牛顿方法。随后 Broyden、Dennis 和 More 的工作使得拟牛顿方法的理论更加完善。20 世纪 70 年代是非线性优化飞速发展的时期，约束变尺度（SQP）方法（Han 和 Powell 为代表）和 Lagrange 乘子法（代表人物是 Powell 和 Hestenes）是这一时期的主要研究成果。计算机的飞速发展使非线性优化的研究如虎添翼。20 世纪 80 年代开始研究信赖域法、稀疏拟牛顿法、大规模问题的方法和并行计算，20 世纪 90 年代研究解非线性优化问题的内点法和有限储存法。可以毫不夸张地说，这半个世纪是最优化发展的鼎盛时期。

目前已有大量解非线性优化问题的软件，其中有相当一部分可从互联网上免费下载，如 LANCELOT、MINPAC、TENMIN、SNOPT 等。本章主要介绍 MATLAB 的优化工具箱中涉及非线性优化问题函数的使用方法。

14.2　理论模型

14.2.1　无约束非线性优化

无约束优化的一般形式为

$$\min f(x) \qquad x \in \mathbf{R}^n \qquad (14.2-1)$$

其中，$f(x)$ 为非线性函数。

对于无约束非线性最大化可以通过如下转换将其转化为标准的无约束非线性优化的一般形式：

$$\max f(x) \qquad x \in \mathbf{R}^n$$
$$\Rightarrow \min - f(x) \qquad x \in \mathbf{R}^n \qquad (14.2-2)$$

14.2.2　约束非线性优化

约束非线性优化的一般形式为

$$\min f(x)$$

$$\text{s. t.} \begin{cases} g_i(x) \leqslant 0 & i = 1, 2, \cdots, m \\ h_j(x) = 0 & j = 1, 2, \cdots, l \end{cases} \qquad (14.2-3)$$

其中，$f(x): \mathbf{R}^n \to \mathbf{R}$ 为非线性函数；$g_i(x)$ 为不等式约束；$h_j(x) = 0$ 为等式约束。

与无约束非线性最大化类似，对于约束非线性最大化可以通过转换，将其转化为标准的约束非线性优化的一般形式：

$$\max f(x)$$
$$\text{s. t.} \begin{cases} g_i(x) \geqslant 0 & i = 1, 2, \cdots, m \\ h_j(x) = 0 & j = 1, 2, \cdots, l \end{cases}$$
$$\Rightarrow \min - f(x)$$
$$\text{s. t.} \begin{cases} -g_i(x) \leqslant 0 & i = 1, 2, \cdots, m \\ h_j(x) = 0 & j = 1, 2, \cdots, l \end{cases} \qquad (14.2-4)$$

下面是一个具体的非线性约束优化问题：

$$\min f(x) = -x_1 x_2 - x_2 x_3 - x_1 x_3$$
$$\text{s. t.} \begin{cases} x_1^2 + x_2^2 + x_3^2 - 3 \leqslant 0 \\ x_1 + x_1 + x_1 - 1 = 0 \end{cases} \qquad (14.2-5)$$

14.3　MATLAB 实现

14.3.1　fminunc 函数（无约束优化）

fminunc 函数是 MATLAB 中求解无约束优化问题的主要函数，其主要使用 BFGS 拟牛顿算法（BFGS Quasi-Newton method）、DFP 拟牛顿算法（DFP Quasi-Newton method）、最速下降法等。其主要调用格式如下：

```
x = fminunc(fun,x0)
x = fminunc(fun,x0,options)
[x,fval] = fminunc(...)
[x,fval,exitflag] = fminunc(...)
[x,fval,exitflag,output] = fminunc(...)
[x,fval,exitflag,output,grad] = fminunc(...)
[x,fval,exitflag,output,grad,hessian] = fminunc(...)
```

输入参数说明：

Fun：目标函数一般用句柄形式给出。

X0：优化算法初始迭代点。

Options：参数设置。

函数输出说明：

X：最优点输出（或最后迭代点）。

Fval：最优点（或最后迭代点）对应的函数值。

Exitflag：函数结束信息（具体参见 MATLAB Help）。

Output：函数基本信息，包括迭代次数、目标函数最大计算次数、使用的算法名称、计算规模等。

Grad：最优点（或最后迭代点）的导数。

Hessian：最优点（或最后迭代点）的二阶导数。

【**例 14.3 - 1**】　求 Banana function 的最小值（因其函数图像形似香蕉而称之为 Banana function）：

$$f(x) = 100 \times [x(2) - x(1)^2]^2 + [1 - x(1)]^2 \qquad (14.3-1)$$

一般优化算法中会用到函数的导数信息，故可以将目标函数的导数以函数的形式输入到 fminunc 中。若不提供导数信息，fminunc 内部会用差分代替导数。由于差分方法计算出的导数值与由导数函数计算出的值存在误差，所以，若能为 fminunc 提供目标函数的导数函数信息，更便于计算。

方法一：无导数信息寻优

1）目标函数程序（BanaFun. m）：

```
function f = BanaFun(x)    % (不含导数解析式)
f = 100 * (x(2) - x(1)^2)^2 + (1 - x(1))^2;
```

2）求解目标函数，使用 M 文件（SolveBanaFun_1. m）：

```
OPTIONS = optimset('display','iter');% 显示迭代过程
x = [-1.9,2];% 初始迭代点
% 调用 fminunc 函数
[x,fval,exitflag,output] = fminunc(@BanaFun,x,OPTIONS)
```

函数计算结果：

```
Warning: Gradient must be provided for trust - region method;
  using line - search method instead.
```
% 提示：信赖域搜索算法要求必须给出目标函数的导数，这里使用线性方法替代
```
> In fminunc at 365
  In SolveBanaFun_1 at 4
```

% 迭代次数	目标函数计算次数	函数值	步长大小	一阶最优性
				First - order
Iteration	Func - count	f(x)	Step - size	optimality
0	3	267.62		1.23e + 003
1	6	214.416	0.000813405	519
2	9	54.2992	1	331
3	15	5.90157	0.482557	1.46
4	21	5.89006	10	2.58
⋮		⋮		
33	147	6.24031e - 006	1	0.0863
34	150	4.70753e - 008	1	0.000385

```
Local minimum found. % 选找到局部最优点
Optimization completed because the size of the gradient is less than
the default value of the function tolerance.

<stopping criteria details>

x =

    0.9998    0.9996
% 最优函数值对应的 X
fval =
  4.7075e - 008
% 最优函数值
exitflag =
```

```
       1 % 成功结束,通常情况下得到最优解
output =
       iterations: 34
        funcCount: 150
         stepsize: 1
    firstorderopt: 3.8497e-004
        algorithm: 'medium-scale: Quasi-Newton line search'
          message: [1x438 char]
```

方法二：使用导数信息最优化

1）目标函数与导数（BanaFunWithGrad.m）：

```
function [f,g] = BanaFunWithGrad(x)  %（含导数解析式）
% 目标函数
f = 100 * (x(2) - x(1)^2)^2 + (1 - x(1))^2;
% 目标函数的导数
g = [100 * (4 * x(1)^3 - 4 * x(1) * x(2)) + 2 * x(1) - 2; 100 * (2 * x(2) - 2 * x(1)^2)];
```

2）求解目标函数，使用 M 文件（SolveBanaFun_2.m）：

```
OPTIONS = optimset('HessUpdate','bfgs','gradobj','on','display','iter');
% 参数设置说明
% 'HessUpdate','bfgs' 使用 BFGS 方法更新 Hess 矩阵
% 'gradobj','on' 使用目标函数导数函数
% 'display','iter'  显示迭代过程
x = [-1.9,2]; % 初始迭代点
% 调用 fminunc 函数
[x,fval,exitflag,output] = fminunc(@BanaFunWithGrad,x,OPTIONS)
```

函数计算结果：

% 迭代次数	函数值	步长范数	一阶最优性	共轭梯度迭代次数
		Norm of	First-order	
Iteration	f(x)	step	optimality	CG-iterations
0	267.62		1.23e+003	
1	8.35801	1.57591	5.84	1
2	8.35801	11.1305	5.84	1
3	8.35801	2.5	5.84	0
4	7.48794	0.625	18.8	0
5	7.13462	1.25	71.9	1
6	5.21948	0.164958	9.06	1
7	5.21948	1.25	9.06	1
		⋮		
28	0.000252904	0.0721423	0.399	1
29	5.18433e-006	0.0224316	0.0334	1
30	3.18152e-009	0.00462862	0.00158	1
31	1.23343e-015	8.92144e-005	5.21e-007	1

```
Local minimum found.

Optimization completed because the size of the gradient is less than
the default value of the function tolerance.

<stopping criteria details>
x =   % 最优点
   1.0000    1.0000
fval =  % 最优的对应的函数值
  1.2334e-015
```

```
exitflag =
      1 % 成功结束,通常情况下得到最优解
output =
          iterations: 31
          funcCount: 32
        cgiterations: 26
       firstorderopt: 5.2070e - 007
           algorithm: 'large - scale: trust - region Newton'
             message: [1x498 char]
      constrviolation: []
```

【注】

两种方法的比较:

方法一(无导数信息最优化):迭代次数为 34 次,计算得到最优点(0.9998,0.9996),函数值为 4.7075e—008。

方法二(使用导数信息最优化):迭代次数为 31 次,计算得到最优点(1.0000,1.0000),函数值为 1.2334e—015。

在无约束最优化中使用导数信息,优化算法迭代次数相对较少,计算结果质量相对较高。但是,一般情况下,有些函数的导数形式过于复杂或者根本无法以函数形式给出,那么就可以使用无导数信息最优化方法进行优化计算。

14.3.2　fminsearch 函数

fminsearch 是 MATLAB 中求解无约束的函数之一,其使用的算法为可变多面体算法 (Nelder – Mead Simplex)。其主要调用格式如下:

x = fminsearch(fun,x0)

x = fminsearch(fun,x0,options)

[x,fval] = fminsearch(...)

[x,fval,exitflag] = fminsearch(...)

[x,fval,exitflag,output] = fminsearch(...)

输入参数的说明:

fun:目标函数。

x0:迭代初始点。

options:函数参数设置。

函数输出的说明:

x:最优点(算法停止点)。

fval:最优点对应的函数值。

exitflag:函数停止信息

　　　1:函数收敛正常停止;

　　　0:迭代次数,目标函数计算次数达到最大数;

　　　-1:算法被 output 函数停止。

output:函数运算信息。

【例 14.3 - 2】　利用 fminsearch 函数求 Banana 函数的最小值。

1) 目标函数程序(BanaFun.m):

```
function f = BanaFun(x)
f = 100 * (x(2) - x(1)^2)^2 + (1 - x(1))^2;
```

Nelder – Mead Simplex 函数不需要导数信息。

2) 算法函数调用(simplexUnc.m):

```
OPTIONS = optimset('display','iter');
% 参数设置,显示迭代过程
x = [-1.9,2];% 初始迭代点
% 调用 fminsearch 函数
[x,fval,exitflag,output] = fminsearch(@BanaFun,x,OPTIONS)
```

函数计算结果:

Iteration	Func – count	min f(x)	Procedure
0	1	267.62	
1	3	236.42	initial simplex
2	5	67.2672	expand
3	7	12.2776	expand
4	8	12.2776	reflect
5	10	12.2776	contract inside
6	12	6.76772	contract inside
7	13	6.76772	reflect
8	15	6.76772	contract inside
9	17	6.76772	contract outside
10	19	6.62983	contract inside
11	21	6.55249	contract inside
12	23	6.46084	contract inside
13	24	6.46084	reflect
14	26	6.46084	contract inside
15	28	6.45544	contract outside
16	30	6.42801	expand
17	32	6.40994	expand
18	34	6.32449	expand
19	36	6.28548	expand
20	38	6.00458	expand
		$\vdots$	
83	152	0.0217142	contract inside
113	208	5.53435e – 010	reflect
114	210	4.06855e – 010	contract inside

```
Optimization terminated:
 the current x satisfies the termination criteria using OPTIONS.TolX of 1.000000e – 004
 and F(X) satisfies the convergence criteria using OPTIONS.TolFun of 1.000000e – 004
x =
    1.0000    1.0000
fval =
  4.0686e – 010
exitflag =
     1
output =
    iterations: 114
    funcCount: 210
    algorithm: 'Nelder – Mead simplex direct search'
      message: [1x196 char]
```

关于无约束优化问题,上面以 Banana 函数为例,使用了 3 种不同的方法进行优化计算。

通过比较计算结果与计算过程,可以发现,不同算法或方法对同一个问题的求解效果是不同的。在实际优化问题的求解过程中,如何选择对于待解问题较有效的方法,是需要大家认真考虑的。

14.3.3　fmincon 函数

fmincon 是 MATLAB 中最主要的求解约束最优化的函数。该函数要求的约束优化问题的标准形式为

$$\min f(\boldsymbol{x})$$

$$\text{s.t.} \begin{cases} c(\boldsymbol{x}) \leqslant 0 \\ ceq(\boldsymbol{x}) = 0 \\ \boldsymbol{A} \cdot \boldsymbol{x} \leqslant \boldsymbol{b} \\ \boldsymbol{Aeq} \cdot \boldsymbol{x} = \boldsymbol{beq} \\ \boldsymbol{lb} \leqslant \boldsymbol{x} \leqslant \boldsymbol{ub} \end{cases} \qquad (14.3-2)$$

这里 $\boldsymbol{x}$,$\boldsymbol{b}$,$\boldsymbol{beq}$,$\boldsymbol{lb}$,$\boldsymbol{ub}$ 为向量;$\boldsymbol{A}$ 与 $\boldsymbol{Aeq}$ 为矩阵;$f(\boldsymbol{x})$ 为目标函数;$c(\boldsymbol{x})$,$ceq(\boldsymbol{x})$ 为非线性约束;$\boldsymbol{A} \cdot \boldsymbol{x} \leqslant \boldsymbol{b}$,$\boldsymbol{Aeq} \cdot \boldsymbol{x} = \boldsymbol{beq}$ 为线性约束;$\boldsymbol{lb} \leqslant \boldsymbol{x} \leqslant \boldsymbol{ub}$ 为可行解的区间约束。

fmincon 函数使用的约束优化算法都是目前比较普适的有效算法。对于中等的约束优化问题,fmincon 使用序列二次规划(sequential quadratic programming,SQP)算法;对于大规模约束优化问题,fmincon 使用基于内点反射牛顿法的信赖域算法(subspace trust region method and is based on the interior-reflective Newton method);对于大规模的线性系统,使用共轭梯度算法(preconditioned conjugate gradients,PCG)。这些算法的具体描述超出本书范围,故不再详述。

fmincon 的主要调用格式如下:

```
x = fmincon(fun,x0,A,b)
x = fmincon(fun,x0,A,b,Aeq,beq)
x = fmincon(fun,x0,A,b,Aeq,beq,lb,ub)
x = fmincon(fun,x0,A,b,Aeq,beq,lb,ub,nonlcon)
x = fmincon(fun,x0,A,b,Aeq,beq,lb,ub,nonlcon,options)
[x,fval] = fmincon(...)
[x,fval,exitflag] = fmincon(...)
[x,fval,exitflag,output] = fmincon(...)
[x,fval,exitflag,output,lambda] = fmincon(...)
[x,fval,exitflag,output,lambda,grad] = fmincon(...)
[x,fval,exitflag,output,lambda,grad,hessian] = fmincon(...)
```

函数输入的说明:

fun:目标函数名称。

x0:初始迭代点。

A:线性不等式约束系数矩阵。

b:线性不等式约束的常数向量。

Aeq:线性等式约束系数矩阵。

beq:线性等式约束的常数向量。

lb:可行区域下界。

ub:可行区域上界。

nonlcon：非线性约束。

options：优化参数设置。

函数输出的说明：

x：最优点（或者结束迭代点）。

fval：最优点（或者结束迭代点）对应的函数值。

exitflag：迭代停止标识。

output：算法输出（算法计算信息等）。

ambda：拉格朗日乘子。

grad：一阶导数向量。

hessian：二阶导数矩阵。

下面通过例子来说明 fmincon 函数的具体使用方法，在示例中还将对 fmincon 函数的使用细节加以说明。

【例 14.3－3】 求解如下优化问题：

$$\min f(x) = -x_1 \cdot x_2 \cdot x_3$$
$$\text{s. t.} \quad 0 \leqslant x_1 + 2x_2 + 2x_3 \leqslant 72 \tag{14.3-3}$$

可以通过简单变形将式(14.3－3)转换为 fmincon 函数要求的标准形式：

$$\min f(x) = -x_1 \cdot x_2 \cdot x_3$$
$$\text{s. t.} \begin{cases} -x_1 - 2x_2 - 2x_3 \leqslant 0 \\ x_1 + 2x_2 + 2x_3 \leqslant 72 \end{cases} \tag{14.3-4}$$

1）编写目标函数文件(confun_1.m)：

```
function f = confun_1(x)
f = -x(1) * x(2) * x(3);
```

2）调用 fmincon 求解的具体过程(Solveconfun_1.m)：

```
options = optimset('LargeScale','off','display','iter');
% 参数设置使用中等规模算法,显示迭代过程
A = [-1,-2,-2; % 线性不等式约束系数矩阵
    1, 2, 2];
b = [0;72]; % 线性不等式约束常量向量
x0 = [10,10,10]; % 初始迭代点
% 调用 fmincon 函数
[x,fval,exitflag,output] = fmincon(@confun_1,x0,A,b,[],[],[],[],[],options)
%  x = fmincon(fun,x0,A,b,Aeq,beq,lb,ub,nonlcon,options)
% 函数输入中 Aeq,beq(等式线性约束矩阵),lb,ub(变量上下界),nonlcon(非线性约束)为空,在函数输
% 入中使用[]代替
```

函数计算结果：

```
Warning: Options LargeScale = 'off' and Algorithm = 'trust-region-reflective'
conflict.
% 提示  大规模算法为关闭,算法为信赖域算法
Ignoring Algorithm and running active-set method. To run trust-region-reflective, set
LargeScale = 'on'. To run active-set without this warning, use Algorithm =
'active-set'. % 使用有效集算法
> In fmincon at 456
  In Solveconfun_1 at 8
```

Iter	F - count	f(x)	Max constraint	Line search steplength	Directional derivative	First - order optimality	Procedure
0	4	- 1000	- 22				
1	9	- 1587.17	- 11	0.5	- 72.2	584	
2	13	- 3323.25	0	1	- 236	161	
3	21	- 3324.69	0	0.0625	- 13.6	58.2	Hessian modified
			⋮				
9	45	- 3456	0	1	- 6.6	1.18	
10	49	- 3456	0	1	- 0.237	0.0487	
11	53	- 3456	0	1	- 0.00943	0.00248	

Local minimum possible. Constraints satisfied.
%得到满足约束局部最优解
fmincon stopped because the predicted change in the objective function
is less than the default value of the function tolerance and constraints
were satisfied to within the default value of the constraint tolerance.

<stopping criteria details>

Active inequalities (to within options.TolCon = 1e - 006):
　lower　　　　upper　　　ineqlin　　ineqnonlin
　　　　　　　　　　　　　　　　2

x = %计算得到的最优解

　24.0000　　12.0000　　12.0000

fval = %最优解对应的函数值

　- 3.4560e + 003
exitflag =
　　5
%注释:Magnitude of directional derivative in search direction was less than 2 * options.TolFun
%and maximum constraint violation was less than options.TolCon.
%算法计算中导数函数值小于设置的阈值,具体可以查看参考文献[3]
output =

　　　　　iterations: 12　%迭代次数
　　　　　funcCount: 53　%函数计算次数
　　　lssteplength: 1
　　　　　stepsize: 4.6550e - 005　%迭代 步长
　　　　algorithm: 'medium - scale: SQP, Quasi - Newton, line - search'
%算法　中等规模的 SQP 拟牛顿法,搜索方法使用线性方法
　　firstorderopt: 4.7596e - 004
　constrviolation: 0
　　　　message: [1x776 char]

【例 14.3 - 4】　求解如下优化问题:

$$\min f(x) = x_1^2 + x_2^2 + x_3^2$$
$$\text{s. t.} \begin{cases} -x_1 - x_2 - x_3 + 72 \leqslant 0 \\ x_i \geqslant 0, i = 1, 2, 3 \end{cases}$$

(14.3 - 5)

1) 编写目标函数文件(confun_2.m):

```
function f = confun_2(x)
f = x(1)^2 + x(2)^2 + x(3)^2;
```

2）编写约束函数程序（noncon_2.m）：

```
function [c,ceq] = noncon_2(x)
c = - (x(1) + x(2) + x(3)) + 72;   % 关于 x 非线性不等式约束
ceq = [];   % 关于 x 非线性等式约束
```

3）调用 fmincon 求解的具体过程（Solveconfun_2.m）：

```
options = optimset('LargeScale','off','display','iter');
% 参数设置使用中等规模算法,显示迭代过程
x0 = [10,10,10];   % 初始迭代点
lb = [0,0,0];   % 变量下限
[x,fval,exitflag,output] = ...
fmincon(@confun_2,x0,[],[],[],[],lb,[],@noncon_2,options)
% x = fmincon(fun,x0,A,b,Aeq,beq,lb,ub,nonlcon,options)
% 注释@noncon_2 为非线性约束
```

调用函数计算结果：

Iter	Max F-count	f(x)	Line search constraint	Directional steplength	First-order derivative	optimality Procedure
0	4	300	42			Infeasible start point
1	8	1728	0	1	34.6	14

Local minimum found that satisfies the constraints.
% 找到满足优化条件的局部最优解
Optimization completed because the objective function is non-decreasing in
feasible directions, to within the default value of the function tolerance,
and constraints were satisfied to within the default value of the constraint tolerance.

<stopping criteria details>

Active inequalities (to within options.TolCon = 1e-006):
lower	upper	ineqlin	ineqnonlin
			1

```
x =    % 优化问题最优解

  24.0000   24.0000   24.0000

fval =    % 最优解对应的函数值

  1.7280e+003

exitflag =

    1   % 算法正常结束,函数计算得到最优点

output =

          iterations: 2
           funcCount: 8
        lssteplength: 1
            stepsize: 5.1911e-007
           algorithm: 'medium-scale: SQP, Quasi-Newton, line-search'
       firstorderopt: 4.2386e-007
      constrviolation: 0
             message: [1x787 char]
```

14.4　案例扩展

14.4.1　大规模优化问题

　　MATLAB 求解大规模无约束最优化问题(或者其他大规模问题)的时候,一般都会通过 optimset 函数对默认算法设置进行改变,使其使用专用的适合大规模问题的解算设置。下面通过一个例子加以说明。

　　【例 14.4 - 1】　求解如下优化问题(含 200 个变量):

$$\min f = \sum_{i=1}^{n} \left[x(i) - \frac{1}{i} \right]^2, n = 200 \qquad (14.4-1)$$

　　1) 目标函数程序(LargObjFun. m):

```
function f = LargObjFun(x)
f = 0;
n = 200;
for ii = 1:n
    f = f + (x(ii) - 1/ii)^2;
end
```

　　2) 算法函数调用(largUnc. m):

```
n = 200;
x0 = 10 * ones(1,n); % 初始迭代点
PTIONS = optimset('LargeScale','on','display','iter','TolFun',1e - 8);
% 利用 optimset 函数进行大规模算法设置
% 'LargeScale','on' 开启大规模计算
% 'display','iter' 显示迭代过程
% 'TolFun',1e - 8  设置松弛变量,松弛变量越小解的精度越高,但如果太小计算将无法终止,通常为
%1e - 8 或者 1e - 6
[x,fval,exitflag,output] = fminunc(@LargObjFun,x0,PTIONS)
```

　　函数计算结果:

Iteration	Func - count	f(x)	Step - size	First - order optimality
0	201	19884.1		20
1	402	16104.3	0.050025	18
2	603	6.31478e - 007	1	0.000287
3	804	1.11396e - 014	1	8.9e - 010

```
Local minimum found.
Optimization completed because the size of the gradient is less than
the selected value of the function tolerance.

<stopping criteria details>
x =
  Columns 1 through 8
    1.0000    0.5000    0.3333    0.2500    0.2000    0.1667    0.1429    0.1250

  Columns 9 through 16
    0.1111    0.1000    0.0909    0.0833    0.0769    0.0714    0.0667    0.0625
       ⋮
  Columns 89 through 96
```

若您对此书内容有任何疑问,可以登录 MATLAB 中文论坛与作者和同行交流。

```
        0.0112    0.0111    0.0110    0.0109    0.0108    0.0106    0.0105    0.0104

    Columns 97 through 100

        0.0103    0.0102    0.0101    0.0100

    ⋮
Columns 197 through 200
0.0051    0.0051    0.0050    0.0050
fval =
   1.1140e - 014

exitflag =

      1
output =
      iterations: 3
       funcCount: 804
        stepsize: 1
    firstorderopt: 8.8988e - 010
       algorithm: 'medium - scale: Quasi - Newton line search'
         message: [1x440 char]
```

14.4.2 含参数优化问题

在第 11 章已讨论了含参数的方程求解问题。在科研、生产中,含参数的优化问题也经常遇到。这类问题一般在程序运行过程中参数才能确定。求解这类问题在编程技术上和求解含参数的方程类似,下面通过一个实例进行说明。

【例 14.4 - 2】 求解下面含参数函数的最小值:

$$\min_{x} f(x,a) = a_1 x_1^2 + a_2 x_2^2 \qquad (14.4-2)$$

1) 目标函数程序(ObjFunWithPara. m):

```
function f = ObjFunWithPara(x,a)
f = a(1) * sin( x(1) ) + a(2) * x(2)^2;
```

2) 算法函数调用(FunWithPara. m):

```
% FunWithPara
a = [1,1]; % 设置参数
x0 = [0,0]; % 初始迭代点
[x,fval,exitflag,output] = fminsearch(@(x) ObjFunWithPara(x,a),x0)
% 目标函数输入形式@(x) ObjFunWithPara(x,a)表示其中 x 为变量,a 为参数
```

函数计算结果:

```
x =   % 最优解

   - 1.5708    0.0000

fval =
   - 1.0000  % 最优解对应的函数值

exitflag =

      1   % 算法正常结束,通常得到的为最优解

output =

    iterations: 61  % 算法迭代次数
    funcCount: 113  % 目标函数计算次数
    algorithm: 'Nelder - Mead simplex direct search'  % 使用的算法名称
      message: [1x196 char]
```

14.5　参考文献

［1］吴祈宗. 运筹学与最优化算法. 北京:机械工业出版社,2005.

［2］Lagarias J C，Reeds J A，Wright M H，et al. Convergence Properties of the Nelder‐Mead Simplex Method in Low Dimensions. SIAM Journal of Optimization，1998，9(1):112‐147.

［3］袁亚湘. 最优化理论与方法. 北京:科学出版社,1997.

［4］吴祈宗,郑志勇. 运筹学与最优化 MATLAB 编程. 北京:机械工业出版社,2009.

若您对此书内容有任何疑问，可以登录MATLAB中文论坛与作者和同行交流。

第 15 章

最大最小问题——公共设施选址

郑志勇（ariszheng）　　谢中华（xiezhh）

15.1　案例背景

15.1.1　最大最小问题

最大最小（minimax）问题是多目标规划的一种特殊形式，其多个目标的量纲相同，可以进行比较，最大最小的意义是使得多个目标值中最大的那个目标值最小化。最大最小问题的数学模型如下：

$$\min\{\max(f_1,f_2,\cdots,f_n)\}$$
$$\text{s. t.}\begin{cases} h_i(x)=0,i=1,2,\cdots,m \\ g_j(x)\leqslant 0,j=1,2,\cdots,n \end{cases} \qquad (15.1-1)$$

其中，$f_1,f_2,\cdots,f_n$ 为多个目标的目标函数；$h_i(x)$ 为线性或非线性等式约束；$g_j(x)$ 为线性或非线性不等式约束。

使得多个目标值中最小的那个目标值最大化，就是最小最大问题，其数学模型与式（15.1-1）类似，只需将目标函数中的 min 和 max 交换位置即可。很显然，两种模型之间可以互相转化，将最小最大模型转化为最大最小模型的方式如下：

$$\max\{\min(f_1,f_2,\cdots,f_n)\}$$
$$\Rightarrow \min\{-\min(f_1,f_2,\cdots,f_n)\} \qquad (15.1-2)$$
$$\Rightarrow \min\{\max(-f_1,-f_2,\cdots,-f_n)\}$$

15.1.2　垃圾场选址问题

在城市规划中经常涉及公共设施的选址问题。公共设施选址的依据不单单是建筑成本或经营成本的最小化，还涉及效用的最大化与公平性的最大化。例如在 A，B，C，D，E 五个城市间建立垃圾处理厂 P，不仅需要考虑各城市将垃圾运往垃圾处理厂的运输成本达到最小，还应使得各城市的运输成本尽可能地接近。由于运输成本主要由城市与垃圾处理厂之间的距离决定，所以垃圾处理厂 P 的选址目标是使得五个城市到 P 的距离尽量相近。如果把五个城市与垃圾处理厂的距离之和最小化作为优化目标，可能会造成某个城市到垃圾处理厂的距离明显大于其他四个城市到垃圾处理厂的距离，在某种意义上造成不公平。为使得公平性最大化，应使得各城市与垃圾处理厂的距离差异化最小，也就是使得五个城市与垃圾处理厂的最大距离达到最小，这就是一个最大最小问题。

已知 A，B，C，D，E 五个城市的位置分布如图 15.1-1 所示，坐标如表 15.1-1 所列。记垃圾处理厂 P 点坐标为 (x,y)，可由平面上两点间距离公式计算出 A，B，C，D，E 五个城市到 P 的距离分别为

$$f_1 = d_{A \to P} = \sqrt{(x - 1.5)^2 + (y - 6.8)^2}$$
$$f_2 = d_{B \to P} = \sqrt{(x - 6.0)^2 + (y - 7.0)^2}$$
$$f_3 = d_{C \to P} = \sqrt{(x - 8.9)^2 + (y - 6.9)^2}$$
$$f_4 = d_{D \to P} = \sqrt{(x - 3.5)^2 + (y - 4.0)^2}$$
$$f_5 = d_{E \to P} = \sqrt{(x - 7.4)^2 + (y - 3.1)^2}$$

(15.1 - 3)

根据前面的分析可以建立垃圾场选址问题的数学模型如下：

$$\min\{\max(f_1, f_2, \cdots, f_5)\} \tag{15.1 - 4}$$

表 15.1 - 1　城市坐标

城　市	x 坐标	t 坐标
A	1.5	6.8
B	6.0	7.0
C	8.9	6.9
D	3.5	4.0
E	7.4	3.1

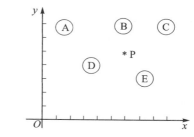

图 15.1 - 1　垃圾场选址示意图

15.2　最大最小问题的 MATLAB 求解

15.2.1　fminimax 函数

MATLAB 优化工具箱(Optimization - Toolbox)中提供了 fminimax 函数,用来求解下列最大最小问题:

$$\min_x\{\max(f_1(\boldsymbol{x}), f_2(\boldsymbol{x}), \cdots, f_n(\boldsymbol{x}))\}$$

$$\text{s.t.}\begin{cases} c(\boldsymbol{x}) \leqslant 0 \\ ceq(\boldsymbol{x}) \leqslant 0 \\ \boldsymbol{A} \cdot \boldsymbol{x} \leqslant \boldsymbol{b} \\ \boldsymbol{Aeq} \cdot \boldsymbol{x} = \boldsymbol{beq} \\ \boldsymbol{lb} \leqslant \boldsymbol{x} \leqslant \boldsymbol{ub} \end{cases} \tag{15.2 - 1}$$

式中,$\boldsymbol{x}$,$\boldsymbol{b}$,$\boldsymbol{beq}$,$\boldsymbol{lb}$,$\boldsymbol{ub}$ 为向量;$\boldsymbol{A}$ 与 $\boldsymbol{Aeq}$ 为矩阵;$f(\boldsymbol{x})$ 为目标函数;$c(\boldsymbol{x})$,$ceq(\boldsymbol{x})$ 为非线性约束;$\boldsymbol{A} \cdot \boldsymbol{x} \leqslant \boldsymbol{b}$,$\boldsymbol{Aeq} \cdot \boldsymbol{x} = \boldsymbol{beq}$ 为线性约束;$\boldsymbol{lb} \leqslant \boldsymbol{x} \leqslant \boldsymbol{ub}$ 为可行解的区间约束。

fminimax 函数使用序列二次规划(sequential quadratic programming,SQP)算法求解最大最小问题,鉴于算法的复杂性,这里不再详述,有兴趣的读者可以阅读参考文献[2]。

fminimax 函数的完整调用格式如下:

```
[x,fval,maxfval,exitflag,output,lambda] = ...
    fminimax(fun,x0,A,b,Aeq,beq,lb,ub,nonlcon,options)
```

该函数输入参数的说明:

fun:目标函数对应的函数句柄。

x0:初始迭代点。

A:线性不等式约束系数矩阵。

b：线性不等式约束的常数向量。

Aeq：线性等式约束系数矩阵。

beq：线性等式约束的常数向量。

lb：可行区域下界。

ub：可行区域上界。

nonlcon：非线性约束函数对应的函数句柄。

options：优化参数设置。

该函数输出参数的说明：

x：最优解(或者结束迭代点)。

fval：最优解对应的各目标函数值向量。

maxfval：最优解对应的各目标函数值的最大值。

exitflag：迭代停止标识,其可能的取值及说明如下

    1：算法收敛停止；

    4：搜索方向的范数小于给定的误差控制参数；

    5：梯度(导数)范数小于给定的误差控制参数；

    0：算法达到最大迭代次数；

    -1：算法由 output function 终止；

    -2：未找到可行解。

output：算法输出(算法计算信息等)。

lambda：最优解对应的拉格朗日乘子。

15.2.2　垃圾场选址问题求解

这里仍考虑垃圾场选址问题,调用 fminimax 函数求解如下模型：

$$\min\{\max(f_1,f_2,\cdots,f_5)\}$$

$$f_1=d_{A\to P}=\sqrt{(x-1.5)^2+(y-6.8)^2}$$

$$f_2=d_{B\to P}=\sqrt{(x-6.0)^2+(y-7.0)^2}$$

$$f_3=d_{C\to P}=\sqrt{(x-8.9)^2+(y-6.9)^2} \qquad (15.2-2)$$

$$f_4=d_{D\to P}=\sqrt{(x-3.5)^2+(y-4.0)^2}$$

$$f_5=d_{E\to P}=\sqrt{(x-7.4)^2+(y-3.1)^2}$$

首先编写模型的目标函数对应的匿名函数,相应的 MATLAB 代码如下：

```
% 以匿名函数形式编写目标函数
% code by xiezhh
minimaxMyfun = @(x)sqrt([(x(1) - 1.5)^2 + (x(2) - 6.8)^2;
    (x(1) - 6.0)^2 + (x(2) - 7.0)^2;
    (x(1) - 8.9)^2 + (x(2) - 6.9)^2;
    (x(1) - 3.5)^2 + (x(2) - 4.0)^2;
    (x(1) - 7.4)^2 + (x(2) - 3.1)^2]);
```

然后调用 fminimax 函数进行求解,相应的 MATLAB 代码及结果如下：

```
% 调用 fminimax 函数求解模型(15.2 - 2)的代码
% code by xiezhh
x0 = [0.0; 0.0];    % 设置初始迭代点
```

```
% 调用 fminimax 函数求解
[x,fval,maxfval,exitflag,output] = fminimax(minimaxMyfun,x0)
% ---------------------------------------------------
% 计算结果：
% ---------------------------------------------------
% 最优解
x =

    5.2093
    6.1608

% 最优解对应的各目标函数值向量
fval =

    3.7640
    1.1530
    3.7640
    2.7551
    3.7640

% 最优解对应的各目标函数值的最大值
maxfval =

    3.7640

% 迭代停止标识
exitflag =

     4

% 算法计算信息
output =

          iterations: 8
           funcCount: 59
        lssteplength: 1
            stepsize: 1.2008e - 10
           algorithm: 'active - set'
        firstorderopt: []
       constrviolation: 1.0916e - 10
             message: 'Local minimum possible. Constraints satisfied. …'
```

由计算结果可知，fminimax 函数使用作用集算法经过 8 次迭代求出了模型（15.2 - 2）的最优解，求出的最优解为 $x = (5.2093, 6.1608)$，也就是说垃圾处理厂的最佳建设位置坐标为 $(5.2093, 6.1608)$。

15.3　案例扩展

在实际规划问题中，规划目标还可能同时受到其他因素制约。如图 15.3 - 1 所示，在原问题上附加约束：A，B，C，D，E 五个城市之间有一条高速公路（图中直线 L 所示），该公路的直线方程为 $y = x - 2.5$，为方便转运垃圾，垃圾处理厂需要紧邻公路。

增加约束之后，该问题的数学模型为

$$\min\{\max[f_1(x), f_2(x), \cdots, f_5(x)]\}$$

$$\text{s. t.} \quad x_1 - x_2 = 2.5$$

$$f_1 = d_{A \to P} = \sqrt{(x - 1.5)^2 + (y - 6.8)^2}$$

$$f_2 = d_{B \to P} = \sqrt{(x-6.0)^2 + (y-7.0)^2}$$

$$f_3 = d_{C \to P} = \sqrt{(x-8.9)^2 + (y-6.9)^2}$$

$$f_4 = d_{D \to P} = \sqrt{(x-3.5)^2 + (y-4.0)^2}$$

$$f_5 = d_{E \to P} = \sqrt{(x-7.4)^2 + (y-3.1)^2}$$

$$(15.3-1)$$

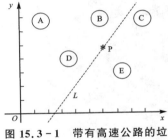

图 15.3 - 1 带有高速公路的垃圾场选址示意图

相应于原问题,扩展问题中添加了一个线性等式约束。求解此问题的完整的 MATLAB 代码及结果如下:

```
% 以匿名函数形式编写目标函数
% code by xiezhh
minimaxMyfun = @(x)sqrt([(x(1) - 1.5)^2 + (x(2) - 6.8)^2;
    (x(1) - 6.0)^2 + (x(2) - 7.0)^2;
    (x(1) - 8.9)^2 + (x(2) - 6.9)^2;
    (x(1) - 3.5)^2 + (x(2) - 4.0)^2;
    (x(1) - 7.4)^2 + (x(2) - 3.1)^2]);

x0 = [0.0;0.0];    % 设置初始迭代点
Aeq = [1, -1];    % 线性等式约束的系数矩阵
beq = 2.5;    % 线性等式约束的常数项

% 调用 fminimax 函数求解模型(15.3 - 1)
[x,fval,maxfval,exitflag,output] = fminimax(minimaxMyfun,x0,[],[],Aeq,beq)

% ---------------------------------------------------------------
% 计算结果:
% ---------------------------------------------------------------
% 最优解
x =

    5.4000
    2.9000

% 最优解对应的各目标函数值向量
fval =

    5.5154
    4.1437
    5.3151
    2.1954
    2.0100

% 最优解对应的各目标函数值的最大值
maxfval =

    5.5154

% 迭代停止标识
exitflag =

    4

% 算法计算信息
output =

        iterations: 9
```

```
          funcCount: 53
        lssteplength: 1
            stepsize: 1.0067e - 07
           algorithm: 'active - set'
       firstorderopt: []
       constrviolation: 2.7001e - 13
             message: 'Local minimum possible. Constraints satisfied. …'
```

由以上结果可知,此时垃圾处理厂的最佳建设位置坐标为(5.400 0,2.900 0)。

15.4　参考文献

［1］吴祈宗. 运筹学与最优化算法. 北京:机械工业出版社,2005.

［2］吴祈宗,郑志勇,邓伟. 运筹学与最优化 MATLAB 编程. 北京:机械工业出版社,2008.

第 **16** 章

概率分布与随机数

谢中华(xiezhh)

16.1 概率分布

16.1.1 概率分布的定义

设 X 为一随机变量,对任意实数 x,定义

$$F(x) = P(X \leqslant x)$$

为 X 的**分布函数**。根据随机变量取值的特点,随机变量分为离散型和连续型两种。

若 X 为离散随机变量,其可能的取值为 $x_1, x_2, \cdots, x_n, \cdots$,称 $P(X = x_i)$, $i = 1, 2, \cdots, n, \cdots$ 为 X 的**概率函数**(也称为**分布列**)。定义 $E(X) = \sum_i x_i P(X = x_i)$(若存在)为 X 的**数学期望**(也称**均值**)。

若随机变量 X 的分布函数可以表示为一个非负函数 $f(x)$ 的积分,即 $F(x) = \int_{-\infty}^{x} f(x) \mathrm{d}x$,则称 X 为连续型随机变量,称 $f(x)$ 为 X 的**概率密度函数**(简称密度函数)。定义 $E(X) = \int_{-\infty}^{+\infty} x f(x) \mathrm{d}x$(若存在)为 X 的数学期望。

定义 $\mathrm{var}(X) = E\{[X - E(X)]^2\}$(若存在)为随机变量 X 的方差。

16.1.2 几种常用概率分布

1. 二项分布

若随机变量 X 的概率函数为

$$P(X = k) = \mathrm{C}_n^k p^k (1-p)^{n-k}, \quad k = 0, 1, \cdots, n, \quad 0 < p < 1$$

则称 X 服从**二项分布**,记为 $X \sim B(n, p)$。其期望 $E(X) = np$,方差 $\mathrm{var}(X) = np(1-p)$。

这样一个实例就对应了一个二项分布,在 n 次独立重复试验中,若每次试验仅有两个结果,记为事件 A 和 $\bar{A}$(A 的对立事件),设 A 发生的概率为 p,n 次试验中 A 发生的次数为 X,则 $X \sim B(n, p)$。

2. 泊松分布

若随机变量 X 的概率函数为

$$P(X = k) = \frac{\lambda^k \mathrm{e}^{-\lambda}}{k!}, \quad k = 0, 1, 2, \cdots, \lambda > 0$$

则称 X 服从参数为 λ 的**泊松分布**,记为 $X \sim P(\lambda)$。其期望 $E(X) = \lambda$,方差 $\mathrm{var}(X) = \lambda$。

在生物学、医学、工业统计、保险科学及公用事业的排队等问题中,泊松分布是常见的。例如纺织厂生产的一批布匹上的疵点个数、电话总机在一段时间内收到的呼唤次数等都服从泊松分布。

3. 离散均匀分布

若随机变量 X 的概率函数为

$$P(X = x_i) = \frac{1}{n}, \quad i = 1, 2, \cdots, n$$

则称 X 服从**离散的均匀分布**。

4. 连续均匀分布

若随机变量 X 的概率密度函数为

$$f(x) = \begin{cases} \dfrac{1}{b-a}, & a \leqslant x \leqslant b \\ 0, & \text{其他} \end{cases}$$

则称 X 服从区间 $[a, b]$ 上的**连续均匀分布**,记为 $X \sim U(a, b)$。其期望 $E(X) = \dfrac{a+b}{2}$,方差 $\mathrm{var}(X) = \dfrac{(b-a)^2}{12}$。

通常四舍五入取整所产生的误差服从 $(-0.5, 0.5)$ 上的均匀分布。在没指明分布的情况下,人们常说的随机数是指 $[0, 1]$ 上的均匀分布随机数。

5. 指数分布

若随机变量 X 的概率密度函数为

$$f(x) = \begin{cases} \dfrac{1}{\lambda} \mathrm{e}^{-\frac{x}{\lambda}}, & x > 0 \\ 0, & x \leqslant 0 \end{cases}$$

其中,$\lambda > 0$ 为参数,则称 X 服从**指数分布**,记为 $X \sim \mathrm{Exp}(\lambda)$。其期望 $E(X) = \lambda$,方差 $\mathrm{var}(X) = \lambda^2$。

某些元件或设备的寿命服从指数分布。例如无线电元件的寿命、电力设备的寿命、动物的寿命等都服从指数分布。

6. 正态分布

若随机变量 X 的概率密度函数为

$$f(x) = \frac{1}{\sqrt{2\pi}\,\sigma} \mathrm{e}^{-\frac{(x-\mu)^2}{2\sigma^2}}, \quad -\infty < x < +\infty,$$

其中,$\sigma > 0$,μ 为分布的参数,则称 X 服从**正态分布**,记为 $X \sim N(\mu, \sigma^2)$。其期望 $E(X) = \mu$,方差 $\mathrm{var}(X) = \sigma^2$。特别地,当 $\mu = 0$,$\sigma = 1$ 时,称 X 服从标准正态分布,记为 $X \sim N(0, 1)$。

正态分布是最重要最为常见的一种分布,自然界中的很多随机现象都对应着正态分布,例如考试成绩近似服从正态分布,人的身高、体重、产品的尺寸等均近似服从正态分布。

正态分布具有以下几个重要特征:

① 密度函数关于 $x = \mu$ 对称,呈现出中间高,两边低的现象,在 $x = \mu$ 处取得最大值,如图 16.1-1 所示。

② 当 μ 的取值变动时,密度函数图像沿 x 轴平移,当 σ 的取值变大或变小时,密度函数图像变得平缓或陡峭。

③ 若 $X \sim N(\mu, \sigma^2)$,则

$$X * = \frac{X - \mu}{\sigma} \sim N(0, 1), \quad F(x) = \Phi\left(\frac{x - \mu}{\sigma}\right)$$

这里 $F(x)$ 为 X 的分布函数,$\Phi(x)$ 为标准正态分布的分布函数,在一般的概率论与数理统计课本中都提供 $\Phi(x)$ 的函数值表。

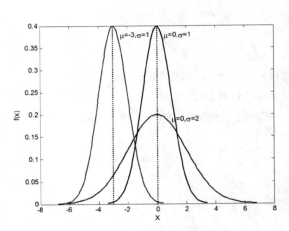

7. χ^2(卡方)分布

设随机变量 $X_1, X_2, \cdots, X_k$ 相互独立,且均服从 $N(0, 1)$ 分布,则称随机变量 $\chi^2 = \sum_{i=1}^{k} X_i^2$ 所服从的分布是自由度为 k 的 χ^2 分布,记作 $\chi^2 \sim \chi^2(k)$。卡方分布的密度函数图像如图 16.1-2 所示。

图 16.1-1　正态分布密度函数图

8. t 分布

设随机变量 X 与 Y 相互独立,X 服从 $N(0, 1)$ 分布,Y 服从自由度为 k 的 χ^2 分布,则称随机变量 $t = \dfrac{X}{\sqrt{Y/k}}$ 所服从的分布是自由度为 k 的 t 分布,记作 $t \sim t(k)$。t 分布的密度函数图像如图 16.1-3 所示。

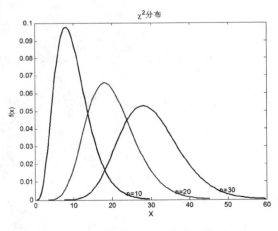

图 16.1-2　卡方分布密度函数图

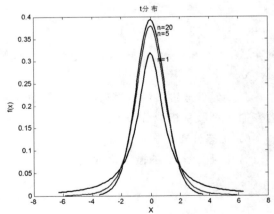

图 16.1-3　t 分布密度函数图

9. F 分布

设随机变量 X 与 Y 相互独立,分别服从自由度为 k_1 与 k_2 的 χ^2 分布,则称随机变量 $F = \dfrac{X/k_1}{Y/k_2}$ 所服从的分布是自由度为 (k_1, k_2) 的 F 分布,记作 $F \sim F(k_1, k_2)$。其中 k_1 称为第一自由度,k_2 称为第二自由度。F 分布的密度函数图像如图 16.1-4 所示。

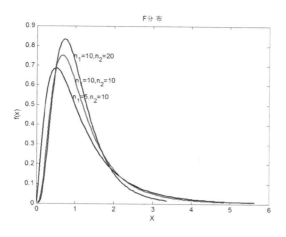

图 16.1-4　F 分布密度函数图

16.1.3　概率密度、分布和逆概率分布函数值的计算

MATLAB 统计工具箱中,函数名以 pdf 三个字符结尾的函数可用来计算常见连续分布的密度函数值或离散分布的概率函数值,函数名以 cdf 三个字符结尾的函数可用来计算常见分布的分布函数值,函数名以 inv 三个字符结尾的函数可用来计算常见分布的逆概率分布函数值,函数名以 rnd 三个字符结尾的函数用来生成常见分布的随机数,函数名以 fit 三个字符结尾的函数用来求常见分布的参数的最大似然估计和置信区间,函数名以 stat 四个字符结尾的函数用来计算常见分布的期望和方差,函数名以 like 四个字符结尾的函数用来计算常见分布的负对数似然函数值。

MATLAB 中提到的常见分布如表 16.1-1 所列。

表 16.1-1　常见分布列表

离散分布	连续分布		
二项分布(bino)	正态分布(norm)	t 分布(t)	威布尔分布(wbl)
负二项分布(nbin)	对数正态分布(logn)	非中心 t 分布(nct)	瑞利分布(rayl)
几何分布(geo)	多元正态分布(mvn)	多元 t 分布(mvt)	极值分布(ev)
超几何分布(hyge)	连续均匀分布(unif)	F 分布(F)	广义极值分布(gev)
泊松分布(poiss)	指数分布(exp)	非中心 F 分布(ncf)	广义 Pareto 分布(gp)
离散均匀分布(unid)	卡方分布(chi2)	β 分布(beta)	
多项分布(mn)	非中心卡方分布(ncx2)	Γ 分布(gam)	

在表 16.1-1 中列出的一些常见分布名英文缩写的后面分别加上 pdf,cdf,inv,就可得到计算常见分布的概率密度、分布和逆概率分布函数值的 MATLAB 函数,如表 16.1-2 所列。

表 16.1-2　计算概率密度、分布和逆概率分布函数值的 MATLAB 函数列表

密度函数		分布函数		逆概率分布函数	
函数名	调用格式	函数名	调用格式	函数名	调用格式
betapdf	Y＝betapdf(X,A,B)	betacdf	p＝betacdf(X,A,B)	betainv	X＝betainv(P,A,B)
binopdf	Y＝binopdf(X,N,P)	binocdf	Y＝binocdf(X,N,P)	binoinv	X＝binoinv(Y,N,P)

若您对此书内容有任何疑问,可以登录 MATLAB 中文论坛与作者和同行交流。

续表 16.1－2

密度函数		分布函数		逆概率分布函数	
函数名	调用格式	函数名	调用格式	函数名	调用格式
chi2pdf	Y＝chi2pdf(X,V)	chi2cdf	P＝chi2cdf(X,V)	chi2inv	X＝chi2inv(P,V)
evpdf	Y＝evpdf(X,mu,sigma)	evcdf	P＝evcdf(X,mu,sigma)	evinv	X＝evinv(P,mu,sigma)
exppdf	Y＝exppdf(X,mu)	expcdf	P＝expcdf(X,mu)	expinv	X＝expinv(P,mu)
fpdf	Y＝fpdf(X,V1,V2)	fcdf	P＝fcdf(X,V1,V2)	finv	X＝finv(P,V1,V2)
gampdf	Y＝gampdf(X,A,B)	gamcdf	gamcdf(X,A,B)	gaminv	X＝gaminv(P,A,B)
geopdf	Y＝geopdf(X,P)	geocdf	Y＝geocdf(X,P)	geoinv	X＝geoinv(Y,P)
gevpdf	Y＝gevpdf(X,K,sigma,mu)	gevcdf	P＝gevcdf(X,K,sigma,mu)	gevinv	X＝gevinv(P,K,sigma,mu)
gppdf	P＝gppdf(X,K,sigma,theta)	gpcdf	P＝gpcdf(X,K,sigma,theta)	gpinv	X＝gpinv(P,K,sigma,theta)
hygepdf	Y＝hygepdf(X,M,K,N)	hygecdf	hygecdf(X,M,K,N)	hygeinv	hygeinv(P,M,K,N)
lognpdf	Y＝lognpdf(X,mu,sigma)	logncdf	P＝logncdf(X,mu,sigma)	logninv	X＝logninv(P,mu,sigma)
mnpdf	Y＝mnpdf(X,PROB)				
mvnpdf	y＝mvnpdf(X) y＝mvnpdf(X,MU) y＝mvnpdf(X,MU,SIGMA)	mvncdf	y＝mvncdf(X) y＝mvncdf(X,mu,SIGMA) y＝mvncdf(xl,xu,mu,SIGMA)		
mvtpdf	y＝mvtpdf(X,C,df)	mvtcdf	y＝mvtcdf(X,C,DF) y＝mvtcdf(xl,xu,C,DF)		
nbinpdf	Y＝nbinpdf(X,R,P)	nbincdf	Y＝nbincdf(X,R,P)	nbininv	X＝nbininv(Y,R,P)
ncfpdf	Y＝ncfpdf(X,NU1,NU2,DELTA)	ncfcdf	P＝ncfcdf(X,NU1,NU2,DELTA)	ncfinv	X＝ncfinv(P,NU1,NU2,DELTA)
nctpdf	Y＝nctpdf(X,V,DELTA)	nctcdf	P＝nctcdf(X,NU,DELTA)	nctinv	X＝nctinv(P,NU,DELTA)
ncx2pdf	Y＝ncx2pdf(X,V,DELTA)	ncx2cdf	P＝ncx2cdf(X,V,DELTA)	ncx2inv	X＝ncx2inv(P,V,DELTA)
normpdf	Y＝normpdf(X,mu,sigma)	normcdf	P＝normcdf(X,mu,sigma)	norminv	X＝norminv(P,mu,sigma)
poisspdf	Y＝poisspdf(X,lambda)	poisscdf	P＝poisscdf(X,lambda)	poissinv	X＝poissinv(P,lambda)
raylpdf	Y＝raylpdf(X,B)	raylcdf	P＝raylcdf(X,B)	raylinv	X＝raylinv(P,B)
tpdf	Y＝tpdf(X,V)	tcdf	P＝tcdf(X,V)	tinv	X＝tinv(P,V)
unidpdf	Y＝unidpdf(X,N)	unidcdf	P＝unidcdf(X,N)	unidinv	X＝unidinv(P,N)
unifpdf	Y＝unifpdf(X,A,B)	unifcdf	P＝unifcdf(X,A,B)	unifinv	X＝unifinv(P,A,B)
wblpdf	Y＝wblpdf(X,A,B)	wblcdf	P＝wblcdf(X,A,B)	wblinv	X＝wblinv(P,A,B)

    MATLAB 中还提供了 pdf,cdf,icdf 三个公共函数,如表 16.1－3 所列,它们分别通过调用表 16.1－2 中的其他函数来计算常见分布的概率密度、分布和逆概率分布函数值。

表 16.1－3　计算概率密度、分布和逆概率分布函数值的公用函数

密度函数		分布函数		逆概率分布函数	
函数名	调用格式	函数名	调用格式	函数名	调用格式
pdf	Y＝pdf(name,X,A) Y＝pdf(name,X,A,B) Y＝pdf(name,X,A,B,C)	cdf	Y＝cdf(name,X,A) Y＝cdf(name,X,A,B) Y＝cdf(name,X,A,B,C)	icdf	Y＝icdf(name,X,A) Y＝icdf(name,X,A,B) Y＝icdf(name,X,A,B,C)

    表 16.1－2 中的部分函数有多种调用格式,表中只列了一种。另外,限于篇幅,没有对各个函数的调用格式做出说明,读者可以参考下例。

    【例 16.1－1】　求均值为 1.234 5,标准差(方差的算术平方根)为 6 的正态分布在 $x＝0$,$1,2,\cdots,10$ 处的密度函数值与分布函数值。

```
>> x = 0:10;      %产生一个向量
>> Y = normpdf(x, 1.2345, 6)      %求密度函数值
Y =
    0.0651 0.0664 0.0660 0.0637 0.0598 0.0546 0.0485 0.0419 0.0352 0.0288 0.0229
>> P = normcdf(x, 1.2345, 6)      %求分布函数值
P =
    0.4185 0.4844 0.5508 0.6157 0.6776 0.7349 0.7865 0.8317 0.8703 0.9022 0.9280
```

【例 16.1-2】　求标准正态分布、t 分布、χ^2 分布和 F 分布的上侧分位数。

① 标准正态分布的上侧 0.05 分位数 $u_{0.05}$；

② 自由度为 50 的 t 分布的上侧 0.05 分位数 $t_{0.05}(50)$；

③ 自由度为 8 的 χ^2 分布的上侧 0.025 分位数 $\chi^2_{0.025}(8)$；

④ 第一自由度为 7、第二自由度为 13 的 F 分布的上侧 0.01 分位数 $F_{0.01}(7, 13)$；

⑤ 第一自由度为 13、第二自由度为 7 的 F 分布的上侧 0.99 分位数 $F_{0.99}(13, 7)$。

这里先对上侧分位数的概念作一点说明。设随机变量 $\chi^2 \sim \chi^2(n)$，对于给定的 $0 < \alpha < 1$，称满足 $P(\chi^2 \geqslant \chi^2_a) = \alpha$ 的数 χ^2_a 为 $\chi^2(n)$ 分布的**上侧 α 分位数**。其他分布的上侧分位数的定义与之类似。利用逆概率分布函数可以求上侧分位数，例 16.1-2 的程序及结果如下。

```
>> u = norminv(1 - 0.05, 0, 1)
u =
    1.6449
>> t = tinv(1 - 0.05, 50)
t =
    1.6759
>> chi2 = chi2inv(1 - 0.025, 8)
chi2 =
    17.5345
>> f1 = finv(1 - 0.01, 7, 13)
f1 =
    4.4410
>> f2 = finv(1 - 0.99, 13, 7)
f2 =
    0.2252
```

从上面的结果可以验证 F 分布的分位数满足的性质：$F_\alpha(k_1, k_2) = \dfrac{1}{F_{1-\alpha}(k_2, k_1)}$。

16.2　生成一元分布随机数

16.2.1　均匀分布随机数和标准正态分布随机数

MATLAB 7.7 以前的版本中提供了两个基本的生成伪随机数的函数：rand 和 randn，其中 rand 函数用来生成[0, 1]上均匀分布随机数，randn 函数用来生成标准正态分布随机数。

由[0，1]上均匀分布随机数可以生成其他分布的随机数，由标准正态分布随机数可以生成一般正态分布随机数。在不指明分布的情况下，通常所说的随机数是指[0,1]上均匀分布的随机数。在不同版本的 MATLAB 中，rand 函数有几种通用的调用格式（randn 函数的调用与之类似），如表 16.2－1 所列。

表 16.2－1　rand 函数的调用格式

调用格式	说　明
Y = rand	生成一个服从[0,1]上均匀分布的随机数
Y = rand(n)	生成 $n \times n$ 的随机数矩阵
Y = rand(m,n)	生成 $m \times n$ 的随机数矩阵
Y = rand([m n])	生成 $m \times n$ 的随机数矩阵
Y = rand(m,n,p,…)	生成 $m \times n \times p \times …$ 的随机数矩阵或数组
Y = rand([m n p…])	生成 $m \times n \times p \times …$ 的随机数矩阵或数组
Y = rand(size(A))	生成与矩阵或数组 A 具有相同大小的随机数矩阵或数组

其中，输入参数 m，n，p，…应为正整数，若输入负整数，则被视为 0，此时输出一个空矩阵。

【例 16.2－1】　调用 rand 函数生成 10×10 的随机数矩阵，并将矩阵按列拉长，然后调用 hist 函数画出频数直方图（相关概念参见 17.4.2 节），作出的图如图 16.2－1 所示。

代码如下：

```
>> x = rand(10)        %  生成 10 行 10 列的随机数矩阵,其元素服从[0,1]上的均匀分布
x =
    0.1622   0.4505   0.1067   0.4314   0.8530   0.4173   0.7803   0.2348   0.5470   0.9294
    0.7943   0.0838   0.9619   0.9106   0.6221   0.0497   0.3897   0.3532   0.2963   0.7757
    0.3112   0.2290   0.0046   0.1818   0.3510   0.9027   0.2417   0.8212   0.7447   0.4868
    0.5285   0.9133   0.7749   0.2638   0.5132   0.9448   0.4039   0.0154   0.1890   0.4359
    0.1656   0.1524   0.8173   0.1455   0.4018   0.4909   0.0965   0.0430   0.6868   0.4468
    0.6020   0.8258   0.8687   0.1361   0.0760   0.4893   0.1320   0.1690   0.1835   0.3063
    0.2630   0.5383   0.0844   0.8693   0.2399   0.3377   0.9421   0.6491   0.3685   0.5085
    0.6541   0.9961   0.3998   0.5797   0.1233   0.9001   0.9561   0.7317   0.6256   0.5108
    0.6892   0.0782   0.2599   0.5499   0.1839   0.3692   0.5752   0.6477   0.7802   0.8176
    0.7482   0.4427   0.8001   0.1450   0.2400   0.1112   0.0598   0.4509   0.0811   0.7948

>> y = x(:);       %  将 x 按列拉长成一个列向量
>> hist(y)         %  绘制频数直方图
>> xlabel('[0,1]上均匀分布随机数');    %  为 X 轴加标签
>> ylabel('频数');    %  为 Y 轴加标签
```

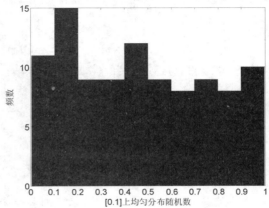

图 16.2－1　均匀分布随机数频数直方图

在 MATLAB 7.7 以前的版本中,rand 函数还可以这样调用:

1) rand(method, s)

用 method 确定的随机数生成器生成随机数,此时用 s 的值初始化随机数生成器的状态。其中输入参数 method 用来指定随机数生成器所采用的算法,method 是字符串变量,它的可能取值如表 16.2 − 2 所列。

表 16.2 − 2   method 参数的取值及说明

method 参数的取值	说 明
'twister'	利用 Mersenne Twister 算法(梅森旋转算法)。在 MATLAB 7.4 及以后版本中默认采用这个算法。它是由 Makoto Matsumoto(松本)和 Takuji Nishimura(西村)于 1997 年开发的。此算法产生闭区间 $[2^{-53}, 1-2^{-53}]$ 上的双精度值,周期为 $(2^{19937}-1)/2$
'state'	利用 Marsaglia's subtract with borrow 算法。在 MATLAB 5 至 7.3 中默认采用这个算法。此算法能产生闭区间 $[2^{-53}, 1-2^{-53}]$ 上的所有双精度值,理论上能产生 2^{1492} 个不重复值
'seed'	利用乘同余算法(multiplicative congruential algorithm)。是 MATLAB 4 中的默认算法。此算法产生闭区间 $[1/(2^{31}-1), 1-1/(2^{31}-1)]$ 上的双精度值,周期为 $2^{31}-2$

参数 s 可理解为生成随机数序列的初始种子,它的值依赖于所选择的 method 参数,如果 method 设定为 'state' 或 'twister',则 s 的值必须是一个 0 到 $2^{32}-1$ 之间的整数或 rand(method)的输出。若 method 设定为 'seed',则 s 必须是一个 0 到 $2^{31}-2$ 之间的整数或 rand(method)的输出。

2) s = rand(method)

返回 method 指定的随机数生成器的当前内部状态,并不改变所用的生成器。

注意: 随机数生成器的初始状态决定了所产生的随机数序列,设置随机数生成器为相同的初始状态,可以生成相同的随机数。例如:

```
>> rand('twister',1);      % 设置随机数生成器的算法为 Mersenne Twister 算法,初始种子为 1
>> x1 = rand(2,6)          % 生成 2 行 6 列的随机数矩阵,其元素服从[0,1]上的均匀分布
x1 =
    0.4170    0.0001    0.1468    0.1863    0.3968    0.4192
    0.7203    0.3023    0.0923    0.3456    0.5388    0.6852

>> x2 = rand(2,6)          % 生成 2 行 6 列的随机数矩阵,其元素服从[0,1]上的均匀分布
x2 =
    0.2045    0.0274    0.4173    0.1404    0.8007    0.3134
    0.8781    0.6705    0.5587    0.1981    0.9683    0.6923

>> rand('twister',1)       % 重新设置随机数生成器的算法为 Mersenne Twister 算法,初始种子为 1
>> x3 = rand(2,6)          % 生成 2 行 6 列的随机数矩阵,其元素服从[0,1]上的均匀分布
x3 =
    0.4170    0.0001    0.1468    0.1863    0.3968    0.4192
    0.7203    0.3023    0.0923    0.3456    0.5388    0.6852
```

可以看到 $x1$ 和 $x3$ 是相同的随机数矩阵,这也正是称其为伪随机数的原因所在。

MATLAB 每次启动时,都会重置 rand 函数的状态,所以在改变输入状态值之前,每次与 MATLAB 的会话中 rand 函数都会生成相同的随机数序列。

16.2.2　常见一元分布随机数

MATLAB 统计工具箱中函数名以 rnd 三个字符结尾的函数用来生成常见分布的随机数，如表 16.2-3 所列。

表 16.2-3　生成常见一元分布随机数的 MATLAB 函数

函数名	分　布	调用格式		
		方式一	方式二	方式三
betarnd	Beta 分布	R＝betarnd(A,B)	R＝betarnd(A,B,v)	R＝betarnd(A,B,m,n)
binornd	二项分布	R＝binornd(N,P)	R＝binornd(N,P,v)	R＝binornd(N,p,m,n)
chi2rnd	卡方分布	R＝chi2rnd(V)	R＝chi2rnd(V,u)	R＝chi2rnd(V,m,n)
evrnd	极值分布	R＝evrnd(mu,sigma)	R＝evrnd(mu,sigma,v)	R＝evrnd(mu,sigma,m,n)
exprnd	指数分布	R＝exprnd(mu)	R＝exprnd(mu,v)	R＝exprnd(mu,m,n)
frnd	F 分布	R＝frnd(V1,V2)	R＝frnd(V1,V2,v)	R＝frnd(V1,V2,m,n)
gamrnd	Gamma 分布	R＝gamrnd(A,B)	R＝gamrnd(A,B,v)	R＝gamrnd(A,B,m,n)
geornd	几何分布	R＝geornd(P)	R＝geornd(P,v)	R＝geornd(P,m,n)
gevrnd	广义极值分布	R＝gevrnd(K,sigma,mu)	R＝gevrnd(K,sigma,mu,M,N,…) R＝gevrnd(K,sigma,mu,[M,N,…])	
gprnd	广义 Pareto 分布	R＝gprnd(K,sigma,theta)	R＝gprnd(K,sigma,theta,M,N,…) R＝gprnd(K,sigma,theta,[M,N,…])	
hygernd	超几何分布	R＝hygernd(M,K,N)	R＝hygernd(M,K,N,v)	R＝hygernd(M,K,N,m,n)
johnsrnd	Johnson 系统	r＝johnsrnd(quantiles,m,n)	r＝johnsrnd(quantiles)	[r,type]＝johnsrnd(…)
lognrnd	对数正态分布	R＝lognrnd(mu,sigma)	R＝lognrnd(mu,sigma,v)	R＝lognrnd(mu,sigma,m,n)
nbinrnd	负二项分布	RND＝nbinrnd(R,P)	RND＝nbinrnd(R,P,m)	RND＝nbinrnd(R,P,m,n)
ncfrnd	非中心 F 分布	R＝ncfrnd(NU1,NU2,DELTA)	R＝ncfrnd(NU1,NU2,DELTA,v)	R＝ncfrnd(NU1,NU2,DELTA,m,n)
nctrnd	非中心 t 分布	R＝nctrnd(V,DELTA)	R＝nctrnd(V,DELTA,v)	R＝nctrnd(V,DELTA,m,n)
ncx2rnd	非中心卡方分布	R＝ncx2rnd(V,DELTA)	R＝ncx2rnd(V,DELTA,v)	R＝ncx2rnd(V,DELTA,m,n)
normrnd	正态分布	R＝normrnd(mu,sigma)	R＝normrnd(mu,sigma,v)	R＝normrnd(mu,sigma,m,n)
pearsrnd	Pearson 系统	r＝pearsrnd(mu,sigma,skew,kurt,m,n)	[r,type]＝pearsrnd(…)	
poissrnd	泊松分布	R＝poissrnd(lambda)	R＝poissrnd(lambda,m)	R＝poissrnd(lambda,m,n)
randg	尺度参数和形状参数均为 1 的 Gamma 分布	Y＝randg Y＝randg(A)	Y＝randg(A,m) Y＝randg(A,m,n,…)	Y＝randg(A,[m,n,…])
randsample	从有限总体中随机抽样	y＝randsample(n,k)	y＝randsample(population,k)	y＝randsample(…,replace) y＝randsample(…,true,w)
raylrnd	瑞利分布	R＝raylrnd(B)	R＝raylrnd(B,v)	R＝raylrnd(B,m,n)
trnd	t 分布	R＝trnd(V)	R＝trnd(v,m)	R＝trnd(V,m,n)
unidrnd	离散均匀分布	R＝unidrnd(N)	R＝unidrnd(N,v)	R＝unidrnd(N,m,n)
unifrnd	连续均匀分布	R＝unifrnd(A,B)	R＝unifrnd(A,B,m,n,…)	R＝unifrnd(A,B,[m,n,…])
wblrnd	Weibull 分布	R＝wblrnd(A,B)	R＝wblrnd(A,B,v)	R＝wblrnd(A,B,m,n)
random	指定分布	Y＝random(name,A)	Y＝random(name,A,B) Y＝random(name,A,B,C)	Y＝random(…,m,n,…) Y＝random(…,[m,n,…])

若您对此书内容有任何疑问，可以登录 MATLAB 中文论坛与作者和同行交流。

以上函数直接或间接调用了 rand 函数或 randn 函数,下面以案例形式介绍 normrnd 和 random 函数的用法。

【例 16.2－2】　调用 normrnd 函数生成 $1\,000 \times 3$ 的正态分布随机数矩阵,其中均值 $\mu = 75$,标准差 $\sigma = 8$,并作出各列的频数直方图。

```
% 调用 normrnd 函数生成 1000 行 3 列的随机数矩阵 x,其元素服从均值为 75,标准差为 8 的正态分布
>> x = normrnd(75, 8, 1000, 3);
>> hist(x)                % 绘制矩阵 x 每列的频数直方图
>> xlabel('正态分布随机数(\mu = 75, \sigma = 8)');        % 为 X 轴加标签
>> ylabel('频数');          % 为 Y 轴加标签
>> legend('第一列','第二列','第三列')             % 为图形加标注框
```

以上命令生成的随机数矩阵比较长,此处略去,作出的频数直方图如图 16.2－2 所示。

【例 16.2－3】　调用 normrnd 函数生成 $1\,000 \times 3$ 的正态分布随机数矩阵,其中各列均值 μ 分别为 $0,15,40$,标准差 σ 分别为 $1,2,3$,并作出各列的频数直方图。

```
% 调用 normrnd 函数生成 1000 行 3 列的随机数矩阵 x,其各列元素分别服从不同的正态分布
>> x = normrnd(repmat([0 15 40], 1000, 1), repmat([1 2 3], 1000, 1), 1000, 3);
>> hist(x, 50)                % 绘制矩阵 x 每列的频数直方图
>> xlabel('正态分布随机数');        % 为 X 轴加标签
>> ylabel('频数');          % 为 Y 轴加标签
% 为图形加标注框
>> legend('\mu = 0, \sigma = 1','\mu = 15, \sigma = 2','\mu = 40, \sigma = 3')
```

以上命令生成的随机数矩阵略去,作出的频数直方图如图 16.2－3 所示。

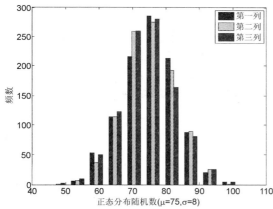

图 16.2－2　正态分布随机数频数直方图 1

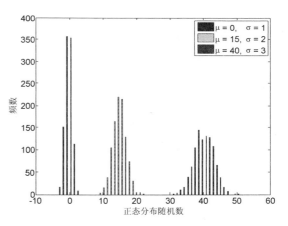

图 16.2－3　正态分布随机数频数直方图 2

【例 16.2－4】　调用 random 函数生成 $10\,000 \times 1$ 的二项分布随机数向量,然后作出频率直方图。其中二项分布的参数为 $n = 10, p = 0.3$。

```
% 调用 random 函数生成 10000 行 1 列的随机数向量 x,其元素服从二项分布 B(10,0.3)
>> x = random('bino', 10, 0.3, 10000, 1);
>> [fp, xp] = ecdf(x);            % 计算经验累积概率分布函数值
>> ecdfhist(fp, xp, 50);          % 绘制频率直方图
>> xlabel('二项分布(n = 10, p = 0.3)随机数');        % 为 X 轴加标签
>> ylabel('f(x)');                 % 为 Y 轴加标签
```

以上命令生成的随机数略去,作出的频率直方图如图 16.2－4 所示。

【例 16.2－5】　调用 random 函数生成 $10\,000 \times 1$ 的卡方分布随机数向量,然后作出频率

若您对此书内容有任何疑问,可以登录MATLAB中文论坛与作者和同行交流。

直方图,并与自由度为 10 的卡方分布的密度函数曲线作比较。其中卡方分布的参数(自由度)为 $n=10$。

```
% 调用 random 函数生成 10000 行 1 列的随机数向量 x,其元素服从自由度为 10 的卡方分布
>> x = random('chi2', 10, 10000, 1);
>> [fp, xp] = ecdf(x);          % 计算经验累积概率分布函数值
>> ecdfhist(fp, xp, 50);        % 绘制频率直方图
>> hold on
>> t = linspace(0, max(x), 100); % 等间隔产生一个从 0 到 max(x) 共 100 个元素的向量
>> y = chi2pdf(t, 10);          % 计算自由度为 10 的卡方分布在 t 中各点处的概率密度函数值
% 绘制自由度为 10 的卡方分布的概率密度函数曲线图,线条颜色为红色,线宽为 3
>> plot(t, y, 'r', 'linewidth', 3)
>> xlabel('x  ( \chi^2(10) )');   % 为 X 轴加标签
>> ylabel('f(x)');               % 为 Y 轴加标签
>> legend('频率直方图', '密度函数曲线')   % 为图形加标注框
```

以上命令生成的随机数略去,作出的频率直方图及自由度为 10 的卡方分布的密度函数曲线如图 16.2-5 所示。从图上可以看出,由 random 函数生成的卡方分布随机数的频率直方图与真正的卡方分布密度曲线附和得很好。

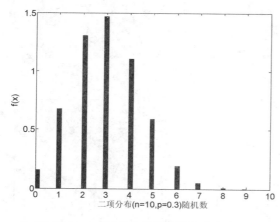

图 16.2-4 二项分布随机数频率直方图

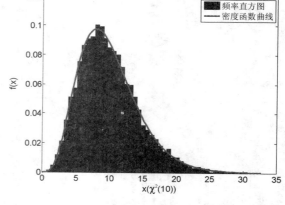

图 16.2-5 卡方分布随机数频率直方图及密度曲线

【例 16.2-6】 设离散总体 X 的分布列为 $\dfrac{X \mid -2 \quad -1 \quad 0 \quad 1 \quad 2}{p \mid 0.05 \quad 0.2 \quad 0.5 \quad 0.2 \quad 0.05}$。调用 randsample 函数生成 100 个服从该分布的随机数,并调用 tabulate 函数统计各数字出现的频数和频率。

```
>> xvalue = [-2 -1 0 1 2];      % 定义取值向量 xvalue
>> xp = [0.05 0.2 0.5 0.2 0.05];   % 定义概率向量 xp
% 调用 randsample 函数生成 100 个服从指定离散分布的随机数
>> x = randsample(xvalue, 100, true, xp); % 用 true 指定有放回抽样,false 指定不放回抽样
>> reshape(x,[10, 10])          % 把向量 x 转换成一个 10 行 10 列的矩阵,并显示出来
ans =
     1    -1     0     0     0     0     1     1     0    -1
     1     2    -2    -2     0     0     0     0     1    -1
    -1     2     1     0     1     0     0     1     0     0
     1     0     1    -2     1    -1     0    -1     0     1
     0     1     0    -1    -1    -1     1     1     1     1
```

```
 -1   -1    1    1    0    0    2    0    0   -1
  0    0    0    0    0    2    0   -1    1    0
  0    1    0    0    0    0   -1    0    1    0
  2    1    0    2    0    0   -1    0    0   -2
  2    2   -1   -2    1   -1    0    0    0    0
>> tabulate(x)    % 调用 tabulate 函数统计各数字出现的频数(Count)和频率(Percent)
   Value     Count      Percent
    -2         5         5.00%
    -1        17        17.00%
     0        46        46.00%
     1        24        24.00%
     2         8         8.00%
```

从统计结果看,随机数的频率分布与真实分布差距不大,当生成足够多的随机数时,这个差距会进一步缩小。

【例 16.2 - 7】　设离散总体 X 的分布列为 $\dfrac{X}{p}\begin{array}{|ccccc} A & B & C & D & E \\ 0.05 & 0.2 & 0.5 & 0.2 & 0.05 \end{array}$。调用 randsample 函数生成 100 个服从该分布的随机字母序列,并调用 tabulate 函数统计各字母出现的频数和频率。

```
>> xvalue = 'ABCDE';      % 定义取值向量 xvalue
>> xp = [0.05 0.2 0.5 0.2 0.05];     % 定义概率向量 xp
% 调用 randsample 函数生成 100 个服从指定离散分布的随机字母序列
>> x = randsample(xvalue, 100, true, xp);   % 用 true 指定有放回抽样,false 指定不放回抽样
>> reshape(x,[4, 25])     % 把向量 x 转换成一个 4 行 25 列的矩阵,并显示出来
ans =

CDCBBDECCCCCCBCDCCDCCCCAC
DDBDBCCCBCDCECCDCBCCCCBCC
CCCBCBBCBCACCCEDCCDBCDBBC
CCCBCDCCCBDBCCABBCDADDDEB

>> tabulate(x')    % 调用 tabulate 函数统计各字母出现的频数(Count)和频率(Percent)
   Value     Count      Percent
     C        53        53.00%
     D        18        18.00%
     B        21        21.00%
     E         4         4.00%
     A         4         4.00%
```

除了表 16.2 - 3 所列的生成常见一元分布随机数的 MATLAB 函数外,MATLAB 中还提供了 randsrc 和 randi 函数:randsrc 函数用来根据指定的分布列生成随机数矩阵,功能类似于 randsample 函数;randi 函数用来生成服从离散均匀分布的随机整数矩阵。下面给出示例。

【例 16.2 - 6 续】　设离散总体 X 的分布列为 $\dfrac{X}{p}\begin{array}{|ccccc} -2 & -1 & 0 & 1 & 2 \\ 0.05 & 0.2 & 0.5 & 0.2 & 0.05 \end{array}$。调用 randsrc 函数生成 10×10 的服从该分布的随机数矩阵,并调用 tabulate 函数统计各数字出现的频数和频率。

```
% 定义分布列矩阵
>> DistributionList = [-2,-1,0,1,2;0.05,0.2,0.5,0.2,0.05];
% 调用 randsrc 函数生成指定离散分布的随机数矩阵
```

```
>> x = randsrc(10,10,DistributionList)

x =

     0     0     0     0     1     0     0     0     0     1
    -2     2     1    -2    -1     0     1    -1     0     1
    -1     0     1     2     0     0     0     0     0     0
     0     1    -1    -1     0     0    -1     0     1     0
    -1     0     0     0     0     0     0    -1     2    -2
     1     0     0     0     0    -1     0     0     0     0
     1     1     0    -1     1    -1     2    -1     0     0
     0    -1     0     0     0     2    -1     0     0    -1
    -1    -1     0     0     2    -1     1     0    -1    -1
     0    -1     0     2     0    -2     0     0     1     0

>> tabulate(x(:))    %  调用 tabulate 函数统计各数字出现的频数和频率
    Value    Count    Percent
     -2        4        4.00 %
     -1       22       22.00 %
      0       53       53.00 %
      1       14       14.00 %
      2        7        7.00 %
```

【例 16.2－8】 调用 randi 函数生成 10×10 的随机整数矩阵（取值范围为[0,10]），并调用 tabulate 函数统计各数字出现的频数和频率。

```
>> x = randi([0,10],10,10)    %  调用 randi 函数生成[0,10]上的随机整数矩阵

x =

     1     7     4    10     2     0     7     8     7     7
     6     4     0     7     7     5     5     2     6     8
     5     9     2    10     9     4     1     3    10     3
     7     7     1     2     3     5     3     1     2     7
     7    10     3     7     8     8     6     6     7     4
     7     5     4     3     7     3     2     7     2     9
     0     3     5     7     0     8     8     6     1     9
     0     1     5     7     6     5     2     4     6     2
     3     6     9     0     4     0    10     7     4     6
     5     8     5     2    10     1     2     7     5     6

>> tabulate(x(:))    %  调用 tabulate 函数统计各数字出现的频数和频率
    Value    Count    Percent
      0        7        7.00 %
      1        7        7.00 %
      2       11       11.00 %
      3        9        9.00 %
      4        8        8.00 %
      5       11       11.00 %
      6       10       10.00 %
      7       19       19.00 %
      8        7        7.00 %
      9        5        5.00 %
     10        6        6.00 %
```

16.3　生成多元分布随机数

MATLAB 中自带的多元分布随机数函数有 iwishrnd，mnrnd，mvnrnd，mvtrnd，wishrnd，它们的用法及说明如表 16.3-1 所列。

表 16.3-1　生成多元分布随机数的 MATLAB 函数

函数名	分　布	调用格式		
		方式一	方式二	方式三
iwishrnd	逆 Wishart 分布	W＝iwishrnd(sigma,df)	W＝iwishrnd(sigma,df,DI)	[W,DI]＝iwishrnd(sigma,df)
mnrnd	多项分布	r＝mnrnd(n,p)	R＝mnrnd(n,p,m)	R＝mnrnd(N,P)
mvnrnd	多元正态分布	R＝mvnrnd(MU,SIGMA)	r＝mvnrnd(MU,SIGMA,cases)	
mvtrnd	多元 t 分布	R＝mvtrnd(C,df,cases)	R＝mvtrnd(C,df)	
wishrnd	Wishart 分布	W＝wishrnd(sigma,df)	W＝wishrnd(sigma,df,D)	[W,D]＝wishrnd(sigma,df)

【例 16.3-1】　若随机向量 $X＝(X_1,X_2,\cdots,X_m)'$ 的分布列为

$$P(X_1=k_1,X_2=k_2,\cdots,X_m=k_m)=\frac{n!}{k_1!\,k_2!\,\cdots k_m!}p_1^{k_1}\cdots p_m^{k_m}$$

其中，$0<p_i<1;i=1,2,\cdots,m;k_1+k_2+\cdots+k_m=n;p_1+p_2+\cdots+p_m=1$。则称随机向量 X 服从参数为 n 和 $p=(p_1,p_2,\cdots,p_m)$ 的**多项分布**。调用 mnrnd 函数生成 10 组 3 项分布随机数，其中 3 项分布的参数为 $n=100$，$p=(0.2,0.3,0.5)$。

```
>> n = 100;        % 多项分布的参数 n
>> p = [0.2  0.3  0.5];    % 多项分布的参数 p
% 调用 mnrnd 函数生成 10 组 3 项分布随机数
>> r = mnrnd(n, p, 10)
r =
    20    32    48
    19    40    41
    18    40    42
    16    28    56
    24    35    41
    25    27    48
    23    31    46
    23    27    50
    21    36    43
     9    36    55
```

生成 10 000 组上述 3 项分布的随机数，并利用 hist3 函数作出前两列的频数直方图，如图 16.3-1 所示。

```
% 调用 mnrnd 函数生成 10000 组 3 项分布随机数
>> r = mnrnd(n, p, 10000);
>> hist3(r(:,1:2),[50,50])    % 绘制前两维的频数直方图
>> xlabel('X_1')        % 为 X 轴加标签
>> ylabel('X_2')        % 为 Y 轴加标签
>> zlabel('频数')        % 为 Z 轴加标签
```

【例 16.3-2】　若随机向量 $X＝(X_1,X_2,\cdots,X_m)'$ 的密度函数为

355

$$f(\boldsymbol{x}) = (2\pi)^{\frac{-m}{2}} |\boldsymbol{\Sigma}|^{-\frac{1}{2}} \exp\left(-\frac{1}{2}(\boldsymbol{x}-\boldsymbol{\mu})'\Sigma^{-1}(\boldsymbol{x}-\boldsymbol{\mu})\right), \quad \boldsymbol{x} \in \mathbf{R}^m$$

其中，$\boldsymbol{x}=(x_1,x_2,\cdots,x_m)'$；$\boldsymbol{\mu}=(\mu_1,\mu_2,\cdots,\mu_m)'$；$\boldsymbol{\Sigma}$ 为 m 阶正定矩阵。则称随机向量 $\boldsymbol{X}$ 服从参数为 $\boldsymbol{\mu}$ 和 $\boldsymbol{\Sigma}$ 的非退化 m 元正态分布，记为 $\boldsymbol{X} \sim N_m(\boldsymbol{\mu},\boldsymbol{\Sigma})$。$\boldsymbol{\mu}$ 为均值向量，$\boldsymbol{\Sigma}$ 为协方差矩阵。

利用 mvnrnd 函数生成 10 000 组二元正态分布随机数，并利用 hist3 函数作出频数直方图。其中分布的参数为

$$\boldsymbol{\mu}=\begin{pmatrix}10\\20\end{pmatrix}, \qquad \boldsymbol{\Sigma}=\begin{pmatrix}1&3\\3&16\end{pmatrix}$$

命令如下：

```
>> mu = [10 20];      % 二元正态分布的均值向量
>> sigma = [1 3;3 16];    % 二元正态分布的协方差矩阵
% 调用 mvnrnd 函数生成 10000 组二元正态分布随机数
>> xy = mvnrnd(mu, sigma, 10000);
>> hist3(xy,[15,15]);     % 绘制二元正态分布随机数的频数直方图
>> xlabel('X')      % 为 X 轴加标签
>> ylabel('Y')      % 为 Y 轴加标签
>> zlabel('频数')     % 为 Z 轴加标签
```

生成的随机数略去，作出的频数直方图如图 16.3-2 所示。

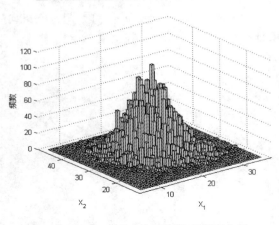
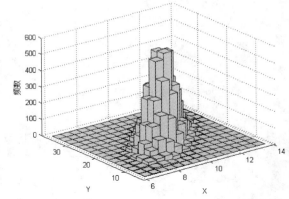

图 16.3-1 多项分布随机数频数直方图　　图 16.3-2 二元正态分布随机数频数直方图

注意： 受随机数影响，本章涉及的计算结果可能不唯一，若与读者所得结果不一致，亦属正常。

16.4 参考文献

[1] 谢中华. MATLAB 统计分析与应用：40 个案例分析. 北京：北京航空航天大学出版社，2010.

[2] 王明慈，沈恒范. 概率论与数理统计. 2 版. 北京：高等教育出版社，2007.

[3] 盛骤，谢式千，潘承毅. 概率论与数理统计. 3 版. 北京：高等教育出版社，2001.

[4] 茆诗松，程依明，濮晓龙. 概率论与数理统计教程. 北京：高等教育出版社，2010.

第 *17* 章
描述性统计量和统计图

谢中华(xiezhh)

17.1 案例背景

在网上看到过这样的一封情书：

亲爱的莲：

我们的感情,在组织的亲切关怀下、在领导的亲自过问下,一年来正沿着健康的道路蓬勃发展。这主要表现在：

(一) 我们共通信 121 封,平均 3.01 天一封。其中你给我的信 51 封,占 42.1%;我给你的信 70 封,占 57.9%。每封信平均 1 502 字,最长的达 5 215 字,最短的也有 624 字。

(二) 约会共 98 次,平均 3.7 天一次。其中你主动约我 38 次,占 38.7%;我主动约你 60 次,占 61.3%。每次约会平均 3.8 小时,最长达 6.4 小时,最短的也有 1.6 小时。

(三) 我到你家看望你父母 38 次,平均每 9.4 天一次;你到我家看望我父母 36 次,平均 10 天一次。以上充分证明一年来的交往我们已形成了恋爱的共识,我们爱情的主流是互相了解、互相关心、互相帮助,是平等互利的。

当然,任何事物都是一分为二的,缺点的存在是不可避免的。我们二人虽然都是积极的,但从以上的数据看,发展还不太平衡,积极性还存在一定的差距,这是前进中的缺点。

相信在新的一年里,我们一定会发扬成绩、克服缺点、携手前进,开创我们爱情的新局面。因此,我提出三点意见供你参考：

(一) 要围绕一个"爱"字;

(二) 要狠抓一个"亲"字;

(三) 要落实一个"合"字。

让我们弘扬团结拼搏的精神,共同振兴我们的爱情,争取达到一个新高度,登上一个新台阶。本着"我们的婚事我们办,办好婚事为我们"的精神,共创辉煌。

你的憨哥

这是一封充满统计味道和革命意味的情书,信中的描述性统计数据揭示了两个人之间的恋爱经历。在很多统计问题中,诸如均值、方差、标准差、最大值、最小值、极差、中位数、分位数、众数、变异系数、中心矩、原点矩、偏度和峰度等描述性统计量以及箱线图、直方图、经验分布函数图、正态概率图、P-P 图和 Q-Q 图等都有着非常重要的应用。本章以案例的形式介绍描述性统计量和统计图。

17.2 案例描述

现有某两个班的某门课程的考试成绩,如表 17.2-1 所列。

若您对此书内容有任何疑问，可以登录MATLAB中文论坛与作者和同行交流。

表 17.2－1　某两个班的某门课程的考试成绩

序　号	班　名	学　号	姓　名	平时成绩	期末成绩	总成绩	备　注
1	60101	6010101	陈亮	0	63	63	
2	60101	6010102	李旭	0	73	73	
3	60101	6010103	刘鹏飞	0	0	0	缺考
4	60101	6010104	任时迁	0	82	82	
5	60101	6010105	苏宏宇	0	80	80	
6	60101	6010106	王海涛	0	70	70	
7	60101	6010107	王洋	0	88	88	
8	60101	6010108	徐靖磊	0	80	80	
9	60101	6010109	阎世杰	0	92	92	
10	60101	6010110	姚前树	0	84	84	
11	60101	6010111	张金铭	0	95	95	
12	60101	6010112	朱星宇	0	82	82	
13	60101	6010113	韩宏洁	0	75	75	
14	60101	6010114	刘菲	0	71	71	
15	60101	6010115	苗艳红	0	70	70	
16	60101	6010116	宋佳艺	0	80	80	
17	60101	6010117	王峥瑶	0	78	78	
18	60101	6010118	肖君扬	0	80	80	
19	60101	6010119	徐欣露	0	69	69	
20	60101	6010120	杨姗姗	0	81	81	
21	60101	6010121	姚丽娜	0	49	49	
22	60101	6010122	张萌	0	91	91	
23	60101	6010123	张婷婷	0	76	76	
24	60101	6010124	褚子贞	0	76	76	
25	60102	6010201	曹不凡	0	72	72	
26	60102	6010202	付程远	0	89	89	
27	60102	6010203	李林森	0	77	77	
28	60102	6010204	李强	0	64	64	
29	60102	6010205	林志远	0	94	94	
30	60102	6010206	盛世	0	74	74	
31	60102	6010207	宋天清	0	98	98	
32	60102	6010208	王润泽	0	89	89	
33	60102	6010209	吴鹏辉	0	49	49	
34	60102	6010210	徐佳	0	80	80	
35	60102	6010211	尹浩天	0	90	90	
36	60102	6010212	曾松涛	0	80	80	
37	60102	6010213	张小兵	0	80	80	
38	60102	6010214	奚才	0	73	73	
39	60102	6010215	郭以纯	0	73	73	
40	60102	6010216	黄惠雯	0	72	72	
41	60102	6010217	刘丽	0	79	79	

续表 17.2 - 1

序　号	班　名	学　号	姓　名	平时成绩	期末成绩	总成绩	备　注
42	60102	6010218	聂茜茜	0	80	80	
43	60102	6010219	苏红妹	0	81	81	
44	60102	6010220	唐芸	0	82	82	
45	60102	6010221	王飞燕	0	73	73	
46	60102	6010222	徐思漫	0	83	83	
47	60102	6010223	许佳慧	0	87	87	
48	60102	6010224	杨雨婷	0	0	0	缺考
49	60102	6010225	曾亦可	0	90	90	
50	60102	6010226	张阳	0	85	85	
51	60102	6010227	张梓涵	0	92	92	

从表 17.2 - 1 可以看出,两个班共 51 人,实际参加考试 49 人。以上数据保存在文件 examp7_1_1.xls 中,数据保存格式如表 17.2 - 1 所列。本章结合表 17.2 - 1 中的数据,介绍常用的描述性统计量和统计图。

17.3　描述性统计量

在跟样本观测数据"亲密接触"之前,可以先从几个特征数字上认识一下它们,计算几个描述性统计量,包括均值、方差、标准差、最大值、最小值、极差、中位数、分位数、众数、变异系数、原点矩、中心矩、偏度和峰度。

17.3.1　均　值

mean 函数用来计算样本均值,样本均值描述了样本观测数据取值相对集中的中心位置。下面用 mean 函数计算平均成绩。

```
% 读取文件 examp7_1_1.xls 的第 1 个工作表中 G2 到 G52 中的数据,即总成绩数据
>> score = xlsread('examp7_1_1.xls','Sheet1','G2:G52');
>> score = score(score > 0);    % 去掉总成绩中的 0,即缺考成绩
>> score_mean = mean(score)      % 计算平均成绩
score_mean =
    79
```

有时候样本均值会掩盖很多信息,例如有一个网友创作了这样的打油诗:"张村有个张千万,隔壁九个穷光蛋,平均起来算一算,人人都是张百万。"一个张千万掩盖了九个穷光蛋,这形象地说明了样本均值受异常值的影响比较大,有一定的不合理性。

17.3.2　方差和标准差

样本方差有如下两种形式的定义:

$$S^2 = \frac{1}{n-1} \sum_{i=1}^{n} (X_i - \overline{X})^2 \qquad (17.3 - 1)$$

$$S^2 = \frac{1}{n} \sum_{i=1}^{n} (X_i - \overline{X})^2 \qquad (17.3 - 2)$$

样本标准差是样本方差的算术平方根,相应地它也有两种形式的定义:

$$S = \sqrt{\frac{1}{n-1}\sum_{i=1}^{n}(X_i - \overline{X})^2} \qquad (17.3-3)$$

$$S = \sqrt{\frac{1}{n}\sum_{i=1}^{n}(X_i - \overline{X})^2} \qquad (17.3-4)$$

样本方差或标准差描述了样本观测数据变异程度的大小。MATLAB 统计工具箱中提供了 var 和 std 函数,分别用来计算样本方差和标准差。

```
>> SS1 = var(score)          % 计算式(17.3-1)的方差
SS1 =
   103
>> SS1 = var(score,0)        % 也是计算式(17.3-1)的方差
SS1 =
   103
>> SS2 = var(score,1)        % 计算式(17.3-2)的方差
SS2 =
  100.8980
>> s1 = std(score)           % 计算式(17.3-3)的标准差
s1 =
   10.1489
>> s1 = std(score,0)         % 也是计算式(17.3-3)的标准差
s1 =
   10.1489
>> s2 = std(score,1)         % 计算式(17.3-4)的标准差
s2 =
   10.0448
```

17.3.3 最大值和最小值

max 函数用来计算样本最大值。

```
>> score_max = max(score)       % 计算样本最大值
score_max =
   98
```

min 函数用来计算样本最小值。

```
>> score_min = min(score)       % 计算样本最小值
score_min =
   49
```

17.3.4 极差

range 函数用来计算样本的极差(最大值与最小值之差)。极差可以作为样本观测数据变异程度大小的一个简单度量。

```
>> score_range = range(score)        % 计算样本极差
score_range =
    49
```

17.3.5　中位数

将样本观测值从小到大依次排列,位于中间的那个观测值,称为样本中位数,它描述了样本观测数据的中间位置。median 函数用来计算样本的中位数。

```
>> score_median = median(score)      % 计算样本中位数
score_median =
    80
```

与样本均值相比,中位数基本不受异常值的影响,具有较强的稳定性。在中位数标准下,一个张千万就无法掩盖九个穷光蛋了。

17.3.6　分位数

设 $X_1, X_2, \cdots, X_n$ 为取自总体 X 的样本,将 $X_1, X_2, \cdots, X_n$ 从小到大进行排序,记第 i 个为 $X_{(i)}$,定义样本的 p 分位数如下:

$$m_p = \begin{cases} X_{([np+1])} & np \text{ 不是整数} \\ \dfrac{1}{2}(X_{(np)} + X_{(np+1)}) & np \text{ 是整数} \end{cases}$$

其中,$[np+1]$ 表示不超过 $np+1$ 的整数。特别地,样本 0.5 分位数即为样本中位数。

MATLAB 统计工具箱中提供了 quantile 和 prctile 函数,均可用来计算样本的分位数。

```
>> score_m1 = quantile(score,[0.25,0.5,0.75])    % 求样本的 0.25,0.5 和 0.75 分位数
score_m1 =
    73.0000    80.0000    85.5000
>> score_m2 = prctile(score,[25, 50, 75])        % 求样本的 25%,50% 和 75% 分位数
score_m2 =
    73.0000    80.0000    85.5000
```

17.3.7　众　数

mode 函数用来计算样本的众数,众数描述了样本观测数据中出现次数最多的数。

```
>> score_mode = mode(score)        % 计算样本众数
score_mode =
    80
```

17.3.8　变异系数

变异系数是衡量数据资料中各变量观测值变异程度的一个统计量。当进行两个或多个变量变异程度的比较时,如果单位与平均值均相同,可以直接利用标准差来比较。如果单位和(或)平均值不同时,比较其变异程度就不能采用标准差,而需采用标准差与平均数的比值(相对值)。标准差与平均值的比值称为变异系数。MATLAB 统计工具箱中没有专门计算变异系数的函数,可以利用 std 和 mean 函数的比值来计算。

```
>> score_cvar = std(score)/mean(score)      % 计算变异系数
score_cvar =
    0.1285
```

17.3.9 原点矩

定义样本的 k 阶原点矩为 $A_k = \dfrac{1}{n}\sum\limits_{i=1}^{n} X_i^k$，显然样本的 1 阶原点矩就是样本均值。

```
>> A2 = mean(score.^2)      % 计算样本的 2 阶原点矩
A2 =
    6.3419e+003
```

17.3.10 中心矩

定义样本的 k 阶中心矩为 $B_k = \dfrac{1}{n}\sum\limits_{i=1}^{n}(X_i - \overline{X})^k$，显然样本的 1 阶中心矩为 0，样本的 2 阶中心矩为式(17.3-2)定义的样本方差。moment 函数用来计算样本的 k 阶中心矩。

```
>> B1 = moment(score,1)     % 计算样本的 1 阶中心矩
B1 =
    0
>> B2 = moment(score,2)     % 计算样本的 2 阶中心矩
B2 =
    100.8980
```

17.3.11 偏 度

skewness 函数用来计算样本的偏度 $\gamma_1 = \dfrac{B_3}{B_2^{1.5}}$，其中 B_2 和 B_3 分别为样本的 2 阶和 3 阶中心矩。样本偏度反映了总体分布的对称性信息，偏度越接近于 0，说明分布越对称，否则分布越偏斜。若偏度为负，说明样本服从左偏分布（概率密度的左尾巴长，顶点偏向右边）；若偏度为正，样本服从右偏分布（概率密度的右尾巴长，顶点偏向左边）。

```
>> score_skewness = skewness(score)      % 计算样本偏度
score_skewness =
    -0.7929
```

17.3.12 峰 度

kurtosis 函数按 $\gamma_2 = \dfrac{B_4}{B_2^2}$ 来计算样本的峰度，其中 B_2 和 B_4 分别为样本的 2 阶和 4 阶中心矩。样本峰度反映了总体分布密度曲线在其峰值附近的陡峭程度。正态分布的峰度为 3，若样本峰度大于 3，说明总体分布密度曲线在其峰值附近比正态分布来得陡；若样本峰度小于 3，说明总体分布密度曲线在其峰值附近比正态分布来得平缓。也有一些统计教材中定义峰度为 $\gamma_2 = \dfrac{B_4}{B_2^2} - 3$，在这种定义下，正态分布的峰度为 0。

```
>> score_kurtosis = kurtosis(score)        % 计算样本峰度
score_kurtosis =
    4.3324
```

17.4 统计图

17.4.1 箱线图

箱线图的作法如下：

① 画一个箱子，其左侧线为样本 0.25 分位数位置，其右侧线为样本 0.75 分位数位置，在样本中位数（0.5 分位数）位置上画一条竖线，位于箱子内。这个箱子包含了样本中 50% 的数据。

② 在箱子左右两侧各引出一条水平线，左侧线画至样本最小值，右侧线画至样本最大值，这样每条线段包含了样本 25% 的数据。

以上两步得到的图形就是样本数据的水平**箱线图**，当然箱线图也可以作成竖直的形式。箱线图非常直观地反映了样本数据的分散程度以及总体分布的对称性和尾重，利用箱线图还可以直观地识别样本数据中的异常值。

MATLAB 统计工具箱中提供了 boxplot 函数，用来绘制箱线图。

```
>> figure;      % 新建图形窗口
>> boxlabel = {'考试成绩箱线图'};      % 箱线图的标签
% 绘制带有刻槽的水平箱线图
>> boxplot(score,boxlabel,'notch','on','orientation','horizontal')
>> xlabel('考试成绩');   % 为 X 轴加标签
```

以上命令作出的箱线图如图 17.4－1 所示。图中箱子的左右边界分别是样本 0.25 分位数 $m_{0.25}$ 和 0.75 分位数 $m_{0.75}$，箱子中间刻槽处的标记线位置是样本中位数 $m_{0.5}$。默认情况下，从箱子的左边界引出的虚线延伸至 $m_{0.25}-1.5(m_{0.75}-m_{0.25})$ 位置，从箱子的右边界引出的虚线延伸至 $m_{0.75}+1.5(m_{0.75}-m_{0.25})$ 位置，而落在区间 $[m_{0.25}-1.5(m_{0.75}-m_{0.25})$，$m_{0.75}+1.5(m_{0.75}-m_{0.25})]$ 之外的样本点被作为异常点（或称离群点），用红色的"＋"号标出。

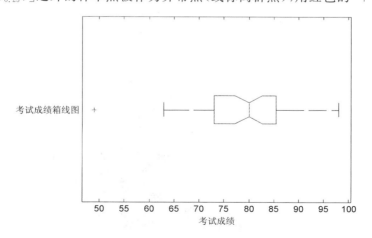

图 17.4－1 考试成绩的箱线图

从图 17.4-1 可以看出,在箱线图的标签"考试成绩"附近有一个用红色"＋"号标出的异常点,除此之外,有 50％ 的样本观测值落入区间 [73,85] 内,中位数位置在箱子的正中间稍稍偏右,箱子两侧的虚线长度近似相等,可认为总体分布为对称分布。

17.4.2 频数(率)直方图

频数(率)直方图的作法如下:

① 将样本观测值 $x_1, x_2, \cdots, x_n$ 从小到大排序并去除多余的重复值,得到 $x_{(1)} < x_{(2)} < \cdots < x_{(l)}$。

② 适当选取略小于 $x_{(1)}$ 的数 a 与略大于 $x_{(l)}$ 的数 b,将区间 (a,b) 随意分为 k 个不相交的小区间,记第 i 个小区间为 I_i,其长度为 h_i。

③ 把样本观测值逐个分到各区间内,并计算样本观测值落在各区间内的频数 n_i 及频率 $f_i = \dfrac{n_i}{n}$。

④ 在 x 轴上截取各区间,并以各区间为底、以 n_i 为高作小矩形,就得到**频数直方图**;若以 $\dfrac{f_i}{h_i}$ 为高作小矩形,就得到**频率直方图**。

MATLAB 统计工具箱中提供了 hist 函数,用来绘制频数直方图,还提供了 ecdf 和 ecdfhist 函数,用来绘制频率直方图。

```
>> figure;        % 新建图形窗口
>> [f, xc] = ecdf(score);      % 调用 ecdf 函数计算 xc 处的经验分布函数值 f
>> ecdfhist(f, xc, 7);         % 绘制频率直方图
>> xlabel('考试成绩');          % 为 X 轴加标签
>> ylabel('f(x)');             % 为 Y 轴加标签
% 产生一个新的横坐标向量 x
>> x = 40:0.5:100;
% 计算均值为 mean(score),标准差为 std(score)的正态分布在向量 x 处的密度函数值
>> y = normpdf(x,mean(score),std(score));
>> hold on
>> plot(x,y,'k','LineWidth',2)  % 绘制正态分布的密度函数曲线,并设置线条为黑色实线,线宽为 2
% 添加标注框,并设置标注框的位置在图形窗口的左上角
>> legend('频率直方图','正态分布密度曲线','Location','NorthWest');
```

以上命令作出的频率直方图如图 17.4-2 所示,可以看出频率直方图与均值为 79、标准差为 10.148 9 的正态分布的密度函数图附和得比较好。

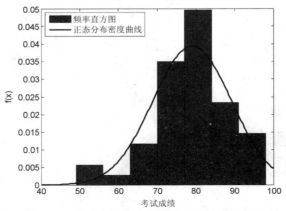

图 17.4-2　频率直方图和理论正态分布密度函数图

17.4.3　经验分布函数图

根据直方图的作法,可以得到样本频数和频率分布表,如表 17.4-1 所列。

表 17.4-1　样本频数和频率分布表

观测值	$x_{(1)}$	$x_{(2)}$	$\cdots$	$x_{(l)}$	总　计
频数	n_1	n_2	$\cdots$	n_l	n
频率	f_1	f_2	$\cdots$	f_l	l

称函数

$$F_n(x) = \begin{cases} 0 & x < x_{(1)} \\ \sum_{k=1}^{i} f_k & x_{(i)} \leqslant x < x_{(i+1)} \quad i=1,2,\cdots,l-1 \\ 1 & x \geqslant x_{(l)} \end{cases}$$

为**样本分布函数**(或**经验分布函数**)。经验分布函数图是阶梯状图,反映了样本观测数据的分布情况。

MATLAB 统计工具箱中提供了 cdfplot 和 ecdf 函数,用来绘制样本经验分布函数图。可以把经验分布函数图和某种理论分布的分布函数图叠放在一起,以对比它们之间的区别。

```
>> figure;      % 新建图形窗口
% 绘制经验分布函数图,并返回图形句柄 h 和结构体变量 stats
% 结构体变量 stats 有 5 个字段,分别对应最小值、最大值、平均值、中位数和标准差
>> [h,stats] = cdfplot(score)
h =

  171.0057

stats =

       min: 49
       max: 98
      mean: 79
    median: 80
       std: 10.1489

>> set(h,'color','k','LineWidth',2);    % 设置线条颜色为黑色,线宽为 2
>> x = 40:0.5:100;     % 产生一个新的横坐标向量 x
% 计算均值为 stats.mean,标准差为 stats.std 的正态分布在向量 x 处的分布函数值
>> y = normcdf(x,stats.mean,stats.std);
>> hold on
% 绘制正态分布的分布函数曲线,并设置线条为品红色虚线,线宽为 2
>> plot(x,y,':k','LineWidth',2);
% 添加标注框,并设置标注框的位置在图形窗口的左上角
>> legend('经验分布函数','理论正态分布','Location','NorthWest');
```

将经验分布函数图和均值为 79、标准差为 10.148 9 的正态分布的分布函数图叠放在一起,可以看出它们附和地比较好,如图 17.4-3 所示,也就是说表 17.2-1 中的成绩数据近似服从正态分布 $N(79,10.1489^2)$。

若您对此书内容有任何疑问,可以登录 MATLAB 中文论坛与作者和同行交流。

新编 MATLAB/Simulink 自学一本通

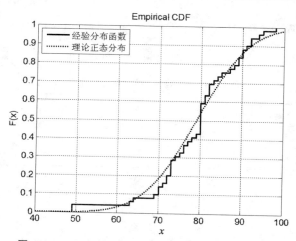

图 17.4-3　经验分布函数和理论正态分布函数图

17.4.4　正态概率图

正态概率图用于正态分布的检验,实际上就是纵坐标经过变换后的正态分布的分布函数图,正常情况下,正态分布的分布函数曲线是一条 S 形曲线,而在正态概率图上描绘的则是一条直线。

如果采用手工绘制正态概率图的话,可以在正态概率纸上描绘,正态概率纸上有根据正态分布构造的坐标系,其横坐标是均匀的,纵坐标是不均匀的,以保证正态分布的分布函数图形是一条直线。

MATLAB 统计工具箱中提供了 normplot 函数,用来绘制正态概率图,每一个样本观测值对应图上一个"+"号,图上给出了一条红色的参考线(点画线),若图中的"+"号都集中在这条参考线附近,说明样本观测数据近似服从正态分布,偏离参考线的"+"号越多,说明样本观测数据越不服从正态分布。MATLAB 统计工具箱中还提供了 probplot 函数,用来绘制指定分布的概率图。所绘制的正态分布图如图 17.4-4 所示。

```
>> figure;              % 新建图形窗口
>> normplot(score);     % 绘制正态概率图
```

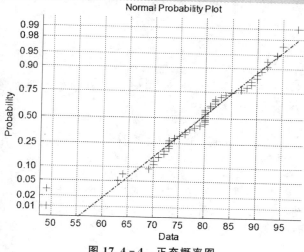

图 17.4-4　正态概率图

若您对此书内容有任何疑问,可以登录MATLAB中文论坛与作者和同行交流。

从图 17.4-4 可以看出,除了图形窗口的左下角有两个异常点之外,其余"+"号均在一条红色直线附近,同样说明了表 17.2-1 中的成绩数据近似服从正态分布。

17.4.5　p-p 图

p-p 图用来检验样本观测数据是否服从指定的分布,是样本经验分布函数与指定分布的分布函数的关系曲线图。通常情况下,一个坐标轴表示样本经验分布,另一个坐标轴表示指定分布的分布函数。每一个样本观测数据对应图上的一个"+"号,图中有一条参考直线,若图中的"+"号都集中在这条参考线附近,说明样本观测数据近似服从指定分布,偏离参考线的"+"号越多,说明样本观测数据越不服从指定分布。

MATLAB 统计工具箱中提供了 probplot 函数,用来绘制 p-p 图。下面调用 probplot 函数绘制成绩数据的对数正态概率图,观察成绩数据是否服从对数正态分布。生成的图形如图 17.4-5 所示。

```
>> probplot('lognormal',score)    % 绘制对数正态概率图(p-p图)
```

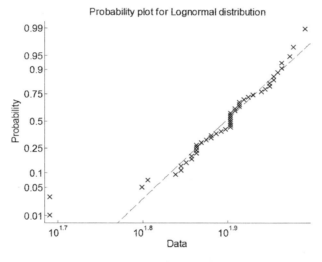

图 17.4-5　对数正态概率图

相对于图 17.4-4 来说,偏离参考线的"+"号比较多,也就是说成绩数据所服从的分布与对数正态分布的偏离比较大。

17.4.6　q-q 图

q-q 图也可用来检验样本观测数据是否服从指定的分布,是样本分位数与指定分布的分位数的关系曲线图。通常情况下,一个坐标轴表示样本分位数,另一个坐标轴表示指定分布的分位数。每一个样本观测数据对应图上的一个"+"号,图中有一条参考直线,若图中的"+"号都集中在这条参考线附近,说明样本观测数据近似服从指定分布,偏离参考线的"+"号越多,说明样本观测数据越不服从指定分布。

MATLAB 统计工具箱中提供了 qqplot 函数,用来绘制 q-q 图。qqplot 函数不仅可以绘制一个样本的 q-q 图,用来检验样本是否服从指定分布,还可以绘制两个样本的 q-q 图,检验两个样本是否服从相同的分布。

下面调用 qqplot 函数绘制两个班成绩数据的 q-q 图,观察两个班的成绩数据是否服从相同的分布。

```
% 读取文件 examp7_1_1.xls 的第 1 个工作表中 B2 到 B52 的数据,即班级数据
>> banji = xlsread('examp7_1_1.xls','Sheet1','B2:B52');
% 读取文件 examp7_1_1.xls 的第 1 个工作表中 G2 到 G52 的数据,即总成绩数据
>> score = xlsread('examp7_1_1.xls','Sheet1','G2:G52');
% 去除缺考数据
>> banji = banji(score > 0);
>> score = score(score > 0);
% 分别提取 60101 和 60102 班的总成绩
>> score1 = score(banji = = 60101);
>> score2 = score(banji = = 60102);
>> qqplot(score1,score2)      % 绘制两个班成绩数据的 q-q 图
```

上面命令作出的图形如图 17.4-6 所示。可以看出图中偏离参考线的"+"号比较多,单纯从 q-q 图来看,可认为两个班的成绩数据不服从相同的分布。

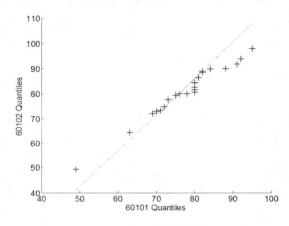

图 17.4-6   两个班成绩数据的 q-q 图

17.5   案例扩展:频数和频率分布表

前面介绍的常用统计量和统计图从不同侧面反映了样本观测数据的分布特征,其中频数(率)直方图是表 17.4-1 所列的频数(率)分布表的直观表现。本节介绍利用 MATLAB 生成样本频数和频率分布表。

17.5.1   调用 tabulate 函数作频数和频率分布表

MATLAB 统计工具箱中提供了 tabulate 函数,用来统计一个数组中各数字(元素)出现的频数、频率。其调用格式如下:

1) TABLE = tabulate(x)

生成样本观测数据 x 的频数和频率分布表。输入参数 x 可以是数值型数组、字符串、字符型数组、字符串元胞数组和名义尺度数组。输出参数 TABLE 是包含 3 列的数组,其第一列是 x 中不重复的元素,第二列是这些元素出现的频数,第三列是这些元素出现的频率。当 x 是数值型数组时,TABLE 是数值型矩阵;当 x 是字符串、字符型数组、字符串元胞数组和名义

尺度(categorical)数组时,TABLE 是元胞数组。

2) tabulate(x)

直接在 MATLAB 命令窗口显示样本观测数据 x 的频数和频率分布表。此时没有输出变量。

【例 17.5 - 1】　统计数值型数组中各元素出现的频数、频率。

代码如下:

```
>> x = [2 2 6 5 2 3 2 4 3 4 3 4 4 4 4 2 2
        6 0 4 7 2 5 8 3 1 3 2 5 3 6 2 3 5
        4 3 1 4 2 2 2 3 1 5 2 6 3 4 1 2 5];
>> tabulate(x(:))
   Value     Count     Percent
      0         1        1.96%
      1         4        7.84%
      2        14       27.45%
      3        10       19.61%
      4        10       19.61%
      5         6       11.76%
      6         4        7.84%
      7         1        1.96%
      8         1        1.96%
```

【例 17.5 - 2】　统计字符串中各字符出现的频数、频率。

代码如下:

```
>> x = ['If x is a numeric array, TABLE is a numeric matrix.'];
>> tabulate(x)
   Value     Count     Percent
      I         1        2.44%
      f         1        2.44%
      x         2        4.88%
      i         5       12.20%
      s         2        4.88%
      a         5       12.20%
      n         2        4.88%
      u         2        4.88%
      m         3        7.32%
      e         2        4.88%
      r         5       12.20%
      c         2        4.88%
      y         1        2.44%
      ,         1        2.44%
      T         1        2.44%
      A         1        2.44%
      B         1        2.44%
      L         1        2.44%
      E         1        2.44%
      t         1        2.44%
      .         1        2.44%
```

【例 17.5 - 3】　统计字符型数组中各行元素出现的频数、频率。

代码如下:

```
>> x = ['崔家峰';'孙乃喆';'安立群';'王洪武';'王玉杰';'高纯静';'崔家峰';
        '叶 鹏';'关泽满';'谢中华';'王宏志';'孙乃喆';'崔家峰';'谢中华'];
>> tabulate(x)
   Value     Count     Percent
   崔家峰        3       21.43%
```

孙乃喆	2	14.29%
安立群	1	7.14%
王洪武	1	7.14%
王玉杰	1	7.14%
高纯静	1	7.14%
叶 鹏	1	7.14%
关泽满	1	7.14%
谢中华	2	14.29%
王宏志	1	7.14%

【例 17.5 - 4】 统计字符串元胞数组中各字符串出现的频数、频率。

代码如下：

```
>> x = {'崔家峰';'孙乃喆';'安立群';'王洪武';'王玉杰';'高纯静';'崔家峰';
'叶 鹏';'关泽满';'谢中华';'王宏志';'孙乃喆';'崔家峰';'谢中华'};
>> tabulate(x)
    Value    Count    Percent
    崔家峰      3      21.43%
    孙乃喆      2      14.29%
    安立群      1       7.14%
    王洪武      1       7.14%
    王玉杰      1       7.14%
    高纯静      1       7.14%
    叶 鹏      1       7.14%
    关泽满      1       7.14%
    谢中华      2      14.29%
    王宏志      1       7.14%
```

【例 17.5 - 5】 统计名义尺度（如性别，职业，产品型号等）数组中各元素出现的频数、频率。

代码如下：

```
>> load fisheriris                    % 载入 MATLAB 自带的鸢尾花数据
>> species = nominal(species);        % 将字符串元胞数组 species 转为名义尺度数组
>> tabulate(species)
      Value    Count    Percent
     setosa      50     33.33%
  versicolor     50     33.33%
   virginica     50     33.33%
```

17.5.2 调用自编 HistRate 函数作频数和频率分布表

tabulate 函数返回的结果中不包含累积频率，笔者编写了效率更高的函数 HistRate，用来统计数组中各数字（元素）出现的频数、频率和累积频率。HistRate 函数的代码如下，代码的注释部分给出了该函数的两种调用格式。

```
function result = HistRate(x)
%    HistRate(x),统计数组 x 中的元素出现的频数、频率和累积频率,以表格形式显示在屏幕上
%    x 可以是数值型数组、字符串、字符型数组、字符串元胞数组和名义尺度数组
%
%    result = HistRate(x),返回矩阵或元胞数组 result,它是多行 4 列的矩阵或元胞数组
%    4 列分别对应不重复元素、频数、频率、累积频率。当 x 是数值型数组时,result 为矩阵;当 x
%    是字符串、字符型数组、字符串元胞数组和名义尺度数组时,result 为元胞数组
%
%    用户还可参考 tabulate 函数,该函数比 tabulate 函数的效率高
%
%    Copyright xiezhh,2010.3.8
```

```
if isnumeric(x)
    x = x(:);
    x = x(~isnan(x));
    xid = [];
else
    [x,xid] = grp2idx(x);
    x = x(~isnan(x));
end

x = sort(x(:));        % 排序
m = length(x);
x1 = diff(x);          % 求差分
x1(end + 1) = 1;
x1 = find(x1);
CumFreq = x1/m;
value = x(x1);
x1 = [0; x1];
Freq1 = diff(x1);
Freq2 = Freq1/m;
if nargout == 0
    if isempty(xid)
        fmt1 = '%11s    %8s    %6s     %6s\n';
        fmt2 = '   %10d     %8d    %6.2f %%      %6.2f %%\n';
        fprintf(1, fmt1, '取值', '频数', '频率', '累积频率');
        fprintf(1, fmt2, [value'; Freq1'; 100 * Freq2'; 100 * CumFreq']);
    else
        head = {'取值', '频数', '频率(%)', '累积频率(%)'};
        [head;xid,num2cell([Freq1, 100 * Freq2, 100 * CumFreq])]
    end
else
    if isempty(xid)
        result = [value Freq1 Freq2 CumFreq];
    else
        result = [xid,num2cell([Freq1, Freq2, CumFreq])];
    end
end
end
```

下面调用 HistRate 函数对例 17.5 - 1 至例 17.5 - 5 进行分析。

【例 17.5 - 1 续】 统计数值型数组中各元素出现的频数、频率和累积频率。

代码如下：

```
>> x = [2 2 6 5 2 3 2 4 3 4 3 4 4 4 4 2 2
        6 0 4 7 2 5 8 3 1 3 2 5 3 6 2 3 5
        4 3 1 4 2 2 2 3 1 5 2 6 3 4 1 2 5];
>> HistRate(x)
      取值          频数          频率          累积频率
        0             1          1.96 %          1.96 %
        1             4          7.84 %          9.80 %
        2            14         27.45 %         37.25 %
        3            10         19.61 %         56.86 %
        4            10         19.61 %         76.47 %
        5             6         11.76 %         88.24 %
        6             4          7.84 %         96.08 %
        7             1          1.96 %         98.04 %
        8             1          1.96 %        100.00 %
```

【例 17.5-2 续】 统计字符串中各字符出现的频数、频率和累积频率。

代码如下：

```
>> x = ['If x is a numeric array, TABLE is a numeric matrix.'];
>> HistRate(x)

ans =
```

'取值'	'频数'	'频率(%)'	'累积频率(%)'
'I'	[1]	[2.4390]	[2.4390]
'f'	[1]	[2.4390]	[4.8780]
'x'	[2]	[4.8780]	[9.7561]
'i'	[5]	[12.1951]	[21.9512]
's'	[2]	[4.8780]	[26.8293]
'a'	[5]	[12.1951]	[39.0244]
'n'	[2]	[4.8780]	[43.9024]
'u'	[2]	[4.8780]	[48.7805]
'm'	[3]	[7.3171]	[56.0976]
'e'	[2]	[4.8780]	[60.9756]
'r'	[5]	[12.1951]	[73.1707]
'c'	[2]	[4.8780]	[78.0488]
'y'	[1]	[2.4390]	[80.4878]
','	[1]	[2.4390]	[82.9268]
'T'	[1]	[2.4390]	[85.3659]
'A'	[1]	[2.4390]	[87.8049]
'B'	[1]	[2.4390]	[90.2439]
'L'	[1]	[2.4390]	[92.6829]
'E'	[1]	[2.4390]	[95.1220]
't'	[1]	[2.4390]	[97.5610]
'.'	[1]	[2.4390]	[100]

【例 17.5-3 续】 统计字符型数组中各行元素出现的频数、频率和累积频率。

代码如下：

```
>> x = ['崔家峰';'孙乃喆';'安立群';'王洪武';'王玉杰';'高纯静';'崔家峰';
        '叶 鹏';'关泽满';'谢中华';'王宏志';'孙乃喆';'崔家峰';'谢中华'];
>> HistRate(x)

ans =
```

'取值'	'频数'	'频率(%)'	'累积频率(%)'
'崔家峰'	[3]	[21.4286]	[21.4286]
'孙乃喆'	[2]	[14.2857]	[35.7143]
'安立群'	[1]	[7.1429]	[42.8571]
'王洪武'	[1]	[7.1429]	[50]
'王玉杰'	[1]	[7.1429]	[57.1429]
'高纯静'	[1]	[7.1429]	[64.2857]
'叶 鹏'	[1]	[7.1429]	[71.4286]
'关泽满'	[1]	[7.1429]	[78.5714]
'谢中华'	[2]	[14.2857]	[92.8571]
'王宏志'	[1]	[7.1429]	[100]

【例 17.5-4 续】 统计字符串元胞数组中各字符串出现的频数、频率和累积频率。

代码如下：

```
>> x = {'崔家峰';'孙乃喆';'安立群';'王洪武';'王玉杰';'高纯静';'崔家峰';
  '叶 鹏';'关泽满';'谢中华';'王宏志';'孙乃喆';'崔家峰';'谢中华'};
>> HistRate(x)

ans =
```

'取值'	'频数'	'频率(%)'	'累积频率(%)'
'崔家峰'	[3]	[21.4286]	[21.4286]

'孙乃喆'	[2]	[14.2857]	[35.7143]
'安立群'	[1]	[7.1429]	[42.8571]
'王洪武'	[1]	[7.1429]	[50]
'王玉杰'	[1]	[7.1429]	[57.1429]
'高纯静'	[1]	[7.1429]	[64.2857]
'叶 鹏'	[1]	[7.1429]	[71.4286]
'关泽满'	[1]	[7.1429]	[78.5714]
'谢中华'	[2]	[14.2857]	[92.8571]
'王宏志'	[1]	[7.1429]	[100]

【例 17.5 - 5 续】　统计名义尺度(如性别、职业、产品型号等)数组中各元素出现的频数、频率和累积频率。

代码如下:

```
>> load fisheriris                    %  载入 MATLAB 自带的鸢尾花数据
>> species = nominal(species);        %  将字符串元胞数组 species 转为名义尺度数组
>> HistRate(species)
ans =
```

'取值'	'频数'	'频率(%)'	'累积频率(%)'
'setosa'	[50]	[33.3333]	[33.3333]
'versicolor'	[50]	[33.3333]	[66.6667]
'virginica'	[50]	[33.3333]	[100]

17.6　参考文献

[1] 谢中华. MATLAB 统计分析与应用:40 个案例分析. 2 版. 北京:北京航空航天大学出版社,2015.

[2] 贾俊平. 统计学. 北京:清华大学出版社,2004.

[3] 里斯. 数理统计与数据分析. 田金方,译. 3 版. 北京:机械工业出版社,2011.

[4] 史道济,张玉环. 应用数理统计. 天津:天津大学出版社,2008.

[5] 王明慈,沈恒范. 概率论与数理统计. 2 版. 北京:高等教育出版社,2007.

[6] 盛骤,谢式千,潘承毅. 概率论与数理统计. 3 版. 北京:高等教育出版社,2001.

[7] 茆诗松,程依明,濮晓龙. 概率论与数理统计教程. 北京:高等教育出版社,2010.

第 **18** 章

参数估计与假设检验

谢中华（xiezhh）

18.1 案例背景

在很多实际问题中，为了进行某些统计推断，需要确定总体所服从的分布，通常根据问题的实际背景或适当的统计方法可以判断总体分布的类型，但是总体分布中往往含有未知参数，需要用样本观测数据进行估计。例如，学生的某门课程的考试成绩通常服从正态分布 $N(\mu, \sigma^2)$，其中 μ 和 σ 是未知参数，就需要用样本观测数据进行估计，这就是所谓的参数估计，它是统计推断的一种重要形式。

假设检验是统计推断的另一个重要内容，同参数估计一样，在统计学的理论和实际应用中都占有重要地位。假设检验的基本任务是根据样本所提供的信息，对总体的某些方面（如总体的分布类型、参数的性质等）作出判断。

本章以案例形式介绍参数估计和假设检验这两种重要的统计推断形式。主要内容包括：常见分布的参数估计，正态总体参数的检验。

18.2 常见分布的参数估计

MATLAB 统计工具箱中有这样一系列函数，函数名以 fit 三个字符结尾，如表 18.2 - 1 所列，这些函数用来求常见分布的参数的最大似然估计和置信区间估计。

表 18.2 - 1　常见分布参数估计的 MATLAB 函数

函数名	说　明	函数名	说　明
betafit	β 分布的参数估计	lognfit	对数正态分布的参数估计
binofit	二项分布的参数估计	mle	最大似然估计（MLE）
dfittool	分布拟合工具	mlecov	最大似然估计的渐进协方差矩阵
evfit	极值分布的参数估计	nbinfit	负二项分布的参数估计
expfit	指数分布的参数估计	normfit	正态（高斯）分布的参数估计
fitdist	分布的拟合	poissfit	泊松分布的参数估计
gamfit	Γ 分布的参数估计	raylfit	瑞利（Rayleigh）分布的参数估计
gevfit	广义极值分布的参数估计	unifit	均匀分布的参数估计
gmdistribution	高斯混合模型的参数估计	wblfit	威布尔（Weibull）分布的参数估计
gpfit	广义 Pareto 分布的参数估计		

【例 18.2 - 1】　从某厂生产的滚珠中随机抽取 10 个，测得滚珠的直径（单位：mm）如下：

15.14　14.81　15.11　15.26　15.08　15.17　15.12　14.95　15.05　14.87

若滚珠直径服从正态分布 $N(\mu, \sigma^2)$，其中 μ, σ 未知，求 μ, σ 的最大似然估计和置信水平为

90％的置信区间。

MATLAB 统计工具箱中的 normfit 函数用来根据样本观测值求正态总体均值 μ 和标准差 σ 的最大似然估计和置信区间,对于本例,可如下调用:

```
% 定义样本观测值向量
>> x = [15.14  14.81  15.11  15.26  15.08  15.17  15.12  14.95  15.05  14.87];
% 调用 normfit 函数求正态总体参数的最大似然估计和置信区间
% 返回总体均值的最大似然估计 muhat 和 90％置信区间 muci
% 返回总体标准差的最大似然估计 sigmahat 和 90％置信区间 sigmaci
>> [muhat,sigmahat,muci,sigmaci] = normfit(x,0.1)
muhat =
    15.0560
sigmahat =
     0.1397
muci =
    14.9750
    15.1370
sigmaci =
     0.1019
     0.2298
```

上面调用 normfit 函数时,它的第 1 个输入是样本观测值向量 x,第 2 个输入是 $\alpha = 1 - 0.9 = 0.1$。得到总体均值 μ 的最大似然估计为 $\hat{\mu} = 15.056\,0$,总体标准差 σ 的最大似然估计为 $\hat{\sigma} = 0.139\,7$,总体均值 μ 的 90％置信区间为 $[14.975\,0, 15.137\,0]$,总体标准差 σ 的 90％置信区间为 $[0.101\,9, 0.229\,8]$。

MATLAB 统计工具箱中的 mle 函数可用来根据样本观测值求指定分布参数的最大似然估计和置信区间,对于本例,可如下调用:

```
% 定义样本观测值向量
>> x = [15.14  14.81  15.11  15.26  15.08  15.17  15.12  14.95  15.05  14.87];
% 调用 mle 函数求正态总体参数的最大似然估计和置信区间
% 返回参数的最大似然估计 mu_sigma 及 90％置信区间 mu_sigma_ci
>> [mu_sigma,mu_sigma_ci] = mle(x,'distribution','norm','alpha',0.1)
mu_sigma =
    15.0560    0.1325
mu_sigma_ci =
    14.9750    0.1019
    15.1370    0.2298
```

上面调用 mle 函数时,它的第 1 个输入是样本观测值向量 x,第 2 和第 3 个输入用来指定分布类型为正态分布(Normal Distribution),第 4 和第 5 个输入用来指定 $\alpha = 0.1$。得到总体均值 μ 的最大似然估计为 $\hat{\mu} = 15.056\,0$,总体标准差 σ 的最大似然估计为 $\hat{\sigma} = 0.132\,5$,总体均值 μ 的 90％置信区间为 $[14.975\,0, 15.137\,0]$,总体标准差 σ 的 90％置信区间为 $[0.101\,9, 0.229\,8]$。很显然,normfit 和 mle 函数求出的估计结果是不完全相同的,这是因为它们采用了不同的算法,normfit 函数用式(17.3-3)中的样本标准差作为总体标准差 σ 的估计,mle 函数用式(17.3-4)中的样本标准差作为总体标准差 σ 的估计。小样本(样本容量不超过30)情

况下,可认为 normfit 函数的结果更可靠。

【例 18.2-2】 已知总体 X 的密度函数为 $f(x; \theta) = \begin{cases} \theta x^{\theta-1}, & 0 < x < 1 \\ 0, & \text{其他} \end{cases}$,其中 $\theta > 0$ 是未知参数。现从总体 X 中随机抽取容量为 20 的样本,得样本观测值如下:

0.791 7   0.844 8   0.980 2   0.848 1   0.762 7   0.901 3   0.903 7   0.739 9   0.784 3   0.842 4

0.984 2   0.713 4   0.995 9   0.644 4   0.836 2   0.765 1   0.934 1   0.651 5   0.795 6   0.873 3

试根据以上样本观测值求参数 θ 的最大似然估计和置信水平为 95% 的置信区间。

本例中给出的分布不是常见分布,无法调用表 18.2-1 中以 fit 三个字符结尾的函数进行求解,下面调用 mle 函数求参数 θ 的最大似然估计和置信区间。

```
% 定义样本观测值矩阵
>> x = [0.7917,0.8448,0.9802,0.8481,0.7627
        0.9013,0.9037,0.7399,0.7843,0.8424
        0.9842,0.7134,0.9959,0.6444,0.8362
        0.7651,0.9341,0.6515,0.7956,0.8733];
% 以匿名函数方式定义密度函数,返回函数句柄 PdfFun
>> PdfFun = @(x,theta) theta * x.^(theta-1).*(x>0 & x<1);
% 调用 mle 函数求参数最大似然估计值和置信区间
>> [phat,pci] = mle(x(:),'pdf',PdfFun,'start',1)

phat =

    5.1502

pci =

    2.8931
    7.4073
```

上面调用 mle 函数时,它的第 1 个输入是样本观测值向量 x,第 2 和第 3 个输入用来传递总体密度函数对应的函数句柄,这里采用匿名函数的方式定义密度函数,需要将函数句柄 PdfFun 传递给 mle 函数。针对用户传递的密度函数,mle 函数利用迭代算法求参数估计值,需要指定参数初值,mle 函数的第 4 和第 5 个输入用来指定参数初值。

运行上述命令得到总体参数 θ 的最大似然估计为 $\hat{\theta} = 5.150\,2$,95% 置信区间为 [2.893 1, 7.407 3]。

18.3   正态总体参数的检验

18.3.1   总体标准差已知时的单个正态总体均值的 U 检验

【例 18.3-1】 某切割机正常工作时,切割的金属棒的长度服从正态分布 $N(100,4)$。从该切割机切割的一批金属棒中随机抽取 15 根,测得它们的长度(单位:mm)如下:

97   102   105   112   99   103   102   94   100   95   105   98   102   100   103

假设总体方差不变,试检验该切割机工作是否正常,即总体均值是否等于 100 mm? 取显著性水平 $\alpha = 0.05$。

分析:这是总体标准差已知时的单个正态总体均值的检验,根据题目要求可写出如下假设:

$$H_0 : \mu = \mu_0 = 100, \quad H_1 : \mu \neq \mu_0$$

MATLAB 统计工具箱中的 ztest 函数用来作总体标准差已知时的单个正态总体均值的检验,对于本例,可如下调用:

```
% 定义样本观测值向量
>> x = [97 102 105 112 99 103 102 94 100 95 105 98 102 100 103];
% 调用 ztest 函数作总体均值的双侧检验,
% 返回变量 h,检验的 p 值,均值的置信区间 muci,检验统计量的观测值 zval
>> [h,p,muci,zval] = ztest(x,100,2,0.05)
h =                       % h = 1 时拒绝原假设,h = 0 时,接受原假设
    1

p =
    0.0282

muci =
  100.1212   102.1455

zval =
    2.1947
```

在上述命令中,ztest 函数的 4 个输入分别为样本观测值向量 x、原假设中的 μ_0、总体标准差 σ 和显著性水平 α(默认的显著性水平为 0.05),ztest 函数的 4 个输出分别为变量 h、检验的 p 值 p、总体均值 μ 的置信水平为 $1-\alpha$ 的置信区间 muci 和检验统计量的观测值 zval。当 $h = 0$ 或 $p > \alpha$ 时,接受原假设 H_0;当 $h = 1$ 或 $p \leqslant \alpha$ 时,拒绝原假设 H_0。

由于 ztest 函数返回的检验的 p 值 $p = 0.0282 < 0.05$,所以在显著性水平 $\alpha = 0.05$ 下拒绝原假设 $H_0: \mu = \mu_0 = 100$,认为该切割机工作不正常。注意到 ztest 函数返回的总体均值的置信水平为 95% 的置信区间为 [100.121 2,102.145 5],它的两个置信限均大于 100,因此还可作如下的检验:

$$H_0: \mu \leqslant \mu_0 = 100, \qquad H_1: \mu > \mu_0$$

```
% 定义样本观测值向量
>> x = [97 102 105 112 99 103 102 94 100 95 105 98 102 100 103];
% 调用 ztest 函数作总体均值的单侧检验,
% 返回变量 h,检验的 p 值,均值的置信区间 muci,检验统计量的观测值 zval
>> [h,p,muci,zval] = ztest(x,100,2,0.05,'right')
h =                       % h = 1 时拒绝原假设,h = 0 时,接受原假设
    1

p =
    0.0141

muci =
  100.2839      Inf

zval =
    2.1947
```

在上述命令中,ztest 函数的前 4 个输入分别为样本观测值向量 x、原假设中的 μ_0、总体标准差 σ 和显著性水平 α(默认的显著性水平为 0.05)。ztest 函数的第 5 个输入 'right' 用来指定备择假设的形式为 $H_1: \mu > \mu_0$,若把 'right' 改为 'left',则表示备择假设为 $H_1: \mu < \mu_0$。由于 ztest 函数返回的检验的 p 值 $p = 0.014\,1 < 0.05$,所以在显著性水平 $\alpha = 0.05$ 下拒绝原假设

$H_0: \mu \leqslant \mu_0 = 100$，认为总体均值大于 100。

18.3.2 总体标准差未知时的单个正态总体均值的 t 检验

【例 18.3-2】 化肥厂用自动包装机包装化肥,某日测得 9 包化肥的质量(单位:kg)如下:

49.4 50.5 50.7 51.7 49.8 47.9 49.2 51.4 48.9

设每包化肥的质量服从正态分布,是否可以认为每包化肥的平均质量为 50 kg? 取显著性水平 $\alpha = 0.05$。

分析:这是总体标准差未知时的单个正态总体均值的检验,根据题目要求可写出如下假设:

$$H_0: \mu = \mu_0 = 50, \qquad H_1: \mu \neq \mu_0$$

MATLAB 统计工具箱中的 ttest 函数用来作总体标准差未知时的正态总体均值的检验,对于本例,可如下调用:

```
% 定义样本观测值向量
>> x = [49.4  50.5  50.7  51.7  49.8  47.9  49.2  51.4  48.9];
% 调用 ttest 函数作总体均值的双侧检验,
% 返回变量 h,检验的 p 值,均值的置信区间 muci,结构体变量 stats
>> [h,p,muci,stats] = ttest(x,50,0.05)
h =
     0
p =
    0.8961
muci =
   48.9943   50.8945
stats =
    tstat: -0.1348      % t 检验统计量的观测值
       df: 8            % t 检验统计量的自由度
       sd: 1.2360       % 样本标准差
```

在上述命令中,ttest 函数的 3 个输入分别为样本观测值向量 x、原假设中的 μ_0 和显著性水平 α (默认的显著性水平为 0.05),ttest 函数的 4 个输出分别为变量 h、检验的 p 值 p、总体均值 μ 的置信水平为 $1-\alpha$ 的置信区间 muci 和结构体变量 stats(其字段及说明见命令中的注释)。当 $h=0$ 或 $p>\alpha$ 时,接受原假设 H_0;当 $h=1$ 或 $p \leqslant \alpha$ 时,拒绝原假设 H_0。

由于 ttest 函数返回的检验的 p 值 $p=0.896\,1 > 0.05$,所以在显著性水平 $\alpha=0.05$ 下接受原假设 $H_0: \mu=\mu_0=50$,认为每包化肥的平均质量为 50 kg。

18.3.3 总体标准差未知时的两个正态总体均值的比较 t 检验

【例 18.3-3】 甲、乙两台机床加工同一种产品,从这两台机床加工的产品中随机抽取若干件,测得产品直径(单位:mm)为

甲机床:20.1, 20.0, 19.3, 20.6, 20.2, 19.9, 20.0, 19.9, 19.1, 19.9

乙机床:18.6, 19.1, 20.0, 20.0, 20.0, 19.7, 19.9, 19.6, 20.2

设甲、乙两机床加工的产品的直径分别服从正态分布 $N(\mu_1, \sigma_1^2)$ 和 $N(\mu_2, \sigma_2^2)$,试比较

甲、乙两台机床加工的产品的直径是否有显著差异？取显著性水平 $\alpha=0.05$。

　　分析：这是总体标准差未知时的两个正态总体均值的比较检验，根据题目要求可写出如下假设：

$$H_0:\mu_1=\mu_2, \qquad H_1:\mu_1\neq\mu_2$$

　　MATLAB 统计工具箱中的 ttest2 函数用来作总体标准差未知时的两个正态总体均值的比较检验，对于本例，可如下调用：

```
% 定义甲机床对应的样本观测值向量
>> x = [20.1, 20.0, 19.3, 20.6, 20.2, 19.9, 20.0, 19.9, 19.1, 19.9];
% 定义乙机床对应的样本观测值向量
>> y = [18.6, 19.1, 20.0, 20.0, 20.0, 19.7, 19.9, 19.6, 20.2];
>> alpha = 0.05;      % 显著性水平为 0.05
>> tail = 'both';     % 尾部类型为双侧
>> vartype = 'equal';    % 方差类型为等方差
% 调用 ttest2 函数作两个正态总体均值的比较检验
% 返回变量 h，检验的 p 值，均值差的置信区间 muci，结构体变量 stats
>> [h,p,muci,stats] = ttest2(x,y,alpha,tail,vartype)

h =

     0

p =

    0.3191

muci =

   -0.2346    0.6791

stats =
     tstat: 1.0263    % t 检验统计量的观测值
        df: 17        % t 检验统计量的自由度
        sd: 0.4713    % 样本的联合标准差（双侧检验）或样本的标准差向量（单侧检验）
```

　　在上述命令中，ttest2 函数的 5 个输入分别为样本观测值向量 x、样本观测值向量 y、显著性水平 α（默认的显著性水平为 0.05）、尾部类型变量 tail 和方差类型变量 vartype。其中尾部类型变量 tail 用来指定备择假设 H_1 的形式，它的可能取值为字符串 'both'、'right' 和 'left'，对应的备择假设分别为 $H_1:\mu_1\neq\mu_2$（双侧检验）、$H_1:\mu_1>\mu_2$（右尾检验）和 $H_1:\mu_1<\mu_2$（左尾检验）。方差类型变量 vartype 用来指定两总体方差是否相等，它的可能取值为字符串 'equal' 和 'unequal'，分别表示等方差和异方差。ttest2 函数的 4 个输出分别为变量 h、检验的 p 值 p、总体均值之差 $\mu_1-\mu_2$ 的置信水平为 $1-\alpha$ 的置信区间 muci 和结构体变量 stats（其字段及说明见命令中的注释）。当 $h=0$ 或 $p>\alpha$ 时，接受原假设 H_0；当 $h=1$ 或 $p\leqslant\alpha$ 时，拒绝原假设 H_0。

　　上面假定两个总体的方差相同并未知，调用 ttest2 函数进行了两正态总体均值的比较检验，返回的检验的 p 值 $p=0.3191>0.05$，所以在显著性水平 $\alpha=0.05$ 下接受原假设 $H_0:\mu_1=\mu_2$，认为甲、乙两台机床加工的产品的直径没有显著差异。

18.3.4　总体均值未知时的单个正态总体方差的 χ^2 检验

　　【例 18.3 - 4】 根据例 18.3 - 2 中的样本观测数据检验每包化肥的质量的方差是否等于 1.5？取显著性水平 $\alpha=0.05$。

　　分析：这是总体均值未知时的单个正态总体方差的检验，根据题目要求可写出如下假设：

$$H_0:\sigma^2=\sigma_0^2=1.5, \quad H_1:\sigma^2\neq\sigma_0^2$$

若您对此书内容有任何疑问，可以登录MATLAB中文论坛与作者和同行交流。

MATLAB 统计工具箱中的 vartest 函数用来作总体均值未知时的单个正态总体方差的检验,对于本例,可如下调用:

```
% 定义样本观测值向量
>> x = [49.4  50.5  50.7  51.7  49.8  47.9  49.2  51.4  48.9];
>> var0 = 1.5;      % 原假设中的常数
>> alpha = 0.05;    % 显著性水平为 0.05
>> tail = 'both';   % 尾部类型为双侧
% 调用 vartest 函数作单个正态总体方差的双侧检验,
% 返回变量 h,检验的 p 值,方差的置信区间 varci,结构体变量 stats
>> [h,p,varci,stats] = vartest(x,var0,alpha,tail)

h =

     0

p =

    0.8383

varci =

    0.6970    5.6072

stats =

    chisqstat: 8.1481    % 卡方检验统计量的观测值
           df: 8          % 卡方检验统计量的自由度
```

在上述命令中,vartest 函数的 4 个输入分别为样本观测值向量 x、原假设中的 σ_0^2、显著性水平 α(默认的显著性水平为 0.05)和尾部类型变量 tail。其中尾部类型变量 tail 用来指定备择假设 H_1 的形式,它的可能取值为字符串 'both'、'right' 和 'left',对应的备择假设分别为 $H_1:\sigma^2 \neq \sigma_0^2$(双侧检验)、$H_1:\sigma^2 > \sigma_0^2$(右尾检验)和 $H_1:\sigma^2 < \sigma_0^2$(左尾检验)。vartest 函数的 4 个输出分别为变量 h、检验的 p 值 p、总体方差 σ^2 的置信水平为 $1-\alpha$ 的置信区间 varci 和结构体变量 stats(其字段及说明见命令中的注释)。当 $h=0$ 或 $p > \alpha$ 时,接受原假设 H_0;当 $h=1$ 或 $p \leqslant \alpha$ 时,拒绝原假设 H_0。

由于 vartest 函数返回的检验的 p 值 $p = 0.8383 > 0.05$,所以在显著性水平 $\alpha=0.05$ 下接受原假设 $H_0:\sigma^2 = \sigma_0^2 = 1.5$,认为每包化肥的质量的方差等于 1.5。

18.3.5 总体均值未知时的两个正态总体方差的比较 F 检验

【例 18.3-5】 根据例 18.3-3 中的样本观测数据检验甲、乙两台机床加工的产品的直径的方差是否相等?取显著性水平 $\alpha=0.05$。

分析:这是总体均值未知时的两个正态总体方差的比较检验,根据题目要求可写出如下假设:

$$H_0:\sigma_1^2 = \sigma_2^2, \quad H_1:\sigma_1^2 \neq \sigma_2^2$$

MATLAB 统计工具箱中的 vartest2 函数用来作总体均值未知时的两个正态总体方差的比较检验,对于本例,可如下调用:

```
% 定义甲机床对应的样本观测值向量
>> x = [20.1, 20.0, 19.3, 20.6, 20.2, 19.9, 20.0, 19.9, 19.1, 19.9];
% 定义乙机床对应的样本观测值向量
>> y = [18.6, 19.1, 20.0, 20.0, 20.0, 19.7, 19.9, 19.6, 20.2];
>> alpha = 0.05;    % 显著性水平为 0.05
>> tail = 'both';   % 尾部类型为双侧
% 调用 vartest2 函数作两个正态总体方差的比较检验
```

```
%  返回变量 h,检验的 p 值,方差之比的置信区间 varci,结构体变量 stats
>> [h,p,varci,stats] = vartest2(x,y,alpha,tail)

h =

     0

p =

    0.5798

varci =

    0.1567    2.8001

stats =

    fstat: 0.6826    %  F 检验统计量的观测值
      df1: 9         %  F 检验统计量的分子自由度
      df2: 8         %  F 检验统计量的分母自由度
```

在上述命令中,vartest2 函数的 4 个输入分别为样本观测值向量 x、样本观测值向量 y、显著性水平 α(默认的显著性水平为 0.05)和尾部类型变量 tail。其中尾部类型变量 tail 用来指定备择假设 H_1 的形式,它的可能取值为字符串 'both'、'right' 和 'left',对应的备择假设分别为 $H_1:\sigma_1^2 \neq \sigma_2^2$(双侧检验)、$H_1:\sigma_1^2 > \sigma_2^2$(右尾检验)和 $H_1:\sigma_1^2 < \sigma_2^2$(左尾检验)。vartest2 函数的 4 个输出分别为变量 h、检验的 p 值 p、总体方差之比 $\dfrac{\sigma_1^2}{\sigma_2^2}$ 的置信水平为 $1-\alpha$ 的置信区间 varci 和结构体变量 stats(其字段及说明见命令中的注释)。当 $h=0$ 或 $p>\alpha$ 时,接受原假设 H_0;当 $h=1$ 或 $p \leqslant \alpha$ 时,拒绝原假设 H_0。

由于 vartest2 函数返回的检验的 p 值 $p=0.5798>0.05$,所以在显著性水平 $\alpha=0.05$ 下接受原假设 $H_0:\sigma_1^2=\sigma_2^2$,认为甲、乙两台机床加工的产品的直径的方差相等。

18.4　参考文献

[1] 谢中华. MATLAB 统计分析与应用:40 个案例分析. 北京:北京航空航天大学出版社,2010.

[2] 贾俊平. 统计学. 北京:清华大学出版社,2004.

[3] 里斯. 数理统计与数据分析. 田金方,译. 3 版. 北京:机械工业出版社,2011.

[4] 史道济,张玉环. 应用数理统计. 天津:天津大学出版社,2008.

[5] 王明慈,沈恒范. 概率论与数理统计. 2 版. 北京:高等教育出版社,2007.

[6] 盛骤,谢式千,潘承毅. 概率论与数理统计.3 版. 北京:高等教育出版社,2001.

[7] 茆诗松,程依明,濮晓龙. 概率论与数理统计教程. 北京:高等教育出版社,2010.

第 19 章

回归分析

谢中华(xiezhh)

在自然科学、工程技术和经济活动等各种领域,经常需要根据实验观测数据(x_i, y_i),$i = 0,1,\cdots,n$ 研究因变量 y 和自变量 x 之间的关系。一般来说,变量之间的关系分为两种,一种是确定性的**函数关系**,另一种是不确定性关系。例如物体作匀速(速度为 v)直线运动时,路程 s 和时间 t 之间有确定的函数关系 $s = v \cdot t$。又如人的身高和体重之间存在某种关系,对此我们普遍有这样的认识,身高较高的人,平均说来,体重会比较重,但是身高相同的人体重却未必相同,也就是说身高和体重之间的关系是一种不确定性关系,在控制身高的同时,体重是随机的。变量间的这种不确定性关系又称为**相关关系**。变量间存在相关关系的例子还有很多,如父亲的身高和成年儿子的身高之间的关系,粮食的施肥量与产量之间的关系,商品的广告费和销售额之间的关系等。

回归分析是研究变量之间相关关系的数学工具,主要解决以下几个方面的问题:

① 根据变量观测数据确定某些变量之间的定量关系式,即建立回归方程并估计其中的未知参数。估计参数的常用方法是最小二乘法。

② 对求得的回归方程的可信度进行统计检验。

③ 判断自变量对因变量有无影响。特别地,在许多自变量共同影响着一个因变量的关系中,需要判断哪些自变量的影响是显著的,哪些自变量的影响是不显著的,将影响显著的自变量选入模型中,剔除影响不显著的变量,通常用逐步回归、向前回归和向后回归等方法。

④ 利用所求的回归方程对某一生产过程进行预测或控制。

本章将结合具体案例介绍用回归分析方法进行数据拟合。

19.1 MATLAB 回归模型类

MATLABR2012a(即 MATLAB7.14)中对回归分析的实现方法作了重大调整,给出了三种回归模型类:LinearModel class(线性回归模型类)、NonLinearModel class(非线性回归模型类)和 GeneralizedLinearModel class(广义线性回归模型类),通过调用类的构造函数可以创建类对象,然后调用类对象的各种方法(例如 fit 和 predict 方法)作回归分析。MATLAB 回归模型类使得回归分析的实现变得更为方便和快捷。

19.1.1 线性回归模型类

1. p 元广义线性回归模型

对于可控变量 $x_1, x_2, \cdots, x_p$ 和随机变量 y 的 n 次独立的观测 $(x_{i1}, x_{i2}, \cdots, x_{ip}; y_i)$,$i = 1,2,\cdots,n$,$y$ 关于 $x_1, x_2, \cdots, x_p$ 的 p 元广义线性回归模型如下:

$$
\underbrace{\begin{bmatrix} y_1 \\ y_2 \\ \vdots \\ y_n \end{bmatrix}}_{y} = \underbrace{\begin{bmatrix} 1 & f_1(x_{11}) & f_2(x_{12}) & \cdots & f_p(x_{1p}) \\ 1 & f_1(x_{21}) & f_2(x_{22}) & \cdots & f_p(x_{2p}) \\ \vdots & \vdots & \vdots & & \vdots \\ 1 & f_1(x_{n1}) & f_2(x_{n2}) & \cdots & f_p(x_{np}) \end{bmatrix}}_{X} \underbrace{\begin{bmatrix} \beta_0 \\ \beta_1 \\ \vdots \\ \beta_p \end{bmatrix}}_{\beta} + \underbrace{\begin{bmatrix} \varepsilon_1 \\ \varepsilon_2 \\ \vdots \\ \varepsilon_n \end{bmatrix}}_{\varepsilon} \qquad (19.1-1)
$$

通常假定 $\varepsilon_1, \varepsilon_2, \cdots, \varepsilon_n \overset{iid}{\sim} N(0, \sigma^2)$，这里 iid 表示独立同分布。式（19.1-1）中的 y 为因变量观测值向量，X 为**设计矩阵**，$f_1, f_2, \cdots, f_p$ 为 p 个函数，对应模型中的 p 项，β 为需要估计的系数向量，ε 为随机误差向量。

不同的函数 $f_1, f_2, \cdots, f_p$ 对应不同类型的回归模型，特别地，当 $f_1(x_{i1}) = x_{i1}$，$f_2(x_{i2}) = x_{i2}, \cdots, f_p(x_{ip}) = x_{ip}$，$i = 1, \cdots, n$ 时，式（19.1-1）称为 **p 元线性回归模型**。一元线性回归是多元线性回归的特殊情况。当模型中需要常数项时，设计矩阵 X 中应有 1 列 1 元素（通常是 X 的第一列）。

2. 线性回归模型类的类方法

对于一元或多元线性回归，MATLAB 中提供了 LinearModel 类，用户可根据自己的观测数据，调用 LinearModel 类的类方法创建一个 LinearModel 类对象，用来求解回归模型。LinearModel 类的类方法如表 19.1-1 所列。

表 19.1-1　LinearModel 类的类方法

方法名	功能说明	方法名	功能说明
addTerms	在线性回归模型中增加项	plotAdjustedResponse	绘制调整后的响应曲线
anova	对线性模型做方差分析	plotDiagnostics	绘制回归诊断图
coefCI	系数估计值的置信区间	plotEffects	绘制回归模型中每个自变量的主效应图
coefTest	对回归系数进行检验	plotInteraction	绘制回归模型中两个自变量的交互效应图
disp	显示线性回归分析的结果	plotResiduals	绘制线性回归模型的残差图
dwtest	对线性模型进行 Durbin-Watson 检验	plotSlice	绘制通过回归面的切片图
feval	利用线性回归模型进行预测	predict	利用线性回归模型进行预测
fit	创建线性回归模型	random	利用线性回归模型模拟响应值（因变量值）
plot	绘制模型拟合效果图	removeTerms	从线性回归模型中移除项
plotAdded	绘制指定项的拟合效果图	step	通过增加或移除项来改进线性回归模型
stepwise	利用逐步回归方法建立线性回归模型		

注意： MATLAB R2014a 中提供了 fitlm 和 stepwiselm 函数，在未来版本中，LinearModel 类的 fit 和 stepwise 方法将被移除，改由 fitlm 或 stepwiselm 函数创建 LinearModel 类。

【例 19.1-1】 创建空的 LinearModel 类，并查询类方法。

```
>> mdl = LinearModel

mdl =
Linear regression model:
    y ~ 0

Coefficients:
```

若您对此书内容有任何疑问，可以登录 MATLAB 中文论坛与作者和同行交流。

```
>> methods(mdl)
```

类 LinearModel 的方法:
addTerms coefTest feval plotAdjustedResponse plotInteraction predict step
anova   disp   plot   plotDiagnostics   plotResiduals random
coefCI   dwtest plotAdded plotEffects   plotSlice   removeTerms
静态方法:
fit   stepwise

3. 线性回归模型类的类属性

LinearModel 类对象的属性中包含了模型求解的所有结果,可通过如下方法查询 Linear-Model 类对象的所有属性及指定属性的属性值。

```
>> properties(mdl)        % 查询 LinearModel 类对象 mdl 的所有属性
```

类 LinearModel 的属性:

MSE	% 均方误差(残差)
Robust	% 稳健回归参数
Residuals	% 残差
Fitted	% 拟合值
Diagnostics	% 回归诊断统计量
RMSE	% 均方根误差(残差)
Steps	% 逐步回归相关信息
Formula	% 回归模型公式
LogLikelihood	% 对数似然函数值
DFE	% 误差(残差)的自由度
SSE	% 误差(残差)平方和
SST	% y 的总离差平方和
SSR	% 回归平方和
CoefficientCovariance	% 系数估计值的协方差矩阵
CoefficientNames	% 系数标签字符串
NumCoefficients	% 模型中系数的个数
NumEstimatedCoefficients	% 模型中被估计的系数的个数
Coefficients	% 系数估计值列表
Rsquared	% 判定系数
ModelCriterion	% 模型评价准则
VariableInfo	% 变量信息列表
ObservationInfo	% 观测值信息列表
Variables	% 变量观测值数据
NumVariables	% 变量个数
VariableNames	% 变量名
NumPredictors	% 预测变量(自变量)个数
PredictorNames	% 自变量名称
ResponseName	% 响应变量(因变量)名称
NumObservations	% 观测数据组数
ObservationNames	% 观测序号或观测数据名称

```
>> mdl.指定属性        % 查询 LinearModel 类对象 mdl 的指定属性(属性名字符串)的属性值
```

〖说明〗

判定系数(也称决定系数)定义为 $R^2 = 1 - \dfrac{SSE}{SST}$,其取值介于 0 和 1 之间。$R^2$ 越接近于 0,模型拟合越差;R^2 越接近于 1,模型拟合越好。

19.1.2　非线性回归模型类

1. p 元非线性回归模型

对于可控变量 $x_1, x_2, \cdots, x_p$ 和随机变量 y 的 n 次独立的观测 $(x_{i1}, x_{i2}, \cdots, x_{ip}; y_i)$，$i = 1, 2, \cdots, n$，$y$ 关于 $x_1, x_2, \cdots, x_p$ 的 **p 元非线性回归模型**如下：

$$y_i = f(x_{i1}, x_{i2}, \cdots, x_{ip}; \beta_1, \beta_2, \cdots) + \varepsilon_i, \qquad i = 1, 2, \cdots, n \qquad (19.1-2)$$

其中，$\beta_1, \beta_2, \cdots$ 为待估参数；ε_i 为随机误差，通常假定 $\varepsilon_1, \varepsilon_2, \cdots, \varepsilon_n \overset{iid}{\sim} N(0, \sigma^2)$。

2. 非线性回归模型类的类方法

MATLAB 中提供了 NonLinearModel 类，用来求解一元或多元非线性回归模型。NonLinearModel 类的类方法如表 19.1-2 所列。

表 19.1-2　NonLinearModel 类的类方法

方法名	功能说明
coefCI	系数估计值的置信区间
coefTest	对回归系数进行检验
disp	显示非线性回归分析的结果
feval	利用非线性回归模型进行预测
fit	利用观测数据对非线性回归模型进行拟合
plotDiagnostics	绘制回归诊断图
plotResiduals	绘制非线性回归模型的残差图
plotSlice	绘制通过回归面的切片图
predict	利用非线性回归模型进行预测
random	利用非线性回归模型模拟响应值(因变量值)

注意： MATLAB R2014a 中提供了 fitnlm 函数，在未来版本中，NonLinearModel 类的 fit 方法将被移除，改由 fitnlm 函数创建 NonLinearModel 类。

3. 非线性回归模型类的类属性

NonLinearModel 类对象的属性中包含了模型求解的所有结果，用户可通过查询 NonLinearModel 类对象的指定属性的属性值得到想要的结果。

【例 19.1-2】 创建空的 NonLinearModel 类，并查询类方法和类属性。

```
>> nlm = NonLinearModel

nlm =
Nonlinear regression model:
    y ~ 0

Coefficients:

>> methods(nlm)

类 NonLinearModel 的方法:
coefCI          coefTest        disp        feval       plotDiagnostics
plotResiduals   plotSlice       predict     random

>> properties(nlm)
```

类 NonLinearModel 的属性：

```
MSE                         % 均方误差(残差)
Iterative                   % 拟合过程相关信息
Robust                      % 稳健回归参数
Residuals                   % 残差
Fitted                      % 拟合值
RMSE                        % 均方根误差(残差)
Diagnostics                 % 回归诊断统计量
WeightedResiduals           % 加权后残差
Formula                     % 回归模型公式
LogLikelihood               % 对数似然函数值
DFE                         % 误差(残差)的自由度
SSE                         % 误差(残差)平方和
SST                         % y 的总离差平方和
SSR                         % 回归平方和
CoefficientCovariance       % 系数估计值的协方差矩阵
CoefficientNames            % 系数标签字符串
NumCoefficients             % 模型中系数的个数
NumEstimatedCoefficients    % 模型中被估计的系数的个数
Coefficients                % 系数估计值列表
Rsquared                    % 判定系数
ModelCriterion              % 模型评价准则
VariableInfo                % 变量信息列表
ObservationInfo             % 观测值信息列表
Variables                   % 变量观测值数据
NumVariables                % 变量个数
VariableNames               % 变量名
NumPredictors               % 预测变量(自变量)个数
PredictorNames              % 自变量名称
ResponseName                % 响应变量(因变量)名称
NumObservations             % 观测数据组数
ObservationNames            % 观测序号或观测数据名称
>> nlm.指定属性              % 查询 NonLinearModel 类对象 nlm 的指定属性(属性名字符串)的属性值
```

19.2 一元线性回归

【例 19.2-1】 现有全国 31 个主要城市 2007 年的气候情况观测数据，如表 19.2-1 所列。数据来源：中华人民共和国国家统计局网站 2007 年环境统计数据。

表 19.2-1 全国 31 个主要城市 2007 年的气候情况观测数据

城　　市	年平均气温/℃	年极端最高气温/℃	年极端最低气温/℃	年均相对湿度/%	全年日照时数/h	全年降水量/mm	序　号
北　京	14.0	37.3	−11.7	54	2351.1	483.9	1
天　津	13.6	38.5	−10.6	61	2165.4	389.7	2
石家庄	14.9	39.7	−7.4	59	2167.7	430.4	3
太　原	11.4	35.8	−13.2	55	2174.6	535.4	4
呼和浩特	9.0	35.6	−17.6	47	2647.8	261.2	5
沈　阳	9.0	33.9	−23.1	68	2360.9	672.3	6

城　市	年平均气温 /℃	年极端最 高气温/℃	年极端最 低气温/℃	年均相对 湿度/%	全年日照 时数/h	全年降 水量/mm	序　号
长　春	7.7	35.8	-21.7	58	2533.6	534.2	7
哈尔滨	6.6	35.8	-22.6	58	2359.2	444.1	8
上　海	18.5	39.6	-1.1	73	1522.2	1254.5	9
南　京	17.4	38.2	-4.5	70	1680.3	1070.9	10
杭　州	18.4	39.5	-1.9	71	1472.9	1378.5	11
合　肥	17.4	37.2	-3.5	79	1814.6	929.7	12
福　州	21.0	39.8	3.6	68	1543.8	1109.6	13
南　昌	19.2	38.5	0.5	68	2102.0	1118.5	14
济　南	15.0	38.5	-7.9	61	1819.8	797.1	15
郑　州	16.0	39.7	-5.0	60	1747.2	596.4	16
武　汉	18.6	37.2	-1.5	67	1934.2	1023.2	17
长　沙	18.8	38.8	-0.5	70	1742.9	9364.0	18
广　州	23.2	37.4	5.7	71	1616.0	1370.4	19
南　宁	21.7	37.7	0.7	76	1614.0	1008.1	20
海　口	24.1	37.9	10.7	80	1669.1	1419.3	21
重　庆	19.0	37.9	3.0	81	856.2	1439.2	22
成　都	16.8	34.9	-1.6	77	935.6	624.5	23
贵　阳	14.9	31.0	-1.7	75	1014.8	884.9	24
昆　明	15.6	30.0	0.7	72	2038.6	932.7	25
拉　萨	9.8	29.0	-9.8	34	3181.0	477.3	26
西　安	15.6	39.8	-5.9	58	1893.6	698.5	27
兰　州	11.1	34.3	-11.9	53	2214.1	407.9	28
西　宁	6.1	30.7	-21.8	57	2364.7	523.1	29
银　川	10.4	35.0	-15.4	52	2529.8	214.7	30
乌鲁木齐	8.5	37.6	-24.0	56	2853.4	419.5	31

　　以上数据保存在文件 examp19_2_1.xls 中,下面根据以上 31 组观测数据研究年平均气温和全年日照时数之间的关系。

19.2.1　数据的散点图

　　令 x 表示年平均气温,y 表示全年日照时数。由于 x 和 y 均为一维变量,可以先从 x 和 y 的散点图上直观地观察它们之间的关系,然后再作进一步的分析。

　　通过以下命令从文件 examp19_2_1.xls 中读取变量 x 和 y 的数据,然后作出 x 和 y 的观测数据的散点图(如图 19.2 - 1 所示),并求出 x 和 y 的线性相关系数。

```
>> ClimateData = xlsread('examp19_2_1.xls');   % 从 Excel 文件读取数据
>> x = ClimateData(:, 1);        % 提取 ClimateData 的第 1 列,即年平均气温数据
>> y = ClimateData(:, 5);        % 提取 ClimateData 的第 5 列,即全年日照时数数据
>> figure;
>> plot(x, y, 'k.', 'Markersize', 15);      % 绘制 x 和 y 的散点图
>> xlabel('年平均气温(x)');     % 给 X 轴加标签
>> ylabel('全年日照时数(y)');   % 给 Y 轴加标签
```

```
>> R = corrcoef(x, y)              % 计算 x 和 y 的线性相关系数矩阵 R
R =
       1.0000      - 0.7095
     - 0.7095        1.0000
```

从散点图上看,有 4 组数据有些异常,它们分别是拉萨(9.8,3 181)、重庆(19,856.2)、成都(16.8,935.6)和贵阳(14.9,1 014.8)。其中拉萨的全年日照时数最多,重庆、成都和贵阳的全年日照时数较少。除这 4 组数据外,散点图表明 x 和 y 的线性趋势比较明显,可以用直线 $y=\beta_0+\beta_1 x$ 进行拟合。

从相关系数来看,x 和 y 的线性相关系数为 -0.7095,表明 x 和 y 负相关,这是一个非常有意思的现象,全年日照时数越多的地方其年平均气温倒越低。

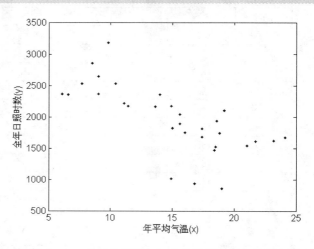

图 19.2-1　年平均气温 x 与全年日照时数 y 的散点图

19.2.2　模型的建立与求解

1. 模型的建立

建立 y 关于 x 的一元线性回归模型如下:

$$\left.\begin{array}{l} y_i=\beta_0+\beta_1 x_i+\varepsilon_i \\ \varepsilon_i \overset{iid}{\sim} N(0,\sigma^2),\quad i=1,2\cdots,n \end{array}\right\} \tag{19.2-1}$$

式(19.2-1)中包含了模型的四个基本假定:线性假定、误差正态性假定、误差方差齐性假定、误差独立性假定。

2. 调用 LinearModel 类的 fit 方法求解模型

下面调用 LinearModel 类的 fit 方法求解模型:

```
>> mdl1 = LinearModel.fit(x,y)      % 模型求解
mdl1 =
Linear regression model:
    y ~ 1 + x1

Estimated Coefficients:
                Estimate        SE          tStat         pValue
    (Intercept)   3115.4      223.06        13.967      2.0861e - 14
    x1          - 76.962      14.197       - 5.4211     7.8739e - 06

Number of observations: 31, Error degrees of freedom: 29
Root Mean Squared Error: 383
R - squared: 0.503,   Adjusted R - Squared 0.486
F - statistic vs. constant model: 29.4, p - value = 7.87e - 06
```

从输出的结果看,常数项 β_0 和回归系数 β_1 的估计值分别为 3 115.4 和 -76.962,从而可以写出线性回归方程为

$$\hat{y}=3\,115.4-76.962x \tag{19.2-2}$$

对回归直线进行显著性检验,原假设和备择假设分别为

$$H_0 : \beta_1 = 0, \qquad H_1 : \beta_1 \neq 0.$$

检验的 p 值为 $7.87 \times 10^{-6} < 0.05$,可知在显著性水平 $\alpha = 0.05$ 下应拒绝原假设 H_0,可认为 y (全年日照时数)与 x (年平均气温)的线性关系是显著的。

也可以通过 F 统计量的观测值与临界值 $F_\alpha(1, n-2)$ 作比较得出结论:当 $F \geqslant F_\alpha(1, n-2)$ 时,拒绝原假设,认为 y 与 x 的线性关系是显著的;否则接受原假设,认为 y 与 x 的线性关系是不显著的。对于本例,F 统计量的观测值为 29.4,临界值 $F_{0.05}(1,29) = 4.1830$,显然在显著性水平 $\alpha = 0.05$ 下应拒绝原假设 H_0。

从参数估计值列表可知对常数项和线性项进行的 t 检验的 p 值(常数项的 p 值为 2.0861×10^{-14},线性项的 p 值为 7.8739×10^{-6})均小于 0.05,说明在回归方程中常数项和线性项均是显著的。

3. 调用 LinearModel 类的 plot 方法绘制拟合效果图

下面调用 LinearModel 类的 plot 方法绘制拟合效果图,如图 19.2-2 所示。

```
>> figure;
>> mdl1.plot;                              % 绘制模型拟合效果图
>> xlabel('年平均气温(x)');               % 给 X 轴加标签
>> ylabel('全年日照时数(y)');             % 给 Y 轴加标签
>> title('');
>> legend('原始散点','回归直线','置信区间');% 加图例
```

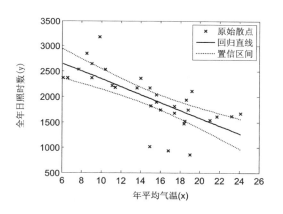

图 19.2-2　原始数据散点与回归直线图

4. 预　测

给定自变量 x 的值,可调用 LinearModel 类对象的 predict 方法计算因变量 y 的预测值。例如,给定年平均气温 $x = 5, 25$ ℃,计算全年日照时数 y 的预测值。命令及结果如下:

```
>> xnew = [5,25]';              % 定义新的自变量,必须是列向量或矩阵
>> ynew = mdl1.predict(xnew)   % 计算因变量的预测值

ynew =

  1.0e + 03 *

  2.7306

  1.1913
```

19.2.3 回归诊断

回归诊断主要包括以下内容：

- 异常点和强影响点诊断，查找数据集中的异常点（离群点）和强影响点，对模型做出改进；
- 残差分析，用来验证模型的基本假定，包括模型线性诊断、误差正态性诊断、误差方差齐性诊断和误差独立性诊断；
- 多重共线性诊断，对于多元线性回归，检验自变量之间是否存在共线性关系。

1. 查找异常点和强影响点

数据集中的异常点是指远离数据集中心的观测点，又称离群点；强影响点是指数据集中对回归方程参数估计结果有较大影响的观测点。通过剔除异常点和某些强影响点，可对模型做出改进。查找异常点和强影响点的常用统计量及判异规则如表 19.2-2 所列。

表 19.2-2 查找异常点和强影响点的常用统计量

统计量	定 义	判异规则	作 用
标准化残差	$Ze_i = e_i / \sqrt{MSE}$	$\lvert Ze_i \rvert > 2$	查找异常值
学生化残差	$Se_i = e_i / \sqrt{MSE(1-h_{ii})}$	$\lvert Se_i \rvert > 2$	
杠杆值	h_{ii}	$h_{ii} > 2(p+1)/n$	查找强影响点
Cook 距离	$D_i = \dfrac{e_i^2}{(p+1)MSE} \cdot \dfrac{h_{ii}}{(1-h_{ii})^2}$	$D_i > 3\overline{D}$	
Covratio 统计量	$C_i = \dfrac{MSE_{(i)}^{p+1}}{MSE^{p+1}} \cdot \dfrac{1}{1-h_{ii}}$	$\lvert C_i - 1 \rvert > 3(p+1)/n$	
Dffits 统计量	$Df_i = Se_i \sqrt{\dfrac{h_{ii}}{1-h_{ii}}}$	$\lvert Df_i \rvert > 2\sqrt{(p+1)/n}$	
Dfbeta 统计量	$Db_{ij} = \dfrac{b_j - b_{j(i)}}{\sqrt{MSE_{(i)}(1-h_{ii})}}$	$\lvert Db_{ij} \rvert > 3/\sqrt{n}$	

表 19.2-2 中，n 为数据集中的观测个数；p 为回归模型中自变量的个数；$e_i = y_i - \hat{y}_i$ 为第 i 个观测对应的残差；$MSE = \dfrac{SSE}{n-1-p}$ 为均方残差；h_{ii} 为帽子矩阵 $H = X(X^T X)^{-1} X^T$ 对角线上的第 i 个元素；$MSE_{(i)}$ 为去掉第 i 个观测后的均方残差；b_j 为第 j 个系数估计值；$b_{j(i)}$ 为去掉第 i 个观测后的第 j 个系数估计值。

LinearModel 类对象的 Residuals 属性值中列出了标准化残差和学生化残差值，Diagnostics 属性值中包含有杠杆值、Cook 距离、Covratio 统计量、Dffits 统计量、Dfbeta 统计量等回归诊断相关结果。用户可调用 LinearModel 类对象的 plotDiagnostics 方法，绘制各统计量对应的回归诊断图，借助回归诊断图直观地查找异常点和强影响点。对于例 19.2-1，绘制回归诊断图，查找异常点和强影响点的 MATLAB 代码如下：

```
>> Res = mdl1.Residuals;                    % 查询残差值
>> Res_Stu = Res.Studentized;               % 学生化残差
>> Res_Stan = Res.Standardized;             % 标准残差
>> figure;
>> subplot(2,3,1);
>> plot(Res_Stu,'kx');                      % 绘制学生化残差图
```

```
>> refline(0, - 2);
>> refline(0,2);
>> title('(a)学生化残差图');
>> xlabel('观测序号');ylabel('学生化残差');
>> subplot(2,3,2);
>> mdl1.plotDiagnostics('cookd');          % 绘制 Cook 距离图
>> title('(b) Cook 距离图');
>> xlabel('观测序号');ylabel('Cook 距离');
>> subplot(2,3,3);
>> mdl1.plotDiagnostics('covratio');       % 绘制 Covratio 统计量图
>> title('(c) Covratio 统计量图');
>> xlabel('观测序号');ylabel('Covratio 统计量');
>> subplot(2,3,4);
>> plot(Res_Stan,'kx');                     % 绘制标准化残差图
>> refline(0, - 2);
>> refline(0,2);
>> title('(d)标准化残差图');
>> xlabel('观测序号');ylabel('标准化残差');
>> subplot(2,3,5);
>> mdl1.plotDiagnostics('dffits');          % 绘制 Dffits 统计量图
>> title('(e) Dffits 统计量图');
>> xlabel('观测序号');ylabel('Dffits 统计量');
>> subplot(2,3,6);
>> mdl1.plotDiagnostics('leverage');        % 绘制杠杆值图
>> title('(f) 杠杆值图');
>> xlabel('观测序号');ylabel('杠杆值');
```

运行以上命令得到回归诊断图如图 19.2 - 3 所示。由学生化残差图和标准化残差图可知,有 4 组数据出现异常,它们的观测序号分别为 22、23、24 和 26,分别是拉萨(9.8,3 181)、重庆(19,856.2)、成都(16.8,935.6)和贵阳(14.9,1 014.8),这和从散点图上直接观察的结果相吻合。不同标准下得到的强影响点是不同的,并且强影响点不一定是异常点。

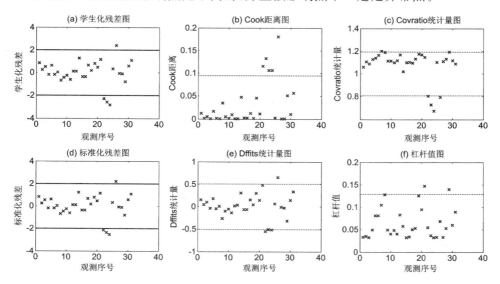

图 19.2 - 3　回归诊断图

2. 模型改进

下面将检测到的四组异常数据剔除后重新作一元线性回归,对模型做出改进,程序如下:

```
>> id = find(abs(Res_Stu)>2);            % 查找异常值序号
>> mdl2 = LinearModel.fit(x,y,'Exclude',id)   % 去除异常值,重新求解

mdl2 =
Linear regression model:
    y ~ 1 + x1

Estimated Coefficients:
                Estimate      SE        tStat       pValue
    (Intercept)  2983.8     121.29     24.601     4.8701e-19
    x1           -63.628     7.7043    -8.2587    1.3088e-08

Number of observations: 27, Error degrees of freedom: 25
Root Mean Squared Error: 201
R-squared: 0.732,   Adjusted R-Squared 0.721
F-statistic vs. constant model: 68.2, p-value = 1.31e-08

>> figure;
>> mdl2.plot;                           % 绘制拟合效果图
>> xlabel('年平均气温(x)');             % x轴标签
>> ylabel('全年日照时数(y)');           % y轴标签
>> title('');                          % 标题
>> legend('剔除异常数据后散点','回归直线','置信区间');   % 图例
```

剔除异常数据后的回归直线方程为 $\hat{y} = 2983.8 - 63.628x$. 对回归直线进行显著性检验的 p 值为 1.31×10^{-8},可知 y(全年日照时数)与 x(年平均气温)的线性关系更为显著。拟合效果图如图 19.2-4 所示。

为加以对比,作出原始数据散点、原始数据对应的回归直线和剔除异常数据后的回归直线图,如图 19.2-5 所示。

```
>> figure;                              % 新建一个图形窗口
>> plot(x, y, 'ko');                    % 画原始数据散点
>> hold on;                             % 图形叠加
>> xnew = sort(x);                      % 为了画图的需要将 x 从小到大排序
>> yhat1 = mdl1.predict(xnew);          % 计算模型 1 的拟合值
>> yhat2 = mdl2.predict(xnew);          % 计算模型 2 的拟合值
>> plot(xnew, yhat1, 'r--','linewidth',3);   % 画原始数据对应的回归直线,红色虚线
>> plot(xnew, yhat2, 'linewidth', 3);   % 画剔除异常数据后的回归直线,蓝色实线
>> legend('原始数据散点','原始数据回归直线','剔除异常数据后回归直线')  % 为图形加标注框
>> xlabel('年平均气温(x)');             % 为 X 轴加标签
>> ylabel('全年日照时数(y)');           % 为 Y 轴加标签
```

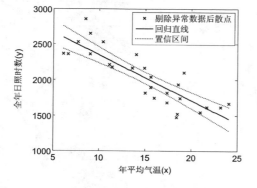

图 19.2-4　剔除异常数据后回归直线拟合效果图

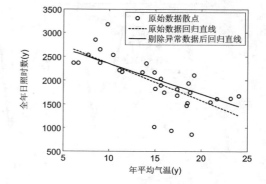

图 19.2-5　原始数据散点与两条回归直线图

图 19.2-5 中的圆圈为原始数据点,红色虚线为原始数据对应的回归直线,蓝色实线为剔除异常数据后的回归直线。由于受异常数据的影响,两次回归结果并不相同。

3. 残差分析

在回归诊断中,常借助残差图来验证模型的基本假定是否成立。常用的残差图包括残差值序列图、残差与拟合值图、残差直方图、残差正态概率图、残差与滞后残差图。用户可调用 LinearModel 类对象的 plotResiduals 方法绘制各种残差图。

```
>> figure;
>> subplot(2,3,1);
>> mdl2.plotResiduals('caseorder');      % 绘制残差值序列图
>> title('(a) 残差值序列图');
>> xlabel(' 观测序号');ylabel(' 残差');
>> subplot(2,3,2);
>> mdl2.plotResiduals('fitted');         % 绘制残差与拟合值图
>> title('(b) 残差与拟合值图');
>> xlabel(' 拟合值');ylabel(' 残差');
>> subplot(2,3,3);
>> plot(x,mdl2.Residuals.Raw,'kx');      % 绘制残差与自变量图
>> line([0,25],[0,0],'color','k','linestyle',':');
>> title('(c) 残差与自变量图');
>> xlabel(' 自变量值');ylabel(' 残差');
>> subplot(2,3,4);
>> mdl2.plotResiduals('histogram');      % 绘制残差直方图
>> title('(d) 残差直方图');
>> xlabel(' 残差 r');ylabel('f(r)');
>> subplot(2,3,5);
>> mdl2.plotResiduals('probability');    % 绘制残差正态概率图
>> title('(e) 残差正态概率图');
>> xlabel(' 残差');ylabel(' 概率');
>> subplot(2,3,6);
>> mdl2.plotResiduals('lagged');         % 绘制残差与滞后残差图
>> title('(f)残差与滞后残差图');
>> xlabel(' 滞后残差');ylabel(' 残差');
```

上述命令绘制的回归诊断残差图如图 19.2-6 所示,下面分别加以解释。

(a) 残差值序列图,横坐标为观测序号,纵坐标为残差值,可以看出各观测对应的残差随机地在水平轴 $y=0$ 上下无规则地波动,说明残差值间是相互独立的。如果残差的分布有一定的规律性,则说明残差间不独立。

(b) 残差与拟合值图,横坐标为拟合值,纵坐标为残差值,可以看出残差基本分布在左右等宽的水平条带内,说明残差值是等方差的。如果残差分布呈现喇叭口形,则说明残差不满足方差齐性假定,此时应对因变量 y 作某种变换(如取平方根、取对数、取倒数等),然后重新拟合。

(c) 残差与自变量图,横坐标为自变量值,纵坐标为残差值,可以看出残差基本分布在左右等宽的水平条带内,说明线性模型与数据拟合较好。如果残差分布在弯曲的条带内,则说明线性模型与数据拟合不好,此时可增加 x 的非线性项,然后重新拟合。

(d) 残差直方图,残差直方图反映了残差的分布。本例数据过少,不能根据残差直方图验证残差的正态性。

(e) 残差正态概率图,用来检验残差是否服从正态分布,其原理参见 17.4.4 节。从此图

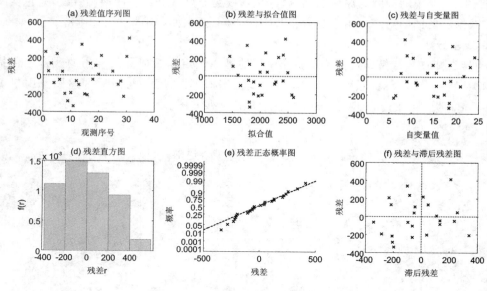

图 19.2 - 6　回归诊断残差图

可以看出残差基本服从正态分布。

（f）残差与滞后残差图，横坐标为滞后残差，纵坐标为残差，用来检验残差间是否存在自相关性。从此图可以看出散点均匀分布在四个象限内，说明残差间不存在自相关性。

19.2.4　稳健回归

默认情形下，fit 函数的 'RobustOpts' 参数值为 'off'，此时 fit 函数利用普通最小二乘法估计模型中的参数，参数的估计值受异常值的影响比较大。若将 fit 函数的 'RobustOpts' 参数值设为 'on'，则可采用加权最小二乘法估计模型中的参数，结果受异常值的影响就比较小。下面给出稳健回归的 MATLAB 实现。

```
>> mdl3 = LinearModel.fit(x,y,'RobustOpts','on')

mdl3 =

Linear regression model (robust fit):
    y ~ 1 + x1

Estimated Coefficients:
                Estimate      SE          tStat       pValue
    (Intercept)  3034.8       182.01      16.674      2.1276e - 16
    x1           - 68.3       11.584      - 5.896     2.1194e - 06

Number of observations: 31, Error degrees of freedom: 29
Root Mean Squared Error: 313
R - squared: 0.551,   Adjusted R - Squared 0.535
F - statistic vs. constant model: 35.5, p - value = 1.78e - 06
```

稳健回归得出的回归方程为 $\hat{y} = 3\,034.8 - 68.3x$。常数项和回归系数的 t 检验的 p 值均小于 0.05，可知线性回归是显著的。

也可以通过对比非稳健拟合和稳健拟合的拟合效果，看出加权最小二乘拟合的稳健性。运行下面的命令，作出拟合效果对比图，如图 19.2 - 7 所示。

```
>> xnew = sort(x);                                % 为了后面画图的需要,将 x 从小到大排序
>> yhat1 = mdl1.predict(xnew);                    % 计算拟合值(非稳健拟合)
>> yhat3 = mdl3.predict(xnew);                    % 计算拟合值(稳健拟合)
>> plot(x, y, 'ko');                              % 画原始数据散点
>> hold on;                                        % 图形叠加
>> plot(xnew, yhat1, 'r--','linewidth',3);        % 画非稳健拟合回归直线,红色虚线
>> plot(xnew, yhat3, 'linewidth', 3);             % 画稳健拟合回归直线,蓝色实线
% 为图形加图例
>> legend('原始数据散点','非稳健拟合回归直线','稳健拟合回归直线');
>> xlabel('年平均气温(x)');                         % 为 x 轴加标签
>> ylabel('全年日照时数(y)');                        % 为 y 轴加标签
```

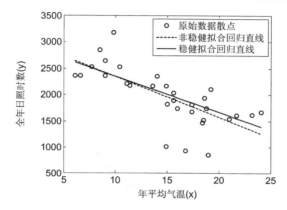

图 19.2 - 7　非稳健拟合和稳健拟合的拟合效果对比图

　　非稳健拟合是基于普通最小二乘拟合,而稳健拟合是基于加权最小二乘拟合。从图 19.2 - 7 可以看出通过加权可以消除异常值的影响,增强拟合的稳健性。

19.3　一元非线性回归

　　【例 19.3 - 1】　头围(head circumference)是反映婴幼儿大脑和颅骨发育程度的重要指标之一,对头围的研究具有非常重要的意义。笔者研究了天津地区 1 281 位儿童(700 个男孩,581 个女孩)的颅脑发育情况,测量了年龄、头宽、头长、头宽/头长、头围和颅围等指标。测量方法:读取头颅 CT 图像数据,根据自编程序自动测量。测量得到 1 281 组数据,年龄跨度从 7 个星期到 16 周岁,数据保存在文件 examp19_3_1.xls 中,数据格式如表 19.3 - 1 所列。

表 19.3 - 1　天津地区 1 281 位儿童的颅脑发育情况指标数据(只列出部分数据)

序　号	性　别	年龄及标识	年龄/岁	月龄/月	头宽/mm	头长/mm	头宽/头长	头围/cm	颅围/cm
1	m	11Y	11	132	136.0476	168.7998	0.805970149	50.90952	48.3008
2	m	20M	1.666667	20	149.9043	161.2416	0.9296875	50.4282	49.01562
3	m	10Y	10	120	144.4456	156.6227	0.922252011	51.35181	48.14725
4	m	3Y	3	36	145.7053	163.761	0.88974359	50.27417	48.73305
5	m	3Y	3	36	139.8267	153.2635	0.912328767	48.52064	46.925
⋮	⋮	⋮	⋮	⋮	⋮	⋮	⋮	⋮	⋮
1277	f	17M	1.416667	17	147.8048	140.2466	1.053892216	46.52105	45.54998

序　号	性　别	年龄及标识	年龄/岁	月龄/月	头宽/mm	头长/mm	头宽/头长	头围/cm	颅围/cm
1278	f	5Y	5	60	144.4456	162.0814	0.89119171	49.56883	48.48535
1279	f	3Y	3	36	150.7441	145.7053	1.034582133	47.0336	46.02226
1280	f	13M	1.083333	13	129.3292	143.1859	0.903225806	44.99825	43.32917
1281	f	5Y	5	60	146.5451	157.8824	0.928191489	49.65208	47.91818

注:年龄数据中的 Y 表示年,M 表示月,W 表示星期,D 表示天。性别数据中的 m 表示男性,f 表示女性。

下面根据这 1 281 组数据建立头围关于年龄的回归方程。

19.3.1　数据的散点图

令 x 表示年龄,y 表示头围。x 和 y 均为一维变量,同样可以先从 x 和 y 的散点图上直观地观察它们之间的关系,然后再作进一步的分析。

通过以下命令从文件 examp19_3_1.xls 中读取变量 x 和 y 的数据,然后作出 x 和 y 的观测数据的散点图,如图 19.3 - 1 所示。

```
>> HeadData = xlsread('examp19_3_1.xls');    % 从 Excel 文件读取数据
>> x = HeadData(:, 4);         % 提取 HeadData 矩阵的第 4 列数据,即年龄数据
>> y = HeadData(:, 9);         % 提取 HeadData 矩阵的第 9 列数据,即头围数据
>> plot(x, y, 'k.')            % 绘制 x 和 y 的散点图
>> xlabel('年龄(x)')          % 为 X 轴加标签
>> ylabel('头围(y)')          % 为 Y 轴加标签
```

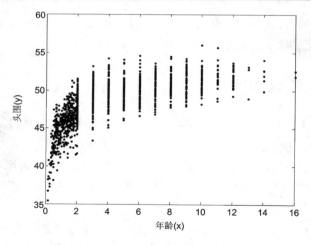

图 19.3 - 1　年龄与头围数据的散点图

从图 19.3 - 1 可以看出 y(头围)和 x(年龄)之间呈现非线性相关关系,可以考虑作非线性回归。根据散点图的走势,可以选取以下函数作为理论回归方程:

① 负指数函数:$y = \beta_1 e^{\frac{\beta_2}{x + \beta_3}}$;

② 双曲线函数:$y = \dfrac{x + \beta_1}{\beta_2 x + \beta_3}$;

③ 幂函数:$y = \beta_1 (x + \beta_2)^{\beta_3}$;

④ Logistic 曲线函数: $y = \dfrac{\beta_1}{1 + \beta_2 \mathrm{e}^{-(x+\beta_3)}}$;

⑤ 对数函数: $y = \beta_1 + \beta_2 \ln(x + \beta_3)$。

以上函数中都包含有 3 个未知参数: β_1、β_2 和 β_3,需要由观测数据进行估计,根据需要还可以减少或增加未知参数的个数。以上函数都可以呈现出先急速增加,然后趋于平缓的趋势,比较适合头围和年龄的观测数据,均可以作为备选的理论回归方程。

19.3.2　模型的建立与求解

1. 模型的建立

建立 y 关于 x 的一元非线性回归模型如下

$$\left.\begin{array}{l} y_i = f(x_i; \beta_1, \beta_2, \beta_3) + \varepsilon_i \\ \varepsilon_i \overset{iid}{\sim} N(0, \sigma^2), \quad i = 1, 2\cdots, n \end{array}\right\} \qquad (19.3-1)$$

式(19.3-1)中的 $y = f(x, \beta_1, \beta_2, \beta_3)$ 为非线性回归函数,可以是上节中 5 个函数中的任意一个。

2. 调用 NonLinearModel 类的 fit 方法求解模型

在调用 NonLinearModel 类的 fit 方法求解模型之前,应根据观测数据的特点选择合适的理论回归方程。理论回归方程往往是不唯一的,可以有多种选择。19.3.1 节中列出了 5 个备选的理论回归方程,这里选择负指数函数 $y = \beta_1 \exp[\beta_2/(x + \beta_3)]$ 作为理论回归方程。当然,用户也可以选择其他函数。

有了理论回归方程之后,首先编写理论回归方程所对应的 M 函数。函数应有 2 个输入参数,1 个输出参数。第 1 个输入为未知参数向量;对于一元回归,第 2 个输入为自变量观测值向量,而对于多元回归,第 2 个输入为自变量观测值矩阵。函数的输出为因变量观测值向量。针对所选择的负指数函数,编写 M 函数如下:

```
function    y = HeadCir1(beta, x)
y = beta(1) * exp(beta(2) ./ (x + beta(3)));
```

将以上 2 行代码写到 MATLAB 程序编辑窗口,保存为 HeadCir1.m 文件,保存路径默认即可。在这种定义方式下,可以将 @HeadCir1 传递给 fit 函数。

对于比较简单的理论回归方程,还可以用 @ 符号定义匿名函数。例如可以如下定义负指数函数:

```
HeadCir2 = @(beta, x)beta(1) * exp(beta(2)./(x + beta(3)));
```

与前面的定义不同,这里返回的 HeadCir2 直接就是函数句柄,可以把它直接传递给 fit 函数。

下面调用 NonLinearModel 类的 fit 方法对 y(头围)和 x(年龄)作稳健的一元非线性回归。

```
>> HeadCir2 = @(beta, x)beta(1) * exp(beta(2)./(x + beta(3)));   % 理论回归方程
>> beta0 = [53, -0.2604, 0.6276];    % 未知参数初值
>> opt = statset;                    % 创建一个结构体变量,用来设定迭代算法的控制参数
>> opt.Robust = 'on';                % 调用稳健拟合方法
>> nlm1 = NonLinearModel.fit(x,y,HeadCir2,beta0,'Options',opt)   % 模型求解
% 或 nlm1 = NonLinearModel.fit(x,y,@HeadCir1,beta0,'Options',opt)
```

若您对此书内容有任何疑问,可以登录 MATLAB 中文论坛与作者和同行交流。

```
nlm1 =
Nonlinear regression model (robust fit):
    y ~ beta1 * exp(beta2/(x + beta3))

Estimated Coefficients:
            Estimate      SE          tStat       pValue
    beta1    52.377      0.1449       361.46            0
    beta2   -0.25951     0.016175    -16.044      6.4817e-53
    beta3    0.76038     0.072948     10.423      1.7956e-24

Number of observations: 1281, Error degrees of freedom: 1278
Root Mean Squared Error: 1.66
R-Squared: 0.747,    Adjusted R-Squared 0.747
F-statistic vs. zero model: 4.64e+05, p-value = 0
```

上面程序中调用 statset 函数定义了一个结构体变量 options, 通过设置 options 的 Robust 字段值为 'on' 来调用稳健拟合方法。

未知参数初值的选取是一个难点。从散点图 19.3-1 可以看到, 随着年龄的增长, 人的头围也在增长, 但是头围不会一直增长, 到了一定年龄之后, 头围就稳定在 50～55 cm, 注意到 $\lim\limits_{x \to +\infty} \beta_1 e^{\frac{\beta_2}{x+\beta_3}} = \beta_1$, 可以选取 β_1 的初值为 50～55 之间的一个数, 不妨选为 53。再注意到初生婴儿的头围应在 35 cm 左右, 可得 $53 e^{\frac{\beta_2}{\beta_3}} = 35$, 从而 $\frac{\beta_2}{\beta_3} = -0.4149$。从图 19.3-1 还可看到 2 岁儿童的头围在 48 cm 左右, 可得 $53 e^{\frac{\beta_2}{2+\beta_3}} = 48$, 从而 $\frac{\beta_2}{2+\beta_3} = -0.0991$。于是可得 $\beta_2 = -0.2604, \beta_3 = 0.6276$, 故选取未知参数向量 $(\beta_1, \beta_2, \beta_3)$ 的初值为 $[53, -0.2604, 0.6276]$。实际上, 在确定 β_1 的初值在 50～55 后, β_2 和 β_3 可以尝试随意指定, 例如 $[50,1,1]$、$[50,-1,1]$ 都是可以的, 对估计结果影响非常小, 也就是说初值在一定范围内都是稳定的。

由未知参数的估计值可以写出头围关于年龄的一元非线性回归方程为

$$\hat{y} = 52.377 e^{-\frac{0.2595}{x+0.7604}} \tag{19.3-2}$$

对回归方程进行显著性检验, 检验的 p 值为 0, 小于 0.05, 可知回归方程式 (19.3-2) 是显著的。

3. 绘制一元非线性回归曲线

调用下面的命令作出年龄与头围的散点和头围关于年龄的回归曲线图。

```
>> xnew = linspace(0,16,50)';         % 定义新的 x
>> ynew = nlm1.predict(xnew);         % 求 y 的估计值
>> figure;                            % 新建一个空的图形窗口
>> plot(x, y, 'k.');                  % 绘制 x 和 y 的散点图
>> hold on;
>> plot(xnew, ynew, 'linewidth', 3);  % 绘制回归曲线,蓝色实线,线宽为 3
>> xlabel('年龄(x)');                  % 给 X 轴加标签
>> ylabel('头围(y)');                  % 给 Y 轴加标签
>> legend('原始数据散点','非线性回归曲线'); % 为图形加图例
```

以上命令作出的图形如图 19.3-2 所示, 从图可以看出拟合效果还是很不错的。

4. 参数估计值的置信区间

NonLinearModel 类的 coefCI 方法用来计算参数估计值的置信区间。

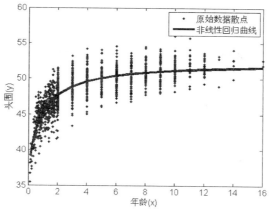

图 19.3 - 2　年龄与头围的散点和回归曲线图

```
% 求参数估计值的95%置信区间
>> Alpha = 0.05;
>> ci1 = nlm1.coefCI(Alpha)

ci1 =

    52.0923    52.6609
  - 0.2912   - 0.2278
    0.6173    0.9035
```

在 Alpha 参数缺省的情况下,将返回参数估计值的 95% 置信区间。

5. 头围平均值的置信区间和观测值的预测区间

对于 x(年龄)的一个给定值 x_0,相应的 y(头围)是一个随机变量,具有一定的分布。x 给定时 y 的总体均值的区间估计称为**平均值(或预测值)的置信区间**,y 的观测值的区间估计称为**观测值的预测区间**。

求出头围关于年龄的回归曲线后,对于给定的年龄,可以调用 NonLinearModel 类的 predict 方法求出头围的预测值(x 给定时 y 的总体均值)、预测值的置信区间和观测值的预测区间。下面调用 predict 函数求 y(头围)的 95% 预测区间,并作出回归曲线和预测区间图。

```
% 计算给定年龄处头围预测值和预测区间
>> [yp,ypci] = nlm1.predict(xnew,'Prediction','observation');
>> yup = ypci(:,2);                          % 预测区间上限(线)
>> ydown = ypci(:,1);                        % 预测区间下限(线)

>> figure;                                   % 新建一个空的图形窗口
>> hold on;
>> h1 = fill([xnew;flipud(xnew)],[yup;flipud(ydown)],[0.5,0.5,0.5]); % 填充预测区间
>> set(h1,'EdgeColor','none','FaceAlpha',0.5);  % 设置填充区域边界线条颜色和面板透明度

>> plot(xnew,yup,'r--','LineWidth',2);       % 画预测区间上限曲线,红色虚线
>> plot(xnew,ydown,'b-.','LineWidth',2);     % 画预测区间下限曲线,蓝色点画线
>> plot(xnew, yp, 'k','linewidth', 2)        % 画回归曲线,黑色实线

>> grid on;                                  % 添加辅助网格
>> ylim([32, 57]);                           % 设置y轴的显示范围为32~57
>> xlabel('年龄(x)');                        % 给 X 轴加标签
>> ylabel('头围(y)');                        % 给 Y 轴加标签
>> h2 = legend('预测区间','预测区间上限','预测区间下限','回归曲线');  % 为图形加标注框
>> set(h2,'Location','SouthEast')            % 设置标注框的放置位置为图形窗口右下角
```

以上命令作出的图如图 19.3 - 3 所示。

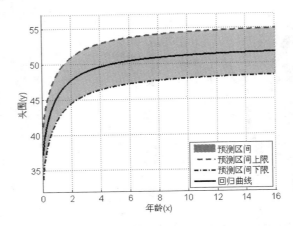

图 19.3 - 3　头围关于年龄的回归曲线和 95% 预测区间

图 19.3 - 3 可以作为评价儿童颅脑发育情况的参考图,参照图中给出的各年龄段头围的 95% 预测区间,可以评价儿童颅脑发育是否正常。读者可以尝试对男孩和女孩的数据分别作一元非线性回归,得出更具实际意义和参考价值的结果。

19.3.3　回归诊断

1. 残差分析

下面调用 NonLinearModel 类的 plotResiduals 方法绘制残差直方图和残差正态概率图,如图 19.3 - 4 所示。

```
>> figure;
>> subplot(1,2,1);
>> nlm1.plotResiduals('histogram');      % 绘制残差直方图
>> title('(a)残差直方图');
>> xlabel('残差 r');ylabel('f(r)');
>> subplot(1,2,2);
>> nlm1.plotResiduals('probability');    % 绘制残差正态概率图
>> title('(b)残差正态概率图');
>> xlabel('残差');ylabel('概率');
```

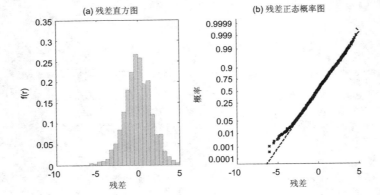

图 19.3 - 4　一元非线性回归残差直方图和残差正态概率图

　　从残差直方图和残差正态概率图可以看出,残差分布的左尾(下尾)较长,可能存在异常值,若去除这些异常值,残差基本服从正态分布。

2. 异常值诊断

　　NonLinearModel 类对象的 Residuals 属性值中列出了标准化残差和学生化残差值,下面通过学生化残差查找异常值。

```
>> Res2 = nlm1.Residuals;          % 查询残差值
>> Res_Stu2 = Res2.Studentized;    % 学生化残差
>> id2 = find(abs(Res_Stu2)>2);    % 查找异常值
```

3. 模型改进

　　下面将检测到的异常数据剔除后重新作一元非线性回归,对模型做出改进。

```
% 剔除异常值,重新拟合
>> nlm2 = NonLinearModel.fit(x,y,HeadCir2,beta0,'Exclude',id2,'Options',opt)
nlm2 =
Nonlinear regression model (robust fit):
    y ~ beta1 * exp(beta2/(x + beta3))

Estimated Coefficients:
           Estimate      SE          tStat        pValue
  beta1     52.369       0.12693      412.6        0
  beta2    -0.26243      0.014592    -17.984       5.9309e-64
  beta3     0.78167      0.067002     11.666       8.2311e-30

Number of observations：1159, Error degrees of freedom：1156
Root Mean Squared Error：1.37
R-Squared：0.807,  Adjusted R-Squared 0.807
F-statistic vs. zero model：6.11e+05, p-value = 0

>> xb = x;  xb(id2) = [];              % 去除 x 的异常值
>> yb = y;  yb(id2) = [];              % 去除 y 的异常值
>> ynew = nlm2.predict(xnew);          % 计算拟合值
>> figure;
>> plot(xb, yb, 'k.');                 % 绘制剔除异常值后散点图
>> hold on;
>> plot(xnew, ynew, 'linewidth', 3);   % 绘制拟合曲线
>> xlabel('年龄(x)');
>> ylabel('头围(y)');
>> legend('原始数据散点','非线性回归曲线');
```

　　从上面结果可知,剔除异常数据后,头围关于年龄的一元非线性回归方程为 $\hat{y} = 52.369e^{-\frac{0.2624}{x+0.7817}}$,拟合效果图如图 19.3-5 所示。

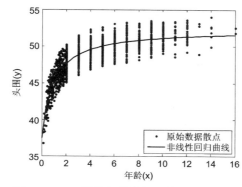

图 19.3-5　剔除异常数据后的拟合效果图

若您对此书内容有任何疑问,可以登录MATLAB中文论坛与作者和同行交流。

19.3.4　利用曲线拟合工具 cftool 作一元非线性拟合

　　MATLAB 有一个功能强大的曲线拟合工具箱（Curve Fitting Toolbox），其中提供了 cftool 函数，用来通过界面操作的方式进行一元和二元数据拟合。在 MATLAB 命令窗口运行 cftool 命令将打开如图 19.3－6 所示的曲线拟合主界面。

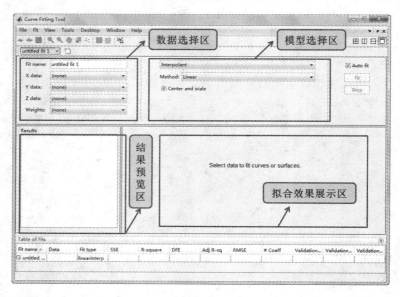

图 19.3－6　曲线拟合主界面

　　下面结合头围与年龄数据的拟合介绍曲线拟合界面的用法。

1. cftool 函数的调用格式

cftool 函数的常用调用格式如下：

```
cftool
cftool( x, y )              % 一元数据拟合
cftool( x, y, z )           % 二元数据拟合
cftool( x, y, [], w )
cftool( x, y, z, w )
```

　　以上 5 种方式均可打开曲线拟合主界面，其中输入参数 x 为自变量观测值向量，y 为因变量观测值向量，w 为权重向量，它们应为等长向量。

2. 导入数据

　　如果利用 cftool 函数的第 1 种方式打开曲线拟合主界面，则此时曲线拟合主界面的拟合效果展示区还是一片空白，还没有可以分析的数据，应该先从 MATLAB 工作空间导入变量数据。

　　首先运行下面的命令将变量数据从文件读入 MATLAB 工作空间：

```
>> HeadData = xlsread('examp19_3_1.xls');   % 从 Excel 文件读取数据
>> x = HeadData(:, 4);                        % 提取年龄数据
>> y = HeadData(:, 9);                        % 提取头围数据
```

　　现在 y（头围）和 x（年龄）的数据已经导入 MATLAB 工作空间，此时单击数据选择区"X Data:"后的下拉菜单，从 MATLAB 工作空间选择自变量 x，同样的方式选择因变量和权重向量。

3．数据拟合

导入头围和年龄的数据之后，拟合效果展示区里出现了相应的散点图。模型选择区里的下拉菜单用来选择拟合类型。可选的拟合类型如表 19.3－2 所列。

表 19.3－2　可选的拟合类型列表

拟合类型	说　明	基本模型表达式
Custom Equations	自定义函数类型，可修改	$a\,e^{-bx} + c$
Exponential	指数函数	$a\,e^{bx}$ $a\,e^{bx} + c\,e^{dx}$
Fourier	傅立叶级数	$a_0 + a_1\cos(xw) + b_1\sin(xw)$ $\vdots$ $a_0 + a_1\cos(xw) + b_1\sin(xw) + \cdots + a_8\cos(8xw) + b_8\sin(8xw)$
Gaussian	高斯函数	$a_1 e^{-[(x-b_1)/c_1]^2}$ $\vdots$ $a_1 e^{-[(x-b_1)/c_1]^2} + \cdots + a_8 e^{-[(x-b_8)/c_8]^2}$
Interpolant	插值	linear、nearest neighbor、cubic spline、shape－preserving
Polynomial	多项式函数	$1 \sim 9$ 次多项式
Power	幂函数	$ax^b,\ ax^b + c$
Rational	有理分式函数	分子为常数、$1 \sim 5$ 次多项式，分母为 $1 \sim 5$ 次多项式
Smoothing Spline	光滑样条	无
Sum of Sin Functions	正弦函数之和	$a_1\sin(b_1 x + c_1)$ $\vdots$ $a_1\sin(b_1 x + c_1) + \cdots + a_8\sin(b_8 x + c_8)$
Weibull	威布尔函数	$abx^{b-1}e^{-ax^b}$

当选中某种拟合类型后，模型选择区将作出相应的调整，可通过下拉菜单选择模型表达式。特别地，当选择自定义函数类型时，可修改编辑框中的模型表达式。

单击模型选择区下面的"Fit options"按钮，在弹出的界面中可以设定拟合算法的控制参数，当然也可以不用设定，直接使用参数的默认值。勾选曲线拟合主界面上的"Auto fit"复选框或单击"Fit"按钮，将启动数据拟合程序，数据拟合结果在结果预览区显示，主要显示模型表达式、参数估计值与估计值的 95％置信区间和模型的拟合优度。其中模型的拟合优度包括残差平方和（SSE）、判定系数（R－square）、调整的判定系数（Adjusted R－square）和均方根误差（RMSE）。

在曲线拟合主界面的最下方有一个拟合列表，显示了拟合的名称（Fit name）、数据集（Data set）、拟合类型（Fit type）、残差平方和、判定系数、误差自由度（DFE）、调整的判定系数（Adj R－sq）、均方根误差、系数个数（♯ Coeff）等结果。如果用户创建了多个拟合，将在拟合列表中分行显示所有拟合结果，此时可通过拟合列表对比拟合效果的优劣，可以用残差平方和、调整的判定系数和均方根误差作为对比的依据。残差平方和越小，均方根误差也越小，调整的判定系数则越大，可认为拟合的效果越好。选中某个拟合，右击，通过右键菜单可删除该拟合，也可将拟合的相关结果导入 MATLAB 工作空间。

对于前面给出的 1 281 组头围和年龄的观测数据,至少可用 5 种函数(见 19.3.1 节)进行拟合,得到的非线性回归方程分别为

$$\hat{y} = 52.43 e^{-\frac{0.267\,6}{x+0.790\,6}}$$

$$\hat{y} = \frac{x + 0.664\,4}{0.019\,07 x + 0.017\,79}$$

$$\hat{y} = 45.22(x + 0.05)^{0.059\,07}$$

$$\hat{y} = \frac{50.3}{1 + 32.96 e^{-(x+4.634)}}$$

$$\hat{y} = 45.18 + 2.859 \ln(x + 0.05)$$

其中,负指数函数和双曲线函数的拟合效果较好。

19.4 多元线性和广义线性回归

【例 19.4-1】 在有氧锻炼中,人的耗氧能力 y(ml/(min·kg))是衡量身体状况的重要指标。它可能与以下因素有关。年龄 x_1(岁),体重 x_2(kg),1 500 m 跑所用的时间 x_3(min),静止时心速 x_4(次/min),跑步后心速 x_5(次/min)。对 24 名 40~57 岁的志愿者进行了测试,结果如表 19.4-1 所列。表 19.4-1 中的数据保存在文件 examp19_4_1. xls 中,试根据这些数据建立耗氧能力 y 与诸因素之间的回归模型。

表 19.4-1 人体耗氧能力测试相关数据

序 号	y	x_1	x_2	x_3	x_4	x_5
1	44.6	44	89.5	6.82	62	178
2	45.3	40	75.1	6.04	62	185
3	54.3	44	85.8	5.19	45	156
4	59.6	42	68.2	4.9	40	166
5	49.9	38	89	5.53	55	178
6	44.8	47	77.5	6.98	58	176
7	45.7	40	76	7.17	70	176
8	49.1	43	81.2	6.51	64	162
9	39.4	44	81.4	7.85	63	174
10	60.1	38	81.9	5.18	48	170
11	50.5	44	73	6.08	45	168
12	37.4	45	87.7	8.42	56	186
13	44.8	45	66.5	6.67	51	176
14	47.2	47	79.2	6.36	47	162
15	51.9	54	83.1	6.2	50	166
16	49.2	49	81.4	5.37	44	180
17	40.9	51	69.6	6.57	57	168
18	46.7	51	77.9	6	48	162
19	46.8	48	91.6	6.15	48	162

序　号	y	x_1	x_2	x_3	x_4	x_5
20	50.4	47	73.4	6.05	67	168
21	39.4	57	73.4	7.58	58	174
22	46.1	54	79.4	6.7	62	156
23	45.4	52	76.3	5.78	48	164
24	54.7	50	70.9	5.35	48	146

19.4.1　可视化相关性分析

对于多元回归,由于自变量较多,理论回归方程的选择是比较困难的。这里先计算变量间的相关系数矩阵,绘制相关系数矩阵图,分析变量间的线性相关性。

```
>> data = xlsread('examp19_4_1.xls');        % 读取数据
>> X = data(:,3:7);                          % 自变量观测值矩阵
>> y = data(:,2);                            % 因变量观测值向量
>> [R,P] = corrcoef([y,X])                   % 计算相关系数矩阵
R =
      1.0000    - 0.3201    - 0.0777    - 0.8645    - 0.5130    - 0.4573
    - 0.3201      1.0000    - 0.1809      0.1845    - 0.1092    - 0.3757
    - 0.0777    - 0.1809      1.0000      0.1121      0.0520      0.1410
    - 0.8645      0.1845      0.1121      1.0000      0.6132      0.4383
    - 0.5130    - 0.1092      0.0520      0.6132      1.0000      0.3303
    - 0.4573    - 0.3757      0.1410      0.4383      0.3303      1.0000
P =
      1.0000      0.1273      0.7181      0.0000      0.0104      0.0247
      0.1273      1.0000      0.3976      0.3882      0.6116      0.0704
      0.7181      0.3976      1.0000      0.6022      0.8095      0.5111
      0.0000      0.3882      0.6022      1.0000      0.0014      0.0322
      0.0104      0.6116      0.8095      0.0014      1.0000      0.1149
      0.0247      0.0704      0.5111      0.0322      0.1149      1.0000
>> VarNames = {'y','x1','x2','x3','x4','x5'};    % 变量名
% 调用自编的 matrixplot 函数绘制相关系数矩阵图
>> matrixplot(R,'FigShap','e','FigSize','Auto', ...
      'ColorBar','on','XVar', VarNames,'YVar',VarNames);
```

【说明】

matrixplot 函数是笔者编写的函数,不是 MATLAB 自带的函数,其源码可从本书读者在线交流平台下载(网址:http://www.ilovematlab.cn/forum-181-1.html),也可从 MATLAB 技术论坛下载,网址如下:http://www.matlabsky.com/thread-32849-1-1.html。

运行上述命令得出变量间的相关系数矩阵 R、线性相关性检验的 p 值矩阵 P,以及相关系数矩阵图(如图 19.4 - 1 所示)。图 19.4 - 1 中用椭圆色块直观地表示变量间的线性相关程度的大小:椭圆越扁,变量间相关系数的绝对值越接近于 1;椭圆越圆,变量间相关系数的绝对值越接近于 0。若椭圆的长轴方向是从左下到右上,则变量间为正相关,反之为负相关。从检验的 p 值矩阵可以看出哪些变量间的线性相关性是显著的,若 $p \leqslant 0.05$,则认为变量间的线性相关性是显著的,反之则认为变量间的线性相关性是不显著的。从上面计算的 P 矩阵可以看出 y 与 x_3,x_4,x_5 的线性相关性是显著的,x_3 与 x_4,x_5 的线性相关性是显著的。

若您对此书内容有任何疑问,可以登录 MATLAB 中文论坛与作者和同行交流。

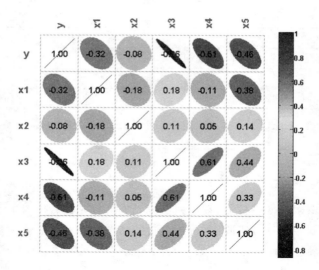

图 19.4-1　相关系数矩阵图

注意： 当线性回归模型中有两个或多个自变量高度线性相关时,使用最小二乘法建立回归方程就有可能失效,甚至会把分析引向歧途,这就是所谓的多重共线性问题。在作多元线性回归分析的时候,应作多重共线性诊断,以期得到较为合理的结果。

19.4.2　多元线性回归

1. 模型的建立

这里先尝试作 5 元线性回归,建立 y 关于 $x_1,x_2,\cdots,x_5$ 的回归模型如下：

$$\left.\begin{array}{l} y_i = b_0 + b_1 x_{i1} + b_2 x_{i2} + b_3 x_{i3} + b_4 x_{i4} + b_5 x_{i5} + \varepsilon_i \\ \varepsilon_i \overset{iid}{\sim} N(0,\sigma^2), \quad i=1,2\cdots,n \end{array}\right\} \tag{19.4-1}$$

2. 调用 LinearModel 类的 fit 方法求解模型

下面调用 LinearModel 类的 fit 方法作多元线性回归,返回参数估计结果和显著性检验结果。

```
>> mmdl1 = LinearModel.fit(X,y)      % 5 元线性回归拟合

mmdl1 =
Linear regression model：
    y ～ 1 + x1 + x2 + x3 + x4 + x5

Estimated Coefficients：
                   Estimate        SE            tStat        pValue
    (Intercept)     121.17         17.406         6.961        1.6743e-06
    x1             -0.34712        0.14353        -2.4185       0.026406
    x2             -0.016719       0.087353       -0.19139      0.85036
    x3             -4.2903         1.0268         -4.1784       0.00056473
    x4             -0.039917       0.094237       -0.42357      0.67689
    x5             -0.15866        0.078847       -2.0122       0.059407

Number of observations：24, Error degrees of freedom：18
Root Mean Squared Error：2.8
R-squared：0.816,  Adjusted R-Squared 0.765
F-statistic vs. constant model：16, p-value = 4.46e-06
```

406

根据上面的计算结果可以写出经验回归方程如下：

$$\hat{y} = 121.17 - 0.347\,1x_1 - 0.016\,7x_2 - 4.290\,3x_3 - 0.039\,9x_4 - 0.1587x_5$$

$$(19.4-2)$$

对回归方程进行显著性检验,原假设和备择假设分别为

$$H_0: b_1 = b_2 = \cdots = b_5 = 0, \quad H_1: b_i \text{ 不全为 } 0, \quad i = 1,2,\cdots,5$$

检验的 p 值为 4.46×10^{-6},小于 0.05,可知在显著性水平 $\alpha = 0.05$ 下应拒绝原假设 H_0,可认为回归方程是显著的,但是并不能说明方程中的每一项都是显著的。参数估计表中列出了对式(19.4-1)中常数项和各线性项进行的 t 检验的 p 值,可以看出,x_2,x_4 和 x_5 所对应的 p 值均大于 0.05,说明在显著性水平 0.05 下,回归方程中的线性项 x_2,x_4 和 x_5 都是不显著的,其中 x_2 最不显著,其次是 x_4,然后是 x_5。

3. 多重共线性诊断

多重共线性诊断的方法有很多,这里只介绍基于方差膨胀因子的多重共线性诊断。考虑自变量 x_i 关于其余自变量的多元线性回归,计算模型的判定系数(定义见 19.1.1 节最后的说明文字),记为 R_i^2,定义第 i 个自变量的方差膨胀因子:

$$VIF_i = \frac{1}{1 - R_i^2}$$

$$(19.4-3)$$

当自变量 x_i 有依赖于其他自变量的线性关系时,R_i^2 接近于 1,VIF_i 接近于无穷大;反之,R_i^2 接近于 0,VIF_i 接近于 1。VIF_i 越大说明线性依赖关系越严重,即存在共线性。通常情况下,基于方差膨胀因子的多重共线性诊断规则为:$VIF < 5$,认为不存在共线性(或共线性较弱);$5 \leqslant VIF \leqslant 10$,认为存在中等程度共线性;$VIF > 10$,认为共线性严重,必须设法消除共线性。常用的消除共线性的方法有:去除变量,变量变换,岭回归,主成分回归。

可根据自变量的相关系数矩阵 $\boldsymbol{R}_X$ 计算各自变量的方差膨胀因子,自变量 x_i 的方差膨胀因子 VIF_i 等于 $\boldsymbol{R}_X$ 的逆矩阵的对角线上的第 i 个元素。对于本例,计算方差膨胀因子的 MATLAB 命令如下:

```
>> Rx = corrcoef(X);
>> VIF = diag(inv(Rx))
VIF =
    1.5974
    1.0657
    2.4044
    1.7686
    1.6985
```

由以上结果可知各自变量的方差膨胀因子均小于 5,说明模型不存在多重共线性。

4. 残差分析与异常值诊断

下面绘制残差直方图和残差正态概率图,并根据学生化残差查找异常值。

```
>> figure;
>> subplot(1,2,1);
>> mmdl1.plotResiduals('histogram');        % 绘制残差直方图
>> title('(a)残差直方图');
>> xlabel('残差 r');ylabel('f(r)');
>> subplot(1,2,2);
```

```
>> mmdl1.plotResiduals('probability');   % 绘制残差正态概率图
>> title('(b)残差正态概率图');
>> xlabel('残差');ylabel('概率');

>> Res3 = mmdl1.Residuals;               % 查询残差值
>> Res_Stu3 = Res3.Studentized;          % 学生化残差
>> id3 = find(abs(Res_Stu3)>2)           % 查找异常值
id3 =
    10
    15
```

以上命令绘制的残差直方图和残差正态概率图如图 $19.4-2$ 所示。

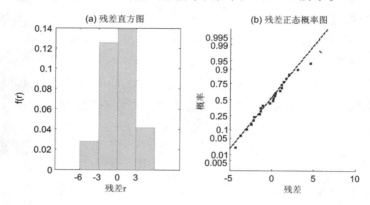

图 19.4 - 2   多元线性回归残差直方图和残差正态概率图

从计算结果并结合图 $19.4-2$ 可以看出,残差基本服从正态分布,有 2 组数据出现异常,它们的观测序号分别为 10 和 15。

5. 模型改进

下面去除异常值,并将式 $(19.4-1)$ 中最不显著的线性项 x_2,x_4 去掉,重新建立回归模型

$$\begin{cases} y_i = b_0 + b_1 x_{i1} + b_3 x_{i3} + b_5 x_{i5} + \varepsilon_i \\ \varepsilon_i \overset{iid}{\sim} N(0,\sigma^2), \quad i = 1,2\cdots,m \end{cases}$$

然后重新调用 fit 函数作 3 元线性回归,相应的 MATLAB 命令和结果如下:

```
>> Model = 'poly10101';     % 指定模型的具体形式
>> mmdl2 = LinearModel.fit(X,y,Model,'Exclude',id3)    % 去除异常值和不显著项重新拟合
mmdl2 =
Linear regression model:
    y ~ 1 + x1 + x3 + x5

Estimated Coefficients:
                  Estimate      SE        tStat        pValue
    (Intercept)    119.5       11.81      10.118      7.4559e-09
    x1            -0.36229     0.11272    -3.2141      0.0048108
    x3            -4.0411      0.62858    -6.4289      4.7386e-06
    x5            -0.17739     0.05977    -2.9678      0.0082426

Number of observations: 22, Error degrees of freedom: 18
Root Mean Squared Error: 2.11
R-squared: 0.862,  Adjusted R-Squared 0.84
F-statistic vs. constant model: 37.6, p-value = 5.81e-08
```

从以上结果可以看出,剔除异常值和线性项 x_2,x_4 后的经验回归方程为

$$\hat{y}=119.5-0.362\,3x_1-4.041\,1x_3-0.177\,4x_5 \tag{19.4-4}$$

对整个回归方程进行显著性检验的 p 值为 $5.81\times10^{-8}<0.05$,说明该方程是显著的,对常数项和线性项 x_1,x_3,x_5 所做的 t 检验的 p 值均小于 0.05,说明常数项和线性项也都是显著的。

19.4.3　多元多项式回归

虽然式(19.4-4)中已经剔除了最不显著的线性项 x_2,x_4,并且整个方程是显著的,但是不能认为式(19.4-4)就是最好的回归方程,还应尝试增加非线性项,作广义线性回归,例如二次多项式回归。假设 y 关于 $x_1,x_2,\cdots,x_5$ 的理论回归方程为

$$\hat{y}=b_0+\sum_{i=1}^{5}b_ix_i+\sum_{i=1}^{4}\sum_{j=i+1}^{5}b_{ij}x_ix_j+\sum_{i=1}^{5}b_{ii}x_i^2 \tag{19.4-5}$$

这是一个完全二次多项式方程(包括常数项、线性项、交叉乘积项和平方项)。可调用 fit 函数求方程式(19.4-5)中未知参数 $b_0,b_1,\cdots,b_5,b_{12},b_{13},\cdots,b_{45},b_{11},\cdots,b_{55}$ 的估计值,并进行显著性检验。

```
>> Model = 'poly22222';       % 指定模型的具体形式
>> mmdl3 = LinearModel.fit(X,y,Model)   % 完全二次多项式拟合

mmdl3 =
Linear regression model:
    y ~ 1 + x1^2 + x1*x2 + x2^2 + x1*x3 + x2*x3 + x3^2 + x1*x4 + x2*x4 +
    x3*x4 + x4^2 + x1*x5 + x2*x5 + x3*x5 + x4*x5 + x5^2

Estimated Coefficients:
                  Estimate        SE          tStat        pValue
    (Intercept)    1804.1       176.67        10.211       0.0020018
    x1            -26.768       3.3174        -8.069       0.0039765
    x2            -16.422       1.4725        -11.153      0.0015449
    x3            -7.2417       17.328        -0.41792     0.70412
    x4             1.7071       1.5284         1.1169      0.34543
    x5            -5.5878       1.2082        -4.6248      0.019034
    x1^2           0.034031     0.02233        1.524       0.22489
    x1:x2          0.18853      0.014842       12.702      0.0010526
    x2^2          -0.0024412    0.0030872     -0.79075     0.48684
    x1:x3          0.23808      0.21631        1.1006      0.35145
    x2:x3         -0.56157      0.087918      -6.3874      0.0077704
    x3^2           0.68822      0.63574        1.0826      0.35825
    x1:x4          0.016786     0.015763       1.0649      0.36502
    x2:x4          0.0030961    0.0058481      0.52942     0.63319
    x3:x4         -0.065623     0.071279      -0.92065     0.42513
    x4^2          -0.016381     0.0047701     -3.4342      0.041411
    x1:x5          0.03502      0.011535       3.0359      0.056047
    x2:x5          0.067888     0.0063552      10.682      0.0017537
    x3:x5          0.17506      0.063871       2.7408      0.071288
    x4:x5         -0.0016748    0.0056432     -0.29679     0.78599
    x5^2          -0.007748     0.0027112     -2.8577      0.064697

Number of observations: 24, Error degrees of freedom: 3
Root Mean Squared Error: 0.557
R-squared: 0.999,   Adjusted R-Squared 0.991
F-statistic vs. constant model: 123, p-value = 0.00104
```

由计算结果可知,对整个回归方程进行显著性检验的 p 值为 0.001 04,说明在显著性水平 0.05 下,y 关于 $x_1, x_2, \cdots, x_5$ 的完全二次多项式回归方程是显著的。由参数估计值列表可写出经验回归方程,这里从略。从参数估计值列表中的显著性检验的 p 值可以看出,常数项、x_1、x_2、x_5、$x_1 x_2$、$x_2 x_3$、$x_2 x_5$ 和 x_4^2 所对应的 p 值均小于 0.05,说明回归方程中的这些项是显著的。读者可以尝试去除不显著项,重新作二次多项式回归。

〖说明〗

在调用 LinearModel 类对象的 fit 方法作多元多项式回归时,可通过形如 'polyijk…' 的参数指定多项式方程的具体形式,这里的 i, j, k,… 为取值介于 0 至 9 的整数,用来指定多项式方程中各自变量的最高次数,其中 i 用来指定第一个自变量的次数,j 用来指定第二个自变量的次数,其余以此类推。

19.4.4 拟合效果图

上面调用 fit 函数作了 5 元线性回归拟合、3 元线性回归拟合和完全二次多项式拟合,得出了 3 个经验回归方程。从误差标准差 σ 的估计值(均方根误差)可以看出 3 种拟合的准确性,均方根误差越小,说明残差越小,拟合也就越准确。当然也可以从拟合效果图上直观地看出拟合的准确性,下面作出 3 种拟合的拟合效果对比图,相关 MATLAB 命令如下:

```
>> figure;
>> plot(y,'ko');                % 绘制因变量 y 与观测序号的散点
>> hold on
>> plot(mmdl1.predict(X),':');  % 绘制 5 元线性回归的拟合效果图,蓝色虚线
>> plot(mmdl2.predict(X),'r-.'); % 绘制 3 元线性回归的拟合效果图,红色点画线
>> plot(mmdl3.predict(X),'k');  % 绘制完全二次多项式回归的拟合效果图,黑色实线
>> legend('y 的原始散点 ','5 元线性回归拟合 ','3 元线性回归拟合 ',' 完全二次回归拟合 ');
                                % 图例
>> xlabel('y 的观测序号 ');   ylabel('y');  % 为坐标轴加标签
```

以上命令作出的拟合效果对比图如图 19.4-3 所示,横坐标是因变量的观测序号,纵坐标是因变量的取值。单纯从拟合的准确性来看,完全二次多项式回归拟合的拟合效果较好,5 元和 3 元线性回归拟合的拟合效果差不多,相对都比较差。

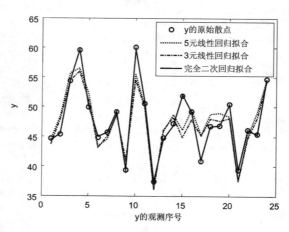

图 19.4-3　拟合效果对比图

410

19.4.5　逐步回归

在很多实际问题中,因变量 y 通常受到许多因素的影响,如果把所有可能产生影响的因素全部考虑进去,所建立起来的回归方程却不一定是最好的。首先由于自变量过多,使用不便,而且在回归方程中引入无意义变量,会使误差方差 σ^2 的估计值 $\hat{\sigma}^2$ 增大,降低预测的精确性及回归方程的稳定性。但是另一方面,通常希望回归方程中包含的变量尽可能多一些,特别是对 y 有显著影响的自变量,如此能使回归平方和 SSR 增大,残差平方和 SSE 减小,一般也能使 $\hat{\sigma}^2$ 减小,从而提高预测的精度。因此,为了建立一个“最优”的回归方程,如何选择自变量是个重要问题。用户希望最优的回归方程中包含所有对 y 有显著影响的自变量,不包含对 y 影响不显著的自变量。下面介绍 4 种常用的选优方法。

（1）全部比较法

全部比较法是从所有可能的自变量组合构成的回归方程中挑选最优者,用这种方法总可以找一个“最优”回归方程,但是当自变量个数较多时,这种方法的计算量非常巨大,例如有 p 个自变量,就需要建立 $C_p^1 + C_p^2 + \cdots + C_p^p = 2^p - 1$ 个回归方程。对一个实际问题而言,这种方法有时是不实用的。

（2）只出不进法

只出不进法是从包含全部自变量的回归方程中逐个剔除不显著的自变量,直到回归方程中所包含的自变量全部都是显著的为止。当所考虑的自变量不多,特别是不显著的自变量不多时,这种方法是可行的;当自变量较大,尤其是不显著的自变量较多时,计算量仍然较大,因为每剔除一个自变量都要重新计算回归系数。

（3）只进不出法

只进不出法是从一个自变量开始,把显著的自变量逐个引入回归方程,直到余下的自变量均不显著,没有变量还能再引入方程为止。只进不出法虽然计算量少些,但它有严重的缺点。虽然刚引入的那个自变量是显著的,但是由于自变量之间可能有相关关系,所以在引入新的变量后,有可能使已经在回归方程中的自变量变得不显著,因此不一定能得到“最优”回归方程。

（4）逐步回归法

逐步回归法是(2)和(3)相综合的一种方法,它根据自变量对因变量 y 的影响大小,将它们逐个引入回归方程,影响最显著的变量先引入回归方程,在引入一个变量的同时,对已引入的自变量逐个检验,将不显著的变量再从回归方程中剔除,最不显著的变量先被剔除,直到再也不能向回归方程中引入新的变量,同时也不能从回归方程中剔除任何一个变量为止。如此操作就保证了最终得到的回归方程是“最优”的。

LinearModel 类对象的 stepwise 方法用来作逐步回归。这里在二次多项式回归模型的基础上,利用逐步回归方法,建立耗氧能力 y 与诸因素之间的二次多项式回归模型,相应的MATLAB命令如下:

```
>> mmdl4 = LinearModel.stepwise(X,y,'poly22222')     % 逐步回归

1. Removing x4:x5, FStat = 0.088084, pValue = 0.78599

2. Removing x2:x4, FStat = 0.49518, pValue = 0.52043

3. Removing x2^2, FStat = 0.55596, pValue = 0.48944

4. Removing x1:x3, FStat = 2.0233, pValue = 0.20475
```

若您对此书内容有任何疑问,可以登录MATLAB中文论坛与作者和同行交流。

5. Removing x3^2, FStat = 1.7938, pValue = 0.22232

6. Removing x3:x4, FStat = 1.7098, pValue = 0.22734

mmdl4 =

Linear regression model:

$\quad$ y ~ 1 + x1^2 + x1 * x2 + x2 * x3 + x1 * x4 + x4^2 + x1 * x5 + x2 * x5 + x3 * x5 + x5^2

Estimated Coefficients:　% 参数估计值列表

	Estimate	SE	tStat	pValue
(Intercept)	1916.6	106.48	17.999	2.2957e-08
x1	-29.485	1.6156	-18.251	2.0321e-08
x2	-15.841	0.92505	-17.124	3.553e-08
x3	3.3267	4.4986	0.7395	0.47845
x4	0.757	0.43986	1.721	0.11936
x5	-6.547	0.69061	-9.4801	5.5705e-06
x1^2	0.060353	0.0051667	11.681	9.6821e-07
x1:x2	0.17622	0.010126	17.403	3.0846e-08
x2:x3	-0.46789	0.050314	-9.2994	6.5277e-06
x1:x4	0.034115	0.0041517	8.2173	1.7857e-05
x4^2	-0.019258	0.0032306	-5.9612	0.00021239
x1:x5	0.045394	0.0050247	9.0342	8.2768e-06
x2:x5	0.063051	0.0043992	14.332	1.6742e-07
x3:x5	0.165	0.025546	6.4588	0.00011693
x5^2	-0.0052175	0.0016766	-3.1119	0.01248

Number of observations: 24, Error degrees of freedom: 9

Root Mean Squared Error: 0.521

R-squared: 0.997, Adjusted R-Squared 0.992

F-statistic vs. constant model: 201, p-value = 1.82e-09

```
>> yfitted = mmdl4.Fitted;                    % 查询因变量的估计值
>> figure;                                    % 新建图形窗口
>> plot(y,'ko');                              % 绘制因变量 y 与观测序号的散点
>> hold on
>> plot(yfitted,':','linewidth',2);           % 绘制逐步回归的拟合效果图,蓝色虚线
>> legend('y 的原始散点','逐步回归拟合')       % 标注框
>> xlabel('y 的观测序号');                    % 为 X 轴加标签
>> ylabel('y');                               % 为 y 轴加标签
```

由以上结果可知,在二次多项式回归模型的基础上,经过 6 步回归,得到耗氧能力 y 与诸因素之间的二次多项式回归方程如下:

$$\hat{y} = 1916.6 - 29.485x_1 - 15.841x_2 + 3.327x_3 + 0.757x_4 - 6.547x_5 +$$
$$0.060x_1^2 + 0.176x_1x_2 - 0.468x_2x_3 + 0.034x_1x_4 - 0.019x_4^2 +$$
$$0.045x_1x_5 + 0.063x_2x_5 + 0.165x_3x_5 - 0.005x_5^2$$

对回归方程进行的显著性检验的 p 值为 1.82×10^{-9},小于 0.05,说明整个回归方程是显著的。参数估计值列表中列出了对回归方程中常数项、线性项和二次项进行的 t 检验的 p 值,可以看出,除 x_3 和 x_4 外,其余所有项对应的 p 值均小于 0.05,说明在显著性水平 0.05 下,回归方程中除 x_3,x_4 外的其余项均是显著的。模型拟合效果图如图 19.4-4 所示。

在以上逐步回归结果的基础上,还可以进一步剔除模型中的不显著项 x_3 和 x_4,命令如下:

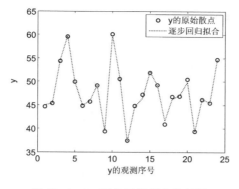

图 19.4－4 逐步回归拟合效果图

```
%用一个矩阵指定回归方程中的各项
>> model = [0 0 0 0 0      % 常数项
            1 0 0 0 0      % x1 项
            0 1 0 0 0      % x2 项
            0 0 0 0 1      % x5 项
            2 0 0 0 0      % x1^2 项
            1 1 0 0 0      % x1 * x2 项
            0 1 1 0 0      % x2 * x3 项
            1 0 0 1 0      % x1 * x4 项
            0 0 0 2 0      % x4^2 项
            1 0 0 0 1      % x1 * x5 项
            0 1 0 0 1      % x2 * x5 项
            0 0 1 0 1      % x3 * x5 项
            0 0 0 0 2];    % x5^2 项
>> mmdl5 = LinearModel.fit(X,y,model)    % 广义线性回归
```

以上命令的运行结果从略,请读者自行尝试,并对结果进行分析。

19.5 多元非线性回归

19.5.1 案例描述

【例 19.5－1】 近些年来,世界范围内频发的一些大地震给每一位地球人带来了巨大的伤痛,痛定思痛,我们应该为减少震后灾害做些事情。

当地震发生时,震中位置的快速确定对第一时间展开抗震救灾起到非常重要的作用,而震中位置可以通过多个地震观测站点接收到地震波的时间推算得到。这里假定地面是一个平面,在这个平面上建立坐标系,如图 19.5－1 所示。图中给出了 10 个地震观测站点(A—J)的坐标位置。

2011 年 4 月 1 日某时在某一地点发生了一次地震,图 19.5－1 中 10 个地震观测站点均接收到了地震波,观测数据如表 19.5－1 所列。

假定地震波在各种介质和各个方向的传播速度均相等,并且在传播过程中保持不变。请根据表 19.5－1 中的数据确定这次地震的震中位置、震源深度以及地震发生的时间(不考虑时区因素,建议时间以 min 为单位)。

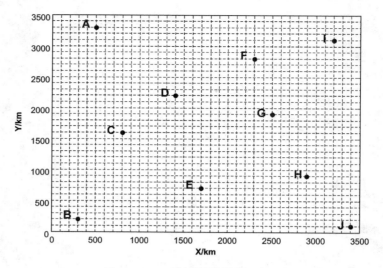

图 19.5 - 1　地震观测站点示意图

表 19.5 - 1　地震观测站坐标及接收地震波时间

地震观测站	横坐标 x/km	纵坐标 y/km	接收地震波时间
A	500	3 300	4 月 1 日 9 时 21 分 9 秒
B	300	200	4 月 1 日 9 时 19 分 29 秒
C	800	1 600	4 月 1 日 9 时 14 分 51 秒
D	1 400	2 200	4 月 1 日 9 时 13 分 17 秒
E	1 700	700	4 月 1 日 9 时 11 分 46 秒
F	2 300	2 800	4 月 1 日 9 时 14 分 47 秒
G	2 500	1 900	4 月 1 日 9 时 10 分 14 秒
H	2 900	900	4 月 1 日 9 时 11 分 46 秒
I	3 200	3 100	4 月 1 日 9 时 17 分 57 秒
J	3 400	100	4 月 1 日 9 时 16 分 49 秒

19.5.2　模型建立

假设震源三维坐标为 (x_0, y_0, z_0),这里的 z_0 取正值,设地震发生的时间为 2011 年 4 月 1 日 9 时 t_0 分,地震波传播速度为 v_0(单位:km/s)。用 $(x_i, y_i, 0)$, $i = 1, 2, \cdots, 10$ 分别表示地震观测站点 A—J 的三维坐标,用 T_i, $i = 1, 2, \cdots, 10$ 分别表示地震观测站点 A—J 接收到地震波的时刻,这里的 T_i, $i = 1, 2, \cdots, 10$ 表示 9 时 T_i 分接收到地震波。根据题设条件和以上假设建立变量 T 关于 x, y 的二元非线性回归模型如下:

$$\left. \begin{array}{l} T_i = t_0 + \dfrac{\sqrt{(x_i - x_0)^2 + (y_i - y_0)^2 + z_0^2}}{60 v_0} + \varepsilon_i \\[3mm] \varepsilon_i \overset{iid}{\sim} N(0, \sigma^2), \quad i = 1, 2 \cdots, 10 \end{array} \right\} \qquad (19.5 - 1)$$

其中, ε_i 为随机误差; x_0, y_0, z_0, v_0, t_0 为模型参数。

19.5.3　模型求解

由式$(19.5-1)$可知 T 关于 x,y 的二元非线性理论回归方程为

$$T = t_0 + \frac{\sqrt{(x-x_0)^2 + (y-y_0)^2 + z_0^2}}{60 v_0} \qquad (19.5-2)$$

首先编写理论回归方程所对应的匿名函数，函数应有 2 个输入参数，1 个输出参数。第 1 个输入为未知参数向量，第 2 个输入为自变量观测值矩阵。函数的输出为因变量观测值向量。这里根据式$(19.5-2)$编写匿名函数如下：

```
% 理论回归方程所对应的匿名函数
>> modelfun = @(b,x)sqrt((x(:,1) - b(1)).^2 + (x(:,2) - b(2)).^2 + b(3).^2)/(60 * b(4)) + b(5);
```

函数的第 1 个输入参数 b 是一个包含 5 个分量的向量，分别对应式$(19.5-2)$中的参数 x_0, y_0, z_0, v_0, t_0。

还可以将理论回归方程定义为字符串形式：

```
% 用字符串形式定义理论回归方程
>> modelfun = 'y ~ sqrt((x1 - b1)^2 + (x2 - b2)^2 + b3^2)/(60 * b4) + b5';
```

下面调用 NonLinearModel 类的 fit 方法求解式$(19.5-1)$中的参数。

```
% 定义地震观测站位置坐标及接收地震波时间数据矩阵[x,y,Minutes,Seconds]
>> xyt = [500      3300     21     9
          300       200     19    29
          800      1600     14    51
         1400      2200     13    17
         1700       700     11    46
         2300      2800     14    47
         2500      1900     10    14
         2900       900     11    46
         3200      3100     17    57
         3400       100     16    49];
% 分别提取坐标数据和时间数据
>> xy = xyt(:,1:2); Minutes = xyt(:,3); Seconds = xyt(:,4);
>> T = Minutes + Seconds/60;   % 接收地震波的时间(已转化为分)
>> b0 = [1000 100 1 1 1];      % 定义参数初值
>> mnlm = NonLinearModel.fit(xy,T,modelfun,b0)   % 多元非线性回归

mnlm =
Nonlinear regression model:
    y ~ sqrt((x1 - b1)^2 + (x2 - b2)^2 + b3^2)/(60 * b4) + b5

Estimated Coefficients:        % 参数估计值列表
         Estimate      SE        tStat        pValue
    b1    2200.5     0.53366    4123.5      1.5922e - 17
    b2    1399.9     0.48183    2905.4      9.168e - 17
    b3    35.144     61.893     0.56782     0.5947
    b4    2.9994     0.0041439  723.82      9.5533e - 14
    b5    6.9863     0.02087    334.75      4.515e - 12

Number of observations: 10, Error degrees of freedom: 5
Root Mean Squared Error: 0.00591
R - Squared: 1,  Adjusted R - Squared 1
F - statistic vs. constant model: 8.3e + 05, p - value = 9.75e - 15
```

由以上结果可知

$$\begin{cases} x_0 = 2\,200.5 \\ y_0 = 1\,399.9 \\ z_0 = 35.144 \\ v_0 = 2.999\,4 \\ t_0 = 6.986\,3 \end{cases}$$

也就是说地震发生的时间为 2011 年 4 月 1 日 9 时 7 分,震中位于 $x_0 = 2\,200.5$,$y_0 = 1\,399.9$ 处,震源深度 35.144 km。

19.6 参考文献

[1] 谢中华. MATLAB 统计分析与应用:40 个案例分析(第 2 版). 北京:北京航空航天大学出版社,2015.

[2] 史道济,张玉环. 应用数理统计. 天津:天津大学出版社,2008.

[3] 姜启源,邢文训,谢金星,等. 大学数学实验. 北京:清华大学出版社,2005.

[4] 贾俊平. 统计学. 北京:清华大学出版社,2004.

[5] John A. Rice. 数理统计与数据分析. 田金方,译. 北京:机械工业出版社,2011.

[6] 王明慈,沈恒范. 概率论与数理统计(第二版). 北京:高等教育出版社,2007.

[7] 盛骤,谢式千,潘承毅. 概率论与数理统计(浙江大学第 3 版). 北京:高等教育出版社,2001.

[8] 茆诗松,程依明,濮晓龙. 概率论与数理统计教程. 北京:高等教育出版社,2010.

若您对此书内容有任何疑问,可以登录 MATLAB 中文论坛与作者和同行交流。

第 **20**章
多项式回归与数据插值

谢中华(xiezhh)

在很多实际问题中,往往会涉及很多变量,需要研究变量之间的关系。很多时候变量之间的关系是不确定的,需要用一个函数来近似表示这种关系。当函数形式简单,并且易于写出含参数的解析表达式时,可以利用第19章介绍的回归分析方法求解未知参数,从而得出具体的回归方程来描述变量间的不确定性关系。然而,通常情况下我们很难写出函数的解析表达式,例如股票历史价格的拟合,海岸线拟合,地形曲面拟合等。此时可借助于多项式回归或插值方法,根据已给的变量观测数据,构造出一个易于计算的简单函数来描述变量间的不确定性关系,还可以利用该函数计算非数据节点处的变量近似值。本章将结合具体案例介绍用多项式回归与插值方法进行数据拟合。

20.1 多项式回归

20.1.1 多项式回归模型

对于可控变量 x 和随机变量 y 的 $m(m>n)$ 次独立的观测 $(x_i,y_i), i=1,2,\cdots,m$,若 y(响应变量)和 x(自变量)之间的回归模型为

$$\left. \begin{aligned} & y_i = p_1 x_i^n + p_2 x_i^{n-1} + \cdots + p_n x_i + p_{n+1} + \varepsilon_i \\ & \varepsilon_i \overset{iid}{\sim} N(0,\sigma^2), i=1,2,\cdots,m \end{aligned} \right\} \qquad (20.1-1)$$

其中,$p_1,p_2,\cdots,p_{n+1}$ 为未知参数,则回归函数 $E(y \mid x) = p_1 x^n + p_2 x^{n-1} + \cdots + p_n x + p_{n+1}$ 为 x 的 n 次多项式。称模型式(20.1-1)为**多项式回归模型**。若令 $z_{ik} = x_i^k, i=1,2,\cdots,m, k=1,2,\cdots,n$,则多项式回归模型就转化为 n 元线性回归模型

$$\begin{cases} y_i = p_{n+1} + p_n z_{i1} + \cdots + p_1 z_{in} + \varepsilon_i \\ \varepsilon_i \overset{iid}{\sim} N(0,\sigma^2), i=1,2,\cdots,m \end{cases}$$

20.1.2 多项式回归的 **MATLAB** 实现

1. polyfit 函数的用法

MATLAB 中提供了 polyfit 函数,用来作多项式曲线拟合,求解式(20.1-1)中的未知参数。polyfit 函数的调用格式如下:

1) p = polyfit(x,y,n)

返回 n 次(阶)多项式回归方程中系数向量的估计值 p,这里的 p 是一个 $1 \times (n+1)$ 的行向量,按降幂排列。输入参数 x 为自变量观测值向量,y 为因变量观测值向量,n 为正整数,用来指定多项式的阶数。

2) **[p,S] = polyfit(x,y,n)**

返回一个结构体变量 S，S 可作为 polyval 函数的输入，用来计算预测值及误差的估计值。S 有一个 normr 字段，字段值为残差的模，其值越小，表示拟合越精确。

3) **[p,S,mu] = polyfit(x,y,n)**

首先对自变量 x 进行标准化变换：$\hat{x} = \dfrac{(x-\mu)}{\sigma}$，这里 μ 为 x 的均值，σ 为 x 的标准差，然后对 y 和标准化变换后的 x 作多项式回归，返回系数向量的估计值 p，结构体变量 S，以及 mu $=[\mu, \sigma]$。

2. polyval 函数的用法

MATLAB 中提供了 polyval 函数，用来根据多项式系数向量计算多项式的值，其调用格式如下：

1) **y = polyval(p,x)**

计算 n 次多项式 $y = p_1 x^n + p_2 x^{n-1} + p_n x + p_{n+1}$ 在 x 处的值 y。输入参数 $\boldsymbol{p} = [p_1, p_2, \cdots, p_{n+1}]$ 为系数向量，按降幂排列，x 为用户指定的自变量取值向量。输出参数 $\boldsymbol{y}$ 是与 $\boldsymbol{x}$ 等长的向量。

2) **[y,delta] = polyval(p,x,S)**

根据 polyfit 函数返回的系数向量 $\boldsymbol{p}$ 和结构体变量 S 计算因变量 y 的预测值，以及误差 ε_i 的标准差 σ 的估计值 delta。若误差相互独立，服从同方差的正态分布，则 $[y-\text{delta}, y+\text{delta}]$ 可作为预测值的 50% 置信区间。

3) **y = polyval(p,x,[],mu)** 或 **[y,delta] = polyval(p,x,S,mu)**

首先对自变量 x 进行标准化变换，然后进行相应的计算。输入参数 mu 是 polyfit 函数的第 3 个输出参数。

3. poly2sym 函数的用法

MATLAB 中提供了 poly2sym 函数，用来把多项式系数向量转为符号多项式，函数名中的 2 意为"two"，用来表示"to"。poly2sym 函数的调用格式如下：

1) **r = poly2sym(p)**

根据多项式系数向量 $\boldsymbol{p}$ 生成多项式的符号表达式 r。输入参数 $\boldsymbol{p}$ 是按降幂排列的多项式系数向量。

2) **r = poly2sym(p,v)**

若输入参数 v 是字符串或符号变量，则根据多项式系数向量 $\boldsymbol{p}$ 生成变量为 v 的符号多项式；若输入参数 v 是数值型变量，则计算 v 处的多项式值(同 polyval(p, v))。

20.1.3 多项式回归案例

【例 20.1－1】 现有我国 2007 年 1 月至 2011 年 11 月的食品零售价格分类指数数据，如表 20.1－1 所示。数据来源：中华人民共和国国家统计局网站月度统计数据。

以上数据保存在文件 examp20_1_1.xls 中。下面根据以上 59 组统计数据研究全国食品零售价格分类指数(上年同月＝100)和时间之间的关系。

1. 数据的散点图

用序号表示时间，记为 x，用 y 表示全国食品零售价格分类指数(上年同月＝100)。由于 x 和 y 均为一维变量，可以先从 x 和 y 的散点图上直观地观察它们之间的关系，然后再作进一步的分析。

表 20.1 - 1 食品零售价格分类指数数据

序 号	统计月度	上年同月=100			上年同期=100		
		全 国	城 市	农 村	全 国	城 市	农 村
1	2007 年 1 月	104.9	104.4	105.9	104.9	104.4	105.9
2	2007 年 2 月	105.8	105.2	106.9	105.3	104.8	106.4
3	2007 年 3 月	107.7	107.4	108.3	106.1	105.7	107
4	2007 年 4 月	106.9	106.6	107.6	106.3	105.9	107.2
5	2007 年 5 月	108.1	107.7	109.1	106.7	106.3	107.6
6	2007 年 6 月	111.3	110.6	112.7	107.4	107	108.4
7	2007 年 7 月	115.3	114.4	117.5	108.5	108	109.7
8	2007 年 8 月	118.1	117.2	120.2	109.7	109.1	111
9	2007 年 9 月	116.9	116.1	118.6	110.5	109.9	111.8
10	2007 年 10 月	117.8	117.3	119	111.2	110.6	112.5
11	2007 年 11 月	118.4	117.9	119.5	111.9	111.3	113.2
12	2007 年 12 月	116.9	116.5	117.6	112.3	111.7	113.6
13	2008 年 1 月	118.3	117.9	119.3	118.3	117.9	119.3
14	2008 年 2 月	123.5	123.3	124.1	121	120.6	121.7
15	2008 年 3 月	121.4	120.9	122.6	121.1	120.7	122
16	2008 年 4 月	122.1	121.7	123.1	121.4	121	122.3
17	2008 年 5 月	119.9	119.6	120.5	121.1	120.7	121.9
18	2008 年 6 月	117.2	117.2	117.1	120.4	120.1	121.1
19	2008 年 7 月	114.5	115	113.4	119.5	119.4	120
20	2008 年 8 月	110.4	110.9	109.2	118.3	118.3	118.5
21	2008 年 9 月	109.8	110.3	108.7	117.3	117.3	117.3
22	2008 年 10 月	108.5	109.1	107.4	116.4	116.5	116.3
23	2008 年 11 月	105.9	106.6	104.4	115.4	115.5	115.1
24	2008 年 12 月	104	104.6	102.8	114.4	114.5	114
25	2009 年 1 月	104.1	104.7	102.9	104.1	104.7	102.9
26	2009 年 2 月	98	98.5	97	101	101.5	99.9
27	2009 年 3 月	99.4	99.9	98.2	100.4	100.9	99.3
28	2009 年 4 月	98.7	99.2	97.8	100	100.5	98.9
29	2009 年 5 月	99.5	100	98.4	99.9	100.4	98.8
30	2009 年 6 月	99.1	99.6	98	99.8	100.3	98.7
31	2009 年 7 月	98.9	99.3	98.2	99.8	100.1	98.6
32	2009 年 8 月	100.6	101	99.9	99.8	100.2	98.8
33	2009 年 9 月	101.7	101.9	101.2	100	100.4	99
34	2009 年 10 月	101.7	101.6	101.8	100.1	100.5	99.3
35	2009 年 11 月	103.4	103.1	103.9	100.4	100.8	99.7
36	2009 年 12 月	105.7	105.5	106.1	100.9	101.1	100.2

若您对此书内容有任何疑问，可以登录MATLAB中文论坛与作者和同行交流。

419

新编 MATLAB/Simulink 自学一本通

续表 20.1-1

序 号	统计月度	上年同月＝100			上年同期＝100		
		全 国	城 市	农 村	全 国	城 市	农 村
37	2010 年 1 月	104.2	104.2	104.3	104.2	104.2	104.3
38	2010 年 2 月	106.7	106.6	106.8	105.5	105.4	105.6
39	2010 年 3 月	105.6	105.6	105.8	105.5	105.5	105.7
40	2010 年 4 月	106.4	106.3	106.5	105.7	105.7	105.9
41	2010 年 5 月	106.4	106.3	106.7	105.9	105.7	106
42	2010 年 6 月	105.9	105.8	106.3	105.9	105.8	106.1
43	2010 年 7 月	107.1	107	107.4	106.1	106	106.2
44	2010 年 8 月	107.9	107.7	108.1	106.3	106.2	106.5
45	2010 年 9 月	108.4	108.2	108.7	106.4	106.3	106.7
46	2010 年 10 月	110.5	110.5	110.6	106.9	106.8	107.1
47	2010 年 11 月	112.3	112.3	112.5	107.4	107.3	107.6
48	2010 年 12 月	110.1	110	110.3	107.6	107.5	107.9
49	2011 年 1 月	110.3	110.3	110.7	110.3	110.3	110.7
50	2011 年 2 月	111.4	111.2	111.9	110.9	110.7	111.3
51	2011 年 3 月	111.8	111.6	112.3	111.2	111	111.6
52	2011 年 4 月	111.5	111.4	111.9	111.3	111.1	111.7
53	2011 年 5 月	111.8	111.6	112.3	111.4	111.1	111.8
54	2011 年 6 月	114.6	114.3	115.4	111.9	111.7	112.4
55	2011 年 7 月	114.9	114.7	115.6	112.3	112.1	112.9
56	2011 年 8 月	113.5	113.3	113.9	112.5	112.3	113
57	2011 年 9 月	113.5	113.4	114	112.6	112.4	113.1
58	2011 年 10 月	111.9	111.8	112.2	112.5	112.3	113
59	2011 年 11 月	108.7	108.8	108.6	112.2	112	112.6

通过以下命令从文件 examp20_1_1. xls 中读取变量 x 和 y 的数据, 然后作出 x 和 y 的观测数据的散点图(如图 20.1-1 所示)。

```
>> [Data,Textdata] = xlsread('examp20_1_1.xls');   % 从 Excel 文件中读取数据
>> x = Data(:,1);    % 提取 Data 的第 1 列, 即时间数据(观测序号)
>> y = Data(:,3);    % 提取 Data 的第 3 列, 即价格指数数据
>> timestr = Textdata(3:end,2);    % 提取 timestr 的第 2 列的第 3 至最后一行, 即文本时间数据
>> plot(x,y,'k.','Markersize',15);    % 绘制 x 和 y 的散点图
>> set(gca,'xtick',1:2:numel(x),'xticklabel',timestr(1:2:end));    % 设置 X 轴刻度标签
>> set(gca,'XTickLabelRotation',-30);    % 旋转 X 轴刻度标签(避免过于拥挤)
% 或者 rotateticklabel(gca,'x',-30);    % 调用自编函数旋转 X 轴刻度标签(避免过于拥挤)
>> xlabel('时间(x)');    % 给 X 轴加标签
>> ylabel('食品零售价格分类指数(y)');    % 给 Y 轴加标签
```

散点图表明 x 和 y 的非线性趋势比较明显, 可以用多项式曲线进行拟合。

若您对此书内容有任何疑问, 可以登录MATLAB中文论坛与作者和同行交流。

420

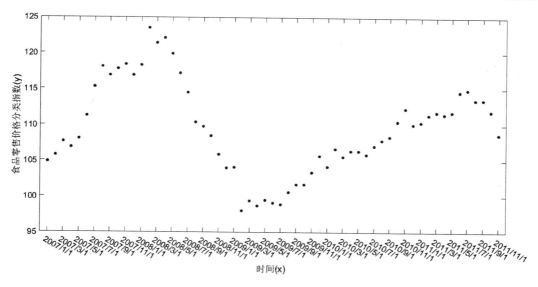

图 20.1-1　全国食品零售价格分类指数(上年同月＝100)和时间的散点图

注意： 为避免 X 轴坐标刻度标签过于拥挤,上面代码中通过坐标轴的
'XTickLabelRotation' 属性对 X 轴坐标刻度标签进行了旋转,这是从 MATLAB R2014b 版本
才开始有的新功能。在 MATLAB R2014b 之前的版本中可调用自编函数 rotateticklabel 实现
类似的功能,rotateticklabel 函数的源代码可从源代码包中找到(见 rotateticklabel.m 文件)。

2. 四次多项式拟合

假设 y 关于 x 的理论回归方程为

$$\hat{y} = p_1 x^4 + p_2 x^3 + p_3 x^2 + p_4 x + p_5 \tag{20.1-2}$$

其中,p_1,p_2,p_3,p_4,p_5 为未知参数。下面调用 polyfit 函数求解方程中的未知参数,调用
poly2sym 函数显示多项式的符号表达式。

```
>> [p4,S4] = polyfit(x,y,4)     % 调用 polyfit 函数求解方程中的未知参数
p4 =
    - 0.0001    0.0096    - 0.3985    5.5635    94.2769

S4 =
         R: [5x5 double]
        df: 54
      normr: 21.0375            % 残差的模
>> r = poly2sym(p4);    % 根据多项式系数向量 p 生成多项式的符号表达式 r
>> r = vpa(r,5)         % 将多项式的符号表达式 r 中的系数保留 5 位有效数字
r =
    - 0.000074268 * x^4 + 0.0096077 * x^3 - 0.39845 * x^2 + 5.5635 * x + 94.277
```

从输出的结果看,系数向量的估计值为 $\hat{p} = [-0.000\,1, 0.009\,6, -0.398\,5, 5.563\,5,$
$94.276\,9]$,从而可以写出 y 关于 x 的 4 次多项式方程如下:

$$\hat{y} = -0.000\,1x^4 + 0.009\,6x^3 - 0.398\,5x^2 + 5.563\,5x + 94.276\,9 \tag{20.1-3}$$

上述多项式方程与 poly2sym 函数得出的符号多项式不完全一致,这是由于舍入误差造

成的。

3. 更高次多项式拟合

下面调用 polyfit 函数作更高次(大于 4 次)多项式拟合,并把多次拟合的残差的模加以对比,评价拟合的好坏。

```
>> [p5,S5] = polyfit(x,y,5);   % 5 次多项式拟合
>> S5.normr   % 查看残差的模

ans =

   21.0359

>> [p6,S6] = polyfit(x,y,6);   % 6 次多项式拟合
>> S6.normr   % 查看残差的模

ans =

   16.7662

>> [p7,S7] = polyfit(x,y,7);   % 7 次多项式拟合
>> S7.normr   % 查看残差的模

ans =

   12.3067

>> [p8,S8] = polyfit(x,y,8);   % 8 次多项式拟合
>> S8.normr   % 查看残差的模

ans =

   11.1946

>> [p9,S9] = polyfit(x,y,9);   % 9 次多项式拟合
>> S9.normr   % 查看残差的模

ans =

   10.4050
```

上述结果表明,随着多项式次数的提高,残差的模呈下降趋势,单纯从拟合的角度来说,拟合精度会随着多项式次数的提高而提高。

4. 拟合效果图

在以上拟合结果的基础上,可以调用 polyval 函数计算给定自变量 x 处的因变量 y 的预测值,从而绘制拟合效果图,从拟合效果图上直观地看出拟合的准确性。

```
>> hold on;
>> yd4 = polyval(p4,x);   % 计算 4 次多项式拟合的预测值
>> yd6 = polyval(p6,x);   % 计算 6 次多项式拟合的预测值
>> yd8 = polyval(p8,x);   % 计算 8 次多项式拟合的预测值
>> yd9 = polyval(p9,x);   % 计算 9 次多项式拟合的预测值
>> plot(x,yd4,'k: +');   % 绘制 4 次多项式拟合曲线
>> plot(x,yd6,'k - - s');   % 绘制 6 次多项式拟合曲线
>> plot(x,yd8,'k - .d');   % 绘制 8 次多项式拟合曲线
>> plot(x,yd9,'k - p');   % 绘制 9 次多项式拟合曲线
% 插入图例
>> legend('原始散点','4 次多项式拟合','6 次多项式拟合','8 次多项式拟合','9 次多项式拟合')
```

以上命令作出的拟合效果图如图 20.1 - 2 所示。

从图 20.1 - 2 可以看出高阶多项式能很好地拟合波动比较明显的数据,但是也仅限于拟合,如果用拟合得到的高阶多项式去预测样本数据以外的值,很可能会得到不合理的结果。

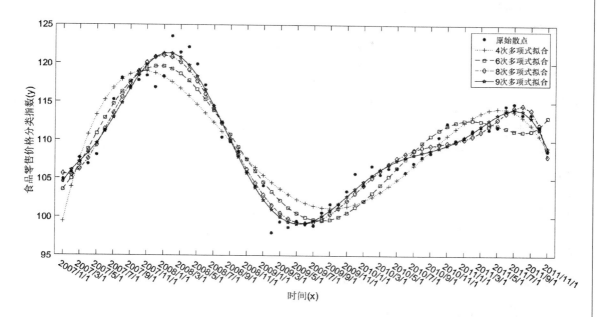

图 20.1 - 2　多项式拟合效果图

20.2　插值问题的数学描述

20.2.1　什么是插值

在通过天文观测数据研究天体的运行规律时,人们希望通过天体在若干已知时刻的位置数据,计算天体在另一些时刻的位置,在这个过程中就提出了插值方法。所谓插值就是在已知离散数据的基础上补插连续函数,使得这条连续曲线(或曲面)通过全部已知的离散数据点,利用插值方法可通过函数在有限个点处的取值状况,估算出函数在其他点处的近似值。

插值方法有着非常重要的应用,它是数据处理、函数逼近、图像处理和计算机几何造型等常用的工具,又是导出其他许多数值方法(如数值积分、非线性方程求根、微分方程数值解等)的依据。

20.2.2　一维插值问题的数学描述

已知某一元函数 $y=g(x)$($g(x)$ 的解析表达式可能十分复杂,也可以是未知的)在区间 $[a,b]$ 上 $(n+1)$ 个互异点 x_i 处的函数值 y_i,　$i=0,1,\cdots,n$,还知道 $g(x)$ 在 $[a,b]$ 上有若干阶导数,如何求出 $g(x)$ 在 $[a,b]$ 上任一点处的近似值? 这就是所谓的一维插值问题。

一维插值方法的基本思想是:根据 $g(x)$ 在区间 $[a,b]$ 上 $n+1$ 个互异点 x_i(称为**节点**)处的函数值 y_i, $i=0,1,\cdots,n$,求一个足够光滑、简单便于计算的函数 $f(x)$(称为**插值函数**)作为 $g(x)$ 的近似表达式,使得

$$f(x_i)=y_i,i=0,1,\cdots,n \qquad (20.2-1)$$

然后计算 $f(x)$ 在区间 $[a,b]$(称为**插值区间**)上点 x(称为**插值点**)的值作为原函数 $g(x)$

423

（称为**被插函数**）在此点处的近似值。求插值函数 $f(x)$ 的方法称为**插值方法**，式（20.2-1）称为**插值条件**，称 (x_i, y_i)，$i=0,1,\cdots,n$ 为**型值点**。

常用的一维插值方法有：分段线性插值、拉格朗日（Lagrange）多项式插值、牛顿（Newton）插值、Hermite 插值、最近邻插值、三次样条插值和 B 样条插值等。

20.2.3 二维插值问题的数学描述

二维插值问题的数学描述为：已知某二元函数 $z=G(x,y)$（$G(x,y)$ 的解析表达式可能十分复杂，也可以是未知的）在平面区域 D 上 N 个互异点 (x_i, y_i) 处的函数值 z_i，$i=1,2,\cdots,N$，求一个足够光滑、简单便于计算的插值函数 $f(x,y)$，使其满足插值条件

$$f(x_i, y_i) = z_i, \quad i=1,2,\cdots,N \qquad (20.2-2)$$

由插值函数 $f(x,y)$ 可以计算原函数 $G(x,y)$ 在平面区域 D 上任意点处的近似值。

常用的二维插值方法有：分片线性插值、双线性插值、最近邻插值、三次样条插值和 B 样条插值等。

20.2.4 三次样条插值的数学描述

前面提到了样条插值，它是应用非常广泛的一种插值方法，在诸如机械加工等工程技术领域中有着举足轻重的作用，这种插值方法不仅能保证插值函数在插值节点上的连续性，还能确保插值函数在插值节点上的光滑性。下面给出三次样条插值的数学描述。

对于给定的数据表格（如表 20.2-1 所列）：

表 20.2-1 插值节点列表

x	x_0	x_1	$\cdots$	x_n
$y=g(x)$	y_0	y_1	$\cdots$	y_n

其中，$a=x_0 < x_1 < \cdots < x_n = b$。要求构造一个函数 $S(x)$，使其满足下面 3 个条件：

① $S(x)$，$S'(x)$，$S''(x)$ 在 $[a,b]$ 上连续；

② $S(x)$ 在每个子区间 $[x_i, x_{i+1}]$，$i=0,2,\cdots,n-1$ 上为三次多项式

$$S(x) = c_{i1}(x-x_i)^3 + c_{i2}(x-x_i)^2 + c_{i3}(x-x_i) + c_{i4} \qquad (20.2-3)$$

③ $S(x_i) = y_i$，$i=0,1,\cdots,n$。

满足条件①和②的函数 $S(x)$ 称为节点 $x_0, x_1, \cdots, x_n$ 上的三次样条函数。求一个满足条件③的三次样条插值函数，这样的问题就是所谓的三次样条插值问题。

由式（20.2-3）可知，在每个子区间 $[x_i, x_{i+1}]$，$i=0,2,\cdots,n-1$ 上，$S(x)$ 都有 4 个待定系数。因此，要确定整个三次样条插值函数 $S(x)$，必须确定 $4n$ 个系数。条件①和③共提供了（$4n-2$）个方程，还缺少两个方程，应提供两个附加条件。这两个附加条件通常在区间 $[a,b]$ 的两个端点处给出，称之为**边界条件**。边界条件应根据实际问题的要求提出，其类型很多，常见的边界条件类型有以下 4 种：

① 给定端点处的一阶导数，即 $S'(x_0) = g'(x_0)$，$S'(x_n) = g'(x_n)$。

② 给定端点处的二阶导数，即 $S''(x_0) = g''(x_0)$，$S''(x_n) = g''(x_n)$，特别地，$S''(x_0) = S''(x_n) = 0$ 称为**自然边界条件**。满足自然边界条件的样条函数称为**自然样条函数**。

③ 当 $y=g(x)$ 是以（$b-a$）为周期的周期函数时，自然要求 $S(x)$ 也是周期函数，此时的边界条件为 $S^{(i)}(x_0+0) = S^{(i)}(x_n-0)$，$i=0,1,2$，称之为**周期边界条件**。

④ 三阶导数满足 $S^{(3)}(x_0)=S^{(3)}(x_1)$，$S^{(3)}(x_n)=S^{(3)}(x_{n-1})$，称为非纽结边界条件(not - a - knot end condition)。

关于插值问题的数学讨论还有很多，本书就不再做过多介绍，请读者自行参阅文献[1~4]。

20.3　一维插值

20.3.1　自编拉格朗日插值函数 lagrange

拉格朗日多项式插值是比较常见的一种插值方法，在一般的数值分析教材中均有介绍。已知一元函数 $y=g(x)$ 在区间 $[a,b]$ 上 $(n+1)$ 个互异点 x_i 处的函数值 y_i，$i=0,1,\cdots,n$，构造 n 次拉格朗日插值多项式如下：

$$L_n(x)=\sum_{i=0}^{n} y_i \prod_{j=0, j\neq i}^{n} \frac{x-x_j}{x_i-x_j} \tag{20.3-1}$$

根据式(20.3-1)编写拉格朗日插值函数 lagrange，代码如下：

```
function y = lagrange(x0,y0,x)
% 拉格朗日多项式插值的 MATLAB 函数
% y = lagrange1(x0,y0,x) 返回 x 处的拉格朗日多项式插值 y,输入参数 x0 和 y0 为等长向量
% 用来指定型值点坐标。输入参数 x 用来指定插值点坐标,可以是向量或标量
% CopyRight  xiezhh(谢中华)  2012.2.12

% 判断原始坐标点是否等长
if numel(x0) ~ = numel(y0)
    error('原始坐标点应等长')
end
x0 = x0(:);  % 将 x0 拉长为长向量
% 判断插值节点是否有重复值
if any(diff(sort(x0)) = = 0)
    error('插值节点不能有重复值')
end
n = numel(x0);  % 插值节点个数
m = numel(x);  % 插值点个数
y0 = y0(:);  % 将 y0 拉长为长向量
x = x(:)';  % 将 x 拉长为长向量,然后转置
y = zeros(n,m);  % 生成 n 行 m 列的零矩阵
% 通过循环求拉格朗日插值多项式
for i = 1:n
    y(i,:) = y0(i) * prod(repmat(x,n-1,1) - ...
        repmat(x0(1:n~ = i),1,m))/prod(x0(i) - x0(1:n~ = i));
end
y = sum(y);  % 求和
```

【例 20.3 - 1】　**Runge(龙格)现象**：用函数 $f(x)=\dfrac{1}{(1+25x^2)}$ 在区间 $[-1,1]$ 上产生 11 个等距节点，然后调用自编 lagrange 函数作拉格朗日插值。

```
>> x0 = linspace( - 1,1,11);  % 产生等距节点
>> y0 = 1./(1 + 25 * x0.^2);  % 计算节点处函数值
>> x = linspace( - 1,1,100);  % 产生等距插值点
```

```
>> f = 1./(1 + 25 * x.^2);  % 计算插值点处函数值
>> y = lagrange(x0,y0,x);  % 计算拉格朗日插值
>> plot(x0,y0,'ko');  % 绘制插值节点图像
>> hold on;  % 开启图形保持
>> plot(x,f,'k', 'linewidth',2);  % 绘制原函数图像
>> plot(x,y,'k:', 'linewidth',2);  % 绘制拉格朗日插值图像
>> xlabel('X');  % X轴标签
>> ylabel('$ $ f(x) = \frac{1}{1 + 25x2} $ $ ','Interpreter','latex');  % Y轴标签
>> legend('插值节点','原函数图像','Lagrange插值')  % 图例
```

程序生成图形如图 20.3－1 所示。

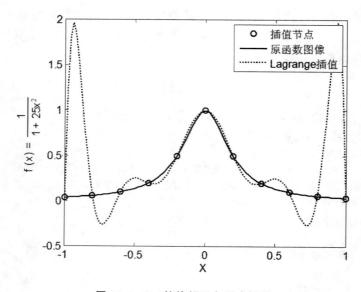

图 20.3－1　拉格朗日多项式插值

　　由图 20.3－1,可以看出拉格朗日插值在区间两侧出现了震荡,与原函数值相距甚远,这就是所谓的 Runge(龙格)现象。当出现这种现象时,可以考虑使用其他一维插值方法进行拟合。

20.3.2　interp1 函数

　　MATLAB 多项式函数工具箱(matlabroot\toolbox\matlab\polyfun\)中提供了 interp1 函数,用来作一维插值,其调用格式如下:

　　1) yi = interp1(x,Y,xi)

　　返回插值点 xi 处的一维线性插值 yi。其中输入参数 x 为节点坐标(已知的自变量值),x 必须是向量(长度为 n,不包含重复值);Y 是与 x 对应的原函数值,可以是与 x 等长的向量,也可以是多维数组(第一维与 x 等长);xi 是用户另外指定的插值点横坐标,可以是标量、向量或多维数组。

　　输出参数 yi 的维数由 Y 和 xi 的维数共同决定。当 Y 是向量时,yi 与 xi 的维数相同。当 Y 是 $n \times d1 \times d2 \times \cdots \times dk$ 的多维数组时,若 xi 是长度为 m 的向量,则 yi 是 $m \times d1 \times d2 \times \cdots \times dk$ 的多维数组;若 xi 是 $m1 \times m2 \times \cdots \times mj$ 的多维数组,则 yi 是 $m1 \times \cdots \times mj \times d1 \times \cdots \times dk$ 的多维数组。

　　2) yi = interp1(Y,xi)

　　此时假定节点坐标 $x = 1:N$。当 Y 是向量时,N 等于向量 Y 的长度;当 Y 是多维数组时,

$N = \text{size}(Y,1)$，即 N 等于 Y 的第一维的长度。

3) yi = interp1(x,Y,xi,method)

此时用 method 参数指定所用的插值方法，method 参数是字符串变量，可用的取值如表 20.3 - 1 所列。

表 **20.3 - 1**　**method 参数取值列表**

method 参数取值	说　明
'nearest'	最近邻插值
'linear'	线性插值（默认）
'spline'	三次样条插值
'pchip'	分段三次 Hermite 插值
'cubic'	立方插值，同 'pchip'
'v5cubic'	MATLAB 5.x 版本中用到的立方插值算法，该算法不能作外推，即不能计算超出节点 x 取值范围的插值点 xi 处的函数值

4) yi = interp1(x,Y,xi,method,'extrap')

进行外推运算，即用 method 参数指定的插值算法计算超出节点 x 取值范围的插值点 xi 处的函数值。

5) yi = interp1(x,Y,xi,method,extrapval)

用 extrapval 参数指定外推运算的函数值，extrapval 为标量，通常取为 NaN 或 0。对于超出节点 x 取值范围的插值点 xi，将返回 extrapval 的值作为插值结果。

6) pp = interp1(x,Y,method,'pp')

返回分段多项式形式的插值结果 pp。pp 是一个结构体变量，包含了节点坐标、各子区间多项式系数等信息，可将 pp 作为 ppval 函数的输入，计算插值点处的函数值，用法为：yi = ppval(pp,xi)，这等同于第 4) 种调用。

【例 20.3 - 1 续】　针对例 20.3 - 1 中的数据，调用 interp1 函数作一维插值。

代码如下：

```
>> x0 = linspace( - 1,1,11);  % 产生等距节点
>> y0 = 1./(1 + 25 * x0.^2);  % 计算节点处函数值
>> x = linspace( - 1,1,100);  % 产生等距插值点
>> f = 1./(1 + 25 * x.^2);  % 计算插值点处函数值
>> ylin = interp1(x0,y0,x);  % 分段线性插值
>> yspl = interp1(x0,y0,x,'spline');  % 三次样条插值
>> plot(x0,y0,'ko');  % 绘制插值节点图像
>> hold on;  % 开启图形保持
>> plot(x,f,'k','linewidth',2);  % 绘制原函数图像
>> plot(x,ylin,':','linewidth',2);  % 绘制分段线性插值图像
>> plot(x,yspl,'r - .','linewidth',2);  % 绘制三次样条插值图像
>> xlabel('X');  % X轴标签
>> ylabel(' $ $ f(x) = \frac{1}{1 + 25x^2} $ $ ','Interpreter','latex');  % Y轴标签
>> legend('插值节点','原函数图像','分段线性插值','三次样条插值')  % 图例
```

以上命令作出的图形如图 20.3 - 2 所示，可以看出分段线性插值和三次样条插值的明显区别。分段线性插值用直线连接相邻节点，在节点比较稀疏的情况下，插值点处的计算值与真实函数值有较大差异，分段线性插值曲线是一条折线，光滑性比较差。而三次样条插值用三次多项式曲线连接相邻节点，光滑性就比较好，插值点处的计算值更接近真实的函数值。

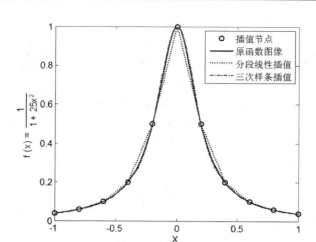

$$f(x) = \frac{1}{1+25x^2}$$

图例：
- ○ 插值节点
- —— 原函数图像
- ……… 分段线性插值
- —·—· 三次样条插值

图 20.3 - 2　分段线性插值和三次样条插值

【**例 20.3 - 2**】　在加工机翼的过程中,已有机翼断面轮廓线上的 20 组坐标点数据,如表 20.3 - 2 所列,其中 (x,y_1) 和 (x,y_2) 分别对应轮廓线的上下线。假设需要得到 x 坐标每改变 0.1 时的 y 坐标,试通过插值方法计算加工所需的全部数据,并绘制机翼断面轮廓线,求加工断面的面积。

表 20.3 - 2　机翼断面轮廓线上的坐标数据

x	0	3	5	7	9	11	12	13	14	15
y_1	0	1.8	2.2	2.7	3.0	3.1	2.9	2.5	2.0	1.6
y_2	0	1.2	1.7	2.0	2.1	2.0	1.8	1.2	1.0	1.6

从表 20.3 - 2 可以看出,机翼断面轮廓线是封闭曲线,为保证轮廓线的光滑性,应分别对上线和下线进行三次样条插值,相应的 MATLAB 代码如下:

```
>> x0 = [0,3,5,7,9,11,12,13,14,15];   % 插值节点
>> y01 = [0,1.8,2.2,2.7,3.0,3.1,2.9,2.5,2.0,1.6];   % 上线 y 坐标
>> y02 = [0,1.2,1.7,2.0,2.1,2.0,1.8,1.2,1.0,1.6];   % 下线 y 坐标
>> x = 0:0.1:15;   % 插值点 x 坐标
>> ysp1 = interp1(x0,y01,x,'spline');   % 对上线作三次样条插值,返回 y 值计算结果
% 对下线作三次样条插值,返回分段多项式形式的插值结果 pp
>> pp = interp1(x0,y02,'spline','pp');
>> ysp2 = ppval(pp,x);   % 调用 ppval 函数计算插值点处的函数值
>> xx = [x,fliplr(x)];   % 将插值点的 x 坐标首尾相接
>> ysp = [ysp1,fliplr(ysp2)];   % 将插值点的 y 坐标首尾相接
>> plot([x0,x0],[y01,y02],'o')   % 绘制插值节点图像
>> hold on   % 开启图形保持
>> plot(xx,ysp,'r','linewidth',2)   % 绘制首尾相接的三次样条插值曲线
>> xlabel('X')   % X 轴标签
>> ylabel('Y')   % Y 轴标签
>> legend('插值节点','三次样条插值','location','northwest')   % 图例
>> pp   % 查看结构体变量 pp 的值

pp =

    form: 'pp'
    breaks: [0 3 5 7 9 11 12 13 14 15]
```

```
          coefs: [9x4 double]
         pieces: 9
          order: 4
            dim: 1
         orient: 'first'

>> pp.coefs     % 查看分段多项式系数值矩阵

ans =

      0.0008     - 0.0365       0.5023            0
      0.0008     - 0.0292       0.3051       1.2000
      0.0001     - 0.0243       0.1982       1.7000
    - 0.0012     - 0.0237       0.1022       2.0000
      0.0047     - 0.0309     - 0.0070       2.1000
    - 0.1234     - 0.0026     - 0.0741       2.0000
      0.2219     - 0.3726     - 0.4493       1.8000
      0.0356       0.2932     - 0.5288       1.2000
      0.0356       0.4000       0.1644       1.0000
```

运行上述命令就可得到 x 坐标每改变 0.1 时的 y 坐标 ysp1(上线 y 值)和 ysp2(下线 y 值),由于数据过长,此处不予显示。由三次样条插值得到的机翼断面轮廓线如图 20.3 - 3 所示。为了查看每个子区间上插值多项式的表示形式,在对下线作插值的时候,使用了 interp1 函数的第 6 种调用格式,返回的 pp 是一个结构体变量,其 breaks 字段值为节点坐标,coefs 字段值为分段插值多项式的系数矩阵,第 i 行为第 i 个子区间上的多项式系数。由以上结果和式(20.2 - 3)不难写出第 2 个子区间 $[3,5]$ 上的三次样条插值多项式为 $0.0008(x - 3)^3 - 0.0292(x - 3)^2 + 0.3051(x - 3) + 1.2000$。其他子区间上多项式的写法与之类似,这里不再赘述。

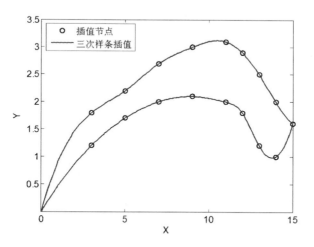

图 20.3 - 3　机翼断面轮廓线的三次样条插值

通过三次样条插值得到机翼断面轮廓线上的坐标点之后,可由离散数据积分法计算加工断面的面积(上线与 X 轴围成的图形面积减去下线与 X 轴围成的图形面积),相应的 MATLAB 代码及结果如下:

```
% 第一种方法:上线与 X 轴围成的图形面积减去下线与 X 轴围成的图形面积
>> S1 = trapz(x,ysp1) - trapz(x,ysp2)

S1 =
```

若您对此书内容有任何疑问,可以登录MATLAB中文论坛与作者和同行交流。

```
      11.3444
%  第二种方法:由首尾相接的坐标点直接求封闭区域的面积
>> S2 = trapz(xx,ysp)
S2 =

      11.3444
```

上面调用 trapz 函数,用两种方法求出了加工断面的面积为 11.344 4。

20.3.3 spline 函数

MATLAB 多项式函数工具箱(matlabroot\toolbox\matlab\polyfun\)中提供了 spline 函数,用来作三次样条插值,其调用格式如下:

1) yy = spline(x,Y,xx)

返回插值点 xx 处的三次样条插值 yy。其中输入参数 x 为节点坐标(已知的自变量值),x 必须是向量(长度为 n,不包含重复值);Y 是与 x 对应的原函数值,可以是与 x 等长的向量,也可以是多维数组(最后一维与 x 等长);xx 是用户另外指定的插值点横坐标,可以是标量、向量或多维数组。

2) pp = spline(x,Y)

返回分段多项式形式的插值结果 pp。pp 是一个结构体变量,包含了节点坐标、各子区间多项式系数等信息,可将 pp 作为 ppval 函数的输入,计算插值点处的函数值。

〖说明〗

interp1 函数作三次样条插值时调用了 spline 函数,结果与直接调用 spline 函数相同;interp1 函数作分段三次 Hermite 插值(或立方插值)时调用了 pchip 函数,这里不再介绍 pchip 函数的用法。

20.3.4 csape 和 csapi 函数

MATLAB 样条插值工具箱(matlabroot\toolbox\curvefit\splines\)中提供了 csape 和 csapi 函数,用来作指定边界条件的一维、二维和高维三次样条插值。

1. csape 函数的用法

csape 函数作一维插值的调用格式如下:

1) pp = csape(x,y)

使用默认边界条件作三次样条插值,返回分段多项式形式的插值结果 pp。pp 是一个结构体变量,包含了节点坐标、各子区间多项式系数等信息,可将 pp 作为 ppval 或 fnval 函数的输入,计算插值点处的函数值,还可将 pp 作为 fnplt 函数的输入,绘制插值图形。

csape 函数的输入参数 x 为节点坐标(已知的自变量值),y 是与 x 对应的原函数值,x 与 y 是等长的向量。

2) pp = csape(x,y,conds)

使用指定边界条件作三次样条插值。输入参数 conds 用来指定边界条件。conds 可以是字符串,也可以是包含两个元素的数值型行向量。若是字符串,此时两端点具有类型相同的边界条件,其可用的取值及说明如表 20.3-3 所列。

若参数 conds 为包含两个元素的数值型行向量,则可以分别为两端点设置不同类型的边界条件,其中第一个元素用来设置左端点边界条件,第二个元素用来设置右端点边界条件。conds 的元素值为 0,1 或 2,表示导数的阶数,若没有设定 conds 的取值,或 conds 的元素值不等于 0，1 或 2，则强制取为 1。例如 conds＝[2，1]，表示给定左端点处的二阶导数值和右端点处的一阶导数值，相应的导数值可在额外参数（csape 函数的第 4 个输入参数）中给出，也可在输入参数 **y** 中给出，此时 **y** 的第一个元素就是给定的二阶导数值，最后一个元素就是给定的一阶导数值，也就是说 **y** 的长度可以比 **x** 的长度大 2。

表 20.3 - 3　conds 参数取值列表

conds 参数取值	说　明
'complete' 或 'clamped'	给定端点处的一阶导数值，默认为拉格朗日边界条件
'not - a - knot'	非纽结边界条件，csapi 函数使用的就是这种边界条件
'periodic'	周期边界条件
'second'	给定端点处的二阶导数值。默认为[0，0]，同 'variational' 情形
'variational'	设定端点处的二阶导数值为 0

2. csapi 函数的用法

csapi 函数使用非纽结边界条件作一维、二维和高维三次样条插值，其作一维插值的调用格式如下：

1) pp = csapi(x,y)

使用非纽结边界条件作三次样条插值，返回分段多项式形式的插值结果 pp，其他说明同 csape 函数。

2) values = csapi(x,y,xx)

返回插值点 **xx** 处的三次样条插值 values，等同于 fnval(csapi(x,y),xx)。输入参数 **xx** 是插值点的横坐标向量，values 与 **xx** 等长。

【例 20.3 - 3】　函数 $f(x)=\begin{cases}\sin(\pi x/2), & -1\leqslant x<1 \\ x\,\mathrm{e}^{1-x^2}, & 其他\end{cases}$　在定义区间上连续，但是在 $x=1$ 和 $x=-1$ 处不可导。试根据函数表达式分别产生区间 [0,1] 和 [1,3] 上的离散数据，然后作三次样条插值，使得区间 [0,3] 上的三次样条函数 $S(x)$ 在 $x=1$ 处可导，且满足 $S'(0)=1$，$S'(1)=0$，$S''(3)=0.01$。

分析：题目中给出了区间端点处的导数值，也就是说给出了三次样条插值的边界条件。在区间 [0,1] 上作插值时，给定了两端点处的一阶导数值，边界条件为 $S'(0)=1$，$S'(1)=0$。在区间 [1,3] 上作插值时，给定了左端点处的一阶导数值和右端点处的二阶导数值，边界条件为 $S'(1)=0$，$S''(3)=0.01$。

根据以上分析编写作三次样条插值的 MATLAB 程序如下：

```
%　根据函数表达式定以匿名函数
>> fun = @(x)sin(pi*x/2).*(x>=-1&x<1) + x.*exp(1-x.^2).*(x>=1 | x<-1);
% %----------------区间[0,1]上的三次样条插值--------------
>> x01 = linspace(0,1,6);              % 区间[0,1]上的插值节点
>> y01 = fun(x01);                     % 区间[0,1]上的插值节点对应函数值
>> x1 = linspace(0,1,20);             % 区间[0,1]上的插值点横坐标
>> pp1 = csape(x01,[1,y01,0],'complete'); % 有边界条件的三次样条插值
>> y1 = fnval(pp1,x1);                 % 计算区间[0,1]上的插值点纵坐标
% %----------------区间[1,3]上的三次样条插值--------------
>> x02 = linspace(1,3,8);             % 区间[1,3]上的插值节点
>> y02 = fun(x02);                    % 区间[1,3]上的插值节点对应函数值
>> x2 = linspace(1,3,30);            % 区间[1,3]上的插值点横坐标
```

若您对此书内容有任何疑问，可以登录MATLAB中文论坛与作者和同行交流。

```
>> pp2 = csape(x02,[0,y02,0.01],[1,2]);          % 有边界条件的三次样条插值
>> y2 = fnval(pp2,x2);                           % 计算区间[1,3]上的插值点纵坐标
% %------------------------------绘图------------------------------
>> plot([x01,x02],[y01,y02],'ko');               % 绘制插值节点图像
>> hold on;                                       % 开启图形保持
>> plot([x1,x2],fun([x1,x2]),'k','linewidth',2); % 绘制原函数图像
>> plot([x1,x2],[y1,y2],'- -','linewidth',2);    % 绘制三次样条插值图像
>> xlabel('X');                                   % X轴标签
>> ylabel('Y = f(x)');                            % Y轴标签
>> legend('插值节点 ','原函数图像 ','三次样条插值'); % 图例
```

由以上命令不难看出,在区间$[0,1]$上作三次样条插值的时候,conds 参数的取值为 complete,此时通过$[1,y01,0]$给定了两端点处的一阶导数值;在区间$[1,3]$上作三次样条插值的时候,conds 参数的取值为$[1,2]$,此时通过$[0,y02,0.01]$给定了左端点处的一阶导数值和右端点处的二阶导数值。

运行以上命令得到插值结果对应的图形,如图 20.3 - 4 所示。可以看出原函数 $f(x)$ 在 $x=1$ 处不可导,而指定了边界条件的三次样条插值函数在 $x=1$ 处是光滑的(可导)。

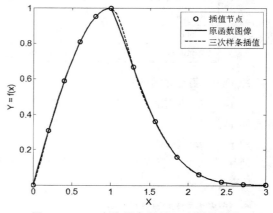

图 20.3 - 4   有边界条件的三次样条插值

如果不考虑题目中给定的边界条件的话,还可以调用 csapi 函数直接在区间$[0,3]$上作三次样条插值,相应的 MATLAB 代码如下:

```
% 根据函数表达式定以匿名函数
>> fun = @(x)sin(pi*x/2).*(x>=-1&x<1) + x.*exp(1-x.^2).*(x>=1|x<-1);
% %-----------------区间[0,3]上的三次样条插值-----------------
>> x0 = [linspace(0,1,6),linspace(1.1,3,8)];     % 区间[0,3]上的插值节点
>> y0 = fun(x0);                                  % 区间[0,3]上的插值节点对应函数值
>> x = linspace(0,3,61);                          % 区间[0,3]上的插值点横坐标
>> y = csapi(x0,y0,x);                            % 三次样条插值
% %------------------------绘图------------------------
>> plot(x0,y0,'ko');                              % 绘制插值节点图像
>> hold on;                                       % 开启图形保持
>> plot(x,fun(x),'k','linewidth',2);              % 绘制原函数图像
>> plot(x,y,'- -','linewidth',2);                 % 绘制三次样条插值图像
>> xlabel('X');                                   % X轴标签
>> ylabel('Y = f(x)');                            % Y轴标签
>> legend('插值节点 ','原函数图像 ','三次样条插值'); % 图例
```

20.3.5 spapi 函数(B 样条插值)

MATLAB 样条插值工具箱(matlabroot\toolbox\curvefit\splines\)中提供了 spapi 函数,用来作一维、二维和高维 B 样条插值,其作一维插值的调用格式如下:

1) sp = spapi(knots,x,y)

返回 $k(k=\text{length}(knots)-\text{length}(x))$ 阶 B 样条函数 sp,它是一个结构体变量,包含控制节点和系数等信息。输入参数 knots 为控制节点坐标,x 为插值节点坐标(已知的自变量值),

y 是与 x 对应的原函数值,x 与 y 是等长的向量。

　　2) sp = spapi(k,x,y)

用正整数 k 指定 B 样条阶数(或次数),此时的 B 样条阶数为 $k-1$。通常取 k 为 4 或 5。

【例 20.3 - 4】 用函数 $f(x) = \begin{cases} \sin(\pi x/2), & -1 \leqslant x < 1 \\ x\,\mathrm{e}^{1-x^2}, & \text{其他} \end{cases}$ 产生区间 $[0,3]$ 上的离散数据,然后作三次和七次 B 样条插值,绘制插值效果图。

```matlab
% 根据函数表达式定以匿名函数
>> fun = @(x)sin(pi * x/2). * (x> = -1&x<1) + x. * exp(1-x.^2). * (x> =1 | x<-1);
% % ----------------区间[0,3]上的三次 B 样条插值----------------
>> x0 = [linspace(0,1,6),linspace(1.1,3,8)];    % 区间[0,3]上的插值节点
>> y0 = fun(x0);                  % 区间[0,3]上的插值节点对应函数值
>> x = linspace(0,3,61);              % 区间[0,3]上的插值点横坐标
>> sp3 = spapi(4,x0,y0);             % 三次 B 样条插值
>> sp4 = spapi(8,x0,y0);             % 七次 B 样条插值
% % ----------------------绘图----------------------
>> plot(x0,y0,'ko');               % 绘制插值节点图像
>> hold on;                   % 开启图形保持
>> plot(x,fun(x),'k','linewidth',2);        % 绘制原函数图像
>> fnplt(sp3,2,'- - ');             % 绘制三次 B 样条插值图像,蓝色,线宽为2
>> fnplt(sp4,2,'r:');              % 绘制七次 B 样条插值图像,红色,线宽为2
>> xlabel('X');                 % X 轴标签
>> ylabel('Y = f(x)');             % Y 轴标签
>> legend('插值节点','原函数图像','三次 B 样条插值','七次 B 样条插值'); % 图例
```

以上代码作出的插值图形如图 20.3 - 5 所示,由此可以看出,三次 B 样条插值有着非常好的效果,随着 B 样条阶次的增加,插值曲线出现了震荡,插值效果变差。

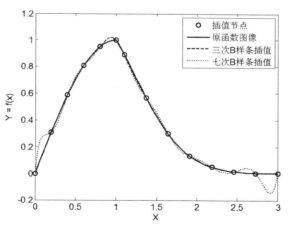

图 20.3 - 5　B 样条插值

20.3.6　其他一维插值函数

　　除了以上介绍的函数外,MATLAB 样条插值工具箱中还提供了其他一些可以作一维插值的 MATLAB 函数,例如通用网格节点插值类函数 griddedInterpolant,以及样条插值工具箱中的 csaps、spaps、spap2 和 cscvn 等函数,其中前四个函数还可以作二维和高维插值。它们作一维插值的调用格式如表 20.3 - 4 所列。

表 20.3 - 4　其他一维插值函数

函数名	调用格式	功能及参数说明
gridded-Interpolant	F＝griddedInterpolant(x,y,method) values＝F(xx)	网格节点插值通用函数(R2011b 版本)
csaps	pp＝csaps(x,y,p) values＝csaps(x,y,p,xx)	三次光滑样条插值。输入参数 x, y 为插值节点的横纵坐标，为等长向量，p 为光滑参数，在[0,1]内取值，$p＝0$ 时表示最小二乘拟合，$p＝1$ 时表示自然的三次样条插值，xx 为用户指定的插值点坐标向量。输出参数 pp 为分段多项式形式的插值结果，values 为计算得到的 xx 处的近似函数值向量，与 xx 等长
spaps	sp＝spaps(x,y,tol) [sp,values]＝spaps(x,y,tol)	光滑 B 样条插值。输入参数 x, y 为插值节点的横纵坐标，为等长向量，tol 为误差控制容限。输出参数 sp 是返回的 B 样条函数，是一个结构体变量，values 是计算得到的近似函数值向量，与 x, y 等长
spap2	sp＝spap2(knots,k,x,y)	最小二乘 B 样条近似。输入参数 knots 是控制节点坐标，k 是 B 样条阶数，x, y 为插值节点的横纵坐标，为等长向量。输出参数 sp 是返回的 B 样条函数
cscvn	curve＝cscvn(points)	具有自然边界条件或周期边界条件的三次样条插值。输入参数 points 为插值节点的横纵坐标，是 2 行多列的矩阵。输出参数 curve 为分段多项式形式的插值结果

【说明】

当插值节点有顺序限制时，可以考虑调用 cscvn 函数作顺序节点插值。

【例 20.3 - 5】　产生区间[0,2π]上的带有噪声的正弦函数值，然后分别调用 csaps、spaps 和 spap2 函数作样条插值，绘制插值效果图。

```
>> x0 = linspace(0,2 * pi,15);    % 区间[0,2 * pi]上的插值节点
>> y0 = sin(x0) + 0.3 * (rand(size(x0)) - 0.5);    % 插值节点处带有噪声的正弦函数值
>> pp = csaps(x0,y0,0.9);    % 调用 csaps 函数作三次光滑样条插值
>> sp1 = spaps(x0,y0,1e - 3);    % 调用 spaps 函数作光滑 B 样条插值
>> sp2 = spap2(3,4,x0,y0);    % 调用 spap2 函数作最小二乘 B 样条近似
>> plot(x0,y0,'ko');    % 绘制插值节点图像
>> hold on    % 图形保持
>> fnplt(pp,2,'r:')    % 绘制三次光滑样条插值图像
>> fnplt(sp1,2,'k - .')    % 绘制光滑 B 样条插值图像
>> fnplt(sp2,2,'- -')    % 绘制最小二乘 B 样条近似图像
>> xlabel('X');    % X 轴标签
>> ylabel('Y = sin(x)');    % Y 轴标签
>> legend('插值节点','三次光滑样条插值','光滑 B 样条插值','最小二乘 B 样条近似');  % 图例
```

运行以上代码得到插值图形如图 20.3 - 6 所示，可以看出，三次光滑样条插值曲线和最小二乘 B 样条近似曲线都比较光滑。在作光滑 B 样条插值时，由于设置的误差控制容限过小，从而导致光滑 B 样条插值曲线不够光滑，读者可以尝试增大误差控制容限，将会得到比较光滑的插值曲线。

【例 20.3 - 6】　MATLAB 创始者 Cleve Moler 博士写的《MATLAB 数值计算》一书中有一个有趣的例子，就是利用样条插值方法描绘手的轮廓线。思路就是首先运行[x,y]＝ginput 命令(ginput 为取点函数)，然后把手放在屏幕前，用鼠标沿着手的轮廓单击取点，不用点太密，轮廓变化大的地方(例如指尖和两指相连处)可多取几个点。单击完毕按 Enter 键退出取点模

式,MATLAB 会记录下这些点的坐标。对这些点调用 cscvn 函数进行顺序节点插值,最后就可画出手的轮廓。该例的 MATLAB 代码如下:

```
>> figure('position',get(0,'screensize'));    % 创建最大化图形窗口
>> axes('position',[0 0 1 1]);                % 坐标系充满图形窗口
>> [x,y] = ginput;                            % 单击鼠标取点,按 Enter 键退出取点模式
>> curve = cscvn([x';y']);                    % 顺序节点插值
>> plot(x,y,'ko');                            % 绘制插值节点图像
>> hold on;                                   % 图形保持
>> fnplt(curve);                              % 绘制插值图像
>> xlabel('X');                               % X 轴标签
>> ylabel('笔者的手');                         % Y 轴标签
```

笔者以自己的左手为取点模板,用顺序节点插值方法得到了左手轮廓图,如图 20.3-7 所示。

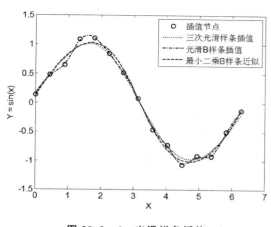

图 20.3-6　光滑样条插值

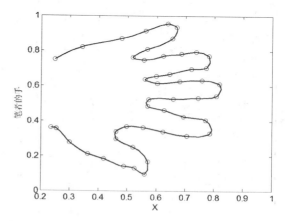

图 20.3-7　顺序节点插值

20.4　二维插值

二维插值分为网格节点插值和散乱节点插值,插值节点为网格节点的插值称为网格节点插值,如图 20.4-1(a)所示;插值节点不是网格节点的插值称为散乱节点插值,如图 20.4-1 (b)所示。

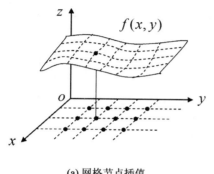

(a) 网格节点插值

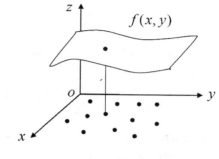

(b) 散乱节点插值

图 20.4-1　二维插值节点示意图

本节介绍二维插值的 MATLAB 实现。

20.4.1 网格节点插值

1. 网格节点插值的 MATLAB 函数

前面介绍的 griddedInterpolant、csape、csapi、spapi、csaps、spaps 和 spap2 函数均可以作二维和高维网格节点插值,除此之外,MATLAB 多项式函数工具箱(matlabroot\toolbox\matlab\polyfun\)中还提供了 interp2 函数,用来作二维网格节点插值。

griddedInterpolant、csape、csapi、spapi、csaps、spaps 和 spap2 函数作二维插值的常用调用格式如表 20.4-1 所列。

表 20.4-1 二维网格节点插值的 MATLAB 函数

函数名	调用格式	功能及参数说明
gridded-Interpolant	F=griddedInterpolant({x1,x2}, Y, method) values=F({xx1,xx2})	网格节点插值通用函数(R2011b 版本)
csape	pp=csape({x1,x2},Y) pp = csape ({x1, x2}, Y, {conds1, conds2})	使用指定边界条件作三次样条插值,返回分段多项式形式的插值结果 pp。x1 和 x2 为插值节点坐标向量,Y 是与插值节点对应的函数值矩阵。condsi 用来设置 xi 对应的边界条件
csapi	pp=csapi({x1,x2},Y) values=csapi({x1,x2},Y,{xx1,xx2})	使用非纽结边界条件作三次样条插值。xx1,xx2 为用户指定的插值点坐标向量,values 是计算得到的与 xx1,xx2 对应的近似函数值矩阵。其他说明同 csape
spapi	sp = spapi ({ knork1, knork2}, {x1, x2}, Y)	指定阶次的 B 样条插值,返回 B 样条函数 sp,它是一个结构体变量,包含控制节点和系数等信息。knorki 用来指定 xi 对应的控制节点坐标或 B 样条阶次,可以是向量或正整数。x1,x2 和 Y 的说明同上
csaps	pp=csaps({x1,x2},Y,{p1,p2}) values = csaps({x1,x2},Y,{p1,p2}, {xx1,xx2})	三次光滑样条插值,返回分段多项式形式的插值结果 pp。pi 用来指定 xi 对应的光滑参数,在[0,1]内取值,pi=0 时表示最小二乘拟合,pi=1 时表示自然的三次样条插值。其他参数说明同 csapi
spaps	sp=spaps({x1,x2},Y,{tol1,tol2}) [sp, values] = spaps ({x1, x2}, Y, {tol1,tol2})	光滑 B 样条插值。toli 用来指定 xi 对应的误差控制容限。values 是计算得到的与 x1,x2 对应的近似函数值矩阵。其他参数说明同上
spap2	sp = spap2({knork1, knork2}, k, {x1, x2},Y)	最小二乘 B 样条近似。knorki 为向量,用来指定 xi 对应的控制节点坐标,k 为包含 2 个元素值的向量,用来指定每一维所对应的 B 样条阶数。其他参数说明同上

【说明】

这里对表 20.4-1 中各函数共同的输入参数的维数做一点说明:若 x1 是长度为 m1 的向量,x2 是长度为 m2 的向量,则 Y 是 m1 行 m2 列的矩阵。

interp2 函数的调用格式如下:

1) ZI = interp2(X,Y,Z,XI,YI)

返回与 **XI** 和 **YI** 对应的插值矩阵 **ZI**。输入参数 **X**,**Y** 是由 meshgrid 函数产生的网格插值节点的坐标(不能有重复节点)矩阵,**Z** 是相应的原函数值,**X**,**Y**,**Z** 是同型矩阵。**XI**,**YI** 是

用户指定的插值点坐标,可以是同型矩阵,也可以是向量(**XI** 为行向量,**YI** 为列向量)。

2) ZI = interp2(Z,XI,YI)

此时的 **Z** 为插值节点处的原函数值,插值节点坐标为 X = 1:n,Y = 1:m,其中[m,n] = size(Z)。

3) ZI = interp2(Z,ntimes)

对矩阵 **Z** 作 ntimes 次内插运算,返回插值矩阵 **ZI**。输入参数 ntimes 为正整数,每次内插运算都在 **Z** 矩阵的任意相邻元素之间插入新的元素。

4) ZI = interp2(X,Y,Z,XI,YI,method)

用 method 参数指定所用的插值方法,method 参数是字符串变量,可用的取值如表 20.4 - 2 所列。

表 20.4 - 2 method 参数取值列表

method 参数取值	说　明
'nearest'	最近邻插值
'linear'	线性插值(默认)
'spline'	三次样条插值
'cubic'	立方插值,若插值节点不等间距,此法同 'spline'

5) ZI = interp2(..., method, extrapval)

用 extrapval 参数指定外推运算的函数值,extrapval 为标量,通常取为 NaN 或 0。对于超出节点取值范围的插值点,将返回 extrapval 的值作为插值结果。

2. 网格节点插值举例

【例 20.4 - 1】 在一丘陵地带测量高程,x 和 y 方向每隔 100 m 测一个点,得高程数据如表 20.4 - 3 所列,试用插值方法拟合出地形曲面。

表 20.4 - 3 丘陵地带高程数据

m

高　程		x				
		100	200	300	400	500
y	100	450	478	624	697	636
	200	420	478	630	712	698
	300	400	412	598	674	680
	400	310	334	552	626	662

程序如下:

```
>> x = 100:100:500;    % 节点 x 坐标向量
>> y = 100:100:400;    % 节点 y 坐标向量
>> [X,Y] = meshgrid(x,y);   % 网格节点坐标矩阵
>> Z = [450  478  624  697  636
        420  478  630  712  698
        400  412  598  674  680
        310  334  552  626  662];   % 网格节点处原函数值
>> xd = 100:20:500;    % 插值点 x 坐标向量
>> yd = 100:20:400;    % 插值点 y 坐标向量
>> [Xd1,Yd1] = meshgrid(xd,yd);   % 网格插值点坐标矩阵 1
```

```
>> [Xd2,Yd2] = ndgrid(xd,yd);      % 网格插值点坐标矩阵 2
>> figure;  % 新建图形窗口
% % --------------- 调用 interp2 函数作三次样条插值 ---------------------
>> Zd1 = interp2(X,Y,Z,Xd1,Yd1,'spline');
>> subplot(2,3,1);  % 子图 1
>> surf(Xd1,Yd1,Zd1);   % 绘制 interp2 函数得到的地形图
>> xlabel('X'); ylabel('Y'); zlabel('Z'); title('interp2')  % 轴标签和标题

% % --------------- 调用 csape 函数作三次样条插值 --------------------
>> pp1 = csape({x,y},Z');
>> subplot(2,3,2);  % 子图 2
% 绘制 csape 函数得到的地形图
>> surf(Xd2,Yd2,fnval(pp1,{xd,yd}));  % 或 fnplt(pp1)
>> xlabel('X'); ylabel('Y'); zlabel('Z'); title('csape')  % 轴标签和标题

% % ---------------调用 csapi 函数作三次样条插值 ---------------------
>> Zd2 = csapi({x,y},Z',{xd,yd});
>> subplot(2,3,3);  % 子图 3
>> surf(Xd2,Yd2,Zd2);  % 绘制 csapi 函数得到的地形图
>> xlabel('X'); ylabel('Y'); zlabel('Z'); title('csapi')  % 轴标签和标题

% % ---------------调用 spapi 函数作三次 B 样条插值 ---------------------
>> sp1 = spapi({4,4},{x,y},Z');
>> subplot(2,3,4);  % 子图 4
% 绘制 spapi 函数得到的地形图
>> surf(Xd2,Yd2,fnval(sp1,{xd,yd}));  % 或 fnplt(sp1)
>> xlabel('X'); ylabel('Y'); zlabel('Z'); title('spapi')  % 轴标签和标题

% % ---------------调用 csaps 函数作三次光滑样条插值 ---------------------
>> Zd3 = csaps({x,y},Z',{0.1,0.9},{xd,yd});   % 光滑参数分别为 0.1 和 0.9
>> subplot(2,3,5);  % 子图 5
>> surf(Xd2,Yd2,Zd3);     % 绘制 csaps 函数得到的地形图
>> xlabel('X'); ylabel('Y'); zlabel('Z'); title('csaps')  % 轴标签和标题

% % ---------------调用 spaps 函数作三次 B 样条插值 ---------------------
>> sp2 = spaps({x,y},Z',{1e-3,0.5});   % 误差容限分别为 0.001 和 0.5
>> subplot(2,3,6);  % 子图 6
% 绘制 spaps 函数得到的地形图
>> surf(Xd2,Yd2,fnval(sp2,{xd,yd}));  % 或 fnplt(sp2)
>> xlabel('X'); ylabel('Y'); zlabel('Z'); title('spaps')  % 轴标签和标题

% % -----------调用 griddedInterpolant 函数作三次样条插值 ---------------
>> F = griddedInterpolant({x,y},Z','spline');
>> Zd4 = F({xd,yd});
```

438

针对例 20.4-1 中的高程数据，上述 MATLAB 程序中分别调用了 interp2、csape、csapi、spapi、csaps 和 spaps 函数作二维网格节点插值，拟合出的地形曲面如图 20.4-2 所示。从图中可以看出，6 个函数得到的插值地形曲面相差甚微，用肉眼已很难看出区别。

注意：上述程序中用到了两种网格数据，一种由 meshgrid 函数产生，另一种由 ndgrid 函数产生，ndgrid 函数用来产生 n 维网格数据。需要注意的是，这两个函数产生的网格数据是有区别的，对于二维网格节点插值来说，两个函数产生的网格数据是互为转置的。在计算网格点处的函数值时，interp2 函数用到的是由 meshgrid 函数产生的网格数据，而样条插值工具箱中提供的插值函数用到的是由 ndgrid 函数产生的网格数据。另外，在调用插值函数做插值时,节点处原函数值矩阵 **Z** 的输入方式也是有区别的,interp2 函数用到的是 **Z**,而样条插值工具箱中提供的插值函数用到的是 **Z** 的转置。

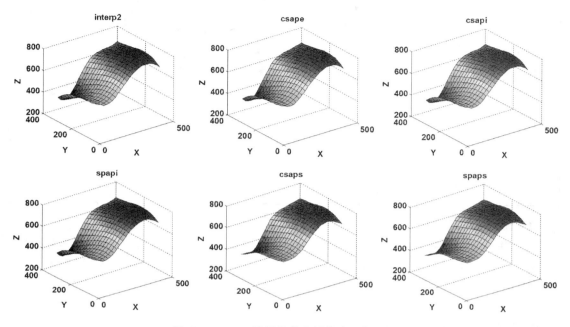

图 20.4 - 2　二维网格节点插值地形曲面图

20.4.2　散乱节点插值

1. 散乱节点插值的 MATLAB 函数

MATLAB 多项式函数工具箱中提供了 scatteredInterpolant 和 griddata 函数,用来作二维或三维散乱节点插值。它们的调用格式如表 20.4 - 4 所列。

表 20.4 - 4　二维散乱节点插值的 MATLAB 函数

函数名	调用格式	功能及参数说明
griddata	ZI＝griddata(x,y,z,XI,YI) [...]＝griddata(...,method)	返回插值点 **XI**,**YI** 处的近似函数值矩阵 **ZI**。输入参数 **x**,**y** 是节点坐标向量,**z** 是相应的原函数值向量。**XI**,**YI** 是用户指定的插值点坐标,可以是同型矩阵,也可以是向量(**XI** 为行向量,**YI** 为列向量)。method 参数用来指定所用的插值方法,其可用取值为: 'linear'　线性插值(默认) 'cubic'　立方插值 'nearest'　最近邻插值 'v4'　　　MATLAB 4 中用到的插值方法
scattered-Interpolant	F ＝ scatteredInterpolant (X, V)	返回 scatteredInterpolant 类变量 F。输入参数 **X** 是 m 行 n 列的矩阵,其中 m 为节点个数,n 为 2 或 3,表示维数,**V** 是节点处原函数值,是长度为 m 的列向量。此时由 **VI**＝F(**XI**)计算插值点 **XI** 处的近似函数值 **VI**
	F ＝ scatteredInterpolant (X, Y, V)	**X**,**Y**,**V** 是等长的列向量,**X**,**Y** 为节点坐标,**V** 为相应的原函数值。此时由 **VI**＝F(**XI**,**YI**)计算插值点 **XI**,**YI** 处的近似函数值 **VI**

函数名	调用格式	功能及参数说明
scattered-Interpolant	$F =$ scatteredInterpolant（X, Y, Z, V)	X,Y,Z,V 是等长的列向量，X,Y,Z 为节点坐标，V 为相应的原函数值。此时由 $VI = F(XI,YI,ZI)$ 计算插值点 XI,YI,ZI 处的近似函数值 VI
	$F =$ scatteredInterpolant（..., method)	用 method 参数指定所用的插值方法，其可用取值为： 'natural'　　自然近邻插值 'linear'　　线性插值（默认） 'nearest'　　最近邻插值
	$F =$ scatteredInterpolant（..., method, ExtM)	用 ExtM 参数指定所用的外推方法，其可用取值为： 'linear'　　线性外推 'nearest'　　最近邻外推 'none'　　不作外推

2. 散乱节点插值举例

【例 20.4 - 2】 2011 高教社杯全国大学生数学建模竞赛 A 题中给出了某城市城区土壤地质环境调查数据，包括采样点的位置、海拔高度及其所属功能区等信息数据，以及 8 种主要重金属元素在采样点处的浓度、8 种主要重金属元素的背景值数据。具体调查方式如下。

按照功能划分，城区一般可分为生活区、工业区、山区、主干道路区及公园绿地区等，分别记为 1 类区、2 类区、……、5 类区，不同的区域环境受人类活动影响的程度不同。将所考察的城区划分为间距 1 km 左右的网格子区域，按照 1 个采样点/(km)^2 对表层土(0～10 cm 深度)进行取样、编号，并用 GPS 记录采样点的位置。应用专门仪器测试分析，获得了每个样本所含的 8 种主要化学元素(As、Cd、Cr、Cu、Hg、Ni、Pb、Zn)的浓度数据。另一方面，按照 2 km 的间距在那些远离人群及工业活动的自然区取样，将其作为该城区表层土壤中元素的背景值。

全部调查数据保存在文件 cumcm2011A. xls 中，部分数据如表 20.4 - 5 和表 20.4 - 6 所列。

表 20.4 - 5　取样点位置及其所属功能区(部分数据)

编　号	x/m	y/m	海拔/m	功能区
1	74	781	5	4
2	1373	731	11	4
3	1321	1791	28	4
4	0	1787	4	2
5	1049	2127	12	4
⋮	⋮	⋮	⋮	⋮
315	6924	5696	7	5
316	4678	3765	40	5
317	6182	2005	25	5
318	5985	2567	44	4
319	7653	1952	48	5

表 20.4 - 6　8 种主要重金属元素的浓度(部分数据)

编　号	As /($\mu g \cdot g^{-1}$)	Cd /($ng \cdot g^{-1}$)	Cr /($\mu g \cdot g^{-1}$)	Cu /($\mu g \cdot g^{-1}$)	Hg /($ng \cdot g^{-1}$)	Ni /($\mu g \cdot g^{-1}$)	Pb /($\mu g \cdot g^{-1}$)	Zn /($\mu g \cdot g^{-1}$)
1	7.84	153.80	44.31	20.56	266.00	18.20	35.38	72.35
2	5.93	146.20	45.05	22.51	86.00	17.20	36.18	94.59
3	4.90	439.20	29.07	64.56	109.00	10.60	74.32	218.37
4	6.56	223.90	40.08	25.17	950.00	15.40	32.28	117.35
5	6.35	525.20	59.35	117.53	800.00	20.20	169.96	726.02
⋮	⋮	⋮	⋮	⋮	⋮	⋮	⋮	⋮
315	6.47	197.00	38.18	21.09	64.00	18.60	40.18	168.05
316	6.47	100.70	36.19	13.31	42.00	11.50	34.34	56.23
317	4.79	119.10	35.76	19.71	44.00	9.90	39.66	67.06
318	7.56	63.50	33.65	21.90	60.00	12.50	41.29	60.50
319	9.35	156.00	57.36	31.06	59.00	25.80	51.03	95.90

试根据调查数据中给出的采样点坐标和 8 种主要重金属元素的浓度数据绘制 Cd 元素的空间分布图。

```
% 读取第一个工作表中 B4:D322 单元格中的数据,即采样点坐标数据
>> xyz = xlsread('cumcm2011A.xls',1,'B4:D322');
% 读取第二个工作表中 C4:C322 单元格中的数据,即采样点 Cd 元素浓度数据
>> Cd = xlsread('cumcm2011A.xls',2,'C4:C322');
>> x = xyz(:,1);    % 采样点 x 坐标
>> y = xyz(:,2);    % 采样点 y 坐标
>> z = xyz(:,3);    % 采样点 z 坐标
>> xd = linspace(min(x),max(x),60);    % 插值点 x 坐标向量
>> yd = linspace(min(y),max(y),60);    % 插值点 y 坐标向量
>> [Xd,Yd] = meshgrid(xd,yd);    % 网格插值点坐标矩阵
% % ------------ 调用 griddata 函数作散乱节点插值 ------------
>> Zd1 = griddata(x,y,z,Xd,Yd);    % 对海拔数据进行插值
>> Cd1 = griddata(x,y,Cd,Xd,Yd);    % 对浓度数据进行插值
>> figure;    % 新建图形窗口
>> surf(Xd,Yd,Zd1,Cd1);    % 绘制 Cd 元素的空间分布图,颜色为第 4 维
>> shading interp;    % 设置着色方式(插值着色)
>> xlabel('X'); ylabel('Y'); zlabel('Z(griddata)');    % 坐标轴标签
>> colorbar;    % 添加颜色条
% % ------------ 调用 scatteredInterpolant 函数作散乱节点插值 ------------
>> F1 = scatteredInterpolant(x,y,z,'linear','none');    % 对海拔数据进行插值
>> Zd2 = F1(Xd,Yd);    % 计算插值点处的海拔高度
>> F2 = scatteredInterpolant(x,y,Cd,'linear','none');    % 对浓度数据进行插值
>> Cd2 = F2(Xd,Yd);    % 计算插值点处的 Cd 浓度
>> figure;    % 新建图形窗口
>> surf(Xd,Yd,Zd2,Cd2);    % 绘制 Cd 元素的空间分布图,颜色为第 4 维
>> shading interp;    % 设置着色方式(插值着色)
>> xlabel('X'); ylabel('Y'); zlabel('Z(scatteredInterpolant)');    % 坐标轴标签
>> colorbar;    % 添加颜色条
```

　　由于调查数据中给出的采样点坐标和重金属元素浓度数据都不是网格数据,为了绘制 Cd 元素的空间分布图,上面程序中调用 griddata 和 scatteredInterpolant 函数分别对海拔和 Cd 元素浓度作散乱节点插值,计算出插值点(指定网格点)上的海拔高度和 Cd 元素浓度,然后绘

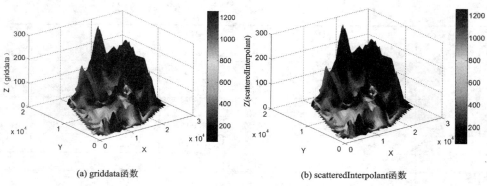

(a) griddata函数   (b) scatteredInterpolant函数

图 20.4 - 3　Cd 元素空间分布图

制 Cd 元素空间分布图,如图 20.4 - 3 所示,它是一种四维图,插值点的坐标$(x,y$ 及海拔)为前三维,插值点处重金属元素的浓度为第四维。为了直观,图中用颜色表示第四维,越接近红色的区域其 Cd 元素浓度越高,越接近蓝色的区域则其 Cd 元素浓度越低,这样就形象地展示了 Cd 元素在三维空间中的分布情况。

20.5　高维插值

所谓的高维插值是指维数高于 2 维的插值,高维插值同样分为网格节点插值和散乱节点插值,用到的 MATLAB 函数除了 20.4 节介绍的 griddedInterpolant、scatteredInterpolant、csape、csapi、spapi、csaps、spaps 和 spap2 函数外,还有 MATLAB 多项式函数工具箱中提供的 interp3(三维网格节点插值)、interpn($n \geqslant 2$ 维网格节点插值)和 griddatan($n \geqslant 2$ 维散乱节点插值)函数。作多维插值时的调用格式与之前介绍的也都是类似的,只需要增加插值节点和插值点的维数即可,这里就不做过多介绍了。本节结合具体例子介绍高维插值的 MATLAB 实现。

【例 20.5 - 1】　用函数 $V(x,y,z) = \cos x + \cos y + \cos z$,$-\pi \leqslant x,y,z \leqslant \pi$ 产生定义区域上的离散网格数据,然后作三维网格节点插值,给出拟合误差的最大值。为了观察函数值在空间中的分布情况,绘制立体切片图和等值面图。

调用 interp3 函数作三维网格节点插值的 MATLAB 程序如下:

```
>> xyz0 = linspace( - pi,pi,30);   % 定义坐标轴划分向量
>> [X0,Y0,Z0] = meshgrid(xyz0);   % 网格节点坐标
>> V0 = cos(X0) + cos(Y0) + cos(Z0);   % 网格节点处原函数值
>> xyz = linspace( - pi,pi,60);   % 重新定义坐标轴划分向量
>> [X,Y,Z] = meshgrid(xyz);   % 网格插值点坐标
>> V = cos(X) + cos(Y) + cos(Z);   % 网格插值点处原函数值
% 调用 interp3 函数作三维网格节点插值,计算插值点处的近似函数值
>> V1 = interp3(X0,Y0,Z0,V0,X,Y,Z);
>> err = V1 - V;   % 计算插值点处的误差(计算值与原函数值之差)
>> max(err(:))   % 显示最大误差

ans =

    0.0175
```

选取 $30 \times 30 \times 30$ 的节点和 $60 \times 60 \times 60$ 的插值点,计算得到的最大误差为 0.017 5。

由于 $V(x,y,z)$ 为三元函数,无法直接绘制其函数图像,为了观察函数值在空间中的分布

情况,下面调用 slice 函数绘制立体切片图,相应的 MATLAB 程序如下:

```
% 调用 slice 函数绘制立体切片图,切片位置指定为:x = [-1,1], y = 0, z = 0
>> slice(X,Y,Z,V,[-1,1],0,0);
>> shading interp    % 插值着色
>> alpha(0.5);    % 设置透明度为半透明
>> xlabel('X'); ylabel('Y'); zlabel('Z');    % 坐标轴标签
>> set(gca,'color','none');    % 设置坐标系颜色为无
>> axis([-3.5, 3.5, -3.5, 3.5, -3.5, 3.5]);    % 设置坐标轴显示范围
>> colorbar;    % 添加颜色条
```

以上命令绘制的立体切片图如图 20.5-1 所示,切片位置分别为 $x=-1$, $x=1$, $y=0$ 和 $z=0$,图中用这样 4 个切片显示了函数值 $V(x,y,z)$ 的空间分布。切片上颜色的分布就表示了函数值的分布,颜色越接近红色的区域(原点附近)其函数值越大,越接近蓝色的区域则其函数值越小,图中添加了一个颜色条,读者可以此作比对,读出空间区域内函数值的大小。

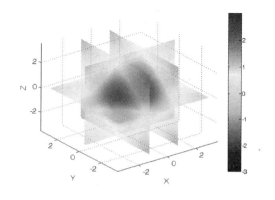

图 20.5-1　立体切片图

为了进一步观察函数值在空间中的分布情况,下面调用自编函数 MyIsosurface 绘制等值面图,相应的 MATLAB 程序如下:

```
>> figure;                        % 新建图形窗口
>> subplot(2,3,1);                % 子图 1
>> MyIsosurface(X,Y,Z,V,-1.2);    % 绘制等值(-1.2)面图
>> title('V(x,y,z) = -1.2');      % 图形标题
>> subplot(2,3,2);                % 子图 2
>> MyIsosurface(X,Y,Z,V,-1);      % 绘制等值(-1)面图
>> title('V(x,y,z) = -1');        % 图形标题
>> subplot(2,3,3);                % 子图 3
>> MyIsosurface(X,Y,Z,V,-0.9);    % 绘制等值(-0.9)面图
>> title('V(x,y,z) = -0.9');      % 图形标题
>> subplot(2,3,4);                % 子图 4
>> MyIsosurface(X,Y,Z,V,0);       % 绘制等值(0)面图
>> title('V(x,y,z) = 0');         % 图形标题
>> subplot(2,3,5);                % 子图 5
>> MyIsosurface(X,Y,Z,V,1);       % 绘制等值(1)面图
>> title('V(x,y,z) = 1');         % 图形标题
>> subplot(2,3,6);                % 子图 6
>> MyIsosurface(X,Y,Z,V,2);       % 绘制等值(2)面图
>> title('V(x,y,z) = 2');         % 图形标题
```

所谓的等值面就是函数值等于某个常数时的空间点构成的曲面。以上程序分别绘制了函

数值 $V(x,y,z)$ 为 -1.2，-1，-0.9，0，1，2 时的等值面，如图 20.5-2 所示。等值面图直观地显示了三元函数 $V(x,y,z)=\cos x+\cos y+\cos z$ 的取值在空间中的分布情况。等值面上的颜色仅仅是为了视觉效果，并没有特别的意义。

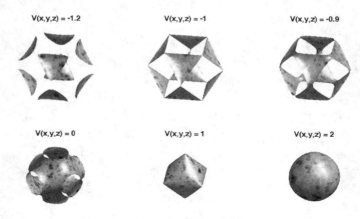

图 20.5-2　等值面图

上面程序中调用了自编函数 MyIsosurface，其源代码如下：

```
function MyIsosurface(X,Y,Z,V,value)
% 绘制函数 V = V(x,y,z)的等值面图
% MyIsosurface(X,Y,Z,V,value) 参数 X,Y,Z 为三维点坐标,V 为相应的函数值,X,Y,Z,V
%                             是相同规模的数组,value用来指定等值面对应函数值.
% CopyRight:xiezhh(谢中华)  2012.2.15

cdata   = smooth3(rand(size(V)),'box',5);   % 三维数据平滑
p = patch(isosurface(X,Y,Z,V,value));       % 绘制等值面
isonormals(X,Y,Z,V,p);   % 计算等值面顶点的法线
isocolors(X,Y,Z,cdata,p);   % 计算等值面颜色
% 设置面着色方式为插值着色,设置边线的颜色为无色
set(p,'FaceColor','interp','EdgeColor','none');
view(3);   % 三维视角
axis equal ;   % 设置坐标轴显示比例相同
axis off;   % 不显示坐标轴
camlight; lighting phong;   % 设置光照和光照模式
```

20.6　参考文献

[1] 李庆扬,王能超,易大义. 数值分析. 5 版. 北京:清华大学出版社,2008.

[2] 张平文,李铁军. 数值分析. 北京:北京大学出版社,2007.

[3] (美)布尔. 样条实用指南. 修订版. 北京:世界图书出版公司,2008.

[4] 黄云清,舒适,陈艳萍,等. 数值计算方法. 北京:科学出版社,2009.

[5] 薛定宇,陈阳泉. 高等应用数学问题的 MATLAB 求解. 2 版. 清华大学出版社,2008.

[6] 姜启源,邢文训,谢金星,等. 大学数学实验. 北京:清华大学出版社,2005.

[7] 刘则毅,刘东毅,马逢时,等. 科学计算技术与 MATLAB. 北京:科学出版社,2001.

[8] Cleve Moler. MATLAB 数值计算.修订版.张志涌,译.北京:北京航空航天大学出版社,2013.

第 21 章
MATLAB 程序编译

刘焕进(liuhuanjinliu)

MATLAB 为用户解决实际问题提供了高效简洁的代码、功能强大的内置函数、涵盖各专业的工具箱。利用 MATLAB,用户只需很少的代码就能实现复杂的功能。在实际应用中,用户常常希望将自己编写的 MATLAB 程序脱离 MATLAB 环境而独立运行,或者嵌入到其他开发环境(如 Microsoft Visual Studio)的项目中,或嵌入到 Microsoft PowerPoint 中加以展示,等等。MATLAB Compiler(MATLAB 编译器)可以帮助用户完成这些工作。

在 MATLAB R14(编译器版本为 V 4.0)之前,MATLAB 编译器的功能比较弱,从 MATLAB R14 版本开始,MathWorks 公司不断改进 MATLAB 编译器,其功能日趋完善,性能愈发强大。

- MATLAB R14 及以后的版本使用 MATLAB Compiler Runtime (MCR)组件,MCR 是共享资源中独立运行的组件,该组件可以执行经过编译器编译过的 M 文件代码。
- 从 MATLAB R2006a(Compiler 4.4)开始,MATLAB 编译器不仅能编译函数 M 文件,还能编译脚本 M 文件,并逐步增加对.NET 组件和 Java 组件编译的支持。
- 从 MATLAB R2013b 开始,MATLAB 编译器自动生成一个与平台相关的安装包,在部署时可根据需要自动从 MathWorks 网站上下载并安装合适版本的 MCR 组件。
- 从 MATLAB R2013b 开始,MATLAB 编译器在其图形化用户界面上增加了用户图像、图标、开发者简介、安装包的版本等信息的输入,使得编译器工具的使用更加方便。
- 从 MATLAB R2014b 开始,MATLAB 编译器增加了 MapReduce 编译器模块,可以使用 MATLAB MapReduce 创建基于分布式系统基础框架 Hadoop 的分布式应用和数据库。
- 从 MATLAB R2015a 开始,MATLAB 编译器(Compiler)和生成器(Builder)被重新打包为 MATLAB Compiler 和 MATLAB Compiler SDK;为 Microsoft Excel 桌面应用创建 Excel 插件的功能由 MATLAB Compiler 来完成;创建 C/C++共享库的功能由 MATLAB Compiler SDK 来完成;创建供 MATLAB Production Server 使用的 CTF 档案文件的功能由 MATLAB Compiler SDK 来完成。

MATLAB 的编译器可以转换绝大多数的 MATLAB 命令以及工具箱函数,只有少数特殊函数、工具箱函数以及工具箱中提供的图形用户界面程序无法通过 MATLAB 编译器转换为 C/C++代码。用户可以访问 MATLAB 编译器的官方技术支持网页,来查看可以编译的工具箱:

http://www.mathworks.com/products/compiler/compiler_support.html

该网页列出了 MATLAB 最新版本的编译器所支持的工具箱,包括哪些工具箱函数是可编译的,哪些是不可编译的,以方便用户的使用。

21.1 MATLAB 编译器的工作机理

MATLAB 编译器产品是 MATLAB 应用程序集成与发布的一个重要工具,它是一个运行于 MATLAB 环境的独立工具。MATLAB 编译器可以将 M 文件、MEX 文件、MATLAB 对象或其他 MATLAB 代码转换为 C/C++代码,然后再调用外部 C/C++编译器把产生的源代码编译、链接成独立的应用程序、共享库、COM 对象以及 Excel 插件等。

MATLAB 编译器具有如下功能:

① 将 MATLAB 程序编译并封装成可在 UNIX、Windows 和 Macintosh 操作系统上独立运行的应用程序。这些独立应用程序在运行过程中不需要 MATLAB 软件的同时运行,此外,也可以在没有安装 MATLAB 软件的计算机上运行这些应用程序。

这些独立应用程序可以是 MATLAB 代码的命令行可执行版本,也可以是使用通过 GUIDE 设计的 MATLAB 图形和 UI(用户界面)的完整应用程序。应用程序的开发者可以定义用户输入,使用 MATLAB 支持的输出格式(文本、数字或图形格式)来显示运行结果。

MATLAB 编译器会对 MATLAB 程序进行加密以保护应用程序开发者的知识产权,所以应用程序的最终用户不会看到应用程序的源代码。

② 将 MATLAB 程序编译并封装成为 C 和 C++共享函数库(在 Windows 系统上应用的动态链接库 DLLs,Linux 和 UNIX 系统下为共享的库文件)。

③ 可以将 MATLAB 程序封装为 Microsoft Excel 插件并将其集成到 Excel 电子表格中。利用这些插件,用户可以在包含用 MATLAB 开发的数学函数、图形和用户界面的 Excel 中执行分析和仿真。通过拖放将插件集成到电子表格中,插件在电子表格中创建新的 Excel 公式,这些公式的行为方式与其他公式相同:从单元格中接受输入,然后将结果返回到电子表格中的其他单元格,这些插件的用户不需要知道 MATLAB。

④ 可以将 MATLAB 中的 M 代码函数封装到 Java 类中。Java 类是 Java 代码的一部分,包含了 Java 方法以及执行动作的单元。

⑤ 可以将 MATLAB 函数打包,以便.NET 用户可以在任何与 CLS 相兼容的语言中访问这些函数。

⑥ MATLAB 编译器增加了 MapReduce 编译器模块,可以使用 MATLAB MapReduce 创建基于分布式系统基础框架 Hadoop 的分布式应用和数据库。

⑦ MATLAB Compiler 在与 MATLAB Compiler SDK 一起使用时,可将 MATLAB 程序封装到软件组件中,以便与其他编程语言集成。大规模部署到企业系统时通过 MATLAB Production Server 来支持。

⑧ 使用 MATLAB Compiler 创建的所有应用程序都要用到 MCR,应用程序开发者可以在编译和生成时将 MCR 与应用程序封装在一起,也可以让用户在安装期间从 MathWorks 网站上自动下载 MCR。

下面介绍 MATLAB 编译器是如何工作的。

21.1.1 利用 MATLAB 编译器产生应用程序或运行库

当用户打包和部署由 MATLAB 编译器产生的应用程序和运行库时,必须包含 MATLAB 编译器运行库(MATLAB Compiler Runtime,MCR)以及由编译器产生的一系列文件。同时,必须在目标计算机上指定这些文件的系统路径,以便系统能够找到这些文件。

　　MATLAB 编译器产生的应用程序或运行库包括两部分:一个与运行平台相关的二进制文件以及一份使用说明文件。与平台相关的二进制文件由一个主函数组成,而运行库的二进制文件由多个用户输出的函数组成。

21.1.2　打包器(wrapper)文件

　　要产生用户指定的、与运行平台相关的二进制文件,编译器需产生一个或多个打包器文件。打包器文件提供了指向被编译的 M 代码的接口(函数),通过这些接口,打包器文件可以创建 MATLAB 编译器生成的代码与所支持的可执行程序如独立应用程序或库之间的链接。打包器文件依据执行环境的不同而不同。

　　打包器文件主要实现如下功能:
　　① 通过特定的接口(函数)执行初始化和终止工作。
　　② 定义包含路径信息、密钥以及 MCR 所需的其他信息的数据数组。
　　③ 提供必需的代码用来将调用信息从接口函数传递给包含在 MCR 中的 MATLAB函数。
　　④ 对于应用程序,包含主函数(main 函数)。
　　⑤ 对于运行库,包含每个公开的 M 函数的入口点。当使用由编译器产生的运行库时,在客户端代码中调用库初始化和终止例程。

21.1.3　组件技术文件(CTF)

　　MATLAB 编译器在编译 M 文件的同时也产生组件技术文件(Component Technology File,CTF),该文件独立于应用程序或运行库,且与每个操作系统平台相关。该文件以. ctf 作为后缀,包含定义应用程序或运行库的 MATLAB 函数和数据。在默认的情况下,该文件内嵌于共享的 C/C++库和独立应用程序的二进制文件中。

21.2　MATLAB 编译器的安装和配置

21.2.1　安装要求

1. 系统要求

　　在安装 MATLAB 编译器之前,用户必须确保在系统中安装了合适版本的 MATLAB 软件。MathWorks 公司的网站上提供了相关的信息,用户可在以下网页中查找编译器的相关信息:

　　http://www. mathworks. com/products/compiler/requirements. html

　　MATLAB 编译器的正常运行对操作系统或内存都没有特别的要求,只要操作系统和内存都支持 MATLAB 软件的正常运行即可。

2. 支持的第三方编译器

　　此外,MATLAB 编译器还需要在系统中安装其所支持的 ANSI C/C++编译器,例如:Borland C/C++、Microsoft Visual C++、WatcomC/C++、Lcc C 编译器等。

　　通常,MATLAB 编译器都支持第三方编译器的当前版本以及旧的版本。对于 MATLAB

以及 MATLAB 编译器所支持的最新的编译器列表,请参照 MathWorks 公司技术支持部门的技术备忘录,其网址为:

https://cn.mathworks.com/help/compiler/index.html

(1) 支持的 ANSI C/C++ Windows 平台编译器

使用如下的 32 位的 C/C++ 编译器可以产生 32 位 Windows 动态链接库(DLLs)或 Windows 应用程序(以 MATLAB V 8.5(R 2015a)编译器为例):

① Lcc C 2.4.1(包含于 MATLAB 中),这仅是个 C 编译器,不针对 C++。

② Microsoft Visual C++(MSVC) 6.0、8.0、9.0、10.0。

③ Intel C++ 11.1。

④ Open Watcom 1.8。

⑤ Intel Visual Fortran 10.1、11.1。

⑥ Microsoft .NET Framework SDK 2.0、3.0、3.5。

⑦ Sun Java Development Kit(JDK) 1.6。

(2) 支持的 ANSI C/C++ UNIX 平台编译器

在 Solaris 平台上,MATLAB 编译器支持本地系统编译器;在 Linux、Linux x86-64 和 Mac OS X 平台上,MATLAB 编译器支持 gcc 和 g++。

21.2.2 编译器的安装

1. 安装 MATLAB 编译器产品

MATLAB 编译器包含于 MATLAB 软件产品中。因此,如果用户初次安装 MATLAB 软件产品,可以在安装的过程中选中要安装的 MATLAB 编译器产品,如图 21.2-1 所示,然后执行标准安装。

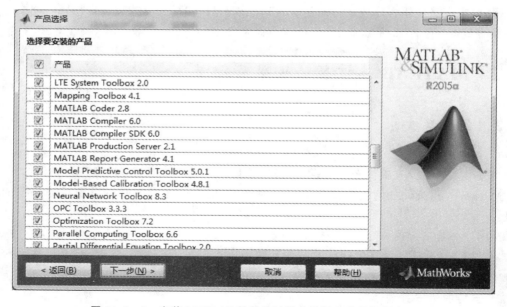

图 21.2-1　安装 MATLAB 软件的过程中选择安装编译器产品

如果在初次安装的过程中没有选中 MATLAB 编译器产品,可以重新运行安装程序,选中要安装的 MATLAB 编译器产品,然后安装即可。

2. 安装 ANSI C/C++编译器

要安装 ANSI C/C++编译器,需要执行包含有 C/C++编译器的安装向导,正常安装并正确配置即可。

用户在安装 C/C++编译器时可能会遇到有关配置的问题,表 21.2 - 1 提供了在 Windows 平台上常见的配置问题及其解决方案。

表 21.2 - 1　配置问题及解决方案

问　题	解决方案
安装选项	建议完全安装编译器。如果只安装一部分,可能会忽略 MATLAB 编译器所必需的组件
安装调试器文件	对于 MATLAB 编译器和 MATLAB 编译器 SDK 来说,没有必要安装调试器(DBG)文件
微软基础类库(MFC)	不需要
16 位动态链接库(DLLs)	不需要
ActiveX	不需要
从命令行中运行	选择编译器从命令行运行所需的相关选项
更新注册表	根据安装程序需要而定
安装 Microsoft Visual C++ 6.0	如果需要改变编译器的安装位置,就必须改变 Common 文件夹的位置;不要改变 VC98 文件夹的默认位置

21.2.3　编译器的配置

1. 关于 mbuild 的应用

用户使用 mbuild 脚本可以方便地指定一个选项文件(options file),该选项文件允许用户进行如下操作:

- 为每个可支持的编译器设置默认的编译器和连接器选项;
- 修改编译器或编译器设置;
- 创建应用程序。

mbuild 简化了设置 C 或 C++编译器的过程,用户只需使用 mbuild 的 setup 选项即可一次性确定所要使用的第三方编译器。

MATLAB 编译器(mcc)产品在一定条件下自动启动 mbuild。特别地,mcc -m 或 mcc -l(小写的 L)将启动 mbuild 来执行编译和连接。

2. 配置 ANSI C 或 C++编译器

选项文件包含用来控制已安装的编译器的标志或设置,选项文件是与编译器相关的,MathWorks 公司对不同的 C/C++编译器都提供了不同的选项文件。用户可以根据需要修改选项文件的内容,但在通常情况下,用户不必关心选项文件的内容,而只是简单地使用 mbuild 的 setup 选项来配置 C 或 C++编译器即可。有关选项文件的更详细的信息,见"21.2.4　选项文件"。

使用下面的命令可以选择一个默认的编译器:

```
mbuild -setup
```

【例 21.2-1】 以下示例程序仅适用于 32 位的 MATLAB 软件(见 ex21_2_1.m)。

在运行该示例程序之前,应确保在目标计算机中安装了 MATLAB R2008a 软件以及 Microsoft Visual C++ 6.0 软件。首先,需要在 MATLAB 的命令窗口中输入命令来设置编译器。

(1) 配置编译器

```
% 调用 mbuild 脚本来启动配置
>> mbuild - setup
% mbuild 被配置使用 Microsoft Visual C++ 2008 Professional (C) 作为 C 语言编译器
MBUILD configured to use 'Microsoft Visual C++ 2008 Professional (C)' for C language compilation.
To choose a different language, select one from the following:
mex - setup C++ - client MBUILD
mex - setup FORTRAN - client MBUILD
MBUILD configured to use 'Microsoft Visual C++ 2008 Professional' for C++ language compilation.
```

(2) 验证编译器配置的正确性

在当前目录中创建 test.m 文件,文件内容很简单:弹出信息框,显示"Hello,World!"信息。在命令窗口中调用 mcc 对 test.m 文件进行编译:

```
mcc - m test.m
```

编译完成后,产生 test.exe 文件,用鼠标双击即可正常运行,如图 21.2-2 所示,表明编译器设置正确。

3. MATLAB 所支持的编译器的限制

在 Windows 操作系统上,MATLAB 所支持的编译器有如下限制:

- Lcc C 编译器不支持 C++ 或非 32 位 Windows 系统。

图 21.2-2　test.exe 运行效果

- 只有 Microsoft Visual C/C++(V 6.0, 7.1,8.0)编译器支持 COM 对象和 Excel 插件的创建。
- 只有用于.NET 框架的 Microsoft Visual C# 编译器(V1.1 和 2.0)支持创建.NET 对象。

21.2.4　选项文件

MATLAB 软件中包含了用于 Windows 平台和 UNIX 平台的预置选项文件,如表 21.2-2 所列(以 MATLAB R2015a 为例)。(注:这些选项仅适用于 32 位 MATLAB 软件。)

表 21.2-2　**MATLAB 中的预置选项文件**

选项文件	编译器
Windows 平台(选项文件位于:{matlabroot 根目录}\bin\win32\mexopts 路径下)	
lccopts.dat	Lcc C,V2.4.1(包含于 MATLAB 中)
msvc60compp.bat	Microsoft Visual C/C++,V6.0
msvc71compp.bat	Microsoft Visual C/C++,V7.1
msvc80compp.bat	Microsoft Visual C/C++,V8.0
msvc80freecompp.bat	Microsoft Visual C/C++,V8.0 Express Edition
UNIX 平台(选项文件位于:{matlabroot 根目录}/bin/目录下)	
mbuildopts.sh	Solaris 平台下,使用本地的 ANSI 编译器;对于 Linux 和 Macintosh 平台,使用 gcc

以下代码为在 Microsoft Visual Studio 中打开 lccopts. dat 选项文件的内容：

```
@echo off
rem LCCOPTS. BAT
rem
rem     Compile and link options used for building MEX - files
rem     using the LCC compiler version 2.4
rem
rem StorageVersion: 1.0
rem CkeyFileName: LCCOPTS. BAT
rem CkeyName: Lcc - win32
rem CkeyManufacturer: LCC
rem CkeyVersion: 2.4
rem CkeyLanguage: C
rem CkeyLinkerName: LCC
rem CkeyLinkerVersion: 2.4
rem
rem     $ Revision: 1.14.4.9 $    $ Date: 2012/07/23 18:50:25 $
rem
rem *****************************************************
rem General parameters
rem *****************************************************
set MATLAB = % MATLAB %
set LCCINSTALLDIR = % MATLAB % \sys\lcc
set PATH = % LCCINSTALLDIR % \bin; % PATH %

rem *****************************************************
rem Compiler parameters
rem *****************************************************
set COMPILER = lcc
set COMPFLAGS = - c - I" % MATLAB % \sys\lcc\include" - DMATLAB_MEX_FILE - noregistrylookup
set OPTIMFLAGS = - DNDEBUG
set DEBUGFLAGS = - g4
set NAME_OBJECT = - Fo
set MW_TARGET_ARCH = win32

rem *****************************************************
rem Library creation command
rem *****************************************************
set PRELINK_CMDS1 = lcc  % COMPFLAGS %  " % MATLAB % \sys\lcc\mex\lccstub.c" - Fo" % LIB_NAME % 2.obj"
rem *****************************************************
rem Linker parameters
rem *****************************************************
set LIBLOC = % MATLAB % \extern\lib\win32\lcc
set LINKER = lcclnk
set LINKFLAGS =  - tmpdir " % OUTDIR % ." - dll " % MATLAB % \extern\lib\win32\lcc\ % ENTRYPOINT % .
def" - L" % MATLAB % \sys\lcc\lib" - libpath " % LIBLOC % " " % LIB_NAME % 2.obj"
set LINKFLAGSPOST = libmx. lib libmex. lib libmat. lib
set LINKOPTIMFLAGS = - s
set LINKDEBUGFLAGS =
set LINK_FILE =
set LINK_LIB =
set NAME_OUTPUT = - o " % OUTDIR % % MEX_NAME % % MEX_EXT % "
set RSP_FILE_INDICATOR = @
```

若您对此书内容有任何疑问，可以登录 MATLAB 中文论坛与作者和同行交流。

```
rem *****************************************************
rem Resource compiler parameters
rem *****************************************************
set RC_COMPILER = lrc - I"%MATLAB%\sys\lcc\include" - noregistrylookup - fo"%OUTDIR% mex-version.res"
set RC_LINKER =

set POSTLINK_CMDS1 = del "%LIB_NAME%2.obj"
set POSTLINK_CMDS2 = del "%OUTDIR%%MEX_NAME%.exp"
set POSTLINK_CMDS3 = del "%OUTDIR%%MEX_NAME%.lib"
```

从以上代码可以看出,选项文件中包含如下内容:通用参数设置、编译器参数设置、库文件创建命令、连接器参数设置等内容。

通常情况下,用户不必关心选项文件是如何工作的。当然,用户也可以根据自己的需要来修改选项文件。

1. Windows 操作系统中的选项文件

要定位在 Windows 系统下的选项文件,mbuild 脚本按照如下的顺序进行搜索:

① 当前目录;

② Windows 系统的用户配置文件目录。

Windows 系统的用户配置目录中包含了诸如桌面外观、最近使用的文件、"开始"菜单中的项目等用户信息。mbuild 将在 - setup 过程中创建的选项以 .xml 文件的形式保存到用户配置文件目录的一个子目录中(例如:C:\Users\Administrator\AppData\Roaming\MathWorks\MATLAB\R2015a),如图 21.2 - 3 所示。MBUILD_C_win32.xml 文件包含了用于编译 C 语言代码所需的编译器信息,MBUILD_C++_win32.xml 文件包含了用于编译 C++ 语言代码所需的编译器信息。

图 21.2 - 3　选项文件的位置

初次运行 mbuild 命令时,它会在上述两个路径中搜索选项文件,一旦找到选项文件则停止搜索,并使用该选项文件。如果没有搜索到选项文件,则 mbuild 搜索计算机上已安装的编译器,并为该编译器使用 MATLAB 预置的选项文件;如果计算机上有多个编译器,则提示用户选择一个编译器。

2. UNIX 操作系统中的选项文件

要定位在 UNIX 系统下的选项文件,mbuild 脚本按照如下的顺序进行搜索:

① 当前目录;

② ＄HOME/. matlab/current_release;

③ matlabroot/bin。

21.3　编　译

21.3.1　有关 MATLAB 编译器技术

1. MATLAB 编译器运行库

MATLAB 编译器使用 MCR 来编译程序。MCR 是一个使 M 文件能够执行的共享库的独立集合。使用 MCR,可以在没有安装 MATLAB 软件的计算机上执行 MATLAB 文件。MCR 提供了对 MATLAB 中几乎所有函数的支持。

MCR 使用了线程封锁技术,保证一次只能有一个线程允许访问 MCR。

2. 组件技术文件

MATLAB 编译器使用了组件技术文件(CTF)来容纳可部署的程序包。所有的 M 文件都被加密到 CTF 文档中,加密时使用高级加密标准(AES)密码系统,其对称密钥使用 1 024 位的 RSA 来保护。

MATLAB 编译器所产生的每一个应用程序或共享库都有相关联的 CTF 文档。文档中包含所有与组件相关联的、基于 MATLAB 的内容(M 文件、MEX 文件,等)。当 CTF 档案解压到用户的系统中时,这些文件仍保持加密状态。

3. 组件创建过程

利用 MATLAB 编译器创建组件的过程是自动进行的。例如:要创建一个独立的 MAT-LAB 应用程序,用户需要首先提供用于创建应用程序的 M 文件列表,MATLAB 编译器接下来执行下列操作:

(1) 依存关系检查

分析、判断用户提供的 M 文件、MEX 文件以及 P 文件所依存的函数之间的关系,并创建文件列表。该列表包括由输入的 M 文件调用的所有 M 文件以及这些 M 文件所调用的文件,等。此外,还包括所有内置函数以及 MATLAB 对象。

(2) 封装代码生成

产生创建目标组件所需要的所有源代码,包括:

● 应用于命令行的 M 函数的 C/C++接口代码(如:ex21_3_1_main. c)。对于数据库和组件,该文件包括所有的接口函数。

● 组件数据文件,该文件包含运行时执行 M 代码所需的信息。这些信息包括路径信息以及用于加载保存在组件的 CTF 文档中的 M 代码的密钥。

(3) CTF 文档创建

在依存关系检查中创建的 MATLAB 文件(M 文件和 MEX 文件)列表用于创建 CTF 文档。CTF 文档包含组件正常执行所需要的文件。这些文件被加密并压缩到单个文件中以方便部署,目录信息也包含在其中,以确保目录中的文件能被正确地安装到目标计算机。

（4）C/C++编译

将在"封装器代码生成"中产生的 C/C++文件编译为目标代码。用户在 mcc 命令行中指定的 C/C++代码也同时被编译。

（5）连　接

将产生的目标文件和必需的 MATLAB 库文件相连接，并生成最终的组件。

C/C++编译和连接使用包含在 MATLAB 编译器产品中的 mbuild 应用程序。

图 21.3-1 举例说明了 MATLAB 编译器如何将用户代码编译为独立的可执行程序。

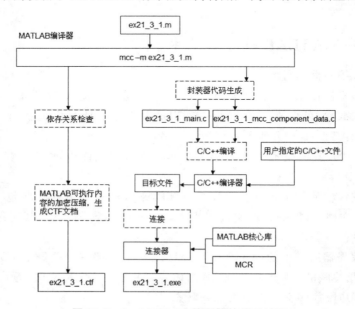

图 21.3-1　MATLAB 编译器的编译过程

21.3.2　mcc 命令详解

mcc 用来启动 MATLAB 编译器的 MATLAB 命令。用户可以从 MATLAB 命令窗口、DOS 或 UNIX 命令行中调用 mcc 命令。

mcc 为用户在 MATLAB 环境之外部署应用程序而准备 M 文件，产生用 C 或 C++代码封装的文件，也可以创建独立的二进制文件。在默认的情况下，将结果文件保存到当前目录中。

如果在命令行中指定了多个 M 文件，MATLAB 编译器为每一个 M 文件产生相应的 C 或 C++函数。如果指定了 C 文件或目标文件，这些文件与其他产生的文件一起传递给 mbuild 应用程序。

1. mcc 命令的语法

mcc 命令的使用语法为：

mcc〔-options〕mfile1〔mfile2 ... mfileN〕〔C/C++file1 ... C/C++fileN〕

其中，参数 options 可以选择如下的值：

（1）-a 添加文件到 CTF 文档中

使用 -a filename 来指定直接添加到 CTF 文档中的文件，也可以使用多个-a 选项。MATLAB 编译器在 MATLAB 路径上查找这些文件，如果文件不在 MATLAB 路径上，需要指定文件的完整路径名称。这些文件并不传递给 mbuild,因此用户可以在参数中包含数据文件之类的文件。

如果－a 选项中只包括目录的名称,则目录中的所有文件将循环添加到 CTF 文档中。例如:将当前工作目录中的 testdir 目录及其子目录中的所有文件都添加到 CTF 文档中,并且目录的子树也保存到 CTF 文档中。

```
mcc -m hello.m -a ./testdir
```

如果在文件名中包含通配符(*),则只有目录中符合给定格式的文件被添加到 CTF 文档中,而子目录中的文件却不会被添加。例如:

```
mcc -m hello.m -a ./testdir/*
```

在本例中,在 ./testdir 目录中的所有文件都会被添加到 CTF 文档中,而在 ./testdir 目录下的所有子目录中的文件则不被添加。

```
mcc -m hello.m -a ./testdir/*.m
```

./testdir 目录下所有扩展名为 .m 的文件都将被添加到 CTF 文档档案中,而在 ./testdir 目录下的所有子目录中的文件则不被添加。

(2)－b 产生与 Excel 兼容的公式函数

产生一个 Visual Basic 文件(.bas),该文件包含一个用于编译器产生的 COM 对象的 Excel 公式函数(Microsoft Excel Formula Function)界面,允许 MATLAB 函数作为单元公式函数使用。

(3)－B 指定束(bundle)文件

使用指定文件的内容来替代在 mcc 命令行中的文件。使用语法为:

－B filename[:<a1>,<a2>,...,<an>]

束文件 filename 应只包含 mcc 命令行选项、相应的参数、和/或其他文件名。束文件可以包含其他－B 选项。

表 21.3－1 列出了 MATLAB 编译器产品中的束文件列表。

表 21.3－1　束文件列表

束文件	创建结果	内　容
cpplib	C++库	－ W cpplib:<shared_library_name> － T link:lib
csharedlib	C 共享库	－ W lib:<shared_library_name> － T link:lib

(4)－c(小写 C)只产生 C 代码

当使用宏选项时,只产生 C 封装代码,而不启动 mbuild 来产生独立的应用程序。该选项相当于放在 mcc 命令行末尾的－T codegen。

(5)－C(大写 C)默认情况下不嵌入 CTF 文档

默认情况下,指示 mcc 不在 C/C++文件、main/WinMain 共享库和独立的二进制文件中嵌入 CTF 文档。

(6)－d 指定输出目录

－d directory

将编译产生的输出存放到由－d 选项指定的目录 directory 中。

(7)－e 禁止 MS－DOS 命令窗口

当产生独立的应用程序时,禁止 MS－DOS 命令窗口的出现,使用－e 来替换－m 选项。该选项仅用于 Windows 系统。使用-R 选项来产生错误日志文件：

```
mcc - e - R - logfile,"log_file.txt" - v function_name
```

该宏等价于:- W Winmain - T link:exe

使用- e 选项需要应用程序是使用微软的编译器(如 Microsoft Visual Studio Express)编译的,而不是使用 MABLAB 自带的编译器编译的。

(8)-f 指定的选项文件

- f filename

使用指定的选项文件覆盖默认的选项文件。该选项允许用户在调用不同的 MATLAB 编译器时选择不同的 ANSI 编译器。该选项被直接传递给 mbuild 脚本。MathWorks 建议用户不使用该选项,而直接使用 mbuild - setup 命令。

(9)- F 指定的项目文件

指定 mcc 使用包含在指定的项目文件(. prj)中的设置。当调用 mcc 时,使用- F project_name. prj 来指定项目文件的名称为 project_name。该选项使得. prj 文件及其所有附属的设置都返回给 mcc。使用 mcc 或 deploytool 创建的项目文件都可以用到该选项中。

(10)- g 产生调试信息

包含由 MATLAB 编译器产生的 C/C++代码的调试信息,mbuild 会将合适的调试标志传递给 C/C++编译器。调试选项使得用户可以追溯在什么地方产生了错误:是在 MCR 的初始化、函数的调用还是终止例程中产生了错误。该选项不允许用户使用 C/C++调试器来调试用户的 M 文件。

(11)- G 同- g,仅用于调试

(12)- I 添加目录到引用路径中

向引用目录列表中添加新的目录。每一个- I 选项都会在搜索路径的列表的开头添加一个目录。例如:

- I <directory1> - I <directory2>

设置搜索路径,从而 directory1 首先用于 M 文件的搜索,接下来是 directory2。该选项对于不能访问 MATLAB 路径的独立编译来说是很重要的。

(13)- l(小写 L)生成函数库

该选项为命令行中的每一个 M 文件生成一个库封装函数,并调用 C 编译器来创建共享库,该共享库导出这些函数。库的名字与组件的名字相同,也就是命令行上的第一个 M 文件的名字。该宏等价于:- W lib:string link:lib。

(14)- m 产生一个独立的应用程序

该宏等价于:- W main - T link:exe。

使用- e 选项代替- m 选项来产生独立的应用程序,同时禁止 MS - DOS 命令窗口的出现。使用- e 选项需要应用程序是使用 Microsoft 的编译器(如 Microsoft Visual Studio Express)编译的。

(15)- M 定义编译时间选项

- M string 将 string 直接传递给 mbuild 脚本。这提供了一种定义编译时间选项的有用机制,如:"- Dmacro=value"。

如果使用多个- M 选项,只有最右边的一个起作用。

（16）- N 清除路径

有效清除最小目录集以外的路径,下列的核心目录及其子目录除外:

matlabroot/toolbox/matlab

matlabroot/toolbox/local

matlabroot/toolbox/compiler/deploy

在 mcc 命令行中包含- N 选项,允许用户替换原始路径中的目录,同时保留引用目录的相对顺序。出现在原始路径中的引用目录中的所有子目录也将被替换。此外,- N 选项保留用户已经引用但不在 matlabroot/toolbox 路径下的所有目录。

（17）- o 指定输出文件名称

指定最终可执行文件的名称(仅用于独立的应用程序)。使用- o outputfile 来命名 MAT-LAB 编译器产生的最终可执行输出文件。在指定的名称后将添加合适的、与平台相关的扩展名(如.exe 用于 Windows 独立应用程序)。

（18）- p 向编译路径中添加目录

和选项- N 联合使用,可以添加 matlabroot/toolbox 路径下指定的目录和子目录到 MATLAB 编译路径下。

- N - p directory

其中,directory 是要添加的目录。如果 directory 不是绝对路径,则假定它在当前工作目录下。以下规则定义了这些目录是如何在编译路径中引用的:

● 如果目录在原始 MATLAB 路径上,则目录及其子目录都被添加到编译路径下。

● 如果目录不在原始 MATLAB 路径上,则该目录不会被添加到编译路径下。用户可以使用- I 选项来添加。

（19）R 提供 MCR 运行库选项(仅适用于独立的应用程序)

使用 R option 可以提供如表 21.3 - 2 所列的运行选项。

表 21.3 - 2　MCR 运行库选项

选　　项	描　　述
- logfile,filename	指定日志文件名称
- nojvm	不使用 Java 虚拟机(JVM)
- nojit	不使用 MATLAB JIT(用于加速 M 文件执行的二进制代码生成)
- nodisplay	禁止 MATLAB nodisplay 运行时间警告
- startmsg	初始化时显示用户指定的信息
- completemsg	初始化完成后显示用户指定的信息

（20）- S 创建单个 MCR

当编译多个 COM 对象时,创建单个 MCR,每个组件的实例都使用相同的 MCR。该选项需要 MATLAB Builder NE 编译器。

（21）T 指定产生目标文件的阶段和类型

使用 T target 来定义输出的类型。有效的 target 值如表 21.3 - 3 所列。

（22）- v 详述

显示编译步骤,包括:

若您对此书内容有任何疑问,可以登录 MATLAB 中文论坛与作者和同行交流。

① MATLAB 编译器版本号；

② 源文件名称；

③ 产生的输出文件名称；

④ mbuild 的启动。

- v 选项传递给 mbuild 并显示关于 mbuild 的信息。

表 21.3 - 3　target 的有效值

目　标	描　述
compile:exe	产生 C/C++打包器文件,同时将 C/C++文件编译为适合连接进独立应用程序里的目标形式
compile:lib	产生 C/C++打包器文件,同时将 C/C++文件编译为适合连接进共享库/DLL 里的目标形式
link:exe	同 compile:exe,同时将目标文件连接进独立的应用程序
link:lib	同 compile:lib,同时将目标文件连接进共享库/DLL

(23) - w 警告信息

显示警告信息。使用- w option[:<msg>]来控制警告信息的显示。有效的语法形式如表 21.3 - 4 所列。

表 21.3 - 4　- w 选项的有效语法形式

语　法	描　述
- w list	列出 mcc 可能产生的所有警告信息
- w enable	允许全部的警告信息
- w disable[:<string>]	禁止与<string>相关联的警告信息。去掉<string>将禁止所有的警告信息
- w enable[:<string>]	允许与<string>相关联的警告信息。去掉<string>将允许所有的警告信息
- werror[:<string>]	将与<string>相关联的警告信息当作错误信息。去掉<string>将所有的警告信息当作错误信息
- w off[:<string>][<filename>]	关闭由<string>定义的错误信息的警告。可以指定关掉由<filename>所产生的警告信息
- w on[:<string>][<filename>]	打开由<string>定义的错误信息的警告。可以指定打开由<filename>所产生的警告信息

(24) - W 产生打包器文件

使用- W<option>选项来控制编译器要生成什么类型的打包器文件。<option>可以是"main""WinMain""lib:<string>""cpplib:<string>""com:<component - name>,<class - name>,<version>""hadoop:<string>,CONFIG:<path to config file>"或者是"none"（默认值）。对于库打包器文件,<string> 包含要创建的共享库名称。

(25) - Y 许可文件

使用- Y license. dat_file 来使用指定的参数覆盖默认的 license. dat 文件。

(26) - z 指定路径

为库文件和引用文件指定路径。使用- z path 来指定编译器库文件和引用文件所使用的路径为 path,从而代替由 matlabroot 返回的路径。

（27）-?　帮助信息

在命令提示下显示 MATLAB 编译器的帮助信息。

2. 使用 mcc 命令

（1）编译器选项

可以给 mcc 指定一个或多个 MATLAB 编译器选项。例如：

```
mcc - m - g myfile.m
```

宏是 MATLAB 提供的编译器选项，使得用户不必手工组合多个选项来实现指定的编译工作。例如：

选项-l 与下列宏等价：- W lib - T link:lib

选项- m 与下列宏等价：- W main - T link:exe

（2）组合选项

可以把不带参数的选项组合到一起使用。例如：

```
mcc - mg myfile.m
```

带参数的选项通常不能组合到一起，除非把带参数的选项及其参数放置在命令列表的最后。

例如，下面是正确的用法：

```
% 选项单独列出
mcc - v - W main - T link:exe myfile.m
% 将选项组合
mcc - vW main - T link:exe myfile.m
```

下面是错误的用法：

```
mcc - Wv main - T link:exe myfile.m
```

（3）命令行中的冲突选项

如果在命令行中使用的选项发生冲突，则编译器优先考虑最右侧的选项。

例如，在命令行中使用以下选项：

```
mcc - m - W none myfile.m
```

由于- m 选项相当于：- W main - T link:exe，因此两个- W 选项发生冲突，则编译器只取最右边的选项，即- W none 选项。所以，以上命令与下列命令等价：

```
mcc - W none myfile.m
```

21.3.3　输入和输出文件

1. 独立的可执行文件

【例 21.3 - 1】　在图 21.3 - 1 所示的示例程序中，MATLAB 编译器以 ex21_3_1.m 作为输入，产生独立的应用程序 ex21_3_1.exe。

ex21_3_1.m 文件中的代码如下所示：

```
function ex21_3_1
x = 0:pi/50:2 * pi;
y = sin(x);
figure(1);
plot(x,y,'r * ');
grid on
```

MATLAB 中的运行结果如图 21.3 - 2 所示。

459

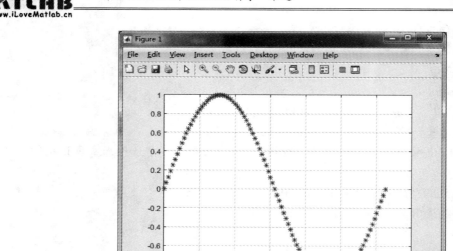

图 21.3 - 2   ex21_3_1.m 的运行效果图

（1）在命令窗口中调用 mbuild 来选择编译器，本例中选择 Microsoft Visual C++ 2008 Professional（C）编译器：

```
% 调用 mbuild 脚本来启动配置
>> mbuild - setup
% mbuild 被配置使用 Microsoft Visual C++ 2008 Professional (C) 作为 C 语言编译器
MBUILD configured to use 'Microsoft Visual C++ 2008 Professional (C)' for C language compilation.
To choose a different language, select one from the following:
mex - setup C++ - client MBUILD
mex - setup FORTRAN - client MBUILD
MBUILD configured to use 'Microsoft Visual C++ 2008 Professional' for C++ language compilation.
```

编译器设置完毕后，就可以调用 mcc 命令来对 M 文件进行编译了。

（2）在命令窗口中调用 mcc 命令进行编译

```
mcc - m ex21_3_1.m
```

最终编译所产生的文件如表 21.3 - 5 所列。

表 21.3 - 5   创建独立应用程序时产生的文件

文 件	描 述
mccExcludedFiles.log	日志文件。说明哪些文件无法打包以用于目标环境 MCR 中
readme.txt	说明文件。说明部署应用程序时需要哪些必要条件，以及部署时需要将哪些文件打包。本例中，部署时需要打包的文件包括： ex21_3_1.exe MCRInstaller.exe Readme.txt
requiredMCRProducts.txt	说明部署应用程序时需要的 MCR 产品
ex21_3_1.exe	应用程序的主文件。在 Windows 系统中，该文件为 ex21_3_1.exe

2. C 共享库文件

在本例中,MATLAB 编译器将 M 文件 ex21_3_1.m 编译为 C 共享库文件 libmyshared.dll。按上述配置完编译器后,在命令窗口中输入命令:

```
mcc - W lib:libmyshared - T link:lib ex21_3_1.m
```

最终编译所产生的文件如表 21.3 - 6 所列。

表 21.3 - 6　创建 C 共享库时产生的文件

文　件	描　述
libmyshared.c	数据库打包器 C 源代码文件,包含数据库的输出函数,代表与 M 函数(ex21_3_1.m)的 C 接口,以及数据库的初始化代码
libmyshared.h	数据库打包器头文件,该文件将被调用 limyshared.dll 的输出函数的应用程序引用
libmyshared.def	定义要导出哪些输出函数。本例中的输出函数包括:libmysharedInitialize libmysharedInitializeWithHandlers libmysharedTerminate libmysharedPrintStackTrace mlxEx21_3_1 mlfEx21_3_1
libmyshared.exports	mbuild 用于连接数据库的输出文件
Libmyshared.dll	共享数据库二进制文件。在 Windows 平台上,该文件为 libmyshared.dll;在 Solaris 平台上,该文件为 libmyshared.so
libmyshared.exp	连接器使用的输出文件。连接器使用输出文件来创建包含输出的程序,通常是动态链接库文件(.dll)
libmyshared.lib	输入数据库
mccExcludedFiles.log	日志文件。说明哪些文件无法打包以用于目标环境 MCR 中
readme.txt	说明文件。说明部署应用程序时需要哪些必要条件,以及部署时需要将哪些文件打包。本例中,部署时需要打包的文件包括: libmyshared.dll libmyshared.h libmyshared.lib MCRInstaller.exe Readme.txt
requiredMCRProducts.txt	说明部署应用程序时需要的 MCR 产品

3. C++共享库文件

在本例中,MATLAB 编译器将 M 文件 ex21_3_1.m 编译为 C++共享库文件 libmyshared.dll。

按 1 配置完编译器后,在命令窗口中输入命令:

```
mcc - W cpplib:libmyshared - T link:lib ex21_3_1.m
```

最终编译所产生的文件如表 21.3 - 7 所列。

表 21.3 - 7　创建 C＋＋共享库时产生的文件

文　件	描　述
libmyshared.cpp	数据库打包器 C＋＋源代码文件,包含数据库的输出函数,代表与 M 函数(ex21_3_1.m)的 C＋＋接口,以及数据库的初始化代码
libmyshared.h	数据库打包器头文件,该文件将被调用 limyshared.dll 的输出函数的应用程序引用
libmyshared.def	定义要导出哪些输出函数。本例中的输出函数包括:libmysharedInitialize libmysharedInitializeWithHandlers libmysharedTerminate libmysharedPrintStackTrace mlxEx21_3_1
libmyshared.exports	mbuild 用于连接数据库的输出文件
Libmyshared.dll	共享数据库二进制文件。在 Windows 平台上,该文件为 libmyshared.dll;在 Solaris 平台上,该文件为 libmyshared.so
libmyshared.exp	连接器使用的输出文件。连接器使用输出文件来创建包含输出的程序,通常是动态链接库文件(.dll)
libmyshared.lib	输入数据库
mccExcludedFiles.log	日志文件。说明哪些文件无法打包以用于目标环境 MCR 中
readme.txt	说明文件。说明部署应用程序时需要哪些必要条件,以及部署时需要将哪些文件打包。本例中,部署时需要打包的文件包括: libmyshared.dll libmyshared.h libmyshared.lib MCRInstaller.exe Readme.txt
requiredMCRProducts.txt	说明部署应用程序时需要的 MCR 产品

21.4　部　署

当用户创建了数据库、组件或应用程序后,常常将其部署到其他的独立于 MATLAB 环境的机器中以供用户使用。

在具体部署时,用户需要有已编译的 M 代码的程序包以及支持该程序包运行的软件,也包括 MCR。MCR 是版本相关的,因此,用户必须确保在目标计算机上安装 MCR 的相应版本。

462

21.4.1　确定需要打包的文件

当用户创建了数据库、组件或应用程序后,需要将运行时所需的文件打包,以便部署到目标计算机中。那么,对不同的应用程序类型,到底哪些文件需要打包呢? 以下分别介绍。

1. 独立的应用程序

软件包包含的文件列于表 21.4 - 1 中。

表 21.4－1　　独立应用程序打包所需文件

软件模块	描　　述
MCRInstaller. exe(Windows)	MCRInstaller 是个自解压可执行程序,用来安装运行应用程序所需的组件,该文件包含在 MATLAB 编译器产品中。该文件所在的路径如下:E:\Program Files\MATLAB\MATLAB Production Server\R2015a\toolbox\compiler\deploy\win32\MCRInstaller. exe
MCRInstaller. bin(UNIX)	MCRInstaller 是个自解压可执行程序,用来安装在 UNIX 机器上(Mac 除外)运行应用程序所需的组件,该文件包含在 MATLAB 编译器产品中
MCRInstaller. dmg(Mac)	MCRInstaller. dmg 是个自解压可执行程序,用来安装在 Mac 机器上运行应用程序所需的组件,该文件包含在 MATLAB 编译器产品中
readme. txt	说明文件。说明部署应用程序时需要哪些必要条件,以及部署时需要将哪些文件打包
application_name. exe(Windows)	MATLAB 编译器产生的应用程序
application_name(UNIX)	

2. C 或 C++共享库

软件包包含的文件列于表 21.4－2 中。

表 21.4－2　　C 或 C++共享库打包所需文件

软件模块	描　　述
MCRInstaller. exe(Windows)	同表 21.4－1
MCRInstaller. bin(UNIX)	同表 21.4－1
MCRInstaller. dmg(Mac)	同表 21.4－1
unzip(UNIX)	用来解压 MCRInstaller. zip,目标计算机必须有解压软件
Libmyshared. dll	共享数据库二进制文件
libmyshared. lib	输入数据库
libmyshared. h	数据库打包器头文件
readme. txt	说明文件

3. .NET 组件

软件包包含的文件列于表 21.4－3 中。

表 21.4－3　　.NET 组件打包所需文件

软件模块	描　　述
componentName_overview. html	预览所生成组件的网页文件
componentNameNative. dll	包含使用 Native API 函数的组件
componentName. dll	包含使用 MWArray API 函数的组件
MCRInstaller. exe	MCR 安装文件
readme. txt	使用说明文件

4. COM 组件

软件包包含的文件列于表 21.4－4 中。

表 21.4-4　COM 组件打包所需文件

软件模块	描　述
readme.txt	使用说明文件
componentName_version.dll	包含编译的 M 代码的 COM 组件
MCRInstaller.exe	MCR 安装文件

5. 使用 Microsoft Excel 的 COM 组件

软件包包含的文件列于表 21.4-5 中。

表 21.4-5　COM 组件打包所需文件

软件模块	描　述
componentName_projectversion.dll	编译的组件
componentName.bas	VBA 模块文件
componentName.xla	内嵌 Excel 的文件
MCRInstaller.exe	MCR 安装文件
readme.txt	使用说明文件

6. Java 组件

用户需创建包含 componentName.jar 文件的 Java 软件包,该软件包在 componentName.ctf 文件中包含指向 M 代码的 Java 接口。

21.4.2　使用部署工具

MATLAB 软件提供了两种使用 MATLAB 编译器的方式:部署工具(Deployment Tool)和在 MATLAB 中执行 mcc 命令。

部署工具是 MATLAB 编译器配备的图形用户界面(GUI)。用户可以通过该工具提供的图形用户界面来使用 MATLAB 命令行接口,以编译并打包要部署在不同计算机上的组件。用户可通过部署工具执行以下操作:

① 指定主 MATLAB 函数。

② 添加无法通过依赖检查自动识别的支持文件,如数据文件或图像等。

③ 保存编辑和打包首选项内容到项目文件(.prj)中。

④ 对 MATLAB 应用程序进行编译和打包。

当用户构建应用程序或组件时,MATLAB 编译器可以确定需要哪些 MATLAB 函数来支持用户添加的文件并对代码进行加密,然后将这些文件封装为可执行文件或组件。

在 Command Window 中输入 deploytool 命令,将会出现如图 21.4-1 所示的对话框。从图中可以看出,Compiler 对话框中包含如下四个选项:

① Application Compiler　用于打包部署独立应用程序的 MATLAB 程序。

② Hadoop Compiler　可以使用 MATLAB MapReduce 创建基于分布式系统基础框架 Hadoop 的分布式应用和数据库。

③ Library Compiler　用于打包部署共享库和 COM 组件的 MATLAB 程序。

④ Production Server Compiler　可将 MATLAB 程序封装到软件组件中,以便与其他编程语言集成。通过 MATLAB Production Server 的支持可以大规模部署到企业系统中。

本节将介绍用户常用的第①、③项的内容。

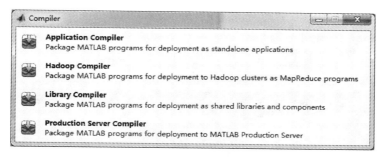

图 21.4 - 1　部署工具窗口

单击 Compiler 对话框中的任一个选项,将打开 MATLAB Compiler 窗口,如图 21.4 - 2 所示。

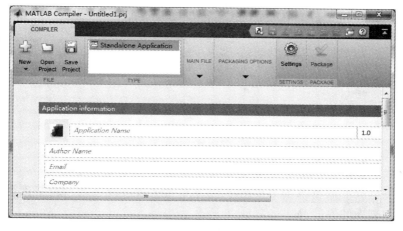

图 21.4 - 2　MATLAB Compiler 窗口

使用部署工具,用户可以按照如下步骤来创建应用程序软件包:

1. 新建一个项目

单击如图 21.4 - 2 所示的 MATLAB Compiler 窗口上的 New 按钮,弹出如图 21.4 - 3 所示的菜单选项。

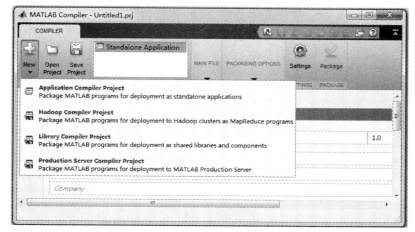

图 21.4 - 3　新建菜单项

若您对此书内容有任何疑问,可以登录MATLAB中文论坛与作者和同行交流。

分别选择下拉菜单中的四个选项,将打开不同的编译工程窗口。

(1) Application Compiler Project

单击该选项可以打开创建独立的应用程序界面,如图 21.4-4 所示。

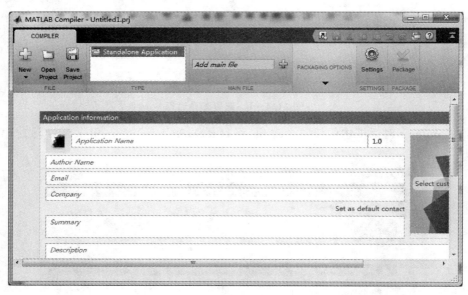

图 21.4-4 创建独立的应用程序界面

(2) Hadoop Compiler Project

单击该选项打开使用 MATLAB MapReduce 创建基于分布式系统基础框架 Hadoop 的分布式应用和数据库的界面,如图 21.4-5 所示。

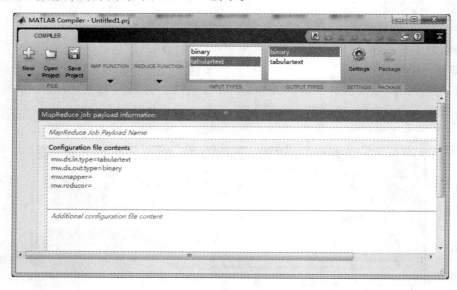

图 21.4-5 创建 Hadoop 分布式应用的程序界面

(3) Library Compiler Project

单击该选项可以打开创建共享库、.NET 组件以及通用 COM 组件的界面,如图 21.4-6 所示。

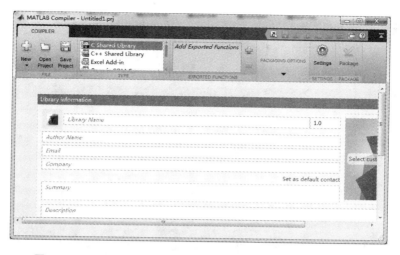

图 21.4-6　创建共享库、.NET 组件以及通用 COM 组件的界面

（4）Production Server Compiler Project

单击该选项可以打开 MATLAB Production Server 编译器界面，如图 21.4-7 所示。

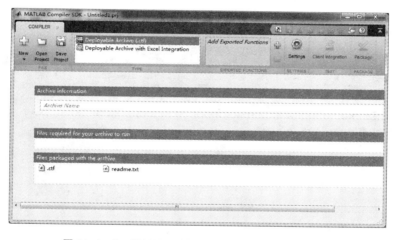

图 21.4-7　MATLAB Production Server 编译器界面

2.　向项目中添加需要编译的文件

下面以创建独立运行的应用程序为例来详细说明如何添加需要编译的文件。

选择创建独立运行的应用程序编译器选项后，将进入如图 21.4-8 所示的界面。

单击界面上方 Add Main File 文本框右侧的"＋（Add main file to the project）"按钮，将弹出"Add Files"对话框，用户可以定位所需的文件并把它们添加到项目中。一般用户需要添加如下几种文件：

① 向 Add main file 中添加主 MATLAB 函数。

② 向 Files required for your application to run 中添加无法通过依赖检查自动识别的支持文件，如数据文件或图像文件等。

③ 向 Files installed for your end user 中添加最终用户所需要的安装文件。

例如，如果要对 ex21_3_1.m 文件进行编译，则将其添加到项目中，如图 21.4-9 所示。

若您对此书内容有任何疑问，可以登录 MATLAB 中文论坛与作者和同行交流。

467

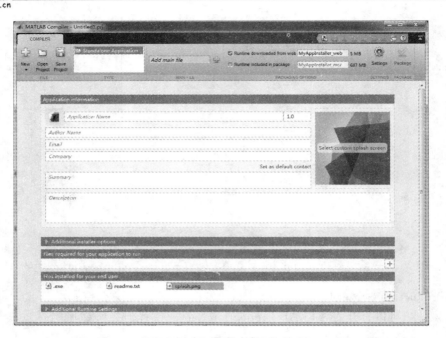

图 21.4-8　创建独立运行的应用程序的完整界面

图 21.4-9　向项目中添加 M 文件

3. 设置项目的相关信息

（1）设置应用程序信息（Application Information）

在界面的上方可以设置与应用程序相关的信息，如图 21.4-9 所示。

① 定义应用程序的名称（Application name），如 ex21_3_1。

② 应用程序的版本，如 1.0。

若您对此书内容有任何疑问，可以登录MATLAB中文论坛与作者和同行交流。

468

③ 作者姓名(Author Name)。

④ Email 地址。

⑤ 公司名称(Company)。

⑥ 简介(Summary)。

⑦ 描述(Description)。

（2）额外的安装选项(Additional installer options)

单击如图 21.4 - 9 所示界面上的 Additional installer options，即可弹出如图 21.4 - 10 所示的界面。

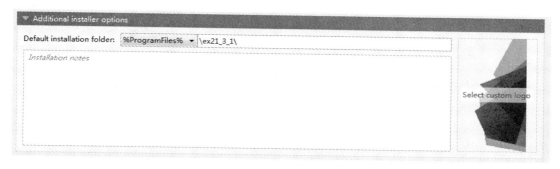

图 21.4 - 10　额外的安装选项

在该界面上可以修改默认的安装文件夹(Default installation folder)以及安装提示信息(Installation notes)。

（3）额外的运行时设置(Additional Runtime Settings)

单击如图 21.4 - 9 所示界面上的"Additional Runtime Settings"，即可弹出如图 21.4 - 11 所示的界面。

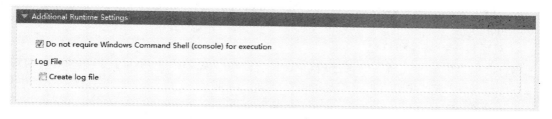

图 21.4 - 11　额外的运行时设置界面

如果勾选 Do not require Windows Command Shell (console) for execution 选项，则打包生成的应用程序在运行时将不运行 Windows 控制台程序，即不出现 MS - DOS 窗口。

此外，还可以选择是否创建日志文件(log file)。

（4）输出文件夹等的设置

单击图 21.4 - 9 上方的 Settings 按钮，将弹出如图 21.4 - 12 所示的项目设置界面。

在 Output Folders 区域，用户可以设置编译产生的测试文件、最终用户使用的文件以及打包的安装文件所存放的文件夹。

默认情况下，deploytool 会在 MATLAB 的当前文件夹下生成一个以应用程序名称命名的文件夹（如 ex21_3_1），并在该文件夹下创建 for_testing、for_redistribution_files_only、for_redistribution 三个子文件夹。

469

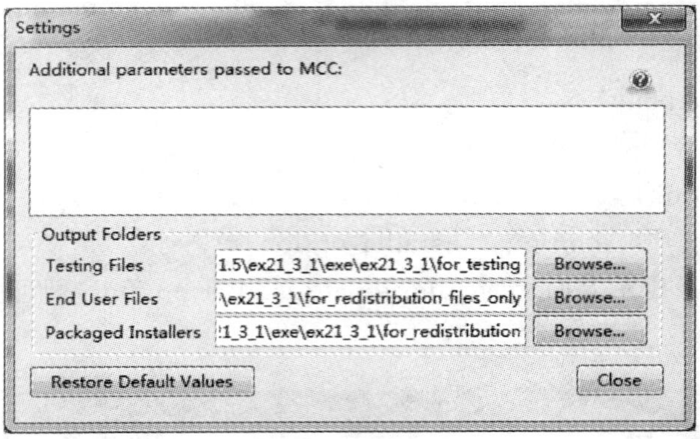

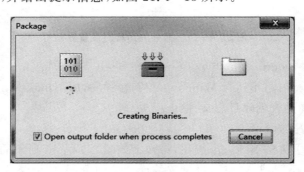

图 21.4 - 12　项目设置界面

此外，还可以输入要传递给 MCC 的一些额外参数（Additional parameters passed to MCC）。

（5）MATLAB 运行库（MCR）设置

在图 21.4 - 9 所示界面的右上方有如下两个选项：

1）Runtime downloaded from web

该选项表示在打包时，不将 MCR 打包到安装包中。用户在将安装包部署到目标计算机中时，首先从 MATLAB 网站上下载并安装 MCR。如果选择该选项，打包生成的安装包会很小，该例中大约为 5MB。

2）Runtime included in package

该选项表示在打包时，要将 MCR 打包到安装包中。用户在将安装包部署到目标计算机中时，直接从安装包中安装 MCR。如果选择该选项，打包生成的安装包会比较大，该例中大约为 688 MB。

以上两个选项后面的文本框允许用户输入安装包的名称，该例中选用默认值 MyAppInstaller_mcr。

4. 对项目进行编译和打包

用户向项目中添加完所需的文件后，单击图 21.4 - 9 窗口右上方的 Pakage 按钮，即可对项目进行编译并打包，并给出提示信息，如图 21.4 - 13 所示。

图 21.4 - 13　编译提示信息窗口

当编译和打包完成后，可以看到在项目所在的路径下新产生了三个子目录，如图 21.4 - 14 所示。其中，for distribution 子目录中包含的文件即为用户用来部署到目标计算机中的文件 MyAppInstaller_mcr. exe。

图 21.4 - 14　编译产生的子目录

5. 打开一个已有项目

利用 deploytool 来将 ex21_3_1.m 文件编译为独立的应用程序时，可以看到，在当前文件夹下生成了 ex21_3_1.prj，如图 21.4 - 15 所示。ex21_3_1.prj 为相应的项目文件，可以使用 deploytool 部署工具来打开该文件。在 deploytool 中打开该文件后，用户可以重新修改项目的设置，然后重新编译该项目文件。

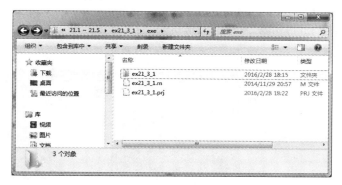

图 21.4 - 15　deploytool 创建的项目文件

单击图 21.4 - 9 界面上方的 Open Project 按钮，可打开 Open Project 对话框，如图 21.4 - 16 所示。选中项目文件后，单击"打开"按钮，即可打开选中的项目文件。

图 21.4 - 16　Open Project 对话框

若您对此书内容有任何疑问，可以登录MATLAB中文论坛与作者和同行交流。

21.4.3 部署到目标计算机

1. Windows 操作系统

① 打开包含 MATALB 运行时（MCR）所需的软件包。

② 在目标计算机上运行 MCRInstaller 一次。MCRInstaller 将打开一个命令窗口，开始安装。MCR 安装的详细步骤见例 21.4 - 1。

③ 如果部署的是 Java 应用程序，用户必须在目标计算机上设置 Java 类所在的路径。

2. Unix 操作系统

① 安装 MCR。找到 MCRInstaller. zip 文件，把它复制到目标计算机上的文件夹中。该文件夹将成为数据库或应用程序的安装文件夹。然后解压 MCRInstaller. zip 文件，并安装 MCR。

② 正确地设置路径环境变量。

③ 如果部署的是 Java 应用程序，用户必须在目标计算机上设置类的路径。

【例 21.4 - 1】 将包含应用程序的软件包部署到目标计算机中。

将 21.4.2 节创建的软件包 MyAppInstaller_mcr. exe 复制到目标计算机的某一个文件夹中，然后按照如下步骤来部署。

① 双击 MyAppInstaller_mcr. exe 图标，运行安装包，弹出如图 21.4 - 17 所示的"ex21_3_1 安装程序"对话框。

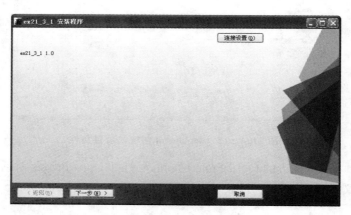

图 21.4 - 17 "ex21_3_1 安装程序"对话框

② 单击"下一步"按钮，弹出如图 21.4 - 18 所示的"安装选项"对话框。

在安装选项对话框中，用户可以选择安装文件夹。单击"浏览"按钮，可以更改安装文件夹。单击"还原默认文件夹"按钮，可以将安装文件夹还原为默认值。默认值为操作系统所在磁盘分区的 Program Files 文件夹下以应用程序名称来命名的一个子文件夹，例如 E:\Program Files\ex21_3_1。

此外，用户还可选择将应用程序的快捷方式添加到桌面，以方便用户启动应用程序。

③ 单击"下一步"按钮，弹出如图 21.4 - 19 所示的"所需软件"对话框。安装程序会自动将所需要的软件，如 MATLAB 运行库（MATLAB Runtime）安装到指定的文件夹中。

④ 连续单击"下一步"按钮，最后弹出如图 21.4 - 20 所示的"确认"对话框。

在该对话框中，提示用户要将应用程序和 MATLAB Runtime 安装到指定的文件夹中。

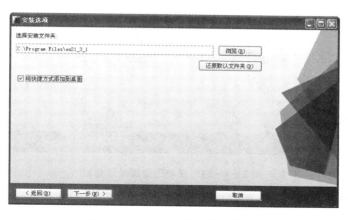

图 21.4 - 18　"安装选项"对话框

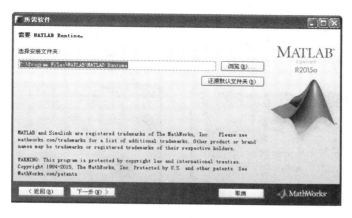

图 21.4 - 19　"所需软件"对话框

如果所有信息都准确无误,可以单击"安装"按钮开始安装;如果信息不正确,可以单击"返回"按钮返回前一个界面进行修改。

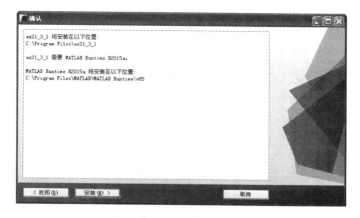

图 21.4 - 20　"确认"对话框

⑤ 连续单击"安装"按钮,开始安装所需软件,并弹出如图 21.4 - 21 所示的安装进度提示对话框。

图 21.4 - 21　安装进度提示对话框

之后，安装向导将所需的文件复制到安装文件夹中，从而完成 MCR 以及应用软件的安装。

安装完成后，可在指定的文件夹（本例中为 C:\Program Files\ex21_3_1）下找到所安装的文件，如图 21.4 - 22。

双击图 21.4 - 22 中的 application 文件夹图标，即可打开该文件夹，文件夹包含应用程序以及图标等文件，如图 21.4 - 23 所示。

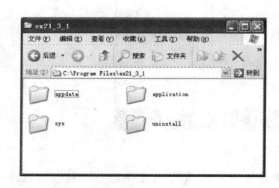

图 21.4 - 22　安装文件夹下的文件

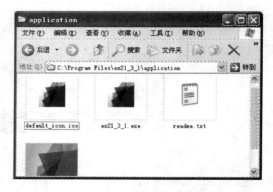

图 21.4 - 23　应用程序及图标文件

双击图 21.4 - 23 中的 ex21_3_1.exe 应用程序图标，即可运行该应用程序，运行结果如图 21.4 - 24 所示。

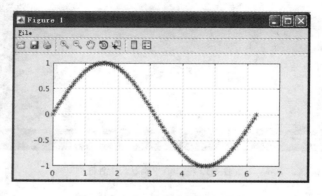

图 21.4 - 24　应用程序运行界面

至此，应用程序的整个部署过程顺利完成。

21.5　典型案例介绍

以下示例程序均以 MATLAB Compiler 6.0（R2015a）为编译工具。有关 Compiler 6.0 的详细信息,请参考 MATLAB 在线帮助文档:

http://www.mathworks.com/help/toolbox/compiler/rn/bri8syh-1.html

21.5.1　将脚本 M 文件编译为独立的应用程序

1. 案例背景

在 5.4.1 节中已经介绍过,在 MATLAB 中,M 文件有两种:脚本文件(MATLAB scripts)和函数文件(MATLAB functions)。两种 M 文件都是以.m 作为文件扩展名,但有很大的不同。

MATLAB 提供了丰富的绘图函数,可以实现强大的绘图功能。利用句柄图形(Handles Graphics)的概念,用户可以解决复杂的绘图问题。

本例主要讲述利用 MATLAB 提供的命令来创建图形窗口、坐标轴、按钮控件,并且在坐标轴中绘制图形,修改图形的颜色,将代码保存为 MATLAB 脚本文件。最后,利用 MATLAB 编译器编译为独立的应用程序。

2. 编程要点

① 利用 5.4 中介绍的直接编写 M 文件来开发图形用户界面的方法来创建一个图形窗口 (figure),名称为"change curve color";一个坐标轴(axes),在其中绘制正弦曲线;四个下压按钮(pushbutton),其中三个用于改变曲线的颜色,一个用于关闭图形窗口。将代码保存为脚本文件。

② 调用 mcc－m 命令来编译 M 文件,生成的应用程序在运行时带有 MS－DOS 窗口。

③ 调用 mcc－e 命令来编译 M 文件,生成的应用程序在运行时不再带有 MS－DOS 窗口。

④ 将生成的可执行文件打包,以便部署到其他计算机中。

3. MATLAB 实现

【例 21.5－1】　以脚本文件的形式来保存图形用户界面程序,并对其进行编译。

1) 创建图形用户窗口,代码保存为 curve_color.m 文件:

```
% 创建图形窗口
h0 = figure('toolbar','none',...
    'units','normalized',...
    'position',[0.2 0.2 0.6 0.5],...
    'name','change cure color');
% 创建坐标轴
h1 = axes('parent',h0,...
    'units','normalized',...
    'position',[0.1 0.4 0.8 0.5],...
    'visible','on');
% 绘制曲线
x = 0:0.1:5 * pi;
k = plot(x,sin(x),'－ *');
xlabel(' 自变量 X');
ylabel(' 函数值 ');
```

475

```
title('改变图像颜色(Y = sin(X))');
% 创建用户改变颜色的下压按钮
p1 = uicontrol('parent',h0,...
    'style','pushbutton',...
    'backgroundcolor','r',...
    'units','normalized',...
    'position',[0.1 0.1 0.15 0.1],...
    'callback','set(k,"color","r")');
p2 = uicontrol('parent',h0,...
    'style','pushbutton',...
    'backgroundcolor','g',...
    'units','normalized',...
    'position',[0.3 0.1 0.15 0.1],...
    'callback','set(k,"color","g")');
p3 = uicontrol('parent',h0,...
    'style','pushbutton',...
    'backgroundcolor','b',...
    'units','normalized',...
    'position',[0.5 0.1 0.15 0.1],...
    'callback','set(k,"color","b")');
% 创建关闭按钮
p4 = uicontrol('parent',h0,...
    'style','pushbutton',...
    'fontsize',20,...
    'fontweight','demi',...
    'string','关闭',...
    'units','normalized',...
    'position',[0.7 0.1 0.2 0.15],...
    'callback','close');
% 创建颜色按钮的标签
t1 = uicontrol('parent',h0,...
    'style','text',...
    'string','红色',...
    'fontsize',12,...
    'fontweight','demi',...
    'units','normalized',...
    'position',[0.1 0.2 0.15 0.1]);
t2 = uicontrol('parent',h0,...
    'style','text',...
    'string','绿色',...
    'fontsize',12,...
    'fontweight','demi',...
    'units','normalized',...
    'position',[0.3 0.2 0.15 0.1]);
t3 = uicontrol('parent',h0,...
    'style','text',...
    'string','蓝色',...
    'fontsize',12,...
    'fontweight','demi',...
    'units','normalized',...
    'position',[0.5 0.2 0.15 0.1]);
```

2）设置 MATLAB 自带的 Lcc C 编译器，并编译 M 文件。

① 设置编译器。

```
>> mbuild - setup
% mbuild 被配置使用 Microsoft Visual C++ 2008 Professional (C) 作为 C 语言编译器
MBUILD configured to use 'Microsoft Visual C++ 2008 Professional (C)' for C language compilation.
To choose a different language, select one from the following:
mex - setup C++ - client MBUILD
mex - setup FORTRAN - client MBUILD
MBUILD configured to use 'Microsoft Visual C++ 2008 Professional' for C++ language compilation.
```

② 编译 M 文件。

调用 mcc － m 命令来编译文件，将结果保存到当前目录中的 dir1 子目录中。

```
mcc - m curve_color.m - d dir1
```

编译完成后，在 dir1 中出现编译生成的文件，如图 21.5 － 1 所示。

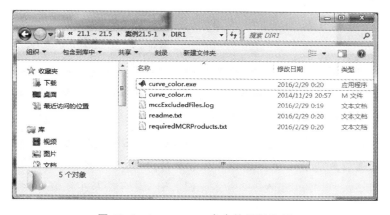

图 21.5 － 1　mcc － m 命令的编译结果

双击 curve_color.exe 文件，即可运行应用程序，结果如图 21.5 － 2 所示。可以看到，程序运行时会出现 MS － DOS 窗口。

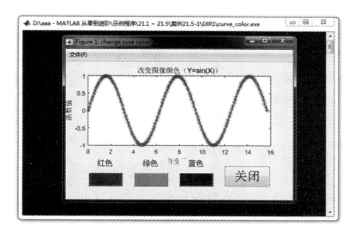

图 21.5 － 2　mcc － m 命令所编译程序的运行效果

调用 mcc － e 命令来编译文件，将结果保存到当前目录的 dir2 子目录中。

```
mcc - e curve_color.m - d dir2
```

编译完成后，在 dir2 中出现编译生成的文件，如图 21.5-3 所示。

双击 curve_color.exe 文件，即可运行应用程序，结果如图 21.5-4 所示。可以看到，程序运行时不会出现 MS-DOS 窗口。

图 21.5-3　mcc-e 命令的编译结果

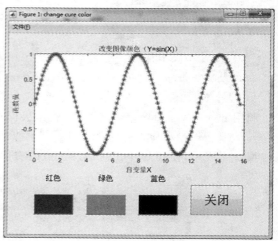

图 21.5-4　mcc-e 命令所编译程序的运行效果

【注】

在 MATLAB 7.1 及其以前的版本中，MATLAB 编译器不支持脚本 M 文件的编译。要编译脚本文件，需要首先将脚本文件转换为函数文件，然后才能正常编译。

在 MATLAB 7.8 及其以后的版本中，MATLAB 编译器不再对编译脚本文件有限制，用户可以正常编译脚本文件和函数文件。

3）将应用程序进行打包处理。

使用 MATLAB 提供的部署工具来对应用程序打包，以便部署到其他计算机中。详细步骤请参见 21.4.2 节。

21.5.2　将函数 M 文件编译为独立的应用程序

1. 案例背景

函数 M 文件也是用户使用 MATLAB 编程时经常使用的文件形式之一。将 MATLAB 代码封装为函数 M 文件的形式，可以使得 M 文件能够接受用户的输入信息，并将处理的结果返回给用户。尤其是对于大型的应用程序，可以将其划分为一个个小的功能模块，每一个功能模块使用函数 M 文件来实现，最终集成为整个应用程序。使用函数 M 文件，用户也可以很方便地扩展 MATLAB 的工具箱，等。

本例讲述如何将函数 M 文件编译为独立的应用程序。将 21.5.1 节中的示例程序修改为函数 M 文件保存，并且调用 MATLAB 编译器来创建独立的应用程序。

2. 编程要点

要将 curve_color.m 应用程序修改为函数 M 文件，用户需要执行如下的操作：

（1）代码的开头添加 function 关键字来定义函数的名称

```
function curve_color
h0 = figure('toolbar','none'...
```

```
'units','normalized',...
'position',[0.2 0.2 0.6 0.5],...
'name','change cure color');
...
```

其中,function 为 MATLAB 的关键字,用来定义函数。curve_color 为函数的名称,函数名称必须按照 MATLAB 中对变量名称的约定来定义。

函数也可以选择带输入和输出参数,如 function [out1 out2 …]=funname(in1,in2,…)。这里选择不带输入和输出参数。

（2）修改程序的代码

由于定义各个按钮的回调函数（Callback）为字符串形式,回调函数的代码在基本（base）工作空间中执行,其中的 set 语句引用的图形对象的句柄必须保存在基本工作空间中。而将 M 文件定义为函数 M 文件后,图形对象的句柄是保存在函数（caller）工作空间中的,而这两个工作空间中的变量是不能直接相互访问的。所以,如果不修改代码,则运行程序并单击按钮后会出现如下错误,提示句柄无效：

```
??? Error using = = > set
Invalid handle object.

??? Error while evaluating uicontrol Callback
```

要解决这个问题,有两条途径：

1) 将函数 M 文件中的变量定义为全局变量。

全局变量的作用为整个 MATLAB 工作空间。全局变量一旦定义,MATLAB 的任何函数都可以访问和修改。

要把变量定义为全局变量,只需调用 global 命令即可。global 命令的调用格式如下：

global X Y Z

其中,X、Y、Z 表示要定义的全局变量的名称。可以同时定义多个全局变量,变量的个数没有严格的限制。

用户在引用全局变量时,必须调用 global 命令来事先声明全局变量,然后才能调用全局变量。

清除全局变量时,需调用 clear 命令：

clear global var

其中,var 为全局变量的名称。

① 修改 curve_color 的代码,在 function 语句的下面添加语句,定义 global 变量：

```
function curve_color
global k
...
x = 0:0.1:5 * pi;
k = plot(x,sin(x),'- * ');
...
```

② 修改各按钮的 Callback 属性值,以使用全局变量：

```
p1 = uicontrol('parent',h0,...
    'style','pushbutton',...
    'backgroundcolor','r',...
    'units','normalized',...
    'position',[0.1 0.1 0.15 0.1],...
```

```
            'callback','global k;set(k,"color","r")');  % 引用全局变量 k
        p2 = uicontrol('parent',h0,...
            'style','pushbutton',...
            'backgroundcolor','g',...
            'units','normalized',...
            'position',[0.3 0.1 0.15 0.1],...
            'callback','global k;set(k,"color","g")');  % 引用全局变量 k
        p3 = uicontrol('parent',h0,...
            'style','pushbutton',...
            'backgroundcolor','b',...
            'units','normalized',...
            'position',[0.5 0.1 0.15 0.1],...
            'callback','global k;set(k,"color","b")');  % 引用全局变量 k
```

③ 在关闭按钮的 Callback 中加入代码，以便在退出程序时清除全局变量 k：

```
        p4 = uicontrol('parent',h0,...
            'style','pushbutton',...
            'fontsize',20,...
            'fontweight','demi',...
            'string',' 关闭 ',...
            'units','normalized',...
            'position',[0.7 0.1 0.2 0.15],...
            'callback','clear global k;close');
```

修改后的 M 文件见 curve_color1.m。

2）将函数 M 文件中的变量指派到基本工作空间中。

assignin 将函数 M 文件中的变量的值指派给指定工作空间中的变量。

函数的调用格式如下：

assignin(ws, 'var', val);

其中，ws 为标识工作空间的字符串，其值可以为"base"或"caller"；val 为函数 M 文件中的局部变量，var 为指定工作空间 ws 中的变量，若变量 var 在指定工作空间中不存在，则 MATLAB 自动创建该变量。

修改程序的代码，将图形句柄 k 的值指派到基本工作空间中的变量 k：

```
        assignin('base','k',k);
```

修改后的 M 文件见 curve_color2.m。

3. MATLAB 实现

【例 21.5 - 2】 将脚本文件转换为函数 M 文件，并进行编译。

21.5.1 节中生成的 curve_color1.m 和 curve_color2.m 文件，其实现的功能完全相同。下面仅以 curve_color1.m 为例，说明程序的编译和打包步骤。

（1）设置编译器

按照 21.5.1 节所介绍的方法设置编译器，选择 Microsoft Visual C++ 2008 Professional (C)编译器。

（2）对 M 文件进行编译

将 MATLAB 的当前目录设置为包含 curve_color1.m 文件的目录，如"D:\aaa - MATLAB 从零到进阶\示例程序\21.1~21.5\案例 21.5 - 2"。然后在命令窗口中输入如下的命令：

```
mcc - mcurve_color1.m - ddir1
```

（3）对应用程序进行打包处理

使用 MATLAB 的部署工具对文件进行打包，选择输出文件夹为 DIR1，最终产生的部署

文件为 MyAppInstaller_web. exe,该软件包在安装时会自动从网上下载并安装 MCR。

21.5.3　将由 GUIDE 创建的 GUI 程序编译为可独立运行的程序

1. 案例背景

在本书的 5.3 节已经介绍过,MATLAB 提供了一个专门用于 GUI 程序设计的快速开发环境——GUIDE。利用 GUIDE 这一界面设计工具集,用户不需要编写任何代码,即可以通过鼠标的简单拖拽就能迅速地产生各种 GUI 控件,并可以根据要求方便地修改它们的外形、大小、颜色等属性,从而帮助用户方便地设计出各种符合要求的图形用户界面程序(GUI)。

随着 MATLAB 软件版本的不断升级,GUIDE 在图形用户界面开发方面的功能越来越强大,越来越多的用户选择使用 GUIDE 来创建自己的 GUI 程序。因此,掌握对由 GUIDE 创建的图形用户界面程序进行编译的方法是很有必要的。

此外,比较复杂的 MATLAB 程序都是由多个 M 文件组成的。例如:一个应用程序有一个主函数 M 文件,主函数 M 文件又要调用其他的两个 M 文件,而这两个 M 文件又可能会调用其他的 M 文件,从而构成比较复杂的应用程序。对由多个 M 文件组成的应用程序的编译也是用户需要掌握的。

2. 编程要点

其实,从图 21.3-1 可以看到,MATLAB 编译器在编译的过程中会有"依存关系检查"这一步骤,即 MATLAB 编译器会对用户用于编译的 M 文件进行检查,确定用户提供的 M 文件需要调用哪些 M 文件。此外,MATLAB 编译器也分析用户提供的 M 文件还要调用哪些 MATLAB 内置函数以及 MATLAB 对象。

在依存关系检查中创建的 MATLAB 文件(M 文件和 MEX 文件)列表用于创建 CTF 文档。CTF 文档包含应用程序正常执行所需要的文件。这些文件被加密并压缩到单个文件中以方便部署,目录信息也包含在其中,以确保目录中的文件能被正确地安装到目标计算机中。

因此,在对包含多个 M 文件的 MATLAB 程序进行编译时,用户只需在 mcc 命令行中包含主函数 M 文件即可,MATLAB 编译器会自动查找所需要的其他 M 文件,不需要用户逐个进行编译,用户也不需要担心会有哪些函数会被遗漏。

由 GUIDE 创建的应用程序包括 M 文件和 FIG 文件,用户在利用 MATLAB 编译器进行编译时,其编译方法与普通的 M 文件的编译是一样的。如果存在多个 M 文件,则只需对主 M 文件进行编译。

3. MATLAB 实现

【例 21.5 - 3】　编译由 GUIDE 创建的包含多个 M 文件的应用程序。

(1)利用 GUIDE 创建 GUI 程序

使用 GUIDE 创建两个图形用户界面程序:gui1 和 gui2。在两个界面上分别创建下压按钮、静态文本和坐标轴。利用 5.6.4 节中介绍的在不同 GUI 之间传递数据的方法,实现在一个 GUI 上操作另一个 GUI 上的坐标轴,在其中绘制图形。

程序界面如图 21.5-5 和图 21.5-6 所示。

① 将 gui1 和 gui2 界面上的坐标轴对象的"NextPlot"属性值设置为"replacechildren"。这样做的目的是:当在坐标轴中绘图时,MATLAB 会清除坐标轴上的所有子对象,但不重置坐标轴的属性值,以免在 handles 结构中利用坐标轴的"Tag"值引用句柄值时出现"引用无效句柄对象"的错误。

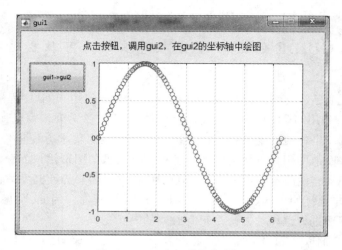

图 21.5 - 5　gui1 的运行界面

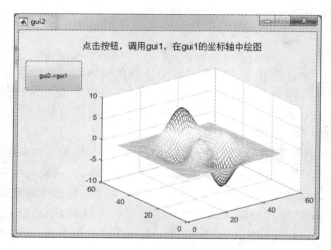

图 21.5 - 6　gui2 的运行界面

② 修改 gui1 的 pushbutton1 的 Callback 中的代码：

```
function pushbutton1_Callback(hObject, eventdata, handles)
% hObject       handle to pushbutton1 (see GCBO)
% eventdata     reserved - to be defined in a future version of MATLAB
% handles       structure with handles and user data (see GUIDATA)
% 调用 gui2,并返回 gui2 的 figure 对象的句柄
h = gui2(handles.figure1);
% 调用 guihandles 函数取得与句柄 h 相对的 gui2 的句柄结构 handles
gui2Handles = guihandles(h);
% 在 gui2 的坐标轴中绘图
axes(gui2Handles.axes1);
mesh(peaks(50));
```

③ 修改 gui2 的 pushbutton1 的 Callback 中的代码：

```
function pushbutton1_Callback(hObject, eventdata, handles)
% hObject       handle to pushbutton1 (see GCBO)
% eventdata     reserved - to be defined in a future version of MATLAB
% handles       structure with handles and user data (see GUIDATA)
```

```
% 调用 gui1,并返回 gui1 的 figure 对象的句柄
h = gui1(handles.figure1);
% 调用 guihandles 函数取得与句柄 h 相对的 gui1 的句柄结构 handles
gui1Handles = guihandles(h);
% 在 gui1 的坐标轴中绘图
axes(gui1Handles.axes1);
x = 0:pi/50:2 * pi;
y = sin(x);
plot(x,y,'ro');
grid on
```

运行 gui1,弹出如图 21.5.5 所示的界面。单击"gui1→gui2"按钮,则打开 gui2 界面,并在 gui2 的坐标轴中绘制网格图,如图 21.5 - 6 所示;单击 gui2 界面上的"gui2→gui1"按钮,则在 gui1 的坐标轴中绘制正弦曲线。

(2) 利用 MATLAB 编译器编译该应用程序

在该示例程序中,共有 gui1.m、gui2.m、gui1.fig 和 gui2.fig 4 个文件。在使用 mcc 命令编译时,只需在命令行中包含 gui1.m 文件(主函数 M 文件)即可。

在命令窗口中输入以下命令对应用程序进行编译:

```
% 将输出结果保存到 dir1 子目录中,并在命令窗口中输出编译信息
mcc - mv gui1 - d dir1
```

编译后的结果如图 21.5 - 7 所示。

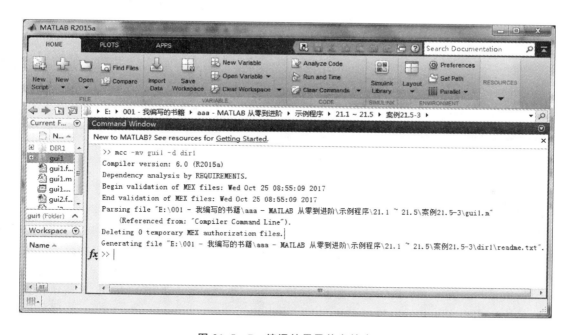

图 21.5 - 7　编译结果及信息输出

编译完成后,可以看到在 DIR1 目录中生成了 4 个文件,其中 gui1.exe 为可执行应用程序;mccExcludedFiles.log 中为无法打包以用于目标环境 MCR 中的工具箱函数;readme.txt 为使用说明文件;requiredMCRProducts.txt 为所需的 MCR 产品的说明。

(3) 使用部署工具对应用程序打包

在命令窗口中输入命令:deploytool,可打开部署工具,如图 21.5 - 8 所示。添加 gui1.m

文件到主文件中,部署工具会自动检查 gui1. m 的依赖关系,自动将 gui1. fig、gui2. m 和 gui2. fig 添加进去。单击 Package 按钮开始打包,可以看到,部署工具在当前文件夹下自动创建了 gui1 子文件夹,并在其中创建了 for_redistribution 子文件夹。for_redistribution 子文件夹中包含了生成的打包文件 MyAppInstaller_web. exe,该文件即为用户用来部署应用程序的软件包。

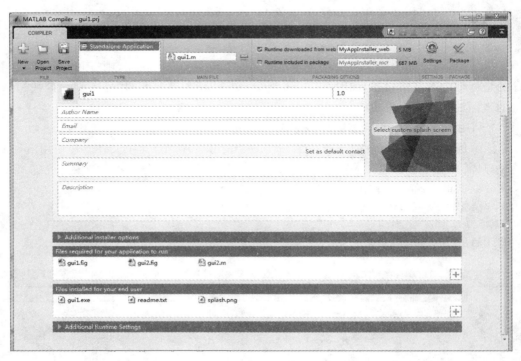

图 21.5 - 8　打包 gui1. m 的部署工具界面

21.5.4　将 MATLAB 程序编译为 C 共享库

1. 案例背景

C 语言是目前世界上流行、使用最广泛的面向过程的高级程序设计语言,许多应用软件都是用 C 语言编写的。C 语言提供了基本的函数库,程序员可以使用这些函数库来完成复杂的运算,处理大量的数值数据。但有时,这些基本的函数往往不能满足要求,需要程序员来编写高级函数来完成所需的运算,如矩阵运算等。而 MATLAB 具有几百个数学函数,可以完成数值分析、模拟与运算等强大的功能。因此,如果能在 C 开发环境中调用 MATLAB 强大的函数库,则能为应用程序的开发提供很大的方便。

可以利用 MATLAB Compiler SDK(MATLAB 编译器 SDK)将 MATLAB 函数打包成 C 或 C++共享库,然后在 C 或 C++编程时调用这些共享库中的函数,从而就像从 MATLAB 命令行中来调用这些函数一样方便。

本案例讲述如何使用 MATLAB Compiler SDK 将 MATLAB 算法编译为 C 共享库。

2. 编程要点

使用 C 共享库打包器选项可以将任何 M 函数编译为 C 共享库,见"21. 3. 2 mcc 命令详解"。

（1）使用 mcc 命令创建 C 共享库

① 假设要将 myfilename.m 文件编译为 C 共享库，可以使用下面的命令：

```
mcc - B csharedlib:libname myfilename.m - v
```

其中，- B csharedlib 选项是一个束选项，它扩展为

```
- W lib:<libname>   - T link:lib
```

- W lib:<libname>选项让 MATLAB 编译器生成一个函数打包器，名称为 libname；- T link:lib 指定目标输出为共享库。

② 用户还可以使用下面的命令来生成 C 共享库 myfilename.dll：

```
mcc - l myfilename.m - v
```

③ 如果要将多个 M 文件编译为 C 共享库，可以使用如下的命令：

```
mcc - l myfilename1.m myfilename2.m myfilename3.m - v
```

生成的 C 共享库的名称为 myfilename1.dll。

（2）编写 C 共享库驱动程序

调用 MATLAB Compiler SDK 生成的共享库的所有驱动程序一般都有类似的结构：

① 使用 mclmcrInitialize 函数来初始化 MCR。

② 使用 mclRunMain 函数来调用使用 C 共享库的代码。

③ 声明变量，处理和验证输入参数。

④ 调用 mclInitializeApplication 函数，验证是否成功。mclInitializeApplication 函数用来设置全局 MCR 的状态，并允许创建 MCR 的实例。

⑤ 每个库调用一次<libname>Initialize 函数，来创建库所需要的 MCR 实例。

⑥ 调用每个库的输出函数，并处理调用结果。该部分是程序的主体部分。

如果驱动程序要显示 MATLAB 窗口，则必须在调用 Terminate 和 mclTerminateApplication 函数之前调用 mclWaitForFiguresToDie(NULL)函数，以确保窗口一直显示在屏幕上，直到用户选择关闭窗口或退出程序。

⑦ 当应用程序不再需要调用指定的库函数时，调用每个库的<libname>Terminate 函数，来销毁相关的 MCR 实例，释放与 MCR 相关的资源。一旦一个库被终止，则该库的输出函数在应用程序中就不能被再调用。

【注】 <lib>Terminate 函数将回收所有未被同一个库或其他库初始化的 MCR 地址空间，因此，在调用<lib>Terminate 函数后紧接着调用<lib>Initialize 函数会产生不可预料的错误。正确的调用格式如下：

```
...code...
mclInitializeApplication();
lib1Initialize();
lib2Initialize();

lib1Terminate();
lib2Terminate();
mclTerminateApplication();
...code...
```

⑧ 当应用程序不再需要调用任何库时，调用 mclTerminateApplication 函数。该函数释放 MCR 实例所使用的应用程序级别的资源。该函数被调用后，应用程序就不能再使用任何库了。

⑨ 清除变量，关闭文件，等，并退出应用程序。

（3）编译驱动程序

要编译驱动程序，使用 C/C++编译器。使用 mbuild 命令来编译驱动程序：

```
mbuild matrixdriver.c libmatrix.lib    (Windows)
mbuildmatrixdriver.c - L. - lmatrix - I.  (UNIX)
```

编译完成后，生成独立的应用程序 mydriver. exe（Windows 平台）和 matrixdriver（UNIX 平台）。

（4）部署调用共享库的独立应用程序

要部署调用共享库的独立应用程序，需要将表 21.5-1 所列的文件打包并部署到目标计算机上。

表 21.5-1　部署调用共享库的独立应用程序所需的文件

所需文件	描　述
MCRInstaller. exe（Windows）	同表 21.4-1
MCRInstaller. bin（UNIX）	同表 21.4-1
MCRInstaller. dmg（Mac）	同表 21.4-1
unzip（UNIX）	用来解压 MCRInstaller. zip，目标计算机必须有解压软件
Libmyshared. dll	共享数据库二进制文件
libmyshared. lib	输入数据库
libmyshared. h	数据库打包器头文件
readme. txt	说明文件

（5）在其他应用程序中调用 C 共享库

要在其他应用程序中调用 MATLAB Compiler SDK 产生的 C 共享库，可以遵循如下的步骤：

① 在应用程序中包含每一个 C 共享库的头文件。

② 调用 mclmcrInitialize 函数来初始化 MCR 的代理层。

在运行时，每一个 C 共享库都有一个 MCR 实例与之相关联。因此，如果一个应用程序链接了两个由 MATLAB 编译器产生的共享库，则就必须启动两个 MCR 实例。

③ 使用 mclRunMain 函数来调用 C 函数。mclRunMain 函数提供了一种方便的跨平台机制，用于打包可执行的 MATLAB 代码。

④ 初始化 MCR，调用 mclInitializeApplication 来设置 MCR 的全局选项。

必须在每一个应用程序中调用一次 mclInitializeApplication 函数，并且必须在调用其他 MATLAB API 函数之前调用。用户可以向该函数传递应用程序层面的选项。

⑤ 调用初始化函数 libnameInitialize 来初始化每一个 C 共享库。

⑥ 在需要的地方调用每一个共享库的导出函数。

⑦ 当应用程序不再使用共享库时，调用共享库的终止函数 libnameTerminate 来释放与共享库相关联的资源。当一个共享库被终止后，库的导出函数将不能再次被应用程序调用。

⑧ 当应用程序不再使用任何 C 共享库时，调用 mclTerminateApplication 函数来终止应用程序。该函数释放 MCR 所使用的与应用程序相关的所有资源。

【注】　在一个应用程序中，mclInitializeApplication 函数只能被调用一次。如果多次调用该函数，则会产生错误，并使函数返回 false 数值。

当用户调用 mclTerminateApplication 函数后，也不能再次调用 mclInitializeApplication

函数。因为在调用 mclTerminateApplication 函数后,任何 MATLAB 函数都不能被调用。

这两个函数的原型定义为:

```
bool mclInitializeApplication(const char * * options, int count);
bool mclTerminateApplication(void);
```

mclInitializeApplication 函数有两个输入参数:一个是用户可以设置的选项字符串数组(这正是在编译时通过 −R 选项提供给 mcc 命令的选项),另一个是选项的个数。如果函数调用成功则返回 true,否则返回 false。

mclTerminateApplication 函数无输入参数。只有当所有的 MCR 实例被销毁后,该函数才能被调用。如果函数调用成功则返回 true,否则返回 false。

以下 C 代码摘自 MATLAB 帮助文件,演示了这两个函数的使用方法:

```c
#include "libmatrix.h"
int run_main(int argc, char * * argv)
{
    mxArray * in1, * in2;
    mxArray * out = NULL;
    double data[] = {1,2,3,4,5,6,7,8,9};
    if( !mclInitializeApplication(NULL,0) )
    {
        fprintf(stderr, "Could not initialize the application.\n");
        return −1;
    }

    in1 = mxCreateDoubleMatrix(3,3,mxREAL);
    in2 = mxCreateDoubleMatrix(3,3,mxREAL);
    memcpy(mxGetPr(in1), data, 9 * sizeof(double));
    memcpy(mxGetPr(in2), data, 9 * sizeof(double));

    if (! libmatrixInitialize()){
        fprintf(stderr,"Could not initialize the library.\n");
        return −2;
    }
    else
    {
        mlfAddmatrix(1, &out;, in1, in2);
        printf("The value of added matrix is:\n");
        display(out);

        mxDestroyArray(out); out = 0;
        mlfMultiplymatrix(1, &out;, in1, in2);
        printf("The value of the multiplied matrix is:\n");
        display(out);
        mxDestroyArray(out); out = 0;
        mlfEigmatrix(1, &out;, in1);
        printf("The eigenvalues of the first matrix are:\n");
        display(out);
        mxDestroyArray(out); out = 0;

        libmatrixTerminate();

        mxDestroyArray(in1); in1 = 0;
        mxDestroyArray(in2); in2 = 0;
```

487

```
        }
        mclTerminateApplication();
        return 0;
}

int main()
{
        mclmcrInitialize();
        return mclRunMain((mclMainFcnType)run_main,0,NULL);
}
```

3. MATLAB 实现

以 MATLAB 帮助文件中的示例程序为例。

该示例程序以矩阵 a＝[1 4 7;2 5 8;3 6 9]为输入参数,分别求矩阵的和(a＋a)、矩阵的乘积(a＊a)以及矩阵的特征值(eigevalue)。

(1) 创建共享库

1) 将 matlabroot/extern/examples/compilersdk 目录下的文件 addmatrix.m,multiplymatrix.m,eigmatrix.m,matrixdriver.c 复制到 MATLAB 当前工作目录中。

matlabroot 表示 MATLAB 的安装目录,在命令窗口中输入 matlabroot 可以得到安装目录,如本案例安装目录为 E:\Program Files\MATLAB\MATLAB Production Server\R2015a。

2) 调用 mcc 命令创建共享库:

```
% 创建 C 共享库,名称为 addmatrix
mcc - B csharedlib: libmatrix addmatrix.m multiplymatrix.m eigmatrix.m - v
```

- B csharedlib 是束文件选项,可以扩展为:

```
- W lib:<libname> - T link:lib
```

- W lib:<libname>指示 MATLAB 编译器为共享库生成函数打包器 libname,- T link:lib 指定目标输出为共享库。

编译完成后,生成一系列文件,其中 libmatrix.h、libmatrix.dll、libmatrix.lib、MCRInstaller.exe 这四个文件是在打包时所必需的。

(2) 编写驱动程序

按照 21.5.4 节编程要点中所介绍的方法编写驱动程序。以下代码为 matrixdriver.c 中的代码。

```
/* ============================================================
 *
 * MATRIXDRIVER.C    Sample driver code that calls the shared
 *                   library created using MATLAB Compiler. Refer to the
 *                   documentation of MATLAB Compiler for more information on
 *                   this
 *
 * This is the wrapper C code to call a shared library created
 * using MATLAB Compiler.
 *
 * Copyright 1984 - 2007 The MathWorks, Inc.
 *
 * ============================================================ */

# include <stdio.h>
```

```
/* Include the MCR header file and the library specific header file
 * as generated by MATLAB Compiler */
#include "libmatrix.h"

/* This function is used to display a double matrix stored in an mxArray */
void display(const mxArray* in);

int run_main(int argc, char ** argv)
{
    mxArray * in1, * in2; /* Define input parameters */
    mxArray * out = NULL; /* and output parameters to be passed to the library functions */
    double data[] = {1,2,3,4,5,6,7,8,9};

    /* Call the mclInitializeApplication routine. Make sure that the application
     * was initialized properly by checking the return status. This initialization
     * has to be done before calling any MATLAB API's or MATLAB Compiler generated
     * shared library functions.   */
    if( !mclInitializeApplication(NULL,0) )
    {
        fprintf(stderr, "Could not initialize the application.\n");
        return -1;
    }

    /* Create the input data */
    in1 = mxCreateDoubleMatrix(3,3,mxREAL);
    in2 = mxCreateDoubleMatrix(3,3,mxREAL);
    memcpy(mxGetPr(in1), data, 9 * sizeof(double));
    memcpy(mxGetPr(in2), data, 9 * sizeof(double));

    /* Call the library intialization routine and make sure that the
     * library was initialized properly. */
    if (!libmatrixInitialize()){
        fprintf(stderr,"Could not initialize the library.\n");
        return -2;
    }
    else
    {
        /* Call the library function */
        mlfAddmatrix(1, &out, in1, in2);
    /* Display the return value of the library function */
        printf("The value of added matrix is:\n");
        display(out);
    /* Destroy the return value since this variable will be reused in
     * the next function call. Since we are going to reuse the variable,
     * we have to set it to NULL. Refer to MATLAB Compiler documentation
     * for more information on this. */
        mxDestroyArray(out); out = 0;
        mlfMultiplymatrix(1, &out, in1, in2);
        printf("The value of the multiplied matrix is:\n");
        display(out);
        mxDestroyArray(out); out = 0;
        mlfEigmatrix(1, &out, in1);
        printf("The eigenvalues of the first matrix are:\n");
        display(out);
        mxDestroyArray(out); out = 0;
```

489

```
        /* Call the library termination routine */
            libmatrixTerminate();

        /* Free the memory created */
            mxDestroyArray(in1); in1 = 0;
            mxDestroyArray(in2); in2 = 0;
    }

/* Note that you should call mclTerminate application at the end of
 * your application.
 */
    mclTerminateApplication();
    return 0;
}


/* DISPLAY This function will display the double matrix stored in an mxArray.
 * This function assumes that the mxArray passed as input contains double
 * array.
 */
void display(const mxArray* in)
{
    int i = 0, j = 0; /* loop index variables */
    int r = 0, c = 0; /* variables to store the row and column length of the matrix */
    double * data; /* variable to point to the double data stored within the mxArray */

    /* Get the size of the matrix */
    r = mxGetM(in);
    c = mxGetN(in);
    /* Get a pointer to the double data in mxArray */
    data = mxGetPr(in);

    /* Loop through the data and display the same in matrix format */
    for( i = 0; i < c; i++ ){
        for( j = 0; j < r; j++ ){
            printf("%4.2f\t",data[j*c+i]);
        }
        printf("\n");
    }
    printf("\n");
}

int main()
{
    mclmcrInitialize();
    return mclRunMain((mclMainFcnType)run_main,0,NULL);
}
```

（3）编译驱动程序

要编译驱动程序代码 matrixdriver.c,使用 mbuild 命令：

```
mbuild matrixdriver.clibmatrix.lib
```

编译完成后,生成 matrixdriver.exe 应用程序。

（4）测试驱动程序

① 在 Windows 系统中创建环境变量 PATH,变量的值为 matlabroot\runtime\win32,例如 E:\Program Files\MATLAB\MATLAB Production Server\R2015a\runtime\win32。

② 在 Windows 系统中打开 MS－DOS 窗口,定位到 matrixdriver.exe 所在的目录。

③ 在 DOS 提示符下键入命令:matrixdriver.exe,即可显示运行结果。

```
Microsoft Windows [版本 6.1.7601]
版权所有 (c) 2009 Microsoft Corporation。保留所有权利。

E:\Users\Liuhj>cd desktop

E:\Users\Liuhj\Desktop>

E:\Users\Liuhj\Desktop>cd MY

E:\Users\Liuhj\Desktop\MY>matrixdriver.exe
The value of added matrix is:
2.00        8.00        14.00
4.00        10.00       16.00
6.00        12.00       18.00

The value of the multiplied matrix is:
30.00       66.00       102.00
36.00       81.00       126.00
42.00       96.00       150.00

The eigenvalues of the first matrix are:
16.12      -1.12        -0.00
```

（5）将应用程序打包

使用部署工具,对应用程序进行打包。

在命令窗口中输入 deploytool 命令,弹出部署工具界面,打开刚刚生成的 libmatrix.prj 项目文件,按照图 21.5－9 所示进行设置。

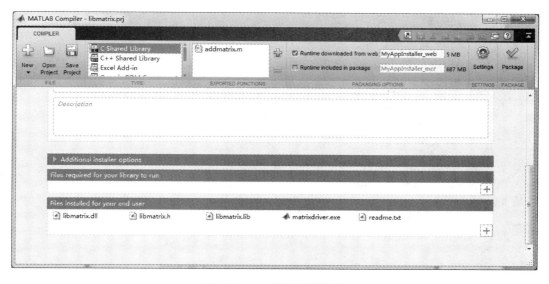

图 21.5－9　打包设置选项

其中,在 Files installed for your end user 中,用鼠标单击右侧的"＋"按钮,弹出 Add Files 对话框,查找到刚刚编译生成的 matrixdriver.exe 文件,将其添加到 Files installed for your end user 中。单击图 21.5－9 所示界面右上方的 Package 按钮,开始打包。

打包完成后,可以看到在 MATLAB 的当前目录中生成了 for_redistribution 文件夹,用户可以使用其中的 MyAppInstaller_web.exe 软件包将应用程序部署到其他计算机上。

21.5.5 将 MATLAB 程序编译为 C++ 动态链接库

1. 案例背景

Visual C++ 是微软推出的可视化集成开发环境，微软的基础类库（MFC）简化了 Windows 应用程序的开发。Visual C++ 代码基于面向对象的编程思想，有利于代码的复用，使用 Visual C++ 开发的应用程序具有代码效率高、执行速度快、界面友好等特点。

MATLAB 具有强大的科学计算功能，为用户提供了丰富的绘图函数，可以生成复杂的图形，Visual C++ 在这方面的功能偏弱，但 MATLAB 的图形用户界面设计不如 Visual C++ 方便。因此，如何将 MATLAB 软件的数学计算和绘图功能嵌入到 Visual C++ 开发环境中，是很多用户关注的热点。

本节介绍如何将 MATLAB 代码编译为 C++ 动态连接库文件，并在 Microsoft Visual Studio 2008 创建的 C++ 工程中调用该库文件。

2. 编程要点及实现

（1）配置 MATLAB 编译器

用户必须首先调用 mbuild -setup 命令来设置编译器。例如，可以选择 Microsoft Visual C++ 2008 Professional （C）编译器。

```
>> mbuild - setup
% mbuild 被配置使用 Microsoft Visual C++ 2008 Professional (C) 作为 C 语言编译器
MBUILD configured to use 'Microsoft Visual C++ 2008 Professional (C)' for C language compilation.
To choose a different language, select one from the following:
mex - setup C++ - client MBUILD
mex - setup FORTRAN - client MBUILD
MBUILD configured to use 'Microsoft Visual C++ 2008 Professional' for C++ language compilation.
```

（2）产生 C++ 动态链接库文件

在 MATLAB 中创建函数 M 文件，然后使用 mcc 命令调用 MATLAB 编译器对 M 文件进行编译，以产生所需要的 C++ 动态链接库文件。

1）在 MATLAB 中创建文件 matlabtovc.m，代码如下：

```
function matlabtovc()
figure('menubar','none',...
    'toolbar','none',...
    'numbertitle','off',...
    'name','MATLAB 与 VC 联合编程 ');
x = 0:pi/50:2 * pi;

subplot(221);
plot(x,sin(x),'r - ','marker','o');
title('sin');
grid on

subplot(222);
plot(x,cos(x),'g:','marker','* ');
title('cos');
grid on

Y = [5 2 1
    8 7 3
    9 8 6
    5 5 5
```

```
       4 3 2];
subplot(223);
bar(Y);
title('bar');
grid on

subplot(224);
mesh(peaks);
title('mesh');
set(gca,'xminorgrid','on','yminorgrid','on');
```

程序运行的界面如图 21.5-10 所示。

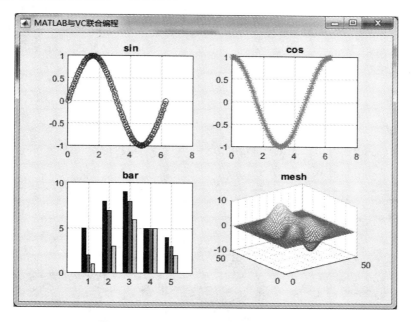

图 21.5-10　matlabtovc 程序的运行界面

2) 调用 mcc 命令,创建 C++动态链接库文件

在命令窗口中输入以下命令,对 M 文件进行编译:

```
>> mcc - W cpplib:matlabtovc - T link:lib matlabtovc.m
```

编译完成后,产生一系列文件,其中 matlabtovc.h、matlabtovc.dll、matlabtovc.lib、MCRInstaller.exe、readme.txt 这几个文件是使用部署工具打包时使用的文件。

接下来,使用 MATLAB 的部署工具(deploytool)对文件进行打包。在命令窗口中输入如下命令:

```
>> deploytool
```

打开部署工具,选择 Library Compiler Project 选项,然后选择 C++ Shared Library 类型,如图 21.5-11 所示。在 Add Main Function 中添加 matlabtovc.m 文件,单击工具条上的"Package the project"按钮,即可自动生成打包文件 MyAppInstaller_web.exe 以及部署所需要的文件:matlabtovc.dll、matlabtovc.h、matlabtovc.lib、readme.txt、default_icon.ico。

(3) 在 VC 工程中调用 C++动态链接库文件

在 Microsoft Visual Studio 2008 中创建基于 MFC 的工程,调用上述(2)中产生的动态链接库。

493

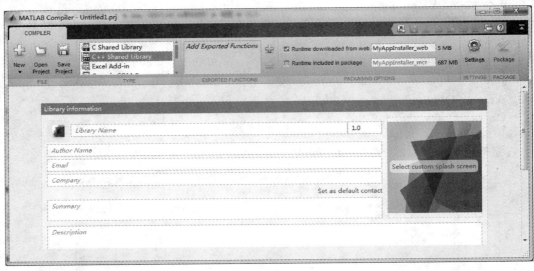

图 21.5 - 11　部署工具界面

① 运行 Microsoft Visual Studio 2008 软件，在主界面上选择 File→New→Project 菜单项，创建新的工程，如图 21.5 - 12 所示。

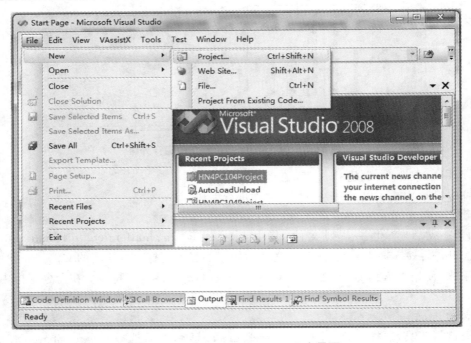

图 21.5 - 12　Visual Studio 2008 主界面

② 弹出 New Project 对话框，在左侧的 Project types 列表中选择 MFC，在右侧的 Templates 列表中选择 MFC Application，在 Name 区域内输入工程名称 mydemo，如图 21.5 - 13 所示。

③ 单击 OK 按钮，弹出 MFC Application Wizard(MFC 应用程序向导)对话框，如图 21.5 - 14 所示。单击 Next 按钮，根据应用程序向导的提示，一步步设置，创建基于对话框的应用程序。

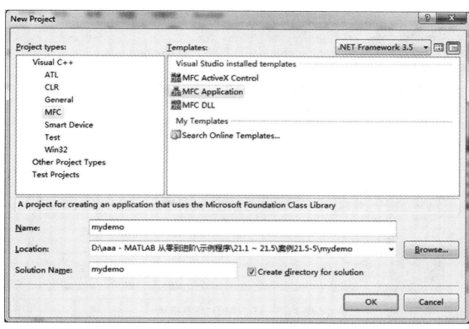

图 21.5 – 13　选择创建可执行程序 mydemo

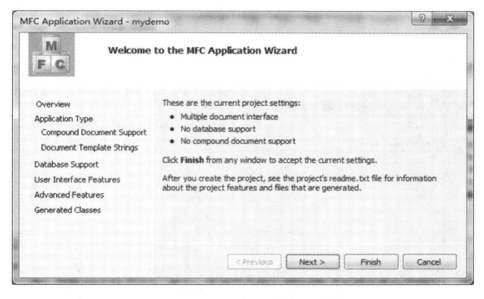

图 21.5 – 14　MFC 应用程序向导对话框

④ 在资源编辑器中编辑对话框模板。

在资源编辑器（ResourceView）中打开对话框模板，在其中添加"显示"和"退出"两个按钮，如图 21.5 – 15 所示。"显示"按钮用来显示 MATLAB 中的图形窗口和图形；"退出"按钮用来退出应用程序。

⑤ 添加并编辑"显示"和"退出"按钮的消息处理函数。

在 CMydemoDlg 类中添加"显示"和"退出"按钮的消息处理函数，如图 21.5 – 16 所示。

若您对此书内容有任何疑问，可以登录MATLAB中文论坛与作者和同行交流。

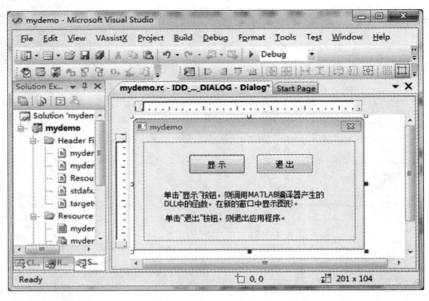

图 21.5 - 15　编辑对话框模板

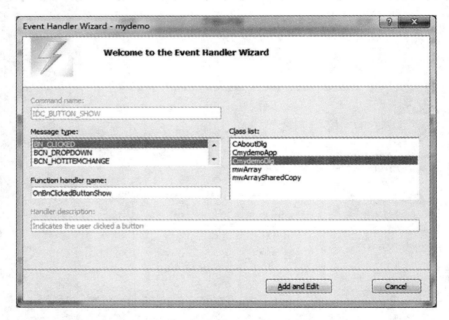

图 21.5 - 16　添加按钮的消息处理函数

编辑两个按钮的消息处理函数：

```
//"显示"按钮的消息处理函数
void CmydemoDlg::OnBnClickedButtonShow()
{
    //调用函数来显示 MATLAB 程序的 figure 窗口
    matlabtovc();
    //在 figure 窗口显示期间,阻止用户执行其他操作
    mclWaitForFiguresToDie(NULL);
}
```

```
//"退出"按钮的消息处理函数
void CmydemoDlg::OnBnClickedCancel()
{
    bool res;
    //终止应用程序
    res = mclTerminateApplication();
    if(!res)
    {
        MessageBox(_T("结束程序错误!"));
    }
    //退出 matlabtovc.lib
    matlabtovcTerminate();
}
```

⑥ 将所需的头文件和库文件包含到工程中。

将在(2)中生成的部署文件 matlabtovc.dll、matlabtovc.h、matlabtovc.lib 复制到 my-demo 所在的目录中。

将<MATLAB 安装目录>\extern\include 目录包含到工程的 Additional Include Directories 中,如图 21.5 - 17 所示;将<MATLAB 安装目录>\extern\lib\win32\microsoft 目录包含到工程的 Additional Library Directories 中,如图 21.5 - 18 所示。

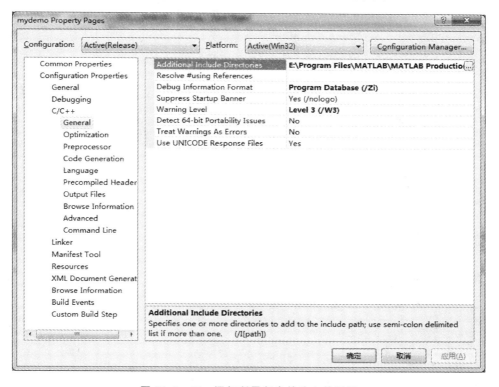

图 21.5 - 17   添加所需包含的头文件目录

【注】   可以在命令窗口中调用 matlabroot 命令来查询 MATLAB 软件的安装目录,如 E:\Program Files\MATLAB\MATLAB Production Server\R2015a。

打开 Mydemo Properties 对话框,按照图 21.5 - 19 所示的内容向工程中添加库文件:matlabtovc.lib 和 mclmcrrt.lib。

若您对此书内容有任何疑问，可以登录MATLAB中文论坛与作者和同行交流。

498

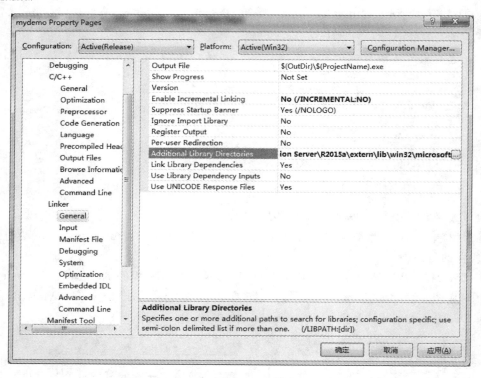

图 21.5-18　添加所需包含的库文件目录

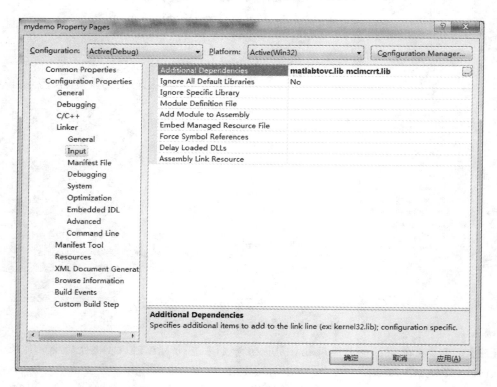

图 21.5-19　向工程中添加所需的库文件

⑦ 修改 mydemo 中的代码。

将在(2)中生成的部署文件 matlabtovc.dll、matlabtovc.h、matlabtovc.lib 复制到 my-demo 所在的目录中。

在文件浏览器(FileView)中打开 mydemoDlg.cpp 文件,其中包含如下头文件:

```cpp
# include "matlabtovc.h"
# include "mclmcrrt.h"
```

同时,修改对话框的初始化函数 OnInitDialog 中的代码:

```cpp
BOOL CMydemoDlg::OnInitDialog()
{
    CDialog::OnInitDialog();
    // Add "About..." menu item to system menu.
    // IDM_ABOUTBOX must be in the system command range.
    ASSERT((IDM_ABOUTBOX & 0xFFF0) == IDM_ABOUTBOX);
    ASSERT(IDM_ABOUTBOX < 0xF000);
    CMenu * pSysMenu = GetSystemMenu(FALSE);
    if (pSysMenu != NULL)
    {
        CString strAboutMenu;
        strAboutMenu.LoadString(IDS_ABOUTBOX);
        if (!strAboutMenu.IsEmpty())
        {
            pSysMenu->AppendMenu(MF_SEPARATOR);
            pSysMenu->AppendMenu(MF_STRING, IDM_ABOUTBOX, strAboutMenu);
        }
    }
    // Set the icon for this dialog.   The framework does this automatically
    //    when the application's main window is not a dialog
    SetIcon(m_hIcon, TRUE);// Set big icon
    SetIcon(m_hIcon, FALSE);// Set small icon
    // TODO: Add extra initialization here

    bool res = false;
    //初始化应用程序
    res = mclInitializeApplication(NULL,0);
    if(!res)
    {
        MessageBox("初始化 Application 错误");
    }
    //初始化 matlabtovc.lib 库
    res = matlabtovcInitialize();
    if(!res)
    {
        MessageBox("初始化 Lib 错误");
    }
    return TRUE;   // return TRUE   unless you set the focus to a control
}
```

⑧ 编译并运行 mydemo 应用程序。

选择 Visual Studio 2008 窗口中的 Build→Build Solution 菜单项来编译工程,然后选择 Debug→Start Without Debugging 菜单项来执行应用程序。程序界面如图 21.5-20 所示。

单击"显示"按钮,即可显示如图 21.5-10 所示的"MATLAB 与 VC 联合编程"窗口。

499

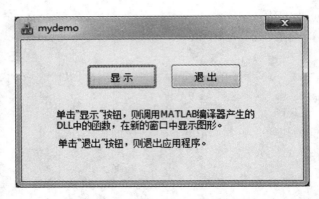

图 21.5 - 20　mydemo 程序界面

21.6　参考文献

[1] MathWorks,Inc. Getting Started Guide with MATLAB 7. 2008.

[2] 陈启安. 软件人机界面设计. 北京:高等教育出版社,2004.

[3] 施晓红,周佳. 精通 GUI 图形界面编程. 北京:北京大学出版社,2003.

[4] 飞思科技产品研发中心. MATLAB 7 基础与提高. 北京:电子工业出版社,2005.

[5] 徐俊文,王强,金珩. MATLAB 环境下的 GUI 编程. 内蒙古民族大学学报(自然科学版),2006,21(6):640 - 641.

[6] 王玉林,葛蕾. 新型界面开发工具:MATLAB/GUI. 无线电通信技术,2008,34(6):50 - 52.

[7] 苏金明,刘宏,刘波. MATLAB 高级编程. 北京:电子工业出版社,2005.

[8] 张亮,王继阳. MATLAB 与 C/C++混合编程. 北京:人民邮电出版社,2008.

[9] 陈杰. MATLAB 宝典. 北京:电子工业出版社,2007.

[10] 周建兴. MATLAB 从入门到精通. 北京:人民邮电出版社,2008.

第 22 章

系统级仿真工具 Simulink 及应用

李国栋(ljelly)

Simulink 是 MATLAB 产品中的图形化建模工具,主要用于系统级的设计和仿真,同时也可用于算法开发。自 MATLAB R2011a 起,以前的 Stateflow Coder 和 Real – Time Workshop 被合并为 Simulink Coder,以前的 Real – Time Workshop Embedded Coder 和 Embedded IDE 等被合并为 Embedded Coder。通过 Simulink Coder,可将 Simulink 图、Stateflow 图和 MATLAB 函数生成面向不同目标并可执行的 C 和 C++代码。生成的代码可用于实时和非实时应用,包括仿真加速、快速原型建立和硬件在回路的测试。可以使用 Simulink 对生成的代码进行调优和监测,或在 MATLAB 和 Simulink 之外运行代码并与之交互。而通过 Embedded Coder 还可以在实时嵌入式系统中生成和部署优化的 C 和 C++代码。这些功能为产品开发、算法实现及转化提供了直观、快捷而有效的工具。用户可以借助 MATLAB 强大的数据分析和可视化功能来分析系统仿真结果。

22.1 Simulink 简介

22.1.1 何为 Simulink

Simulink 是 MATLAB 最重要的组件之一,是 MATLAB 软件的扩展,是实现动态系统建模和仿真的一个软件包。它依赖于 MATLAB 环境,不能独立运行。Simulink 与 MATLAB 的主要区别在于,它与用户的交互接口是基于 Windows 的模型化图形输入,从而使得用户可以把更多的精力投入到系统模型的构建而非语言的编程上。Simulink 的前身是早在 1990 年 MathWorks 公司为 MATLAB 提供的控制系统模型化图形输入与仿真工具 SIMULAB,其以工具库的形式挂接在 MATLAB 3.5 版上。1992 年该软件正式更名为 Simulink,使得仿真软件进入了模型化图形组态阶段,并在 MATLAB 4.2x 版时期,以 Simulink 名称广为人知。Simulink 的两大主要功能是 Simu(仿真)和 Link(模型连接),它为动态系统的建模、仿真和综合分析提供了集成环境;在该环境中,无须书写大量程序,而只需要通过简单直观的鼠标操作,就可构造出复杂的系统;然后利用 Simulink 提供的功能来对系统进行仿真和分析。

本章中所介绍的示例均在 Simulink 8.6(R2015b)环境下实现。

Simulink 从最初的 Simulink 1.0 发展到现在,一直滞后于 MATLAB 版本;直到 2013a,才与 MATLAB 版本相统一,开启 MATLAB 和 Simulink 的 8.X 时代,并肩发展,而且在界面风格上有较大的改动。新版本均向下兼容,各版本间的差异可参考相应版本的 release note 文件,这里不再一一赘述。

1. Simulink 功能

Simulink 是 MATLAB 中的一种可视化仿真工具,是一种基于 MATLAB 的框图设计环境,被广泛应用于线性系统、非线性系统、数字控制及数字信号处理的建模和仿真中。Simulink 可以用连续采样时间、离散采样时间或两种混合的采样时间进行建模,它也支持多速率系统,也就是系统中的不同部分具有不同的采样速率。为了创建动态系统模型,Simulink 提供了一个建立模型方块图的图形用户接口(GUI),这个创建过程只需单击和拖动鼠标操作就能完成;它提供了一种更快捷、直接明了的方式,而且用户可以立即看到系统的仿真结果。Simulink 具有适应面广、结构和流程清晰及仿真精细、贴近实际、效率高、灵活等优点,基于以上优点 Simulink 已被广泛应用于控制理论和数字信号处理的复杂仿真和设计。同时有大量的第三方软件和硬件可应用于或被要求应用于 Simulink。

Simulink 是用于动态系统和嵌入式系统的多领域仿真和基于模型的设计工具。对各种时变系统,包括通信、控制、信号处理、视频处理和图像处理系统,Simulink 提供了交互式图形化环境和可定制模块库来对其进行设计、仿真、执行和测试。

构架在 Simulink 基础之上的其他产品扩展了 Simulink 多领域建模功能,也提供了用于设计、执行、验证和确认任务的相应工具。Simulink 与 MATLAB 紧密集成,可以直接访问 MATLAB 大量的工具来进行算法研发、仿真分析和可视化、批处理脚本的创建、建模环境的定制以及信号参数和测试数据的定义。

2. Simulink 特点

从某种意义上来说,凡是能够用数学方式描述的系统,都可用 Simulink 建模。当然在现今各种软件高速发展时期,用户应该根据问题的方向和难度,权衡各种软件的易用性和方便性,以选择是否采用 Simulink 进行建模。在了解 Simulink 如下的主要特点之后,相信读者在选择上会有一个比较清晰的方向。

- 为建立各种各样的系统模型,Simulink 除提供了一些基本库之外,针对特定领域还提供了丰富的可扩充的预定义模块库。
- 以交互式的图形编辑器来组合和管理直观的模块图。
- 以设计功能的层次性来分割模型,实现对复杂设计的管理。
- 通过 Model Explorer 导航、创建、配置、搜索模型中的任意信号、参数、属性,生成模型代码。
- 提供 API 用于与其他仿真程序的连接或与手写代码集成。
- 使用 Embedded MATLAB™ 模块在 Simulink 和嵌入式系统执行中调用 MATLAB 算法。
- 使用定步长或变步长运行仿真,根据仿真模式来决定是以解释性的方式还是以编译 C 代码的形式来运行模型。
- 以图形化的调试器(Debugger)和剖析器(Profiler)来检查仿真结果,诊断设计的性能和异常行为。
- 可访问 MATLAB,从而对结果进行分析与可视化,定制建模环境,定义信号参数和测试数据。
- 以模型分析和诊断工具来保证模型的一致性,确定模型中的错误。

22.1.2 Simulink 基础

1. Simulink 启动

由于 Simulink 是基于 MATLAB 环境之上的高性能的系统级仿真设计平台,因此必须先运行 MATLAB,然后才能启动 Simulink 并建立系统模型。启动 Simulink 有两种方式:

① 用命令行方式启动 Simulink。即在 MATLAB 的命令窗口中直接键入如下命令：

```
>> simulink
```

② 使用工具栏按钮启动 Simulink，即用鼠标单击 MATLAB 工具栏中的 Simulink 按钮。

这两种启动方式均会打开如图 22.1－1 所示的 Simulink 库浏览器窗口，名称为 Simulink Library Browser。

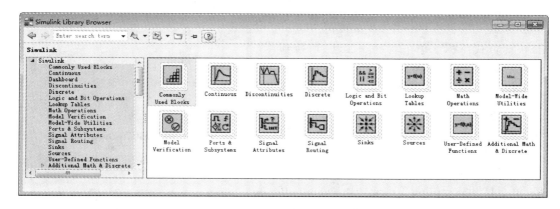

图 22.1－1　Simulink 库浏览器

在 MATLAB 的命令窗口中直接键入"simulink3"，同样会出现一个用图标形式显示的 Library：simulink3 的模块库窗口，如图 22.1－2 所示。这是图 22.1－1 的另一种显示形式，用户可以根据个人喜好进行选用。图 22.1－2 所示窗口更加直观，形象，适合初学者，缺点是用的模块多时，需打开过多的子窗口。

```
>> simulink3
```

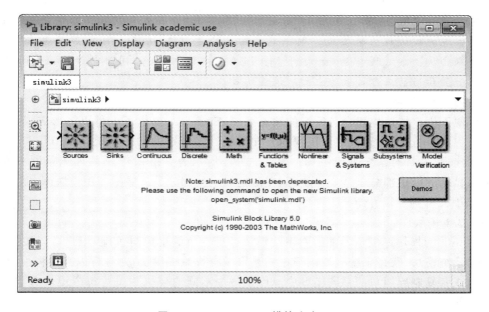

图 22.1－2　Simulink 模块库窗口

若您对此书内容有任何疑问，可以登录 MATLAB 中文论坛与作者和同行交流。

用户可能注意到了，第一次打开 Simulink 时，需要花费很长时间，而随后再打开时，会快很多，这是为什么呢？这是因为减少自启动时间，避免了系统内存不必要的消耗。MATLAB软件启动时，并不把 Simulink 产品装入内存，只有当用户第一次打开 Simulink 模型时，才将其装入内存。

用户可以让 MATLAB 产品在启动的时候将 Simulink 软件装入内存，避免初始化模型时打开延时。可以通过在 startup.m 文件中采用-r 命令行选项，或者运行 load_simulink 或 simulink 来实现。

在 Windows 操作系统中，在桌面的 MAT-LAB 快捷方式图标上单击右键→属性，切换到快捷方式界面，会打开如图 22.1-3 所示的窗口。在"目标(T)"一栏中，写下如：matlabroot\bin\matlab.exe-r simulink 的代码。当第一次启动 MATLAB 时，会将 Simulink 注入内存，并打开 Simulink Library Browser；如果在-r 命令项后用 load_simulink，则只将 Simulink 装入内存，而不打开 Simulink Library Browser。其中 matlabroot 是 MATLAB 安装文件所在的目录，如图 22.1-3 中所示，将 MATLAB 安装在 F:\Matlab 2015b 目录下。

图 22.1-3　MATLAB 启动设置

小贴士： 有时用户在打开 MATLAB 时，希望当前的工作目录默认是自己设定的目录。可许多用户在 File→Set Path 中设置后，每次启动 MATLAB，还是不能进入理想中的目录。这可以通过在图 22.1-3 所示的"起始位置(S)"一栏中输入你想放置工作文件的目录，也就是你要实现的默认目录来实现。图中笔者输入的是 E:\matlab_files，然后单击"确定"按钮。这样双击快捷方式图标后，会打开 MATLAB，并注入内存，同时打开 Simulink Library Browser，并显示当前工作目录为上面所设置的目录。

2. Simulink 模块库

为了便于用户快速构建自己所需的动态系统，Simulink 提供了大量以图形方式给出的内置系统模块，使用这些内置模块可以快速方便地设计出特定的动态系统。Simulink 允许用户从元件库建模，并且对系统进行仿真。图 22.1-4 所示为 Simulink 模块库浏览器界面，左侧框线上部显示的模块部分是基本模块库，左侧框线内的部分是扩展的专用模块库，即工具箱和 Blockset，下面分别加以介绍。

（1）基本模块库

Simulink 的模块库浏览器能够对系统模块进行有效的组织与管理，用户可以按照类型选择合适的系统模块、获得系统模块的简单描述以及查找系统模块，并且可以直接将模块库中的模块拖动或者复制到用户的系统模型中。连接各个不同的模块并设置每个模块参数，就可以运行模型并显示结果了。

基本模块库是 Simulink 中最为基础、最为通用的模块库，它可以被应用到不同的专业领域中。图 22.1-5 所示即为 Simulink 提供的基本模块库。

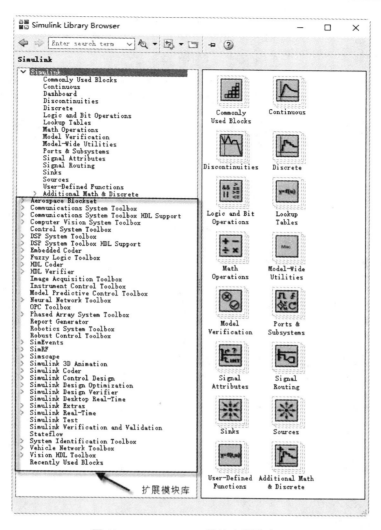

扩展模块库

图 22.1－4　Simulink 模块库浏览窗口

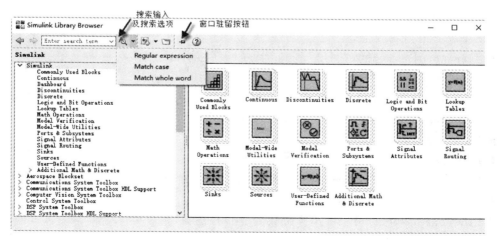

搜索输入
及搜索选项　　窗口驻留按钮

图 22.1－5　基本模块库浏览器窗口

该库包含 17 个子模块库,相较以前的版本增加了 Dashboard 模块库,现分别简介如下:

1) 常用的通用模块库(Simulink/Commonly Used Blocks)。其分别由下面的 13 个库中提取出来,是使用频率较高的模块组成的库,如图 22.1-6 所示。

2) 用于连续系统的基本模块(Simulink/Continuous)。单击如图 22.1-5 所示基本模块库中的 Continuous,得到如图 22.1-7 所示的连续系统模块库,该模块库包括以下子模块。

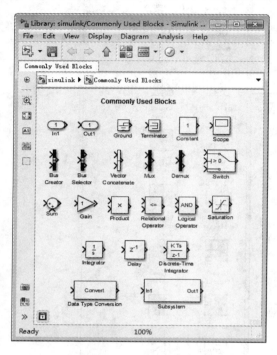

图 22.1-6 通用模块

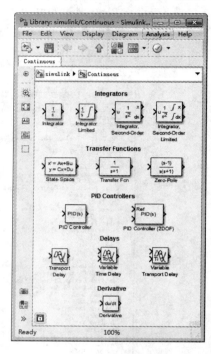

图 22.1-7 连续系统的基本模块

◆ Integrator:输入信号的连续时间积分

◆ Derivative:连续信号的数值微分

◆ State - Space:状态空间系统模型

◆ Transfer Fcn:传递函数模型

◆ Zero - Pole:零极点模型

◆ Transport Delay:输入信号延迟一个固定时间再输出

◆ Variable Time Delay:输入信号延迟一个可变时间再输出

◆ Variable Transport Delay:等同于 Variable Time Delay,同样是可变时间输入信号延迟,两者的参数设置中可以互相转换,用法相同

◆ Integrator Limited:饱和积分器

◆ Integrator,Second - Order:二阶积分器

◆ Integrator,Second - Order Limited:饱和二阶积分器

◆ PID Controler:比例积分微分(PID)控制器

◆ PID Controler(2DOF):参考点加权的 PID 控制器

3) 用于非连续系统的基本模块(Simulink/Discontinuities)。单击如图 22.1-5 所示基本模块库中的 Discontinuities,得到如图 22.1-8 所示的非连续系统模块库,该模块库包括以下

子模块。

- ◆ Saturation：饱和输出，让输出超过某一值时能够饱和输出
- ◆ Dead Zone：死区非线性
- ◆ Rate Limiter：静态限制信号的变化速率
- ◆ Saturation Dynamic：动态饱和输出
- ◆ Dead Zone Dynamic：动态死区非线性
- ◆ Rate Limiter Dynamic：动态限制信号的变化速率
- ◆ Backlash：间隙非线性
- ◆ Relay：滞环比较器，限制输出值在某一范围内变化
- ◆ Quantizer：量化非线性
- ◆ Hit Crossing：冲击非线性
- ◆ Coulomb & Viscous Friction：库伦和黏度摩擦非线性
- ◆ Wrap To Zero：环零非线性

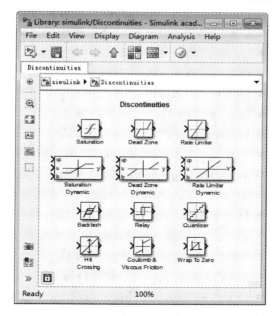

图 22.1-8　非连续系统的基本模块

4）用于离散系统的基本模块（Simulink/Discrete）。单击如图 22.1-5 所示基本模块库中的 Discrete，得到如图 22.1-9 所示的离散系统模块库，该模块库包括以下子模块。

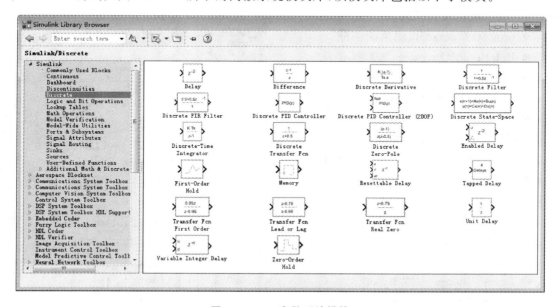

图 22.1-9　离散系统模块

- ◆ Unit Delay：一个采样周期的延迟
- ◆ Variable Integer Delay：可变整数倍延迟
- ◆ Tapped Delay：抽头延迟

◆ Discrete – Time Integrator：离散时间积分器

◆ Discrete Transfer Fcn：离散传递函数模型

◆ Discrete Filter：离散滤波器

◆ Discrete Zero – Pole：以零极点表示的离散传递函数模型

◆ Difference：差分环节

◆ Discrete Derivative：离散微分环节

◆ Discrete State – Space：离散状态空间系统模型

◆ Transfer Fcn First Order：离散一阶传递函数

◆ Transfer Fcn Lead or Lag：超前或滞后传递函数

◆ Transfer Fcn Real Zero：离散零点传递函数

◆ Discrete FIR Filter：离散 FIR 滤波器

◆ Memory：输出本模块上一步的输入值

◆ First – Order Hold：一阶保持器

◆ Zero – Order Hold：零阶保持器

◆ Delay：延迟特定采样数的模块

◆ Enabled Delay：带使能的延迟模块

◆ Resettable Delay：可复位的延迟模块

◆ Discrete PID Controler：离散比例积分微分（PID）控制器

◆ Discrete PID Controler（2DOF）：离散的参考点加权 PID 控制器

5）逻辑和位操作模块（Simulink/Logic and Bit Operations）。单击如图 22.1 – 5 所示基本模块库中的 Logic and Bit Operations，得到如图 22.1 – 10 所示的逻辑和位操作模块库界面，该模块库包括以下子模块。

◆ Logical Operator：逻辑操作符

◆ Relational Operator：关系操作符

◆ Interval Test：检测开区间

◆ Interval Test Dynamic：动态检测开区间

◆ Combinatorial Logic：组合逻辑

◆ Compare To Zero：和零比较

◆ Compare To Constant：和常量比较

◆ Bit Set：置位操作

◆ Bit Clear：位清零

◆ Bitwise Operator：逐位操作

◆ Shift Arithmetic：移位运算

◆ Extract Bits：提取位

◆ Detect Increase：检测递增

◆ Detect Decrease：检测递减

◆ Detect Change：检测跳变

◆ Detect Rise Positive：检测正上升沿

◆ Detect Rise Nonnegative：检测非负上升沿

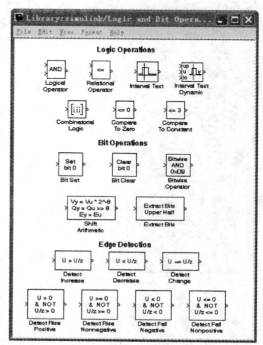

图 22.1 – 10　逻辑与位操作模块

◆ Detect Fall Negative：检测负下降沿

◆ Detect Fall Nonpositive：检测非正下降沿

6）查找表模块（Simulink/Lookup Tables）。单击如图 22.1－5 所示基本模块库中的 Lookup Tables，得到如图 22.1－11 所示的查找表模块库界面，该模块库包括以下子模块。

◆ 1－D Lookup Table：一维输入信号的查询表

◆ 2－D Lookup Table：二维输入信号的查询表

◆ n－D Lookup Table：n 维输入信号的查询表

◆ Prelookup：预查询

◆ Interpolation Using Prelookup：利用预查询进行插值，多与 Prelookup 块联合使用

◆ Direct Lookup Table(n－D)：n 个输入信号的查询表（直接匹配）

◆ Lookup Table Dynamic：动态查询表

◆ Sine：正弦函数查询表

◆ Cosine：余弦函数查询表

7）模型检测模块（Simulink/Model Verification）。单击如图 22.1－5 所示基本模块库中的 Model Verification，得到如图 22.1－12 所示的模型检测模块库界面，该模块库包括以下子模块。

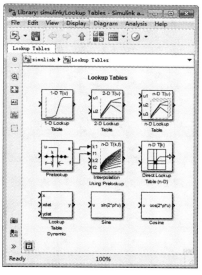

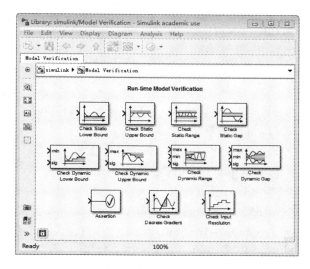

图 22.1－11　查找表模块　　　　　　　　图 22.1－12　模型检测模块

◆ Check Static Lower Bound：检查静态下限

◆ Check Static Upper Bound：检查静态上限

◆ Check Static Range：检查静态范围

◆ Check Static Gap：检查静态偏差

◆ Check Dynamic Lower Bound：检查动态下限

◆ Check Dynamic Upper Bound：检查动态上限

◆ Check Dynamic Range：检查动态范围

◆ Check Dynamic Gap：检查动态偏差

509

◆ Assertion：断言操作

◆ Check Discrete Gradient：检查离散梯度

◆ Check Input Resolution：检查输入精度

8) 数学操作模块(Simulink/Math Operations)。单击如图 22.1-5 所示基本模块库中的 Math Operations,得到如图 22.1-13 所示的数学操作模块库界面,该模块库包括以下子模块。

◆ Sum：求和运算

◆ Add：加法

◆ Subtract：减法

◆ Sum of Elements：元素求和运算

◆ Bias：偏移

◆ Weighted Sample Time Math：加权采样时间运算

◆ Gain：增益运算

◆ Slider Gain：滑动增益

◆ Product：乘运算

◆ Divide：除法运算

◆ Product of Elements：元素乘运算

◆ Dot Product：点积运算

◆ Sign：符号函数

◆ Abs：取模,取绝对值运算

◆ Unary Minus：一元减法

◆ Math Function：常用数学函数,包括对数、指数函数、开平方等

◆ Rounding Function：舍入函数

◆ Polynomial：多项式运算

◆ MinMax：最值运算

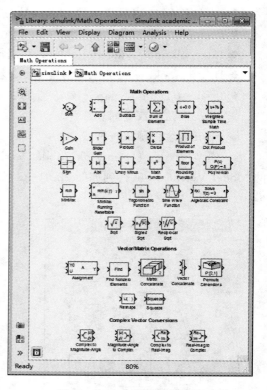

图 22.1-13　数学操作模块

◆ MinMax Running Resettable：运行中可复位最值运算

◆ Trigonometric Function：三角函数,包括正弦、余弦等

◆ Sine Wave Function：正弦函数

◆ Algebraic Constraint：代数约束

◆ Assignment：赋值

◆ Reshape：整形

◆ Squeeze：去一维操作,如原 2×1×3 矩阵,经此操作后变为 2×3 矩阵

◆ Matrix Concatenate：矩阵级联

◆ Vector Concatenate：向量级联

◆ Permute Dimensions：改变排列维数

◆ Complex to Magnitude - Angle：由复数转为幅值和相角输出

◆ Magnitude - Angle to Complex：由输入的幅值和相角合成为复数输出

◆ Complex to Real - Imag：由复数输入转为实部和虚部输出

◆ Real - Imag to Complex：由实部和虚部输入合成复数输出

◆ Sqrt：平方根

◆ Signed Sqrt：有符号的平方根

◆ Reciprocal Sqrt：平方根的倒数

◆ Find Nonzero Elements：查找输入的非零元素及其线性索引

9) 端口和子系统模块（Simulink/Port & Subsystems）。单击如图 22.1-5 所示基本模块库中的 Port & Subsystems，得到如图 22.1-14 所示的端口和子系统模块库界面，该模块库包括以下子模块。

◆ In1：输入端口

◆ Out1：输出端口

◆ Trigger：触发操作

◆ Enable：使能操作

◆ Function - Call Generator：函数调用生成器

◆ Function - Call Split：函数调用分支系统

◆ Function - Call Feedback Latch：函数调用反馈锁存系统

◆ Subsystem：子系统

◆ Atomic Subsystem：单元子系统

◆ CodeReuse Subsystem：代码重用子系统

◆ Model：模型

◆ Model Variants：带变体（Variant）控制的模型

◆ Configurable Subsystem：可配置子系统

◆ Triggered Subsystem：触发子系统

◆ Enabled Subsystem：使能子系统

◆ Enabled and Trigger Subsystem：使能和触发子系统

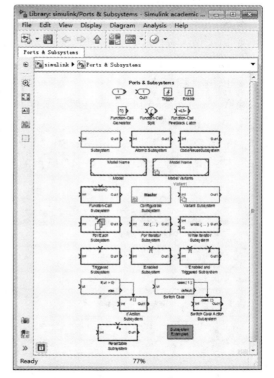

图 22.1-14　端口和子系统模块

◆ Function - Call Subsystem：函数调用子系统

◆ For Iterator Subsystem：For 迭代子系统

◆ While Iterator Subsystem：While 重复操作子系统

◆ If Action Subsystem：条件动作子系统

◆ Switch Case Action Subsystem：转换事件动作子系统

◆ Subsystem Examples：子系统例子

◆ Variant Subsystem：Variant 类子系统

◆ For Each Subsystem：对输入信号进行分割处理然后再级联输出的子系统

◆ Resettable Subsystem：可复位的子系统

10) 信号属性模块（Simulink/Signal Attributes）。单击如图 22.1-5 所示基本模块库中的 Signal Attributes，得到如图 22.1-15 所示的信号属性模块库界面，该模块库包括以下子

若您对此书内容有任何疑问，可以登录 MATLAB 中文论坛与作者和同行交流。

模块。

- ◆ Data Type Conversion：数据类型转换
- ◆ Data Type Duplicate：数据类型复制
- ◆ Data Type Propagation：数据类型继承
- ◆ Data Type Scaling Strip：数据类型缩放
- ◆ Data Type Conversion Inherited：数据类型转换继承
- ◆ IC：信号输入属性，设置信号初始值
- ◆ Signal Conversion：信号转换
- ◆ Rate Transition：比率变换
- ◆ Signal Specification：信号特征说明
- ◆ Bus to Vector：总线信号转为向量信号
- ◆ Data Type Propagation Examples：数据类型继承示例
- ◆ Probe：探针点
- ◆ Weighted Sample Time：加权采样时间
- ◆ Width：信号宽度

11）信号路线模块（Simulink/Signal Routing）。单击如图 22.1－5 所示基本模块库中的 Signal Routing，得到如图 22.1－16 所示的信号路线模块库界面，该模块库包括以下子模块。

512

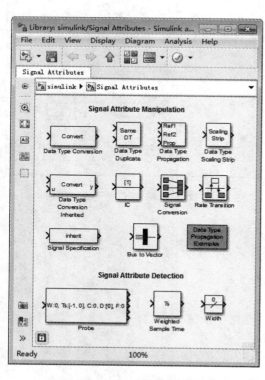

图 22.1－15　信号属性模块

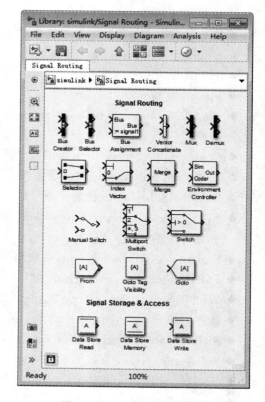

图 22.1－16　信号路线模块

- ◆ Bus Creator：总线生成
- ◆ Bus Selector：总线选择

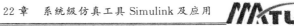

◆ Bus Assignment：总线分配

◆ Vector Concatenate：向量信号级联

◆ Mux：将多个单一输入信号复合后输出

◆ Demux：将一个复合输入转化为多个单一输出

◆ Selector：信号选择器

◆ Index Vector：索引向量

◆ Merge：信号合并

◆ Environment Controller：环境控制器

◆ Manual Switch：手动开关切换

◆ Multiport Switch：多端口开关

◆ Switch：开关选择

◆ From：信号来源

◆ Goto Tag Visibility：标签可视化

◆ Goto：信号去向

◆ Data Store Read：数据存储读取

◆ Data Store Memory：数据存储

◆ Data Store Write：数据存储写入

12) 信宿模块(Simulink/Sinks)。单击如图 22.1－5 所示基本模块库中的 Sinks，得到如图 22.1－17 所示的信宿模块库界面，该模块库包括以下子模块。

◆ Out1：输出端口

◆ Terminator：未使用模块输出连接终端

◆ To File：将输出数据写入数据文件保存

◆ To Workspace：将输出数据写入到 MATLAB 工作空间

◆ Scope：示波器

◆ Floating Scope：浮动示波器

◆ XY Graph：显示二维图形

◆ Display：数字显示器

◆ Stop Simulation：仿真停止

13) 信源模块(Simulink/Sources)。单击如图 22.1－5 所示基本模块库中的 Sources，得到如图 22.1－18 所示的信源模块库界面，该模块库包括以下子模块。

◆ In1：输入端口

◆ Ground：连接地

◆ From File：来自数据文件

◆ From Workspace：来自 MATLAB 工作空间

◆ Constant：常数信号

◆ Signal Generator：信号发生器

◆ Pulse Generator：脉冲发生器

◆ Signal Builder：信号创建器

◆ Ramp：斜坡信号

◆ Sine Wave：正弦波信号

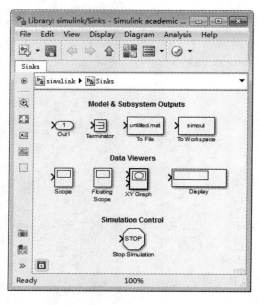

图 22.1－17　信宿模块

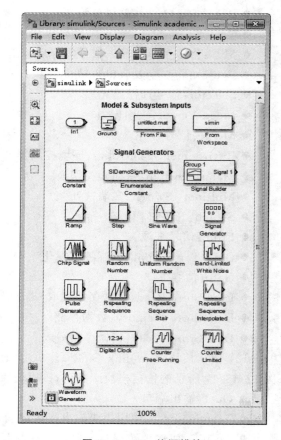

图 22.1－18　信源模块

◆ Step：阶跃信号

◆ Repeating Sequence：产生规律重复的任意信号

◆ Chirp Signal：正弦扫频信号

◆ Random Number：产生正态分布的随机数

◆ Uniform Random Number：产生均匀分布的随机数

◆ Band－Limited White Noise：带限白噪声

◆ Repeating Sequence Stair：重复阶梯序列

◆ Repeating Sequence Interpolated：重复序列内插值

◆ Counter Free－Running：无限计数器

◆ Counter Limited：有限计数器

◆ Clock：时钟信号，显示和提供仿真时间

◆ Digital Clock：数字时钟（在规定的采样间隔产生仿真时间）

◆ Enumerated Constant：枚举常量

◆ Waveform Generator：波形发生器

14）模型扩充模块（Simulink/Model－Wide Utilities）。单击如图 22.1－5 所示基本模块库中的 Model－Wide Utilities，得到如图 22.1－19 所示的模型扩充模块库界面，该模块库包括以下子模块。

514

- ◆ Trigger – Based Linearization：触发线性分析
- ◆ Time – Based Linearization：时间线性分析
- ◆ Model Info：模型信息
- ◆ Doc(Text)：文档模块
- ◆ Block Support Table：功能块支持表

15) 用户自定义函数模块(Simulink/User – Defined Functions)。单击如图 22.1 – 5 所示基本模块库中的 User – Defined Functions，得到如图 22.1 – 20 所示的用户自定义函数模块库界面，该模块库包括以下子模块。

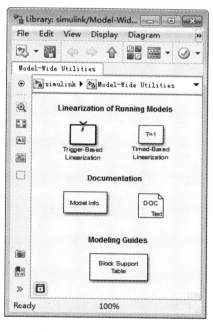

图 22.1 – 19　模型扩充模块

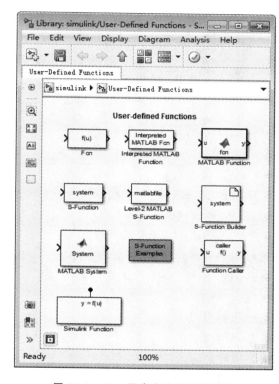

图 22.1 – 20　用户自定义函数模块

- ◆ Fcn：自定义的函数(表达式)
- ◆ MATLAB Function：MATLAB 函数(支持嵌入式和代码生成)
- ◆ Interpreted MATLAB Function：解释型的 MATLAB 函数模块
- ◆ S – Function：自编的 S 函数
- ◆ Level – 2 MATLAB S – Function：2 级 MATLAB S 函数
- ◆ S – Function Builder：S 函数建立器
- ◆ S – Function Examples：S 函数例子
- ◆ MATLAB System：MATLAB 系统(模型中包含系统对象)
- ◆ Function Caller：函数调用器(调用 Simulink 或 Stateflow 函数)
- ◆ Simulink Function：Simulink 函数(由 Function Caller 模块或 Stateflow 图定义的函数)

16) 仪表板模块(Simulink/DashBoard)。单击如图 22.1 – 5 所示基本模块库中的 Dash-Board，得到如图 22.1 – 21 所示的仪表板模块库界面，该项模块库包括以下子模块。

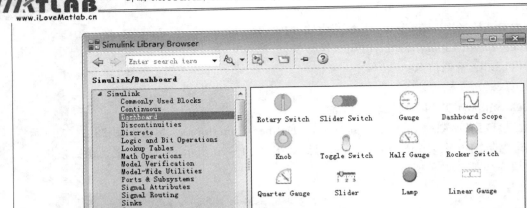

图 22.1-21　仪表板模块

◆ Rotary Switch:转动开关

◆ Slider Switch:滑动开关

◆ Gauge:仪表盘

◆ Dashboard Scope:仪表板示波器

◆ Knob:参数调节按钮

◆ Toggle Switch:开关转换按钮

◆ Half Gauge:半环仪表盘

◆ Rocker Switch:摇柄开关

◆ Quarter Gauge:1/4 仪表盘

◆ Slider:滑尺

◆ Lamp:灯

◆ Linear Gauge:线性标尺

◆ Push Button:下压按钮

17) 附加数学和离散模块(Simulink/Additional Math & Discrete)。单击如图 22.1-5 所示基本模块库中的 Additional Math & Discrete,得到如图 22.1-22 左上角所示的用户自定义函数模块库界面,它包括两个子模块库,分别如图 22.1-22 中左下和右侧图所示。

◆ Additional Math:Increment - Decrement:附加数学库,信号值加 1 或减 1。主要也是针对信号的定点操作,将真实值或存储成定点形式的值进行加 1 或减 1 操作,这些模块只接受数值型数据。包括 Decrement Real World、Decrement Stored Integer、Decrement Time To Zero 和 Decrement To Zero 减 1 操作模块,还有 Increment Real World 和 Increment Stored Integer 加 1 操作模块,共 6 个模块。

◆ Additional Discrete:附加离散库,提供一些附加的离散数学支持模块。包括 Fixed - Point State - Space(定点状态空间)、Transfer Fcn Direct Form II(传递函数的直接二型实现)、Unit Delay Enabled External IC(单位延时使能的外部 IC)等离散数学功能的模块,加强了信号处理和控制系统中传递函数的离散化和外部信号控制等功能,共 15 个模块。

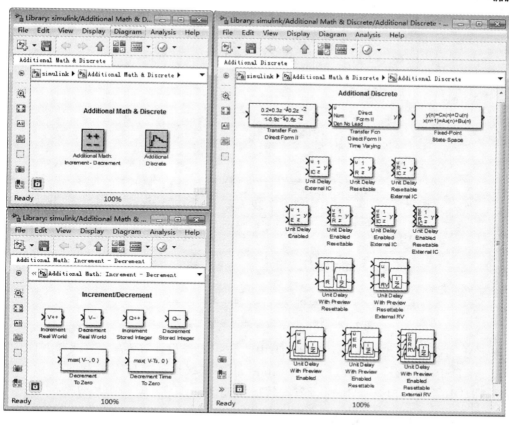

图 22.1－22　附加数学和离散模块库

（2）Blockset

Blockset 是 MathWorks 公司提供的面向特定领域的专业模块库。它是 Simulink 基本功能的扩展，为用户搭建特定应用领域的模型提供了极大的方便。图 22.1－4 左侧方框内所示的各种工具箱和 Blockset 就是 MATLAB R2015b 产品所提供的所有 Simulink 的扩展模块库，包括不同专业领域如控制、通信和信号处理等所使用的模块库。其中 DSP System Toolbox 向用户提供了一些极有价值的模块，涵盖了滤波、变换、功率谱估计和统计信号处理等各个方面。

在 MATLAB 命令窗口中直接输入如下指令：

```
>> dsplib
```

按 Enter 键后就会出现图 22.1－23 所示的数字信号处理系统工具箱模块库。

MATLAB 的第三方开发厂商也可能提供一些很好的专业模块库，如 Xilinx 公司的 system generator for DSP，提供了利用 FPGA/DSP 设计工具，与 Simulink 结合进行信号处理仿真的模块库。System Generator 使得不使用 VHDL 或 Verilog 的 DSP 系统和算法开发人员能够利用 MathWorks 公司的 MATLAB 和 Simulink 完成设计。一旦浮点建模完成，设计人员就可以利用精确到位和时钟周期的 Xilinx 模块组完成映射，自动生成 HDL/RTL、网表或者完整的 Xilinx/FPGA 位流。最后，设计人员可以从 Simulink 环境中利用大带宽硬件协同仿真在实际的 FPGA 上验证和调试设计。Altera 公司也不甘落后，开发出的 DSP Builder 同样可以与 Simulink 结合进行数字信号处理的开发，完成类似 Xilinx 的 System Generator

518

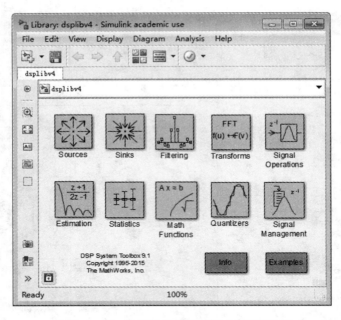

图 22.1 - 23　数字信号处理系统工具箱模块库

实现的功能。Altera 可编程逻辑器件（PLD）中的 DSP 系统设计需要高级算法和 HDL 开发工具。Altera DSP Builder 将 MATLAB 和 Simulink 系统级设计工具的算法开发、仿真和验证功能与 VHDL 综合、仿真和 Altera 开发工具整合在一起，实现了这些工具的集成。

22.1.3　Simulink 仿真原理

　　了解 Simulink 的启动和基本模块库之后，本节将介绍 Simulink 的仿真原理。在读者对系统仿真原理有一个较为全面和深入的理解之后，下一节中将通过实例，带领读者一步步去领略动态系统建模和仿真的全过程。

1. 系统、模型与仿真

（1）系　统

　　系统是指由相互联系、相互作用的实体集合而成，并表现出某些特定功能的一个整体。组成系统的实体之间相互作用而引起的实体属性的变化，通常用状态变量来描述。

　　研究系统主要研究系统的动态变化。除了研究系统的实体属性活动外，还需要研究影响系统活动的外部条件——环境。

　　Simulink 中搭建的系统有三种类型：离散系统、连续系统和混合系统。

　　1）离散系统

　　离散系统是指系统的操作和状态变化仅在离散时刻产生的系统，系统的输入与输出仅在离散的时间点上取值，而且离散的时间具有相同的时间间隔。其特点是：系统每隔固定的时间间隔才"更新"一次，即系统的输入与输出每隔固定的时间间隔便改变一次。固定的时间间隔称之为系统的"采样"时间。系统的输出依赖于系统当前的输入、以往的输入与输出。

　　离散系统具有离散的状态，状态指的是系统前一时刻的输出量。离散系统如交通系统、电话系统、通信网络系统等，常常用各种概率模型来描述，其动态行为一般由差分方程描述。而 Simulink 对离散系统的仿真核心就是对描述离散系统的差分方程进行求解。

2）连续系统

连续系统是指具有连续的输入与输出,并且一般都存在着连续的状态变量的系统。系统输出在时间上连续变化,变化的间隔为无穷小量,而非仅在离散的时刻采样取值。

对系统的数学描述来说,状态变量往往是系统中某些信号的微分或积分,因此连续系统一般由微分方程或与之等价的其他方式进行描述。而使用数字计算机对微分方程进行求解是不可能得到连续系统的精确解的,只能得到系统的近似解(数字解)。采用不同的连续求解器会对连续系统的仿真结果与仿真速度产生不同的影响,但一般不会对系统的性能分析产生较大的影响,用户可以设置具有一定误差范围的连续求解器进行相应的控制。

3）混合系统

混合系统就是连续系统和离散系统的混合,系统模型中既有连续状态,又有离散状态。由于混合系统的复杂性,难以用单独的数学模型对其进行描述,因此混合系统一般都是由系统各部分输入与输出间的数学方程所共同描述的,只能用连续求解器来求解。

（2）模　型

在创建一个实际的系统之前,对系统特性进行研究,首先是建立模型,其次是模拟外部环境,最后才是仿真。模型可视为对真实世界中物体或过程的信息进行形式化的结果。系统模型是对实际系统的一种抽象,是对系统本质(或是系统的某种特性)的一种描述。在计算机上研究系统的动态特性,就需要建立数学模型。

数学模型按照状态变化可分为动态模型和静态模型。用以描述系统状态变化过程的数学模型称为动态模型。而静态模型仅仅反映系统在平衡状态下系统特征值间的关系,这种关系常用代数方程来描述。

Simulink 中的模型主要是指仿真系统数学模型,它是一种适合在计算机上演算的模型,主要是根据计算机的运算特点、仿真方式、计算方法、精度要求将原始系统数学模型转换为计算机程序。

（3）仿　真

仿真是以相似性原理、控制论、信息技术及相关领域的有关知识为基础,以计算机和各种专用物理设备为工具,借助系统模型对真实系统进行试验研究的一门综合性技术。它利用物理或数学方法来建立模型,类比模拟现实过程或者建立假想系统,以寻求过程的规律,研究系统的动态特性,从而达到认识和改造实际系统的目的。仿真技术具有很高的科学研究价值并能创造巨大的经济效益。

系统仿真涉及相似论、控制论、计算机科学、系统工程理论、数值计算、概率论、数理统计、时间序列分析等多种学科。采用相似性技术建立实际系统的相似模型就是仿真的本质。

1）仿真类型

物理仿真是指研制某些实体模型,使之重现系统的各种状态。早期的仿真大多属于物理仿真,它的优点是直观形象。但是为系统构造一套物理模型,将是一件非常复杂的事情,投资巨大,周期长,且很难改变参数,灵活性差。

数学仿真就是用数学语言去表述一个系统,并编制程序在计算机上对实际系统进行研究的过程。这种数学表述就是数学模型。数学仿真把研究对象的结构特征或者输入输出关系抽象为一种数学描述(微分方程、状态方程,可分为解析模型、统计模型)来研究,具有很大的灵活性,它可以方便地改变系统结构、参数;而且速度快,可以在很短的时间内完成实际系统很长时

间的动态演变过程;可以根据需要改变仿真的精度,而且很容易再现仿真过程。

此外,为了提高仿真的可信度或者针对一些难以建模的实体,在系统研究中往往把数学模型、物理模型和实体结合起来组成一个复杂的仿真系统,这个过程称为数学物理仿真。

许多仿真应用还需要满足实时性,达到仿真时钟与系统实际时钟完全一致;这时往往需要实时操作系统或者专用实时仿真硬件的支持,此为实时仿真。

2) 仿真过程

◆ 描述仿真问题,明确仿真的目的。

◆ 项目计划、方案设计与系统定义。根据仿真目的确定相应的仿真结构(是实时仿真还是非实时仿真,是纯数学仿真还是数学物理仿真等),规定相应仿真系统的边界条件与约束条件。

◆ 数学建模:根据系统的先验知识、实验数据及其机理研究,按照物理原理或者采取系统辨识的方法,确定模型的类型、结构及参数。注意要确保模型的有效性和经济性。

◆ 仿真建模:根据数学模型的形式、计算机类型、采用的高级语言或其他仿真工具,将数学模型转换成能在计算机上运行的程序或其他模型,也即获得系统的仿真模型。

◆ 试验:设定实验环境/条件和记录数据,进行实验,并记录数据。

◆ 仿真结果分析:根据实验要求和仿真目的对实验结果进行分析处理(整理及文档化)。

3) 仿真算法

在建立系统的数学模型后,需要将其转变成能够在计算机上运行的仿真模型。由于计算机只能进行离散的数值计算,因而必须推导出连续系统的递推数学公式,把数学模型转化为能在计算机上运行的仿真模型,其实质就是计算机仿真算法的设计。

通常这些仿真算法已经内嵌于各种面向仿真用途的专用软件中,不需要仿真人员去编制。但是了解这些算法无疑有助于用户更好地完成仿真任务。一般来说,系统仿真算法有集中参数系统仿真算法、分布参数系统仿真算法、离散时间系统仿真算法三类。

4) 仿真软件

仿真软件是一类面向仿真用途的专用软件,它可能面向通用的仿真,也可能面向某个领域的仿真。它的功能可以概括为以下几点:

◆ 为仿真提供算法支持。

◆ 模型描述,用来建立计算机仿真模型。

◆ 仿真实验的执行和控制。

◆ 仿真数据的显示、记录和分析。

◆ 对模型、实验数据、文档资料和其他仿真信息的存储、检索和管理(用于仿真数据信息管理的数据库系统)。

根据软件功能,仿真软件可分为以下三个层次:

◆ 仿真程序库:由一组完成特定功能的程序组成的集合,专门面向某一问题或某一领域。它可能是用通用的语言(C、FORTRAN 等)开发的程序软件包,也可能是依附于某种集成仿真环境的函数库或模块库。

◆ 仿真语言:仿真语言多属于面向专门问题的高级语言,它是针对仿真问题,在高级语言的基础上研制的。

◆ 集成仿真环境:它是一组用于仿真的软件工具的集合,包括设计、分析、编制系统模型,编写仿真程序,创建仿真模型,运行、控制、观察仿真实验,记录仿真数据,分析仿真结果,校验仿真模型等。

5）仿真用途

◆ 优化系统设计。在实际系统建立以前,通过改变仿真模型结构和调整系统参数来优化系统设计。如数字信号处理系统、控制系统的设计经常要靠仿真来调节参数、优化系统性能。

◆ 系统故障再现,发现故障原因。实际系统故障的再现必然会带来某种危害性,这样做是不安全的和不经济的,利用仿真来再现系统故障则是安全的和经济的。

◆ 验证系统设计的正确性。

◆ 对系统或其子系统进行性能评价和分析。

◆ 训练系统操作员。常见于各种模拟器,如飞行模拟器、坦克模拟器等。

◆ 为管理决策和技术决策提供支持。

2. Simulink 仿真原理

微分方程是描述动态系统最常用的数学工具,也是很多科学与工程领域数学建模的基础。由于一般的非线性微分方程是没有解析解的,故需用数值解的方式求解。Simulink 中系统的仿真主要就是通过解各类微分方程的数值解来实现的。连续的求解器可以计算连续或混合系统,而离散的求解器,则只能解离散系统。

Simulink 系统模型的仿真主要包含两个阶段:

（1）初始化阶段

初始化阶段主要完成以下工作:

◆ 每个模块的所有参数都传递给 MATLAB 进行求值,得到的数值作为实际的参数使用。

◆ 展开模型的层次结构,每个子系统被它们所包含的模块替代,带有触发和使能模块的子系统被视为原子单元进行处理。

◆ 检查信号的宽度和模块的连接情况,提取状态和输入、输出依赖关系方面的信息,确定模块的更新顺序。

◆ 确定状态的初值和采样时间。

（2）运行阶段

初始化之后,仿真进入运行阶段。仿真是由求解器控制的,它计算模块的输出,更新离散状态,计算连续状态。在采用变步长求解器时,求解器还会确定时间步长。计算连续状态包含下面两个步骤:

① 求解器为待更新的系统提供当前状态、时间和输入值,反过来,求解器需要状态导数的值。

② 求解器对状态的导数进行积分,计算新的状态值。

状态计算完成后,再进行一次模块的输出更新。这时,一些模块可能会发出过零的警告,促使求解器探测出发生过零的准确时间。

Simulink 的仿真过程是在 Simulink 求解器和系统模型相互作用之下完成的。系统和求解器在仿真过程中的交互作用如图 22.1-24 所示。

在图 22.1-24 中,求解器的作用是传递模块的输出,对状态导数进行积分,并确定采样时间。

图 22.1-24　系统和求解器交互作用

系统的作用是计算模块的输出,对状态进行更新,计算状态的导数,生成过零事件。求解器传递给系统的信息包括时间、输入和当前状态,反过来,系统为求解器提供模块的输出、状态的更新和状态的导数。

计算机仿真过程和 Simulink 仿真过程如图 22.1 – 25 和图 22.1 – 26 所示。

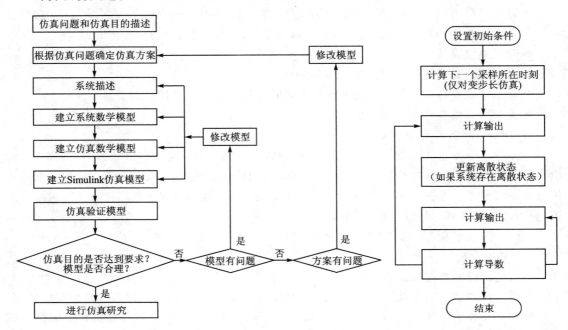

图 22.1 – 25　系统仿真在计算机上实现过程　　　图 22.1 – 26　Simulink 仿真过程

Simulink 的仿真既然主要是系统和求解器之间的相互作用,那么求解器无疑是系统仿真的核心,其作用也就可想而知了,下面重点对其加以介绍。

3. 仿真求解器

系统模型搭建完成之后,应该设置模块参数和仿真操作参数,然后就可以对其进行各种各样的仿真,以测试系统的性能。Simulink 主要的特征是状态的更新,涉及对状态方程中微分或差分方程的求解,因而采用的求解器,也就是解方程的算法也就至关重要,直接决定了仿真的效果和精度。

图 22.1 – 27 示意了求解器的设置过程,从 MATLAB 的启动到求解器的设置大致分为 5 个步骤,分别如图中箭头所指,数字所示:

① 启动 MATLAB 后,单击 MATLAB 主窗口的快捷按钮 来打开 Simulink Library Browser 窗口。

② 单击 Simulink Library Browser 窗口中的"新建"功能的快捷按钮,如图中数字 2 所示,或者通过 Open 打开一个已有的模型文件,均会弹出图中右侧上方的模型文件编辑窗口。

③ 编辑好仿真模型之后,应设置模块参数和配置求解器,选定与系统对应的算法,以便进行仿真。单击 Simulation 菜单下面的 Model Configuration Parameters 项或者直接按快捷键 "Ctrl＋E",便弹出图 22.1 – 27 下方所示的参数配置界面。

④ 在 Configuration Parameters 界面中,箭头和数字 4 所示即为仿真求解器(Solver)选项。

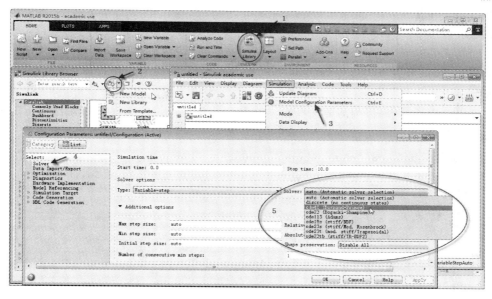

图 22.1 - 27　变步长求解器参数设置窗口

⑤ 单击 Solver 选项后,出现右侧的求解器参数设置面板,其中的 Solver Options 选项右侧红色椭圆圈内的 Solver 项的下拉菜单中可选择变步长模式求解器。

从下拉菜单列表中可以看到,变步长模式求解器有 ode45,ode23,ode113,ode15s,ode23s,ode23t,ode23tb 和 discrete。下面分别简要概述这些求解器的含义。

◆ ode45:默认选项,由变步长四阶五级 Runge - Kutta - Felhberg 算法实现,适用于大多数连续或离散系统,但不适用于刚性(stiff)系统。它是单步求解器,即在计算 $y(t_n)$ 时,仅需要前一时刻的结果 $y(t_{n-1})$。一般来说,面对大多数仿真问题,ode45 是首选。

◆ ode23:表示二阶三级龙格-库塔法(Runge - Kutta),它在误差容限要求不高和求解刚性适度系统的情况下,可能会比 ode45 更有效。与 ode45 同样,ode23 也是单步求解器。

◆ ode113:表示一种可变阶数的 Adams - Bashforth - Moulton PECE 求解器。它在误差容限要求严格并且 ODE 函数难以评估的情况下通常比 ode45 更有效。ode113 是一种多步求解器,即在计算当前时刻输出时,它需要以前多个时刻的解。

◆ ode15s:表示一种基于数字微分公式(NDFs)的可变阶数的求解器。它采用后向差分公式(BDFs)计算微分,通常效率不高。与 ode113 一样,ode15s 也是一种多步求解器。当用户要解决微分代数问题或者仿真刚性系统时,以及使用 ode45 无效或者使用但效率低下的情况下,不妨选择使用 ode15s。

◆ ode23s:表示一种基于改进的二阶 Rosenbrock 公式的求解器。它也是一种单步求解器,因而在粗误差容限下的效果优于 ode15s。它能解决某些 ode15s 所不能有效解决的 stiff 问题。

◆ ode23t:表示梯形规则的一种自由内插值实现,这种求解器适用于求解适度 stiff 系统而用户又需要得到没有数值衰减解的情况。

◆ ode23tb:表示 TR - BDF2 的一种实现。TR - BDF2 是具有两个阶段的隐式龙格-库塔公式,第一阶段采用梯形规则步,第二阶段采用二阶后向差分公式。在两个阶段中,均使用构建好的相同的迭代矩阵。在粗误差容限下的求解效果优于 ode15s。

523

若您对此书内容有任何疑问,可以登录MATLAB中文论坛与作者和同行交流。

◆ discrete：当 Simulink 检查到模型没有连续状态时使用它。

上述求解器中，ode45，ode23，ode113 主要用于解非刚性系统的微分方程，如果不了解所搭建系统属于 stiff 或 nonstiff，可以采用试探性的选择，即当上述三种解算方法非常慢，甚至让人无法忍受时，可以改为使用 ode15s，ode23s，ode23t，ode23tb 中的任何一个刚性系统解法器来求解。

当采用定步长求解时，则需要选择相应的定步长求解器。图 22.1－28 中给出了定步长求解器的选择菜单。

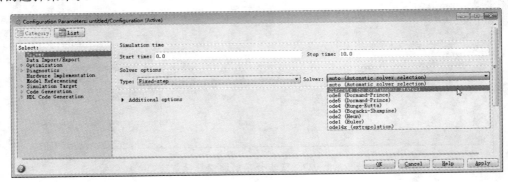

图 22.1－28　定步长求解器参数设置窗口

从图 22.1－28 右侧 Solver 项的下拉菜单列表中可以看到，定步长模式求解器有 ode8，ode5，ode4，ode3，ode2，ode1，ode14x 和 discrete。下面分别简介其含义。

◆ ode8：采用 Dormand－Prince RK8(7)公式这种数值积分技术来计算模型的状态微分，精度高，是最复杂的积分方法。

◆ ode5：是 ode45 的固定步长版本，适用于大多数连续或离散系统，不适用于刚性系统。计算下一个时间步的模型状态，作为当前状态值和状态微分的显性函数。用 Dormand－Prince 公式积分技术计算状态微分。

◆ ode4：用四阶龙格-库塔公式积分技术计算下一个时间步的模型状态，作为当前状态值和状态微分的显性函数。

◆ ode3：默认值，固定步长的二阶三级龙格-库塔法。计算下一个时间步的模型状态，作为当前状态值和状态微分的显性函数。用 Bogacki－Shampine 公式积分技术计算状态微分。

◆ ode2：用 heun 法，即改进的欧拉(Euler)法积分技术计算下一个时间步的模型状态，作为当前状态值和状态微分的显性函数。

◆ ode1：用欧拉法积分技术计算下一个时间步的模型状态，作为当前状态值和状态微分的显性函数。

◆ ode14x：将牛顿法和外推法相结合，从当前值计算模型在下一个时间步的模型状态，作为下个时间步的状态和状态微分的隐性函数。在给定步长的情况下，这种求解器更为精确，同样在每一时间步计算量也更多。

◆ discrete：表示一种实现积分的固定步长求解器，它适合于离散无连续状态的系统。

在图 22.1－26 和图 22.1－27 中，用户可以看到选择不同的求解器后，由于不同的求解器采用的算法不同，所需要的参数也不尽相同，因而出现的界面也会有所差异。在与求解器相对应的界面上有时还需要设置其他仿真参数，如仿真时间、过零检测等。这里暂不介绍，在后面章节中会逐渐加以说明。

4. 过零检测

在动态系统的仿真过程中,所谓过零,是指系统模型中的信号或系统模块特征的某种改变。这种特征的改变包括:

① 信号在上一个时间步改变了符号(包括变为零和离开零)。

② 模块在上一个时间步改变了模式(如积分器进入了饱和区段)。

过零检测通过在系统和求解器之间建立对话的方式工作。对话包含的一个内容是事件通知,即系统告知求解器在前一时间步发生了一个事件。过零是一个重要的事件,表征系统中的不连续性,例如响应中的跳变。如果仿真过程中,对过零不进行检测,可能会导致不准确的仿真结果。当采用变步长求解器时,Simulink 能够检测到过零。使用固定步长的求解器时,Simulink 不检测过零。当一个模块通知系统前一时间步发生了过零,变步长求解器就会缩小步长,即使绝对误差和相对误差是在可接受的范围内。缩小步长的目的是判定过零事件发生的准确时间。当然,这样会降低仿真的速度,但这样做,对于有些模块来讲是至关重要和必要的。因为这些模块的输出可能表示了一个物理值,它专属于自己的事件通知,而且可能与不止一个类型的事件发生关联。

能够产生过零事件通知的模块如表 22.1 - 1 所列,这些模块在前面介绍的基本模块库中可以分别找到。

表 22.1 - 1　产生过零通知的模块表

模块名	过零描述
Abs	当输入信号的上升沿或者下降沿检测一次是否过零
Backlash	当上限阈值达到时,检测一次过零,到达下限阈值时,也检测一次过零,共两次
Compare To Constant	当信号等于一个常量时,检测过零
Compare To Zero	当信号等于零时,检测过零
Dead Zone	当输入信号进入死区时,检测过零;当输入信号脱离死区时,也检测过零
Enable	如果使能口在一个子系统模块的内部,则提供检测过零的能力
From Workspace	当输入信号在上升沿或者下降沿有不连续时,就检测过零
If	当满足 If 条件时,检测过零
Integrator	如果存在复位口,当复位时,检测过零,如果输出受限,在下面三种情况下,检测过零: ① 达到上饱和限;② 达到下饱和限;③ 离开饱和时
MinMax	对输出向量的每个元素,当输入信号是新的最小或最大值时,检测过零
Relational Operator	当相应的运算关系为真时,检测过零
Relay	如果 Relay 处于关断状态,检测开关点的过零;如果 Relay 处于打开状态,检测关断点的过零
Saturation	达到饱和上限或离开时,检测过零;达到饱和下限或离开时,也检测过零
Sign	当输入信号交叉通过零时,检测过零
Signal Builder	当输入信号在上升或者下降方向有不连续时,检测过零
Step	在产生阶跃的时刻,检测过零
Switch	当开关条件发生时,检测过零
Switch Case	当 Case 条件满足时,检测过零
Trigger	如果触发口在一个子系统模块的内部,则提供检测过零的能力
Enabled and Triggered Subsystem	在一个子系统模块的内部,对使能口和触发口分别进行过零检测
Hit Crossing	当输入穿过零点时产生一个过零,可以用来为不带过零能力的模块提供过零检测能力

若您对此书内容有任何疑问,可以登录 MATLAB 中文论坛与作者和同行交流。

从表 22.1-1 中可以看到,各个模块过零的类型是有差异的。例如,Abs 模块在输入改变符号时产生一个事件,而 Saturation 模块能够生成两个不同的过零,一个用于下饱和,一个用于上饱和。还有一些过零只是用来通知求解器,模式已经发生了改变;另外一些则与信号相关,用于触发其他模块。触发包含 3 种类型:

① 上升沿　信号上升到零或穿过零,或者信号离开零变正;

② 下降沿　信号下降到零或穿过零,或者信号离开零变负;

③ 双边沿　上升或下降两者之一发生。

下面通过一个实例来表现过零的产生与关闭对系统仿真结果的影响。

【例 22.1-1】 系统的 Simulink 模型如图 22.1-29 所示,采用 Abs 模块和 Fcn 模块分别计算输入的绝对值,结果输出到 Scope 模块中。

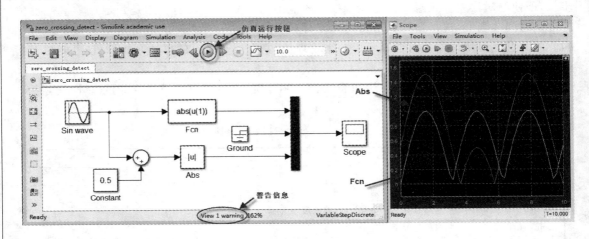

图 22.1-29　过零产生的影响及结果

图 22.1-29 所示是 Simulink 选择默认仿真参数情况下的仿真结果。默认参数配置如图 22.1-30 中上部方框内内容所示。仿真模型运行后,在模型底部状态栏上会出现 View 1 warning 信息,鼠标单击后会弹出 Diagnostic Viewer 窗口,如图 22.1-31 所示,其中会显示模型操作的一些详细信息,如模型保存、模型仿真、警告信息等。

由于系统中没有连续状态,系统会将默认配置的不合理的求解器直接自动修改为离散的求解器进行仿真,如图 22.1-30 下部方框内所示。此时,过零检测选项中也是默认设置。而且在图 22.1-29 下部状态栏中会看到自动修改的求解器为 VariableStepDiscrete。

Diagnostic Viewer 中显示的警告信息说明,如果用系统默认最大步长 0.2 来进行仿真,不能满足精度要求,要将步长调小,进行仿真。如果想忽略不显示这个警告信息,和第一条警告信息一样,可以通过将图 22.1-32 所示的诊断菜单中的 Automatic solver parameter selection 设置为 none 来消除警告信息的显示。

当然,如果不想设置 Automatic solver parameter selection 项,那就将警告所提到的两点要求进行相应的设置,如将求解器设置为 discrete,并采用变步长仿真,同时将 Max step size 设为比 0.2 小的数,如 0.01,然后单击 Apply 或者 OK 按钮,再单击图 22.1-29 中所示的仿真按钮进行仿真。结果和图 22.1-29 中模块 Scope 中显示的一样,而且在模型状态栏和 Diagnostic Viewer 窗口中也不会再出现上述两条警告信息。

从仿真的结果来看,对于不带有过零检测的 Fcn 模块,在求取输入信号的绝对值时,漏掉

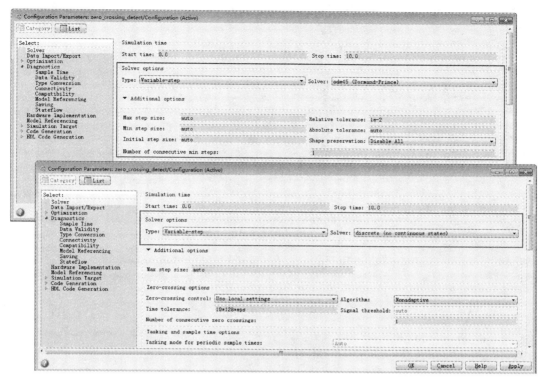

图 22.1-30　仿真求解器参数配置

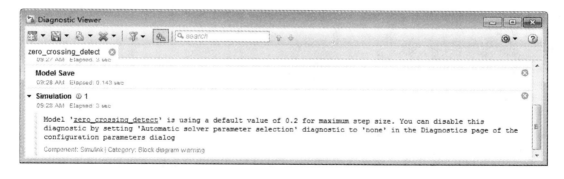

图 22.1-31　Diagnostic Viewer 窗口

了信号的过零点(结果中的拐角点)。而对于具有过零检测能力的 Abs 求取绝对值模块,它可以使仿真在过零点处的仿真步长足够小,所以每当它的输入信号改变符号时,都能够精确地得到零点结果。

　　在使用 Simulink 进行动态系统仿真时,其默认参数选择使用过零检测的功能,如图 22.1-29 所示。如果使用过零检测并不能给系统的仿真带来很大的好处,用户可以关闭仿真过程中过零事件的检测功能。

　　例如为了加快仿真速度,用户可以在图 22.1-33 所示的过零检测选项 Zero-crossing control 项的下拉菜单中选择 Disable all,以关闭过零检测功能,再对图 22.1-29 所示系统进行仿真。关闭过零检测后系统的仿真结果如图 22.1-34 所示。

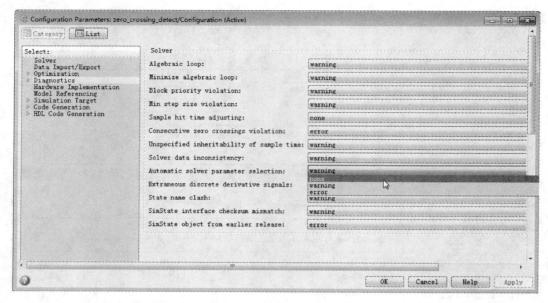

图 22.1－32　仿真诊断参数设置

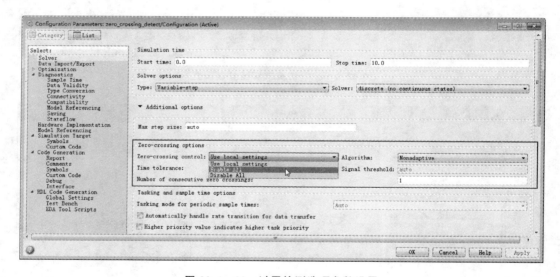

图 22.1－33　过零检测选项参数设置

　　由图 22.1－34 可见,关闭过零检测后,无论是带有过零检测功能的 Abs 模块还是没有过零检测能力的 Fcn 模块,得到的结果是一样的。在过零处均不能获得有效的精度,曲线无法准确过零,仿真结果出现了偏差,不正确。因此为了获得好的仿真精度,过零检测尽量要处于使能状态。当然这并不绝对,因为决定结果的关键因素是选择正确的求解器算法以及仿真时间步长的选取,当把仿真步长设置得足够小时,即使用户关闭过零检测,这两个模块均可以圆滑地通过零点,设置和结果如图 22.1－35 所示。

　　在图 22.1－35 中,用户可以看到除了 Zero－crossing control 项外,过零检测选项区还有 Algorithm,Signal threshold 等设置。这些功能选项又对仿真时的过零检测有什么影响呢?

　　单击 Algorithm 项,其后的下拉菜单中有两个选项:Nonadaptive 和 Adaptive。Nonadaptive

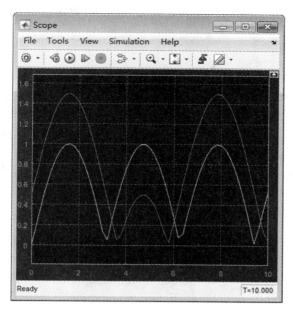

图 22.1－34　关闭过零检测后的仿真结果

图 22.1－35　关闭过零检测并设置小步长的仿真结果

算法主要是为了做到和老版本的 Simulink 向后兼容，是系统默认值。它通过时间步将过零检测事件分割，用更小的时间步来找出准确的过零点。尽管对多数仿真类型来说，这种方式已经足够用了，但是，当在过零点附近存在高频振荡时，Nonadaptive 算法会导致很长的仿真时间。

　　Adaptive 算法是通过适时的关闭或打开过零事件检测来调节仿真时间和仿真精度的平衡的。一种情况是当超出了过零误差容限，则关闭过零检测，停止迭代。这个值由求解器面板上的 Signal threshold 选项来决定，默认是 Auto，用户也可以随意输入一个大于零的值，作为误差限。另一种是如果系统已经超出了在求解器面板的 Number of consecutive zero crossings 选项设置的连续过零数，也关闭过零检测。通过这两种方式来处理在过零点附近具有高频振荡或者想给出误差带的情况。当选择 Adaptive 后，仿真结果和图 22.1－29 所示相同。

　　注意：关闭系统仿真参数设置中的过零事件检测，可以使动态系统的仿真速度得到很

若您对此书内容有任何疑问，可以登录MATLAB中文论坛与作者和同行交流。

大的提高,但可能会引起系统仿真结果的不精确,甚至出现错误结果。关闭系统过零对 Hit Crossing 零交叉模块并无影响。对于离散模块及其产生的离散信号不需要进行过零检测。

5. 代数环

在使用 Simulink 的模块库建立动态系统的模型时,有些模块的输入端口具有直接馈通(direct feedthrough)特性。所谓直接馈通是指模块的输出直接依赖于模块的输入,如果模块的输出方程中包含输入,则它具备直接馈通特性。在 Simulink 模型中,将带有直接馈通特性的各模块串成一个回路会导致一个代数环。在一个代数环中,由于模块之间是相互依赖的,所有的模块都要求在同一时刻计算输出,这与通常的仿真顺序概念相抵触。

在 Simulink 中具有直接馈通特性的模块如表 22.1 - 2 所列。

表 22.1 - 2 具有直接馈通特性的模块表

模块名	模块描述	模块名	模块描述
Math Function	数学函数	Transfer Fcn	传递函数
Gain	增益	Sum	求和
Product	乘法	Zero - Pole	零极点
State - Space	状态空间(具有非零 D 阵)	Integrator	积分(初始条件端口)

具有代数环的模型,仿真得到的结果可能不正确。一般在用 Simulink 搭建系统模型之前,应尽量通过手工方法对方程求解,以去掉代数环。

Simulink 自带一个内置的代数环求解器,可以解决代数环问题,也可以使用 Simulink/Math 库中的 Algebraic Constraint 模块对动态系统数学方程进行求解。

【例 22.1 - 2】 使用代数约束来求解方程 $x^2 - x - 2 = 0$ 的根。

根据方程,建立如图 22.1 - 36 所示的系统模型,然后对代数约束(Algebraic Constraint)模块的初始值进行设置,如图中代数约束模块下的 Initial Guess 所示,仿真结果在 Display 模块中显示。

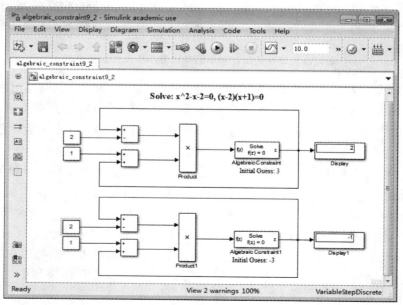

图 22.1 - 36 解带有代数环的方程,两个解

在进行默认值参数仿真时,在模型底部的状态栏上会出现 View 2 warnings 的信息,鼠标单击后会弹出 Diagnostic Viewer 窗口,显示 2 条警告信息的详细内容,如图 22.1 - 37 所示。第一条是有关代数环的警告信息,并给出了不显示该警告的设置方法,同时给出了哪些模块具有代数环;第二条则是与例 22.1 - 1 相类似的警告和相应的消除警告信息的配置。

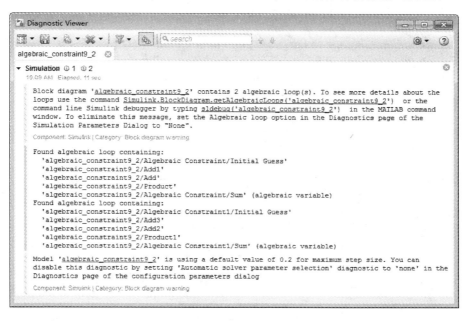

图 22.1 - 37　警告信息

如果不想显示这些警告信息,可以依次按其显示的内容,对相应的配置参数进行修改,或者将图 22.1 - 38 所示的诊断中的 Algebraic loop 和 Minimize algebraic loop 均取为"none",就可以把警告信息屏蔽掉。

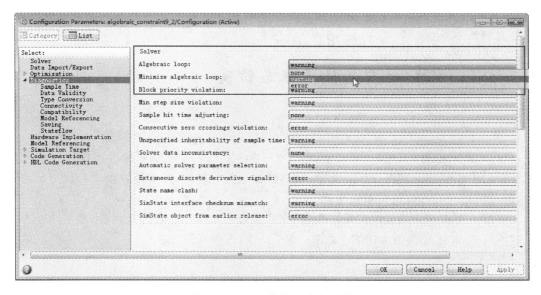

图 22.1 - 38　代数环诊断设置

若您对此书内容有任何疑问,可以登录MATLAB中文论坛与作者和同行交流。

Algebraic Constraint 模块调整它的输出,使它的输入为零。用户可以为这个模块指定初始的估计值。图 22.1－36 和图 22.1－39 所示是用 Simulink 搭建的求解方程的同一个模型,只是在模型中 Algebraic Constraint 模块的初始估计值不同。对比这两个图中的结果,可以看到,初始估计值不同,得到的结果可能也会不同,用户不是总能得到方程的两个解,除非给出恰当的 Algebraic Constraint 模块的初始估计值。

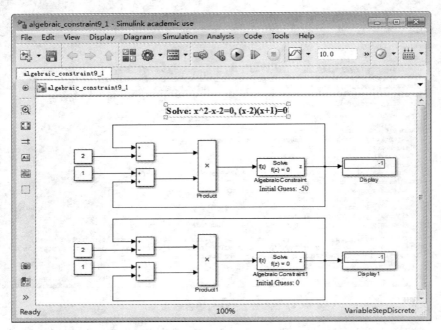

图 22.1－39　解带有代数环的方程,一个解

注意:解上述方程时,Simulink 求解器用 Newton 法求解代数环。尽管使用这个方法很有效,但是对有些代数环来说,这个方法可能不收敛。所以尽量不要在模型中包含代数环,以免仿真结果不正确。

22.2　Simulink 动态系统建模与仿真

Simulink 启动之后,用户就可以通过选择图 22.2－1 所示工具栏上的"新建"按钮或者选择 File 菜单下的 New→Model 来打开一个仿真窗口,建立自己的系统模型。新建立并未编辑的空白窗口如图 22.2－2 所示,用户从图 22.1－1 或图 22.1－2 所示的各类模块库中选择建模所需的模块并拖动到图 22.2－2 中,对系统模型进行编辑,然后设置模块参数与系统仿真参数,保存模型后就可以进行系统仿真。

下面以一个双弹簧质量阻尼系统为例,介绍系统的建模及仿真的全过程,使用户较为详细地了解 Simulink 在建模中常用的功能和一些菜单的选择及设置。

22.2.1　动态系统建模

如果用户不新建模型,而是对已经存在的模型作编辑、修改后进行仿真,就要用到"打开(Open)模型"命令。此时,会把一个已存在的模型装入内存并以图形形式显示出来。当然,用

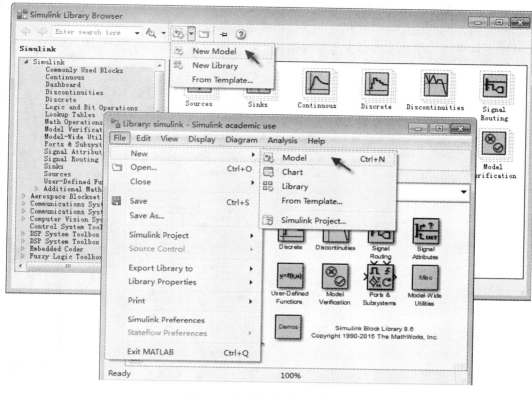

图 22.2-1　新建模型菜单指示图

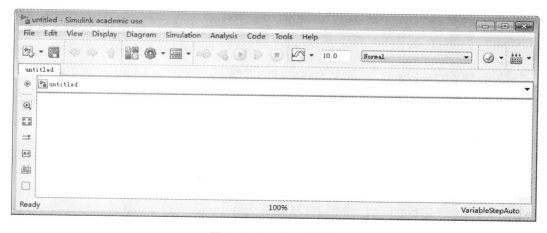

图 22.2-2　空白模型图

户也可以通过"载入(Load)模型"命令加载一个模型,将模型装入内存而不显示出来。

　　通过单击模型库浏览器工具栏上的 Open 按钮,或者点选 Simulink 库窗口下 File 菜单中的 Open 选项,并选择相应的模型就可以打开模型进行编辑。或者在 MATLAB 软件的命令窗口中输入模型的名字(不带扩展名.mdl 或.slx),也可以打开模型进行编辑,但要保证所键入的模型是在当前文件夹下或在选择的路径中。

　　【例 22.2-1】　双质量弹簧系统的创建。

若您对此书内容有任何疑问,可以登录 MATLAB 中文论坛与作者和同行交流。

建好的系统模型如图 22.2－3 所示。按照新模型的创建来进行操作,当 Simulink 库浏览器被启动之后,按上所述方式,打开一个空白的模型编辑窗口。通过单击模块库的名称可以查看模块库中的模块。模块库中包含的系统模块显示在库浏览器右边的栏中。选出建立模型所需的模块,即完成建模的第一步。

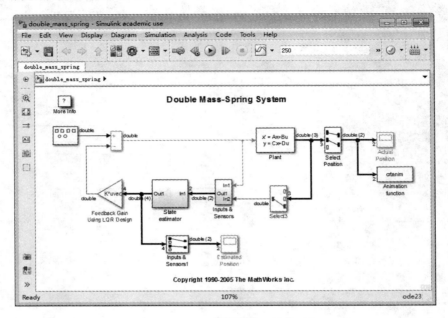

图 22.2－3 双质量弹簧系统模型图

1. 模块选择

从图 22.2－3 中看到,建立这个弹簧阻尼系统需要以下模块,均在 Simulink 公共模块库中。

- ◆ Subsystem:在 Simulink/Ports & Subsystems 库中。
- ◆ Signal Generator:在 Simulink/Sources 库中。
- ◆ Add:在 Simulink/Math Operations 库中。
- ◆ Gain:在 Simulink/Math Operations 库中。
- ◆ Scope:在 Simulink/Sinks 库中。
- ◆ In1:在 Simulink/Sources 库中。
- ◆ Out1:在 Simulink/Sinks 库中。
- ◆ State Space:在 Simulink/Continuous 库中。
- ◆ S－Function:在 Simulink/User－Defined Functions 库中。
- ◆ Mux:在 Simulink/Signal Routing 库中。
- ◆ Selector:在 Simulink/Signal Routing 库中。

从各公共模块库中选择上述模块并将其复制(或拖曳)到新建的系统模型窗口中,如图 22.2－4 所示。

2. 模块基本操作

下面介绍一些对系统模块进行操作的基本技巧,并将其应用到例 22.2－1 中,掌握它们可使动态系统模型的建立变得更为方便、快捷。

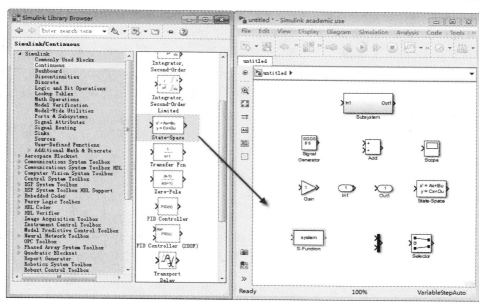

图 22.2 - 4　双质量弹簧系统模块选择

模块的基本操作包括模块的移动、复制、删除、转向、改变大小、模块命名、颜色设定、参数设定、属性设定和模块的输入/输出信号设定等。模块库中的模块可以直接用鼠标拖曳(选中模块,按住鼠标左键不放)到模型窗口中进行处理。在图 22.2 - 4 中,选中模块,则其 4 个角会出现黑色标记,此时可以对模块进行如下操作:

① 移动:选中模块,按住鼠标左键将其拖曳到所需的位置,若要脱离线而移动,可按住 Shift 键再进行拖曳。

② 复制:选中模块,按住鼠标右键进行拖曳即可复制同样的一个功能模块;也可以先按住 Ctrl 键,再按住鼠标左键进行拖曳,也可以达到复制模块的目的。此外,还可以在选中所需的模块后,使用 Edit 菜单上的 Copy 和 Paste 或使用热键 Ctrl＋C 和 Ctrl＋V 来完成同样的功能。

③ 删除:选中模块,按 Delete 键即可删除该模块。若要同时删除多个模块,可以用鼠标选取区域,再按 Delete 键就可以把该区域中的所有模块和线等全部删除。也可以同时按住 Shift 键,再用鼠标选中多个模块,按 Delete 键来删除这些模块。

④ 转向:为了能够顺序连接功能模块的输入和输出端,功能模块有时需要转向。在模型窗口的 Diagram 菜单下的 Rotate & Flip 项中选择 Flip Block 将选择的模块旋转 180°,或选择该菜单下的 clockwise 顺时针旋转 90°(也可以选择 counterclockwise 逆时针旋转 90°);或者直接按 Ctrl＋I 组合键执行 Flip Block 操作,按 Ctrl＋R 组合键执行顺时针旋转操作。

⑤ 改变大小:选中模块,对模块出现的 4 个黑色标记进行拖曳即可。

⑥ 模块命名:先用鼠标左键在需要更改的模块名称上单击一下,将文本框激活,直接更改即可。名称在模块上的位置可以变换 180°,可以直接通过鼠标进行拖曳,也可以在 Diagram 菜单下的 Rotate & Flip 项中选择 Flip Block Name 来实现。如果不想显示名称,可以单击 Diagram 菜单下的 Format 项中的 Show Block Name 来隐藏(或显示)模块名称。

⑦ 颜色设定:设置模型窗口中 Diagram 菜单下的 Format 项中的 Foreground Color,可以

改变模块的前景颜色;设置 Background Color 可以改变模块背景颜色,而模型窗口的颜色可以通过设置 Canvas Color 来改变。

⑧ 属性设定:选中模块,打开 Diagram 菜单的 Properties 项,可以对模块进行属性设定,包括对 Description,Priority,Tag,Callback functions,Block Property tokens 等属性的设定。其中 Callback functions 属性中的 OpenFcn 项的设置是一个很有用的属性,可以通过它指定一个函数名,当模块被双击之后,Simulink 就会调用该函数并执行。

⑨ 模块的输入/输出信号:模块处理的信号包括标量和向量两类信号。标量信号是一种单一信号,而向量信号为一种复合信号,是多个信号的集合,它对应着系统中几条连线的合成。大多数模块在默认情况下,其输出均为标量信号,对于输入信号,模块都有一种"智能"的识别功能,能自动进行匹配。

上述各种功能,都可以在图形窗口的各下拉菜单中找到,而 Simulink 更是将这些下拉菜单中较为常用的功能选项选择、合并到鼠标右键菜单(Context menu)中。在相应的模块上单击鼠标右键,在弹出的菜单中,一些常用功能已列出,用户可以根据需要选择相对应的功能来对模块和模型进行编辑。

对比图 22.2-3 和图 22.2-4,会发现图 22.2-4 中模块较少,共 11 个。这是因为图 22.2-3 中有重复使用的模块。下面对图 22.2-4 中的模块进行操作,使其数量、名称、转向等信息达到与例图中完全一致。

首先,图 22.2-3 中 Subsystem 模块有 3 个,其中一个有单输入/单输出端口,一个没有端口,还有一个是两输入/单输出端口。Scope 模块有 2 个,而 Selector 模块有 3 个,且 3 个模块设置不同,外形也不同。State-Space 模块也有 2 个,其中一个表示系统数学模型,一个插入到 Subsystem 中,构成了 State-estimator。Mux 模块也插入到双输入/单输出子系统模块中成了 Inputs & Sensors 模块。各复制的模块及子系统如图 22.2-5 所示。从图 22.2-4 到图 22.2-5,共进行了复制、移动、删除和插入等操作。

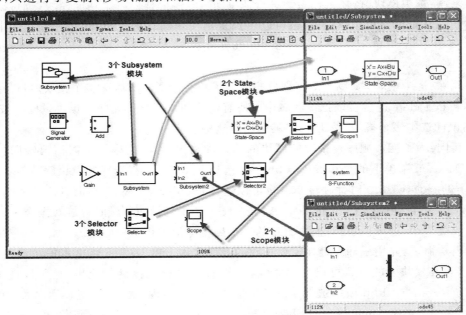

图 22.2-5 双质量弹簧系统模块基本操作

其次,对图 22.2－5 中的模块进行转向、改变大小、添加文字和模块命名等操作得到图 22.2－6。此时,模块的方向和名称都已经与图 22.2－3 中的完全一样,只是有些模块在外形上还存在差异,这是因为没有进行模块参数设置的缘故。

最后,连线并设置模块参数,就会得到与图 22.2－3 完全一致的模型图。

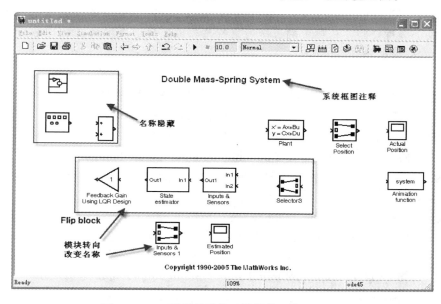

图 22.2－6　双质量弹簧系统模块调整、布置图

3. 模块连接

Simulink 模型是在选择构建系统模型所需的所有模块后,按照系统的信号流程通过线将各功能模块连接起来而构成的。用鼠标可以在功能模块的输入端与输出端之间直接连线,连接系统模块的步骤如下:

① 将光标指向起始模块的输出端口,此时光标变成"＋"字。

② 单击鼠标左键并将之拖曳到目标模块的输入端口,在接近到一定程度时光标变成双"＋"字。这时松开鼠标键,连接完成。完成后会在连接点处出现一个箭头,表示系统中信号的流向。

除上述方法外,还有更为有效的连线方式:使用鼠标左键单击起始模块,按下 Ctrl 键,并用鼠标左键单击目标块,同样可以将各功能模块连接起来。

根据模块输入/输出端口的不同,模块间的连线可以被改变粗细、折弯、进行分支、设定标签,用户还可进行信号组合和模块的插入。

① 改变粗细。线之所以有粗细是因为线引出的信号可以是标量信号或向量信号。当选中模型窗口中的 Display 菜单下的 Signals & Ports→Wide Nonscalar Lines 时,线的粗细会根据线所引出的信号是标量还是向量而改变;如果信号为标量则为细线,若为向量则为粗线。选中 Display 菜单下的 Signals & Ports→Signal Dimensions 则可以显示向量引出线的宽度,即向量信号由多少个单一信号合成。

② 连线的折弯。使用鼠标左键单击并拖动以改变信号连线的路径。按住 Shift 键,再用鼠标在要折弯的线处单击一下,就会出现圆圈,生成新的节点,在节点上使用鼠标左键单击并拖动,就可以改变信号连线的路径。

③ 连线的分支。一个系统模块的输出同时作为多个其他模块的输入,这时需要从此模块中引出若干连线,以连接多个其他模块。按住鼠标右键,在需要分支的地方拉出即可,或者按住 Ctrl 键并在要建立分支的地方用鼠标拉出即可。

④ 设定标签。只要在线上双击鼠标,即可输入该线的说明标签。也可以通过选中线,然后打开 Diagram 菜单下的 Properties 进行设定,其中 Signal Name 属性的作用是标明信号的名称,设置这个名称反映在模型上的直接效果就是与该信号有关的端口相连的所有直线附近都会出现写有信号名称的标签。

⑤ 信号组合与分解。在利用 Simulink 进行系统仿真时,在很多情况下,需要将系统中某些模块的输出信号(一般为标量)组合成一个向量信号,并将得到的信号作为另外一个模块的输入。此时就要用到 Mux 模块,可以根据输入信号的多少设置其输入。同样,Demux 模块可以将组合好的一个向量信号再分解成多个标量信号进行输出。

⑥ 模块的插入。如果用户需要在信号连线上插入一个模块,只需要将这个模块移到线上就可以自动连接。但要注意这个功能只支持单输入单输出模块。对于其他模块,只能先删除连线,放置块,然后再重新连线。

对图 22.2 - 6 所示的各模块进行连线,使其与图 22.2 - 3 相一致。在这个过程中应用了上述连线的几种操作,包括模块插入、信号组合、连线分支和连线折弯等操作,结果如图 22.2 - 7 所示。

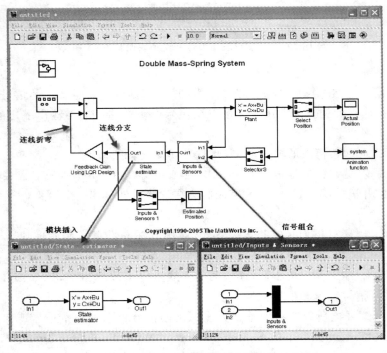

图 22.2 - 7   双质量弹簧系统模块连线示意图

注意:信号标签与框图注释类似,可以移动到希望到达的任何位置,但只能是在信号线附近。当一个信号定义了标签后,从这条信号线引出的分支线会继承这个标签。只能在信号前进的方向上传递信号标签;当一个带有标签的信号与 Scope 模块连接时,信号标签将作为标题显示。

4. 模块参数设置

在设置正确的系统功能模块参数与系统仿真参数后,才能够对动态系统进行仿真与分析。系统仿真参数的设置主要是求解器的设置,这已在 22.1.3 节中进行了说明,此处不再详述。这里只给出设置好的参数,未提到的均为系统默认值。不同功能模块的参数是不同的,但都可以通过用鼠标左键双击功能模块来打开该模块的参数设置窗口,从而对模块进行参数设定。参数设置窗口包含了该模块的基本功能帮助,为获得更为详尽的帮助,可以单击其上的"Help"按钮。通过对模块的参数加以设置,就可以获得需要的功能模块。

功能模块对话框由功能模块说明框和参数设置框组成。功能模块说明框用来说明该功能模块的使用方法和功能,参数设置框用于设置该功能模块的参数。

下面重点介绍例 22.2 - 1 中各功能模块的参数设置。

① 双击 Signal Generator 模块,将打开如图 22.2 - 8 左图所示的参数设置对话框,设置其波形为方波,幅度为 15,频率为 0.3rad/sec。设置好指定参数后的窗口如图 22.2 - 8 右图所示。左图所示是模块默认设置的参数,右图所示是为实现用户仿真目的,由用户自己配置的参数。以下各个模块的参数设置图,如非特殊说明,左图和右图的指代关系同图 22.2 - 8。

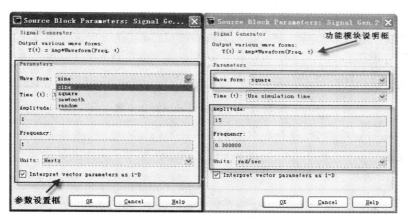

图 22.2 - 8　Signal Generator 模块参数设置

② 双击 Sum 模块,即图中 Add 模块,将打开如图 22.2 - 9 左图所示的参数设置对话框,设置 List of signs 为"＋－"。设置好指定参数后的窗口如图 22.2 - 9 右图所示。

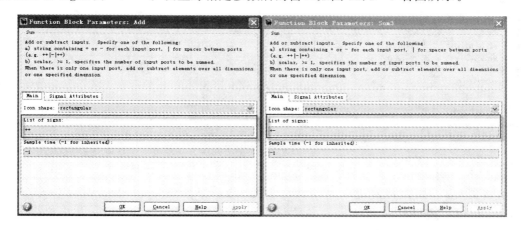

图 22.2 - 9　Add 模块参数设置

③ 双击 State - Space 模块,也就是更名后的 Plant 模块,将打开如图 22.2 - 10 左图所示的参数设置对话框,设置表示状态方程的四个参数矩阵 A,B,C 和 D 的值为相应的矩阵值。设置好指定参数后的窗口如图 22.2 - 10 右图所示。

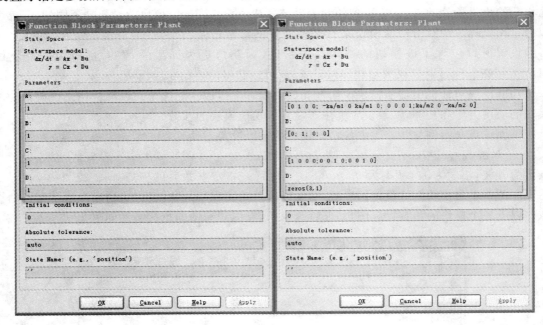

图 22.2 - 10　Plant 模块参数设置

④ 双击 Selector 模块,也就是更名后的 Select Position 模块,将打开如图 22.2 - 11 左图所示的参数设置对话框,将 Index 下的值[1,3]改为[1,2]。设置好指定参数后的窗口如图 22.2 - 11 右图所示。

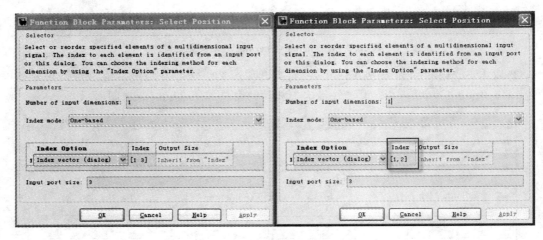

图 22.2 - 11　Select Position 模块参数设置

⑤ 双击 Scope 模块,也就是更名后的 Actual Position 模块,将打开如图 22.2 - 12 左图所示的示波器窗口,用鼠标左键单击工具栏上的 View 下拉菜单,单击其中的 Configuration Properties 选项,会打开右图所示的参数设置对话框,单击其上的 Time 菜单项(Tab),将 Time span 项的值从"auto"改为 40,从 Time - axis labels 项下拉列表中选中"all"。设置好指

定参数后的窗口如图 22.2－12 右图所示。

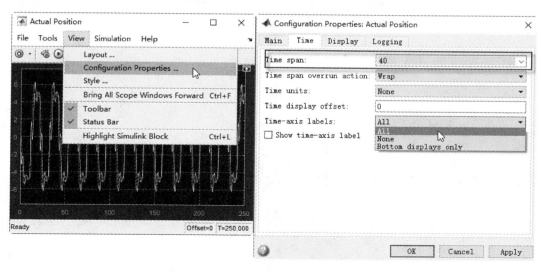

图 22.2－12　Actual Position 模块参数设置

⑥ 双击 Gain 模块,也就是更名后的 Feedback Gain Using LQR Design 模块,将打开如图 22.2－13 左图所示的参数设置窗口,将 Main 面板下的 Gain 项设为 K,从 Multiplication 项下拉列表中选择"Matrix(K＊u)(u vector)"。设置好指定参数后的窗口如图 22.2－13 右图所示。

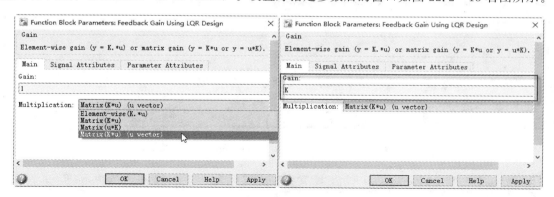

图 22.2－13　Feedback Gain Using LQR Design 模块参数设置

⑦ 双击子系统模块 State estimator,进入子系统内部,再打开内部的 State estimator 模块,也就是更名前的 State－Space 模块,将打开如图 22.2－14 左图所示的参数设置对话框,设置表示状态方程的四个参数矩阵 A,B,C 和 D 的值依次为 ae,be,ce 和 de。设置好指定参数后的窗口如图 22.2－14 右图所示。

⑧ 双击子系统模块 Inputs & Sensors,进入子系统内部,再打开内部的 Inputs & Sensors 模块,也就是更名前的 Mux 模块,将打开如图 22.2－15 左图所示的参数设置对话框,从 Display option 项的下拉列表中选择"none"。设置好指定参数后的窗口如图 22.2－15 右图所示。

⑨ 双击 Selector 模块,也就是更名后的 Select3 模块,将打开如图 22.2－16 左图所示的参数设置对话框,将 Index 下的值[1,3]改为 3。设置好指定参数后的窗口如图 22.2－16 右图所示。

新编 MATLAB/Simulink 自学一本通

542

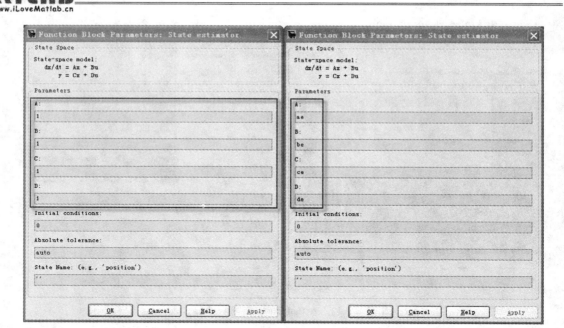

图 22.2-14　State estimator 模块参数设置

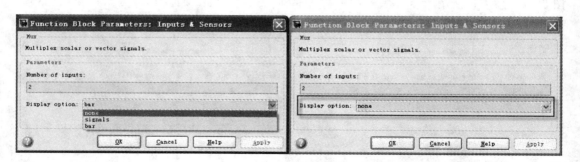

图 22.2-15　Inputs & Sensors 模块参数设置

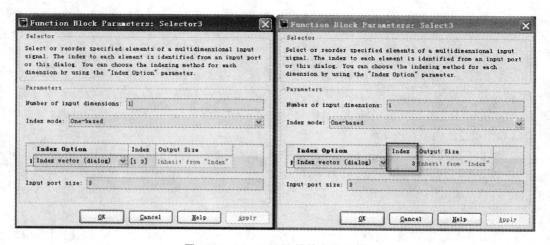

图 22.2-16　Select3 模块参数设置

⑩ 双击 S-Function 模块，也就是更名后的 Animation function 模块，将打开如图 22.2-17 左图所示的参数设置对话框，将 S-function name 的值从"system"改为"crtanim"，在 S-function parameters 项中输入 0.1。设置好指定参数后的窗口如图 22.2-17 右图所示。

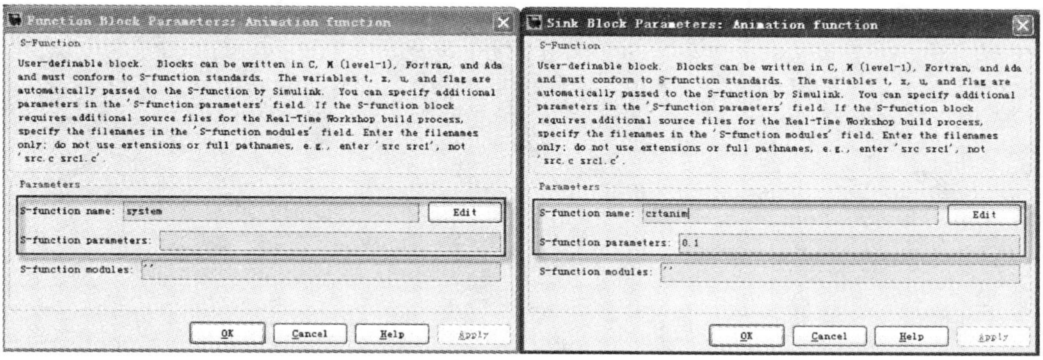

図 22.2-17　**Animation function 模块参数设置**

这里要说明一下，S-function 模块是用户自定义的模块，是用来实现某些特定功能的一种非图形模块。其中 crtanim 代表的是 S 函数的文件名，其内容是用 M 语言或 C 语言等工具书写的程序代码。关于 S-function 方面的内容将在 22.3 节中详细介绍。此处为了例 22.2-1 的执行，将 crtanim 的内容张贴如下：

```
function [sys,x0,str,ts,simStateCompliance] = crtanim(t,x,u,flag,ts) % #ok
% CRTANIM S-function for animating the motion of a mass-spring system.

global xSpr2 xBx12 xBx22 dblcart1
offset = 4;
if flag == 2,
    if any(get(0,'Children') == dblcart1),
        if strcmp(get(dblcart1,'Name'),'Mass_Spring Animation'),
            set(0,'currentfigure',dblcart1)
            u(2) = u(2) + offset;
            distance = u(2) - u(1);
            hndl = get(gca,'UserData');
            x = [xBx12 + u(1); xSpr2/4 * distance + u(1); xBx22 + distance + u(1)];
            set(hndl,'XData',x);
            drawnow;
        end
    end
    sys = [];
elseif flag == 4 % Return next sample hit
    % ns stores the number of samples
    ns = t/ts;
    % This is the time of the next sample hit.
    sys = (1 + floor(ns + 1e-13 * (1+ns))) * ts;
elseif flag == 0,
    % Initialize the figure for use with this simulation
    animinit('Mass_Spring Animation');
    dblcart1 = findobj('Type','figure','Name','Mass_Spring Animation');
    axis([-10 20 -7 7]);
    hold on;
```

若您对此书内容有任何疑问，可以登录MATLAB中文论坛与作者和同行交流。

```
        xySpr2 = [ ...
            0.0        0.0
            0.4        0.0
            0.8        0.65
            1.6      - 0.65
            2.4        0.65
            3.2      - 0.65
            3.6        0.0
            4.0        0.0];
        xyBx12 = [ ...
            0.0        1.1
            0.0      - 1.1
          - 2.0      - 1.1
          - 2.0        1.1
            0.0        1.1];
        xyBx22 = [ ...
            0.0        1.1
            2.0        1.1
            2.0      - 1.1
            0.0      - 1.1
            0.0        1.1];
        xBx12 = xyBx12(:,1);
        yBx12 = xyBx12(:,2);
        xBx22 = xyBx22(:,1);
        yBx22 = xyBx22(:,2);
        xSpr2 = xySpr2(:,1);
        ySpr2 = xySpr2(:,2);

        x = [xBx12; xSpr2; xBx22(:,1) + offset];
        y = [yBx12; ySpr2; yBx22];

        % Draw the floor under the sliding masses
        plot([- 10 20],[- 1.3 - 1.3],'yellow', ...
            [- 10:19; - 9:20],[- 2 - 1.3],'yellow','LineWidth',2);
        hndl = plot(x,y,'y','LineWidth',3);
        set(gca,'UserData',hndl);

        sys = [0 0 0 2 0 0 1];
        x0  = [];
        str = [];
        ts  = [- 1, 0];
        % specify that the simState for this s - function is same as the default
        simStateCompliance = 'DefaultSimState';
    end;
```

⑪ 双击图 22.2-7 左上角没有连线的子系统模块(其名称已被隐藏,即更名后的 More Info 模块),进入子系统内部,将输入输出端口删除后关闭。再用鼠标右键单击模块,在出现的菜单中选择 Edit Mask,将打开如图 22.2-18 所示的参数设置对话框。在 Icon & Ports 面板内右侧的 Icon Drawing commands 项下输入"disp('? ')",单击 OK 按钮退出,此时模块上会出现一个"?"号,表明这是一个提供模型帮助信息的模块。

再用鼠标右键单击该模块,在出现的菜单中选择 Properties,将打开如图 22.2-19 左图所示的参数设置对话框。切换到 Callbacks 面板内,从左侧 Callback function list 项的下拉列表中选中 OpenFcn 函数,然后在右侧的 Content of callback function "OpenFcn"项下输入"showdemo(bdroot(gcs))",设置好指定参数后的窗口如图 22.2-19 右图所示。这样设置完

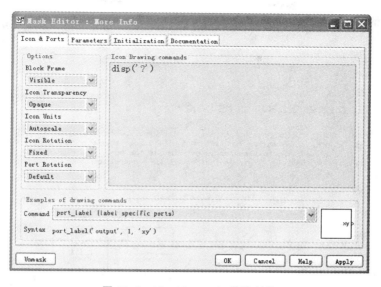

图 22.2 - 18　More Info 模块封装

毕后，当在图上用鼠标双击该模块时，将打开这个模型文件所在目录下的 .html 文件，并以 demo 文本的形式显示在 MATLAB 帮助中（适用于 MATLAB R2009a），如图 22.2 - 20 所示。是不是很神奇？神奇也是要付出代价的，你还要学会如何编写这个帮助文件。此处就不再介绍这方面的内容了，由读者自己去尝试完成吧！

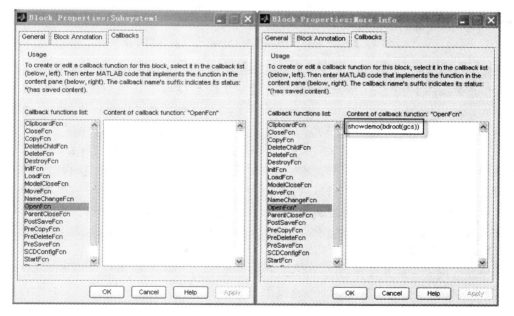

图 22.2 - 19　More Info 子系统模块属性设置

注意： 写好帮助内容的 .html 文件后，应在模型文件所在目录下建立一个名称为 html 的空文件夹，然后把写好的 .html 文件和相关的图片文件放到这个文件夹内。这样在双击该模块时，帮助信息才会如图 22.2 - 20 所示那样显示在 MATLAB 的帮助中（适用于 MATLAB R2009a）。

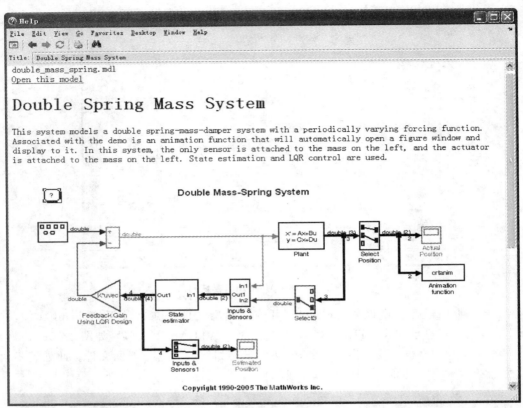

图 22.2-20　More Info 模块 OpenFcn 函数调用结果

546

　　至此，例 22.2-1 所示的双质量弹簧系统的建模宣告结束。在此先保存模型，下一节再介绍系统仿真。如图 22.2-21 所示，用鼠标左键单击模型窗口工具栏的保存按钮，或者打开 File 菜单下的 Save，也可以直接按组合键 Ctrl+S 均可以对模型文件进行保存。如果是第一次保存，则会出现图 22.2-21 左下角的对话窗口，提示输入文件名，并选择保存类型。输入 double_mass_spring，单击"保存"按钮，一个扩展名为 .mdl 的模型文件便保存在当前目录中（适用于 MATLAB R2009a 及以前版本）。在 MATLAB R2015b 中，单击"保存"按钮后，会弹出如图 22.2-22 所示的对话窗口，默认保存为扩展名为 .slx 的模型文件，也可以选择保存为扩展名为 .mdl 的模型文件。当然，例 22.2-1 从创建模型开始到现在任何时刻用户都可以对文件进行保存，以免操作系统发生问题时，无法保存编辑过的文档。笔者建议用户时刻记得对编辑过的模型进行保存操作。

　　模块参数设置完毕并保存后的 mdl 模型如图 22.2-23 所示，其中又进行了一些信号维数显示、模块颜色设置和阴影显示等个性化操作，使得模型更加生动，易于分辨。但细心的读者会发现有两个模块没有进行参数设置，一个是 Inputs & Sensors 1 模块，一个是 Estimated Position 模块。前者由于和默认设置相同，没有变化，所以不必进行设置。而后者和 Actual Position 一样也是一个 Scope 模块，参数设置也一样，也就没有进行单独介绍，特在此处声明。

　　小贴士： 对于 MATLAB R2012b（含）以前的版本，在保存 .mdl 文件时，选择保存类型，其下拉列表中会列出一些不同版本的 Simulink 类型，如图 22.2-21 右下角所示。这些有什么用呢？一方面高版本的 Simulink 支持向下兼容，可以打开以前低版本编辑的模型文件，

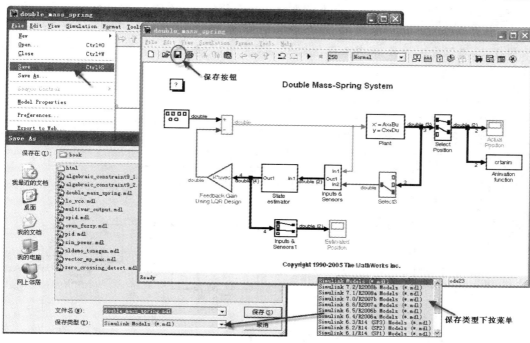

图 22.2-21　双质量弹簧系统模型保存示意图

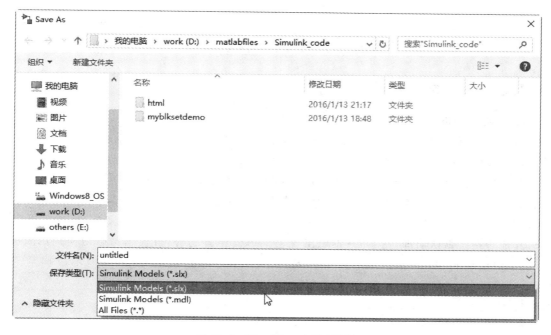

图 22.2-22　"Save As"对话框

但低版本的却不能打开高版本的文件。为此,高版本的文件在保存时,如果想在低版本中打开,就可以保存成相应版本的 .mdl 文件,达到文件共享的目的。另一方面,有些高版本的 Simulink 在打开低版本的文件时也会出错,甚至出现打不开的情况,此时多是由于模块或文件编码的缘故,彼此不支持,只要按照错误提示,尽量将对应的编码改成西文字符,不用中文字

符,一般不会出现问题;关于这方面的问题会在后面的案例中给出详细的解决办法。而对于 MATLAB R2013a(含)以后的版本,由于 Simulink 与 MATLAB 统一了版本,兼容性也有了很大的提升,当保存文件时,文件类型默认为.slx 文件,不再有版本之分。但以前版本的.mdl 文件也可以在高版本中打开。

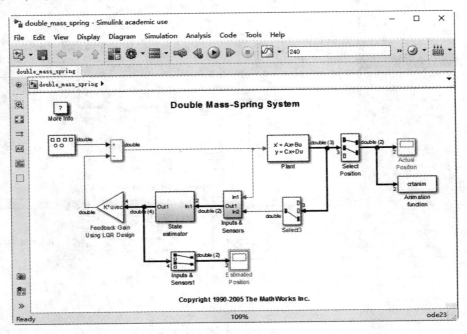

图 22.2-23 双质量弹簧系统最终模型

22.2.2 动态系统仿真

1. 仿真参数设置

前一节介绍了例 22.2-1 的系统模型建立及模块参数设置,再对系统仿真参数进行正确的设置后,就可以运行仿真了。

单击模型窗口 Simulation 菜单下面的 Model Configuration Parameters 项或者直接按快捷键 Ctrl+E,弹出如图 22.2-24 所示的参数配置界面。单击左侧的 Solver 选项,进入求解器参数设置面板。设置仿真停止时间为 240,求解器为 ode23,最大步长为 0.1,绝对误差为 1e-6,其他为系统默认值即可。如果不想出现与求解器相关的警告信息,可以切换到诊断(Diagnostics)面板将 Automatic solver parameter selection 项设置为"none",但不影响系统的仿真。

2. 仿真过程

(1) 模型编译

在按下 Simulation 菜单上的 Start 项或者工具栏上的运行(黑三角图标)按钮后,仿真的第一阶段便开始了。此时,Simulink 引擎调用模型编译器,模型编译器把模型转换成可执行模式,也就是编译过程。在这个过程中,编译器完成下述操作:

◆ 计算模型中各模块参数表达式的值。

◆ 确定信号属性,包括名称、数据类型、数值类型和维数,以及模型中未明确说明的信号

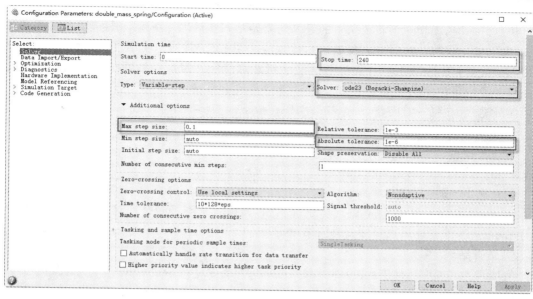

图 22.2 – 24　双质量弹簧系统求解器配置

属性,并检查每个模块能接受的输入信号。

◆ 属性扩展,确定未声明的属性,包括扩展源信号属性,以及它驱动的模块的输入信号属性。

◆ 执行模块减小优化量。

◆ 用子系统包含的模块替代虚拟子系统来平衡模块层次。

◆ 确定模块分类顺序。

◆ 确定模型中没有明确声明采样时间的所有模块的采样时间。

（2）链接阶段

在这个阶段,Simulink 引擎为工作区域（包括信号、状态和运行时参数）分配所需的内存来执行模块表。同时,还为每个模块存储运行时信息的数据结构分配和初始化内存。对于内联模块,一个模块的主要运行时数据结构称之为 SimBlock。SimBlock 存储了指向一个模块的输入和输出缓冲区、状态和工作向量的指针。

◆ 方法执行列表:在链接阶段,Simulink 引擎也创建方法执行列表。这些列表列出了为调用模型中模块方法来计算其输出的最有效的顺序。在模型的编译阶段产生的块分类排序列表就是用来创建方法执行列表的。

◆ 块的优先级:用户可以为模块分配更新的优先级,高优先级的模块,其输出方法比低优先级的模块先执行。这些优先级只有在它们与块的分类规则一致时,才能承兑发生效用。

（3）**仿真循环阶段**

链接阶段结束后,仿真便进入循环阶段。在这个阶段,从仿真开始到结束的时间间隔内,Simulink 引擎利用模型提供的信息,连续不断地计算系统的状态和输出。连续计算状态和输出的时间点称之为时间步,每两个时间步之间的长度称之为步长。步长大小取决于用于计算系统连续状态、系统的基本采样时间以及是否系统的连续状态存在不连续的求解器的类型。

这个阶段包含两个子阶段:循环初始化阶段和循环迭代阶段。在循环开始时,初始化阶段

若您对此书内容有任何疑问,可以登录 MATLAB 中文论坛与作者和同行交流。

只发生一次,而迭代阶段在每个时间步上重复一次,直到仿真时间结束。

仿真开始时,模型记下将要仿真的系统的初始状态和输出。在每个时间步,计算系统的输入、状态和输出,然后更新模型,反映新的计算值。在仿真结束时,模型反映系统输入、状态和输出的最终值。Simulink 软件提供数据显示和日志模块。用户可以通过在模型中放置这些块来显示或记录中间结果。

循环迭代,在每一时间步,Simulink 引擎完成下面四步操作:

◆ 计算模型输出;

◆ 计算模型状态;

◆ 随机检测模块的连续状态中存在的不连续;

◆ 计算下一时间步的时间。

任何一个由 Simulink 建立的动态系统模型,其仿真基本都是按照这个过程进行的,不断进行循环迭代,重复计算直到仿真时间结束。

3. 仿真结果

在对例 22.2－1 进行仿真时,除了前面所述的对各个子模块进行相应的参数设置外,该系统模型中还有一些模块的参数是由变量给出的,而用户却看不到在哪里给这些变量赋的初值,如 Plant 模块中的状态变量中的 ka,m1,m2 等参数。通过单击菜单 View→Model Explorer→Model Workspace 选项,会打开如图 22.2－25 所示的窗口,在窗口界面的中间部分显示了所有这些变量的值。如单击 ae,可以看到这是一个 4×4 double 型的矩阵。这里看到的 Model Workspace(模型工作空间)是 Simulink 所特有的,是系统模型对模块参数的一种封装方法,防止乱改参数,起到保护模型的作用;在调用过后,这些值不在 Base Worksapce 中驻留,释放内存,节省了内存空间。

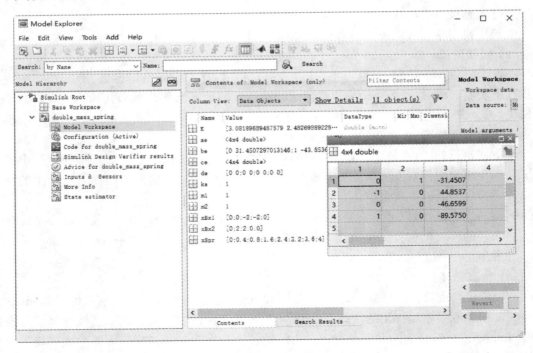

图 22.2－25 Model Explorer 浏览窗口

Simulink 的 Model Workspace 与 MATLAB 的 Base Workspace(基本工作空间)和 Caller Workspace(函数调用工作空间)相类似,是存放变量的不同的内存空间,有点 C 语言中的全局变量存储空间和局部变量存储空间的意思。

基本工作空间主要用来存储在命令行窗口创建的变量,包括脚本文件中创建的变量。假如用户在命令行或从文件编辑器运行脚本文件,生成的变量也存储在基本工作空间中,直到用 clear 清除这些变量或者关闭 MATLAB,这些变量才会消失。

在文件编辑器中写的 MATLAB 函数,是不使用基本工作空间的。每一个函数都有它自己的函数工作空间。为了保持数据的完整性,每个函数工作空间是独立于基本工作空间和其他工作空间的。一个函数文件中的每一个局部函数也都有它们自己的工作空间,函数中的局部变量在该函数被调用结束后,就不复存在。

对例 22.2 - 1 所描述的系统启动仿真按钮,一个动态演示画面会出现在一个独立的窗口中,如图 22.2 - 26 所示。仿真结束后,双击两个 Scope 模块(一个名为 Actual Position,另一个名为 Estimated Position)会看到系统仿真输出曲线。

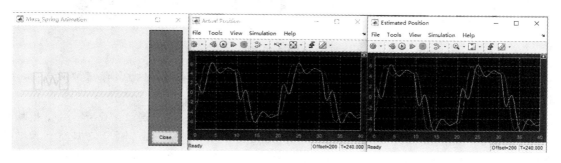

图 22.2 - 26　双质量弹簧系统仿真结果

22.2.3　Simulink 与 MATLAB 数据交互

Simulink 既然是 MATLAB 的组件之一,又是 MATLAB 软件扩展的一个软件包,其运行又依赖于 MATLAB 环境,那么自然少不了和 MATLAB 的接口和交互。它们之间是如何进行数据交互的呢?下面就简单地加以介绍。

1. 由 MATLAB 工作空间变量设置系统模块参数

用户可以双击一个模块以打开模块参数设置对话框,然后直接输入数据来设置模块参数。其实,用户也可以使用 MATLAB 工作空间中的变量设置系统模块参数,这对于多个模块的参数均依赖于同一个变量时非常有用。由 MATLAB 工作空间中的变量设置模块参数有以下两种形式:

① 直接使用 MATLAB 工作空间中的变量设置模块参数;

② 使用变量的表达式设置模块参数。

例如,变量 my_var 是定义在工作空间中的变量,而仿真模型中有三个相同的模块要进行对变量 my_var 的不同代数运算,此时就可以用变量表达式来作为功能模块的参数,如图 22.2 - 27 所示。如果工作空间中没有这个变量,模型运行时将会报错。

2. 信号输出到工作空间

使用 Simulink/Sinks 模块库中的 To Workspace 模块,可以轻易地将信号输出到 MATLAB 工作空间中。信号输出的名称在 To Workspace 模块的对话框中设置,此对话框还可以

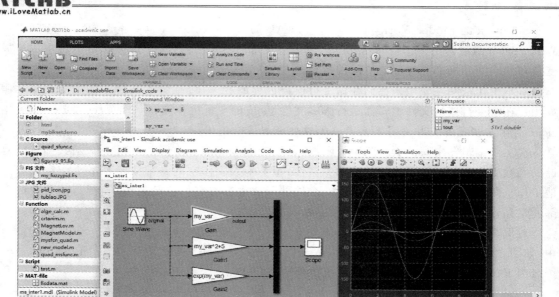

图 22.2-27 使用 MATLAB 工作空间变量设置模块参数

设置输出数据的点数、输出的间隔以及输出数据的类型等。其中输出类型有三种形式:数组、结构以及带有时间变量的结构。

例如,图 22.2-28 中的系统模型,将单位正弦乘 2 后输出,结果经 To Workspace 模块输出到工作空间中。在其参数设置对话框中,给出变量名为 myvar_out,输出数据类型为结构(Structure)。仿真运行后,在 MATLAB 命令窗口中输入 whos 命令,则显示出工作空间中存在的变量,如图 22.2-28 所示,变量名为设置的 myvar_out,数据类型为 Structure。同时在工作空间中用户也可看到这个变量的存在。

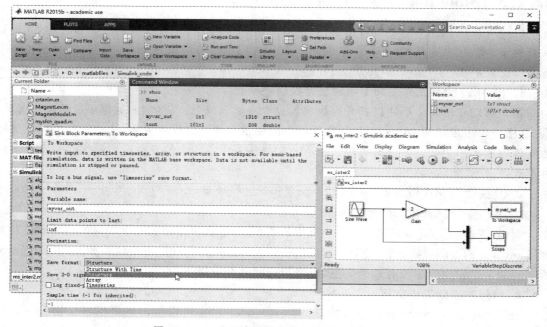

图 22.2-28 系统模型中信号输出到工作空间

3. 工作空间变量作为系统输入信号

Simulink 与 MATLAB 的数据交互是相互的,除了可以将信号输出到 MATLAB 工作空间中之外,用户还可以使用 MATLAB 工作空间中的变量作为系统模型的输入信号。使用 Simulink/Sources 模块库中的 From Workspace 模块可以将 MATLAB 工作空间中的变量作为系统模型的输入信号。

例如,如图 22.2－29 所示,在 MATLAB 命令行输入如下语句,产生工作空间变量 my_var,t,x 和 Input_signal,从图右侧的工作空间窗口中可以看到这几个变量的大小和类型。然后建立图 22.2－29 右下角所示的模型图,并设置 From Workspace 模块的参数 Data 为"Input _signal",Gain 模块的参数为"my_var＋3"。最后运行系统进行仿真,得到的结果显示在图 22.2－29 中央的 Scope 视窗中。

```
>> my_var = 2;
>> t = 0:0.1:10;
>> x = cos(t);
>> Input_signal = [t',x'];
```

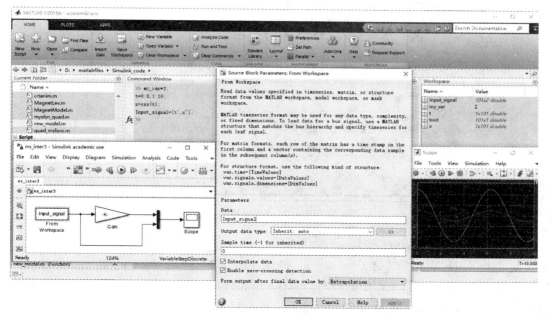

图 22.2－29　MATLAB 工作空间变量作为系统输入信号

4. 向量和矩阵形式的信号

在系统模型中,Simulink 所使用的信号既可以是标量,也可以传递和使用向量信号。更是支持矩阵形式的信号,它可以区分行和列向量并传递矩阵。通过对模块做适当的配置,可以使模块能够接受矩阵作为模块参数。

例如,如图 22.2－30 上部模型所示,以标量作为输入,将增益(Gain1)模块值设为向量,从而产生一个向量输出。此时,模块对向量中的每个元素进行操作,如同 MATLAB 中的数组运算一样。而图 22.2－30 下部模型则通过对模块做适当配置,以矩阵作为模块参数。系统进行仿真后,结果显示在 Display 模块中。各增益模块的设置如图 22.2－31 所示。其中 Gain 模块的 Gain 值设为[2；5],是 2×1 的矩阵,其 Multiplication 项则从下拉列表中选为 Matrix(u ∗ K),为矩阵相乘。Gain1 模块的 Gain 值设为[2　5],是 1×2 的行向量,其 Multiplication 项则

从下拉列表中选为默认的 Element - wise(K. * u)。而 Gain2 模块的这两项设置分别为[2　5]和 Matrix(K * u)。Constant 模块的 Main 面板内的值则设为矩阵[5　1；10　2]。

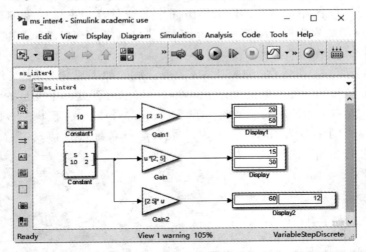

图 22.2 - 30　　MATLAB 工作空间变量作为系统输入信号

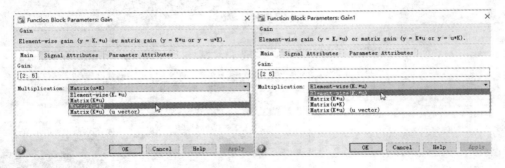

图 22.2 - 31　增益模块的设置

5. MATLAB Fcn 与 Fcn 模块

除了上述四种交互方式之外，Simulink 与 MATLAB 之间还可以通过使用 Simulink/User - Defined Functions 模块库中的 MATLAB Fcn 模块或 Simulink/User - Defined Functions 模块库中的 Fcn 模块进行彼此间的数据交互。

MATLAB Fcn 模块一般通过调用 MATLAB 函数来实现一定的功能。其调用的函数只能有一个输出(但可以是一个向量)。单输入函数只需要使用函数名，多输入函数输入需要引用相应的元素。Fcn 模块一般用来实现简单的函数关系，其输入总是表示成 u，可以使用 C 语言表达式。其输出永远为一个标量。

例如，如图 22.2 - 32 所示，一个向量分别经过 MATLAB Fcn 模块和 Fcn 模块进行计算，结果显示在各自的 Display 模块中。其中 Fcn 实现的是 sin(u(1))＋cos(u(2))，MATLAB Fcn 执行的是已编写好的 M 函数 alge_calc，实现的是对输入的元素进行四则运算，模块设置及代码如下：

```
function y = alge_calc(a,b)
y1 = a + b;
y2 = a - b;
y3 = a. * b;
```

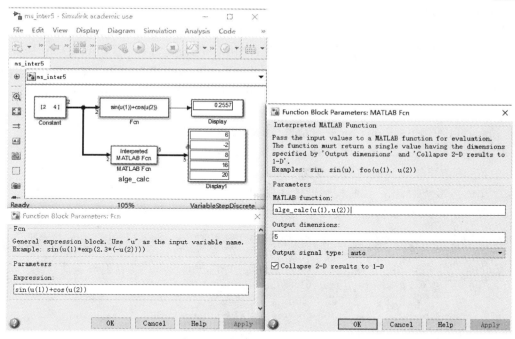

图 22. 2 - 32　**MATLAB Fcn 与 Fcn 模块实现的 Simulink 与 MATLAB 之间的数据交互**

```
y4 = 2 * a + 3 * b;
y5 = a.^2 + b.^2;
y = [y1;y2;y3;y4;y5];
```

22.3　S - Function

22.3.1　S - Function 简介及原理

1. 何为 S - Function

S - Function 是系统函数(system function)的简称,是指采用非图形化的方式描述的一个功能块。S - Function 由一种特定的语法构成,用来描述并实现连续、离散系统以及复合系统等动态系统;它能够接收来自 Simulink 求解器的相关信息,并对求解器发出的命令做出适当的响应。S - Function 与求解器的交互作用与 Simulink 系统模块与求解器的交互作用相类似。

什么情况下才需要使用 S - Function 呢? 当用户所要实现的任务或者功能不能通过现有模块库中的模块来实现,而且即使组合现有模块仍然不能实现想要的功能时,用户就需要通过自己编写 S - Function 来封装自己的 C 算法和 M 语言算法,以非图形化的方式描述出一个自定义功能模块。编写 S - Function 有一套固定的规则,这是由 Simulink 的仿真机制决定的。用户可以采用 MATLAB 代码(M 语言),C,C++,Fortran 或 Ada 等语言编写 S - Function。具体使用哪种语言来编写,取决于用户的需要。

S - Function 作为与其他语言相结合的接口,可以使用这个语言所提供的强大能力。如,MATLAB 语言编写的 S - Function 可以充分利用 MATLAB 所提供的丰富资源,方便地调用各种工具箱函数和图形函数以扩展图形能力;而使用 C 语言编写的 S - Function(C MEX

若您对此书内容有任何疑问,可以登录 MATLAB 中文论坛与作者和同行交流。

S-Function)还可以实现对操作系统的访问,提高仿真速度,实现与其他进程的通信和同步等。S-Function 既可以与已有的代码相结合进行仿真,也可以开发新的 Simulink 模块。

在动态系统设计、仿真与分析中,用户可以使用 Simulink/User-Defined Function 模块库中的 S-Function 模块来使用 S-Function。S-Function 模块是一个单输入单输出的系统模块,如果有多个输入与多个输出信号,可以使用 Mux 模块与 Demux 模块对信号进行组合与分离操作。

一般而言,使用 S-Function 的对话框(如图 22.3-1 所示)的步骤如下:

① 创建 S-Function 源文件。Simulink 为用户提供了很多 S-Function 模板和例子,用户根据自己的需要修改相应的模板或例子即可。

② 在动态系统的 Simulink 模型框图中添加 S-Function 模块,并进行正确的设置。

③ 在 Simulink 模型框图中按照定义好的功能连接输入输出端口,参与模型仿真。

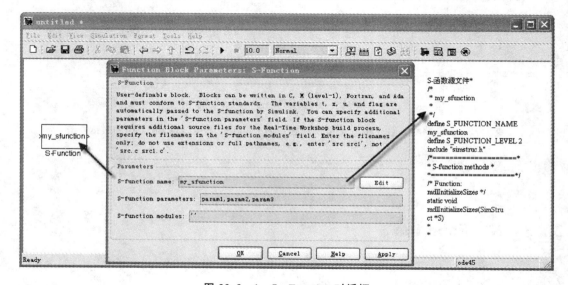

图 22.3-1　S-Function 对话框

在介绍如何编写 S-Function 之前,首先来了解一下其工作原理、模块的数学模型和仿真运行过程。

2. S-Function 工作原理

在对动态系统建模时,总是能够采用广义的状态空间形式对线性系统或非线性系统进行描述。状态方程描述了状态变量的一阶导数与状态变量、输入量之间的关系。n 阶系统具有 n 个独立的状态变量,系统状态方程则是 n 个联立的一阶微分方程或者差分方程。对于一个系统,由于所选择的状态变量不同,会导出不同的状态方程,也就是说状态方程的形式不唯一。输出方程则描述了输出与状态变量、输入量之间的关系。输出量根据任务的需要确定。

由 22.1.3 节介绍的 Simulink 仿真原理可知,一个 Simulink 模块是由输入、状态和输出三部分组成的,其数学模型如图 22.3-2 所示。当 Simulink 引擎在仿真一个模型时,模型中每一个模块的输入、状态和输出之间存在着怎样的数学关系呢? 式(22.3-1)给出的几个方程表示了这三者之间的数学关系。

图 22.3-2　Simulink 模块的数学模型

$$输出方程:y=f(t,x,u)$$
$$状态(微分)方程:x'=f_d(t,x,u)$$
$$更新方程:x_{d_{k+1}}=f_u(t,x_c,x_{d_k},u) \qquad (22.3-1)$$

式中,$x=[x_c;x_d]$。

S-Function 中的连续状态方程描述:状态向量的一阶导数是状态、输入和时间的函数。状态的一阶导数在 mdlDerivatives 子函数中计算,并将结果返回给求解器积分。

S-Function 中的离散状态方程描述:下一步状态的值依赖于当前的状态输入和时间,通过 mdlUpdate 子函数来完成,并将结果返回给求解器在下一步时使用。

S-Function 中的输出方程:输出值是状态、输入和时间的函数。

S-Function 是 Simulink 的重要组成部分,同样也是一个 Simulink 模块,所以它的仿真原理和仿真过程与 22.1.3 节中所介绍的 Simulink 仿真原理是一样的,都体现了状态空间所描述的状态不断更新的特性,同样包括初始化阶段和运行阶段。其仿真流程与图 22.1-25 所示相同。

每个 S-Function 均由一组 S-Function 回调方法(S-Function callback methods)组成,在模型仿真期间,在每个特定的仿真阶段,Simulink 引擎调用模型中每个 S-Function 模块相应的回调方法,来完成各个阶段的任务。这些任务包括:

① 初始化:在仿真循环开始前,Simulink 引擎初始化 S-Function。包括初始化结构体 SimStruct,它包含了 S-Function 的所有信息;设置输入输出的端口数及维数,设置模块采样时间,分配存储区域。

② 计算下一个采样时间点:如果模型中有变采样时间模块,就要使用变步长求解器进行仿真,此时才需要计算下一个采样时间点,即计算下一仿真步的时间步长。

③ 计算输出:计算所有输出端口在当前时间步的输出值。

④ 更新状态:在每个步长都要执行一次,可以在这个回调方法中添加每一个仿真步都需要更新的内容,如离散状态的更新。

⑤ 数值积分:用于连续状态的求解和非采样过零点。如果 S-Function 存在连续状态,Simulink 就在 minor step time 内调用 mdlDerivatives 和 mdlOutputs 两个 S-Function 子函数;如果存在非采样过零点,Simulink 将调用 mdlZeroCrossings 和 mdlOutputs 两个 S-Function 子函数,来定位过零点。

⑥ 仿真结束:在仿真结束时调用,可以在此完成仿真结束所需要做的工作。

S-Function 在不同阶段,调用回调方法的子函数及其说明如表 22.3-1 所列。

若您对此书内容有任何疑问,可以登录 MATLAB 中文论坛与作者和同行交流。

表 22.3-1　S-Function 回调方法及其子函数的说明

仿真阶段	S-Function 回调方法	子函数	函数作用
初始化阶段	初始化	mdlInitializeSizes	定义 S-Function 模块的基本特性,包括采样时间、连续或离散状态的初始条件和 sizes 数组
运行阶段	计算下一个采样点	mdlGetTimeofNextVarHit	计算下一个采样点的绝对时间,即在 mdlInitializeSizes 里说明了一个可变的离散采样时间
	计算输出	mdlOutputs	计算 S-Function 的输出
	更新离散状态	mdlUpdate	更新离散状态、采样时间和主时间步的要求
	计算导数	mdlDerivatives	计算连续状态变量的微分方程
	结束仿真	mdlTerminate	实现仿真任务的结束

22.3.2 S-Function 实现方式及其特点

S-Function 模块同其他 Simulink 模块一样,也有直接馈通,同样支持动态可变维数的输入,实现起来要注意到这些功能和特点,避免出错。总体来说,S-Function 的实现分为两大类:一类是 M 语言;另一类是非 M 语言,也就是 MEX 文件形式的 S-Function。MEX S-Functions 可以用 C,C++,Fortran 或 Ada 等语言编写,Simulink 引擎直接调用 MEX S-Function 回调方法来完成不同的任务。

1. S-Function 实现方式

下面给出常用的 M 语言和 C 语言 S-Function 的几种实现方式,其他语言的实现方式请参考有关文献。

(1) Level-1 MATLAB S-Function

这种方式提供了一个简单的 M 接口,只能与 S-Function API(Application Programming Interface)的一小部分进行交互。

(2) Level-2 MATLAB S-Function

这种方式是 Level-1 MATLAB S-Function 的升级换代产品,能够与更多扩展的 S-Function API 进行交互并支持代码生成。多数情况下,如果要用 M 语言实现 S-Function,建议采用这种方式。

(3) C MEX S-Function

这种方式提高了编程的灵活性,用户可以用这种方式实现自己的算法或者写一个封装好的 S-Function 去调用现有的 C,C++ 或者 Fortran 代码。写新的 S-Function 需要了解 S-Function API,而且如果想生成 S-Function 的内联代码,还需要了解 TLC(target language compiler)。

(4) S-Function Builder

这是一种采用图形用户接口来对 S-Function 功能的子功能进行编程的方式。如果用户是编写 C MEX S-Function 的新手,可以通过这种方式生成 S-Function 或者合并现有的 C 或 C++ 代码,而不需要与 S-Function API 进行交互。在 Simulink Coder 产品的代码生成阶段,S-Function Builder 也可以产生使用用户的 S-Function 成为内联模块的 TLC 文件。

(5) Legacy Code 工具

这是帮助用户为合并原有的 C 或 C++ 代码而创建 S-Function 的一组 MATLAB 命令集。像 S-Function Builder 一样,Legacy Code 工具在代码生成阶段,也能产生将 S-Function 内联的 TLC 文件。但这种方式与 S-Function Builder 和 C MEX S-Function 相比,只能访问少量的 S-Function API 方法。

既然有这么多实现 S-Function 的方式,用户应该如何选择用哪一种方式来实现自己的 S-Function 呢? 在了解这些实现方式各自的特点后,将更加有助于不同用户选择适合于自己的实现方式。

2. S-Function 的特点

前面介绍的 5 种 S-Function 实现方式,前 3 种属于需要用户自己来书写代码的形式,而后 2 种则属于自动生成代码的形式。同时,后 3 种实现方式又都是 C MEX S-Function 形式的 S-Function。

首先介绍手工书写的 3 种方式的特点,然后再介绍 2 种自动生成方式的特点。

手工书写 S－Function 的特点如表 22.3－2 所列。

表 22.3－2　S－Function 手工实现方式的特点

特　点 ＼ 实现方式	Level－1 MATLAB S－Function	Level－2 MATLAB S－Function	C MEX S－Function
数据类型	支持 double 类型	支持所有数据类型（包括定点）	支持所有数据类型（包括定点）
数值类型	只支持实数信号	支持实数和复数信号	支持实数和复数信号
帧支持	不支持基于帧的信号	支持基于帧和非帧的信号	支持基于帧和非帧的信号
端口维数	支持向量输入和输出，不支持多路输入和输出	支持标量、一维和多维输入和输出信号	支持标量、一维和多维输入和输出信号
S－Function API	只支持 mdlInitializeSizes mdlDerivatives，mdlUpdate mdlOutputs，mdlTerminate mdlGetTimeOfNextVarHit	除 Level－1 MATLAB S－Function 支持的几个函数外，还支持大量的 S－Funciton API	支持全部 S－Funciton API
代码生成	不支持	支持，但需要手工书写 TLC 文件	支持，但需要手工书写 TLC 文件
Simulink 加速模式	运行时解析，因此不能加速	加速模式下提供使用 TLC 代替运行时解析	加速模式下提供使用 TLC 或 MEX 文件选项
模型参考	不能用于参考模型	用于参考模型时，支持标准和加速仿真模式，加速模式需要 TLC 文件	用于参考模型时，提供采样时间继承选项和标准模式
Simulink. AliasType Simulink. NumericType	不支持这些类	支持 Simulink. NumericType 和 Simulink. AliasType	支持所有这些类
总线输入和输出信号	不支持总线输入或输出信号	不支持总线输入或输出信号	支持非虚拟总线输入和输出信号
参数调整及运行时参数	在仿真期间，支持参数可调，但不支持运行时参数	支持可调参数和运行时参数	支持可调参数和运行时参数
工作向量	不支持工作向量	支持 D 工作向量	支持所有工作向量类型

自动生成 S－Function 的特点如表 22.3－3 所列。

表 22.3－3　S－Function 自动实现方式的特点

特　点 ＼ 实现方式	S－Function Builder	Legacy Code Tool
数据类型	支持所有数据类型（包括定点）	支持所有内联数据类型，使用定点类型时，必须声明数据类型为 Simulink. NumericType。没有进行定标的定点数据不能使用
数值类型	支持实数和复数信号	只支持内联数据类型的复数信号
帧支持	支持基于帧和非帧的信号	不支持基于帧的信号
端口维数	支持标量，一维和多维输入和输出信号	支持标量，一维和多维输入和输出信号

若您对此书内容有任何疑问，可以登录MATLAB中文论坛与作者和同行交流。

实现方式 特　点	S－Function Builder	Legacy Code Tool
S－函数 API	支 持 mdlInitializeSizes，md-lInitializeSampleTimes，mdlDerivatives，mdlUpdate，mdlOutputs，mdlTerminate，mdlStart	支持 mdlInitializeSizes，mdlInitializeSampleTimes，mdlStart，mdlInitializeConditions，mdlOutputs，and mdlTerminate
代码生成	支持，且自动生成 TLC 文件	支持嵌入式系统的代码生成优化，也自动生成支持内联 S－Function 表达式叠起的 TLC 文件
Simulink 加速模式	如果生成了 TLC 文件，则在加速模式下使用 TLC 文件，如果没有生成，则使用 MEX 文件	加速模式下提供使用 TLC 或 MEX 文件选项
模型参考	用于参考模型时，使用默认值	用于参考模型时，使用默认值
Simulink. AliasType Simulink. NumericType	不支持这些类	支持 Simulink. AliasType 和 Simulink. NumricType
总线输入和输出信号	支持总线输入或输出信号	支持总线输入和输出信号，但要先在 MATLAB 工作空间定义一个 Simulink. Bus 对象，等价于在使用 Legacy Code 的输入或输出结构。不支持总线参数
参数调整及运行时参数	只在仿真期间支持可调参数。支持运行时参数	支持可调参数和运行时参数
工作向量	不提供访问工作向量	在使用 SS_DWORK_USED_AS_DWORK 时，支持 D 工作向量

3. S－Function 实现方式选择

现在，你知道选择用哪种方式来实现你的 S－Function 了吗？不用急，其实用不用 S－Function，完全取决于用户的需要。用户应尽量采用 Simulink 和各种模块库中的模块来搭建系统模型，除非模块库中的模块不能满足要求，或者用户确实关注仿真速度，才宜编写 S－Function，以免带来不必要的错误。

就编码型的 M 语言 S－Function 和 C MEX S－Function 来说，各有优缺点。C MEX S－Function 不仅能够用于 Simulink 仿真，也可以用于通过 Simulink Coder 转化成面向不同目标的代码，而 M 语言 S－Function 只能用于 Simulink 仿真（只限于 Level－1 MATLAB）。用 C MEX S－Function 比用 M 语言 S－Function 复杂，但一般来讲运行速度更快一些，如果速度是用户关注的焦点，则宜用 C MEX S－Function。

对于不同的用户又该怎么选择更有利于问题的解决呢？表 22.3－4 所列或许会给你一些建议和思考。

从表 22.3－4 可以看到，Level－1 MATLAB S－Function 始终没有被选，这是因为它是一个落后的版本，已被功能更加完善强大的 Level－2 MATLAB S－Function 所取代。之所以还保留着它，是为了和以前版本的 Simulink 兼容。也就是保证用户在以前版本 Simulink 上所编写的 S－Function 在最新的版本上还能够继续使用。

下面介绍如何具体实现 S－Function，通过两种不同语言形式加以对比说明其实现的过程。对于自动生成代码的实现方式，限于篇幅，这里不再介绍，请读者参阅 Simulink 用户指南和相关帮助说明。

表 22.3 - 4　S - Function 实现方式用户选择表

用　户　＼　实现方式	Level - 1 MATLAB S - Function	Level - 2 MATLAB S - Function	C MEX S - Function	S - Function Builder	Legacy Code Tool
很少或没有 C 编程经验的 M 编程者		首选(尤其不需要为模型产生代码的情况)			
需要为包含 S - Function 的模型生成代码		首选（需手写 TLC 文件）	首选		
需要仿真运行的更快			首选		
需要用 C 来实现，但没有用 C 写 S - Function 的经验				首选	
把遗留的代码合并到模型中	首选	首选		首选	首选
需要为合并遗留代码的 S - Function 生成嵌入式代码			其次	其次	首选（如果 legacy 函数只计算输出）

22.3.3　M 语言 S - Function

由 22.3.2 节可知，M 语言 S - Function 分为 Level - 1 MATLAB S - Function 和 Level - 2 MATLAB S - Function 两种类型，现分别对它们的编写进行说明。

1. Level - 1 MATLAB S - Function

Simulink 为手工编写 S - Function 提供了各种模板文件，其中定义了 S - Function 完整的框架结构。用户可以根据自身的需要，对模板文件加以剪裁，形成自己的 S - Function。Level - 1 MATLAB S - Function 的模板文件为 sfuntmpl. m，这个文件包含了一个完整的 Level - 1 MATLAB S - Function，它包含 1 个主函数和 6 个子函数。在主函数内程序根据标志变量 flag，由一个 Switch 语句结构根据不同的 flag 值，执行流程转移到相应的子函数。flag 标志作为主函数的参数由系统(Simulink 引擎)调用时给出。其工作流程如图 22.3 - 3 所示。

一个 Level - 1 MATLAB S - Function 的基本形式如下：

```
[sys,x0,str,ts,simStateCompliance] = my_sfunc(t,x,u,flag,p1,p2,...)
```

这里 my_sfunc 是 S - Function 的函数名，用户可根据自己函数的功能，取易于理解又能表达函数功能的由 MATLAB 支持的字符构成的函数名。在模型仿真期间，Simulink 引擎根据 flag 标志的不同，不断重复调用 my_sfunc 来完成不同阶段的任务，并把结果通过输出向量返回。

仿真时，Simulink 引擎将表 22.3 - 5 所列的各输入参数传递给 Level - 1 MATLAB S - Function。Level - 1 MATLAB S - Function 返回的输出向量包含表 22.3 - 6 所列的各输出参数。

下面就一起来看看这个模板，了解一下这个模板文件的详细内容。在 MATLAB 命令行中输入如下语句，或者通过双击图 22.3 - 4 所示的 Simulink 库浏览器中相应库中的模块来打开。

```
>> edit sfuntmpl
```

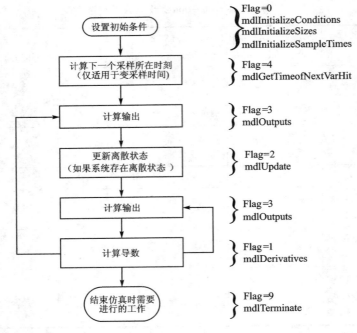

图 22.3 - 3　Level - 1 MATLAB S - Function 工作流程

表 22.3 - 5　S - Function 主函数输入参数及其说明

输入参数	说　　明
t	当前仿真时间。通常用于决定下一个采样时刻，或者在多采样速率系统中，用来区分不同的采样时刻点，并据此进行不同处理
x	状态向量。即使在系统中不存在状态时，这个参数也是必需的
u	输入向量
flag	标识符。控制在每个仿真阶段调用哪一个子函数，由 Simulink 在调用时自动取值
p1,p2,…,pn	可选参数。这是由用户根据功能需要，自动添加提供给 S - Function 的，可用于任何一个子函数中

表 22.3 - 6　S - Function 主函数输出参数及其说明

输出参数	说　　明
sys	通用的返回参数，其返回值的意义取决于 flag 的值
x0	初始状态值
str	保留值，必须设为空矩阵
ts	采样周期变量，两列分别表示采样时间间隔和偏移，即[Tperiod, Toffset]
simStateCompliance	当保存或恢复模型全部仿真状态时，说明如何处理这个 S - Function 模块。其取值在模板文件中给出了详细说明。这一项是为了向 Level-2 MATLAB S - Function 转化在 MATLAB 2009a 版本中新增加的一个输出参数，以前的版本中没有这个参数

下面是删除了部分原有注释、添加了一些中文注释的模板文件代码，据此读者可更加深入地理解 Level - 1 MATLAB S - Function。

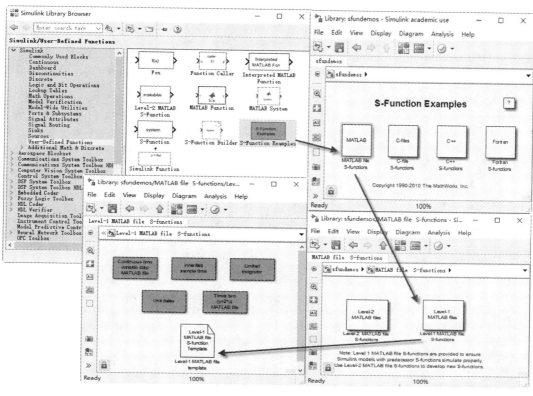

图 22.3-4 从 Simulink 浏览器库中打开 Level-1 MATLAB S-Function 模板

```
function [sys,x0,str,ts,simStateCompliance] = sfuntmpl(t,x,u,flag)
% 一个 S-function 基本结构如下:
switch flag,                                    % 标志位作为开关条件
    case 0,                                      % Initialization
        [sys,x0,str,ts,simStateCompliance] = mdlInitializeSizes;
    case 1,                                      % Derivatives %
        sys = mdlDerivatives(t,x,u);
    case 2,                                      % Update %
        sys = mdlUpdate(t,x,u);
    case 3,                                      % Outputs %
        sys = mdlOutputs(t,x,u);
    case 4,                                      % GetTimeOfNextVarHit %
        sys = mdlGetTimeOfNextVarHit(t,x,u);
    case 9,                                      % Terminate %
        sys = mdlTerminate(t,x,u);
    otherwise                                    % Unexpected flags %
        DAStudio.error('Simulink:blocks:unhandledFlag', num2str(flag));
end

% ======================================================================
% mdlInitializeSizes 子函数
% 返回 S-function 的 sizes,初始条件和采样时间
% ======================================================================
%
function [sys,x0,str,ts,simStateCompliance] = mdlInitializeSizes
```

563

```
% 调用 simsizes 来初始化 sizes 结构，然后再转换成 sizes 数组
sizes = simsizes;                    % 获得系统默认的系统参数变量 sizes

sizes.NumContStates   = 0;           % 连续状态的个数
sizes.NumDiscStates   = 0;           % 离散状态的个数
sizes.NumOutputs      = 0;           % 输出变量的个数
sizes.NumInputs       = 0;           % 输入变量的个数
sizes.DirFeedthrough  = 1;           % 布尔变量，表示有无直接馈通，0 表示没有，1 表示有
sizes.NumSampleTimes  = 1;           % 至少需要一个采样时间，支持多采样系统

sys = simsizes(sizes);               % 将结构体 sizes 赋值给 sys

x0  = [];                            % 初始状态变量
str = [];                            % 系统保留值，总为空矩阵
ts  = [0 0];                         % 初始化采样时间数组

% 模块 simStateComliance 的说明及允许取值如下：
%    'UnknownSimState',  < 缺省设置；预告和假定为 DefaultSimState
%    'DefaultSimState',  < 与内联模块仿真状态相同
%    'HasNoSimState',    < 无仿真状态
%    'DisallowSimState'  < 保存或恢复模型仿真状态时发生错误
simStateCompliance = 'UnknownSimState';

% =================================================================
% mdlDerivatives  连续状态变量的更新子函数
% 返回连续状态的微分
% =================================================================

function sys = mdlDerivatives(t,x,u)
sys = [];

% =================================================================
% mdlUpdate  离散状态变量的更新子函数
% 处理离散状态更新，采样时间点，主时间步
% =================================================================

function sys = mdlUpdate(t,x,u)
sys = [];

% =================================================================
% mdlOutputs  系统结果输出子函数
% 返回模块输出
% =================================================================

function sys = mdlOutputs(t,x,u)
sys = [];

% =================================================================
% mdlGetTimeOfNextVarHit  计算下一个采样点的绝对时间的子函数
% 返回模块的下一个时间点，结果是绝对时间，只有在变采样时间时，这个函数才被调用，也就是当
% 初始化子函数中 ts = [-2 0]时，此子函数才起作用
% =================================================================

function sys = mdlGetTimeOfNextVarHit(t,x,u)
sampleTime = 1;                      % 比如，设置下一个采样时间点为 1 秒以后
sys = t + sampleTime;

% =================================================================
% mdlTerminate  结束仿真子函数
% 完成仿真结束需处理的任务
% =================================================================

function sys = mdlTerminate(t,x,u)
sys = [];
```

注意： 用户在使用上述方式编写 S－Function 时，应将模板名换成期望的函数名。根据要实现的系统功能进行合理的参数初始化设置，尤其是直接馈通和采样时间的设置，要根据待仿真系统的类型来进行正确设置，并在相应的子函数内部添加实现自己功能的代码。如果需要额外的输入参数，可以在输入参数列表后按出现顺序依次增加。

随着 Simulink 版本的更新，S－Function 也进行了升级，功能愈来愈强大。如果你刚接触 MATLAB，也想使用 S－Function，建议尽量用更为高级的 Level－2 MATLAB S－Function 和 C MEX S－Function。下面就让我们走进更为精彩的 S－Function 世界。

2. Level－2 MATLAB S－Function

Level－2 MATLAB S－Function 中引入了面向对象技术，涉及类的知识。它本身就是一个 M 文件，文件中定义了一个实例的属性和行为，这是一个在 Simulink 模型中引用 MATLAB 的 Level－2 MATLAB S－Function 模块的实例。MATLAB 本身包含一组回调方法，当更新或仿真模型时，供 Simulink 引擎调用。这些回调方法完成由 S－Function 定义的模块的初始化和计算模块的输出。

Simulink 引擎将一个运行时对象传递给回调方法作为参数。这个运行时对象作为 S－Function 模块的 M 代理，有效地进行服务，允许回调方法在仿真或模型更新期间设置和访问模块的属性。

（1）运行时对象（Run－Time Object）

当 Simulink 引擎调用 Level－2 MATLAB S－Function 回调方法时，它传递一个 Simulink. MSFcnRunTimeBlock 类的实例给回调方法作为参数。这个作为 S－Function 模块运行时对象的实例，与服务于 C MEX S－Function 回调方法的 SimStruct 结构目的相同。这个对象使能回调方法提供和获得关于模块端口各种元素、参数、状态和工作向量的信息。类的方法则通过取得或设置属性或者调用模块运行时对象的方法来完成这项工作。取得或设置运行时对象属性和调用运行时对象方法的内容可以参考 Simulink. MSFcnRunTimeBlock 类的说明文档。

运行时对象不支持 MATLAB 稀疏矩阵。

（2）Level－2 MATLAB S－Function 回调方法

Level－2 MATLAB S－Function API 定义了构成 Level－2 MATLAB S－Function 的回调方法的签名和一般用途。S－Function 本身提供了这些回调方法的实现，这些实现反过来确定模块的属性和行为。通过创建带有一组合适的回调方法的 S－Function，用户就能够定义一个满足自己特定应用需要的模块。

Level－2 MATLAB S－Function 必须包括以下回调方法：

◆ Setup 函数来初始化基本的 S－Function 特征；

◆ Outputs 函数来计算 S－Function 的输出。

除此之外，用户可以根据自定义的 S－Function 模块的需求，加入其他方法。Level－2 MATLAB S－Function API 定义的方法通常和 C MEX S－Function 类似。表 22.3－7 列出了 Level－2 MATLAB S－Function 所有的回调方法及对应的 C MEX S－Function 的实现方法。

Setup 方法在对与 Level－2 MATLAB S－Function 模块相对应的实例进行初始化时，类似于回调方法 mdlInitializeSizes 和 mdlInitializeSampleTimes，主要完成如下任务：

◆ 初始化模块输入输出端口数；

◆ 为上述端口设置诸如信号维数、数据类型、复信号和采样时间等信息；

◆ 说明模块采样时间；

◆ 设置 S – Function 对话框参数的数目；
◆ 通过传递 M 文件 S – Function 中局部函数的句柄给 S – Function 模块运行时对象的 RegBlockMethod 方法来寄存 S – Function 回调方法。

表 22.3 – 7　Level – 2 MATLAB S – Function 回调方法及对应的 C MEX S – Function 实现方法

Level – 2 MATLAB 方法	C MEX 实现方法	Level – 2 MATLAB 方法	C MEX 实现方法
Setup	mdlInitializeSizes	SetInputPortDimensionsModeFcn	mdlSetInputPortDimensionsModeFcn
CheckParameters	mdlCheckParameters	SetInputPortSampleTime	mdlSetInputPortSampleTime
Derivatives	mdlDerivatives	SetInputPortSamplingMode	mdlSetInputPortFrameData
Disable	mdlDisable	SetOutputPortComplexSignal	mdlSetOutputPortComplexSignal
Enable	mdlEnable	SetOutputPortDateType	mdlSetOutputPortDataType
InitializeCondition	mdlInitializeConditions	SetOutputPortDimensions	mdlSetOutputPortDimensionInfo
Outputs	mdlOutputs	SetOutputPortSampleTime	mdlSetOutputPortSampleTime
PostPropagationSetup	mdlSetWorkWidths	SimStausChange	mdlSimStatusChange
ProcessParameters	mdlProcessParameters	Start	mdlStart
Projection	mdlProjection	Terminate	mdlTerminate
SetInputPortComplexSignal	mdlSetInputPortComplexSignal	Update	mdlUpdate
SetInputPortDataType	mdlSetInputPortDataType	WriteRTW	mdlRTW
SetInputPortDimensions	mdlSetInputPortDimensionInfo		

　　下面就一起来看看 Level – 2 MATLAB S – Function 的模板，了解一下这个模板文件的详细内容。在 MATLAB 命令行中输入如下语句，或者参考图 22.3 – 4 所示的对模块双击的方法来打开。

```
>> edit msfuntmpl
```

　　下面是删除了部分原有注释、添加了一些中文注释的模板文件代码，据此读者可更加深入理解 Level – 2 MATLAB S – Function。

```
function msfuntmpl(block)
  %　下面是一个完整的 Level – 2 MATLAB S – function 程序框架
  % %
  % %　setup 方法用来设置 S – function 的基本属性，如：端口，参数等
  % %　不要加入任何其他的调用到函数的主体中

setup(block);

% %　函数：setup ====================================
% %　描述：设置 S – function 模块的基本特性，如：输入输出端口，参数和可选项
% %　必需的函数
% %　C – Mex 对应的函数：mdlInitializeSizes

function setup(block)

  %　登记端口数
  block.NumInputPorts　　= 1;
```

```
block.NumOutputPorts = 1;
    % 设置端口属性是继承或者动态
block.SetPreCompInpPortInfoToDynamic;
block.SetPreCompOutPortInfoToDynamic;
    % 重载输入端口属性
block.InputPort(1).DatatypeID    = 0;   % double
block.InputPort(1).Complexity    = 'Real';
    % 重载输出端口属性
block.OutputPort(1).DatatypeID   = 0; % double
block.OutputPort(1).Complexity   = 'Real';
    % 登记参数
block.NumDialogPrms         = 3;
block.DialogPrmsTunable = {'Tunable','Nontunable','SimOnlyTunable'};

    % 登记采样时间
    %  [0 offset]              :连续采样时间
    %  [positive_num offset]：离散采样时间
    %  [-1, 0]                 :继承采样时间
    %  [-2, 0]                 :变采样时间
block.SampleTimes = [0 0];

%% 可选项
%% 说明如果加速模式,在 M 文件中是用 TLC 还是 callback
block.SetAccelRunOnTLC(false);

% 模块 simStateComliance 的说明及允许取值如下:
%    'UnknownSimState',  < 缺省设置;预告和假定为 DefaultSimState
%    'DefaultSimState',  < 与内联模块仿真状态相同
%    'HasNoSimState',    < 无仿真状态
%    'CustomSimState',   < 有 GetSimState 和 SetSimState 方法
%    'DisallowSimState' < 保存或恢复模型仿真状态时发生错误
block.SimStateCompliance = 'DefaultSimState';

%% ---------------------------------------------------------------
%% MATLAB S-function 使用内部寄存器来存储所有的模块方法
%% 下面描述的方法,无论是可选的还是必需的,相关方法都要存储下来
%% 可以为这些方法选择合适的名字,并在同一文件内作为局部函数来实现这些方法
%% ---------------------------------------------------------------

%% ---------------------------------------------------------------
%% 以下是更新图表或编译时,调用的寄存器方法
%%

%% CheckParameters:参数检查方法
%% 功能:允许校验模块对话框参数时调用,在设置方法开始时,用户应该
%%       清楚调用这种方法的责任
%% C-Mex 对应函数:mdlCheckParameters
%%
block.RegBlockMethod('CheckParameters', @CheckPrms);

%% SetInputPortSamplingMode:设置输入端口采样方式方法
%% 功能:检查和设置输入和输出端口的属性,说明端口是工作在基于采样模式还是帧模式
%% C-Mex 对应函数:mdlSetInputPortFrameData
%% 一般在信号处理模块中需要基于帧的模式
%%
block.RegBlockMethod('SetInputPortSamplingMode', @SetInpPortFrameData);

%% SetInputPortDimensions:设置输入端口维数方法
```

567

```
        %% 功能：检查和设置输入和任意输出端口的维数
        %% C－Mex 对应函数：mdlSetInputPortDimensionInfo
        %%
        block.RegBlockMethod('SetInputPortDimensions', @SetInpPortDims);

     %% SetOutputPortDimensions:设置输出端口维数方法
        %% 功能：检查和设置输出和任意输入端口的维数
        %% C－Mex 对应函数：mdlSetOutputPortDimensionInfo
        %%
        block.RegBlockMethod('SetOutputPortDimensions', @SetOutPortDims);

        %% SetInputPortDataType:设置输入端口数据类型方法
        %% 功能：检查和设置输入和任意输出端口的数据类型
        %% C－Mex 对应函数：mdlSetInputPortDataType
        %%
        block.RegBlockMethod('SetInputPortDataType', @SetInpPortDataType);

        %% SetOutputPortDataType:设置输出端口数据类型方法
        %% 功能：检查和设置输出和任意输入端口的数据类型
        %% C－Mex 对应函数：mdlSetOutputPortDataType
        %%
        block.RegBlockMethod('SetOutputPortDataType', @SetOutPortDataType);

        %% SetInputPortComplexSignal:设置输入端口的复信号方法
        %% 功能：检查和设置输入和任意输出端口的复数属性
        %% C－Mex 对应函数：mdlSetInputPortComplexSignal
        %%
        block.RegBlockMethod('SetInputPortComplexSignal', @SetInpPortComplexSig);

        %% SetOutputPortComplexSignal:设置输出端口的复信号方法
        %% 功能：检查和设置输出和任意输入端口的复数属性
        %% C－Mex 对应函数：mdlSetOutputPortComplexSignal
        %%
        block.RegBlockMethod('SetOutputPortComplexSignal', @SetOutPortComplexSig);

        %% PostPropagationSetup:
        %% 功能：设置工作区域和状态变量,还能寄存运行时方法
        %% C－Mex 对应函数：mdlSetWorkWidths
        %%
        block.RegBlockMethod('PostPropagationSetup', @DoPostPropSetup);
        %% ---------------------------------------------------------------
        %% ---------------------------------------------------------------
        %% 以下是运行时调用的寄存器方法
        %%
        %% ProcessParameters：参数处理方法
        %% 功能：运行时参数允许更新时才调用
        %% C－Mex 对应函数：mdlProcessParameters
        %%
        block.RegBlockMethod('ProcessParameters', @ProcessPrms);

        %% InitializeConditions:
        %% 功能：初始化状态和工作区域值时调用
        %% C－Mex 对应函数：mdlInitializeConditions
        block.RegBlockMethod('InitializeConditions', @InitializeConditions);
        %% Start:
        %% 功能：初始化状态和工作区域值时调用
        %% C－Mex 对应函数：mdlStart
```

568

```
% %
block.RegBlockMethod('Start', @Start);

    % % Outputs:
    % % 功能:在每一仿真步计算模块输出
    % % C - Mex 对应函数:mdlOutputs
    % %
block.RegBlockMethod('Outputs', @Outputs);

    % % Update:
    % % 功能:在每一仿真步内更新离散状态
    % % C - Mex 对应函数:mdlUpdate
    % %
block.RegBlockMethod('Update', @Update);

    % % Derivatives:
    % % 功能:在每一仿真步内更新连续状态微分
    % % C - Mex 对应函数:mdlDerivatives
    % %
block.RegBlockMethod('Derivatives', @Derivatives);

    % % Projection:
    % % 功能:在每一仿真步内更新投影 projections
    % % C - Mex 对应函数:mdlProjections
    % %
block.RegBlockMethod('Projection', @Projection);

    % % SimStatusChange:
    % % 功能:仿真暂停或从暂停到继续时调用
    % % C - Mex 对应函数:mdlSimStatusChange
    % %
block.RegBlockMethod('SimStatusChange', @SimStatusChange);

    % % Terminate:
    % % 功能:为了清除而结束仿真时调用
    % % C - Mex 对应函数:mdlTerminate
    % %
block.RegBlockMethod('Terminate', @Terminate);
    % % ----------------------------------------------------------------
    % % ----------------------------------------------------------------
    % % 以下是代码生成时调用的寄存器方法
    % %
    % % WriteRTW:
    % % 功能:向 RTW 文件中写信息
    % % C - Mex 对应函数:mdlRTW
block.RegBlockMethod('WriteRTW', @WriteRTW);
% % ----------------------------------------------------------------
% % 以下示例说明在同一文件内,可以通过以下局部函数实现以上列出的不同模块寄存器方法
% % ----------------------------------------------------------------
function CheckPrms(block)            % 实现 CheckParameters 方法的局部函数
a = block.DialogPrm(1).Data;
if ~strcmp(class(a), 'double')
    DAStudio.error('Simulink:block:invalidParameter');
end

function ProcessPrms(block)          % 实现 ProcessParameters 方法的局部函数
block.AutoUpdateRuntimePrms;
```

```
% 实现 SetInputPortSamplingMode 方法的局部函数
function SetInpPortFrameData(block, idx, fd)
block.InputPort(idx).SamplingMode = fd;
block.OutputPort(1).SamplingMode  = fd;

function SetInpPortDims(block, idx, di)
block.InputPort(idx).Dimensions = di;
block.OutputPort(1).Dimensions  = di;

function SetOutPortDims(block, idx, di)
block.OutputPort(idx).Dimensions = di;
block.InputPort(1).Dimensions    = di;

function SetInpPortDataType(block, idx, dt)
block.InputPort(idx).DataTypeID = dt;
block.OutputPort(1).DataTypeID  = dt;

function SetOutPortDataType(block, idx, dt)
block.OutputPort(idx).DataTypeID = dt;
block.InputPort(1).DataTypeID    = dt;

function SetInpPortComplexSig(block, idx, c)
block.InputPort(idx).Complexity = c;
block.OutputPort(1).Complexity  = c;

function SetOutPortComplexSig(block, idx, c)
block.OutputPort(idx).Complexity = c;
block.InputPort(1).Complexity    = c;

function DoPostPropSetup(block)
block.NumDworks = 1;
block.Dwork(1).Name          = 'x1';
block.Dwork(1).Dimensions    = 1;
block.Dwork(1).DatatypeID    = 0;      % double
block.Dwork(1).Complexity    = 'Real'; % real
block.Dwork(1).UsedAsDiscState = true;
%% 寄存所有可调参数作为运行时参数
block.AutoRegRuntimePrms;

function InitializeConditions(block)

function Start(block)
block.Dwork(1).Data = 0;

function WriteRTW(block)
block.WriteRTWParam('matrix', 'M',    [1 2; 3 4]);
block.WriteRTWParam('string', 'Mode', 'Auto');

function Outputs(block)
block.OutputPort(1).Data = block.Dwork(1).Data + block.InputPort(1).Data;

function Update(block)
block.Dwork(1).Data = block.InputPort(1).Data;

function Derivatives(block)
%
function Projection(block)
%
function SimStatusChange(block, s)
if s == 0
    disp('Pause has been called');
```

```
elseif s = = 1
    disp('Continue has been called');
end

function Terminate(block)
```

下面就分步骤来描述如何书写一个简单的 Level - 2 MATLAB S - Function。

① 复制 Level - 2 MATLAB S - Function 模板 msfuntmpl. m 到工作文件夹,将模板名更改为能够描述自己函数的文件名,同时将. m 文件中第一行的函数名也改为与文件名相同的名字。

② 修改 Setup 方法来初始化 S - Function 属性。

③ 在 PostPropagationSetup 方法中初始化离散状态,Level - 2 MATLAB S - Function 在一个 D 工作向量中存储离散状态信息。

④ 在 InitializeConditions 或 Start 回调方法中初始化离散和连续状态值或者其他 D 工作向量。用 Start 回调方法初始化那些只需在仿真开始时初始化一次的变量值,用 InitializeConditons 方法来初始化那些包含 S - Function 的使能子系统在任何时候再次使能时需要重新初始化的变量值。

⑤ 在 Outputs 回调方法中计算 S - Function 的输出。

⑥ 对于具有连续状态的 S - Function,在 Derivatives 回调方法中计算状态微分。运行时对象在他们的 Derivatives 属性中存储微分数据。

⑦ 在 Update 回调方法中更新任何离散状态。

⑧ 在 Terminate 回调方法中完成所需的清除任务,如清除变量或内存。(与 C MEX S - Function 不同,Level - 2 MATLAB S - Function 不是一定要有 Terminate 方法)

书写 Level - 2 MATLAB S - Function 基本分为以上 8 步,具体实现时,根据问题需要选用其中的部分内容,例如,如果模型中没有连续状态,第 6 步就可以省略。函数写好后,复制一个 Level - 2 MATLAB S - Function 模块到系统模型中,打开这个模块的参数设置对话框,把函数名改为实现后的 S - Function 的 M 文件名;如果需要附加参数,就按顺序以逗号分隔输入到对话框的 Parameters 区域中。设置完毕后,关闭对话框并保存模型,就可以运行仿真,然后欣赏和分析结果。

3. Level - 1 S - Function 转换 Level - 2 S - Function

通过将 Level - 1 MATLAB S - Function 的每一个 flag 标志内的代码映射到 Level - 2 MATLAB S - Function 相应的回调方法中,用户可以实现 Level - 1 S - Function 到 Level - 2 S - Function 的转换。除此之外,还要做如下工作才能实现真正的转换。

◆ 在 D 工作向量中存储 Level - 2 MATLAB S - Function 的离散状态信息,在 PostPropagationSetup 方法中进行初始化。

◆ 使用 DialogPrm 运行时对象属性代替传递函数参数的形式来访问 Level - 2 MATLAB S - Function 的对话框参数。

◆ 对具有变采样时间的 S - Function,Level - 2 MATLAB S - Function 需要在 Outputs 方法中更新 NextTimeHit 运行时对象属性来设置下一时刻采样时间。

关于 M 语言和 C 语言 S - Function 的例子,将在 22.5.2 节中给出,限于篇幅,此处不再举例。表 22.3 - 8 所列为 Leve - 1 S - Function 的 flag 内代码到 Level - 2 S - Function 回调方法的映射表。

若您对此书内容有任何疑问,可以登录 MATLAB 中文论坛与作者和同行交流。

表 22.3 - 8   Leve - 1 S - Function 的 flag 内代码到 Level - 2 S - Function 回调方法的映射

Level - 1 内代码	Level - 2 对应的回调方法
function [sys, x0, str, ts]=sfundsc(t, x, u, flag)	function sfundsc(block) setup(block) 输入参数变为一个 block，这是一个运行时对象

switch flag,
   case 0,
     [sys, x0, str, ts]=mdlInitializeSizes;
	function setup(block)
	在仿真期间，直接调用局部 setup 函数寄存器回调方法，不必使用 switch 结构

case 2,
  sys=mdlUpdate(t, x, u);
case 3,
  sys=mdlOutputs(t, x, u);
	block. RegBlockMethod('Outputs', @Output);
	block. RegBlockMethod('Update', @Update);
	setup 函数寄存器用两个局部函数来实现这两种情况

sizes=simsizes;
  sizes. NumContStates = 0;
  sizes. NumDiscStates = 1;
  sizes. NumOutputs = 1;
  sizes. NumInputs = 1;
  sizes. DirFeedthrough = 0;
  sizes. NumSampleTimes = 1;
sys=simsizes(sizes);
x0 = 0;
str = [];
ts=[0.1 0];
	block. NumInputPorts = 1;
	block. NumOutputPorts = 1;
	block. InputPort(1). Dimensions = 1;
	block. InputPort(1). DirectFeedthrough = false;
	block. OutputPort(1). Dimensions = 1;
	block. NumDialogPrms = 0;
	block. SampleTimes = [0.1 0];
	这个函数有离散状态，setup 方法寄存器初始化 D 工作向量
	block. RegBlockMethod('PostPropagationSetup', @DoPostPropSetup)
	block. RegBlockMethod('InitializeConditions', @InitConditions)

sizes. NumDiscStates = 1;	function DoPostPropSetup(block)
	  block. NumDworks = 1;
	  block. Dwork(1). Name = 'x0';
	  block. Dwork(1). Dimensions = 1;
	  block. Dwork(1). DatatypeId = 0;
	  block. Dwork(1). Complexity = 'Real';
	  block. Dwork(1). UsedAsDiscState = true;
	PostPropagationSetup 方法初始化 D 工作向量，存储单离散状态

x0 = 0;	function InitConditions(block) block. Dwork(1). Data = 0;
function sys = mdlUpdate(t, x, u) sys = u;	function Update(block) block. Dwork(1). Data = block. InputPort(1). Data;
function sys = mdlOutputs(t, x, u) sys = x;	function Output(block) block. OutputPort(1). Data = block. Dwork(1). Data;

572

22.3.4   C MEX S - Function

在仿真期间，C MEX S - Function 必须向 Simulink 引擎提供函数信息。仿真过程中，Simulink 引擎、ODE 求解器和 C MEX S - Function 交互作用来完成特定的任务。用 C 语言编写 S - Function 具有以下优点：

① 执行速度快；

② 实时代码生成；

③ 包含已有的 C 代码；

④ 能够访问操作系统接口；

⑤ 可以编写设备驱动。

如果你想实现的功能与上述 5 点密切相关，那就选择用 C 语言来编写 S - Function 吧！在介绍如何写 C MEX S - Function 之前，先来了解几个有关的知识点。

1. C MEX S - Function 的几个概念

（1）MEX 文件

对于 M 文件 S - Function，在 MATLAB 环境下可以通过解释器直接执行。对于 C 语言或其他语言编写的 S - Function，则需要先编译成可以在 MATLAB 内运行的二进制代码：动态链接库或者静态库，然后才能使用。这些经过编译的二进制文件就是所谓的 MEX 文件，在 Windows 系统下早期版本的 MATLAB 中 MEX 文件后缀为 . dll，现在则为 mexw32 或 mexw64。要将 C 文件 S - Function 编译成动态库，需在 MATLAB 命令行下输入：

```
>> mex my_sfunction.c
```

要使用 mex 命令，首先需要在系统中安装一个 C 编译器。关于这方面的知识，前几章已经介绍过了，这里不再赘述。

（2）SimStruct 数据结构

一个称为 SimStruct 的数据结构描述了 S - Function 中所包含的系统。此结构在头文件 simstruc. h 中定义，SimStruct 将描述系统的所有信息，即封装系统的所有动态信息。它保存了指向系统的输入、状态、时间等存储区的指针，另外它还包含指向不同 S - Function 回调方法的指针。实际上整个 Simulink 框图模型本身也是通过一个 SimStruct 数据结构来描述的，它可以被视为与 Simulink 框图模型等价的表达。模型中的每一个 S - Function 模块也都有自己的 SimStruct。这些 SimStructs 的组成就像一个目录树，与模型相关联的 SimStruct 是根（root）SimStruct，与 S - Function 相关联的 SimStruct 是子 SimStruct。

（3）工作向量（Work Vector）

在仿真过程中不释放的内存区称之为持续存储区（Persistent Memory Storage），为全局变量或局部静态变量分配的内存就是这样的区域。当一个模型中出现同一个 S - Function 的多个实例时，这些全局变量或者局部静态变量就会发生冲突，导致仿真不能正确进行。因为这些实例使用了共同的动态链接库（MEX 文件），正如在 Windows 下多个实例在内存中只有一个映像一样。此时 Simulink 为用户提供了工作向量来解决这个问题。工作向量是 Simulink 为每个 S - Function 实例分配的持续存储区，它完全可以替代全局变量和局部静态变量。常用的工作向量函数见表 22.3 - 9。

2. C MEX S - Function 流程

C MEX S - Function 与 MATLAB S - Function 完成系统仿真的流程相似，不同的是 C MEX S - Function 的流程控制更为精细，数据 I/O 也更为丰富。除了常用的输入输出数据外，S - Function 还经常用到的内部数据有：连续状态、离散状态、状态导数和工作向量。访问这些数据首先需要一套宏函数来获取指向存储它们的存储器的指针，然后通过指针来访问。此时需要特别注意指针的越界访问问题。

表 22.3-9 工作向量函数

函数名称	功能描述	所在回调方法例程
ssSetNumRWork	设置实数型工作向量维数	在 mdlInitializeSizes 方法中分配，在 mdlStart 或者 mdlInitializeConditions 中初始化工作向量
ssSetNumIWork	设置整型工作向量维数	
ssSetNumPWork	设置指针型工作向量维数	
ssSetRWorkvalue	设置实数型工作向量值	mdlOutputs
ssSetIWorkvalue	设置整型工作向量值	
ssSetPWorkvalue	设置指针型工作向量值	
ssGetRWorkvalue	读取实数型工作向量值	mdlUpdate 或者 mdlDerivatives
ssGetIWorkvalue	读取整型工作向量值	
ssGetPWorkvalue	读取指针型工作向量值	

图 22.3-5 C MEX S-Function 工作流程之模型初始化

图 22.3-5 给出了 Simulink 引擎在一个 S-Function 中调用其回调方法的顺序。实线矩形框表示在模型初始化期间或在每一时间步，回调总在发生。虚线矩形框表示在仿真循环期间或一些时间步上，回调可能会发生。在上面的模型初始化环中，Simulink 引擎为将要开始的仿真配置 S-Function。引擎总是需要调用 mdlInitializeSizes 和 mdlInitializeSampleTime

来设置 S‐Function 的基本属性,包括输入和输出端口、S‐Function 对话框参数、工作向量和采样时间等。

　　Simulink 引擎总是如所需要的那样,调用相应的方法来完成 S‐Function 的初始化。例如,如果 S‐Function 使用工作向量,引擎就调用 mdlSetWorkWidths 方法。再者,如果 mdlInitializeSizes 方法延缓设置了输入和输出端口属性,Simulink 引擎将调用任何其他能用的方法来完成端口的初始化,如在信号传播期间调用 mdlSetInputPortWidth。如果 S‐Function 使用对话框参数,mdlStart 方法将调用 mdlCheckParameters 和 mdlProcessParameters 方法。

　　初始化之后,Simulink 引擎执行如图 22.3‐6 所示的仿真环。如果仿真循环被人为或者发生的错误所中断,引擎直接跳转到 mdlTerminate 方法。如果仿真被人为停止,引擎先结束当前时间步,然后再调用 mdlTerminate 方法。

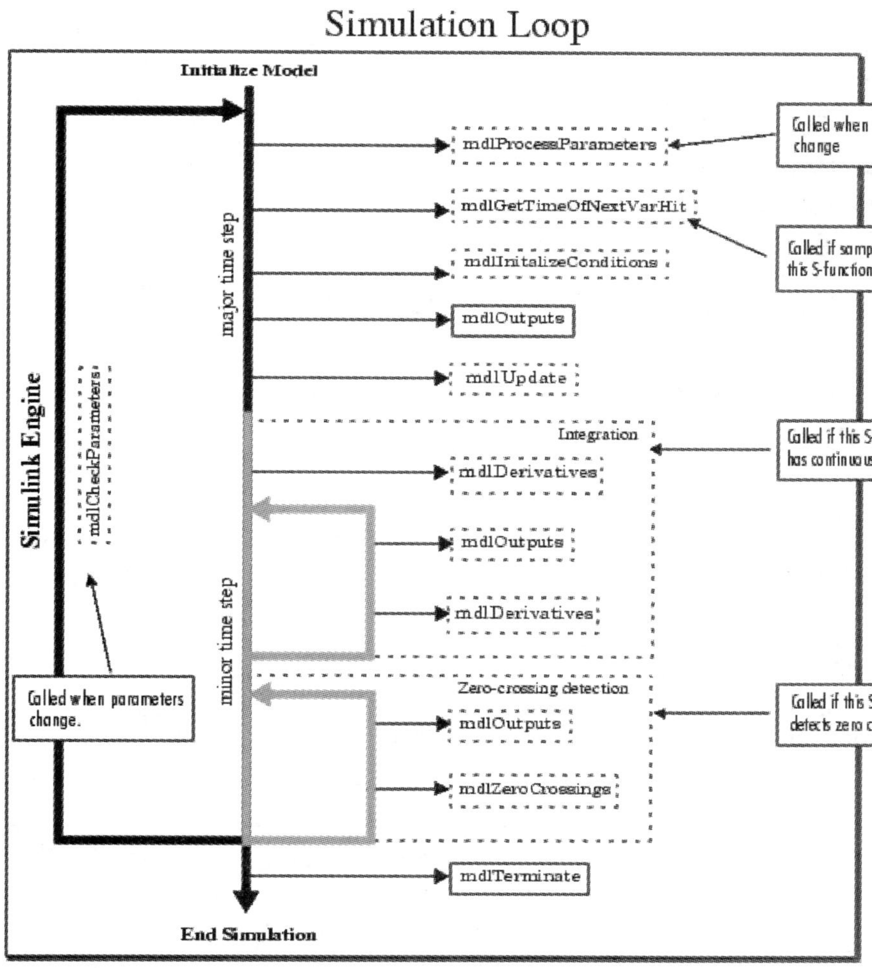

图 22.3‐6　C MEX S‐Function 工作流程之仿真环

3. C MEX S‐Function 模板

　　下面再一起来看看 C MEX S‐Function 的模板,了解一下这个模板文件的详细内容。在 MATLAB 安装目录 matlabroot/simulink/src/下找到 sfuntmpl_basic.c 文件,并以文本的形式打开,或者参考如图 22.3‐4 所示的对模块双击的方法来打开。

下面是删除了部分原有注释并添加了一些中文注释的模板文件 C 代码,看完后将更加有助于对 C MEX S-Function 的理解。

```c
/* ==============* 必需的文件头 * ============*/

#define S_FUNCTION_NAME sfuntmpl_basic     /* 此处应改为用户自己的函数文件名 */
#define S_FUNCTION_LEVEL 2
#include "simstruc.h"   /* 需要包含 simstruc.h,定义 SimStruct 和与之相关的宏定义 */

/* ============= S-function 方法 * ==================*/
/* 函数：mdlInitializeSizes ==============================================
 * 说明：sizes 被 Simulink 用来确定 S-function 模块的特征参数(输入、输出和状态的数目)*/
static void mdlInitializeSizes(SimStruct *S)
{
    ssSetNumSFcnParams(S, 0);   /* 预期参数数目 */
    if (ssGetNumSFcnParams(S) != ssGetSFcnParamsCount(S))
    {
        return; /* 如果期望参数不等于实际参数则返回 */
    }
    ssSetNumContStates(S, 0);
    ssSetNumDiscStates(S, 0);

    if (!ssSetNumInputPorts(S, 1)) return;
    ssSetInputPortWidth(S, 0, 1);
    ssSetInputPortRequiredContiguous(S, 0, true); /* 直接输入信号访问 */
    /* 设置直接馈通标志(1 表示有,0 表示没有).如果输入直接用在 mdlOutputs 函数
     * 或者 mdlGetTimeOfNextVarHit 函数中,则认为有直接馈通 */
    ssSetInputPortDirectFeedThrough(S, 0, 1);

    if (!ssSetNumOutputPorts(S, 1)) return;
    ssSetOutputPortWidth(S, 0, 1);

    ssSetNumSampleTimes(S, 1);
    ssSetNumRWork(S, 0);
    ssSetNumIWork(S, 0);
    ssSetNumPWork(S, 0);
    ssSetNumModes(S, 0);
    ssSetNumNonsampledZCs(S, 0);

    /* 声明仿真状态与内联模块相同 */
    ssSetSimStateCompliance(S, USE_DEFAULT_SIM_STATE);
    ssSetOptions(S, 0);
}
/* 函数：mdlInitializeSampleTimes ==============================================
 * 说明：声明 S-function 的采样时间,要与 ssSetNumSampleTimes 中采样时间数目相同 */
static void mdlInitializeSampleTimes(SimStruct *S)
{
    ssSetSampleTime(S, 0, CONTINUOUS_SAMPLE_TIME);
    ssSetOffsetTime(S, 0, 0.0);
}

#define MDL_INITIALIZE_CONDITIONS     /* Change to #undef to remove function */
#if defined(MDL_INITIALIZE_CONDITIONS)
/* 函数：mdlInitializeConditions ==============================================
 * 说明：初始化 S-function 模块的连续和离散状态,初始化状态放在向量 ssGetContStates(S)
 *       或 ssGetRealDiscStates(S)中。也可以在此完成其他模块所需的初始化活动。在仿真
```

```
 *        开始时调用,如果在配置了复位状态的使能子系统内部,当使能子系统重新开始执行
 *        复位状态时还要调用 */
 static void mdlInitializeConditions(SimStruct * S)
 {
 }
#endif /* MDL_INITIALIZE_CONDITIONS */

#define MDL_START    /* Change to #undef to remove function */
#if defined(MDL_START)
 /* 函数:mdlStart ============================================
  * 说明:模型开始仿真时调用一次,用来对只初始化一次的状态进行初始化 */
 static void mdlStart(SimStruct * S)
 {
 }
#endif /*   MDL_START */

/* 函数:mdlOutputs ============================================
 * 说明:计算 S-function 模块的输出 */
static void mdlOutputs(SimStruct * S, int_T tid)
{
    const real_T * u = (const real_T * ) ssGetInputPortSignal(S,0);
    real_T        * y = ssGetOutputPortSignal(S,0);
    y[0] = u[0];
}

#define MDL_UPDATE   /* Change to #undef to remove function */
#if defined(MDL_UPDATE)
 /* 函数:mdlUpdate ============================================
  * 说明:在每一主积分时间步内调用一次,更新离散状态,对每积分步内只发生一次的任务特别有效 */
 static void mdlUpdate(SimStruct * S, int_T tid)
 {
 }
#endif /* MDL_UPDATE */

#define MDL_DERIVATIVES   /* Change to #undef to remove function */
#if defined(MDL_DERIVATIVES)
 /* 函数:mdlDerivatives ============================================
  * 说明:计算 S-function 微分,微分值放在向量 ssGetdX(S)中 */
 static void mdlDerivatives(SimStruct * S)
 {
 }
#endif /* MDL_DERIVATIVES */

/* 函数:mdlTerminate ============================================
 * 说明:完成仿真结束时的任务,如清理内存 */
static void mdlTerminate(SimStruct * S)
{
}

/* =============必需的 S-function 文件尾部代码 * =================*/
#ifdef  MATLAB_MEX_FILE    /* 这个文件要编译成 MEX-文件吗? */
#include "simulink.c"     /* MEX-文件接口机制 */
#else
#include "cg_sfun.h"       /* 代码生成寄存函数 */
#endif
```

从模板文件来看,除了必需的文件头和文件尾之外,中间部分代码主要是初始化和其他与 S－Function API 交互的方法函数。这些函数包括工作向量函数、初始化所需的宏函数,还有一些在模板中没有列出的更多功能的宏函数等。当用户实现的 S－Function 需要访问这些接口时,可以从 simstruc.h 头文件中查找相关的宏定义,并从文献 Simulink 8.6 developing S－Function 中查找相应的与 SimStrut 结构有关的函数的定义和用法描述,进而写出实现自己目的的 C MEX S－Function 代码。初始化所需的宏函数如表 22.3－10 所列。

代码完成后,还需要调试,验证代码的正确性。在文献 Simulink 8.6 developing S－Function 中提供了一些调试技术可以辅助检查代码的正确性。此外,还可以通过第三方软件如 VC++ 7.0 等在 Simulink 环境内对 C MEX S－Function 进行调试。限于篇幅,这部分内容请读者参考有关文献。调试通过后,使用前面介绍的 mex 命令完成动态链接库的创建,就可以使用这个 S 函数模块进行仿真了。

4. C MEX S－Function 包装程序

当用户需要将已有的程序、算法集成到 Simulink 框图模型中时,通常使用 S－Function 包装程序(MEX S－Function Wrappers)来完成这个任务。所谓的 S－Function 包装程序就是一个可以调用其他模块代码的 S－Function,实际上就是通过 S－Function 的形式来调用其他语言(MATLAB 语言除外)编写的程序。使用外部模块时,需要在 S－Function 中将已有的代码声明为 extern(外部函数),并且还必须在 mdlOutputs 方法中调用这些已有的代码。

表 22.3－10　C MEX S－Functon 初始化所需宏函数

宏函数定义	功能描述
ssSetNumContStates(S, numContStates)	设置连续状态个数
ssSetNumDiscStates(S, numDiscStates)	设置离散状态个数
ssSetNumOutputs(S, numOutputs)	设置输出个数
ssSetNumInputPorts(S,nInputPorts) ssSetInputPortWidth(S,port,val)	设置输入个数
ssSetDirectFeedthrough(S, dirFeedThru)	设置是否存在直接馈通
ssSetNumSampleTimes(S, numSamplesTimes)	设置采样时间的数目
ssSetNumSFcnParams(S,numInputArgs)	设置输入参数个数
ssSetNumRWork(S, numIWork)	设置各种工作向量的维数,实际上是为各个工作向量分配内存提供依据
ssSetNumPWork(S, numIWork)	

下面以一个简单的例子作说明,C 源文件如下:

```
/ * =====my_wrapfcn.c ===== */
double my_wrapfcn(doubel input)
{
    return(input * 5.0);
}
```

对应的 C MEX S－Function 源文件如下:

```
# define S_FUNCTION_NAME mysfcn_wrap    /*  用户自己的函数文件名 */
# define S_FUNCTION_LEVEL 2
# include "simstruc.h"

extern real_T my_wrapfcn((real_T u);   /* 声明函数为外部函数 */
...
static void mdlOutputs(Simstruct * S, int_T tid)
```

```
{
InputRealPtrsType uPtrs = ssGetInputPortRealSignalPtrs(S, 0);
real_T * y = ssGetOutputPortRealSignal(S, 0);
* y = my_wrapfcn( * uptrs[0]);   /*  在 mdlOutputs 方法中调用外部函数 my_wrapfcn */
}
...
#ifdef MATLAB_MEX_FILE
#include "simulink.c"
#else
#include "cg_sfun.h"
#endif
```

编译带有外部函数的 S-Function 时,将已有程序的源文件加在 S-Function 源文件的后面即可,如:

```
>> mex mysfcn_wrap.c my_wrapfcn.c
```

5. S-Function Builder

　　S-Function Builder 是 Simulink 为用户编写常用的 C MEX S-Function 提供的一种方便、快捷的开发工具。其使得用户无须了解众多的宏函数就可以编写出自己的 S-Function,只要在对应的位置填入所需的信息和代码,S-Function Builder 就会自动生成 C MEX S-Function 源文件,并且编译起来也非常方便,只需单击 Build 按钮,就会生成用户所需要的 MEX 文件。

　　在 Simulink/User-Defined Functions 模块库中双击 S-Function Builder 模块图标,即可打开如图 22.3-7 所示的 S-Function Builder 界面。很容易看出 1、4、5、6 选项卡对应着 S-Function 的四个最常用的回调方法。打开 S-Function Builder 为用户生成的 C 源文件,就会发现在各个页面填入的信息和代码被放入了对应的回调函数中。下面给出用户使用 S-Function Builder 编写 S-Function 的步骤。

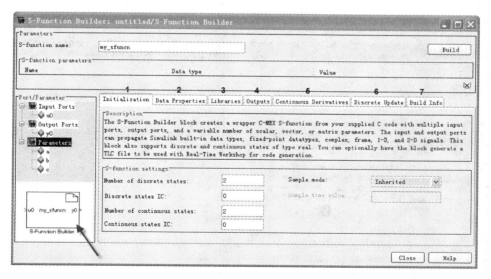

图 22.3-7　S-Function Builder 初始化界面

　　① 在 S-function name 编辑栏里填入 S-Function 名。

　　② 如果存在用户参数,在 Data Properties 选项卡中 Parameters 下加入用户参数名,如图 22.3-8 所示。

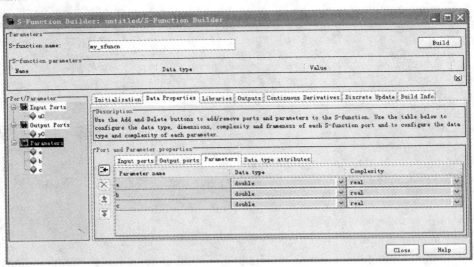

图 22.3-8　S-function Builder 数据属性界面

③ 在图 22.3-7 所示的 S-Function Builder 的 Initialization 标签中按照提示填入仿真相关信息。

④ 在 Libraries 选项卡中填入所需的库文件(包括目录)、要包含的头文件,以及外部函数声明。

⑤ 在 Outputs、Continuous Derivatives 和 Discrete Update 标签填入输出方程、连续状态方程和离散状态方程,以及其他用户定制代码。

⑥ 在图 22.3-9 所示 Build Info 标签的 Build options 选项卡中勾选相关选项,然后单击"Build"按钮,就可按要求进行编译链接等工作,生成相应的 C 代码、.tlc 文件、.mexw32 文件以及 wrapper.c 文件。

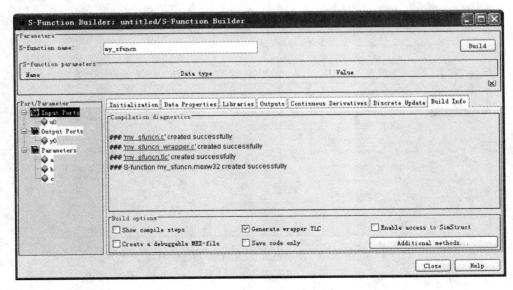

图 22.3-9　S-Function Builder 建立信息界面

22.4 命令行仿真技术

用户除了使用 Simulink 以图形方式建立动态系统模型之外，也可以使用命令行方式进行系统建模，然后进行动态系统的仿真和分析。

22.4.1 命令行方式建模

命令行方式建模基本上又回到了写程序的轨道上来，即借助 MATLAB/Simulink 提供的函数对模块进行连接、建模、设置参数并仿真。相对于图形化编程，命令行方式建模显得费时费力，但对于习惯写代码的软件用户来说，也不失为一种有效的解决问题的方式。

首先简单介绍一下使用命令行方式建立系统模型的相关知识。Simulink 中常用的系统建立命令如表 22.4 - 1 所列，更为详细的 Simulink 命令列表可参见本章附录。

其实，Simulink 的基本菜单和工具栏命令如 New，Open 和 Save 等操作都是通过上述命令来实现的。下面看一段用上述部分命令实现新建一个自己定制风格的模型的 M 函数，代码如下：

```
function new_model(modelname)
% NEW_MODEL('MODELNAME') 创建一个名为 'MODELNAME' 的新模型
% 没有 'MODELNAME' 参数，新模型默认命令为 'my_untitled'(Simulink 系统默认为 'untitled')
if nargin == 0
modelname = 'my_untitled';              % 自己定制默认的模型名
end
open_system(new_system(modelname));     % 创建和打开一个模型
set_param(modelname, 'ScreenColor', 'green');  % 设置默认屏幕颜色
set_param(modelname, 'Solver', 'ode3');        % 设置默认求解器
set_param(modelname, 'Toolbar', 'off');        % 设置默认工具栏的可见性
save_system(modelname);                  % 保存模型
```

表 22.4 - 1 Simulink 常用系统模型建立命令表

命　令	功　能
New_system	建立一个新的 Simulink 系统模型
Open_system	打开一个已存在的 Simulink 系统模型
Close_system，bdclose	关闭一个 Simulink 系统模型
Save_system	保存一个 Simulink 系统模型
Find_system	查找 Simulink 系统模型、模块、连线及注释
Add_block	在 Simulink 系统模型中加入指定模块
Delete_block	在 Simulink 系统模型中删除指定模块
Replace_block	在 Simulink 系统模型中替代指定模块
Add_line	在 Simulink 系统模型中加入指定连线
Delete_line	在 Simulink 系统模型中删除指定连线
Get_param	获取 Simulink 系统模型中的参数
Set_param	设置 Simulink 系统模型中的参数
Gcb	获得当前模块的路径名
Gcs	获得当前系统模型的路径名
Gcbh	获得当前模块的操作句柄
Bdroot	获得最上层系统模型的名称
Simulink	打开 Simulink 的模块库浏览器

将这段代码保存为当前文件夹内的 new_model. m 文件。然后用默认的系统配置新建一个模型,在 MATLAB 命令行输入如下命令,也产生一个自己用上面函数定制的新建模型,如图 22.4-1 右图所示。

```
>> new_model
```

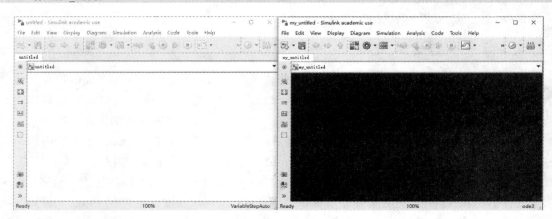

图 22.4-1 不同风格的新建模型界面

从图 22.4-1 可以看到,系统默认生成名为 untitled 的空白模型,屏幕颜色为白色,工具栏可见,求解器为 VariableStepAuto。而从上面函数运行后产生的是名为 my_untitled 的空白模型,屏幕颜色为绿色,工具栏不可见,求解器为定步长 ode3。

这就是命令行方式建模,在空白模型中,用户可以通过在命令行输入表 22.4-1 所列的命令添加模块,连线,设置模块参数、模型参数,最后进行仿真。整个过程不必用鼠标操作,全是以命令的方式输入。对于已经熟悉窗口操作的我们来说,这种方式要记住很多命令及其使用方法,加入模块时,还要记住模块所在库的位置和名称,界面部署时对齐和移动要靠坐标来完成。这些工作费时费力,效率不高,所以笔者不推荐采用这种方式建模,可以考虑与鼠标操作相结合,互补一下为好。

上述函数中给出了一些常用命令的用法,还有其他,诸如 Simulink,Gcbh 等常使用的命令,这里就不再一一介绍其用法,请读者参考有关文献。

22.4.2 命令行方式仿真

1. sim 和 set_param 命令

通过在 MATLAB 命令窗或者 M 文件中输入仿真命令就可以对打开或未打开的模型进行仿真。例如使用 sim 命令或者 set_param 命令以程序的方式来对指定的系统模型按照给定的仿真参数与模型参数进行系统仿真。仿真所使用的参数包括所有使用仿真参数对话框的设置、MATLAB 工作空间的输入输出选项卡中的设置以及采用命令行方式设置的仿真参数与系统模块参数。

(1) 在 MATLAB R2009a 及以前版本中,sim 命令的基本语法格式如下:

```
simout = sim('model',parameters)
[t,x,y] = sim('model',timespan,options,ut)
[t,x,y1,y2,…,yn] = sim('model',timespan,options,ut)
```

上述 sim 命令格式中,第一行是单输出格式,参数 *model* 是系统模型的名称,也就是去掉扩展名. mdl 的文件名。*parameters* 则是参数名称-参数值对的列表。simout 是一个包含所

有仿真输出(日志时间,状态和信号)的单一的 Simulink. SimulationOutput 对象。

仿真期间,指定的参数会覆写模型配置集中相应的参数值,在仿真结束时,再恢复初始配置。如果用户不想覆写任何参数来进行仿真,而且希望返回单输出格式,则需要做如下处理:

◆ 在 Configuration Parameters/Data Import/Export 面板中选择 Return as single object;

◆ 在 sim 命令中说明 ReturnWorkspaceOutputs 参数的值为 on。

上述 sim 命令格式中,第 2,3 行是多输出格式。其中除 *model* 之外的各参数说明如下:

1) timespan 是指定系统仿真时间范围,可以为下面几种形式:

◆ tFinal:设置仿真终止时间,仿真起始时间默认为 0;

◆ [tStart tFinal]:设置仿真起始时间和终止时间;

◆ [tStart OutputTimes tFinal]:设置仿真起、止时间,并设置仿真返回的时间向量[tStart OutputTimes tFinal],其中 tStart,OutputTimes,tFinal 必须按照升序排列。

2) options:由 simset 命令设置的除仿真时间之外的仿真参数,为一结构体变量。这样设置的仿真参数将覆盖模型默认的参数。

3) ut:表示系统模型顶层的外部可选输入。ut 可以是 MATLAB 函数,可以使用多个外部输入 ut1,ut2…

4) t:返回系统仿真时间向量。

5) x:返回系统仿真状态变量矩阵。首先是连续状态,然后是离散状态。

6) y:返回系统仿真的输出矩阵。按照顶层输出 Outport 模块的顺序输出,如果输出信号为向量输出,则输出信号具有与此向量相同的维数。

7) y1,…,yn:返回多个系统仿真的输出。

上述各参数中,除 *model* 外,其他的仿真参数设置均可以取值为空矩阵,此时 sim 命令对没有设置的仿真参数使用默认的参数值进行仿真。默认的参数值由系统模型框图所决定。

在 MATLAB R2015b 版本下,sim 命令的基本语法格式如下:

```
simOut = sim('model', 'ParameterName1',Value1,'ParameterName2', Value2...);
simOut = sim('model', ParameterStruct);
simOut = sim('model', ConfigSet);
```

其中,仿真参数名和值是成对的,与前述的仿真参数相似。而 *ParameterStruct* 则是一个包含仿真参数设置的结构,*ConfigSet* 是一个配置集,*simOut* 与以前版本一样。虽然不再有多输出的形式,但 MATLAB R2015b 下还保留着向前兼容的多输出的命令格式(如前所述的 MATLAB R2009a 等版本的 sim 命令格式)。当没有指定输出变量时,Simulink 会存储仿真输出到变量 ans 中。

如果用户对连续系统进行仿真,必须设置合适的仿真求解器,因为默认的仿真求解器为变步长 ode45 求解器。

使用 sim 命令进行仿真后,用户还可以使用 set_param 命令来开始、停止、暂停或继续这个仿真过程,达到更新模型或者将所有的数据日志变量写到基工作空间的目的。

(2) set_param 命令的基本语法格式如下:

```
set_param('model','SimulationCommand', 'cmd')
```

其中,'*model*' 是系统模型的名称,'*cmd*' 的取值可以是 start,stop,pause,continue,update 或 WriteDataLogs 中的任何一个。

类似地,用户还可以使用 get_param 命令来检查仿真状态,其格式如下:

```
get_param('model','SimulationStatus')
```

若您对此书内容有任何疑问,可以登录MATLAB中文论坛与作者和同行交流。

执行后,会返回 stopped,initializing,running,paused,updating,terminating 或 external 等值。

S-Function 也能够用 set_param 命令控制仿真执行。C MEX S-Function 调用 set_param 命令时需要使用宏 mexCallMATLAB。

注意:用户如果使用 matlab - nodisplay 启动开始一个会话,就不能够使用 set_param 命令来运行仿真会话。

2. simget 和 simset 命令

用前面介绍的 sim 命令进行系统仿真时,除了仿真时间与系统输入的设置以外,其他所有的仿真参数均由 Simulink 的仿真参数设置对话框来设置。其实,这些参数都可以通过 simset 命令来完成设置。

首先,通过 simget 命令获得表示系统仿真参数的结构体变量。在 MATLAB R2009a 版本下,该命令语法格式如下:

```
struct = simget('model')
value = simget('model','param')
value = simget(OptionStructure, param)
```

上述 simget 命令格式中,参数 'model' 的意义同 set_param。第一行用法是为了获得指定系统模型的所有仿真参数设置的结构体变量;第二行是为了获得指定系统模型中指定仿真参数 param 的取值;第三行则是为了获得系统仿真参数选项中指定的仿真参数 property 的取值。

上述第一行命令将获得已经打开的系统模型 model 的仿真参数选项 struct,此为一结构体变量,包含如下常用内容,还有大量不常设置的内容,这里不予介绍。

```
struct =
     AbsTol: 'auto'    % 取值为标量,默认为 1e-6,表示绝对误差限,仅用于变步长求解器
     Decimation: 1     % 取值为一正整数,默认为 1,表示系统仿真结果返回数据点的间隔
     FixedStep: 'auto' % 取值为正值标量,表示定步长求解器的步长。如果对离散系统进行仿真,
                       % 其默认值为离散系统的采样时间;如果对连续系统进行仿真,其默认值为
                       % 仿真时间范围的 1/50
     InitialState: []  % 取值为一向量,默认值为空向量,表示系统的初始状态。如果系统中同
                       % 时存在连续状态和离散状态,则此向量中先是连续状态的初始值,
                       % 然后是离散状态的初始值。初始
     InitialStep: 'auto'% 取值为一标量,默认值为 auto,表示系统仿真时的初始步长(估计值)
                       % 仅用于变步长求解器;在仿真时求解器首先使用估计的步长,
                       % 默认情况由求解器决定初始步长
     MaxStep: 'auto'   % 取值为一标量,默认为 auto,表示系统仿真的最大步长。仅用于变步长
                       % 求解器,默认情况下最大仿真步长为仿真时间的 1/50
     RelTol: 1.0e-3    % 取值为正值标量,默认为 1e-3,表示相对误差限。仅用于变步长求解器
     Solver: 'ode45'   % 设置求解器,选项同以前介绍
     ZeroCross: 'on'   % 表示仿真过程中的过零检测,默认为 on,仅用于变步长求解器
```

接着,使用 simset 命令对 options 中的各结构变量进行操作,修改设置。simset 命令的语法格式如下:

```
options = simset(property, value,...)
options = simset(old_opstruct,property,value,...)
options = simset(old_opstruct,new_opstruct)
```

第一条是设置指定的仿真参数 property 选项的值为 value;第二条是修改仿真参数结构体变量中已经存在的指定仿真参数选项;第三条则是合并已经存在的两个仿真参数结构体变

量,并且使用 new_opstruct 中的域值覆盖 old_opstruct 中具有相同域的域值。只用 simset 不加参数,则显示所有的仿真参数选项及其可能的取值。

在 MATLAB R2015b 中,这两个命令在帮助文档中已没有说明,但还保留向前兼容的特性,用上述调用格式还可以使用,得到相类的结果。

3. simplot 命令

在观测动态系统仿真结果时,Simulink/Sinks 模块库中的 Scope 模块是最常用的模块之一。它可以使用户在类似示波器的图形界面中观测系统仿真结果的输出,而非使用诸如 plot 绘制系统的输出。使用 Scope 最大的好处是可以很方便地观测系统输出,这一点是 plot 等命令所不及的。

在使用命令行方式对动态系统进行仿真时,可以使用 simplot 命令绘制出与使用 Scope 模块相类似的图形来输出动态系统的仿真结果。

在 MATLAB R2009a 中,simplot 命令的语法格式如下:

```
simplot(data)
simplot(time,data)
```

其中,参数 data 是动态系统仿真结果的输出数据,一般是由 Outport,To Workspace 等模块产生的输出,其数据类型可以为矩阵、向量或结构体等。参数 time 是动态系统仿真结果的输出时间向量。当系统输出数据为带有时间向量的结构体变量时,此参数被忽略。

在 MATLAB R2015b 中,simplot 命令已被取消。在 MATLAB 的命令窗口输入此命令,该命令也不会被执行,取而代之的是 Simulation Data Inspector。该功能是 MATLAB R2011b 之后引入的,可以对模型文件中任一模块出口的数据以流的方式存储并绘图,比较两个信号,比较两次仿真运行的数据等。尤其在与 Simulink Coder,HDL coder 等结合使用时,对于浮点和定点结果的对比,算法的实现和描述等都很有帮助。详情请参阅相关帮助和文档,限于篇幅,此处不再加以介绍。

22.4.3　命令行仿真示例

【例 22.4 - 1】 连续时间 vco 生成扫频正弦。

在当前目录下,在命令行窗口输入 open_system('my_vco'),打开如图 22.4 - 2 所示的系统模型。

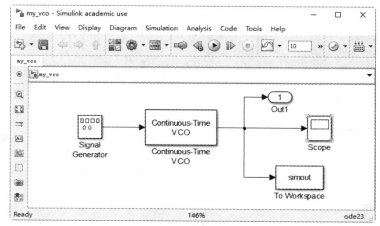

图 22.4 - 2　连续时间 vco 生成扫频正弦模型

在 MATLAB 的命令行中依次输入如下命令行仿真命令,最后得到的仿真结果如图 22.4-3 所示。

```
>> open_system('my_vco');                    % 打开系统模型 my_vco.mdl 文件
>> get_param('my_vco','SimulationStatus')    % 查询模型当前仿真状态
ans =   stopped
>> get_param('my_vco','SolverType')          % 查询模型当前仿真类型
ans =   Variable - step
>> get_param('my_vco','SimulationMode')      % 查询模型当前仿真模式
ans =   normal
>> get_param('my_vco','Solver')              % 查询模型当前求解器
ans =   ode23
>> my_opts = simget('my_vco')                % 查询模型当前仿真参数配置
my_opts =
                            AbsTol: 'auto'
                             Debug: 'off'
                        Decimation: 1
                      DstWorkspace: 'current'
                    FinalStateName: ''
                         FixedStep: 'auto'
                      InitialState: []
                       InitialStep: 'auto'
                          MaxOrder: 5
        ConsecutiveZCsStepRelTol: 2.842170943040401e - 013
                 MaxConsecutiveZCs: 1000
                        SaveFormat: 'Array'
                     MaxDataPoints: 1000
                           MaxStep: 'auto'
                           MinStep: 'auto'
              MaxConsecutiveMinStep: 1
                       OutputPoints: 'all'
                    OutputVariables: 'ty'
                            Refine: 1
                            RelTol: 1.000000000000000e - 003
                            Solver: 'ode23'
                       SrcWorkspace: 'base'
                             Trace: ''
                         ZeroCross: 'on'
                      SignalLogging: 'on'
                  SignalLoggingName: 'logsout'
                 ExtrapolationOrder: 4
              NumberNewtonIterations: 1
                            TimeOut: []
    ConcurrencyResolvingToFileSuffix: []
             ReturnWorkspaceOutputs: []
       RapidAcceleratorUpToDateCheck: []
         RapidAcceleratorParameterSets: []
>> my_opts = simset(my_opts,'MaxStep',0.1,'Solver','ode45');  % 修改部分仿真参数值
>> [t,x,y] = sim('my_vco',10,my_opts);       % 或者直接用下面命令,两者等价,结果相同
>> [t,x,y] = sim('my_vco',10,simset(my_opts,'MaxStep',0.1,'Solver','ode45'));
>> simplot(t,y);   % 或者用 simplot(t,simout)也可,simout 是 To Workspace 模块的输出
```

从图 22.4-3 中可以看到,simplot 命令绘制出的结果与 Scope 输出结果相同。命令行仿真与鼠标操作建模相结合的系统仿真方式也很方便,易行。

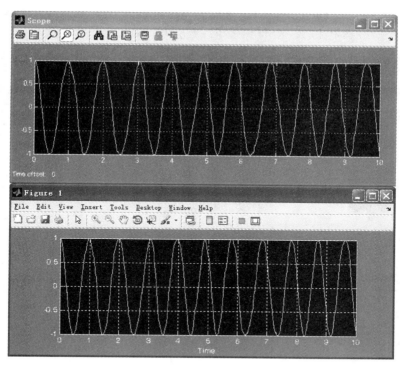

图 22.4 - 3　连续时间 vco 生成扫频正弦模型仿真结果

注意： 如果用户不使用 Out1 模块，用[t，x，y]＝sim( )命令方式仿真时，就没有输出 y，也就不能用 simplot 命令来绘制仿真结果图。所以必须用 Out1 模块，才会有输出 y。如果不用，就必须在 Scope 或者 To Workspace 模块的属性中设置输出结果到工作空间变量 simout，再用 simplot(t，simout)绘制曲线。

在 MATLAB R2015b 下，对图 22.4 - 2 中的模型执行 simplot 时会打开 Simulation Data Inspector。如图 22.4 - 4 所示，选中某一信号线，点选工具栏上的"Simulation Data Inspector"

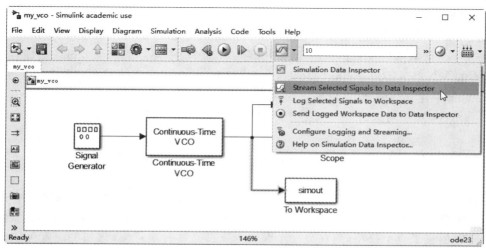

图 22.4 - 4　设置选定数据到 Simulation Data Inspector

若您对此书内容有任何疑问，可以登录 MATLAB 中文论坛与作者和同行交流。

按钮,会打开 Simulation Data Inspector 下拉菜单,点选其上的 Stream Selected Signals to Data Inspector,然后运行仿真,会得到不同的仿真结果,并绘图显示在 Simulation Data Inspector 的窗口中,如图 22.4-5 所示,可以对比结果,分析数据。

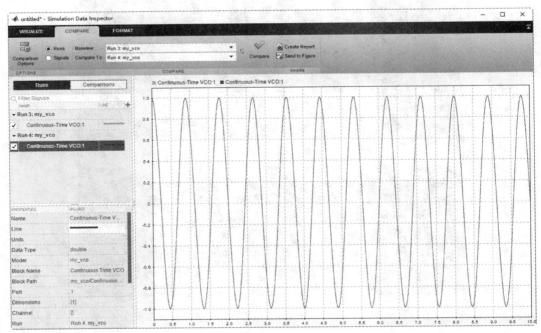

图 22.4-5　在 Simulation Data Inspector 中,对比仿真运行结果

22.5　综合实例

22.5.1　案例1:字符编码与版本兼容

1. 案例背景

在使用 Simulink 进行系统模型建立和仿真的过程中,经常会遇到这样几个问题:

① 在一个低版本的 MATLAB/Simulink(如 R2007a)中建好的模型(.mdl 文件),在另一个高版本的 MATLAB/Simulink(如 R2009a)中打开时,会出现无法打开的现象。同样,在高版本 R2009a 中建立的模型,在低版本的 R2007a 中,也存在模型打不开的问题。

② 在 R2009a 中可以打开在 R2007a 中建立的模型文件,进行编辑保存时,却出现不能保存的现象。

③ 即使在同一版本中建立的文件,当进行一些编码不同的编辑时,也会出现不能保存的现象。

这些均可以归结为典型的打开具有不同字符编码的模型问题,同时也是版本之间的兼容问题。当你在一个配置为支持某一种字符编码形式(如 Shift_JIS)的 MATLAB 软件会话(session)中创建了一个模型,而在另一个配置为支持另一种字符编码(如 US_ASCII)的会话中打开此模型时,Simulink 软件会根据是否能用当前的编码形式分别对模型进行译码,而显示一个警告或错误信息。这个信息会说明当前会话的编码以及用来创建模型的编码。

为了避免损坏模型并确保正确显示模型文本,一般需要进行如下处理:

◆ 关闭在当前会话中打开的所有模型。

◆ 用 slCharacterEncoding 命令改变当前 MATLAB 软件会话中的字符编码形式,改成警告信息中模型所示的编码形式。

◆ 重新打开模型,就可以进行编辑并保存模型了。

经过上述方法处理后,这样的问题一般都可以得到解决。而有些用户还会出现不能理解和操作不当的情况,致使没有从根本上理解和解决问题。

对于一个软件,一般来说,新版本一般都是向下兼容的。由早期版本所创建的模型文件,用新版本的软件都可以打开,若不能打开就没有什么实质意义了。Simulink 中模型存在打不开的问题,一方面是向下兼容做得不好,另一方面则主要是因为不同会话中存在编码不一致的问题。

新版本一般都增加了某些功能或改善、优化了一些东西,旧版本打不开新版本下建立的模型是正常的。而 Simulink 在这方面却提供了一定的方便性,如果你想用早期版本的 Simulink 打开由新版本所创建的模型,必须首先用最新的版本将模型文件打开,另存为与早期版本兼容的形式就可以了。

2. MATLAB/Simulink 实现

下面以一个实例来展示问题的出现及解决的过程,使用户在遇到这类问题时,可以迎刃而解。

【例 22.5 - 1】　版本兼容问题解决示例:正弦交流电流源的测量。

系统模型如图 22.5 - 1 所示,这是一个基本的电路仿真模型,需要用到 SimPowerSystems 模块库中的部分模块,此外还需要用到 sinks 模块库中的结果显示模块,最重要的一点,**一定不要忘记在模型中加一个 powergui 模块**,否则模型是运行不起来的。

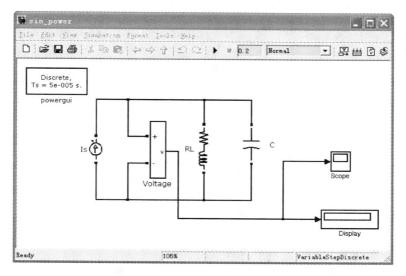

图 22.5 - 1　正弦交流电流源系统模型

在 MATLAB R2007a 中按如图 22.5 - 1 所示建好模型后,存为 sin_power. mdl 文件,关闭,然后在 MATLAB R2009a 中打开。如果就是这个图,在 R2009a 中是可以打开的。现在我们在打开的模型上进行一个简单的编辑,也就是在模型上方加一个对模型框图的注释说明。

如果用英文字符,不会有什么问题。如果用中文来写呢?如果字符编码互相支持,也不会有问题,如果不同,就一定会出问题。

当用中文在模型上方空白处加入中文注释"正弦交流电流源"并保存时,会出现图 22.5-2 所示的错误提示信息。

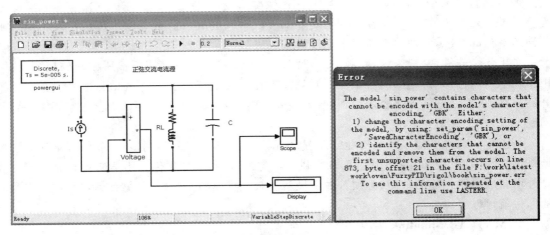

图 22.5-2 模型保存时的出错信息

如果用户觉得图 22.5-2 中错误信息提示字小,看不清楚,可以通过在命令行中输入 lasterr 命令,在命令窗口中来查看这些信息。同时还可以发现在当前目录中生成了一个 sin_power.err 文件,以文本的形式打开此文件,可以观察到模型的文本信息。

```
>> lasterr
ans =
The model 'sin_power' contains characters that cannot be encoded with the model's character enco-
ding, 'GBK'. Either:
    1) change the character encoding setting of the model, by using: set_param('sin_power',
'SavedCharacterEncoding', 'GBK'), or
    2) identify the characters that cannot be encoded and remove them from the model. The first unsup-
ported character occurs on line 873, byte offset 21 in the file F:\work\latest work\oven\FuzzyPID\
rigol\book\sin_power.err
    To see this information repeated at the command line use LASTERR.
```

仔细阅读这些信息,你会发现,问题的解决办法已经在上面写得清清楚楚。首先说明模型包含一些字符不能被现有的字符编码'GBK'来译码。然后说明了解决问题的两个方法:一是通过 set_param 命令来改变保存的编码格式;二是将这些不能译码的特殊字符删掉。最后告诉我们不支持的字符在哪里,还可以通过 lasterr 命令来查看这些错误信息提示。

既然说得如此清楚明白,那就照着做好了。在命令行中输入如下命令:

```
>> set_param('sin_power', 'SavedCharacterEncoding', 'windows-1252')
```

接下来再单击"保存"按钮,发现可以保存了。但又出现如下警告:

```
Warning: Model 'sin_power' is using character encoding 'windows-1252', but is now being saved from
a MATLAB session using the character encoding setting 'GBK'. String edits performed in this session
may contain characters that will be misrepresented when the model is reloaded.
```

一会儿再说这个警告,现在先关闭模型,然后再打开。此时,你会发现模型打不开了,弹出如图 22.5-3 所示的错误对话框。这又是为什么呢?

现在再来看刚才忽略的警告信息,警告的内容是提醒用户,虽然采用'windows-1252'字

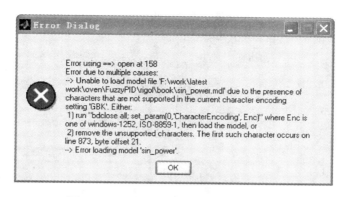

图 22.5 - 3　模型再次打开时的出错信息

符编码格式支持中文字符输入,可以保存,但与 MATLAB/Simulink 默认编码格式 'GBK' 不一致,再次打开模型时,还是会出现无法正确译码的情况。

　　到这里,用户应该明白,问题的关键就出现在不同的编码格式上。那用户怎么知道什么编码格式支持什么样的字符呢? 这可以通过前面提到的 slCharacterEncoding 命令来了解。在命令行中输入:

```
>> help slCharacterEncoding
不同平台下的通用字符编码设置:
    Unix, Linux, Mac          : 'US - ASCII', 'Shift_JIS'
    Hp - UX                   : 'ibm - 1051_P100 - 1995'
    Windows (USA, Western Europe): 'IBM - 5348_P100 - 1997', 'cp1252'
    Windows (Japan)           : 'Shift_JIS'
    Windows (Other)           : 'ISO - 8859 - 1'
```

在该命令的帮助信息中给出了不同操作系统下支持的字符编码格式。就选最适合我们的 Windows(Other):'ISO - 8859 - 1' 编码格式吧。先来查询一下正在进行的会话中的字符编码格式,然后再设置通用编码格式。

```
>> slCharacterEncoding()
ans =
GBK
>> bdclose all
>> set_param(0, 'CharacterEncoding', 'ISO - 8859 - 1')
```

这时,再打开模型 sin_power,发现模型可以正常打开,而且中文注释也完好地显示在模型的上方。但还是出现了警告,原来在加完中文注释保存时,用了另一种编码格式,还是有不统一的地方,那我们就彻底统一一下,在命令行中输入如下命令,然后保存模型覆写一下,再关闭模型。

```
>> set_param('sin_power', 'SavedCharacterEncoding', 'ISO - 8859 - 1')
```

至此,问题才算全部解决,再次打开模型时,不会再有任何警告和错误信息。单击工具栏上的仿真按钮,仿真结束后,在 Scope 中会看到频率为 100Hz 的正弦波。

　　在 MATLAB/Simulink R2015b 中,打开在 MATLAB/Simulink R2009a 下编辑保存的模型文件 sin_power.mdl,会出现如图 22.5 - 4 所示的情况。同样也会出现警告说编码有问题,汉字也显示不出来,是乱码。当运行仿真后进行保存时,同样也会出现警告说编码不同不能保存。此时,或者将模型保存为高级版本的 .slx 格式,不用更改任何东西,只需要在另存时,将扩展名指定为 .slx 即可;仍要保存为 .mdl 格式时,则必须保存原版本信息,即写成 sin_power

r2009a. mdl 名字进行保存。用上述设置、更改编码的方式,同样可以达到正常保存、打开文件不出现警告的情况。读者可自行操作体会一下。

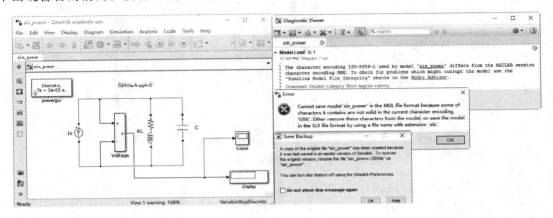

图 22.5 - 4　在 MATLAB/Simulink R2015b 中打开低版本中的模型

3. 网友观点

有些网友在 MATLAB 中文论坛中对此问题,给过不同的说法,以下摘录出几种观点:

① "这是输入法的问题,整个里面只能用英文输入法,不能出现中文输入法里的任何东西。"

② "mdl 格式是不支持中文编码的,所以如果你的 mdl 文件中有中文字符的话,保存的时候就会报错,这个时候你保存的目录中会有一个文件名为. err 格式的文件,用记事本打开它,去掉其中的中文字符然后保存为文件名. mdl 就可以了。"

③ "可能是 MATLAB 跟中文操作系统冲突,可以在 MATLAB 命令窗口中输入 bdclose all;slCharacterEncoding('ISO - 8859 - 1')试试"。

④ "MATLAB 7 以后的版本对中文操作系统支持不好,因此出现 Simulink 无法保存,可采用以下方法解决:启动 MATLAB 输入命令 slCharacterEncoding('iso - 8859 - 1')就可以保存了,注意这个命令一定要在打开启动后、打开 Simulink 前输入"。

⑤ "每次用 Simulink 时,首先在 MATLAB 命令窗口里运行这两段命令:bdclose all;Enc= 'ISO - 8859 - 1';set_param(0, 'CharacterEncoding', Enc);就 OK 了,我曾经也和你有同样的问题,就这样解决的。"

从上面这些观点中,可以看到,问题虽然后来都解决了,但大家对问题的本质还不是很确定,如果现象不大一样,还是会苦恼一下。①和②在理解上是有错误的,③、④和⑤解决问题的方式是对的,说得也靠谱,但还不够具体明白。

希望此例能帮助大家深入理解打开不同字符编码的模型文件的本质问题。

22.5.2　案例 2:用 S - Function 自定义模块

1. 案例背景

如果用户自己开发了一些模块,在建模时需要经常使用,这时,就可以选择将这些模块封装在自己的 Blockset 中,再将其加在 Simulink Library Browser 里面,就可以像使用标准模块库那样,使用定制模块库中的模块了。

自定义模块有三种方法:第一种方法是将 Simulink/Ports & Subsystems 模块库中的

Subsystem 功能模块复制到打开的模型窗口中,双击 Subsystem 功能模块,进入自定义功能模块窗口,在其编辑区内利用已有的基本功能模块设计组合新的功能模块;第二种方法是在模型窗口中建立所定义功能模块的子模块,用鼠标将现有的多个功能模块组合起来,然后选择 Edit 菜单下的 Create Subsystem 来形成一个新的功能模块;第三种方法其实是第一种方法的特例,也就是利用 S - Function 模块,用代码写出自己的算法,然后封装入库,形成新的功能模块。对于很大的 Simulink 模型,通过自定义功能模块可以简化图形,减少功能模块的个数,有利于模型的分层构建。

上面提到的这几种方法都只是创建一个功能模块,如果要命名该自定义功能模块、对模块进行说明、选定模块外观、设定输入数据窗口,则需要对其进行封装处理。关于这方面的内容,在案例 3 中会有所介绍。本例的重点是介绍用 S - Function 封装自己的算法,做成定制模块库的模块,属于 Simulink 功能的扩展。例子本身比较简单,是为了说明创建的过程和方法,使读者易于理解。复杂的算法还要靠用户自己去开发、摸索。

下面就通过一个实例,来实现二次多项式在不同系数下值的计算,采用三种不同编码格式的 S - Function 来实现该算法,并分别将其封装到模块库中,最后以一个简单模型来验证结果。

2. MATLAB/Simulink 实现

【例 22.5 - 2】　在 Simulink 模型中,使用不同语言来编写 S - Function 实现 $y = ax^2 + bx + c$ 的计算。

(1) Level - 1 MATLAB S - Function 实现

采用这种格式编写的 S - Function,M 程序代码如下:

```
function [sys,x0,str,ts,simStateCompliance] = quad_msfunc(t,x,u,flag,a,b,c)
switch flag,
    % Initialization %
    case 0,
        [sys,x0,str,ts,simStateCompliance] = mdlInitializeSizes;
    % Outputs %
    case 3,
        sys = mdlOutputs(t,x,u,a,b,c);
    % Unhandled flags %
    case{1,2,4,9}
        sys = [];
    % Unexpected flags %
    otherwise
        DAStudio.error('Simulink:blocks:unhandledFlag', num2str(flag));
end
% ======================================================================
% mdlInitializeSizes
% Return the sizes, initial conditions, and sample times for the S - function.
% ======================================================================
function [sys,x0,str,ts,simStateCompliance] = mdlInitializeSizes
sizes = simsizes;
sizes.NumContStates    = 0;
sizes.NumDiscStates    = 0;
sizes.NumOutputs       = - 1;
sizes.NumInputs        = - 1;
sizes.DirFeedthrough = 1;
```

若您对此书内容有任何疑问,可以登录 MATLAB 中文论坛与作者和同行交流。

```
sizes.NumSampleTimes = 1;
sys = simsizes(sizes);
% initialize the initial conditions
x0  = [];
str = [];
% initialize the array of sample times
ts  = [-1 0];          % inherited sample time
% speicfy that the simState for this s-function is same as the default
simStateCompliance = 'DefaultSimState';
% =======================================================================
% mdlOutputs
% Return the block outputs.
% =======================================================================
function sys = mdlOutputs(t,x,u,a,b,c)
sys = a*u.^2+b*u+c;
% ===================
```

(2) Level-2 MATLAB S-Function 实现

采用这种格式编写的 S-Function，M 程序代码如下：

```
function mysfcn_quad(block)
  setup(block);

function setup(block)
% % Register dialog parameter: edge direction
block.NumDialogPrms = 3;
block.DialogPrmsTunable = {'Tunable','Tunable','Tunable'};
% % Register number of input and output ports
block.NumInputPorts   = 1;
block.NumOutputPorts  = 1;
% % Setup functional port properties to dynamically
block.SetPreCompInpPortInfoToDynamic;
block.SetPreCompOutPortInfoToDynamic;

block.InputPort(1).Dimensions        = 1;
block.InputPort(1).DirectFeedthrough = true;
block.OutputPort(1).Dimensions       = 1;

% % Set block sample time to inheritance sample time
block.SampleTimes = [-1 0];
% % Set the block simStateComliance to default
block.SimStateCompliance = 'DefaultSimState';

% % Register methods
block.RegBlockMethod('PostPropagationSetup',    @DoPostPropSetup);
block.RegBlockMethod('InitializeConditions',    @InitConditions);
block.RegBlockMethod('Outputs',                 @Output);
block.RegBlockMethod('Update',                  @Update);

function DoPostPropSetup(block)
% % Setup Dwork
block.NumDworks = 1;
block.Dwork(1).Name = 'X';
block.Dwork(1).Dimensions        = 1;
block.Dwork(1).DatatypeID        = 0;
block.Dwork(1).Complexity        = 'Real';
block.Dwork(1).UsedAsDiscState   = true;
```

```
function InitConditions(block)
% % Initialize Dwork
block.Dwork(1).Data = 0;

function Output(block)
a = block.DialogPrm(1).Data;
b = block.DialogPrm(2).Data;
c = block.DialogPrm(3).Data;
block.OutputPort(1).Data = a * block.Dwork(1).Data.^2 + b * block.Dwork(1).Data + c;

function Update(block)
block.Dwork(1).Data = block.InputPort(1).Data(1);
% ===================
```

(3) C MEX S-Function 实现

采用这种格式编写的 S-Function,C 程序代码如下:

```c
/* File: quad_sfunc.c
 * Example C-file S-function for defining a quadratic.
 * y(t) = 3 * u(t)^2 + 2 * u(t) + 1
 */

#define S_FUNCTION_NAME quad_sfunc
#define S_FUNCTION_LEVEL 2

#include "simstruc.h"

/* Function: mdlInitializeSizes =========================== */
static void mdlInitializeSizes(SimStruct * S)
{
    ssSetNumSFcnParams(S, 0);  /* Number of expected parameters */
    if (ssGetNumSFcnParams(S) != ssGetSFcnParamsCount(S)) {
        return; /* Parameter mismatch will be reported by Simulink */
    }

    ssSetNumContStates(S, 0);
    ssSetNumDiscStates(S, 0);

    if (!ssSetNumInputPorts(S, 1)) return;
    ssSetInputPortWidth(S, 0, DYNAMICALLY_SIZED);
    ssSetInputPortDirectFeedThrough(S, 0, 1);

    if (!ssSetNumOutputPorts(S, 1)) return;
    ssSetOutputPortWidth(S, 0, DYNAMICALLY_SIZED);
    ssSetNumSampleTimes(S, 1);
    ssSetSimStateCompliance(S, USE_DEFAULT_SIM_STATE);

    /* Take care when specifying exception free code - see sfuntmpl_doc.c */
    ssSetOptions(S,
                SS_OPTION_WORKS_WITH_CODE_REUSE |
                SS_OPTION_EXCEPTION_FREE_CODE |
                SS_OPTION_USE_TLC_WITH_ACCELERATOR);
}

/* Function: mdlInitializeSampleTimes =========================== */
static void mdlInitializeSampleTimes(SimStruct * S)
{
    ssSetSampleTime(S, 0, INHERITED_SAMPLE_TIME);
    ssSetOffsetTime(S, 0, 0.0);
    ssSetModelReferenceSampleTimeDefaultInheritance(S);
```

若您对此书内容有任何疑问,可以登录 MATLAB 中文论坛与作者和同行交流。

```
    }
    /* Function: mdlOutputs ===================================
     * Abstract: y = 3 * x2 + 2 * x + 1
     */
    static void mdlOutputs(SimStruct * S, int_T tid)
    {
        int_T   k;
        InputRealPtrsType uPtrs = ssGetInputPortRealSignalPtrs(S,0);
        real_T * y = ssGetOutputPortRealSignal(S,0);
        int_T width = ssGetOutputPortWidth(S,0);
        /* real_T * x = ssGetRealDiscStates(S); */

        for(k = 0; k<width; k + +) {
            * y + + = 3.0 * ( * uPtrs[k]) * ( * uPtrs[k]) + 2.0 * ( * uPtrs[k]) + 1;
        }

    }

    /* Function: mdlTerminate ====================================
     * Abstract: No termination needed, but we are required to have this routine.
     */
    static void mdlTerminate(SimStruct * S)
    {
    }

    # ifdef   MATLAB_MEX_FILE     /* Is this file being compiled as a MEX - file? */
    # include "simulink.c"        /* MEX - file interface mechanism */
    # else
    # include "cg_sfun.h"         /* Code generation registration function */
    # endif
```

这三种类型的 S - Function 实现,其中 M 语言的代码实现了可变参数输入,可以在模块对话框中输入二次多项式的三个系数。而 C 语言的代码实现是固定的,不能从外部输入参数,默认为 $a = 3, b = 2, c = 1$。这样做的目的是为了展示带外部参数和不带外部参数 S - Function 的实现方法。

下面来验证一下结果是否正确。搭建一个如图 22.5 - 5 所示的模型文件,其中包含了三种不同类型的 S - Function 模块。Level - 1 MATLAB S - Function 模块双击后,可以在 S - function parameters 一栏中按顺序输入二次多项式的系数,并且参数可调。而 Level - 2 MATLAB S - Function 模块则进行了简单的封装,将参数分开来以对话框的形式输入,双击该模块后,可以在新建的 Parameters 面板下分别输入二次多项式的系数。最后 C MEX S - Function 模块则只能输入 S 函数名,不能直接从参数框内输入参数。三者的参数设置对话框分别如图 22.5 - 6 和图 22.5 - 7 所示。将三者配置同样的系数,然后进行仿真,结果在 Display 模块中显示,可以看到三者的结果是相同的,说明都实现了同样的功能。相比之下,前两种方式更为简单、灵活,参数可调。而 C 语言形式的编写复杂,实现起来要费一番工夫;写完 C 代码后,还要在 MATLAB 命令行中输入如下语句来生成动态链接库文件 quad_sfunc. mexw32(也可能是 quad_sfunc. mexw64,具体是 mexw32 还是 mexw64,取决于用户所用的操作系统和安装的 MATLAB 软件是 32 位还是 64 位),才能执行。

```
>> mex quad_sfunc.c
>> dir quad_sfunc.mexw32
quad_sfunc.mexw32
```

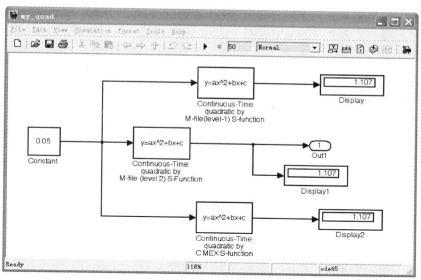

图 22.5-5　不同格式的 S-Function 模块功能验证

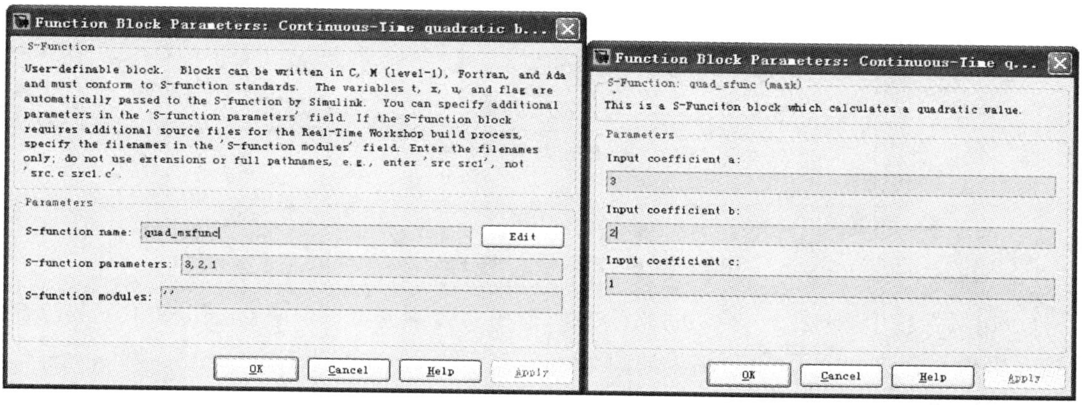

图 22.5-6　M 语言 S-Function 模块参数对话框设置(左为 Level-1,右为 Level-2)

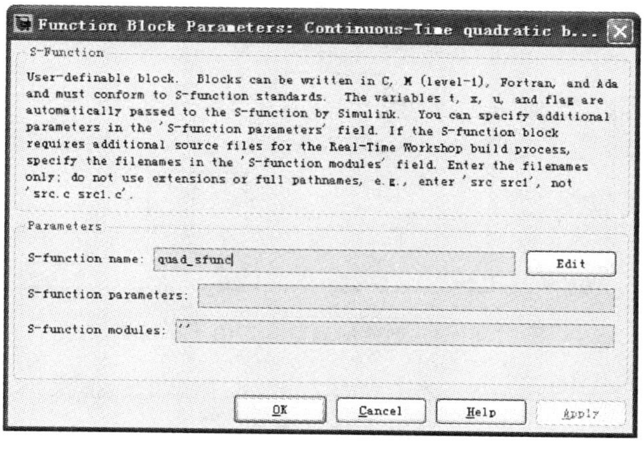

图 22.5-7　C MEX S-Function 模块参数对话框设置

新编 MATLAB/Simulink 自学一本通

3. 案例扩展：定制自己的 Blockset

【例 22.5-3】 将例 22.5-2 中的三个实现 $y=ax^2+bx+c$ 计算的 S-Function 模块封装，做成标准模块。

现在让我们尝试把上述三个模块封装，加到 Simulink Library Browser 里面，做成标准模块，以便在建立其他模型时随时使用。整个过程步骤如下：

① 将文件 quad_sfunc.c 生成的动态链接库文件 quad_sfunc.mexw32 和两个 M 文件 mysfcn_quad.m，quad_msfunc.m 复制到某个目录（例如：F:\work\book\myblksetdemo）中。

② 将当前目录设为 F:\work\book\myblksetdemo，然后使用菜单命令 Simulink Library Browser→File→New→Library 创建新模型。

③ 将前面创建的三个 S-Function 模块拖放到库模型文件中，参数设置同上，模型如图 22.5-8 所示。

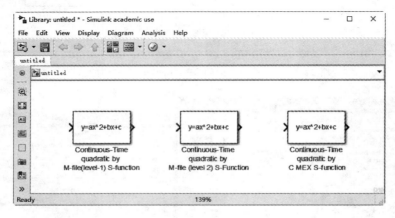

图 22.5-8 不同格式 S-Function 模块

④ 用鼠标选中图 22.5-8 中的三个模块，使用右键快捷菜单中的 Create Subsystem 命令将这三个模块合成一个子系统，结果如图 22.5-9 左图所示。双击打开子系统，删除子系统中三个模块的输入输出端口，结果如图 22.5-9 右图所示。

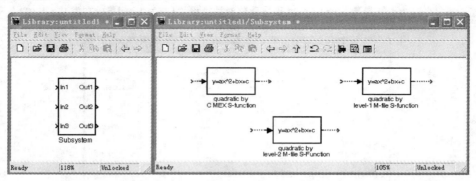

图 22.5-9 创建的删除端口的子系统模块

⑤ 在图 22.5-10 左图模块上，单击鼠标右键，在弹出的快捷菜单中选择 Mask Subsystem 命令来封装子系统。在 Mask Editor 对话框的 Icon & Ports 界面中的 Icon Drawing commands 下输入相应的命令，其他参数为默认值，设置界面如图 22.5-10 右图所示。设置完后的结果如图 22.5-11 左图所示。

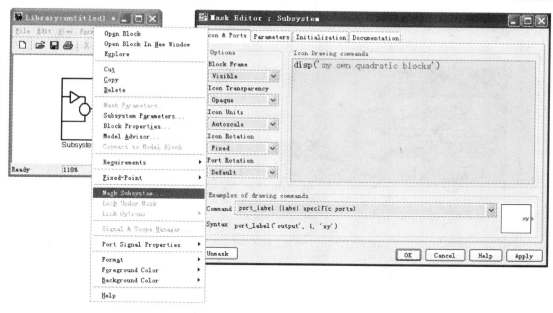

图 22.5 - 10　封装子系统及封装对话框设置

⑥ 将图 22.5 - 11 左图所示界面中的子系统名 Subsystem 修改为 my quadratic，然后将模型保存为 quadratic. mdl，如图 22.5 - 11 右图所示。

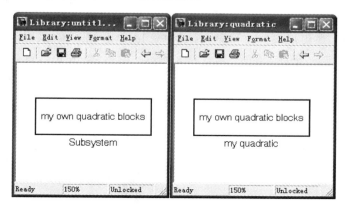

图 22.5 - 11　封装子系统及封装对话框设置

⑦ 关闭模型 quadratic. mdl，在目录 F:\work\book\myblksetdemo 中编写一个 M 文件 slblocks. m。其内容和程序说明见下面的代码及注释。Simulink Library Browser 在启动的过程中会搜索 MATLAB 搜索路径下的各个 slblocks. m 文件，将其中定义的模块库调入 Simulink Library Browser 中。

⑧ 将 F:\work\book\myblksetdemo 添加到 MATLAB 搜索路径，如图 22.5 - 12 所示。

```
function blkStruct = slblocks        % SLBLOCKS 定义自己定制功能的模块

blkStruct. Name = ['quadratic' sprintf('\n') 'Blockset'];
blkStruct. OpenFcn = 'quadratic';      % 定义打开模块库的命令,一般为模块库文件名,不带.mdl
blkStruct. MaskInitialization = '';
blkStruct. MaskDisplay = 'disp(''quadratic Blockset'')';
```

```
Browser(1).Library = 'quadratic';    % 定义模块库文件名,不带.mdl 扩展名
Browser(1).Name = 'Quadratic Blockset'; % 定义显示在 Simulink 库浏览器中的模块库名称

blkStruct.Browser = Browser;
```

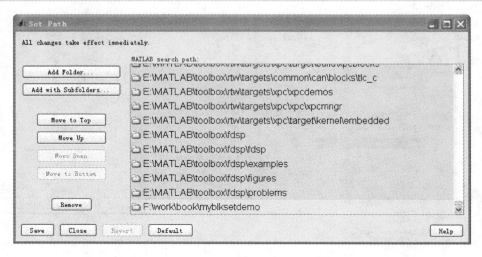

图 22.5－12　设置 MATLAB 搜索路径

⑨ 关闭 Simulink Library Browser,再重新打开,就可以看到定制的模块库 Quadratic Blockset 已经加在 Simulink Library Browser 中了,如图 22.5－13 所示。但在 MATLAB/Simulink R2015b 中,进行到这一步骤时,在 Simulink Library Browser 中是看不到这个自定义模块库的。当重新打开 Simulink Library Browser 时,在 Simulink Library Browser 界面的工具栏下方会出现一条提示信息和一个 Fix 超链接按钮(如果不出现,则右击 Refresh Library Browser 或按 F5,刷新一下库),如图 22.5－13 所示。然后,单击 Fix,在弹出的小菜单中勾选

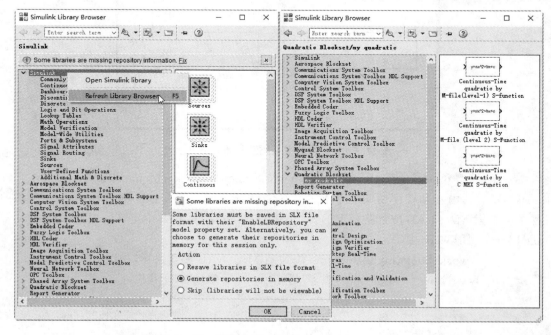

图 22.5－13　定制的 Quadratic Blockset\my quadratic

Generate repositories in memory 选项,再单击 OK 按钮,就可以在 Simulink Library Browser 中看到自定义的这个模块库 Quadratic Blockset。现在就可以像使用标准模块库中的模块一样使用 Quadratic Blockset 中的所有模块了。

22.5.3　案例 3:温度控制

1. 案例背景

(1) 温度系统特点

温度控制系统属于过程控制系统的范畴,是应用广泛的一大类调节系统。对过程控制来说,控制对象都是有容积的,这里容积是指控制对象内所储存的物料或能量。容积用容积系数来表征。使被调量改变一个单位所需要的能量的变化量,称为容积系数,它决定了被调量的变化速度。这里被调量为温度,使温度变化 1 ℃所需要的热量的变化量就是温度控制系统的容积系数,它直接决定了系统升、降温的速度。过程控制中调节对象所具有的滞后特性,使得其系统设计有着自己的特点。

温度控制中调节对象的阶跃响应是带滞后的 S 形曲线。其低频模型常用一阶加时间滞后的形式来表示,传递函数为

$$G(s) = \frac{K}{Ts+1} \mathrm{e}^{-\tau s} \tag{22.5-1}$$

其中,K 为系统增益;T 为系统惯性常数;τ 为滞后时间常数。

这种对象的频率特性和阶跃响应特性如图 22.5-14 所示,其阶跃响应具有 S 形,而不是一条简单的指数曲线。在图 22.5-14 中 S 形曲线的拐点 P 上作切线,它在时间轴上截出一段时间 τ,这段时间可以近似地衡量由于容积而使响应特性向后推迟的程度,称为容积滞后。因此,温度控制系统的典型特性就是带有时延的容积滞后系统。

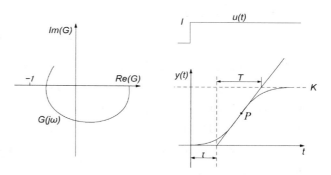

图 22.5-14　一阶加时间滞后对象的特性曲线

(2) PID 调节系统

调节系统的控制规律一般都采用 PID,其传递函数如下。它通过对误差信号进行比例、积分或微分运算和结果的加权处理,得到控制器的输出,作为控制对象的控制值。

$$G_C(s) = K_p \left(1 + \frac{1}{T_i s} + T_d s \right) \tag{22.5-2}$$

其中,K_p 为比例增益;T_i 为积分时间常数;T_d 为微分时间常数。

我们的任务就是如何适当地组合上述三个参数,使系统满足所要求的性能指标。

调节系统的设计和调试宜按对象的特性来考虑。对温度这种过程控制系统来说,对象一般带有滞后特性,调节系统有其特有的设计考虑。对于微分项,由于系统主导极点的阻尼比并不直接受微分项支配,所以微分项的阻尼作用不明显,若设计不好,可能会带来相反的效果。过程控制系统中由于滞后环节带来相移,系统的增益和带宽都比较小,因此调节规律中几乎都带有积分规律来提高系统的低频段增益,减少或消除系统静差。所以一般常采用 PI 控制,微

分项的作用在一定程度上虽可以提高系统的稳定性,但作用有限。如果一定要采用 PD 控制,应该用其幅频特性增加比较平缓的频段,合理设计。

关于 PID 参数的整定方法有很多,如按照幅值裕度来整定的 Ziegler – Nichols(Z – N)参数整定法、临界比例度法等[1][2],详细的介绍请参阅有关控制的书籍,这里不再赘述。

2. MATLAB/Simulink 实现

【例 22.5 – 4】 温度 PID 控制系统的 Simulink 仿真。

(1)Simulink 实现的系统框图

可近似为一阶加时间滞后模型的温度系统在 Simulink 中搭建如图 22.5 – 15 所示的控制系统框图。在示例所示的模型中,输入的阶跃信号与反馈回来的实时信号进行比较,形成偏差信号。偏差经过 PID 运算后,作用于对象模型上,控制跟踪的结果在示波器中显示出来。

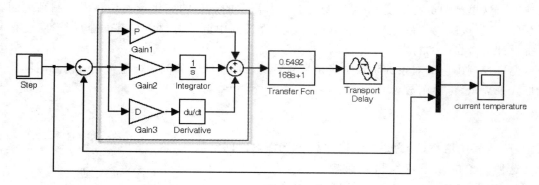

图 22.5 – 15 PID 温度控制系统 Simulink 模型

观察上述框图,共包含如下几种类型的模块:

◆ Step:阶跃模块,在 Simulink Library Browser 下的 Simulink/Sources 库中

◆ Sum:求和模块,在 Simulink Library Browser 下的 Simulink/Math Operations 库中

◆ Gain:增益模块,在 Simulink Library Browser 下的 Simulink/Math Operations 库中

◆ Integrator:积分模块,在 Simulink Library Browser 下的 Simulink/Continuous 库中

◆ Derivative:微分模块,在 Simulink Library Browser 下的 Simulink/Continuous 库中

◆ Scope:示波器模块,在 Simulink Library Browser 下的 Simulink/Sinks 库中

◆ Transfer Fcn:传递函数模块,在 Simulink Library Browser 下的 Simulink/Continuous 库中

◆ Transport Delay:传送延时模块,在 Simulink Library Browser 下的 Simulink/Continuous 库中

◆ Mux:复合信号模块,在 Simulink Library Browser 下的 Simulink/Signal Routing 库中

此模型为连续系统,在 Step 模块中,可设置需要控制到的温度,例中为 60 ℃,从 $t=0$ 时刻开始。红线框内为 PID 计算模块,自上至下,分别是比例、积分和微分三个环节,可以设置各自的增益。温度系统的近似模型的传递函数在模块 Transfer Fcn 中给出,其时延常数在模块 Transport Delay 中设置。Scope 模块用来显示阶跃信号的跟踪情况,在模型中重命名为 current temperature。Mux 模块将阶跃信号和系统输出信号复合到一起,多路传输并在示波器中显示出来。在求解器参数设置中选择变步长,ode45 方法,停止时间为 1 200,其他为系统默认值。

（2）结果展示

按照临界比例度法，通过手动不断调整，对 PID 的三个参数进行整定。先调比例系数 P，然后再调积分系数 I，当系数稳定而无偏差时，通过调节微分系数 D 来提高响应时间。但 D 不能取得过大，过大可能会不稳定。当 P＝2.8，I＝0.0156，D＝12 时，得到较好的仿真结果，如图 22.5－16 所示。

图 22.5－16 所示的是系统模型仿真后的温度系统的输出，在 Scope（已更名为 current temperature）模块中显示结果。为了对比，图中分别显示了原始阶跃信号和经过 PID 控制后的系统阶跃跟踪信号。在开始阶段有一个 30 s 左右的延时，然后系统才开始跟踪信号。这是由于系统本身有一个较大的滞后所引起的。上升时间约为 140 s，过冲约有 1.5°，发生在 278 s 左右，此时最大超调量为 2.5%，按照稳定精度±0.1°，大约在 520 s 左右达到指标要求，进入稳定状态。

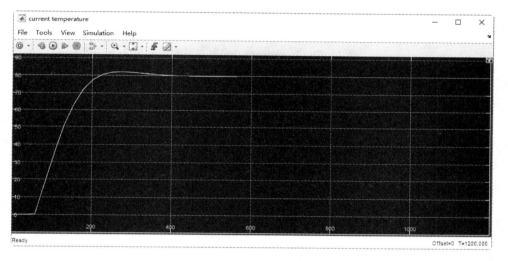

图 22.5－16　确定 PID 参数下的仿真结果

3. 案例扩展：子系统的封装

（1）更好的结果展示

从图 22.5－16 中 Scope 模块显示的结果来看，图不够漂亮，底色太黑，这种模块默认的显示方式难以达到我们进行结果展示时所要求的美观的视觉效果。其上虽然有一些可以设置的选项，如放大、打印、参数设置、自动缩放等，可以进行较为细致的观察，但不能更改颜色、线条等设置。假如我们想在一幅图上画出不同 PID 参数控制下的对比图，该如何处理？难道再搭一个同样的模型？答案当然是不用，MATLAB/Simulink 的功能还是很强大的，可以解决这些问题。

在图 22.5－16 中，点选左上角 File 菜单下方的设置图标，会打开如图 22.5－17 所示的界面。

在图 22.5－17 左图中，Main 标签下的 Number of input ports 项可以设置输入端口的个数。当把此项内容改为 2 后，在图 22.5－15 中，current temperature（Scope）模块会显示出两个输入接口，在图 22.5－16 中会显示上、下两个坐标平面。同时还可以设置坐标轴的范围、采样时间等。这里不需要设置，暂不介绍。

在图 22.5－17 右图中，Logging 标签下有两项设置，是大家较为常用的内容。其中，将 Limit data points to last 选项勾上后，在 Scope 中只显示最后 5 000 点的数据，这就是为什么

图 22.5 - 17　Scope 模块参数对话框设置

一些用户有时只看到一小段数据的原因。当然你也可以更改数据点数,多点或少点。不勾选,就会显示整个仿真时间段内的结果。为了更好的结果显示效果,可以通过 Log data to workspace 功能将输出结果以变量的形式存储到 MATLAB 工作空间中。勾选该项后,可以根据参数代表的意义定义变量名,默认的变量名为 ScopeData,数据格式为 Structure with time。也可以更改数据格式,选为 Structure,Array 或 Dataset 格式。

进行上述设置后,再次单击图 22.5 - 15 中的 Start simulation 按钮。仿真结束后,在 MATLAB 的工作空间会生成 ScopeData 和 tout 两个变量。在命令窗口中输入 whos,按 Enter 键后再输入 ScopeData,会显示如下内容:

```
>> whos
Name            Size            Bytes  Class      Attributes
 ScopeData       1x1              2574  struct
 tout            63x1              504  double
>> ScopeData
ScopeData =
        time: [63x1 double]
     signals: [1x1 struct]
blockName: 'pid/current temperature'
```

由显示的结果来看,ScopeData 是一个双重结构体。数据既然已经得到,那下面就是绘图的工作了。通过 plot 函数画出图,然后编辑成我们想要的更美观的图展示出来即可。在 MATLAB 工作空间中输入如下命令,会产生如图 22.5 - 18 所示的结果图。

```
>> plot(tout,ScopeData.signals.values(:,2),'linewidth',2,'linestyle','- -');
Hold on;
plot(tout,ScopeData.signals.values(:,1),'linewidth',2,'linestyle','-',...
'color','r');
xlabel('Time (s)');
ylabel('Temperature (\circC)');
title('Step response');
legend('Trace curve','Original curve');
set(gca,'fontsize',10,'linewidth',2);
set(gcf,'color','white')
```

604

若您对此书内容有任何疑问,可以登录MATLAB中文论坛与作者和同行交流。

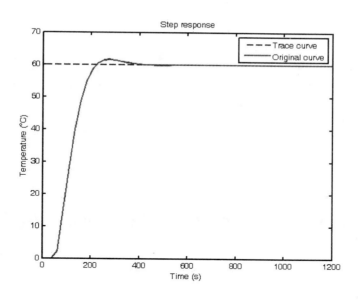

图 22.5 - 18　美化后的温度阶跃响应曲线

　　上述过程也可以不用编程来实现,只需用 plot(tout,ScopeData. signals. values)画出图来,其他的调整都可以通过生成的图形中的 Edit 和 Insert 菜单下的相关命令直接对图进行修改。

　　在画不同参数下的结果图时,先分别仿真,然后将仿真结果输出到工作空间,定义为不同的变量以存储数据。在绘图时,先对不同数据变量进行操作,然后再按上述方法将图加工成自己喜欢的样式。

　　(2) 子系统的封装

　　从图 22.5 - 15 中,可以看到整个模型中模块较多,图形显得有点乱。当模块更多,或者我们所做的部分不想被别人直接看到内部的实现形式时,可以将关键部分进行封装,创建成子系统,只留出输入输出端口。这样一方面起到保密的作用,简化模型复杂度;另一方面则便于集成化,形成自己的库,供其他模型或使用者调用。

　　在此例中,可以将 PID 部分封装成子系统,在其参数表中,只对三个参数进行选配,不必显示出内部结构。当然,也可以将除输入和输出显示外的部分全部封装起来,这取决于你实现它的目的。用鼠标选中图 22.5 - 15 中黑线框内的 PID 调节部分,然后右击,选中 Create Subsystem,即可创建子系统模块,并将其命名为 PID。此时框图如图 22.5 - 19 所示。

　　在图 22.5 - 19 中,PID 模块上显示的是 In1 和 Out1,不能形象地表示出该模块的功能,而且看上去也不够美观。不用急,这个问题可以通过 Mask Editor 对其进行改造,加以解决。

　　在图 22.5 - 19 中,用鼠标右键点选 PID 模块,在出现的快捷菜单中选择 Edit Mask,即可出现如图 22.5 - 20 所示的 Mask editor:PID 界面。

　　在 Icon & Ports 面板中,Icon Drawing commands 下可以输入命令,绘制模块的图标。图中所示的命令,可以将一幅图片显示在模块的表面,作为图标。当然,你也可以用 plot 等绘图命令,在模块表面画出简单的曲线,来表明该模块所代表的功能。左侧的 Options 下的各项参数主要用来控制图标的外观。Examples of drawing commands 下用来绘制模块图标的一些命令的示例,可以借鉴着在 Icon Drawing commands 下使用,实现相应的绘图功能。

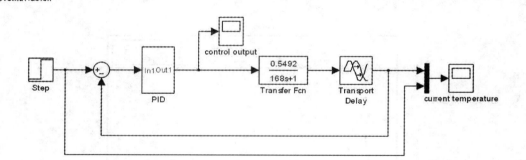

图 22.5-19　子系统模块 PID 封装

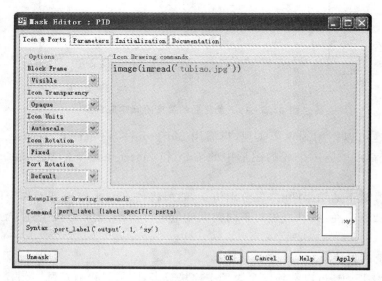

图 22.5-20　Icon & Ports 选项卡设置

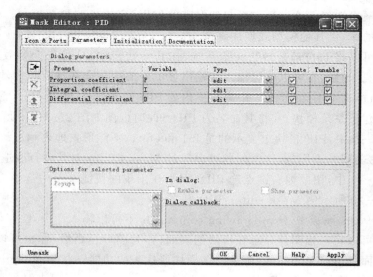

606

图 22.5-21　Parameters 标签设置

单击 Parameters 标签,其选项卡的设置如图 22.5-21 所示。这一部分主要用来定义、描述和修改封装模块的功能参数,不能随意设置,要与子系统下的各模块参数相对应。此时,想看子系统下各模块的内容,需右键单击被封装模块,选中出现的快捷菜单下的 Look Under Mask 选项即可。单击选项卡左侧的几个按钮,可以添加、删除变量和改变封装块的功能参数的顺序;在对话框的 Prompt 中描述变量的含义,Variable 下定义变量名,Type 下给出变量类型。本例中定义了三个变量,分别是 PID 的三个参数比例系数 P、积分系数 I 和微分系数 D。

单击 Initialization 标签,其选项卡的设置如图 22.5-22 所示。可以在这里写一些模块的初始化命令。当打开模型的时候,所有驻留在模型的高等级处或已打开的子系统的封装模块的初始化命令将执行。子系统关闭时,这个初始化命令不会执行;当打开子系统时,这个初始化命令将会执行。当将模型装入内存而不显示模型时,也不执行封装后模块的初始化命令。

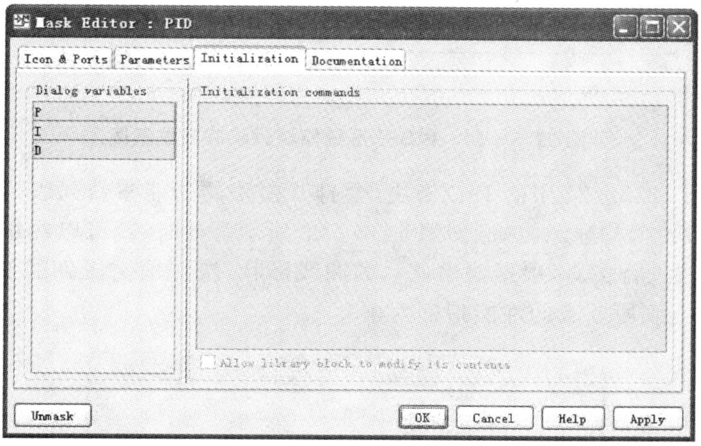

图 22.5-22　Initialization 标签设置

单击 Documentation 标签,其选项卡的设置如图 22.5-23 所示。Mask type 中的内容用来说明封装模块的类型,由用户根据模块的功能和用途来定义。这个内容会全部显示在封装

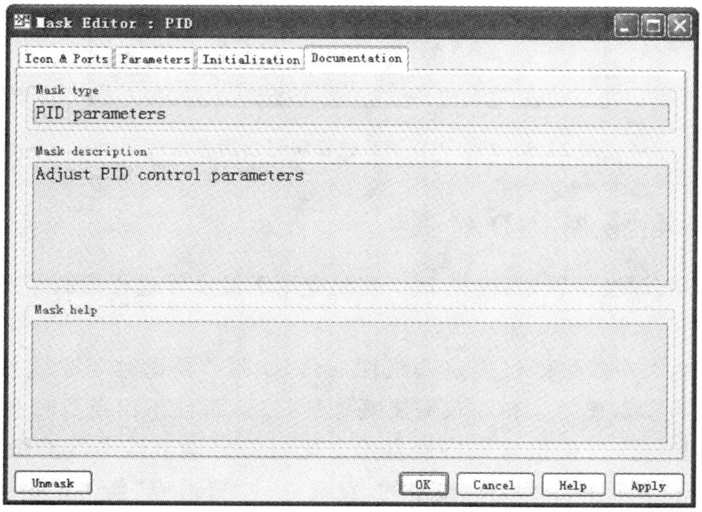

图 22.5-23　Documentation 标签设置

模块的对话框上部。Mask description 则用来描述封装模块的功能或用途,并显示在 Mask type 类型的下面。Mask help 中的内容则为模块提供帮助信息,当按下 help 时,会在 MAT-LAB 的帮助中显示这些信息。

在上述各选项卡中进行相应的定义和说明后,单击 ok 按钮,就会生成如图 22.5-24 所示的图形。

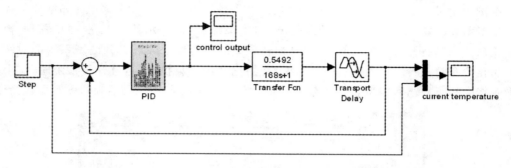

图 22.5-24 PID 子系统模块封装后系统框图

用鼠标双击图 22.5-24 中的 PID 模块,会打开模块的功能参数列表,在 Mask Editor 中输入的信息及变量说明均显示出来,如图 22.5-25 所示。此时,就可以在相应的位置输入 P、I 和 D 的值,对模块进行仿真,根据输出显示的曲线形状,按照前文提到的 PID 整定方法对参数进行整定,直到达到所要求的性能指标为止。

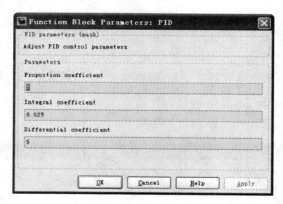

图 22.5-25 PID 子系统模块封装后参数对话框

22.5.4 案例 4:模糊 PID 控制

本例是案例 3 的深度扩展,将模糊 PID 控制应用于温度等过程控制系统中。

1. 案例背景

在实际应用中,大多数生产过程是非线性的,PID 调节器参数与系统所处的稳态工况有关。因此,这种 PID 参数整定工作不仅需要熟练的技巧,而且还相当费时。再者,大多数过程系统的特性随时间变化,当被控对象特性发生变化时需要调节器参数能做出相应的调整,而 PID 调节器参数是根据过程参数的值整定的,没有这种"自适应"能力。用同样一组参数去控制一个从升温至保温的动态过程,控制效果是难以保证的。

由于操作者经验不易精确描述,控制过程中各种信号量以及评价指标不易定量表示,而模糊(Fuzzy)理论又是解决这一问题的有效途径,所以人们运用模糊数学的基本理论和方法,把规则的条件、操作用模糊集表示,并把这些模糊控制规则以及有关信息(如评价指标、初始 PID 参数等)作为知识存入计算机知识库中,然后计算机根据控制系统的实际响应情况(专家系统的插入条件),运用模糊推理,即可自动实现对 PID 参数的最佳调整,这就是模糊自调整 PID 控制。

模糊控制器和 PID 调节器相比,具有更快的响应和更小的超调,而且对过程参数的变化不敏感(具有很强的鲁棒性),能够克服非线性因素的影响。模糊控制器算法对大多数过程都具有较好的控制结果和适应性,至今仍被控制过程广泛采用,而 PID 参数的人工调整不仅需要熟练的技巧,也十分费时。同时,PID 参数变化后,系统的性能必然也会受到影响。因此,PID 参数的在线自动化调整就非常重要。模糊 PID 控制器对输出响应的波形进行在线监控,求出作为控制性能的指标,并用专家调整知识建立调整规则 if - then 模型,利用模糊逻辑推理,实时调整 PID 参数,使 PID 控制器适应被控对象的变化,并获得良好的控制性能。

(1) 模糊 PID 控制器结构设计

模糊 PID 控制器是一种在常规 PID 调节器的基础上,应用模糊集合理论,根据控制偏差、偏差变化率在线自动调整比例系数、积分系数和微分系数的模糊控制器。这种以温度偏差 e 和偏差变化率 e_c 作为输入变量,以 ΔP、ΔI 和 ΔD 作为输出的二输入三输出形式模糊控制器结构如图 22.5 - 26 所示。

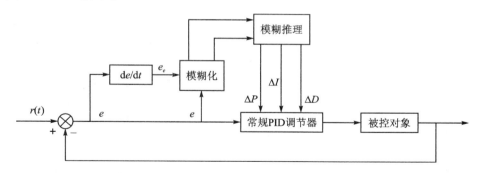

图 22.5 - 26　模糊 PID 控制系统结构框图

PID 参数自调整的实现思想是先找出 PID 的 3 个参数与偏差 e 和偏差变化率 e_c 之间的模糊关系,在运行过程中通过不断检测偏差 e 和偏差变化率 e_c,再根据模糊控制原理来对 3 个参数进行在线修改,以满足不同 e 和 e_c 对控制参数的不同要求,而使被控对象有良好的动、静态性能。

(2) 输入输出模糊化

温度控制系统将采样得到的温度信号与系统的温度设定值进行比较,得到系统的输入变量:温度偏差 e 和偏差变化率 e_c,输出语言变量为 PID 调节参数的变化 ΔP、ΔI 和 ΔD。

将输入变量 e 和 e_c 定义为模糊集上的论域:E、$Ec = \{-3, -2, -1, 0, 1, 2, 3\}$,其模糊集为:$E$、$Ec = \{NB, NM, NS, Z, PS, PM, PB\}$,其中元素 NB、NM、NS、Z、PS、PM 和 PB 分别为负大、负中、负小、零、正小、正中和正大。

将输出变量 ΔP、ΔI 和 ΔD 定义为模糊集上的论域:ΔP、ΔI、$\Delta D = \{-6, -5, -4, -3, -2, -1, 0, 1, 2, 3, 4, 5, 6\}$,其模糊集为:$\Delta P$、$\Delta I$、$\Delta D = \{NB, NM, NS, Z, PS, PM, PB\}$。

这 5 个输入输出变量的隶属度函数均选择较为简单的三角函数。

（3）模糊控制规则

PID 参数的调整必须考虑到不同时刻 3 个参数的作用以及相互间的关系。根据已有的控制系统设计经验以及参数 P、I 和 D 对系统输出特性的影响关系，归纳出在一般情况下，不同的 $|e|$ 和 e_c 时，被控过程对参数 P、I 和 D 的自调整规则如下：

- 当 $|e|$ 较大时，为加快系统响应速度并防止起始偏差 e 瞬间变大可能引起微分过饱和而使控制作用超出许可范围，应取较大的 P 和较小的 D；同时，为了避免系统因积分饱和所引起的较大超调，应对积分作用加以限制，通常取 $I=0$。
- 当 $|e|$ 和 $|e_c|$ 为中等大小时，为使系统响应的超调较小，P 应取得小一些。在这种情况下，D 的取值对系统的影响较大，要取适当的 I 和 D。
- 当 $|e|$ 较小时，为使系统具有良好的稳态性能，应增加 I 和 D 的值。同时，为了避免系统在设定值附近振荡，并考虑到系统的干扰性能，应适当地选取 D 的值。选取其原则是：当 $|e_c|$ 较小时，D 可取得大些，通常取为中等大小；当 $|e_c|$ 较大时，D 应取小些。

根据以上经验，模糊控制规则如表 22.5-1 所列。

表 22.5-1 模糊 PID 控制规则表

E \ Ec	$\Delta P/\Delta I/\Delta D$						
	NB	NM	NS	Z	PS	PM	PB
NB	PB/NB/PS	PB/NB/NS	PM/NM/NB	PM/NM/NB	PS/NS/NB	Z/Z/NM	Z/Z/PS
NM	PB/NB/PS	PB/NB/NS	PM/NM/NB	PS/NS/NM	PS/NS/NM	Z/Z/NS	NS/Z/Z
NS	PM/NB/Z	PM/NM/NS	PM/NS/NM	PS/NS/NM	Z/Z/NB	NS/PS/NS	NS/PS/Z
Z	PM/NM/Z	PM/NM/NS	PS/NS/NS	Z/Z/NS	NS/PS/NS	NM/PM/NS	NM/PM/Z
PS	PS/NM	PS/NS	Z/Z	Z/PS	NM/PM	NM/PM	NM/PB
PM	PS/Z/PB	Z/Z/PS	NS/PS/PS	NM/PS/PS	NM/PM/PS	NM/PB/PS	NB/PB/PB
PB	Z/Z/PB	Z/Z/PM	NS/PM/PM	NM/PM/PM	NM/PM/PS	NM/PB/PS	NB/PB/PB

（4）解模糊化

模糊推理是不确定性推理方法的一种，其基础是模糊逻辑。推理方法有很多种，本控制器中，模糊推理采用最小最大重心法，即 Mamdani 法。对所建立的模糊变量、模糊控制规则，经过模糊推理决策出输出控制变量。

推理的结果无法对精确的模拟或数字系统进行控制。因此，必须进行解模糊化转换为精确量输出。关于解模糊化的数学知识请参考有关文献，这里不做介绍。解模糊化并得出 PID 的各个调整参数后，就可以实现模糊 PID 参数的调整。计算公式如下：

$$\left.\begin{array}{l} P = P_0 + \Delta P \\ I = I_0 + \Delta I \\ D = D_0 + \Delta D \end{array}\right\} \qquad (22.5-3)$$

式中，P_0、I_0、D_0 为 PID 参数的初始值；ΔP、ΔI 和 ΔD 为经模糊推理后得到的 PID 调整参数值。

2. MATLAB/Simulink 实现

【例 22.5-5】 模糊 PID 温度控制系统的 Simulink 仿真。

以例 22.5-4 中的温度系统为控制对象，建立如图 22.5-27 所示的 Simulink 系统框图。

图中用了两种控制方法，一种是常规的 PID 控制；另一种是模糊 PID 控制，分别由模块

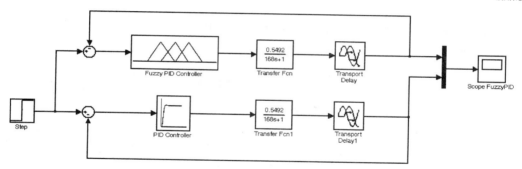

图 22.5 - 27　模糊 PID 温度控制系统 Simulink 模型图

PID Controller 和模块 Fuzzy PID Controller 实现。其中 PID Controller 模块的内容与封装同例 22.5 - 4 中的 PID 控制器相似,这里不再详细介绍。

下面重点介绍 Fuzzy PID Controller 模块。该模块是一个 Subsystem 模块,右击该模块并选择 Look Under Mask,可看到其内部的模型,如图 22.5 - 28 所示。

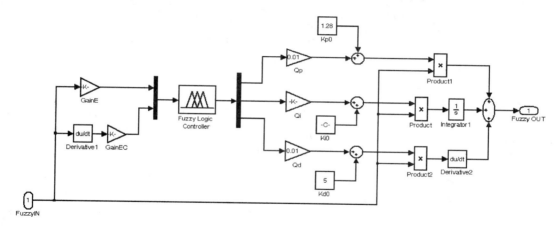

图 22.5 - 28　Fuzzy PID Controller 子系统模块内部模型

由图 22.5 - 27 可以看到,输入为温度偏差信号,分成两路后,一路乘上一个量化因子(GainE 模块),进入到模糊逻辑控制器,作为一路输入;另一路经过微分变成偏差变化率信号,也乘上一个量化因子(GainEc 模块),进入到模糊逻辑控制器,作为另一路输入。两路输入信号经模糊运算后,输出三个 PID 参数的变化量,再分别乘上各自的量化因子后与初始 PID 参数值进行运算,变为常规的 PID 运算调节后输出。控制输出作用到控制对象——温度系统上,调节温度的变化,从而实现阶跃信号的跟踪。对象输出经反馈后,又与设定温度值作用,形成输入信号,如此循环下去,直到仿真结束。

在上述子系统内部,起模糊作用的关键模块是 Fuzzy Logic Controller,完成模糊控制的主要运算。下面就详细介绍这个模块的设置过程。

双击该模块,会打开其参数设置对话框,只有一个输入参数,这是一个 FIS 文件或结构的变量。这个 FIS 文件需要另外创建,然后生成相应的变量,输入到参数对话框中,才能够运行仿真。

在 MATLAB 命令行输入如下语句,可打开基本模糊推理系统(Fuzzy Inference System,

FIS)编辑器,界面如图 22.5 - 29 所示。在这个编辑器下,可进行模糊输入输出变量的设置、隶属度函数的建立、模糊控制规则的输入、解模糊化等操作。

```
>> fuzzy
```

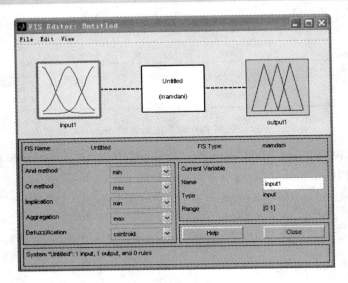

图 22.5 - 29　FIS 编辑器窗口

（1）隶属度函数的建立

在图 22.5 - 29 右下角的 Name 项后键入输入参数名 e 后按 Enter 键,然后用鼠标双击图左上方已命名为 e 的输入变量图标,会打开如图 22.5 - 30 所示的界面。在图 22.5 - 30 所示界面的左下角设置输入参数的论域范围,并在右侧设置隶属度函数类型为 trimf,然后设置 Params 项来确定隶属度函数的作用范围,直到整个论域的隶属度函数及其作用范围全部设置完毕。由于是双输入,还需要设置另外一个输入参数,在图 22.5 - 29 中选择 Edit→Add Variable→Input,在界面左侧输入 e$_c$,下面将会新增加一个输入变量图标。对其重新命名,并进行

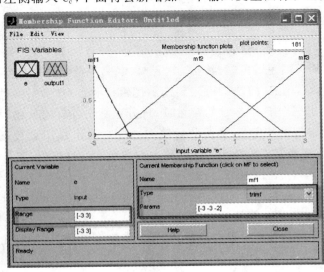

图 22.5 - 30　输入 FIS 变量的编辑窗口

相应参数设置,完成另一输入 e_c 的模糊化。同理,需要对输出参数进行编辑,包括修改名称,设置输出参数的范围及其隶属度函数。因是三输出,所以要再依此方法设置另外两个输出参数。设置好后,可以先保存一下文件,选择 File→Export→To File,将其存为 my_fuzzypid.fis 文件。编辑好的二输入三输出但没确定规则的 FIS 窗口如图 22.5 - 31 所示。

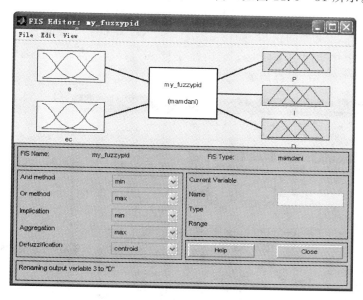

图 22.5 - 31　设置完毕的 FIS 编辑器窗口

（2）模糊控制规则的建立

在图 22.5 - 31 中,用鼠标双击上部中间写有文件名字的图标,会打开如图 22.5 - 32 所示的 Rule Editor(规则编辑器)。根据表 22.5 - 1 中的控制规则,选择相应的输入输出模糊集,共创建 49 条规则,创建完毕后的结果如图 22.5 - 32 所示。

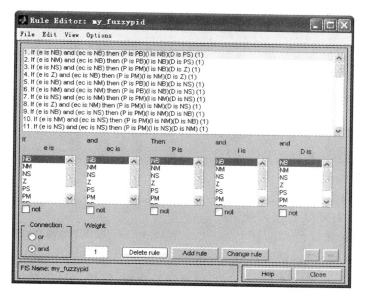

图 22.5 - 32　模糊规则编辑器窗口

（3）解模糊化

模糊规则建立完毕后,经过解模糊化后才能变成实际的输出量。解模糊化以及一些规则设置方法的选择均在图 22.5 – 33 左下角的方框内设置。方框最下方的 Defuzzification 项,即为解模糊化方法,选择 centroid 选项,即重心法,其他选择默认值。

至此,FIS 文件的创建全部结束。选择 FIS 编辑器窗口中 File→Export→To Workspace命令,将弹出保存输出变量的窗口,如图 22.5 – 33 右下角所示。输入 my_fuzz,单击 OK 按钮,在 MATLAB 工作空间将生成一个结构体变量 my_fuzz。将此变量名输入到模糊逻辑控制器的参数设置对话框中,保存后就可以进行系统仿真了。

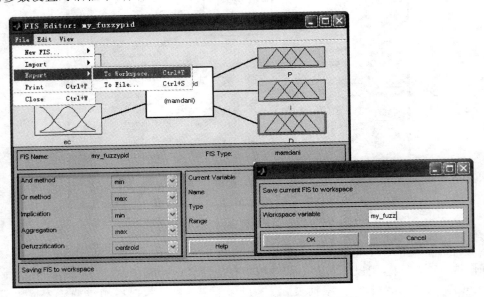

图 22.5 – 33   解模糊化设置及变量输出设置

对 PID 的 3 个参数进行整定,当 $P=1.28, I=0.0078, D=5$ 时,可得到较好的仿真结果。以这 3 个参数为模糊 PID 的初始参数值,合理设置输入输出的量化因子,保证输入输出的论域范围。仿真停止时间设为 5 000,其他仿真参数设置同例 22.5 – 4。当给定温度为 60℃,采用两种 PID 控制方法对温度系统进行控制,得到如图 22.5 – 34 所示的温度控制曲线,中间方框内为局部放大图。

从图 22.5 – 34 可以看出,该模糊 PID 温度控制系统具有较好的动态品质,上升时间快,超调量小,稳定状态良

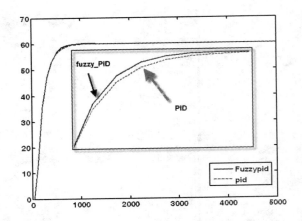

图 22.5 – 34   模糊 PID 温度控制系统仿真结果

好。但由于未能模拟出模型变化对控制系统性能的影响,模糊 PID 控制的真正作用如何还有待实践验证。对于时变、纯滞后、非线性的一阶大惯性系统,模糊 PID 控制在仿真上可以取得很好的效果。在实际使用中,专家经验知识则至关重要,由此得到的模糊控制规则决定了最终

的控制效果。

小贴士：当用户每次打开模型准备仿真时，都需要先打开 .fis 文件，将 my_fuzz 输出到 MATLAB 工作空间，然后才能对模型进行仿真。这样比较麻烦，而且容易忘记。在一次成功仿真后，用户可以通过在 MATLAB 命令窗口输入 save fisdata my_fuzz，将变量存到 fisdata.mat 文件中，下次仿真时使用 load fisdata 命令就可以将变量 my_fuzz 装入工作空间，从而打开模型进行仿真，避免了每次都要打开 .fis 文件并输出到工作空间的麻烦。此外，在方法上，用户也可以尝试在不同的控温阶段，将模糊控制与 PID 控制相结合，交叉使用，充分利用模糊控制的灵活性，而又具有 PID 控制精度高的特点。

22.5.5　案例 5：磁悬浮控制

1. 案例背景

（1）磁悬浮系统

磁悬浮轴承（Magnetic Bearing）是利用磁力作用将转子悬浮于空中，使转子与定子之间没有机械接触。与传统的滚珠轴承、滑动轴承以及油膜轴承相比，磁轴承不存在机械接触，转子可以运行到很高的转速，具有机械磨损小、能耗低、噪声小、寿命长、无须润滑和无油污染等优点，特别适用于高速、真空、超净等特殊环境中。磁悬浮事实上只是一种辅助功能，并非独立的轴承形式，具体应用还得配合其他的轴承形式。

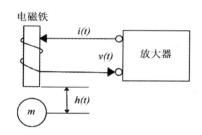

图 22.5 - 35　单自由度磁悬浮系统示意图

图 22.5 - 35 所示为简单的竖直方向的单自由度磁悬浮系统，为了达到稳定悬浮小球的目的，需要控制电磁铁中的电流，使电磁铁产生的吸力与重力相平衡，同时更进一步满足让悬浮的小球在受到外界干扰时仍然稳定在期望的高度。

该系统的运动方程为

$$\left. \begin{array}{l} m\ \dfrac{\mathrm{d}^2 h(t)}{\mathrm{d}t^2} = mg - k\left(\dfrac{i(t)}{h(t)}\right)^2 \\[3mm] L\ \dfrac{\mathrm{d}i(t)}{\mathrm{d}t} = v(t) - Ri(t) \end{array} \right\} \qquad (22.5 - 4)$$

式中，m 为小球的质量；g 为重力加速度；L 为线圈电感；R 为线圈电阻；$i(t)$ 为线圈电流；k 为磁场和小球之间的耦合系数。系统输入为线圈电压 $v(t)$，输出为小球的高度 $h(t)$。

磁场越强，小球与电磁体的距离越近，这将破坏系统的稳定性。理想情况下，球与磁铁间应保持足够的距离以使磁力抵消地球的引力。如果球下降的太多，则磁场的作用会变弱而使球完全掉下去。如果球距离磁铁太近，则磁场作用又会太强而将球拉向磁铁，甚至吸住。因此，首先要计算出地球引力和磁场引力相等的点，这个点称为平衡点。给定期望位置 h_0，可通过令加速度等于零的方法，求出维持该位置的期望电流，即

$$i_0^2 = \frac{mg}{k} h_0^2$$

注意：模型可以在平衡点附近位移线性化，对式（22.5 - 4）线性化可产生一组线性方程。

若您对此书内容有任何疑问，可以登录 MATLAB 中文论坛与作者和同行交流。

引入状态变量：

$$x_1 = h, \quad x_2 = \frac{\mathrm{d}h}{\mathrm{d}t}, \quad x_3 = i$$

则式(22.5-4)将变成

$$\left.\begin{array}{l} \dfrac{\mathrm{d}x_1}{\mathrm{d}t} = x_2 \\[2mm] \dfrac{\mathrm{d}x_2}{\mathrm{d}t} = g - \dfrac{k}{m}\left(\dfrac{x_3}{x_1}\right)^2 \\[2mm] \dfrac{\mathrm{d}x_3}{\mathrm{d}t} = \dfrac{v}{L} - \dfrac{R}{L}x_3 \end{array}\right\} \qquad (22.5-5)$$

方程(22.5-5)可以在工作点 $x_3 = i_0, x_1 = h_0$ 处通过泰勒级数展开进行线性化，线性化将导致 $\mathrm{d}x_2/\mathrm{d}t$ 的更改，线性化结果为

$$\begin{bmatrix} \mathrm{d}x_1/\mathrm{d}t \\ \mathrm{d}x_2/\mathrm{d}t \\ \mathrm{d}x_3/\mathrm{d}t \end{bmatrix} = \begin{bmatrix} 0 & 1 & 0 \\ 2\dfrac{k}{m}\cdot\dfrac{i_0^2}{h_0^3} & 0 & -2\dfrac{k}{m}\cdot\dfrac{i_0}{h_0^2} \\ 0 & 0 & -R/L \end{bmatrix} \begin{bmatrix} x_1 \\ x_2 \\ x_3 \end{bmatrix} + v\begin{bmatrix} 0 \\ 0 \\ 1/L \end{bmatrix}$$

(2) 磁悬浮控制

磁悬浮系统是一个非线性不稳定系统，具有负位移刚度，需要加控制才能使其平衡。一般情况下加入一个 PD 控制器就可以使系统稳定。PID 的介绍与例 22.5-4 相同，这里将积分项去掉，微分作用则为了消除高频噪声的影响，通过下述近似和滤波的方法加以改进：

$$G_1(s) = k_p + \frac{k_d s}{\tau_f s + 1} = k_p \frac{(\tau_f + k_d/k_p)s + 1}{\tau_f s + 1}$$

传递函数 $G_1(s)$ 等价于一个超前控制器，它有时间常数为 $\tau_f + k_d/k_p$ 的零点和时间常数为 τ_f 的极点(滤波器)。之所以选用超前控制器是因为零点总是比极点慢。

PD 影响系统的不稳定性和暂态特性，而 PI 则经常用于改善系统的稳态特性。PI 控制器的传递函数为

$$G_2(s) = k_p + \frac{k_i}{s} = \frac{k_p}{k_i}\frac{s + k_i/k_p}{s}$$

PI 控制器有一个极点在原点处，一个零点在 $-k_i/k_p$ 处。相对于系统其他零极点而言，如果 PI 控制器零点与极点相距很近，那么，当 PI 控制器与 PD 控制器串联形成 PID 控制器时，它对于闭环暂态特性的影响是可以忽略的。

2. MATLAB/Simulink 实现

【例 22.5-6】 单自由度磁悬浮系统的 Simulink 仿真。

假设小球的质量为 100 mg，线圈电阻为 5 Ω，线圈电感为 40 mH，耦合系数为 0.01 Nm^2/A，期望高度为 2 cm。首先建立函数 MagnetLev 来描述系统状态空间模型，代码如下：

```
function my_Plant = MagnetLev
m = 0.1; g = 9.82; R = 5;
L = 0.04; k = 0.01; h0 = 0.02;
i0 = h0 * sqrt(m * g/k);
A = [0 1 0;2 * k * i0^2/(m * h0^3) 0 -2 * k * i0/(m * h0^2);0 0 -R/L];
B = [0;0;1/L];
C = [1 0 0];
D = 0;
my_Plant = ss(A,B,C,D);
```

在 MATLAB 命令窗口输入：

```
>> MagPoles = pole(MagnetLev)
MagPoles =
    31.3369
  - 31.3369
 - 125.0000
```

得到磁悬浮系统的极点为 ±31.3，而放大器的极点为 −125。故加入改进的 PD 控制器，选择控制器零点为 −20，刚好在磁悬浮系统第一个稳定极点的右侧，滤波器极点为 −50，则 $\tau_f = 20$ ms。为保证系统在正反馈时也能够稳定，在控制器中需要改变符号，传递函数为

$$G(s) = -\frac{s+20}{s+50}$$

程序代码为：

```
PD = tf( - 1 * [1 20],[1 50]);
rlocus(PD * MagnetLev);
sgrid
title('Root locus of PD Controller magnetic levitator');
xlabel('Real axis');
ylabel('Imaginary axis');
```

上述代码执行后，得到系统根轨迹如图 22.5 − 36 所示。

从图 22.5 − 36 中可以看到，在某些低增益情况下，不稳定极点被移到了左半平面；而在高增益时，复数共轭极点则进入了右半平面。在 MATLAB 命令窗口输入：

```
rlocus(tf( - 1 * [1 20],[1 50]) * MagnetLev)
rlocfind(tf( - 1 * [1 20],[1 50]) * MagnetLev)
```

并将"十"字线放在实轴根轨迹上，介于不稳定极点与控制器零点之间，则可由图中得到一个稳定的增益值。在虚轴和控制器零点之间近于一半的位置，产生增益 150。因此 $k_p = -60$，$k_d = -1.8$，且滤波时间常数为 20 ms，即相当于 1/50。

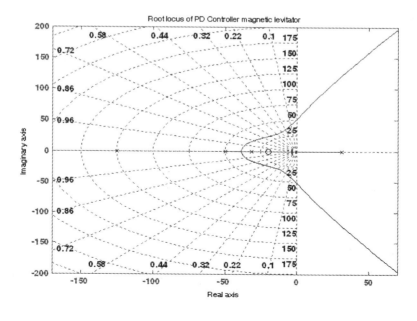

图 22.5 − 36　PD 串联控制器的磁悬浮系统根轨迹图

在测定 $v_0 = Ri_0$ 时,最可能引起测量误差和模型化误差,从而使小球的位置 $h(t)$ 产生稳态误差。为此,引入 PI 控制器来改善系统的稳态特性。

PI 与 PD 控制器串联形成 PID 控制器后,反馈增益 150 仍可以使用。PI 控制器对于稳态误差的影响很大,在此控制系统中,选择 $k_p = k_i = 1$。

在 MATLAB 命令窗口输入如下代码:

```
>>
PD = tf( - 1 * [1 20],[1 50]);
PI = tf([1 1],[1 0]);
[y,t] = impulse(feedback(150 * PI * PD * MagnetLev,1));
plot(t,y);
grid;
xlabel('Time');
ylabel('Impulse response');
title('Impulse response of a magnetic levitator');
```

该代码给出了 PI 与 PD 串联作用下的线性磁悬浮模型闭环系统的脉冲响应,运行结果如图 22.5－37 所示。结果返回闭环系统的线性化模型,但确定回路中非线性模型系统的稳定性更为重要。

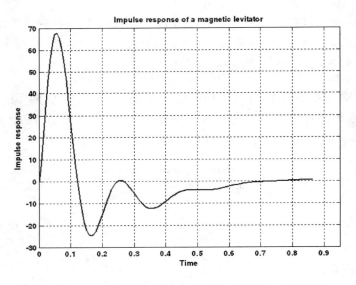

图 22.5－37　磁悬浮系统线性化模型的脉冲响应曲线

下面就通过 Simulink 来研究非线性模型系统的仿真,对上述磁悬浮小球系统搭建如图 22.5－38 所示的系统模型。

图 22.5－38 中,名为 MagnetModel 的模块是一个 S－Function 模块,由用户自定义,描述系统非线性化部分。系统的平衡位置为 $x(0) = [h(0) \ 0 \ i(0)]'$。启动系统时 ,$h(0)$ 不在其平衡位置,而是被赋予一个比平衡值大 10% 的初始值。在这样的初始条件下控制器才开始工作,否则小球会脱离电磁体。因为控制器是基于系统的线性模型设计的,所以平衡位置的偏差一定要小一些。

S－Function 模块的代码如下:

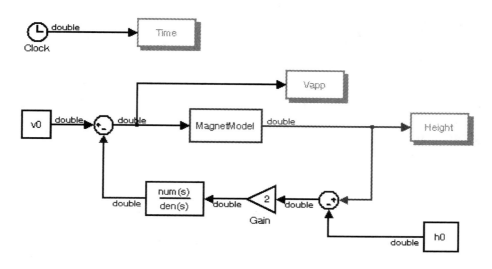

图 22.5 - 38　非线性磁悬浮系统的 Simulink 模型框图

```
function [sys,x0] = MagnetModel(t,x,u,flag)
m = 0.1; g = 9.82; R = 5;
L = 0.04; k = 0.01; h0 = 0.02;
i0 = h0 * sqrt(m * g/k);
switch flag
    case 1
        xdot = zeros(3,1);
        xdot(1) = x(2);
        xdot(2) = m * g - k * x(3)^2/x(1)^2;
        xdot(3) = - R/L * x(3) + 1/L * u(1);
        sys = xdot;
    case 3
        sys = x(1);
    case 0
        sys = [3 0 1 1 0 0];
        x0 = [h0 + 0.1 * h0;0;i0];
    otherwise
        sys = [];
end
```

　　模型中各模块的参数都是由变量名输入的,因此,这些参数在 Simulink 模型运行前必须要在 MATLAB 命令窗口中定义,即变量要预先初始化,然后才能运行仿真。运行下面的代码,生成相应的变量,就可以运行该 Simulink 系统模型了。

```
>> PD = tf( - 1 * [1 20],[1 50]);
PI = tf([1 1],[1 0]);
v0 = 0.991;h0 = 0.02;
[num,den] = tfdata(150 * PD * PI,'v');
```

　　输出参数的控制是通过 Sinks 模块库中的 To Workspace 模块来实现的,分别记录作为时间函数的小球高度 Height 和磁铁线圈电压 Vapp 的幅值。时间来自 Source 模块库中的 Clock 模块,时间值存储在 Time 数组中。为凸显效果,3 个输出模块加了阴影。在每一仿真时刻,Vapp 和 Height 的值被保存在工作空间里,并可通过 Plot 函数来显示。图 22.5 - 39 显

若您对此书内容有任何疑问,可以登录 MATLAB 中文论坛与作者和同行交流。

示了 Vapp 和 Height 随时间变化的曲线，Height 的值进行了 50 倍放大。它们是通过在 MATLAB 命令窗口中运行如下代码得到的：

```
>> plot(Time,50 * Height,'k - ',Time,Vapp,'k - .')
legend('50h(t)','v(t)');
text(1,1.5,'Initial conditions');
text(1.2,1.45,'h(0) = 0.022m');
text(1.2,1.4,'v(0) = 0.991 V');
xlabel('Time');
ylabel('Impulse response');
axis([0 4 0.7 1.6]);
```

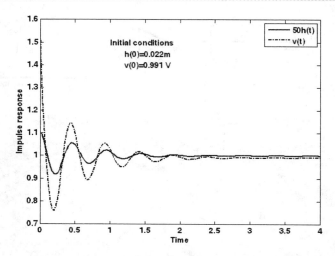

图 22.5 - 39　带有初始条件和模型误差的非线性磁悬浮系统 PID 控制下的响应曲线

22.6　参考文献

[1] 陈永春. 从 MATLAB/Simulink 模型到代码实现. 北京:清华大学出版社,2002.

[2] 王正林. MATLAB/Simulink 与控制系统仿真. 北京:电子工业出版社,2005.

[3] 姚俊,马松辉. Simulink 建模与仿真. 西安:西安电子科技大学出版社,2002.

[4] 薛定宇,陈阳泉. 高等应用数学问题的 MATLAB 求解. 2 版. 北京:清华大学出版社, 2008.

[5] MathWorks. Simulink 8.6 user's guide. 2015.

[6] 赵广元. MATLAB 与控制系统仿真实践. 北京:北京航空航天大学出版社,2009.

[7] MathWorks. Simulink 8.6 Developing S - Functions. 2015.

[8] 王广雄,何联. 控制系统设计. 北京:清华大学出版社,2008.

[9] 王吉龙. 基于模糊 PID 的温度控制系统. 电子工程师,2008,34(5):77 - 79.

[10] Edward B, Magrab. MATLAB 原理与工程应用. 高会生,李新叶,胡智奇,等,译. 北京:电子工业出版社,2002.

Simulink 常用命令列表

Simulink 的命令集

仿真命令

sim	仿真运行一个 Simulink 模块
sldebug	调试一个 Simulink 模块
simset	设置仿真参数
simget	获取仿真参数

线性化和整理命令

linmod	从连续时间系统中获取线性模型
linmod2	也是获取线性模型,采用高级方法
dinmod	从离散时间系统中获取线性模型
trim	为一个仿真系统寻找稳定的状态参数

构建模型命令

open_system	打开已有的模型
close_system	关闭打开的模型或模块
new_system	创建一个新的空模型窗口
load_system	加载已有的模型并使模型不可见
save_system	保存一个打开的模型
add_block	添加一个新的模块
add_line	添加一条线(两个模块之间的连线)
delete_block	删除一个模块
delete_line	删除一根线
find_system	查找一个模块
hilite_system	使一个模块醒目显示
replace_block	用一个新模块代替已有的模块
set_param	为模型或模块设置参数
get_param	获取模块或模型的参数
add_param	为一个模型添加用户自定义的字符串参数
delete_param	从一个模型中删除一个用户自定义的参数
bdclose	关闭一个 Simulink 窗口
bdroot	根层次下的模块名字
gcb	获取当前模块的名字
gcbh	获取当前模块的句柄
gcs	获取当前系统的名字
getfullname	获取一个模块的完全路径名

slupdate	将 1.x 的模块升级为 3.x 的模块
addterms	为未连接的端口添加 terminators 模块
boolean	将数值数组转化为布尔值
slhelp	Simulink 的用户向导或者模块帮助

封装命令

hasmask	检查已有模块是否封装
hasmaskdlg	检查已有模块是否有封装的对话框
hasmaskicon	检查已有模块是否有封装的图标
iconedit	使用 ginput 函数来设计模块图标
maskpopups	返回并改变封装模块的弹出菜单项
movemask	重建内置封装模块为封装的子模块

库命令

| libinfo | 从系统中得到库信息 |

诊断命令

sllastdiagnostic	上一次诊断信息
sllasterror	上一次错误信息
sllastwarning	上一次警告信息
sldiagnostics	为一个模型获取模块的数目和编译状态

硬复制和打印命令

frameedit	编辑打印画面
print	将 Simulink 系统打印成图片,或将图片保存为 M 文件
printopt	打印机默认设置
orient	设置纸张的方向

常用 Simulink 模块简介

Sources 库中模块

Band – Limited white Noise	给连续系统引入白噪声
Chirp Signal	产生一个频率递增的正弦波(线性调频信号)
Clock	显示并提供仿真时间
Constant	生成一个常量值
Counter Free – Running	自运行计数器,计数溢出时自动清零
Counter Limited	有限计数器,可自定义计数上限
Digital Clock	生成有给定采样间隔的仿真时间
From File	从文件读取数据
From Workspace	从工作空间中定义的矩阵中读取数据
Ground	地线,提供零电平
Pulse Generator	生成有规则间隔的脉冲
In1	提供一个输入端口
Ramp	生成一连续递增或递减的信号
Random Number	生成正态分布的随机数
Repeating Sequence	生成一重复的任意信号

Repeating Sequence Interpolated	生成一重复的任意信号,可以插值
Repeating Sequence Stair	生成一重复的任意信号,输出的是离散值
Signal Builder	带界面交互的波形设计
Signal Generator	生成变化的波形
Sine Wave	生成正弦波
Step	生成一阶跃函数
Uniform Random Number	生成均匀分布的随机数

Sink 库中模块

Display	显示输入的值
Floating Scope	显示仿真期间产生的信号,浮点格式
Out1	提供一个输出端口
Scope	显示仿真期间产生的信号
Stop Simulation	当输入为非零时停止仿真
Terminator	终止没有连接的输出端口
To File	向文件中写数据
To Workspace	向工作空间中的矩阵写入数据
XY Graph	使用 MATLAB 的图形窗口显示信号的 X—Y 图

Discrete 库中的模块

Difference	差分器
Difference Derivative	计算离散时间导数
Discrete Filter	实现 IIR 和 FIR 滤波器
Discrete State – Space	实现用离散状态方程描述的系统
Discrete Transfer Fcn	实现离散传递函数
Discrete Zero – Pole	实现以零极点形式描述的离散传递函数
Discrete – time Integrator	执行信号的离散时间积分
First – Order Hold	实现一阶采样保持
Integer Delay	将信号延迟多个采样周期
Memory	从前一时间步输出模块的输入
Tapped Delay	延迟 N 个周期,然后输出所有延迟数据
Transfer Fcn First Order	离散时间传递函数
Transfer Fcn Lead or Lag	超前或滞后传递函数,主要由零极点树目决定
Transfer Fcn Real Zero	有实数零点,没有极点的传递函数
Unit Delay	将信号延迟一个采样周期
Weighted Moving Average	加权平均
Zero – Order Hold	零阶保持

Continuous 库中的各模块

Derivative	输入对时间的导数
Integrator	对信号进行积分
State – Space	实现线性状态空间系统
Transfer Fcn	实现线性传递函数

623

Transfer Delay	以给定的时间量延迟输入
Variable Transfer Delay	以可变的时间量延迟输入
Zero – Pole	实现用零极点形式表示的传递函数

Discontinuities 库中的各模块

Backlash	模拟有间隙系统的行为
Coulomb & Viscous Friction	模拟在零点处不连续,在其他地方有线性增益的系统
Dead Zone	提供输出为零的区域
Dead Zone Dynamic	动态提供输出为零的区域
Hit Crossing	检测信号上升沿、下降沿以及与指定值的比较结果,输出零或一
Quantizer	以指定的间隔离散化输入
Rate Limiter	限制信号的变化速度
Relay	在两个常数中选出一个作为输出
Saturation	限制信号的变化范围
Saturation Dynamic	动态限制信号的变化范围
Wrap to Zero	输入大于门限则输出零,小于则直接输出

Math 库中的模块

Abs	输出输入的绝对值
Add	对信号进行加法或减法运算
Algebraic Constant	将输入信号抑制为零
Assignment	赋值
Bias	给输入加入偏移量
Complex to Magnitude – Angle	输出复数输入信号的相角和幅值
Complex to Real – Image	输出复数输入信号的实部和虚部
Divide	对信号进行乘法或除法运算
Dot Product	产生点积
Gain	将模块的输入乘以一个数值
Magnitude – Angle to Complex	由相角和幅值输入输出一个复数信号
Math Function	数学函数
Matrix Concatenation	矩阵串联
MinMax	输出信号的最小或最大值
MinMax Running Resettable	输出信号的最小或最大值,带复位功能
Polynomial	计算多项式的值
Product	产生模块各输入的简单求积或商
Product of Elements	产生模块各输入的简单求积或商
Real—Imag to Complex	由实部和虚部输入输出复数信号
Reshape	改变矩阵或向量的维数
Rounding Function	执行圆整函数
Sign	指明输入的符号
Sine Wave Function	输出正弦信号

Slider Gain   使用滑动器改变标量增益
Subtract   对信号进行加法或减法运算
Sum of Elements   生成输入的和
Trigonometric Function   执行三角函数
Unary Minus   对输入取反
Weighted Sample Time Math   对信号经过加权时间采样的值进行加、减、乘、除运算

若您对此书内容有任何疑问，可以登录MATLAB中文论坛与作者和同行交流。